露天煤矿边坡稳定性理论与应用

芮勇勤　孔位学　郑颖人　编著

U0395310

东北大学出版社

·沈　阳·

图书在版编目（CIP）数据

露天煤矿边坡稳定性理论与应用／芮勇勤，孔位学，
郑颖人编著. -- 沈阳：东北大学出版社，2024.11.
ISBN 978-7-5517-3597-1

Ⅰ . TD824.7

中国国家版本馆 CIP 数据核字第 2024SF3604 号

内容摘要

本书主要借鉴国内外最新露天煤矿边坡稳定性理论方法，以及将研究露天煤矿边坡稳定性理论应用与实践应相关成果推广，开展屈服破坏理论研究现状，建立地下水渗流与冻融 Barcelona 模型、软土硬化 HS 与小应变硬化 HSS 模型、岩体 Hoek-Brown 破坏准则与 Hoek-Brown Softening（HBS）软化模型，结合基坑变形破坏条件与稳定性研究，建立基于 Barcelona 模型热流固 THM 耦合方法，针对露天煤矿边坡稳定性特点和控制研究趋势，以及面临露天煤矿边坡稳定性分析与滑坡防治中露天煤矿边坡稳定性分析方法与任务、滑坡防治方法类型及程序、排土场边坡稳定性分析方法、排土场滑坡防治滑坡防治技术问题，深入开展紧邻铁路道路内排土场采场边坡稳定性分析、降雨渗流影响边坡动态稳定性控制技术、外排土场黄土地层非饱和渗流固结滑动演化分析、采矿方法控制边坡稳定性的工程技术、边帮采煤边坡岩体变形破坏机理及开采控制、边坡滑坡稳定性分析、外排土场采场边坡滑坡稳定性分析、极端暴雨与地震动力响应的路堑边坡稳定性分析、穿越古滑坡群道路施工技术与地震动力响应分析和道路流固冻融耦合灾变分析等。并为露天煤矿边坡稳定性评价施工提供相应的数据支持；如何通过数值仿真分析技术，在分析露天煤矿边坡开挖支护过程渗流-应力耦合分析的基础上，进而开展 THM 温度-渗流-应力耦合分析，结合实际工程揭示验证露天煤矿边坡稳定性的演化规律；合理选择安全、经济、可靠的技术措施推广应用至相似露天煤矿边坡稳定性工程实践；研究成果对填补行业相关关键技术空白，促进行业科技进步和满足工程实际需求具有重大理论意义与实际应用价值。

本书取材实际，简明实用，系统性强，通过多年实践教学和研究生培养，本书作为一本有实用参考价值的工具书，既可以作为大专院校的选修教材，也可以供相关领域工程技术人员自学参考。

出　版　者：东北大学出版社
　　　　　　地址：沈阳市和平区文化路三号巷 11 号
　　　　　　邮编：110819
　　　　　　电话：024-83683655（总编室）
　　　　　　　　　024-83687331（营销部）
　　　　　　网址：http://press.neu.edu.cn
印　刷　者：辽宁一诺广告印务有限公司
发　行　者：东北大学出版社
幅面尺寸：185 mm×260 mm
印　　张：42.25
字　　数：950 千字
出版时间：2024 年 11 月第 1 版　　　　印刷时间：2024 年 11 月第 1 次印刷
责任编辑：郎　坤　　　　　　　　　　责任校对：杨　坤
封面设计：潘正一　　　　　　　　　　责任出版：初　茗

ISBN 978-7-5517-3597-1　　　　　　　　　　　定　价：148.00 元

前　言

露天煤矿边坡开挖过程中，不仅存在稳定性安全隐患，还易影响周围环境稳定。然而，露天煤矿边坡工程不仅考虑自身安全，考虑更多的则是变形破坏控制问题或开挖引起的周边环境问题。掌握露天煤矿边坡工程及周边环境的总体风险，进行风险发生时刻的精准预警，对露天煤矿边坡稳定性安全具有重要意义。

（1）研究目的。针对露天煤矿边坡稳定性理论应用与实践，开展露天煤矿边坡稳定性理论应用，实践协调相互动态响应多场耦合数值模拟，露天煤矿边坡稳定性动态响应等研究，并解决露天煤矿边坡稳定性动态安全控制问题。

（2）研究技术路线。在借鉴国内外最新露天煤矿边坡稳定性理论应用，以及渴望将研究露天煤矿边坡稳定性理论实践成果推广，开展屈服破坏理论研究现状，建立地下水渗流与冻融 Barcelona 模型、软土硬化 HS 与小应变硬化 HSS 模型、岩体 Hoek-Brown 破坏准则与 Hoek-Brown Softening（HBS）软化模型，结合变形破坏条件与稳定性研究，建立基于 Barcelona 模型热流固 THM 耦合方法，以及面临露天煤矿边坡稳定性分析与滑坡防治中露天煤矿边坡稳定性分析方法与任务、滑坡防治方法类型及程序、排土场边坡稳定性分析方法、排土场滑坡防治技术问题，深入开展紧邻铁路道路内排土场采场边坡稳定性分析、降雨渗流影响边坡动态稳定性控制技术、外排土场黄土地层非饱和渗流固结滑动演化分析、采矿方法控制边坡稳定性的工程技术、边帮采煤边坡岩体变形破坏机理及开采控制、边坡滑坡稳定性分析、外排土场采场边坡滑坡稳定性分析、极端暴雨与地震动力响应的路堑边坡稳定性分析、穿越古滑坡群道路施工技术与地震动力响应分析和道路流固冻融耦合灾变分析等。并为露天煤矿边坡稳定性评价施工提供相应的数据支持；如何通过数值仿真分析技术，在分析露天煤矿边开挖支护过程渗流-应力耦合分析的基础上，进而开展 THM 温度-渗流-应力耦合分析，结合实际工程揭示验证露天煤矿边坡稳定性的演化规律；合理选择安全、经济、可靠的技术措施推广应用至相似露天煤矿边坡稳定性工程实践；研究成果对填补行业相关关键技术空白，促进行业科技进步和满足工程实际需求具有重大理论意义与实际应用价值。

（3）研究意义。根据郑颖人院士的屈服破坏强度理论与极限分析研究思路，开展土的压缩试验与三轴剪切试验、岩石的强度试验与应力-应变关系、混凝土的强度试验与应力-应变关系、岩土基本力学特点、冻土基本特点分析，认识季节土中水冻结基本特征，以及季节土中水冻融演化过程。结合地下水渗流基本特征，开展地下水渗流控制方程、地下水渗流有限元公式、地下水渗流边界条件，建立地下水渗流水力模型、冻融Barcelona模型。基于弹塑性相关理论，根据本构模型种类及其特点、本构模型种类选用局限性，分析基于塑性理论的Mohr-Coulomb（MC）模型、基于塑性理论的Mohr-Coulomb（MC）模型、软土硬化Hardening Soil（HS）模型及Modified Cam-Clay（MCC）模型比较，结合软土硬化Hardening Soil（HS）与小应变硬化Hardening soil with small strain stiffness（HSS）模型特性、软土硬化Hardening Soil（HS）模型与改进，基于软土硬化HS的小应变土体硬化HSS模型，认识一维状态小应变土体硬化Hardening soil with small strain stiffness（HSS）模型特点和三维状态小应变软土硬化Hardening soil with small strain stiffness（HSS）模型特点。根据Hoek-Brown（HB）破坏准则，结合Hoek-Brown（HB）与Mohr-Coulomb（MC）模型、Hoek-Brown（HB）模型中的参数，认识Hoek-Brown Softening（HBS）软化模型，Hock Brown Softening软化模型应变局部化建模分析，Hock Brown Softening（HBS）软化模型基坑开挖模拟。研究应力表述的屈服安全系数和应变表述的屈服破坏条件，求解岩土类材料极限拉应变方法和应变屈服安全系数与破坏安全系数。

（4）内容编排。本书主要包括11章内容。

第1章露天煤矿边坡动态稳定性与屈服破坏研究。针对露天煤矿边坡稳定性特点和控制研究趋势，根据郑颖人院士的屈服破坏强度理论与极限分析研究思路，开展土的压缩试验与三轴剪切试验、岩石的强度试验与应力-应变关系、混凝土的强度试验与应力-应变关系、岩土基本力学特点、冻土基本特点分析，认识季节土中水冻结基本特征，以及季节土中水冻融演化过程。

第2章地下水渗流与冻融Barcelona模型。结合地下水渗流基本特征，开展地下水渗流控制方程、地下水渗流有限元公式、地下水渗流边界条件，建立地下水渗流水力模型、冻融Barcelona模型。

第3章软土硬化HS与小应变硬化HSS模型。基于弹塑性相关理论，根据本构模型种类及其特点、本构模型种类选用局限性，分析基于塑性理论的Mohr-Coulomb（MC）模型、基于塑性理论的Mohr-Coulomb（MC）模型、软土硬化Hardening Soil（HS）模型及Modified Cam-Clay（MCC）模型比较，结合软土硬化Hardening Soil（HS）与小应变硬化Hardening soil with small strain stiffness（HSS）模型特性、软土硬化Hardening Soil（HS）模型与改进，基于软土硬化HS的小应变土体硬化HSS模型，认识一维状态小应变土体硬化Hardening soil with small strain stiffness（HSS）模型特点和三维状态小应变软土硬化Hardening soil with small strain stiffness（HSS）模型特点。

第4章岩体Hoek-Brown破坏准则与Hoek-Brown Softening（HBS）软化模型。根据Hoek-Brown（HB）破坏准则，结合Hoek-Brown（HB）与Mohr-Coulomb（MC）模型、Hoek-Brown（HB）模型中的参数，认识Hoek-Brown Softening（HBS）软化模型，Hock

Brown Softening 软化模型应变局部化建模分析，Hock Brown Softening（HBS）软化模型基坑开挖模拟。

第 5 章屈服破坏本构理论与热流固 THM 耦合方法。研究应力表述的屈服安全系数和应变表述的屈服破坏条件，求解岩土类材料极限拉应变方法和应变屈服安全系数与破坏安全系数。基于 Barcelona 模型热流固 THM 耦合方法，结合冻土的基本特征、本构模型及其实现、实证方法验证土壤冻结特性曲线与水力土壤性质、参数及其确定，开展 THM 耦合有限元模型环境验证，提出土壤冻结特性曲线的确定及水力土壤的适宜性。

第 6 章露天煤矿边坡稳定性分析与滑坡防治。针对露天煤矿边坡稳定性研究内容，建立露天煤矿边坡稳定性分析任务，进行边坡稳定性分析软件与应用，开展滑坡防治方法类型及程序研究。

同时，还开展了第 7 章紧邻国铁露天开采边坡稳定性分析，第 8 章紧邻工业城区露天井工开采边坡稳定性分析，第 9 章外排土场黄土地层非饱和渗流固结滑坡分析，第 10 章极端暴雨与地震动力响应路堑边坡稳定性分析，第 11 章穿越古滑坡群道路施工技术地震动力响应分析等理论应用与实践工作。

最后，希望本书在露天煤矿边坡稳定性工程设计、施工和管理等方面，能给予广大读者启迪和帮助。由于编者水平有限，加之时间仓促，书中难免有疏漏和错误，恳请读者不吝赐教。

编著者

2024 年 3 月

目 录

第1章　露天煤矿边坡稳定性与屈服破坏研究

露天煤矿边坡工程不同于水利水电工程、公路工程等其他岩体边坡，有其自身的特点，只有深刻认识这些特点，才能准确地开展滑坡稳定性研究，本章主要进行露天煤矿边坡动态稳定性与屈服破坏研究。

◆◇ 1.1　露天煤矿边坡稳定性特点和控制研究趋势

1.1.1　露天煤矿边坡稳定性特点

（1）露天煤矿工程活动的多样性和边坡影响因素的复杂性。露天煤矿边坡工程的复杂性除了表现为地质结构空间分布的随机性之外，还突出表现在：①工程活动的多样性，体现在露天开采和井工开采的复合作用，很多露天煤矿上部边坡加陡、到界、闭坑、内部排土等，同时下面井工采动或露天转井下开采，使得边坡几乎全部处于采矿岩扰动范围内。②影响因素的耦合作用，体现在降雨诱发的水压变化和爆破振动引起的岩体损伤破坏。

（2）露天煤矿边坡工程的时效性。为了减少初期基建开拓工程量，降低费用，缩短基建时间，使露天煤矿尽快投产，以便产生良好的技术经济效益，极少有露天煤矿在建矿投产时便采用永久性边坡，而是在露天煤矿坑的开挖范围内采用各种临时性边坡，这种进展性的露天煤矿边坡随露天煤矿开挖而不断发展，直至露天煤矿闭坑时形成最终边坡。既然露天煤矿的边坡大多属于临时性边坡，其服务年限较短，且服务年限长短不一，决定了其稳定性评价也具有时效性。

（3）边坡及岩体的可变形性。实践中，可以允许边坡岩体产生一定的变形，甚至可以允许产生一定的破坏，只要这种变形及破坏不致影响露天煤矿的安全生产即可。这样，在保证在矿山的服务年限内不至于发生大滑坡前提下，确定使露天采矿取得最大技术经济效益的最陡的边坡角。

（4）露天煤矿边坡工程是一个动态稳定性问题。众所周知，露天煤矿是一个复杂的动态地质工程问题，矿山开挖及开采活动贯穿于矿山服务期限的始终，且一旦矿山开挖及开采工作结束，则矿山也不复存在。显然，露天煤矿自始至终处于复杂的动态开挖、回采过程之中，所以边坡稳定是一个动态稳定的过程。

（5）露天煤矿边坡稳定性认识的阶段性及循环性。随着露天煤矿开采，对矿山工程地质条件的认识可以不断深化，具有阶段性及循环性。虽然随不同的发展阶段，在边坡稳定性评价方面对工程地质勘察的内容愈来愈多，要求愈来愈高，但应该注意到，露天煤矿工程地质勘察研究工作具有阶段性特点。露天煤矿开挖本身就是一种最有效、最直接的工程揭露与勘察，初期的露天煤矿工程地质勘察工作做得再详尽，也不如工程开挖后认识得清楚。为此应尽可能地调节不同阶段的工程地质勘察工作的内容与工作量，以便与露天煤矿的生产及露天煤矿边坡稳定性评价的不同阶段相适应。

总结露天煤矿边坡工程的特点，从客观角度来看，体现在边坡地质条件、影响因素的复杂性和工程活动的多样性；从主观角度来讲，体现在边坡稳定性研究的时效性和阶段性，是逐渐深化认识的动态过程。这些特点决定了边坡稳定性研究必须与边坡设计及露天煤矿生产密切结合，加强动态监测工作，抓住露天煤矿边坡岩体主要影响因素，认清边坡破坏机理和前兆规律，为边坡设计及露天煤矿生产提供科学依据。

露天煤矿安全高效开采的内涵表明，降低安全风险和提高经济效益是相辅相成的，所以在高边坡的优化设计和生产决策层面上进行边坡稳定性评价和预测的目标是提高经济效益。鉴于边坡地质条件、采矿因素的复杂性和市场价格引起的效益波动性，需要在边坡评价体系和指标设计中应用可靠性的方法，给出滑坡失稳概率和承担的经济风险，以供生产决策。

根据露天煤矿边坡工程的特点和大量露天煤矿边坡稳定性评价的工程实践，露天煤矿边坡研究的最终目标为：在边坡时效安全(动态控制边坡稳定)和最大经济效益(加陡边坡减少剥离量)这对矛盾体中寻求平衡点，把经济效益指标纳入到边坡评价之中，遵循边坡三维岩体"破坏过程"演化的数值分析方法和现代高新边坡破坏过程实时监测技术手段相结合的思路。这是露天煤矿高陡边坡动态过程稳定性研究的有效途径。

总之，矿山边坡具有典型的动态稳定性的特点，其内涵包括：①客观对象动态发展，必须跟踪监测其稳定性；②主观认识随采矿发展逐步加深，具有阶段性，需要不断修正计算的条件和参数，稳定性评价也是动态的；③矿山边坡的时效性(允许一定变形破坏)为监测-计算"互动"提供客观条件；④由于承担的滑坡经济风险是在动态变化的，评价体系和指标也是在变化的。总之，边坡动态评价是一个理论计算和现场监测"互动"以及评价指标不断调整变化的过程，这才符合矿山边坡特点。

1.1.2　露天煤矿边坡动态稳定性控制

露天煤矿边坡主要由沉积岩层组成，而且赋存有含黏土矿物的软弱岩层和断层破碎带，这些软弱夹层遇水软化并呈塑性状态，具有明显的流变特性，软弱夹层与边坡面的组合关系，构成了不同边坡变形破坏类型，软弱夹层的流变特性是边坡变形破坏的根本原因，地下水压变化可促使和减缓边坡变形破坏的发展。露天煤矿边坡的服务年限是有限的，在边坡的服务年限内，对边坡变形动态发展趋势进行预测并采取有效措施进行控制，使其不影响露天煤矿的正常生产，以最小的投入获得最大的经济效益，这就是边坡动态控制的任务。

（1）弱层的蠕变特性的时间效应。对于由软弱夹层控制的边坡来说，边坡的变形破坏特征主要取决于弱层的流变特性，而弱层的抗剪强度具有时间效应。软弱岩层的流变试验表明，软弱岩层剪切强度与荷载作用时间有关，长期极限强度约为瞬时强度的一半。长期强度与荷载作用时间的关系是边坡稳定性计算和设计的理论基础。在边坡设计时应采用弱层的长期强度来验算边坡的稳定性，并依据弱层的流变特性，以瞬时抗剪强度和长期极限抗剪强度来分析边坡的变形动态。所以，应开展软弱岩层力学性态的研究，为边坡变形破坏预测奠定理论基础。

（2）水压动态作用。地下水对边坡稳定来说，是极敏感的因素，多数边坡的失稳破坏是由地下水作用造成的。对于具体的边坡来说，一般存在一个地下水的临界值，当地下水压大于此值时，则边坡变形速度增大；当小于此值时，则边坡变形速度减缓。所以，应依据地下水压的监测数据，采取适当的控制工程控制地下水压变化，以达到控制边坡变形的目的。

（3）采矿生产的动态发展过程。边坡的管理和维护是露天采矿的重要环节，应尽量缩短最终边坡的暴露时间和服务年限。这样可以加陡边坡，节约剥离费用。所以，采矿工艺选择、采区布置、工作线推进方向、采空区利用等都应和边坡工程管理结合起来，协调发展，尤其是在工程地质条件和水文地质条件复杂区段，这一点尤为重要。分区开采、跟踪内排，不仅可缩短运距，提高采矿工艺的效益，而且对于边坡来说可起到反压护坡的作用。

（4）露天煤矿边坡动态稳定性控制技术。控制开采就是在边坡变形监测的情况下，随时掌握边坡的动态，并对边坡变形进行预测，以便决定采矿工程进度，以求达到最佳开采效果，控制开采的关键是寻求决定采矿工程进度的判据。这需要根据各个矿山的地质与采矿条件，以及边坡变形监测与生产实践经验加以确定。在实施控制开采前，应进行采矿工程设计和边坡监测工程设计。在设计中应明确采矿与内排工程进度，实现快采快填，利用边坡的短期稳定和岩体强度的时间效应等特点，在快采之后迅速内排，使边坡的稳定状况很快恢复到采矿工程前的状况。

当边坡轮廓一定时，其安全系数随着边坡存在时间的延长而降低，当安全系数下降到 1.00 以下时，则边坡将进入加速蠕变过程，最终导致边坡的破坏滑坡。所以，应依据软弱岩层的流变特征和边坡存在时间正确选择安全系数，以保证生产过程中人员和设备的安全。若弱层的抗剪强度发展趋势不足以确保边坡稳定，就必须依靠降低水压和抗滑加固工程提高弱层的抗剪强度。这些加固工程的设计必须依据边坡动态稳定性计算结果。

◆◇ 1.2　屈服破坏强度理论与极限分析

固体材料从受力到破坏，对于脆性破坏材料一般要经历弹性与破坏两个阶段；而对于塑性破坏材料则要经历弹性、塑性与破坏三个阶段。强度理论研究材料在复杂应力作用下发生屈服和破坏的规律，也就是判断材料在复杂应力状态下是否发生屈服与破坏。

强度理论主要研究应力和应变的极限状态，也就是研究材料任一点的初始屈服、破坏条件。初始屈服条件判断材料中某点是否从弹性进入到塑性，而破坏条件判断材料中某点是否从塑性进入到破坏。初始屈服条件与破坏条件不同，以往教科书中把屈服条件也称作破坏条件是不合适的。强度理论中，屈服条件与破坏条件的共同点，一是它们均与应力历史与路径无关，所以通常所说的屈服条件就是指理想弹塑性条件下的初始屈服条件；破坏条件就是指理想弹塑性条件下的极限屈服条件；二是它们都是对材料中任一点来说的，也就是说是点屈服与点破坏，而不是指材料整体屈服与整体破坏。依据强度理论建立了材料的极限分析法，极限分析法是弹塑性力学中的一个重要分支，主要研究材料的强度、极限应变、破坏（点破坏与整体破坏）与稳定（局部与整体稳定）的力学行为。极限分析法的优点是不需要引入复杂的本构关系，它只与平衡方程、屈服条件和破坏条件有关，从而使问题求解大大简化。它可以求得准确的起裂安全系数与整体稳定安全系数或者相应的极限承载力，但无法求得准确的位移。位移与应力路径有关，需要准确的本构关系。极限分析法与本构关系无关，在传统极限分析中不需要引入力学变形参数，在数值极限分析法中虽然需要引入变形参数，但变形参数的正确与否不影响计算结果。

1773年，库仑（Coulomb）提出了土体库仑定律，实际上就是土体的强度准则（屈服准则）；19世纪，屈瑞斯卡（Tresca）对金属材料提出了屈瑞斯卡屈服条件；20世纪初，米赛斯（Mises）提出了考虑三维应力状态的米赛斯屈服条件。对岩土材料，20世纪初提出了莫尔-库仑（Mohr-Coulomb）屈服条件，20世纪中期提出了德鲁克-普拉格（Drucker-Prager）屈服条件。材料力学中概括了拉破坏和剪破坏的四种强度理论，即第一强度理论（最大拉应力理论），第二强度理论（最大伸长应变理论），第三强度理论（最大剪应力理论或屈瑞斯卡屈服条件），第四强度理论（最大形状改变比能理论或米赛斯屈服条件）。上述这些屈服条件都可从理论上导出，已经获得学术界与工程界的认可，并在工程中广泛应用。近年来，岩土材料的三维应力状态的屈服条件研究蓬勃发展，20世纪70—80年代美国学者拉德（Lade）和日本学者松冈元（Matsuoka）分别提出土体的三维屈服条件。在我国，俞茂宏提出了基于双剪应力条件的统一屈服条件；姚仰平提出基于空间滑动面强度准则的广义非线性强度条件；高红、郑颖人提出基于传统空间莫尔圆的常规三轴三维能量屈服条件，此后又考虑了岩土的压硬性，由此发展为基于岩土空间莫尔圆的三维能量屈服条件，取得了可喜成果，但尚需凝聚共识，并广泛付诸实用。

材料点破坏条件的研究一直进展很慢，拉德在岩土本构关系的研究中认为，破坏条件与屈服条件形式一致，只是常数项不同，因而可通过试验得到破坏条件，但没有形成破坏准则，即建立以应力和应变表述的力学量与峰值强度和极限应变的关系。郑颖人等提出了用应变表述的极限应变破坏条件，阿比尔德等提出了基于点破坏的极限分析方法。以往虽然没有材料点破坏的条件，但塑性力学中很早就有了材料的整体破坏条件，由此建立了基于整体破坏的极限分析法，按此可求出工程材料整体稳定安全系数或极限承载力。

材料的极限分析方法关注材料的点破坏条件和整体破坏条件，由此可得到工程设计所需的相应安全系数或极限承载力。在屈瑞斯卡和米赛斯屈服准则提出后，金属材料中广泛发展了基于整体破坏的极限分析法并广泛应用。土体的极限分析法起始于1773年提出的库仑定律，20世纪20年代建立了极限平衡法(Fellenius)，之后，又相继出现了滑移线法(特征线法)(Scokolvskii)和上、下限法(W.F.Chen)，岩土极限分析法经过二百多年的发展已渐趋成熟。从工程实践上看，极限分析法具有很好的应用效果，能求出岩土工程的稳定安全系数和极限承载力，是当前岩土工程设计的重要手段，将上述方法统称为传统极限分析法，以区别新发展起来的数值极限分析法。

传统极限分析中只有材料的整体破坏判据，而没有材料点破坏的判据。正因为如此，传统极限分析方法存在如下两个不足：一是必须事先知道材料的潜在破坏面位置，这严重影响了方法的适用性；二是只能求解材料的整体破坏，而不知道材料破坏的全过程和发生局部破坏时的材料起裂位置与起裂安全系数。针对上述两个不足，极限分析法不断发展完善。随着数值分析法的发展，逐渐兴起了数值极限分析法。数值方法有很广的适用性，又有很好的实用性，其缺点是不能求得工程设计所需的稳定安全系数和极限承载力。1975年，辛克维兹(O.C.Zienkiewicz)等提出了有限元强度折减法与荷载增量法，以非线性计算是否收敛作为整体破坏的判据，求得材料的稳定安全系数与极限荷载。20世纪后期，这一方法在国际上得到广泛认可，许多国际通用软件都加入了这一方法。国内学者认识到有限元强度折减法与荷载增量法本质上是应用数值方法求解极限分析问题，它是传统极限方法的发展，因而将其称为数值极限法或有限元(包括有限元、有限差分、离散元等)极限分析法。近年来，我国数值极限分析法及其工程应用方面快速发展，理论上和实际中做了许多深化与改进的工作。在岩土工程的应用中突破了许多设计难题，基于数值极限分析法，首次提出了抗滑桩桩长计算方法并应用于多排桩与埋入式桩设计；求得了隧洞围岩的稳定安全系数，以及岩质边坡、超高加筋土挡墙、桩基础等稳定分析方法；提出的动力数值极限分析法，印证了汶川地震中显示出的地震作用下边坡拉剪组合破坏的破坏机理。有限元强度折减法与荷载增量法克服了传统极限分析需要预先知道破坏面的缺点，扩大了极限分析法的应用范围。但它同样是基于材料整体破坏条件，仍无法求出材料破坏的全过程和材料局部破坏的起裂安全系数。

依据郑颖人等提出的基于极限应变的点破坏准则，只要数值计算中某个单元的应变达到极限应变，该单元就发生破坏，因而它可作为点破坏的判据。由此可知道材料中最先破坏点的位置，并求得局部破坏的起裂安全系数。对于整体结构来说，虽然材料已局部破坏而出现裂缝，但不会立即发生整体破坏。只有当材料中破坏点增多，逐渐贯通成破坏面时材料才发生整体破坏，由此可将破坏面贯通判定为整体破坏的判据。国内学者做了一些工程算例，证明基于点破坏的极限应变法的计算结果与室内模型试验结果吻合较好，而且与基于整体破坏的强度折减法和传统极限分析法的计算结果也吻合很好，三种方法可以得到一致的整体稳定安全系数，计算误差很小。由上可知，基于点破坏的极限应变法已经克服了传统极限分析法的两个缺点。极限应变法刚提出不久，还没有形成学术界的共识，但从初期研究成果来看，不仅适用于岩土工程，也适用于钢筋混凝土、钢结构等建筑工程，有良好的发展前景。

◆ 1.3 土的压缩试验与三轴剪切试验

1.3.1 土的压缩试验

土体的压缩性可以通过单向压缩试验来研究，所用试验仪器为压缩仪，图 1.1 所示为土的压缩曲线。用各级荷载作用下变形稳定后的压缩量可以推出相应孔隙比 e。在 e-p 坐标系里点绘孔隙比 e 随荷载 p 变化的关系曲线，称为 e-p 曲线，如图 1.2(a) 所示。e-p 曲线显然是非线性的，但如果 e 用普通坐标，p 用对数坐标，就发现 e-$\lg p$ 关系曲线的初始段为向下弯，当压力较高时便接近为直线，如图 1.2(b) 所示。它们反映了土体的压缩性，可推出相应的压缩性指标。

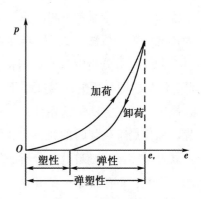

图 1.1　土的压缩曲线

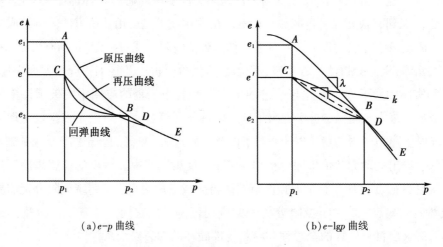

(a) e-p 曲线　　　　(b) e-$\lg p$ 曲线

图 1.2　土的等压固结加卸荷曲线

在图 1.2 中，AB 段称为初始压缩曲线或原压曲线，BC 段称为回弹曲线，CD 段称为再压曲线，DE 段称为原压曲线。从实用的角度出发，通常忽略 D 和 B 两点的差别，认为两点重合，并假定再压曲线与回弹曲线重合，以直线 BC［图 1.2(b) 中的虚线］来代表。

正常固结土或松砂的 e-$\lg p$ 曲线是一条直线,如图 1.2(b)中的直线 AE 所示。对于超固结土,e-$\lg p$ 曲线也接近为直线[图 1.2(b)中的虚线 BC],不过要比正常固结土的那条直线平缓得多。原压的 e-$\lg p$ 曲线的斜率称为压缩指数 λ,反映了正常固结土的压缩性。回弹再压的 e-$\lg p$ 曲线的斜率称为回弹指数 k,反映了超固结土的压缩性。

由图 1.2 可知,加荷与卸荷均表现了非线性性质,且会产生弹性变形和塑性变形,这种在等压受力情况下压缩而屈服的性质称为土体的等压屈服特性,与金属材料显著不同。

1.3.2　土的三轴剪切试验

(1)常规三轴试验。应用三轴不等压压缩试验(即三轴剪切试验)可以完整地反映土样受力变形直至破坏的全过程,因而既可以用于研究土体的应力-应变关系,也可以用来研究土体的强度特性。图 1.3 是土的常规三轴固结排水剪 $\sigma_3 = \text{const}$ 条件下的典型试验结果,从图中既可以看到土体应力-应变关系的非线性,还可以看到土体的一个基本特性——压硬性。土是颗粒材料,随着压应力增大土体压密,土的剪切强度与刚度(弹模)都会提高;同时颗粒材料具有摩擦性,随着应力提高摩擦强度也会提高。图 1.3 中随围压提高,土的抗剪强度与弹模提高反映了这一特点,土的这种性质称为压硬性,这是金属材料没有的特性,是土的基本特性之一。

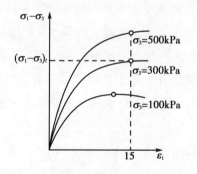 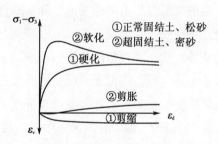

图 1.3　土的常规三轴试验典型曲线　　图 1.4　土的剪应力-剪应变、体积应变-剪应变关系曲线

图 1.4 是常规三轴试验条件下土的剪应力-剪应变关系曲线和体积应变-剪应变的典型关系曲线。从图 1.4 中同样可以看出土体的应力-应变关系的非线性,还可以看出土体的硬化或软化与剪胀性。图中①号线为正常固结土或松砂的典型试验曲线,由图可知曲线没有明显的弹性阶段与初始屈服点,随着应变的增加,应力不断增大,这种应力-应变关系称为硬化。但当前对正常固结土与松砂为何会出现硬化型应力-应变曲线,如何获得硬化型曲线的真实强度尚缺少科学论证。②号线是超固结土或密砂的典型试验曲线,剪应力-剪应变关系曲线达到峰值后逐渐下降,即超过峰值后随着应变的增加应力不断降低,这种应力-应变关系称为软化,最终与①号曲线的渐近线相同,即残余强度相同。对于软化型土体,取峰值对应的偏差应力为土体的强度;对于硬化型土体,取规定

的轴向应变值(通常取 15%)对应的偏差应力为土体的强度。观察图 1.4 中的体变曲线，曲线①在剪切过程中排水量不断增加，即只产生体积压缩变形，体积应变 ε_v 在剪切过程中不断增大，称为剪缩；曲线②的体积应变 ε_v 开始时为正值，不久就变为负值，表示在剪切过程中先排水体积压缩，然后会吸水体积增大，称为剪胀。图 1.4 表明，剪应力不仅会产生弹性与塑性的剪应变，还会引起体积的收缩或膨胀，称为土体的剪胀性，这是土体的另一个基本特性。土的压硬性和剪胀性表示了平均应力、剪应力与体积应变、剪应变之间的耦合作用。

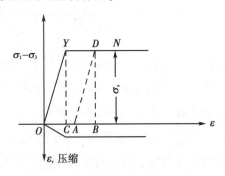

图 1.5　理想塑性材料应力-应变曲线

介于硬化与软化之间的应力-应变曲线，就是理想塑性材料的应力-应变曲线(见图 1.5)。这种应力-应变曲线在传统塑性理论中应用很广，但在岩土中所遇不多。尽管这种曲线与岩土性质有较大差别，但在强度理论中，关注的是材料的屈服与破坏，而不是位移的准确性，采用理想弹塑性曲线不会影响计算结果，而且更为简单方便，所以在强度理论中广为应用。图中 OY 代表弹性阶段应力-应变关系，Y 点就是屈服点，过 Y 点后，应力-应变关系是一条水平线 YN，这条水平线代表塑性阶段。在这个阶段应力不能增大，而变形却逐渐增大，自 Y 点起所产生的变形都是不可逆变形。卸荷时卸荷曲线坡度与 OY 线坡度相等，重复加荷时亦将沿这条曲线回到原处。Y 点是屈服点，但不代表破坏点。在理想塑性条件下，材料的受力从弹性状态经过塑性状态直至破坏，并从点破坏开始逐渐发展形成整体破坏，破坏是一个渐进过程。应力无法反映塑性发展过程，而应变可以反映这一过程，由此提出基于极限应变的材料点破坏的概念与准则。

(2)真三轴试验。图 1.6 为承德中密砂的真三轴试验。试验中 $\sigma_3(\sigma_3=300\text{kPa})$ 保持不变，中主应力不同，每个试验的中主应力系数 $b[b=(\sigma_2-\sigma_3)/(\sigma_1-\sigma_3)]$ 为常数。四个试验表明，土体在真三轴试验条件下，其应力-应变曲线的形态是会变化的。当 $b=0$ 时，即常规三轴试验条件下，应力-应变曲线是应变硬化的[见图 1.6(a)]，而真三轴试验条件下为一驼峰形曲线，既有应变硬化段，又有应变软化段[见图 1.6(b)(c)(d)]。由图可见，随着中主应力的增加，曲线变陡，初始模量提高，强度也提高，应变软化加剧；同时压缩增大，体胀减小，充分反映了真三轴下土体的压硬性。

综上所述，土在三轴情况下，剪应力-剪应变曲线有两种形式：一是硬化型，一般为双曲线；另一为软化型，一般为驼峰曲线。对应变硬化型的体变曲线，一种是压缩型，不出现体胀；另一种是压缩剪胀型，先缩后胀。对应软化型的体变曲线总是先缩后胀。基于上述，可把岩土材料分为三类：压缩型，如松砂、正常固结土；硬化剪胀型，如中密砂、弱超固结土；软化剪胀型，如岩石、密砂与超固结土。

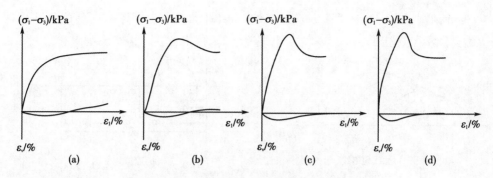

图 1.6　承德中密砂的真三轴试验 $(\sigma_3 = 300\text{kPa})$

◆◇ 1.4　岩石的强度试验与应力-应变关系

1.4.1　岩石抗剪强度试验

工程中实际遇到的岩石地层属于岩体，而非单块的岩石，但由于无法通过现场测试得到准确的岩体强度，目前测试的是单块岩石强度。岩石的抗剪强度就是岩石抵抗剪切破坏(滑动)的能力，是主要的岩石强度指标。一般情况下，岩石的抗剪强度采用黏聚力 c 和内摩擦角 φ 来表示。通常通过直剪切试验、楔形剪切试验和三轴压缩试验三种室内试验方法来实现。下面讲述应用最广的三轴压缩试验方法。

三轴压缩试验采用三轴压力仪进行，一般该仪器的垂直荷载和侧向荷载均通过油压施加。试验中，先对试件施加侧压力，即最小主应力 σ_3'，然后逐渐增加垂直压力，直到破坏，从而得到破坏时的最大主应力 σ_1'，这样就可以得到一个破坏时的应力圆。采用相同方法，改变侧压力可以得到一系列破坏应力圆。绘出这些应力圆的包络线，就可以得到岩石的抗剪强度曲线，如图 1.7 所示。应当注意，弹塑性力学强度理论中无论金属材料还是岩土材料，都采用理想弹塑性模型，此时在弹性与塑性情况下应力相同，但应变不同，所以应力无法反映材料的破坏状况，破坏取决于应变而非应力，因此，上述所指的破坏圆实际是弹性极限情况下的应力圆，强度极限曲线与应力圆相切是指材料达到屈服而非破坏，著名的摩尔-库仑屈服准则就由此确定。

从图 1.7 可以看出，当 σ_3 的变化范围很大时，摩尔应力圆的包络线为一条曲线，而非直线，此时摩尔-库仑条件不成立，因而得不到 c、φ 值，如图 1.7(a)所示，这正是岩石与土不同的地方；当 σ_3 的变化很小时，莫尔应力圆的包络线近似为一条直线，摩尔-库仑准则成立，因而可以得到 c、φ 值，如图 1.7(b)所示。当前岩石强度测试中任意取 σ_3 值，σ_3 值变化范围很大，硬把曲线包络线视作直线，必然会产生很大误差。这种情况下，可以将抗剪强度包络曲线采用分段方法确定相应 c、φ 值。

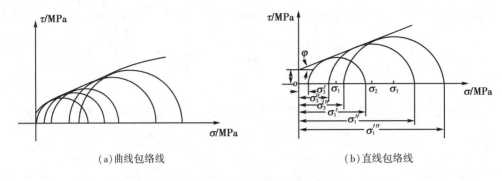

(a)曲线包络线   (b)直线包络线

图1.7　岩石三轴试验结果

1.4.2　岩石承压试验的应力-应变曲线

岩石类介质在一般材料试验机上不能获得全应力-应变曲线，它仅能获得破坏前期的应力-应变曲线，因为岩石弹性应变能猛烈释放时便失去了承载力。这是由于一般材料试验机的刚度小于岩石试块刚度。因此，在试验中，试验机的变形量大于试件的变形量，试验机储存的弹性变形能大于试件贮存的弹性变形能。这样，当试件产生破坏时，试验机储存的大量弹性能也立即释放，并对试件产生冲击作用，使试件产生剧烈破坏。实际上，多数岩石从开始破坏到完全失去承载能力，是一个渐变过程。采用刚性试验机和伺服控制系统，控制加载速度以适应试件变形速度，就可以得到岩石全程应力-应变曲线。

岩石典型全应力-应变曲线如图1.8所示。

它与混凝土应力-应变曲线十分相近，混凝土颗粒是人工级配组成，颗粒不均，而岩石是由矿石晶体组成，结晶颗粒比较细腻。图1.8中 OA 段曲线缓慢增大，反映岩石试件内裂缝逐渐压密，体积缩小。进入 AB 段曲线斜率为常数或接近常数，可视为弹性阶段，此时体积仍有所压缩，B 点称为比例直线。BC 段随着荷载继续增大，变形和荷载成非线性关系，这种非弹性变形是由岩石内微裂隙的发生与发展，以及结晶颗粒界面的滑动等塑性变形两者共同产生。对于脆性非均质的岩石，前者往往是主要的，这是破坏的先行阶段，但 C 点前只有细微裂隙，到达 C 点后形成局部宏观裂缝，C 点称为峰值强度。从 B 点开始，岩石就出现剪胀(即在剪应力作用下出现体积膨胀)的趋势，通常体应变速率在峰值 C 点左右达到最大。CD 段曲线进入破坏(应变软化)阶段，应力和强度逐渐降低，从点破坏一直发展到整体破坏。

对于岩石应用更广的是岩石的三轴压缩试验。三轴压缩试验有两种方式：一种是主应力 $\sigma_1 > \sigma_2 > \sigma_3$，称为三向不等压试验，要采用真三轴压力机进行试验。另一种是 $\sigma_1 > \sigma_2 = \sigma_3$，这是常规三轴压缩试验，为获得全应力-应变曲线还应采用刚性三轴压力机。

岩石的典型三轴试验应力-应变曲线，如图1.9所示。由图可见，围压 $\sigma_2 = \sigma_3$ 对应力-应变曲线和岩体塑性性质有明显影响。当围压低时，屈服强度低，软化现象明显。随着围压增大，岩石的峰值强度和屈服强度都增高，塑性性质明显增加。

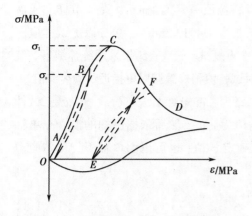

图 1.8　岩石典型全应力-应变曲线

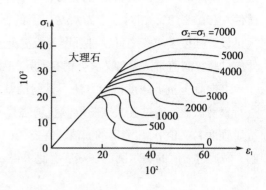

图 1.9　岩石的典型的三轴试验应力-应变曲线

◆ 1.5　混凝土的强度试验与应力-应变关系

1.5.1　混凝土抗剪强度试验

混凝土作为使用量最大、使用范围最广的工程材料,在建筑、水利、交通和国防等领域广泛应用。在建筑力学与工程中,混凝土按受力形式分为拉、压、弯曲等破坏形式,规范(GB 50010—2010)中相应提供了混凝土的抗压、抗拉等强度,其试验方法已在相关混凝土书籍中介绍。但在弹塑性力学中还需要提供混凝土的抗剪强度。混凝土属于岩土类摩擦材料,不仅具有黏聚力还具有摩擦力,其抗剪强度需要按黏聚力 c 和内摩擦角 φ 的来表示。混凝土抗压强度的试验通常都是在无围压下求得的,所以其抗剪强度也可在无围压情况下求出。而现有混凝土相关规范与标准并没有给出剪切强度 c、φ 的指标。至今尚无测定混凝土抗剪强度统一的标准试验方法,混凝土材料与岩土材料类似两者都是摩擦材料,因此效仿岩石材料强度试验,依据现有试验条件提出在无法向荷载下混凝土试件直剪试验与单轴抗压试验相结合的方法,得出不同强度等级混凝土的 c、φ 值。在围压不大的情况下,混凝土可依据摩尔-库仑强度准则推导出抗压强度与抗剪强度之间存在的理论关系,按此通过理论计算方法和数值分析方法分别验证不同混凝土抗剪强度试验结果的准确性,并通过混凝土抗压强度的标准值和设计值换算出抗剪强度的标准值和设计值。

(1)混凝土剪切试验及结果分析。

①混凝土取样。岩土材料,尤其是岩石(岩块)材料与混凝土材料有一定的相似性,但岩块比较均匀,而混凝土材料骨料分散,试验离散性较大,因而要求混凝土试件尺寸大于岩石试件尺寸。综合《混凝土结构设计规范》(GB 50010—2010)、《普通混凝土力学性能试验方法标准》(GB/T 50081—2002))、《混凝土强度检验评定标准》(GB/T 50107—2010)、《混凝土结构工程施工质量验收规范》(GB 50204—2015)等,并考虑试验条件的

限制，试件采用边长 100mm 的立方体。试件内骨料粒径一般在 25mm 左右，取样完成后试件在（20±2）℃，相对湿度为 95% 以上的标准养护室中养护 28d 后，95% 以上试样应能满足设计强度要求。对同一种强度等级混凝土多次重复试验，试验结果采用统计结果。统计的试验实测值与试验名义值会稍有差异，因此对试验值稍作微调以更接近试验名义值。

②混凝土抗剪强度试验方法。试验的基本思路为：首先对无法向荷载下混凝土试件进行直剪试验，通过五次试验取其抗剪强度平均值为 c 值，然后依据已知的混凝土单轴抗压强度名义值 σ_c 和测得的 c 值，由公式（1.1）确定 φ 值；也可以由单轴下的莫尔应力圆，做通过 c 值的莫尔圆的切线，由此求得 φ 值。

$$\tan\varphi = \frac{\sigma_c^2 - 4c^2}{4c \cdot \sigma_c} \tag{1.1}$$

由于试件直剪试验中没有施加荷载和混凝土抗压强度采用名义值，荷载与混凝土接触面不会受到摩擦力的影响，因而测得的 c、φ 抗剪强度相当于混凝土棱柱体轴心受压时抗压强度的试验值 f_c^0。

③试验方法实例。对 C25 强度等级混凝土试件进行五组重复试验。混凝土试样由于自身结构原因，离散性很大，剔除试验结果中非常明显的离散值，对可靠的试验结果进行平均，并对平均值进行分析，获得 C25 混凝土的 c 值。通过公式（1.1）计算得到 φ 值。由此得到 C25 混凝土抗剪强度 c 与 φ 分别为 3.2MPa 与 61.3°。图 1.10 示出 C25 混凝土抗剪强度。

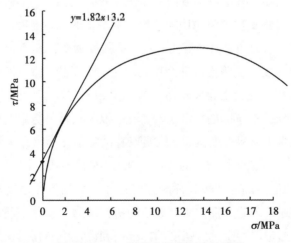

图 1.10　C25 混凝土抗剪强度的确定

采用同样方法对不同强度等级混凝土进行试验。表 1.1 列出了不同强度等级混凝土抗剪强度 c、φ 的试验值。

表 1.1　不同强度等级混凝土抗剪强度试验值

混凝土等级		C20	C25	C30	C35	C40	C45	C50	C55	C60
试验值	c/MPa	2.6	3.2	3.9	4.5	5.1	5.6	6.1	6.6	7.2
	φ	60.1°	61.3°	61.8°	62.2°	62.5°	62.7°	62.9°	63.1°	63.3°

表 1.1 中，混凝土强度等级增大，混凝土的抗剪指标 c、φ 也相应增大。强度等级增大，指标 c 增加的差值比较均匀，但同时指标 φ 的差值逐渐减少。应当指出，本方法以无荷载下试件直剪试验测得的 c 值为依据，考虑不同材料配比情况下是否会影响 c 值大小，为此进行了第二种配比试验。试验结果表明两者相差无几，进一步说明本方法的可行性。

(2)混凝土抗剪强度的理论与数值验证。

①混凝土抗剪强度的理论验证。由于力学发展前后不一，在适用于杆件与构件的建筑力学中通常以构件的受荷形式来确定材料强度，如抗压强度、抗拉强度、抗折强度等。而在弹塑性力学中，通常以材料破坏的方式来确定材料强度，力学机理上材料剪切破坏是由材料受压引起的，因而材料只有抗拉强度和抗剪强度，没有抗压强度。其实两者只是定义不同，实质是相同的。抗压强度与抗剪强度必然存在相应的力学关系。对于摩擦类材料，依据摩尔-库仑准则，各种应力与 c、φ 值之间必然存在如下关系，对不考虑围压的混凝土同样适用，只是 $\sigma_3 = 0$。

$$\sigma_1 = \frac{1+\sin\varphi}{1-\sin\varphi}\sigma_3 + \frac{\cos\varphi}{1-\sin\varphi}2c \qquad (1.2)$$

$$\tau = c + \sigma\tan\varphi = \frac{\sigma_1-\sigma_3}{2}\cos\varphi \qquad (1.3)$$

$$\sigma = \frac{\sigma_1+\sigma_3}{2} - \frac{\sigma_1-\sigma_3}{2}\sin\varphi \qquad (1.4)$$

$$c = \left[\frac{\sigma_1-\sigma_3}{2} - \frac{\sigma_1+\sigma_3}{2}\sin\varphi\right]\frac{1}{\cos\varphi} \qquad (1.5)$$

混凝土抗压试验为单轴压缩试验，即 $\sigma_3 = 0$，因此可以对式(1.2)至式(1.5)进行简化，并用来验证混凝土抗剪强度的准确性。

②混凝土抗剪强度的数值验证。为验证上述方法测得的混凝土剪切强度指标，采用数值极限分析法中的荷载增量法，运用有限差分软件 FLAC 3D，通过逐级加载获得试样的极限荷载。将数值计算的极限荷载与试验的混凝土强度进行比较，从而判断混凝土剪切强度指标的准确性。

模型按《混凝土结构设计规范》(GB 50010—2010)要求，取为边长 150mm 的立方体，模型底面施加约束，顶面为自由面，施加竖直向下的均布荷载，如图 1.11 所示。混凝土模型视为理想弹塑性材料，采用摩尔-库仑屈服准则进行极限分析。若计算的极限荷载与试验时的混

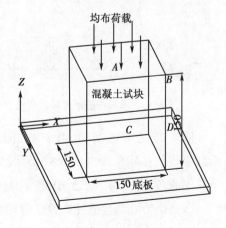

图 1.11　混凝土验证模型

凝土抗压强度相近，表明提出的混凝土抗剪强度指标准确合理。

模型分别模拟验证 C20~C60 等不同强度等级的混凝土，模型的剪切强度指标 c、φ 值按表 1.2 试验平均值采用，弹性模量 E 和泊松比 μ、重度 γ 按《混凝土结构设计规范》（GB 50010—2010）取值。

表 1.2　混凝土模型力学参数

混凝土强度等级	c/MPa	φ	E/GPa	μ	γ/(kN·m^{-3})
C20	2.6	60.9°	25.5	0.2	2500
C25	3.2	61.3°	28.0	0.2	2500
C30	3.9	61.8°	30.0	0.2	2500
C35	4.5	62.2°	31.5	0.2	2500
C40	5.1	62.5°	32.5	0.2	2500
C45	5.6	62.7°	33.5	0.2	2500
C50	6.1	62.9°	34.5	0.2	2500
C55	6.6	63.1°	35.5	0.2	2500
C60	7.2	63.3°	36.0	0.2	2500

以 C25 强度等级混凝土的位移突变判据为例，分别取不同监测点位移变化如：受载面中心点 A 点 Z 向，角点 B 点 Z 向，角点 B 点 Y 向，侧面中心点 C 点 Y 向，侧边中点 D 点 Y 向，具体分布如图 1.11 所示。极限荷载时和破坏时位移时程曲线如图 1.12 与图 1.13 所示。

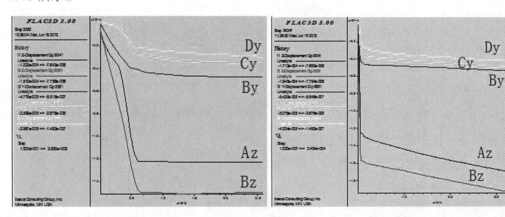

图 1.12　极限荷载时位移时程曲线　　　　图 1.13　破坏时位移时程曲线

图 1.12 为荷载 25.01MPa 时监测点的位移变化，位移时程曲线明显呈水平直线，表明计算收敛；而图 1.13 为荷载 25.02MPa 时监测点的位移变化，呈持续增大趋势，表明计算不收敛。由此判定 25.01MPa 为试样的极限荷载。

③理论公式与数值计算验证剪切强度的准确性。利用理论公式（1.2）至式（1.5）与数值方法对上述试验结果进行验证。表 1.3 给出不同强度等级混凝土 c、φ 值理论和数值验证结果。

表 1.3　不同强度等级混凝土抗剪强度验证

混凝土强度等级（即试验值）	c/MPa	φ	极限荷载/MPa		理论解与数值解误差
			理论解	数值解	
C20	2.6	60.1°	20.03	20.03	0
C25	3.2	61.3°	25.02	25.01	0.04%
C30	3.9	61.8°	31.05	31.05	0
C35	4.5	62.2°	36.37	36.36	0.03%
C40	5.1	62.5°	41.68	41.68	0
C45	5.6	62.7°	46.12	46.12	0
C50	6.1	62.9°	50.62	50.63	0.02%
C55	6.6	63.1°	55.19	55.20	0.02%
C60	7.2	63.3°	60.68	60.68	0

表 1.3 中理论解与数值解验证十分一致，误差在 0.04% 以内，符合测试规程要求。表明试验得出的不同强度等级混凝土的抗剪强度是准确可靠的，进一步验证了直剪试验与单轴抗压试验相结合的混凝土剪切试验方法是可行的。

（3）不同强度等级混凝土抗剪强度的标准值与设计值的确定。为获得更为准确的混凝土抗剪强度标准值与设计值，可以采用混凝土规范给定的抗压强度标准值与设计值，通过换算得到不同强度等级混凝土抗剪强度的标准值与设计值。具体的操作过程是：先将抗剪强度折减，使其折减后的抗剪强度采用式（1.2）算出轴向压力 σ_1，当此值非常接近规范给定的抗压强度标准值或设计值时，就可以按此折减系数对 c 与 $\tan\varphi$ 按同一比例进行折减，从而得到折减后的 c、φ 值，此值即为要求的抗剪强度标准值或设计值。最后通过试件的数值模拟验证标准值或设计值的准确性，见表 1.4 与表 1.5。

表 1.4　不同强度等级混凝土抗剪强度标准值

混凝土强度等级	剪切强度试验实测值		规范抗压强度标准值 σ_1/MPa	折减值	折减后抗压强度标准值 σ_1/MPa	剪切强度标准值		数值抗压强度标准值 σ_1/MPa
	c/MPa	φ				c/MPa	φ	
C20	2.6	60.09°	13.4	1.242	13.42	2.09	55.34°	13.39
C25	3.2	61.3°	16.7	1.243	16.72	2.57	55.76°	16.68
C30	3.9	61.8°	20.1	1.266	20.12	3.08	55.94°	20.11
C35	4.5	62.2°	23.4	1.267	23.42	3.55	56.26°	23.41
C40	5.1	62.5°	26.8	1.267	26.83	4.03	56.59°	26.86
C45	5.6	62.7°	29.6	1.268	29.63	4.42	56.80°	29.65
C50	6.1	62.9°	32.4	1.270	32.41	4.80	56.98°	32.39
C55	6.6	63.1°	35.5	1.266	35.53	5.21	57.29°	35.51
C60	7.2	63.3°	38.5	1.275	38.54	5.65	57.33°	38.56

表1.5 不同强度等级混凝土抗剪强度设计值

混凝土强度等级	剪切强度试验实测值		规范抗压强度设计值 σ_1/MPa	折减值	折减后抗压强度设计值 σ_1/MPa	剪切强度设计值		数值抗压强度设计值 σ_1/MPa
	c/MPa	φ				c/MPa	φ	
C20	2.6	60.09°	9.6	1.495	9.62	1.74	50.24°	9.61
C25	3.2	61.3°	11.9	1.5	11.9	2.13	50.61°	11.91
C30	3.9	61.8°	14.32	1.529	14.31	2.55	50.77°	14.32
C35	4.5	62.2°	16.7	1.526	16.74	2.95	51.18°	16.74
C40	5.1	62.5°	19.1	1.528	19.13	3.34	51.50°	19.12
C45	5.6	62.7°	21.1	1.529	21.11	3.66	51.72°	21.09
C50	6.1	62.9°	23.1	1.53	23.12	3.99	51.94°	23.13
C55	6.6	63.1°	25.3	1.525	25.33	4.33	52.27°	25.34
C60	7.2	63.3°	27.5	1.534	27.53	4.69	52.35°	27.51

对比表1.4与表1.5，数值计算抗压强度标准值与折减后抗压强度标准值非常接近，表明换算后的抗剪强度标准值是正确的。应当说明的是，表1.4与表1.5中折减值稍有不同，这是由两者的试验实测抗压强度与试验名义抗压强度之间的差异引起的。

为了验证抗剪强度设计值，还可以将抗压强度的设计值与抗剪强度的设计值分别代入式(1.2)，公式左面与右面基本相同，其误差小于1%，表明给出的抗剪强度设计值是正确的。同时还可以看出，抗压强度的试验值与抗压强度的标准值相差1.5倍，而抗剪强度 c、$\tan\varphi$ 的试验值与标准值相差1.25倍；抗压强度标准值和设计值相差1.4倍，而抗剪强度 c、$\tan\varphi$ 的标准值与设计值相差1.2倍。综上所述，鉴于混凝土与岩土材料均为摩擦类材料，在岩土剪切试验方法原理基础上，依据现有试验设备条件，提出无法向荷载下混凝土试件直剪试验与单轴抗压试验相结合的混凝土剪切强度试验方法，确定混凝土剪切强度指标 c、φ 值。通过室内试验给出 C20~C60 等不同强度等级混凝土剪切强度指标 c、φ 值，并得到了理论解与数值解的验证。最后，通过混凝土规范给出的混凝土抗压强度标准值与设计值指标换算得到混凝土抗剪强度标准值与设计值。

1.5.2 混凝土单轴受压的应力-应变曲线

混凝土单轴受压时的应力-应变关系是混凝土的基本力学性能。我国采用棱柱体试件来测定一次短期加载下混凝土受压应力-应变全曲线。图1.14是一般混凝土结构教材中显示的实测典型棱柱体受压应力-应变全曲线。

由图1.14可见，曲线分为上升段(即弹塑性阶段)与下降段(即破坏阶段)。弹塑性阶段 OC 可分为三段：OA 段由于应力很小，混凝土的变形主要为弹性变形，初始微裂缝

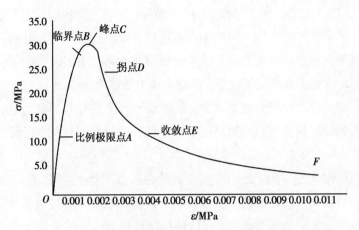

图1.14 实测的典型棱柱体受压应力-应变全曲线

变化的影响很小,应力-应变关系接近直线,称 A 点为比例极限点。超过 A 点后,进入塑性阶段, AB 段是塑性阶段的第一阶段,称为裂缝稳定扩展阶段; BC 段是塑性阶段的第二阶段,出现可见的细微裂缝,称为裂缝快速发展的不稳定扩展阶段,直至峰点 C,出现明显的局部裂缝,这时的峰值应力 σ_{max} 通常作为混凝土棱柱体抗压强度的试验值 f_c^0。与峰点 C 相应的应变称为峰值应变,此时应力达到强度极限,应变也达到弹塑性应变的极限状态,表明峰值点处于弹塑性的极限状态。过峰值点后进入应变软化阶段,应力下降表示材料强度逐渐丧失,开始进入破坏阶段,因而可将达到弹塑性极限应变的点定义为点破坏,但此时材料整体尚未被破坏。依据试验实测,普通混凝土(C20~C45)峰值应变在 0.0015~0.0025,高强混凝土会稍大于此值。

过峰值点后应力下降,进入了破坏阶段 CE,这时裂缝继续扩展,直至裂缝完全贯通整体,此时材料黏聚力几乎完全丧失,摩擦力随应力降低而减少,只剩下骨料间残存的咬合。

◆◇ 1.6 岩土基本力学特点

岩土塑性力学与传统塑性力学的区别,在于岩土类材料与金属材料具有不同的力学特征。金属是人工形成的晶体材料,而岩土类材料是天然形成的由颗粒组成的多相体,也称为多相体摩擦型材料。上述性质决定了金属的力学特征,尤其是钢材与岩土类材料具有不同的破坏模式,钢材抗拉、抗压强度相等,都发生塑性剪切破坏;而岩土材料受压时是压剪塑性破坏,受拉时是脆性拉破坏,两者的破坏模式不同。正是由于两者材性不同,决定了岩土类材料有许多不同于金属的力学特征。

(1)岩土类材料最基本的材料特性,大致可归纳为以下三点。①岩土的颗粒特征。岩土由颗粒堆积和胶结而成,因而具有多种特性:如岩土有拉脆性,岩土具有很好的抗压能力,在抗拉作用下容易发生脆性破坏;压硬性,受压后岩土强度与刚度都会提高;摩擦性，岩土颗粒间发生摩擦，属于摩擦型材料；剪胀性，岩土受压剪后会引起体积的收缩或膨胀。②岩土的多相特征。岩土颗粒中含有孔隙，因而在各向等压作用下，岩土颗粒中的水气排出就能产生塑性体变而屈服，而金属材料在等压作用下是不会产生体变的。尤其是土体，正是由于土体的三相特征，而将土体分为饱和土与非饱和土。③岩土的双强度特征。由于岩土存在黏聚力和摩擦力，从而显示岩土具有双强度特征，而与金属材料显然不同。两种强度的发挥与消散决定了岩土材料的硬化与软化，以及非线性与次生各向异性。

（2）岩土的力学特点。①岩土抗拉强度很低容易发生脆性拉破坏，而钢材无论拉、压都发生塑性剪切破坏。②岩土的压硬性。由于岩土是颗粒体并具有摩擦特征，必然导致岩土的强度和刚度随应力增大而增大，这种特性可称为岩土的压硬性。这是岩土不同于金属的重要的力学特点。③岩土材料的等压屈服特性与剪胀性。由于岩土中的孔隙可以排出水，体积压缩，因而与金属不同，既可在等压受力情况下压缩而屈服，也可在剪应力作用下产生体变，前者称为等压屈服特性，后者称为岩土的剪胀性（包括剪缩性），这显示出体变与剪应力有关，剪应变与平均应力有关，即存在应力的球张量与偏张的交叉作用，而金属材料中是不存在的。④岩土材料的硬化与软化特性。由于岩土是双强度材料，存在着两种强度不同的发挥与衰减效应，通常黏聚力发挥得早，摩擦力发挥得晚，因而岩土材料具有硬化效应；而黏聚力衰减得快，摩擦力衰减得慢，因而一些黏聚力大的岩土体具有明显的软化特征。这就是岩土的硬化与软化特性。⑤土体塑性变形依赖于应力路径已经逐步为人们所公认。亦即土的本构模型、计算参数的选用都应与应力路径相关。例如，应力路径的突然转折会引起塑性应变增量方向的改变，也就是说，塑性应变增量的方向与应力增量的方向有关，而不像传统塑性位势理论中规定的塑性应变增量方向只与应力状态有关，而与应力增量无关。

此外，岩土类材料还有一些不同于金属材料的特性：如抗拉压不等性，初始各向异性和应力引起的各向异性，岩土的结构性，岩土的固、水两相组成和固、水、气三相组成等特性。本书主要研究岩土强度理论与极限分析方法，它与岩土的变形性质关系不大，但与强度参数密切有关。传统塑性力学基于金属材料的变形机制而发展起来。它的理论是传统的塑性位势理论，亦即只采用一个塑性势函数或一个塑性势面，并服从德鲁克塑性公设，屈服面与塑性势面相同，因而塑性应变增量正交于屈服面，由此得出塑性应变增量方向与应力具有唯一性的假设。由于传统塑性力学基于金属材料的变形机制，而岩土材料的变形机制与金属材料的变形机制不同。金属材料变形机制较为简单，各塑性应变增量分量间成比例关系，满足塑性势假设，因而可以在塑性理论上作一定的假设，使理论简化，而岩土材料则不能。正是因为传统塑性力学中作了这些假设，导致传统塑性力学不能很好地反映岩土材料的变形机制。广义塑性力学是在岩土类材料的变形机制和在传统塑性力学的基础上发展起来的，它考虑了岩土的塑性体变，消除了传统塑性力学中的一些假设。既适用于岩土类材料，也适用于金属材料，传统塑性力学是它的特例。

广义塑性力学的基础是分量理论,与传统塑性力学不同。它要求采用两个或三个塑性势函数,采用双屈服面或三屈服面模型;不服从德鲁克塑性公设,需采用非关联流动法则;可以反映塑性变形增量方向与应力增量的相关性。强度理论和极限分析中不考虑体变对屈服条件与破坏条件的影响,且与本构无关,因而既可以采用广义塑性,也可以采用传统塑性。前者必须与非关联流动法则相应,后者与关联流动法则相应。

◆◇ 1.7　冻土基本特点

冻土是一种长期处于负温的含冰土岩。根据冻结持续时间的长短,冻土主要可以划分为多年冻土和季节冻土。我国是世界第三冻土大国,其中多年冻土分布面积占我国疆土面积的 21.5%,季节冻土分布面积占疆土面积的 53.5%。

随着城市地下工程的发展,基坑工程的开挖深度逐渐增大且平面形状多变,这可能会导致基坑工程的施工难度增大,从而使得施工时间变长,因此位于季节性冻土区的基坑有可能会出现越冬的情况。然而,在季节性冻土区越冬期间,浅层地表冻土中的液态水会发生冰水相变导致土体体积膨胀,同时会引发土体中未冻水的迁移、聚集,不断冻结成为冰晶、冰层、冰透镜体等冰侵入体,从而引起土颗粒间的相对位移,土体出现大幅隆胀,进而引发建筑发生冻害。到了春季,随着气温的逐渐升高,冻土发生融化,导致冻土中的冻融力变小,使得支护结构强度在短时间内骤减,引起基坑出现局部破坏。以往市政工程中,基坑支护一般为临时性工程,在设计中很少考虑冻融的影响,因此造成越冬基坑工程事故频发。近年来随着东北振兴,特别是京津冀以北土木工程的大规模快速发展,例如北京、沈阳、大连、鞍山、抚顺、长春、哈尔滨、齐齐哈尔等大规模市政工程建设,深大基坑规模比比皆是,一般需要经历 1~2a 的建设周期,越冬经历稳定性问题考验,季节性冻土区的基坑开挖在冻融作用下出现的各种形变、开裂、垮塌稳定性问题日趋严重(见图 1.15 和图 1.16),由此造成了巨大的经济损失。

(a)渗水结冰冻融引起侧壁变形开裂

(b)结冰冻融锚杆(索)断裂发生与楼板崩塌

图 1.15　桩锚基坑冻融破坏

(a)桩锚基坑冻融锚杆(索)断裂发生与涌砂

(b)地面路面破坏坍塌

图 1.16　桩锚基坑冻融涌砂与地面路面破坏坍塌

通过多年的研究,人们逐渐认识到在土中冰体的形成和发育的过程中,水分迁移产生了冻融。而土体自身的性质(土的密度、颗粒、水分以及外界的环境因素)是水分迁移强弱的重要因素,当其中一项发生变化则可消减或不产生土体冻融。另外,土体温度场的改变也是冻融产生的重要因素,正常短期的环境温度变化不会显著影响土体中温度的改变,其产生的冻土效应也基本可以忽略,但长期季节性的改变却可以使土中温度场发生可观的变化,尤其土体中发生的冻融循环作用对在建基坑工程会造成巨大的影响。上述分析表明,基坑工程冻融对围护结构产生影响,对围护结构后土体来说,因冻融力而使土压力增大,支护结构的刚度需要大幅度加强。而当冻土融化时,不仅土的含水量大增,而且土粒结构也受扰动,同样使土压力增大。如果基坑需经历两个甚至更多的冬期,则其不利的循环冻融变形作用将愈加明显,而支护结构多为临时性设计,将大大增加对整个支护体系的考验。

综上所述,面对基坑,桩锚支护结构因其受力性能良好、经济性突出,是目前尤其是东北季节性冻土区广泛使用的支护结构形式。但季节性冻土区如何考虑冻融力施加的理论研究较于工程的实践相对落后,也是季节性冻土区往往引起基坑工程事故的主要原因。因为影响冻融力大小和分布的因素较多,现有的规范和标准中,还没有具体考虑冻融力的设计计算分析方法,设计人员对于季节性冻土区考虑冻融的计算带有很大的盲目性。也导致冻融后的基坑给工程施工带来极大隐患,后果难以设想。国内外很多学者对基坑冻融变形规律进行了现场实测研究,提出了尽量采用柔性支护结构、采用卸压孔、对冻深范围内粉质黏土进行改良等一系列的保护措施。但如何在设计初期考虑冻融力的影响,确定一套满足工程需要的计算理论以便进行经济上的对比,并为工程设计提供科学依据,是东北地区工程施工亟待解决的重要问题。只有对冻融和冻融的发生、发展有了清晰的了解,才能在工程实践中更好地防灾减灾,才能更好地为经济与社会的可持续发展助一臂之力。

冻土一般为温度低于 0 ℃的岩土,其广泛分布于地球表层的低温地质体,冻土的存在与演变对人类的工程活动和可持续发展具有重要的影响。冻土是特殊土类,特殊的物理化学力学性质与温度有很大关系。常规土类土性基本稳定,多表现为静态特征。

中国地处亚欧大陆的东南部,大陆从北向南大致穿越了 35 个纬度(北纬 53°～18°),东西相隔约 61 个经度(东经 135°～74°)。中国地势西高东低,幅员辽阔、地形复杂,中国的冻土具有类型多、分布面积广的特点。

冻土是岩石与大气热量交换平衡物体,根据温度和含冰量情况,一般将土划分为以下五类:① 未冻土(或融土)——不含冰晶且土温高于 0 ℃土;② 寒土——不含冰晶且土温低于 0 ℃土(含水量小或水溶液浓度较高);③ 已冻土——含冰晶且土温低于 0 ℃土;④ 正冻土——处于温度低于 0 ℃降温过程中且有冰晶的形成及生长(有相界面的移动)土;⑤ 正融土——处于温度低于 0 ℃升温过程中且冰晶逐渐减小(有冻融界面移动)土。

根据冻土存在时间长短的变化,可以将冻土分为多年、季节性冻土。多年冻土为冻结土状态处于 2a 以上,在表层数米范围内的土层处于冬冻夏融状态——季节融化层或季节冻结层。地理学将多年冻土区按其连续性分为连续、不连续多年冻土区,图 1.17 展示了位于加拿大北部与西北部地区连续多年、不连续多年冻土区分界处多年冻土的典型垂直分布和厚度。在不连续多年冻土区的多年冻土呈分散的岛状分布，其分布面积从几平方米到数万平方米不等，其厚度分布从南界的数厘米到与连续多年冻土接壤边界的超过100 m不等。按年变化深度描述这些区域的准则：年平均地温实测值为−5 ℃等温线进行划分。

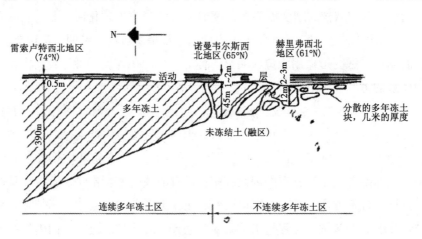

（a）冻土厚度分布

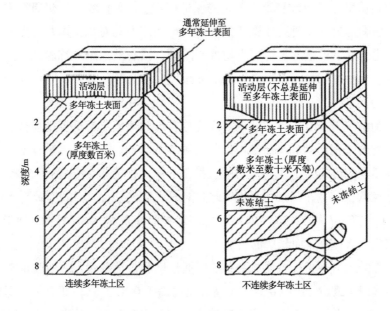

（b）冻土结构特征

图 1.17　寒区多年冻土（引自 R.J.E.Brown 等，1981）

（1）多年冻土主要分布在北温、中温带的山区，分布面积约占全球陆地面积的 23%，主要分布于俄罗斯、加拿大、美国的阿拉斯加等高纬度地区。

（2）季节冻土主要分布在中温、南温及北亚热带的山区。

（3）瞬时冻土主要分布在亚热、北热带的山区。

我国冻土可分多年冻土、季节冻土与瞬时冻土，各类冻土的区划前提、保存时间和冻融特征见表1.6。其中，季节冻结（季节融化）持续冻结（融化）时间大于或等于1个月，不连续冻结持续冻结时间小于1个月。

表1.6　冻土划分的基本依据

冻土类型	区划前提	区划指标 （年平均气温/℃）	冻土保存时间/月	冻融特征
多年冻土	极端最低地面温度≤0℃	18.5~22.0	<1	夜间冻结、不连续冻结
季节冻土	最低月平均地面温度≤0℃	8.0~14.0	≥1	季节冻结、不连续冻结
瞬时冻土	年平均地面温度≤0℃	大片连续的：-2.4~5.0 不连续的：-0.8~-2.0	≥24	季节融化

表1.7列举了1∶400万比例尺的中国冰、雪、冻土分布图统计得到冻土总面积及所占总面积百分数。不同类型冻土所覆盖的面积约占中国面积98.8%，其中对工程建设影响较大的多年冻土和季节性冻土的面积总和约占中国面积的75%，季节冻土占53.5%，而中国的多年冻土面积占世界多年冻土面积的10%，是继俄罗斯与加拿大之后，世界多年冻土分布面积第三大国，其中处于中低纬度，有世界第三极之称的青藏高原为我国独有。

表1.7　中国冻土分布面积占比

冻土类型	分布面积/×10³km²	占全国总面积的百分数
瞬时冻土	2291	23.9%
季节冻土	5137	53.5%
多年冻土	2068	21.5%

一般土多是非饱和复杂四相系的多相体，固相物质组成土的基本骨架——土的基质，非饱和冻土、新固相-冰相体，用质量和体积的关系表示非饱和未冻结土和冻结土的组成见图1.18所示。

对于图1.18非饱和未冻土未冻水含量W_u和相对冰含量i为：

$$W_u = \frac{M_{wu}}{M_s}, \quad i = \frac{M_i}{M_i + M_{wu}}, \quad (1-i) = W = W_u \tag{1.6}$$

式中：W——含水量；

$\qquad W_u$——未冻水含量；

$\qquad M_{wu}$——未冻水质量；

$\qquad M_s$——土颗粒质量；

$\qquad i$——相对冰含量。

按冻土团聚状态属于坚硬固体，其成分包含了多种物理-化学和力学性质的多相体组分，多相体组分可处于坚硬态、塑性状态、液态、水汽和气态的相态。冻土中的多相体组分都处于物理、化学、力学的相互作用中，从而产生了物理-力学性质并制约着冻土在外荷载作用时的行为。因此，在冻土的工程应用中必须将其作为一种复杂的多相系统，

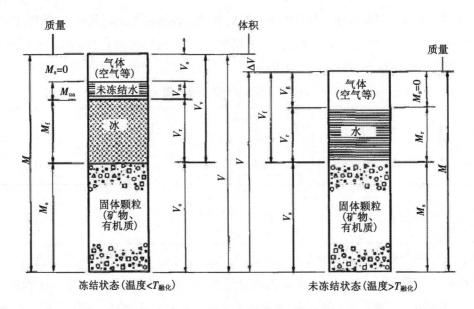

图1.18　非饱和土冻结、未冻结土质量-体积关系

(引自 T.H.W.Baker, 1991)

多相系统主要包括以下五种：固体矿物颗粒、动植物成因的生物包裹体、自由水与结合水和水中溶解的酸碱盐、理想塑性冰包裹体(形成冻结土颗粒的胶结冰和冰夹层)、气态成分(水汽、空气)。

◆◇ 1.8　季节土中水冻结基本特征

一般情况下，低温水分子的自由能减小且趋于有序排列，结冰即液态的水中出现冰体，从而产生界面能。若克服界面能液态水就能发生结冰，吉布斯成核理论就揭示了这一现象：在0℃以下的液态水中，通过某些细小微粒克服新相界面能，使得属于液态水分子变相形成固态的冰。即当一滴水结成冰时，通常在一个微小冰核颗粒上形成冰晶，而后冰晶再向水滴其他部分扩散，一旦形成冰核，其他水分子就快速结冰。土中水分的冻结温度由于水与矿物颗粒和生物颗粒、冰晶体、溶解盐处于电分子相互作用下降而降低。根据著名的列别捷夫分类法(1919)，土中水可分为自由、结合水，其中结合水又按照距土颗粒的远近以及受电场作用力大小的不同分为强、弱结合水(如图1.19所示)。图1.20为0℃下负温条件非饱和土冻结过程中冰晶形成过程，非饱和土在0℃下负温条件，随温度逐渐降低，未冻水膜厚度逐渐变薄，部分孔隙水由于温度逐渐下降而逐渐变相形成孔隙冰。

(1)进一步研究发现，可以将土中水(包括正冻水和冻结水)按照它们的能级关系以及在土中的配置地位进行精准分类。例如切韦列夫(1991)按性质划分出6种联结形式，并根据不同土颗粒配置关系的能量联结划分19种土体水，制约着冻土中的相变强度，最终决定了冻土的强度和变形。

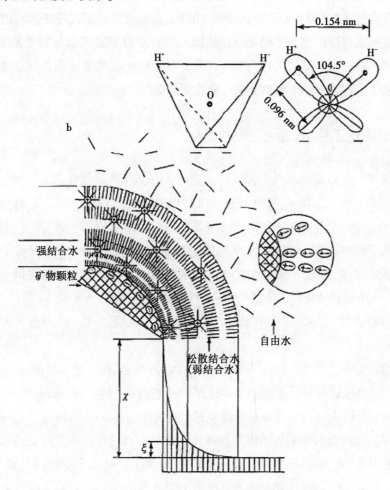

图 1.19 水分子模型及与矿物颗粒表面相互作用关系

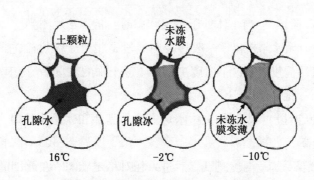

图 1.20 冻结过程中孔隙冰形成过程

（2）强结合水包括化学、物理-化学结合水。强结合水由单个的水分子构成，与矿物颗粒表面具有最高的结合程度，表面能为 90~300 kJ/kg，其冰点小于-78 ℃。无论是在矿物颗粒的外表面上或在冰晶体上，吸附水膜和渗透水膜的相互作用能量都比较小，水膜厚度为 1~8 nm。

（3）X 衍射分析发现，在低达-12 ℃温度下冰中仍有类似液体水膜存在，-3 ℃时仍有渗透水膜存在。温度降至-3 ℃时，毛细-结合水仍然存在。多孔毛细水和游离在矿物骨架和冰之间的水可以归纳为弱结合水。E.Юнг(杨)通过实验揭示与温度的关系，并制订了测定未冻水的方法。通过实验可知，自由水在土处于起始冻结温度时相变成冰，随着温度的持续下降，弱结合水和部分强结合水逐渐冻结。

◆◇ 1.9　季节土中水冻融演化过程

土中水在 0 ℃下负温条件具有温度降低冻结、温度升高融化性质。因此，起始冻结温度 θ_{bf}，以及最终融化温度 θ_{th} 成为土的基本物理指标之一。土中水一方面受到土颗粒表面能的作用，另一方面含有一定量的溶质成分的土中水可以影响冰点。所以，土中水冻结温度都低于纯水冰点，与纯水冰点差值定义为冰点降低。图 1.21 展示了土中水势能、类型及冻结顺序，由于土中水受到土颗粒表面能的作用，当土的温度低于重力水的冻结温度时，土中水开始冻结，冻结的顺序为重力水→毛管水→薄膜水（弱结合水）→吸湿水（吸着水或称强结合水）。土中部分水由液态变相成固态这一结晶过程大致要经历三个阶段：

第 I 阶段：先形成非常小的分子集团，称为结晶中心或称生长点（germs）；

第 II 阶段：再由这种分子集团生长变成稍大一些团粒，称为晶核（nuclei）；

第 III 阶段：最后出这些小团粒结合或生长，产生冰晶（ice crystal）。

冰晶生长的温度称为水的冻结温度或冰点。结晶中心是在比冰点更低的温度下才能形成，所以土中水冻结的时间过程一般须经历过冷、跳跃、稳定和递降四个阶段。

图 1.22 展示了土冷却-冻结-融化过程中土温 θ 与时间 t 的关系曲线。大致包含以下七个阶段。

第 I 阶段（过冷阶段）：当土体处于负温状态时，能开始观测到土体受环境温度的影响，土温开始下降但无冰晶析出，一般过冷曲线段是相对于温度轴的凹形曲线（翘曲）。土温逐渐下降至过冷温度 θ_c，这个温度决定于正冻土中的热量平衡，其值达到最小值时，孔隙水中将形成第一批结晶中心。

第 II 阶段（跳跃阶段）：观测到土中水形成冰晶晶芽和冰晶生长时，立即释放结晶潜热，使土温骤然升高。

第 III 阶段（稳定阶段）：温度跳跃之后进入相对稳定状态，在此期间土中比较多的自由水发生结晶，土中水部分相变成冰，水膜厚度减薄、土颗粒对水分子的束缚能增大及水溶液中离子浓度增高。此最高温度即称作土体水分起始冻结温度 θ_{bf}。起始冻结温度与一标准大气压下纯水冰点 0 ℃的差值称为冰点降低。冻结温度与周围介质的温度关系不大，对于某一种土而言可以认为是个常数，它是土物理性质的最重要指标，可以均衡地反映土体水分与所有其他成分之间的内部联结作用。

土水势 (MPa)	1000	3.1	1.5	0.625	0.5	0.008	0.0001

| 105℃烘干量 | 吸湿系数 | 凋萎系数 | 最大分子持水量 | 田间持水量 | 最大毛管水量 | 饱和含水量 |

结晶水化合水	吸湿水	薄膜水	毛管悬着水	重力水
	③		毛管水 ②	①
不冻结	冻	结	顺	序

图 1.21　土中水势能、类型及冻结顺序

第Ⅳ阶段(递降阶段)：土温继续按非线性规律下降以相对于时间轴的凸起曲线变化，随着此阶段弱结合水冻结，成冰作用析出的潜热逐渐减小。而且此阶段终结时土中仅剩下强结合水，可观测到土温更快地下降到周围环境温度。

第Ⅴ阶段(融化阶段)：当外界温度上升时，土中温度变化过程几乎是平滑曲线。温度上升时温度曲线的非线性变化说明土尚未开始融化时潜热已被耗散。

第Ⅵ阶段(融化阶段)：融化温度 θ_{th} 要比起始冻结温度 θ_{bf} 高一些，对土而言该温度同样可以作为恒定指标。这两个阶段中随着温度的升高，冻土中液态水含量逐渐增高。

第Ⅶ阶段(融后阶段)：土中冰晶全部融完后，土温逐渐与环境温度达到平衡。从融化阶段向融后阶段过渡时，可以看出曲线明显的曲率变化。

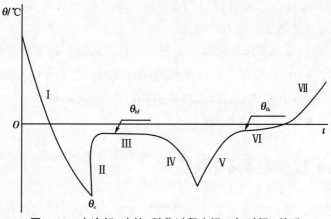

图 1.22　土冷却-冻结-融化过程土温 θ 与时间 t 关系

第 2 章　地下水渗流与冻融 Barcelona 模型

为了通过数值方法(例如有限元法)以适当的方式分析饱和或部分饱和土体的力学行为,有必要同时考虑变形和地下水流量。对于瞬态行为,这导致位移和孔隙压力的混合方程,称为耦合水力学方法,必须同时求解。对于涉及水平孔隙表面的应用,可以通过分解将总孔隙压力分解为恒定分量(稳态孔隙压力)和瞬态分量(过量孔隙压力)来简化方程。但在许多实际案例中,静止孔隙压力的分布在计算阶段开始时是未知的。因此,需要根据 Biot 的固结理论进行分析,能够同时计算饱和部分饱和土体中具有时间依赖性边界条件的地下水流的变形。在这种情况下,主要的挑战是需要使用固结理论来处理不饱和土体条件,至少需要模拟气相线。由于土体骨架的弹塑性行为以及饱和度和相对渗透率的吸力依赖性,Biot 理论有限元公式中全局刚度矩阵的所有系数均为线性。这种情况与饱和土的方程完全不同,其中只有弹塑性刚度基质是非线性的。因此,需要有效的数值处理程序,如 PLAXIS 中所实施的那样。计算的准确性、稳健性和有效性取决于选择时间增量的方法。PLAXIS2D 和 3D 使用完全隐式方案,该方案无条件稳定(Booker 等,1975)。

模拟非饱和土力学行为的另一个重要问题是在耦合流动变形分析中实现的本构模型。由 Gonzalez 和 Gens(2008)开发的与众所周知的巴塞罗那基本模型 BBM(Alonso 等,1990),在概念上相似的模型已通过用户定义的土体模型选项在 PLAXIS 中实现。实现的模型主要特征是它利用 Bishop 应力和吸力作为状态变量(Sheng 等,2003;Gallipoli 等,2003),而不是原始 BBM 中使用的净应力和吸力。除了基于向后欧拉算法的隐式应力积分方案外,还利用 Pérez 等(2001)提出的子步进方案来积分应变-应力关系。本构模型的输入变量是总应变的增量和吸力的增量。

PLAXIS 程序中已全面实施饱和与不饱和土的稳态和瞬态地下水流计算两种计算方式。在 PLAXIS 内核中已经实现了 5 种类型的水力模型,即 Van Genuchten(简化的 Van Genuchten,在 GeoDelft 开发的 PlaxFlow 内核中被称为 Van Genuchten)、Mualem、线性化 Van Genuchten、样条曲线和完全饱和。

◆ 2.1　地下水渗流基本特征

(1)基本方程式。公式的表示基于力学符号约定,其中压缩应力和应变为负。以同样的方式,孔隙水压力 p_w 和孔隙空气压力 p_a 在压缩中被认为是负的。水的流动被假定为流入量为正。孔隙率 n 是空隙体积与总体积的比值，饱和度 S 是游离水体积与空隙体积的比值：

$$n = \frac{\mathrm{d}V_\mathrm{v}}{\mathrm{d}V}; \quad S = \frac{\mathrm{d}V_\mathrm{w}}{\mathrm{d}V_\mathrm{v}} \tag{2.1}$$

体积水含量为：

$$\theta = \frac{\mathrm{d}V_\mathrm{w}}{\mathrm{d}V} = Sn \tag{2.2}$$

含水量是水和固体的重量（或质量）之比：

$$w = \frac{\mathrm{d}W_\mathrm{w}}{\mathrm{d}W_\mathrm{s}} = S \frac{n}{1-n} \frac{\rho_\mathrm{w}}{\rho_\mathrm{s}} \tag{2.3}$$

多相介质的密度为：

$$\rho = (1-n)\rho_\mathrm{s} + nS\rho_\mathrm{w} \tag{2.4}$$

式中：ρ_s——固体颗粒的密度；

ρ_w——水密度。

地下水应力状态也可以用水头表示。液压头 ϕ 可分解在标高头 z 和压力头 φ_p 中：

$$\phi = z - \frac{p_\mathrm{w}}{\gamma_\mathrm{w}} = z + \varphi_\mathrm{p} \tag{2.5}$$

这些方程是在具有垂直和向上方向的 z 轴的三维空间中提出的。对于二维问题，y 轴是垂直的，向量和矩阵的范围相应地减小。

梯度算子 ∇ 的向量格式为：

$$\nabla^\mathrm{T} \equiv \left| \begin{array}{ccc} \dfrac{\partial}{\partial x} & \dfrac{\partial}{\partial y} & \dfrac{\partial}{\partial z} \end{array} \right| \tag{2.6}$$

工程应变 L 定义对应的微分算子定义为：

$$L^\mathrm{T} \equiv \left| \begin{array}{cccccc} \dfrac{\partial}{\partial x} & 0 & 0 & \dfrac{\partial}{\partial y} & 0 & \dfrac{\partial}{\partial z} \\[2ex] 0 & \dfrac{\partial}{\partial y} & 0 & \dfrac{\partial}{\partial x} & \dfrac{\partial}{\partial z} & 0 \\[2ex] 0 & 0 & \dfrac{\partial}{\partial z} & 0 & \dfrac{\partial}{\partial y} & \dfrac{\partial}{\partial x} \end{array} \right| \tag{2.7}$$

（2）不饱和土体行为。颗粒基质，如土体是固体颗粒的混合物，其中孔隙空间可以充满液体和气体。在岩土工程中，常见的流体是空气和水。在经典土力学中，土体的力学行为是简化的，仅考虑土体完全干燥的两种状态，即所有孔隙都充满空气，或者土体完全饱和，即所有孔隙都充满水。在干燥的情况下，通常假设孔隙是空的，流体的可压缩性和饱和度被忽略。相反，在不饱和土力学中，孔隙被认为同时充满液体（水）和气体（空气），液体和气体的相对比例在不饱和土体的力学行为中起着显著的作用。如果液体的饱和度小于 1，则土体称为不饱和或部分饱和，通常出现在气压水平以上，并且孔隙水压相对于大气压力为正。低于气压水平，孔隙水压力为负，土体通常饱和。在存在向上通量（即蒸发和蒸散）的区域，高于气流的吸力增加（饱和度降低），水位随时间降低，而在通量下降（即降水）的情况下，吸力减少（饱和度增加）并且水位随时间上升。在总表面通量为零的情况下，孔隙水压力曲线在水力条件下变得平衡。

（3）吸力。水势是纯水相对于参考的潜在功。这会导致多孔介质中的水从水势较高的区域流向水势较低的区域。总水势可以被认为是由于基质、渗透、气体压力和重力引起的水势的总和。不饱和带的流动与总吸力有关，总吸力是基质 S 和渗透吸力 π 的总和：

$$S_t = S + \pi \tag{2.8}$$

在大多数实际应用中，渗透吸力不存在，因此：

$$S_t = S \tag{2.9}$$

基质吸力与土体基质有关（由于土体基质的吸附和毛细管的存在），它是气体压力和土体水压的差：

$$S = p_a - p_w \tag{2.10}$$

其中，p_w 和 p_a 为孔隙水压力和孔隙空气压力。

在大多数情况下，孔隙气压是恒定的，并且足够小，可以忽略不计。因此，基质吸力为孔隙水压力的负数：

$$S = -p_w \tag{2.11}$$

（4）Bishop 有效压力中使用的基于总孔隙压力方法的固结控制方程遵循 Biot 理论（Biot，1941）。该公式基于小应变理论，并假设了液体流的达西定律。请注意，使用了力学符号约定，即压缩应力被认为是负的。

$$\boldsymbol{\sigma} = \sigma' + \boldsymbol{m}(\chi p_w + (1 - \chi) p_a) \tag{2.12}$$

其中，

$$\boldsymbol{\sigma} = (\sigma_{xx} \quad \sigma_{yy} \quad \sigma_{zz} \quad \sigma_{zz} \quad \sigma_{yz} \quad \sigma_{zx})^T \tag{2.13}$$

$$\boldsymbol{m} = (1 \quad 1 \quad 1 \quad 0 \quad 0 \quad 0)^T \tag{2.14}$$

式中：$\boldsymbol{\sigma}$——总应力的向量；

σ'——有效应力；

p_w 和 p_a——孔隙水压力和孔隙气压；

$\boldsymbol{m}$——法向应力分量的单位项和剪切强度分量的零项的向量；

χ——基质吸入系数的有效应力参数，从 0 到 1 不等，涵盖从干燥到完全饱和条件的范围。

考虑这两个特殊情况，表明对于完全饱和的土（$\chi = 1$），压缩孔隙压力的经典有效应力方程如下：

$$\boldsymbol{\sigma} = \sigma' + \boldsymbol{m} p_w \tag{2.15}$$

对于完全干燥的土体($\chi=0$)，有效应力为

$$\boldsymbol{\sigma}=\boldsymbol{\sigma}'+\boldsymbol{m}p_{a} \tag{2.16}$$

假设孔隙气压恒定并且足够小，可以忽略不计（即 $p_a \approx 0$），则可以简化该概念以进行实际应用。因此，对于完全干燥的土体，有效应力和总应力基本上是相等的。基质吸力系数一般通过实验确定。该参数取决于饱和度、孔隙率和基质吸力（p_a-p_w）（Bolzon 等 1996；Bishop 等,1963）。关于基质吸力系数的实验证据非常少，因此参数通常被假定为等于 PLAXIS 中的有效饱和度。现在有效应力或模拟可以简化为

$$\boldsymbol{\sigma}=\boldsymbol{\sigma}'+\boldsymbol{m}(S_{e}p_{w}) \tag{2.17}$$

式中：S_e——有效饱和度，是吸力孔隙压力的函数。

◆◆ 2.2　地下水渗流控制方程

2.2.1　达西定律

饱和土体中的水流通常使用达西定律描述。假设水流过土体的速率与液压头梯度成正比。地下水流量的平衡方程为：

$$\nabla p_{w}+\rho_{w}\boldsymbol{g}+\boldsymbol{\varphi}=0 \tag{2.18}$$

其中，$\boldsymbol{g}=(0,\ -g,\ 0)^{\mathrm{T}}$——重力加速度的向量；

$\boldsymbol{\varphi}$——流动流体和土体骨架之间每单位体积的摩擦力的向量。

该力线性依赖于流体速度，并且作用于相反的方向。这些关系是：

$$\boldsymbol{\varphi}=-\boldsymbol{m}^{\mathrm{int}}\boldsymbol{q} \tag{2.19}$$

其中，$\boldsymbol{q}$——比流量（流体速度），$\boldsymbol{m}^{\mathrm{int}}$ 为：

$$\boldsymbol{m}^{\mathrm{int}}=\begin{bmatrix} \dfrac{\mu}{\kappa_{x}} & 0 & 0 \\[2mm] 0 & \dfrac{\mu}{\kappa_{y}} & 0 \\[2mm] 0 & 0 & \dfrac{\mu}{\kappa_{z}} \end{bmatrix} \tag{2.20}$$

与流体的动态黏度 μ 和 κ_i 多孔介质的固有渗透性。来自式(2.18)和式(2.19)的结果：

$$-\nabla p_{w}-\rho_{w}g+m^{\mathrm{int}}q=0 \tag{2.21}$$

也可以写成：

$$q=\kappa^{\mathrm{int}}(\nabla p_{w}+\rho_{w}g) \tag{2.22}$$

其中，κ^{int} 为：

$$\kappa^{\mathrm{int}} = \begin{bmatrix} \dfrac{\kappa_x}{\mu} & 0 & 0 \\ 0 & \dfrac{\kappa_y}{\mu} & 0 \\ 0 & 0 & \dfrac{\kappa_z}{\mu} \end{bmatrix} \tag{2.23}$$

在土力学中,用渗透系数 κ_i^{sat}(或导水系数)代替固有渗透性和黏性:

$$\kappa_i^{\mathrm{sat}} = \rho_w g \frac{\kappa_i}{\mu}, \ i = x, y, z \tag{2.24}$$

在非饱和状态下,渗透系数与土体饱和度有关。相对渗透率 $\kappa_{\mathrm{rel}}(S)$ 定义为某一饱和状态下的渗透率与非饱和状态下的渗透率之比。式(2.24)中定义的渗透率系数表示饱和状态,对于非饱和状态,渗透率为

$$\kappa_i = \kappa_{\mathrm{rel}} \kappa_i^{\mathrm{sat}} \quad i = x, y, z \tag{2.25}$$

达西定律的基本形式是:

$$q = \frac{\kappa_{\mathrm{rel}}}{\rho_w g} \kappa^{\mathrm{sat}} (\nabla p_w + \rho_w g) \tag{2.26}$$

式中: κ^{sat}——饱和渗透率矩阵。

$$\kappa^{\mathrm{sat}} = \begin{bmatrix} \kappa_x^{\mathrm{sat}} & 0 & 0 \\ 0 & \kappa_y^{\mathrm{sat}} & 0 \\ 0 & 0 & \kappa_z^{\mathrm{sat}} \end{bmatrix} \tag{2.27}$$

2.2.2 水的压缩性

空气-水混合物的压缩模量是可压缩性:

$$\left(\kappa_w = \frac{1}{\beta} \right) \tag{2.28}$$

其中,

$$\beta = \frac{\dfrac{\mathrm{d}V_w}{V_w}}{\mathrm{d}p} \tag{2.29}$$

式中, V_w 和 $\mathrm{d}V_w$——水的体积以及由于压力的变化而引起的体积变化。

对于不饱和地下水流,水的可压缩性可以表示如下(Bishop 等;Fredlund 等,1993)。

$$\beta = S\beta_w + \frac{1 - S + hS}{K_{\mathrm{air}}} \tag{2.30}$$

式中, S——饱和度;

β_w——纯水的可压缩性($4.58 \times 10^{-7} \ \mathrm{kPa}^{-1}$);

h——空气溶解度的体积系数(0.02);

K_{air}——体积空气模量(大气压下为 100 kPa)。

这个等式可以通过忽略空气的流出度来简化(Verruijt, 2001):

$$\beta = S\beta_w + \frac{1-S}{K_{air}} \tag{2.31}$$

2.2.3 连续性方程

介质中每个参数体积中水(残余水)的质量浓度等于 $\rho_w nS$。水的质量连续性方程指出,从体积流出的水等于质量的变化。而水流出是质量通量密度的发散之残余水 Tq。

水(残余水)在介质的每个元素体积中的质量浓度等于 $\rho_w n$。水的质量连续性方程表明,从体积流出的水等于质量浓度的变化。而出水为剩余水质量通量密度散度($\nabla'\rho_w q$),因此连续性方程为(Song, 1990):

$$\nabla^T \left[\rho_w \frac{\kappa_{rel}}{\rho_w g} \kappa^{sat} (\nabla p_w + \rho_w \mathbf{g}) \right] = -\frac{\partial}{\partial t}(\rho_w nS) \tag{2.32}$$

式(2.32)的右边可以写成:

$$-\frac{\partial}{\partial t}(\rho_w nS) = -nS\frac{\partial \rho_w}{\partial t} - \rho_w n\frac{\partial S}{\partial t} - \rho_w S\frac{\partial n}{\partial t} \tag{2.33}$$

这三个项分别代表了水密度、饱和度和土体孔隙度的变化。

根据质量守恒定理,对于不同的压力和体积对应值,质量是恒定的,即:

$$m_w = \rho_w V_w = c \tag{2.34}$$

因此

$$dm_w = \rho_w dV_w + d\rho_w V_w = 0 \tag{2.35}$$

或者

$$-\frac{dV_w}{V_w} = \frac{d\rho_w}{\rho_w} \tag{2.36}$$

引入水可压缩性的定义,有

$$\frac{d\rho_w}{\rho_w} = -\beta dp \tag{2.37}$$

方程的时间导数为

$$\frac{1}{\rho_w}\frac{\partial \rho_w}{\partial t} = -\beta\frac{\partial p}{\partial t} = -\frac{1}{K_w}\frac{\partial p}{\partial t} \tag{2.38}$$

其中,包含 ρ_w 对时间导数的项可以表示为:

$$-nS\frac{\partial \rho_w}{\partial t} = -nS\frac{\partial \rho_w}{\partial p_w}\frac{\partial p_w}{\partial t} = \frac{n\rho_w}{K_w}S\frac{\partial p_w}{\partial t} \tag{2.39}$$

式(2.33)右边第二项的形式为:

$$\rho_{\mathrm{w}} n \frac{\partial S}{\partial t} = n \rho_{\mathrm{w}} \frac{\partial S}{\partial p_{\mathrm{w}}} \frac{\partial p_{\mathrm{w}}}{\partial t} \tag{2.40}$$

代表孔隙度变化的项由以下组成：

- 有效应力和孔隙压力对土结构的整体压缩：

$$-\frac{\partial \varepsilon_{\mathrm{v}}}{\partial t} = -\boldsymbol{m}^{\mathrm{T}} \frac{\partial \boldsymbol{\varepsilon}}{\partial t} \tag{2.41}$$

- 孔隙压力变化对固体颗粒的压缩：

$$-\frac{(1-n)}{K_{\mathrm{s}}} S \frac{\partial p_{\mathrm{w}}}{\partial t} \tag{2.42}$$

式中：K_{s}——形成土骨架的固体颗粒的体积模量。

- 固体颗粒由于有效应力的变化而受到的压缩：

$$\frac{1}{3K_{\mathrm{s}}} \boldsymbol{m}^{\mathrm{T}} \boldsymbol{M} \left(\frac{\partial \boldsymbol{\varepsilon}}{\partial t} - \frac{1}{3K_{\mathrm{s}}} S \frac{\partial p_{\mathrm{w}}}{\partial t} \boldsymbol{m} \right) \tag{2.43}$$

将式(2.32)中的所有因子代入，忽略二阶无限小项，则连续性方程为：

$$\rho_{\mathrm{w}} S \boldsymbol{m}^{\mathrm{T}} \frac{\partial \boldsymbol{\varepsilon}}{\partial t} - \rho_{\mathrm{w}} S \left(\frac{n}{K_{\mathrm{w}}} + \frac{(1-n)}{K_{\mathrm{s}}} \right) \frac{\partial p_{\mathrm{w}}}{\partial t} + n \rho_{\mathrm{w}} \frac{\partial S}{\partial p_{\mathrm{w}}} \frac{\partial p_{\mathrm{w}}}{\partial t} + \nabla^{\mathrm{T}} \left[\rho_{\mathrm{w}} \frac{\kappa_{\mathrm{rel}}}{\rho_{\mathrm{w}} \boldsymbol{g}} \boldsymbol{\kappa}^{\mathrm{sat}} (\nabla p_{\mathrm{w}} + \rho_{\mathrm{w}} \boldsymbol{g}) \right] = 0 \tag{2.44}$$

$$S \boldsymbol{m}^{\mathrm{T}} \frac{\partial \boldsymbol{\varepsilon}}{\partial t} - n \left(\frac{S}{K_{\mathrm{w}}} - \frac{\partial S}{\partial p_{\mathrm{w}}} \right) \frac{\partial p_{\mathrm{w}}}{\partial t} + \nabla^{\mathrm{T}} \left[\frac{\kappa_{\mathrm{rel}}}{\rho_{\mathrm{w}} \boldsymbol{g}} \boldsymbol{\kappa}^{\mathrm{sat}} (\nabla p_{\mathrm{w}} + \rho_{\mathrm{w}} \boldsymbol{g}) \right] = 0 \tag{2.45}$$

2.2.4 稳态和瞬态地下水流

基于将稳态定义为土体任意点的水头和渗透系数相对于时间保持不变的分析，可以认为是时间趋于无穷大时地下水流动的情况。相反，在瞬态分析中，水头(可能还有渗透系数)随时间而变化。变化通常是关于边界条件随时间的变化。式(2.45)在瞬态分析中可简化为忽略固体颗粒的位移，即：

$$-n \left(\frac{S}{K_{\mathrm{w}}} - \frac{\partial S}{\partial p_{\mathrm{w}}} \right) \frac{\partial p_{\mathrm{w}}}{\partial t} + \nabla^{\mathrm{T}} \left[\frac{\kappa_{\mathrm{rel}}}{\rho_{\mathrm{w}} \boldsymbol{g}} \boldsymbol{\kappa}^{\mathrm{sat}} (\nabla p_{\mathrm{w}} + \rho_{\mathrm{w}} \boldsymbol{g}) \right] = 0 \tag{2.46}$$

上面的方程是著名的 Richards 方程的一种形式，它描述了饱和-非饱和地下水流动。Richards 方程的形式如下：

$$\left\{ \frac{\partial}{\partial x} \left[K_{\mathrm{x}}(h) \frac{\partial h}{\partial x} \right] + \frac{\partial}{\partial y} \left[K_{\mathrm{y}}(h) \frac{\partial h}{\partial y} \right] + \frac{\partial}{\partial z} \left[K_{\mathrm{z}}(h) \left(\frac{\partial H}{\partial z} + 1 \right) \right] \right\} = \left[C(h) + S \cdot S_{\mathrm{s}} \right] \frac{\partial h}{\partial t} \tag{2.47}$$

式中：K_{x}，K_{y}，K_{z}——x，y，z 方向的渗透系数；

$C(h) = \left(\frac{\partial \theta}{\partial h} \right)$——比含水量($L-1$)；

S_{s}——比贮存量($L-1$)。

特定存储量 S_{s} 是一种物质属性，可以表示为：

$$S_s = \rho_w g \left(\frac{1-n}{K_s} + \frac{n}{K_w} \right) \tag{2.48}$$

土颗粒的压缩性可以忽略，因此：

$$S_s = \frac{n \rho_w g}{K_w} \tag{2.49}$$

Richards 方程中的 $C(h)$ 项可以展开为：

$$C(h) = \frac{\partial \theta}{\partial h} = \frac{\partial}{\partial h}(nS) = n \frac{\partial S}{\partial h} \tag{2.50}$$

将式(2.49)和式(2.50)代入 Richards 方程，将基于水头的方程改为基于孔隙水压力的方程，得到式(2.46)。对于稳态地下水流动，孔隙水压力随时间的变化为零，适用连续性条件：

$$\nabla^T \left[\frac{\kappa_{rel}}{\rho_w g} \boldsymbol{\kappa}^{sat}(\nabla p_w + \rho_w \boldsymbol{g}) \right] = 0 \tag{2.51}$$

该方程表示基本区域没有净流入或流出，如图 2.1 所示。

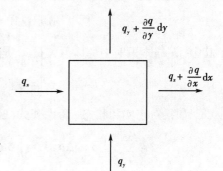

图 2.1　连续性条件示意图

2.2.5　变形方程

对于具有代表性的土体单质体积，其线性动量平衡为：

$$\boldsymbol{L}^T (\boldsymbol{\sigma}' + S_e p_w \boldsymbol{m}) + \rho \boldsymbol{g} = \boldsymbol{0} \tag{2.52}$$

其中，

$$\rho = (1-n)\rho_s + nS\rho_w \tag{2.53}$$

式中：ρ——多相介质的密度；

　　$\boldsymbol{g}$——三维空间中包含重力加速度 $\boldsymbol{g}^T = (0, -g, 0)^T$ 的向量；

　　$\boldsymbol{L}^T$——微分算子 L 的转置。

假设无穷小应变理论，应变与位移的关系可表示为：

$$d\boldsymbol{\varepsilon} = \boldsymbol{L} d\boldsymbol{u} \tag{2.54}$$

将有效应力方程用增量形式重写为：

$$d\boldsymbol{\sigma} = d\boldsymbol{\sigma}' + S_e dp_w \boldsymbol{m} \tag{2.55}$$

采用有效应力的本构关系为：

$$d\boldsymbol{\sigma}' = \boldsymbol{M} d\boldsymbol{\varepsilon} \tag{2.56}$$

式中：$\boldsymbol{M}$——材料应力-应变矩阵。

得到变形模型的控制方程：

$$\boldsymbol{L}^T [\boldsymbol{M}(\boldsymbol{L} d\boldsymbol{u}) + S_e dp_w \boldsymbol{m}] + d(\rho \boldsymbol{g}) = \boldsymbol{0} \tag{2.57}$$

◆◇ 2.3 地下水渗流有限元公式

2.3.1 变形问题

在有限元方法中,元素 u 中的位移场由位移 v 的节点值使用在矩阵 N 中组装的插值(形状)函数得出:

$$u = Nv \tag{2.58}$$

公式的替换如下:

$$\varepsilon = LNv = Bv \tag{2.59}$$

其中, B 是一个包含形状函数的空间导数的矩阵。虚功方程为:

$$\int_V \delta \varepsilon^T \sigma dV = \int_V \delta u^T b dV + \int_\Gamma \delta u^T t d\Gamma \tag{2.60}$$

其中, b 是体积 V 中的体力矢量, t 是边界上的牵引力 Γ。应力可以增量计算:

$$\sigma^i = \sigma^{i-1} + \Delta \sigma = \sigma^{i-1} + \int_{t^{i-1}}^{t^i} \sigma dt \tag{2.61}$$

如果对于实际状态 i 考虑公式(2.60),则可以用公式(2.61)消去未知的 σ',因此:

$$\int_V \delta \varepsilon^T \Delta \sigma dV = \int_V \delta u^T b^i dV + \int_\Gamma \delta u^T t^i d\Gamma - \int_V \delta \varepsilon^T \sigma^{i-1} dV \tag{2.62}$$

公式(2.62)可以重新离散化为:

$$\int_V B^T \Delta \sigma dV = \int_V N^T b^i dV + \int_\Gamma N^T t^i d\Gamma - \int_V B^T \sigma^{i-1} dV \tag{2.63}$$

将体力和边界牵引力写成增量形式,得到:

$$\int_V B^T \Delta \sigma dV = \int_V N^T \Delta b dV + \int_\Gamma N^T \Delta t d\Gamma + r_v^{i-1} \tag{2.64}$$

利用剩余力向量 r_v^{i-1}:

$$r_v^{i-1} = \int_v N^T b^{i-1} dV - \int_\Gamma N^T t^{i-1} d\Gamma - \int_V B^T \sigma^{i-1} dV \tag{2.65}$$

如果第 i 步的解是精确的,则剩余力矢量应等于零。PLAXIS 在固结中对位移和孔压进行了相同的形状函数分析(在一般情况下,可以使用不同的形状函数集来描述形状的变化位移和孔隙压力速率。这意味着有限元网格中的节点可能有不同的自由度,有些与位移有关,有些与孔隙压力有关,有些与两者都有关。为了使孔隙压力速率与应力速率一致,可以选择描述孔隙压力速率的多项式比描述位移的多项式低一个数量级。这种方法导致对位移的估计不太准确,但孔隙压力的波动较小),即:

$$p_w = N p_n \tag{2.66}$$

有效应力原理公式可以写成如下形式:

$$\sigma^{i-1} = \sigma^{i-1} + S_e^{i-1} p_w^{i-1} m \tag{2.67}$$

$$\Delta \boldsymbol{\sigma} = \Delta \boldsymbol{\sigma}' + S_{\mathrm{e}}^{i-1} \Delta p_{\mathrm{w}} \boldsymbol{m} \tag{2.68}$$

将式(2.68)代入式(2.64)，可得：

$$\int_{\mathrm{V}} \boldsymbol{B}^{\mathrm{T}} (\Delta \boldsymbol{\sigma}' + S_{\mathrm{e}}^{i} \Delta p_{\mathrm{w}} \boldsymbol{m}) \mathrm{d}V = \int_{\mathrm{V}} \boldsymbol{N}^{\mathrm{T}} \Delta \boldsymbol{b} \mathrm{d}V + \int_{\Gamma} \boldsymbol{N}^{\mathrm{T}} \Delta \boldsymbol{t} \mathrm{d}\Gamma + \boldsymbol{r}_{\mathrm{v}}^{i-1} \tag{2.69}$$

将式(2.69)中的应力-应变关系代入，有：

$$\int_{\mathrm{V}} \boldsymbol{B}^{\mathrm{T}} \boldsymbol{M} \boldsymbol{B} \Delta \boldsymbol{v} \mathrm{d}V + \int_{\mathrm{V}} S_{\mathrm{e}} \boldsymbol{B}^{\mathrm{T}} \boldsymbol{m} \Delta p_{\mathrm{w}} \mathrm{d}V = \int_{\mathrm{V}} \boldsymbol{N}^{\mathrm{T}} \Delta \boldsymbol{b} \mathrm{d}V + \int_{\Gamma} \boldsymbol{N}^{\mathrm{T}} \Delta \boldsymbol{t} \mathrm{d}\Gamma + \boldsymbol{r}_{\mathrm{v}}^{i} \tag{2.70}$$

或者矩阵形式：

$$\boldsymbol{K} \Delta \boldsymbol{v} + \boldsymbol{Q} \Delta p_{\mathrm{w}} = \Delta \boldsymbol{f}_{\mathrm{u}} + \boldsymbol{r}_{\mathrm{v}}^{i} \tag{2.71}$$

式中：$\boldsymbol{K}$，$\boldsymbol{Q}$，$\Delta \boldsymbol{f}_{\mathrm{u}}$——刚度矩阵、耦合矩阵和荷载向量的增量。

$$\boldsymbol{K} = \int_{\mathrm{V}} \boldsymbol{B}^{\mathrm{T}} \boldsymbol{M} \boldsymbol{B} \mathrm{d}V \tag{2.72}$$

$$\boldsymbol{Q} = \int_{\mathrm{V}} S_{\mathrm{e}} \boldsymbol{B}^{\mathrm{T}} \boldsymbol{m} \boldsymbol{N} \mathrm{d}V \tag{2.73}$$

$$\Delta \boldsymbol{f}_{\mathrm{u}} = \int_{\mathrm{V}} \boldsymbol{N}^{\mathrm{T}} \Delta \boldsymbol{b} \mathrm{d}V + \int_{\Gamma} \boldsymbol{N}^{\mathrm{T}} \Delta \boldsymbol{t} \mathrm{d}S \tag{2.74}$$

饱和程度的实际变化包含在增量中。

2.3.2　流动问题

对孔隙压力和位移采用相同形状函数的伽辽金(Galerkin)方法应用于公式。利用格林(Green's)定理将方程的微分阶降为离散后的质量守恒方程得到：

$$\int_{\mathrm{V}} \boldsymbol{N}^{\mathrm{T}} S \boldsymbol{m}^{\mathrm{T}} \boldsymbol{L} \boldsymbol{N} \frac{\mathrm{d}\boldsymbol{v}}{\mathrm{d}t} \mathrm{d}V - \int_{\mathrm{V}} \boldsymbol{N}^{\mathrm{T}} n \left(\frac{S}{K_{\mathrm{w}}} - \frac{\partial S}{\partial p_{\mathrm{w}}} \right) \boldsymbol{N} \frac{\mathrm{d}p_{\mathrm{w}}}{\mathrm{d}t} \mathrm{d}V - \int_{\mathrm{V}} (\nabla \boldsymbol{N})^{\mathrm{T}} \frac{\kappa_{\mathrm{rel}}}{\gamma_{\mathrm{w}}} \boldsymbol{\kappa}^{\mathrm{sat}} \nabla \boldsymbol{N} p_{\mathrm{w}} \mathrm{d}V$$
$$- \int_{\mathrm{V}} (\nabla \boldsymbol{N})^{\mathrm{T}} \frac{\kappa_{\mathrm{rel}}}{\gamma_{\mathrm{w}}} \boldsymbol{\kappa}^{\mathrm{sat}} \rho_{\mathrm{w}} \boldsymbol{g} \mathrm{d}V - \int_{\Gamma} \boldsymbol{N} \hat{q} \mathrm{d}S = 0 \tag{2.75}$$

在矩阵形式中：

$$-\boldsymbol{H} p_{\mathrm{w}} - \boldsymbol{S} \frac{\mathrm{d}p_{\mathrm{w}}}{\mathrm{d}t} + \boldsymbol{C} \frac{\mathrm{d}\boldsymbol{v}}{\mathrm{d}t} = \boldsymbol{G} + \boldsymbol{q}_{\mathrm{p}} \tag{2.76}$$

式中：$\boldsymbol{H}$，$\boldsymbol{C}$，$\boldsymbol{S}$——渗透率矩阵、耦合矩阵和压缩性矩阵；

　　　　$\boldsymbol{q}_{\mathrm{p}}$——边界上的通量；

　　　　$\boldsymbol{G}$——考虑重力对垂直方向流动影响的矢量。

这个矢量是外部通量的一部分。

$$\boldsymbol{H} = \int_{\mathrm{V}} (\nabla \boldsymbol{N})^{\mathrm{T}} \frac{\kappa_{\mathrm{rel}}}{\gamma_{\mathrm{w}}} \boldsymbol{\kappa}^{\mathrm{sat}} (\nabla \boldsymbol{N}) \mathrm{d}V \tag{2.77}$$

$$\boldsymbol{S} = \int_{\mathrm{V}} \boldsymbol{N}^{\mathrm{T}} \left(\frac{nS}{K_{\mathrm{w}}} - n \frac{\mathrm{d}S}{\mathrm{d}p_{\mathrm{w}}} \right) \boldsymbol{N} \mathrm{d}V \tag{2.78}$$

$$\boldsymbol{C} = \int_{\mathrm{V}} \boldsymbol{N} S \boldsymbol{L} \, \boldsymbol{N} \mathrm{d}V \tag{2.79}$$

$$G = \int_{V} (\nabla N)^{\mathrm{T}} \frac{\kappa_{\mathrm{rel}}}{\gamma_{\mathrm{w}}} \boldsymbol{\kappa}^{\mathrm{sat}} \rho_{\mathrm{w}} g \mathrm{d}V \tag{2.80}$$

$$\boldsymbol{q}_{\mathrm{p}} = \int_{\Gamma} \boldsymbol{N}^{\mathrm{T}} \hat{q}_{\mathrm{w}} \mathrm{d}S \tag{2.81}$$

在瞬态计算中,粒子的位移可以忽略不计。因此耦合矩阵为零。将公式(2.76)简化为:

$$-\boldsymbol{H} \boldsymbol{p}_{\mathrm{w}} - \boldsymbol{S} \frac{\mathrm{d}\boldsymbol{p}_{\mathrm{w}}}{\mathrm{d}t} = \boldsymbol{G} + \boldsymbol{q}_{\mathrm{p}} \tag{2.82}$$

稳态计算时,孔隙压力的时间导数为零,因此:

$$-\boldsymbol{H} \boldsymbol{p}_{\mathrm{w}} = \boldsymbol{G} + \boldsymbol{q}_{\mathrm{p}} \tag{2.83}$$

2.3.3 耦合问题

上述 Biot 方程包含一种耦合行为,它由水-土混合物的平衡方程和连续性方程表示。固体骨架的位移和选取孔隙水压力作为问题的基本变量。空间离散化得到以下非对称方程组:

$$\begin{bmatrix} \boldsymbol{K} & \boldsymbol{Q} \\ 0 & -\boldsymbol{H} \end{bmatrix} \begin{bmatrix} \boldsymbol{v} \\ \boldsymbol{p}_{\mathrm{w}} \end{bmatrix} + \begin{bmatrix} 0 & 0 \\ \boldsymbol{C} & -\boldsymbol{S} \end{bmatrix} \begin{bmatrix} \dfrac{\mathrm{d}\boldsymbol{v}}{\mathrm{d}t} \\ \dfrac{\mathrm{d}\boldsymbol{p}_{\mathrm{w}}}{\mathrm{d}t} \end{bmatrix} = \begin{bmatrix} \boldsymbol{f}_{\mathrm{u}} \\ \boldsymbol{G} + \boldsymbol{q}_{\mathrm{p}} \end{bmatrix} \tag{2.84(a)}$$

系统的对称性公式(2.84(a))可以通过对第　个方程的时间微分来恢复:

$$\begin{bmatrix} \boldsymbol{K} & \boldsymbol{Q} \\ \boldsymbol{C} & -\boldsymbol{S} \end{bmatrix} \begin{bmatrix} \dfrac{\mathrm{d}\boldsymbol{v}}{\mathrm{d}t} \\ \dfrac{\mathrm{d}\boldsymbol{p}_{\mathrm{w}}}{\mathrm{d}t} \end{bmatrix} = \begin{bmatrix} 0 & 0 \\ 0 & \boldsymbol{H} \end{bmatrix} \begin{bmatrix} \boldsymbol{v} \\ \boldsymbol{p}_{\mathrm{w}} \end{bmatrix} + \begin{bmatrix} \dfrac{\mathrm{d}\boldsymbol{f}_{\mathrm{u}}}{\mathrm{d}t} \\ \boldsymbol{G} + \boldsymbol{q}_{\mathrm{p}} \end{bmatrix} \tag{2.84(b)}$$

2.3.4 解决过程

式(2.84(a))和式(2.84(b))可以用一阶有限差分法进行时间积分。这些方程可以写成更简洁的形式:

$$\boldsymbol{B} \frac{\mathrm{d}\boldsymbol{X}}{\mathrm{d}t} + \boldsymbol{C} \boldsymbol{X} = \boldsymbol{F} \tag{2.85}$$

在这里 $\boldsymbol{X}^{\mathrm{T}} = |\boldsymbol{v} \quad \boldsymbol{p}_{\mathrm{w}}|$。矩阵 $\boldsymbol{B}$、$\boldsymbol{C}$ 和 $\boldsymbol{F}$ 依赖于 $\boldsymbol{X}$,离散化由近似的广义中点规则实现

$$\left(\frac{\mathrm{d}\boldsymbol{X}}{\mathrm{d}t}\right)^{i+\alpha} = \frac{\Delta \boldsymbol{X}}{\Delta t} = \frac{\boldsymbol{X}^{i+1} - \boldsymbol{X}^{i}}{\Delta t}, \ \boldsymbol{X}^{i+\alpha} = (1-\alpha) \boldsymbol{X}^{i} + \alpha \boldsymbol{X}^{i+1} \tag{2.86}$$

式(2.85)在 $t^{i+\alpha}$ 时刻为:

$$[\boldsymbol{B} + \alpha \Delta t \, \boldsymbol{C}]^{i+\alpha} \boldsymbol{X}^{i+1} = [\boldsymbol{B} - (1-\alpha) \Delta t \, \boldsymbol{C}]^{i+\alpha} \boldsymbol{X}^{i} + \Delta t \, \boldsymbol{F}^{i+\alpha} \tag{2.87}$$

其中,Δt——时间步长;

α——参数,$0 \leqslant \alpha \leqslant 1$。

在 PLAXIS 中，当 $\alpha = 1$ 时，使用了一个完整的隐式过程。将此程序应用于式(2.84(b))可得：

$$\begin{bmatrix} K & Q \\ C & -S^* \end{bmatrix}^{i+\alpha} \begin{bmatrix} \Delta v \\ \Delta p_w \end{bmatrix} = \begin{bmatrix} 0 & 0 \\ 0 & \Delta t\, H \end{bmatrix}^{i+\alpha} \begin{bmatrix} v^i \\ p_w^i \end{bmatrix} + \begin{bmatrix} \Delta f_u \\ \Delta t\, G + \Delta t(q_p^i + \alpha \Delta q_p) \end{bmatrix}$$

与

$$\left.\begin{aligned}
&S^* = (S - \alpha \Delta t\, H) \\
&H = \int_V (\nabla N)^T \frac{\kappa_{rel}}{\gamma_w} \kappa^{sat}(\nabla N)\mathrm{d}V \\
&S = \int_V N^T \left(\frac{nS}{K_w} - n\frac{\mathrm{d}S}{\mathrm{d}p_w} \right) N\mathrm{d}V \\
&G = \int_V (\nabla N)^T \frac{\kappa_{rel}}{\gamma_w} \kappa^{sat} \rho_w g\mathrm{d}V \\
&q_p = \int_\Gamma N^T \hat{q}\mathrm{d}S \\
&K = \int_V B^T M\, B\mathrm{d}V \\
&Q = \int_V S\, B^T m\, N\mathrm{d}V \\
&C = \int_V N S\, L\, N\mathrm{d}V \\
&\Delta f_u = \int_V N^T \Delta b\mathrm{d}V + \int_\Gamma N^T \Delta t\mathrm{d}S
\end{aligned}\right\} \quad (2.88)$$

在非饱和土固结的情况下，所有的矩阵和外部通量(右手矢量)都是非线性的。在这方面，应考虑到下列问题：刚度矩阵 K 通常与应力有关，渗透率矩阵 H 和向量 G 中渗透率与压力有关，这是由于相对渗透率与吸力有关 κ_{rel}，耦合矩阵 Q 和 C 以及可压缩性矩阵 S 与吸力有关。后者也取决于饱和度的导数；此外，渗流线和排水管的边界条件也是非线性的，平衡方程和质量守恒方程右侧均为非饱和土的非线性项。第一个方程的非线性是由于土的重量是饱和度的函数，第二个方程右边的非线性是由于相对渗透性和吸力的依赖性，可变诺伊曼 Neumann 边界条件。对于这两个方程，柯西 Cauchy BC 直接施加在方程系统中。

◆ 2.4 地下水渗流边界条件

(1)关闭。这种类型的边界条件指定边界上的达西通量为

$$q \cdot n = q_x n_x + q_y n_y + q_z n_z = 0 \quad (2.89)$$

其中，n_x，n_y 和 n_z——边界上向外指向的法向量分量。

（2）流入。边界上的非零达西通量由指定的补给值 $|\overline{q}|$ 设定并读取

$$\boldsymbol{q} \cdot \boldsymbol{n} = q_x \boldsymbol{n}_x + q_y \boldsymbol{n}_y + q_z \boldsymbol{n}_z = -|\overline{q}| \qquad (2.90)$$

这表明达西通量矢量和边界上的法向量指向相反的方向。

（3）流出。对于流出边界条件，规定的达西通量 $|\overline{q}|$ 的方向应等于边界上法线的方向，即：

$$\boldsymbol{q} \cdot \boldsymbol{n} = q_x \boldsymbol{n}_x + q_y \boldsymbol{n}_y + q_z \boldsymbol{n}_z = |\overline{q}| \qquad (2.91)$$

（4）水头。对于规定的水头边界，将水头 ϕ 值设为

$$\phi = \overline{\phi} \qquad (2.92)$$

也可以给出指定的压力条件。例如，可以用规定的压力边界来表示过顶条件。

$$p = 0 \qquad (2.93)$$

这些条件直接与指定的头边界条件相关，并以此实现。

（5）渗透/蒸发。这种类型的边界条件构成了一个更复杂的混合边界条件。入流值 $\overline{q}$ 可能取决于时间，而且在本质上，入流量受土体容量的限制。如果降水速率超过此容量，则在最大深度处发生积水，边界条件从入流切换到规定的水头。一旦土体容量满足入渗速率，情况就会恢复。

这个边界条件模拟了 $\overline{q}$ 为负值时的蒸发。当水头大于用户指定的最小水头 $\overline{\phi}_{min}$ 时，发生出水边界条件。这些边界条件表示为

$$\left. \begin{array}{ll} \phi = Y + \overline{\phi}_{max} & \text{if} \quad \text{ponding} \\ \boldsymbol{q} \cdot \boldsymbol{n} = q_x \boldsymbol{n}_x + q_y \boldsymbol{n}_y + q_z \boldsymbol{n}_z = -\overline{q} & \text{if} \quad y + \overline{\phi}_{min} < y + \phi < y + \overline{\phi}_{max} \\ \phi = y + \overline{\phi}_{min} & \text{if} \quad \text{drying} \end{array} \right\} \qquad (2.94)$$

（6）渗流。具有自由水位的流动问题可能涉及下游边界的渗流面，如图 2.2 所示。当水位触及开放的下游边界时，总是会出现渗流面。渗流面不是流线（相对于水位）或等势线。在这条直线上，水头 h 等于标高水头 y（=垂直位置）。这种情况是由于渗流面水压为零，与水位处水压为零的情况相同。

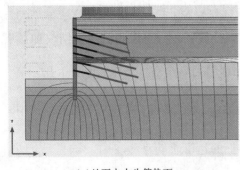
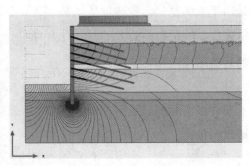

（a）地下水水头等势面　　　　　　　　（b）地下水渗流等势线

图 2.2　渗流面

在计算开始之前，不必知道渗流面的确切长度，因为在预计发生渗流的整个边界线上，可以使用相同的边界条件($h=y$)。因此，可以为所有水头未知的边界指定 $h=y$ 的自由边界。或者，对于远高于水面的边界，显然渗流面不会出现，也可以将这些边界规定为封闭流边界。

默认情况下，水线选项生成潜水/渗流条件。在水线以下的边界部分规定一个外部水头 $\overline{\phi}$，在水线的其余部分施加渗流或自由条件。潜水/渗透状况读数：

$$\left.\begin{array}{l} \phi=\overline{\phi} \\ \phi=z \\ \boldsymbol{q}\cdot\boldsymbol{n}=q_x\boldsymbol{n}_x+q_y\boldsymbol{n}_y+q_z\boldsymbol{n}_z=0 \end{array}\right\} \tag{2.95}$$

式(2.95)中，第一行公式——如低于潜水水平；第二行公式——如高于渗水水平而流出；第三行公式——如高于渗水水平而抽吸。

渗流条件只允许地下水在大气压下流出。对于边界处的非饱和条件，边界是封闭的。外部水头 $\overline{\phi}$ 可以随时间变化。

(7)渗透井。域内的井被建模为源项，$|\overline{Q}|$ 表示每米的流入流量。

$$Q=|\overline{Q}| \tag{2.96}$$

由于控制方程中的源项模拟了系统中水的流动，因此对于回灌井，源项为正。

(8)抽水井。排放速率 $|\overline{Q}|$ 模拟离开域的水的数量

$$Q=-|\overline{Q}| \tag{2.97}$$

对于流量井，控制方程中的源项是负的。

(9)排水。排水管被当作渗漏边界处理。然而，排水沟位于域内。在现实中，排水管不能很好地工作，不允许水在大气压下离开该区域，因此，对于低于水位的排水管部分，应考虑规定的水头 $\overline{\phi}$。条件写成

$$\left.\begin{array}{l} \phi=\overline{\phi} \\ \boldsymbol{q}\cdot\boldsymbol{n}=q_x\boldsymbol{n}_x+q_y\boldsymbol{n}_y+q_z\boldsymbol{n}_z=0 \end{array}\right\} \tag{2.98}$$

排水管本身不会对水流产生阻力。

(10)界面。界面单元用来模拟不透水的结构单元。在这样的单元中，单元的两边没有连接，因此得到内部边界上的达西通量为零。初始条件是一个具有给定边界条件集的问题的稳态解。

(11)时间相关条件。PLAXIS 为瞬态地下水流动和随时间变化(时变条件)的完全耦合流动变形问题提供了几个特性。依赖时间的条件只能应用于瞬态或完全耦合流动变形分析。

水位的季节性或不规则变化可以用线性、谐波或用户定义的时间分布来模拟。为

此，可以指定 4 个不同的函数，即常数函数、线性函数、谐波函数和用户定义函数。

Δt：该参数表示计算阶段的时间间隔，以时间为单位。它的值等于"阶段"列表窗口的"参数"页签中指定的"时间间隔"参数。该值为固定值，不能在依赖时间头部窗口中更改。

H_0：实际水位高度，以长度为单位。它的值是根据初始孔隙压力在核中自动计算。

H_{ult}：该参数以长度为单位，表示当前计算阶段的头的最终值。因此，这个参数和时间间隔一起决定了水位的增减速率。

对于线性变化的渗透，流入或流出需要输入下列参数：

Q_0：参数是通过考虑的几何线的初始比流量，以单位时间长度表示。

Q_{ult}：参数以每单位时间的长度为单位指定，表示当前计算阶段的时间间隔内的最终比流量。

谐波（函数 2）：当条件随时间发生谐波变化时，使用此选项。水位的谐波变化描述为：

$$y(t) = y_0 + 0.5H\sin(\omega_0 t + \varphi_0) \tag{2.99}$$

有

$$\omega_0 = \frac{2\pi}{T} \tag{2.100}$$

其中，H、T、φ_0——波长单位的波高、时间单位的波周期和初始相位角。

对于入渗、流入或流出的情况，需要输入参数 Q_A 而不是 H。Q_A 代表的是比流量的幅值，单位为每单位时间的长度。

除了预定义的随时间变化的函数外，PLAXIS 还提供了输入用户定义的时间序列的可能性。当测量数据可用时，这个选项可以用于反分析。在表中，时间总是从 0 开始，这与计算阶段的开始有关。

◆◇ 2.5 地下水渗流水力模型

2.5.1 Van Genuchten 模型

描述非饱和土水力特性的材料模型有很多。地下水文献中最常见的是 Van Genuchten 1980 关系模型，它在 PlaxFlow 中使用。这种关系是 Mualem1976 函数更一般的情况。Van Genuchten 函数为三参数方程，将饱和度与吸力孔压头 ϕ_p 联系起来：

$$S(\phi_p) = S_{residu} + (S_{sat} - S_{residu})\left[1 + (g_a \mid \phi_p \mid)^{g_n}\right]^{g_c}; \quad \phi_p = -\frac{p_w}{\rho_w g} \tag{2.101}$$

S_{residu} 是指残留饱和度，它描述了即使在高吸力扬程下仍残留在土体中的水的部分。S_{sat} 为孔隙被水充填时的饱和度。一般来说，饱和状态下的孔隙不能完全被水填满，孔隙中可能存在气泡，此时 S_{sat} 小于 1。g_a，g_n，g_c 是经验参数。如 PLAXIS 中所述，公式（2.101）转换为 Mualem1976 函数，该函数为双参数方程。

$$g_c = \frac{1-g_n}{g_n} \qquad (2.102)$$

图 2.3 显示参数 g_a 对保留曲线形状的影响。该参数与土体的空气进入值 AEV 有关。参数 g_n 的影响如图 2.4 所示，g_n 是一旦 AEV 超过土体水分提取速率的函数。g_c 是残余含水量的函数（与高吸力范围内的曲率有关），如图 2.5 所示。

有效饱和度定义为：

$$S_e = \frac{S - S_{residu}}{S_{sat} - S_{residu}} \qquad (2.103)$$

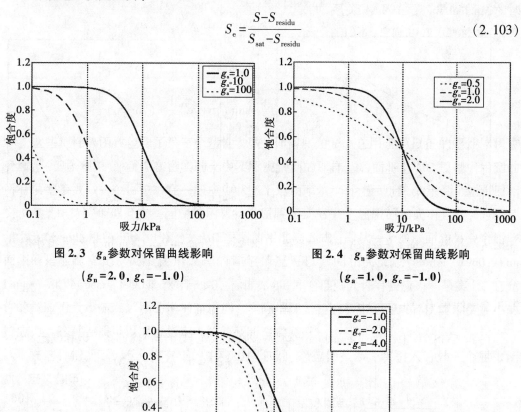

图 2.3　g_a 参数对保留曲线影响
（$g_n = 2.0$, $g_c = -1.0$）

图 2.4　g_n 参数对保留曲线影响
（$g_a = 1.0$, $g_c = -1.0$）

图 2.5　g_c 参数对保留曲线的影响
（$g_a = 1.0$, $g_n = 2.0$）

Mualem-Van Genuchten 的相对渗透率为：

$$k_{rel}(S) = (S_e)^{g_1} \left[1 - (1 - S_e^{\frac{g_n}{g_n-1}})^{\frac{g_n-1}{g_n}} \right]^2 \qquad (2.104)$$

式中：g_1——经验参数。

g_a，g_c，g_n 需要测量。在 PLAXIS 2D 中，参数可以直接指定，也可以使用土体属性数据库选择。

饱和度对孔隙压力的导数为：

$$\frac{\partial S(p_w)}{\partial p_w} = \begin{cases} 0 & \text{if} \quad (p_w \le 0) \\ (S_{sat} - S_{residu})\left(\frac{1-g_n}{g_n}\right)\left[g_n\left(\frac{g_n}{\gamma_w}\right)^{g_a} \cdot p_w^{g_n-1}\right]\left[1+\left(g_a \cdot \frac{p_w}{\gamma_w}\right)^{g_n}\right]^{\left(\frac{1-g_n}{g_n}\right)} & \text{if} \quad (p_w > 0) \end{cases}$$

(2.105)

图 2.6 和图 2.7 给出了参数 $S_{sat} = 1.0$，$S_{residu} = 0.027$，$g_a = 2.24$，$g_1 = 0$：0，$g_n = 2.286$ 时的 Mualem-Van Genuchten 关系。

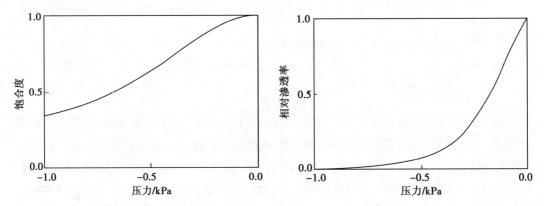

图 2.6 Mualem-Van Genuchten 水头-饱和度　　图 2.7 Mualem-Van Genuchten 水头-相对渗透率

2.5.2 线性化 Van Genuchten 模型

在 PLAXIS 2D 中，Van Genuchten 模型的线性形式也被用作替代方案。饱和度定义为：

$$S(\phi_p) = \begin{cases} 1 & \text{if} \quad \phi_p \ge 0 & (p_w \le 0) \\ 1+\frac{\phi_p}{|\phi_{ps}|}\left(1-\frac{p_w}{|p_{ws}|}\right) & \text{if} \quad \phi_{ps} < \phi_p < 0 & (p_{ws} > p_w > 0) \\ 0 & \text{if} \quad \phi_p < \phi_{ps} & (p_w > p_{ws}) \end{cases}$$

(2.106)

其对孔隙压力的导数为：

$$\frac{\partial S(p_w)}{\partial p_w} = \begin{cases} 0 & \text{if} \quad \phi_p \ge 0 & (p_w < 0) \\ -\frac{1}{|p_{ws}|} & \text{if} \quad \phi_{ps} < \phi_p < 0 & (p_{ws} > p_w > 0) \\ 0 & \text{if} \quad \phi_p < \phi_{ps} & (p_w > p_{ws}) \end{cases}$$

(2.107)

变量 ϕ_{ps} 为不饱和条件的阈值，由 Van Genuchten 模型得到：

$$\phi_{ps} = \frac{1}{S_{\phi_p=-1,0m} - S_{sat}}$$

(2.108)

相对渗透率近似为：

$$k_{rel}(\phi_p) = \begin{cases} 1 & \text{if} \quad \phi_p \geqslant 0 & (p_w \leqslant 0) \\ 10^{\left|\frac{4\phi_p}{\phi_{pk}}\right|} & \text{if} \quad \phi_{pk} < \phi_p < 0 & (p_{wk} > p_w > 0) \\ 10^{-4} & \text{if} \quad \phi_p < \phi_{pk} & (p_w > p_{wk}) \end{cases} \tag{2.109}$$

其中，ϕ_{pk}——相对渗透率降低到 10^{-4} 时的压头，但限制在 $0.5 \sim 0.7$ m。

图 2.8 给出了参数 $\phi_{ps} = 1.48$ m，$\phi_{pk} = 1.15$ m 的砂质材料的线性化 Van Genuchten 关系。

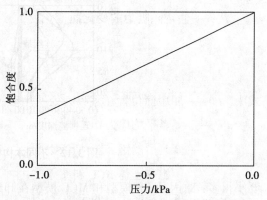

图 2.8　线性化的 Van Genuchten：水头-饱和度

◆◇ 2.6　冻融 Barcelona 模型

考虑吸力效应的非饱和土模型遵循著名的巴塞罗那基本模型（Alonso 等，1990），该模型是修正 Cam 黏土模型（Roscoe 等，1968）的扩展，在公式中引入了吸力。在该模型中，Bishop 应力和吸力作为状态变量。随着吸力的增大，模型由完全饱和本构模型转向部分饱和土模型。

2.6.1　模型特点

巴塞罗那基本模型（Barcelona Basic Model，BBM）主要特点是：遵循 BBM 模型特性来考虑非饱和土的行为（Alonso 等，1990）。将 Bishop 应力（Sheng 等，2003，Gallipoli 等，2003）和吸力作为状态变量，使用净应力和吸力的 BBM 的差异。考虑与吸力相关的独立弹性应变分量，然后将弹性应变增量拆分为 Bishop 应力变化引起的弹性应变增量和吸力变化引起的弹性应变增量。

2.6.2　屈服函数

为了定义屈服函数，假设：

- 饱和土的特性由修正 Cam 黏土模型 MCC 表示。
- MCC 模型的屈服面对吸力 $s > 0$ 是有效的。

预固结压力 P_c 是吸力的函数，类似于 BBM 模型。

屈服函数定义为：

$$F = 3J^2 - \left(\frac{g(\theta)}{g(-30°)}\right)^2 M^2 (p + p_s)(P_c - p) \tag{2.110}$$

式中：p——平均有效应力；

J——偏应力张量的第二次应力不变量的平方根。

函数 $g(\theta)$ 定义为：

$$g(\theta) = \frac{\sin\phi'}{\cos\theta + \frac{\sin\theta\sin\phi'}{\sqrt{3}}}; \quad J = \left(\frac{1}{2}trace(\sigma_{ij} - P_c'\delta_{ij})\right)^{\frac{1}{2}} \tag{2.111}$$

式中：θ——Lode 角；

$\quad\quad P_c'$——假定随吸力的变化而变化。

$$P_c = P_r\left(\frac{P_o'}{P_r}\right)^{\frac{\lambda_0^* - \kappa^*}{\lambda_s^* - \kappa^*}} \tag{2.112}$$

式中：P_o'——屈服面位置在零吸力处硬化参数；

$\quad\quad P_r$——参考平均应力；

$\quad\quad \lambda_0^*$——修改后的饱和土体压缩指数；

$\quad\quad \lambda_s^*$——不饱和土体 NCL 斜率修改；

$\quad\quad \kappa^*$——修改膨胀指数假定独立于吸力。

黏聚力的增加与吸力成线性关系，即：

$$p_s = \kappa_s s \tag{2.113}$$

式中：κ_s——吸力增加的黏聚力。

假设斜率 λ_s^* 随吸力变化，根据：

$$\lambda_s^* = \lambda_0\left[(1-r)\exp(-\beta s) + r\right]; \quad r = \lambda_s(s \to \infty)/\lambda_o \tag{2.114}$$

其中，r 和 β——材料常数，可以通过实验确定。

第一个是与土的最大刚度相关的常数（对于无限吸力），第二个控制土的刚度随吸力增加的速率。

2.6.3　弹性响应

力学弹性特性与 Cam-黏土模型相同，切线模量 K 和剪切模量 G 由以下表达式定义（假设泊松比 μ 为常数）：

$$K = \frac{p'}{\kappa^*} \tag{2.115}$$

$$G = \frac{3(1-2\mu)K}{2(1+\mu)} \tag{2.116}$$

在模型中，吸力的变化产生的体积弹性应变为：

$$d\varepsilon_{ij}^{e,s} = \frac{\kappa_s^*}{3(s + p_{atm})}ds, \quad \delta_{ij} = \frac{1}{3K_s}ds \tag{2.117}$$

其中，κ_s^*——吸力变化的弹性刚度。

2.6.4　流动规律及硬化参数

屈服面位置在零吸力 P_o' 处，定义了硬化参数（如 BBM 模型），硬化规律描述为：

$$dP_o' = \frac{P_o'}{\lambda_o^* - \kappa^*} d\varepsilon_v^p \tag{2.118}$$

塑性流动规律定义为:

$$G = \alpha 3J^2 - \left(\frac{g(\theta)}{g(-30°)}\right) M^2 (p+p_s)(P_c-p) \tag{2.119}$$

式中:取 α,得到正常固结材料的一维固结的 Jaky 公式。按照 Alonso 等(1990)的方法,α 的表达式为:

$$\alpha = \frac{M(M-9)(M-3)}{9(6-M)}\left[1/(1-\kappa^*/\lambda_o^*)\right] \tag{2.120}$$

2.6.5　非饱和土模型的隐式积分

它的实现基于反向欧拉算法,遵循 Jeremic 和 Sture(1997)以及 Pérez 等开发的三个不变量各向同性硬化模型的应用(2001)。在最终应力状态下,利用流动方向公式可以得到解。

$$m_{ij} = \partial G / \partial \sigma_{ij}$$

力学本构子程序的输入变量为总应变增量和吸力增量。

2.6.6　无穷小塑性本构关系

表征弹塑性材料的本构方程可以简单表述为:

$$d\varepsilon_{ij} = d\varepsilon_{ij}^e + d\varepsilon_{ij}^p + d\varepsilon_{ij}^{e,s} \tag{2.121}$$

$$d\sigma_{ij} = D_{ijkl} d\varepsilon_{kl}^e = D_{ijkl}(d\varepsilon_{kl} - d\varepsilon_{kl}^p - d\varepsilon_{kl}^{e,s}) \tag{2.122}$$

$$d\varepsilon_{ij}^p = d\lambda \frac{dG(\sigma_{ij}, \chi, s)}{d\sigma_{ij}} \tag{2.123}$$

$$d\chi = \frac{\partial \chi}{\partial \varepsilon_{ij}^p} d\varepsilon_{ij}^p \tag{2.124}$$

式中:$d\varepsilon_{ij}$,$d\varepsilon_{ij}^e$,$d\varepsilon_{ij}^p$——总弹塑性应变张量的增量;

　　　$d\varepsilon_{ij}^{e,s}$——吸力对弹性应变张量增量的贡献;

　　　$d\chi$——硬化参数的增量(本例中为 P_0);

　　　$d\lambda$——塑性乘子,用加卸载准则确定,可以用 Kuhn Tucker 条件表示为:

$$F(\sigma_{ij}, \chi, s) \leqslant 0$$
$$d\lambda \geqslant 0 \tag{2.125}$$
$$Fd\lambda = 0$$

在任何加载过程中,条件必须同时保持。

2.6.7　反向欧拉 Euler 算法

完全隐式的反向欧拉 Euler 格式如下:

$$\sigma_{ij}^{(n+1)} = \sigma_{ij}^{(n)} + \Delta\sigma_{ij}^{(n+1)}$$

$$\varepsilon_{kl}^{p(n+1)} = \varepsilon_{kl}^{p(n)} + \Delta\varepsilon_{kl}^{p(n+1)}$$

$$\chi^{(n+1)} = \chi^{(n)} + \Delta\chi^{(n+1)} \qquad (2.126)$$

$$F^{(n+1)} = 0$$

这里

$$\Delta\sigma_{ij}^{(n+1)} = D_{ijkl}\left(\Delta\varepsilon_{kl} - \Delta\varepsilon_{kl}^p - \Delta\varepsilon_{kl}^{e,s}\right) \qquad (2.127)$$

$$\Delta\varepsilon_{ij}^{p(n+1)} = \Delta\lambda^{n+1}\left(\frac{\partial G}{\sigma_{ij}}\right)^{(n+1)} \qquad (2.128)$$

$$\Delta\chi^{(n+1)} = \left(\frac{\partial\chi}{\partial\varepsilon_{ij}^p}\right)^{(n+1)} \Delta\varepsilon_{ij}^{p(n+1)} \qquad (2.129)$$

其中 $(n+1)$ 为实际荷载步长，(n) 为收敛步长。

用反向欧拉 Euler 格式对式(2.126)进行积分，得到以下非线性局部问题(简写)：

$$\sigma^{(n+1)} = \sigma^{(n)} + D:\Delta\varepsilon - \Delta\lambda^{(n+1)}D:m^{(n+1)} - D:\Delta\varepsilon_s^c$$

$$\chi^{(n+1)} = \chi^{(n)} + \left(\frac{\partial\chi}{\partial\varepsilon^p}\right)^{(n+1)} m^{(n+1)}\Delta\lambda^{(n+1)} \qquad (2.130)$$

$$F(\sigma^{(n+1)}, \chi^{(n+1)}, s) = 0$$

在式(2.130)中，$t^{(n)}$ 时刻的状态，即量 $\sigma(n)$ 和 $\chi(n)$，总应变从 $t(n)$ 时刻到 $t(n+1)$ 时刻的增量 $\Delta\varepsilon$ 和吸力 s 是已知的。该局部问题的未知量为 $t(n+1)$ 时刻应力 $\sigma(n+1)$，硬化参数 $\chi(n+1)$ 和塑性乘数 $\Delta\lambda$。将二个非线性方程(2.130)残差表示为局部 Newton-Raphson 求解器表示为：

$$\boldsymbol{R}\{\sigma^{(n+1)}, \chi^{(n+1)}, \Delta\lambda\} = \begin{cases} \sigma^{(n+1)} + \Delta\lambda D:m^{(n+1)} + D:\Delta\varepsilon_s^c - \sigma^{(n)} - D:\Delta\varepsilon = 0 \\ \chi^{n+1} - \left(\frac{\partial\chi}{\partial\varepsilon^p}\right)^{(n+2)} m^{(n+1)}\Delta\lambda - \chi^{(n)} = 0 \\ F(\sigma_{n+1}^{(k)}\chi_{n+1}^{(k)}, s) = 0 \end{cases} \qquad (2.131)$$

8 个方程的非线性系统通过将残差线性化并展开为泰勒级数来求解：

$$\boldsymbol{R}\{\sigma+\delta\sigma, \chi+\delta\chi, \Delta\lambda+\delta\lambda\} = R\{\sigma, \chi, \Delta\lambda\} + \frac{\partial\boldsymbol{R}\{\sigma, \chi, \Delta\lambda\}}{\partial(\sigma, \chi, \Delta\lambda)}\begin{bmatrix} \delta\sigma \\ \delta\chi \\ \delta\lambda \end{bmatrix} + O[\delta^2] \quad (2.132)$$

由梯度表达式 $\dfrac{\partial\boldsymbol{R}\{\sigma, \chi, \Delta\lambda\}}{\partial(\sigma, \chi, \Delta\lambda)}$ 得到残差 $\boldsymbol{R}$ 的雅可比矩阵：

$$\boldsymbol{J}\{\sigma, \chi, \Delta\lambda\} = \begin{bmatrix} I + \Delta\lambda D:\dfrac{\partial m}{\partial\sigma} & \Delta\lambda D:\dfrac{\partial m}{\partial x} & D:m \\ -\Delta\lambda\dfrac{\partial x}{\partial\varepsilon^p}\dfrac{\partial m}{\partial\sigma} & 1 - \Delta\lambda\dfrac{\partial x}{\partial\varepsilon^p}\dfrac{\partial m}{\partial x} & -\dfrac{\partial\chi}{\partial\varepsilon^p}m \\ \dfrac{\partial F}{\partial\sigma} & \dfrac{\partial F}{\partial\chi} & 0 \end{bmatrix} \qquad (2.133)$$

截断一阶项，$O[\delta^2] \sim 0$，使残差方程（2.132）趋于零，得到一组$[\sigma, \chi, \Delta\lambda]$相应增量的线性方程组，同时将三个残差都减至零：

$$0 = R\{\sigma_k, \chi_k, \Delta\lambda_k^\cdot\} + J\{\sigma_k, \chi_k, \Delta\lambda_k\}\begin{bmatrix}\delta\sigma_{k+1}\\\delta\chi_{k+1}\\\delta\lambda_{k+1}\end{bmatrix} \tag{2.134}$$

指标 k 和 $k+1$ 表示迭代周期。对线性化方程组进行求解，得到 8 个变量的新迭代更新：

$$\begin{bmatrix}\delta\sigma_{k+1}\\\delta\chi_{k+1}\\\delta\lambda_{k+1}\end{bmatrix} = [J\{\sigma_k, \chi_k, \Delta\lambda_k\}]^{-1}R[\sigma_k, \chi_k, \Delta\lambda_k] \tag{2.135}$$

将迭代校正器添加到自变量的旧值中会产生 8 个更新：

$$\begin{bmatrix}\sigma_{k+1}\\\chi_{k+1}\\\Delta\lambda_{k+1}\end{bmatrix} = \begin{bmatrix}\sigma_k\\\chi_k\\\Delta\lambda_k\end{bmatrix} + \begin{bmatrix}\delta\sigma_{k+1}\\\delta\chi_{k+1}\\\delta\lambda_{k+1}\end{bmatrix} \tag{2.136}$$

为了开始迭代，需要一个初始的解决方案。此解选择为与屈服面接触点的弹性解，由：

$$
\begin{aligned}
\sigma_0 &= \sigma^c = \sigma^h + (1-\alpha)D : \Delta\varepsilon\\
\chi_0 &= \chi^h\\
s_0 &= s^c\\
\Delta\lambda_0 &= 0
\end{aligned} \tag{2.137}
$$

试验应力状态 $\Delta\sigma_{n+1}^{(trial)} = D : \Delta\varepsilon$ 迭代过程中，由吸力引起弹性应变矢量 $\Delta\varepsilon_s^e$ 保持不变。

2.6.8　一致的切线刚度矩阵

为了解决具有二次收敛性的全局问题，需要使用一致的切线矩阵。

为了计算这个矩阵，需要在每个高斯点处的一致模 $\dfrac{q^{n+1}s}{q^{n+1}De}$。

它们由线性化方程得到，线性化用紧凑形式表示为（Pérez 等，2001）：

$$\frac{q^{n+1}s}{q^{n+1}De} = p^{\mathrm{T}}(J^{n+1})^{-1}PD \tag{2.138}$$

其中，$P^{\mathrm{T}} = (I_{ns}\,0_{ns,\,nc+1})$——应力空间上的投影矩阵（Pérez 等，2001）；

$\qquad 0_{ns,\,nc+1}$——有 ns 行和 $nc+1$ 列的零矩形矩阵；

$\qquad ns$——应力的数目；

$\qquad nc$——硬化参数的数目。

此外，根据 Pérez-Foguet 等（2001）提出的递归方案，将上述过程与规定应变的子增量相结合。

第3章 软土硬化(HS)模型与小应变硬化(HSS)模型

岩土本构模型是由一组描述应力与应变之间关系的数学方程组形成的。通常的表达形式是：应力的无穷小增量或应力变化率与应变的无穷小增量或应变变化率之间的关系。往往岩土本构模型都是基于有效应力变化率和应变变化率之间的关系来建立的。

◆◆ 3.1 弹塑性相关理论

一般情况，应变在弹性和塑性中分解，分别为：

$$\varepsilon_{ij}^t = \varepsilon_{ij}^{el} + \varepsilon_{ij}^{pl} \tag{3.1}$$

应力 σ_{ij} 用各向同性线弹性计算：

$$\sigma_{ij} = C_{ijkl} \varepsilon_{kl}^{el} \tag{3.2}$$

屈服面 f 用于定义应力状态的弹性域和可容性。

模型的塑性流动是通过一个流动规则来规定的：

$$\dot{\varepsilon}_{ij}^{pl} = \dot{\Lambda}\left(\frac{\partial g}{\partial \sigma_{ij}}\right) \tag{3.3}$$

式中：g——塑性势函数，表示塑性流动的方向；

Λ——塑性乘子，用于计算塑性应变量。

也定义了一个类似的方程来控制软化变量 Γ_i 的演化模型：

$$\Gamma_i = \Lambda\, \boldsymbol{h}_i$$

式中：$\boldsymbol{h}_i$——模型的软化向量。

材料的状态由 Khun-Tucker 条件控制：

$$f(\sigma_{ij}, \Gamma_k) \leqslant 0,\ \dot{\Lambda} f(\sigma_{ij}, \Gamma_k) = 0,\ \dot{\Lambda} \geqslant 0 \tag{3.4}$$

如果 $f<0$，则材料状态为弹性状态（即 $\lambda = 0$），而如果 $f=0$，则该材料的状态可能是塑性加载（即 $f=0$，$\dot{\Lambda}>0$）。确定材料状态是否处于塑性加载状态，即所谓持久性条件：

$$\dot{f}(\sigma_{ij}, \Gamma_k) \leqslant 0,\ \dot{\Lambda}\dot{f}(\sigma_{ij}, \Gamma_k) = 0,\ \dot{\Lambda} \geqslant 0 \tag{3.5}$$

式中：$\dot{f}<0$——弹性卸载；

$\dot{f}=0$，$\dot{\Lambda}>0$——塑性加载；

$\dot{f}=0$，$\dot{\Lambda}=0$——中性加载。

建议的实施允许用户在一个黏塑性范围内采用模型。具体来说，将参考 Perzyna (1966) 提出的过应力理论，其中应力不像弹塑性理论那样被限制在屈服面上。黏塑性应变增量计算为：

$$\dot{\varepsilon}_{ij}^{vp}=\Phi(f)\left(\frac{\partial g}{\partial\sigma_{ij}}\right) \tag{3.6}$$

式中：$\Phi(f)$——黏性核函数，表示当前应力状态与屈服面之间距离的度量。

在地质力学建模中，常用的方法是表达屈服和塑性势面的应力依赖关系，作为应力不变量的函数，即平均应力 p、应力偏量 q 和洛德角 θ。定义为：

$$\left.\begin{array}{l} p=\dfrac{tr(\sigma)}{3}=\dfrac{\sigma_{ij}\delta_{ij}}{3}=\dfrac{\sigma_{xx}+\sigma_{yy}+\sigma_{zz}}{3} \\[3mm] q=\sqrt{\dfrac{3}{2}(s_{ij}s_{ij})}=\sqrt{\dfrac{3}{2}}\parallel s\parallel \\[3mm] \theta=\dfrac{1}{3}\arcsin\left[\sqrt{6}\left(\dfrac{tr(s^3)}{tr(s^2)^{3/2}}\right)\right] \end{array}\right\} \tag{3.7}$$

$$s_{ij}=\sigma_{ij}-p\cdot\delta_{ij}\rightarrow\delta_{ij} \tag{3.8}$$

$$tr(\sigma_{ij})=\sigma_{xx}+\sigma_{yy}+\sigma_{xx}+\sigma_{zz}=3p \tag{3.9}$$

式中：s_{ij}——应力状态的偏离分量；

$tr(\cdot)$——给出矩阵的对角线项的和的轨迹。

应力偏差及其范数的一般表示如下：

$$\boldsymbol{s}_{ij}=\begin{bmatrix} \sigma_{xx}-p & \sigma_{xy} & \sigma_{xz} \\ \sigma_{yx} & \sigma_{yy}-p & \sigma_{yz} \\ \sigma_{zx} & \sigma_{zy} & \sigma_{zz}-p \end{bmatrix} \tag{3.10}$$

$$\parallel s\parallel=(\sigma_{xx}-p)^2+(\sigma_{yy}-p)^2+(\sigma_{zz}-p)^2+2(\sigma_{xy}^2+\sigma_{zy}^2+\sigma_{zx}^2) \tag{3.11}$$

类似地，对应变张量 ε_{ij} 也定义了相似的量：

$$\left.\begin{array}{l} \varepsilon_{v}=\varepsilon_{xx}+\varepsilon_{yy}+\varepsilon_{zz} \\[3mm] \varepsilon_{q}=\sqrt{\dfrac{2}{3}(\varepsilon_{sij}\varepsilon_{sij})}=\sqrt{\dfrac{2}{3}}\parallel\varepsilon_{s}\parallel \end{array}\right\} \tag{3.12}$$

$$\varepsilon_{sij}=\varepsilon_{v}\cdot(\varepsilon_{v}\cdot\delta_{ij})/3 \tag{3.13}$$

式中：ε_{v}——体积应变；

ε_{sij}——应变偏量。

$$\boldsymbol{\varepsilon}_{sij}=\begin{bmatrix} \varepsilon_{xx}\cdot\varepsilon_{v}/3 & \varepsilon_{xy} & \varepsilon_{xz} \\ \varepsilon_{yx} & \varepsilon_{yy}\cdot\varepsilon_{v}/3 & \varepsilon_{yz} \\ \varepsilon_{zx} & \varepsilon_{zy} & \varepsilon_{zz}\cdot\varepsilon_{v}/3 \end{bmatrix} \tag{3.14}$$

$$\| \varepsilon_s \| = \left(\varepsilon_{xx} \cdot \frac{\varepsilon_v}{3} \right)^2 + \left(\varepsilon_{yy} \cdot \frac{\varepsilon_v}{3} \right)^2 + \left(\varepsilon_{zz} \cdot \frac{\varepsilon_v}{3} \right)^2 + 2 \left(\varepsilon_{xy}^2 + \varepsilon_{zy}^2 + \varepsilon_{zx}^2 \right) \tag{3.15}$$

对于三轴应力路径($\sigma_{xx} = \sigma_{yy} < \sigma_{zz}$，$\sigma_{xz} = \sigma_{xy} = \sigma_{yz} = 0$），不变量的一般定义可简化为：

$$p = (\sigma_{zz} + 2\sigma_{xx})/3 \qquad q = |\sigma_{zz} - \sigma_{xx}|$$
$$\varepsilon_v = (\varepsilon_{zz} + 2\varepsilon_{xx})/3| \qquad \varepsilon_q = 2|\varepsilon_{zz} \cdot \varepsilon_{xx}|/3 \tag{3.16}$$

在此情况下，偏塑性应变和体塑性应变的计算方法为：

$$\dot{\varepsilon}_v^{\,p} = \dot{\Lambda} \left(\frac{\partial g}{\partial p} \right); \ \dot{\varepsilon}_v^{\,q} = \dot{\Lambda} \left(\frac{\partial g}{\partial q} \right) \tag{3.17}$$

在此基础上，将遵循一般的土力学准则，采用正压缩约定。

◆◆ 3.2 本构模型种类及其特点

（1）线弹性（Linear Elasticity，LE）模型。线弹性模型是基于各向同性胡克定理。它引入两个基本参数，弹性模量 E 和泊松比 ν。尽管线弹性模型不适合模拟土体，但可以用来模拟刚体，例如混凝土或者完整岩体。

（2）摩尔-库仑（Mohr-Coulomb，MC）模型。弹塑性摩尔-库仑模型包括五个输入参数，即表示土体弹性的 E 和 ν，表示土体塑性的 ϕ 和 c，以及剪胀角 ψ。Mohr-Coulomb 模型描述了对岩土行为的一种"一阶"近似。推荐应用这种模型进行问题的初步分析。对于每个土层，可以估计出 一 个平均刚度常数。由于这个刚度是常数，计算往往会相对较快。初始的土体条件在许多土体变形问题中也起着关键的作用。通过选择适当 K_0 值，可以生成初始水平土应力。

（3）节理岩石（Jointed Rock，JR）模型。节理岩石模型是一种各向异性的弹塑性模型，特别适用于模拟包括层理尤其是断层方向在内的岩层行为等。塑性最多只能在三个剪切方向（剪切面）上发生。每个剪切面都有它自身的抗剪强度参数 ϕ 和 c。完整岩石被认为具有完全弹性性质，其刚度特性由常数 E 和 ν 表示。在层理方向上将定义简化的弹性特征。

（4）土体硬化（Hardening Soil，HS）模型。土体硬化模型是一种高级土体模型。同摩尔-库仑模型一样，极限应力状态是由摩擦角 φ、黏聚力 c 以及剪胀角 ψ 来描述的。但是，土体硬化模型采用三个不同的输入刚度，可以将土体刚度描述得更为准确：三轴加载刚度 E_{50}、三轴卸载刚度 E_{ur} 和固结仪加载刚度 E_{oed}。我们一般取 $E_{ur} \approx 3E_{50}$ 和 $E_{oed} \approx E_{50}$ 作为不同土体类型的平均值，但是，对于非常软的土或者非常硬的土通常会给出不同的 E_{oed}/E_{50}。

对比摩尔-库仑模型，土体硬化模型还可以用来解决模量依赖于应力的情况。这意味着所有的刚度随着压力的增加而增加。因此，输入的三个刚度值与一个参考应力有关，这个参考应力值通常取为 100 kPa。

(5)小应变土体硬化(Hardening Small Strain，HSS)模型。HSS 模型是对上述 HS 模型的一个修正，依据是土体在小应变的情况下土体刚度增大。在小应变水平时，大多数土表现出的刚度比该工程应变水平时更高，且这个刚度分布与应变是非线性的关系。该行为在 HSS 模型中通过一个应变–历史参数和两个材料参数来描述。如：G_0^{ref} 和 $\gamma_{0.7}$。G_0^{ref} 是小应变剪切模量，$\gamma_{0.7}$ 是剪切模量达到小应变剪切模量的 70% 时的应变水平。HSS 模型高级特性主要体现在工作荷载条件上。HSS 模型给出比 HS 模型更可靠的位移。当应用于动力中时，HSS 模型同样引入黏滞材料阻尼。

(6)软土蠕变(Soft Soil Creep，SSC)模型。SSC 模型适用于所有的土，但是它不能用来解释黏性效应，即蠕变和应力松弛。事实上，所有的土都会产生一定的蠕变，这样，主压缩后面就会跟随着某种程度的次压缩。而蠕变和松弛主要是指各种软土，包括正常固结黏土、粉土和泥炭土。在这种情况下我们采用软土蠕变模型。请注意，软土蠕变模型是一个新近开发的应用于解决地基和路基等的沉陷问题的模型。对于隧道或者其他开挖问题中通常会遇到的卸载问题，软土蠕变模型几乎比不上简单的摩尔–库仑模型。就像摩尔–库仑模型一样，在软土蠕变模型中，恰当的初始土条件也相当重要。对于土体硬化模型和软土蠕变模型来说，由于它们还要解释超固结效应，因此初始土条件中还包括先期固结应力的数据。

(7)Cam-Clay 软土模型。软土模型是一种 Cam-Clay 类型的模型，特别适用于接近正常固结的黏性土的主压缩。尽管这种模型的模拟能力可以被 HS 模型取代，但当前仍然保留了这种软土模型。

(8)改进的 Cam-Clay(MCC)模型。改进的 Cam-Clay 模型是对 MuirWood(1990)描述的原始 Cam-Clay 模型的一种改写。它主要用于模拟接近正常固结的黏性土。

(9)NGI-ADP 模型。NGI-ADP 模型是一个各向异性不排水剪切强度模型。土体剪切强度以主动、被动和剪切的 S_u 值来定义。

(10)胡克–布朗(Hoek-Brown，HB)模型。胡克–布朗模型是基于胡克–布朗破坏准则(2002)的一个各向同性理想弹塑性模型。这个非线性应力相关准则通过连续方程描述剪切破坏和拉伸破坏，深为地质学家和岩石工程师所熟悉。除了弹性参数 E 和 ν，模型还引入实用岩石参数，如完整岩体单轴压缩强度(σ_{ci})，地质强度指数(GSI)和扰动系数(D)。

综上所述，不同模型的分析表现为：如果要对所考虑的问题进行一个简单迅速的初步分析，建议使用摩尔–库仑模型。当缺乏好的土工数据时，进一步的高级分析是没有用的。在许多情况下，当拥有主导土层的好的数据时，可以利用土体硬化模型来进行一个额外的分析。毫无疑问，同时拥有三轴试验和固结仪试验结果的可能性是很小的。但是，原位实验数据的修正值对高质量实验数据来说是一个有益的补充。最后，软土蠕变模型可以用于分析蠕变(即极软土的次压缩)。用不同的土工模型来分析同一个岩土问题显得代价过高，但是它们往往是值得的。首先，用摩尔–库仑模型来分析是相对较快而且简单的；其次，这一过程通常会减小计算结果的误差。

◆◇ 3.3 本构模型种类选用局限性

岩土本构模型是对岩土行为的一个定性描述，而模型参数是对岩土行为的一个定量描述。尽管数值模拟在开发程序及其模型上面花了很多工夫，它对现实情况的模拟仍然只是一个近似，这就意味着在数值和模型方面都有不可避免的误差。此外，模拟现实情况的准确度在很大程度上还依赖于用户对所要模拟问题的熟练程度、对各类模型及其局限性的了解、模型参数的选择和对计算结果可信度的判断能力。当前局限性如下。

（1）LE 模型。土体行为具有高非线性和不可逆性。线弹性材料不足以描述土体的一些必要特性。线弹性模型可用来模拟强块体结构或基岩。线弹性模型中的应力状态不受限制，模型具有无限的强度。一定要谨慎地使用这个模型，防止加载高于实际材料的强度。

（2）MC 模型。理想弹塑性模型 MC 是一个一阶模型，它包括仅有几个土体行为的特性。尽管考虑了随深度变化的刚度增量，但 MC 模型既不能考虑应力相关，又不能考虑刚度或各向同性刚度的应力路径。总的说来，MC 破坏准则可以非常好地描述破坏时的有效应力状态，有效强度参数 ϕ' 和 c'。对于不排水材料，MC 模型可以使用 $\phi = 0$，$c = c_u(s_u)$ 来控制不排水强度。在这种情况下，注意模型不能包括固结的剪切强度的增量。

（3）HS 模型。这是一个硬化模型，不能用来说明由于岩土剪胀和崩解效应带来的软化性质。事实上，它是一个各向同性的硬化模型，因此，不能用来模拟滞后或者反复循环加载情形。如果要准确地模拟反复循环加载情形，需要一个更为复杂的模型。要说明的是，由于材料刚度矩阵在计算的每一步都需要重新形成和分解，HS 模型通常需要较长的计算时间。

（4）HSS 模型。HSS 模型加入了土体的应力历史和应变相关刚度，一定程度上，它可以模拟循环加载。但它没有加入循环加载下的逐级软化，所以不适合软化占主导的循环加载。

（5）SSC 模型。上述局限性对软土蠕变（SSC）模型同样存在。此外，SSC 模型通常会过高地预计弹性岩土的行为范围，特别是在包括隧道修建在内的开挖问题上。还要注意正常固结土的初始应力。尽管使用 $OCR = 1$ 看似合理，但对于应力水平受控于初始应力的问题，将导致过高估计变形。实际上，与初始有效应力相比，大多数土都有微小增加的预固结应力。在开始分析具有外荷载的问题前，强烈建议执行一个计算阶段，设置小的间隔，不要施加荷载，根据经验来检验地表沉降率。

（6）SS 软土模型。局限性（包括 HS 模型和 SSC 模型）存在于 SS 模型中。事实上，SS 模型可以被 HS 模型所取代，这种模型是为了方便那些熟悉它的用户而保留下来的。SS 模型的应用范围局限在压缩占主导地位的情形下。显然，在开挖问题上不推荐使用这种模型。

（7）MCC 模型。同样的局限性（包括 HS 模型和 SSC 模型）存在于 MCC 模型中。此外，MCC 模型允许极高的剪应力存在，特别是在应力路径穿过临界状态线的情形下。进一步说，改进的 Cam-Clay 模型可以给出特定应力路径的软化行为。如果没有特殊的正规化技巧，那么，软化行为可能会导致网格相关和迭代过程中的收敛问题。改进的 Cam-Clay 模型在实际应用中是不被推荐的。

（8）NGI-ADP 模型。NGI-ADP 模型是一个不排水剪切强度模型。可用排水或者有效应力分析，注意剪切强度不会随着有效应力改变而自动更新。同样注意 NGI-ADP 模型不包括拉伸截断。

（9）HB 模型。胡克-布朗模型是各向异性连续模型。因此，该模型不适合成层或者节理岩体等具有明显的刚度各向异性或者一个两个主导滑移方向对象，其行为可用节理岩体模型。

（10）界面/弱面模型。界面单元通常用双线性的摩尔-库仑模型模拟。当在相应的材料数据库中选用高级模型时，界面单元仅选择那些与摩尔-库仑模型相关的数据（c，ϕ，ψ，E，ν）。在这种情况下，界面刚度值取的就是土的弹性刚度值。因此，$E = E_{ur}$，其中 E_{ur} 是应力水平相关的，即 E_{ur} 与 σ_m 成幂指数比例关系。对于软土模型 SS、软土蠕变模型 SSC 和修正剑桥黏土模型 MCC，幂指数 m 等于 1，并且 E_{ur} 在很大程度上由膨胀指数 κ^* 确定。

（11）软弱夹层的模型。一般情况下，考虑的软土是指接近正常固结的黏土、粉质黏土、泥炭和软弱夹层。黏土、粉质黏土、泥炭这些材料的特性在于它们的高压缩性，黏土、粉质黏土、泥炭和软弱夹层又具有典型的流变特性。Janbu 在固结仪实验中发现，正常固结的黏土比正常固结的砂土软 10 倍，这说明软土极度的可压缩性。软土的另外一个特征是土体刚度的线性应力相关性。根据 HS 模型得到：

$$E_{oed} = E_{oed}^{ref}(\sigma / p_{ref})^m \qquad (3.18)$$

这至少对 $c = 0$ 是成立的。当 $m = 1$ 时可以得到一个线性关系。实际上，当指数等于 1 时，上面的刚度退化公式为：

$$E_{oed} = \sigma / \lambda^* ; \ \lambda^* = p_{ref} / E_{oed}^{ref} \qquad (3.19)$$

在 $m = 1$ 的特殊情况下，软土硬化模型得到公式并积分可以得到主固结仪加载下著名的对数压缩法则：

$$\dot{\varepsilon} = \lambda^* \dot{\sigma} / \sigma, \ \varepsilon = \lambda^* \ln\sigma \qquad (3.20)$$

在许多实际的软土研究中，修正的压缩指数 λ^* 是已知的，可以从下列关系式中算得固结仪模量：

$$E_{oed}^{ref} = p_{rel} / \lambda^* \qquad (3.21)$$

（12）不排水行为。总的来说，需要注意不排水条件，因为各种模型中所遵循的有效应力路径很可能发生偏离。尽管数值模拟有选项在有效应力分析中处理不排水行为，但

不排水强度 c_u 和 s_u 的使用可能优先选择有效应力属性 (c', ϕ')。请注意直接输入的不排水强度不能自动包括剪切强度随固结的增加。无论任何原因，用户决定使用有效应力强度属性，强烈推荐检查输出程序中的滑动剪切强度的结果。

◆ 3.4 基于塑性理论的摩尔–库仑模型

塑性理论是在常规应力状态，描述弹塑性力学行为的需要：弹性范围内的应力–应变行为；屈服或破坏方程；流动法则；应变硬化的定义（屈服函数随应力而改变）。对于标准摩尔–库仑模型，弹性区域是新弹性，没有应变硬化。

（1）理想塑性理论模型。弹塑性理论的一个基本原理是：应变和应变率可以分解成弹性部分和塑性部分。胡克定律是用来联系应力率和弹性应变率的。根据经典塑性理论（Hill，1950），塑性应变率与屈服函数对应力的导数成比例。这就意味着塑性应变率可以由垂直于屈服面的向量来表示。这个定理的经典形式被称为相关塑性。

然而，对于 Mohr-Coulomb 型屈服函数，相关塑性理论将会导致对剪胀的过高估计（见图3.1）。

通常塑性应变率可以写为：

$$\dot{\boldsymbol{\sigma}}' = \boldsymbol{D}^e \dot{\boldsymbol{\varepsilon}}^e = \boldsymbol{D}^e (\dot{\boldsymbol{\varepsilon}} - \dot{\boldsymbol{\varepsilon}}^p) ; \quad \dot{\boldsymbol{\varepsilon}}^p = \lambda \frac{\partial g}{\partial \boldsymbol{\sigma}'} \tag{3.22}$$

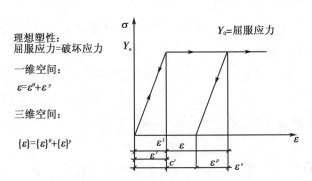

图3.1　理想塑性理论模型

因此，除了屈服函数之外，还要引入一个塑性位能函数 g。$g \neq f$ 表示非相关塑性的情况。

在这里 λ 是塑性乘子。完全弹性行为情况下 $\lambda = 0$，塑性行为情况下 λ 为正：

$$\left. \begin{array}{l} \lambda = 0，当 f < 0 \quad 或者 \dfrac{\partial f}{\partial \boldsymbol{\sigma}'}^{\mathrm{T}} \boldsymbol{D}^e \dot{\boldsymbol{\varepsilon}} \leq 0 \\[4mm] \lambda > 0，当 f = 0 \quad 或者 \dfrac{\partial f}{\partial \boldsymbol{\sigma}'}^{\mathrm{T}} \boldsymbol{D}^e \dot{\boldsymbol{\varepsilon}} > 0 \end{array} \right\} \tag{3.23}$$

这些方程可以用来得到弹塑性情况下有效应力率和有效应变率之间的关系，如下

(Smith 和 Griffith, 1982; Vermeer 和 de Borst, 1984):

$$\left. \begin{aligned} \dot{\boldsymbol{\sigma}}' &= \left(\boldsymbol{D}^e - \frac{\alpha}{d} \boldsymbol{D}^e \frac{\partial g}{\partial \boldsymbol{\sigma}'} \frac{\partial f}{\partial \boldsymbol{\sigma}'}^{\mathrm{T}} \boldsymbol{D}^e \right) \dot{\boldsymbol{\varepsilon}} ; \\ \alpha &= \frac{\partial f}{\partial \boldsymbol{\sigma}'}^{\mathrm{T}} \boldsymbol{D}^e \frac{\partial g}{\partial \boldsymbol{\sigma}'} \end{aligned} \right\}$$ (3.24)

参数 α 起着一个开关的作用。如果材料行为是弹性的, α 的值就等于0; 当材料行为是塑性的, α 的值就等于1。

上述的塑性理论限制在光滑屈服面情况下,不包括摩尔-库仑模型中出现的那种多段屈服面包线。Koiter(1960)和其他人已经将塑性理论推广到这种屈服面情况,用来处理包括两个或者多个塑性势函数的流函数顶点:

$$\dot{\boldsymbol{\varepsilon}}^p = \lambda_1 \frac{\partial g_1}{\partial \boldsymbol{\sigma}'} + \lambda_2 \frac{\partial g_2}{\partial \boldsymbol{\sigma}'} + \cdots$$ (3.25)

类似地,几个拟无关屈服函数(f_1, f_2, $\cdots$)被用于确定乘子(λ_1, λ_2, $\cdots$)的大小。

(2)非理想塑性理论模型。图 3.2 所示为非理想塑性理论模型。

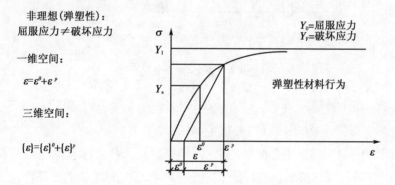

图 3.2   非理想塑性理论模型

(3)软化弹塑性理论模型。图 3.3 中材料属性决定软化的比例。

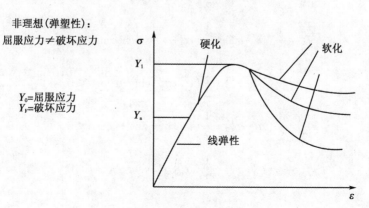

图 3.3   软化弹塑性理论模型

（4）屈服/破坏方程。图 3.4 所示为屈服/破坏方程。

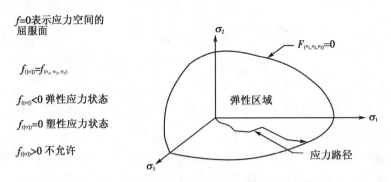

图 3.4　屈服/破坏方程

（5）摩尔-库仑（Mohr-Coulomb）准则。图 3.5 所示为摩尔-库仑准则示意图。

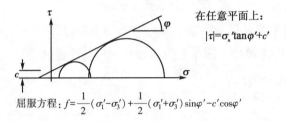

图 3.5　摩尔-库仑准则

基本参数：杨氏模量 E（单位：kN/m^2），泊松比 ν，黏聚力 c'（单位：kN/m^2），摩擦角 φ（单位：（°）），剪胀角 ψ（单位：（°））。

（6）空间 3D 应力摩尔-库仑准则。摩尔-库仑屈服条件是库仑摩擦定律在一般应力状态下的推广。事实上，这个条件保证了一个材料单元内的任意平面都将遵守库仑摩擦定律。如果用主应力来描述，完全 MC 屈服条件由六个屈服函数组成：

$$
\left.
\begin{aligned}
f_{1a} &= \frac{1}{2}(\sigma'_2 - \sigma'_3) + \frac{1}{2}(\sigma'_2 + \sigma'_3)\sin\varphi - c\cos\varphi \leqslant 0 \\
f_{1b} &= \frac{1}{2}(\sigma'_3 - \sigma'_2) + \frac{1}{2}(\sigma'_2 + \sigma'_3)\sin\varphi - c\cos\varphi \leqslant 0 \\
f_{2a} &= \frac{1}{2}(\sigma'_3 - \sigma'_1) + \frac{1}{2}(\sigma'_1 + \sigma'_3)\sin\varphi - c\cos\varphi \leqslant 0 \\
f_{2b} &= \frac{1}{2}(\sigma'_1 - \sigma'_3) + \frac{1}{2}(\sigma'_1 + \sigma'_3)\sin\varphi - c\cos\varphi \leqslant 0 \\
f_{3a} &= \frac{1}{2}(\sigma'_1 - \sigma'_2) + \frac{1}{2}(\sigma'_1 + \sigma'_2)\sin\varphi - c\cos\varphi \leqslant 0 \\
f_{3b} &= \frac{1}{2}(\sigma'_2 - \sigma'_1) + \frac{1}{2}(\sigma'_2 + \sigma'_1)\sin\varphi - c\cos\varphi \leqslant 0
\end{aligned}
\right\}
\tag{3.26}
$$

出现在上述屈服函数中的两个塑性模型参数就是众所周知的摩擦角 φ 和黏聚力 c。

如图 3.6 所示,这些屈服函数可以共同表示主应力空间中的一个六棱锥。除了这些屈服函数,摩尔–库仑模型还定义了六个塑性势函数:

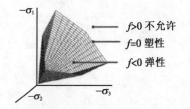

$$f = \frac{1}{2}(\sigma_1' - \sigma_3') + \frac{1}{2}(\sigma_1' + \sigma_3')\sin\varphi' - c'\cos\varphi'$$

图 3.6 空间 3D 应力摩尔–库仑准则

$$
\left.\begin{aligned}
g_{1a} &= \frac{1}{2}(\sigma_2' - \sigma_3') + \frac{1}{2}(\sigma_2' + \sigma_3')\sin\psi \\
g_{1b} &= \frac{1}{2}(\sigma_3' - \sigma_2') + \frac{1}{2}(\sigma_2' + \sigma_3')\sin\psi \\
g_{2a} &= \frac{1}{2}(\sigma_3' - \sigma_1') + \frac{1}{2}(\sigma_3' + \sigma_1')\sin\psi \\
g_{2b} &= \frac{1}{2}(\sigma_1' - \sigma_3') + \frac{1}{2}(\sigma_1' + \sigma_3')\sin\psi \\
g_{3a} &= \frac{1}{2}(\sigma_1' - \sigma_2') + \frac{1}{2}(\sigma_2' + \sigma_1')\sin\psi \\
g_{3b} &= \frac{1}{2}(\sigma_2' - \sigma_1') + \frac{1}{2}(\sigma_2' + \sigma_1')\sin\psi
\end{aligned}\right\} \quad (3.27)
$$

这些塑性势函数包含了第三个塑性参数,即剪胀角 ψ。它用于模拟正的塑性体积应变增量(剪胀现象),就像在密实的土中实际观察到的那样。后面将对 MC 模型中用到的所有模型参数做一个讨论。在一般应力状态下运用摩尔-库仑模型时,如果两个屈服面相交,需要作特殊处理。有些程序使用从一个屈服面到另一个屈服面的光滑过渡,即将棱角磨光(Smith 和 Griffith, 1982)。MC 模型使用准确形式,即从一个屈服面到另一个屈服面用的是准确变化。关于棱角处理的详细情况可以参阅相关文献(Koiter, 1960; Van Langen 和 Vermeer, 1990)。对于 $c>0$,标准摩尔-库仑准则允许有拉应力。事实上,它允许的拉应力大小随着黏性的增加而增加。实际情况是,土不能承受或者仅能承受极小的拉应力。这种性质可以通过指定"拉伸截断"来模拟。

在这种情况下,不允许有正的主应力摩尔圆。"拉伸截断"将引入另外三个屈服函数,定义如下:

$$
\left.\begin{aligned}
f_4 &= \sigma_1' - \sigma_t \leqslant 0 \\
f_5 &= \sigma_2' - \sigma_t \leqslant 0 \\
f_6 &= \sigma_3' - \sigma_t \leqslant 0
\end{aligned}\right\} \quad (3.28)
$$

当使用"拉伸截断"时,允许拉应力 σ_t 的缺省值取为零。对这三个屈服函数采用相关联的流动法则。对于屈服面内的应力状态,它的行为是弹性的并且遵守各向同性的线弹性胡克定律。

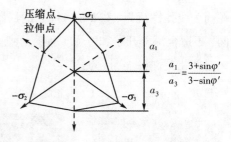

$$\frac{a_1}{a_3} = \frac{3 + \sin\varphi'}{3 - \sin\varphi'}$$

图 3.7 偏平面摩尔–库仑准则

因此,除了塑性参数 c 和 ψ,还需要输入弹性模量 E 和泊松比 ν。

(7)偏平面摩尔–库仑准则。图 3.7 所示为偏平面摩尔–库仑准则示意图。

(8)流动法则。屈服/破坏准则给出是否塑性应变,但是无法给出塑性应变增量的大小与方向。因此,需要建立另一个方程,即塑性势方程。图 3.8 所示为塑性势方程示意图。

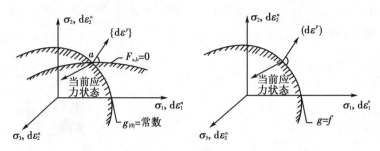

图 3.8　塑性势方程

塑性应变增量

$$\{d\varepsilon\}^p = d\lambda \left\{ \frac{\partial g}{|\partial\sigma|} \right\} \tag{3.29}$$

式中，g——塑性势，$g = g_{(|\sigma|)}$；

　　　　$d\lambda$——常量(非材料参数)。

(9)摩尔-库仑塑性势。图 3.9 所示为摩尔-库仑塑性势示意图。

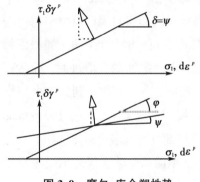

$$\left. \begin{aligned} f &= \frac{1}{2}(\sigma_1' - \sigma_3') + \frac{1}{2}(\sigma_1' + \sigma_3')\sin\varphi' - c'\cos\varphi' \\ g &= \frac{1}{2}(\sigma_1' - \sigma_3') + \frac{1}{2}(\sigma_1' + \sigma_3')\sin\psi + \cos\psi \end{aligned} \right\} \tag{3.30}$$

(10)摩尔-库仑剪胀。强度达到摩尔强度后剪胀，强度=摩擦+剪胀。其中，Kinematic 硬化是指移动硬化特性，如图 3.10 和图 3.11 所示。

综上所述，可知摩尔-库仑的性能与局限性。①摩尔-库仑的性能：简单的理想弹塑性模型，一阶方法近似模拟土体的一般行为，适合某些工程应用，

图 3.9　摩尔-库仑塑性势

参数少而意义明确，可以很好地表示破坏行为(排水)，包括剪胀角、各向同性行为和破坏前为线弹性行为。②摩尔-库仑的局限性：无应力相关刚度，加载/卸载重加载刚度相同，不适合深部开挖和隧道工程，无剪胀截断，不排水行为有些情况失真，无各向异性和无时间相关性(蠕变行为)。

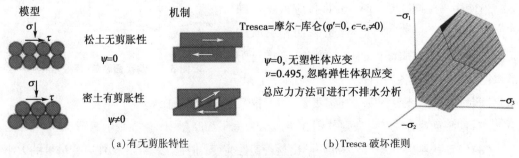

(a)有无剪胀特性　　　　　　　　　　(b)Tresca 破坏准则

图 3.10　摩尔-库仑有无剪胀性与 Tresca 破坏准则

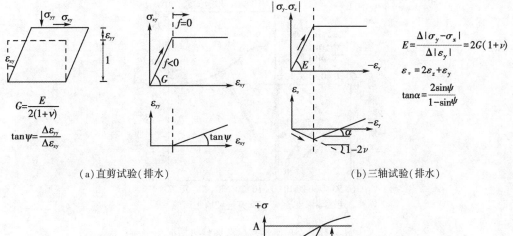

(a)直剪试验(排水)　　　　　　　　　　(b)三轴试验(排水)

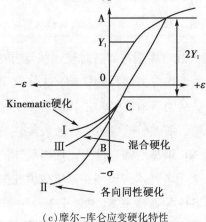

(c)摩尔-库仑应变硬化特性

图 3.11　摩尔-库仑排水剪切特性与应变硬化特性

◆◇ 3.5　基于塑性理论的 MC、HS 及 MCC 本构模型比较

沈珠江院士认为, 计算岩土力学的核心问题是本构模型。下面讨论基坑数值分析土体本构模型的选择。目前, 已有几百种土体的本构模型, 常见的可以分为三大类, 即弹性类模型、弹-理想塑性类模型和应变硬化类弹塑性模型, 如表 3.1 所示。

表 3.1　主要本构模型

模型大类	本构模型
弹性类模型	线弹性模型、非线性弹性模型(Duncan-Chang, DC 模型)
弹-理想塑性类模型	Mohr-Coulomb(MC)模型、Druker-Prager(DP)模型、
应变硬化类弹塑性模型	Modified Cam-Clay(MCC)模型、Hardening Soil(HS)模型、Hardening soil with small strain stiffness(HSS)模型

MC、HS 以及 MCC 三个本构模型选择的对比分析情况如图 3.12 所示。

研究基坑墙体侧移, HS 模型和 MCC 模型得到的变形较接近, MC 模型得到的侧移则

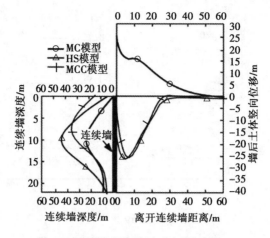

图 3.12　不同本构模型对比分析情况

要小得多，原因是 HS 模型和 MCC 模型在卸载时较加载具有更大的模量，而 MC 模型的加载和卸载模量相同，且无法考虑应力路径的影响，这导致 MC 模型产生很大的坑底回弹，从而减小了墙体的变形。从墙后地表竖向位移来看，HS 模型和 MCC 模型得到了与工程经验相符合的凹槽型沉降，而 MC 模型的墙后地表位移则表现为回弹，这与工程经验不符。这种差别的原因是 MC 模型的回弹过大而使得墙体的回弹过大，进而显著地影响了墙后地表的变形。表 3.2 为各种本构模型在基坑数值开挖分析中的适用性。

表 3.2　各种本构模型在基坑数值开挖分析中的适用性

本构模型的类型		不适合一般分析	适合初步分析	适合准确分析	适合高级分析
弹性模型	线弹性模型	√			
	横观各向同性	√			
	DC 模型		√		
弹–理想塑性模型	MC 模型		√		
	DP 模型		√		
硬化模型	MCC 模型			√	
	HS 模型			√	
小应变模型	MIT-E3、HSS 模型				√

弹性模型由于不能反映土体的塑性性质，不能较好地模拟主动土压力和被动土压力，因而不适合于基坑开挖的分析。弹–理想塑性的 MC 模型和 DP 模型由于采用单一刚度往往导致很大的坑底回弹，难以同时给出合理的墙体变形和墙后土体变形。能考虑软黏土应变硬化特征、能区分加载和卸载的区别且其刚度依赖于应力历史和应力路径的硬化类模型如 MCC 模型和 HS 模型，能同时给出较为合理的墙体变形及墙后土体变形情况。

由上述分析可知：敏感环境下的基坑工程设计需要重点关注墙后土体的变形情况，从满足工程需要和方便实用的角度出发，建议采用 MCC 模型和 HS 模型进行敏感环境下的基坑开挖数值分析。

◆◇ 3.6 软土硬化(HS)与小应变硬化(HSS)模型特性

最初的土体硬化模型假设土体在卸载和再加载时是弹性的。但是实际上土体刚度为完全弹性的应变范围十分狭小。随着应变范围的扩大，土体剪切刚度会显示出非线性。通过绘制土体刚度和 log 应变图可以发现，土体刚度呈 S 曲线状衰减。图 3.13 显示了这种刚度衰减曲线。它的轮廓线(剪切应变参数)可以由现场土工测试和实验室测试得到。通过经典试验(例如三轴试验、普通固结试验)，在实验室中测得的刚度参数，已经不到初始状态的一半了。

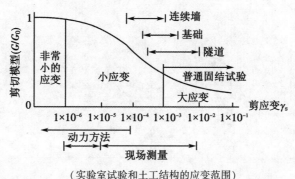

（实验室试验和土工结构的应变范围）

图 3.13 土体的典型剪切刚度-应变曲线

用于分析土工结构的土体刚度并不是依照图在施工完成时的刚度。需要考虑小应变土体刚度和土体在整个应变范围内的非线性。HSS 模型继承了 HS 模型的所有特性，提供了解决这类问题的可能性。HSS 模型是基于 HS 模型而建立的，两者有着几乎相同的参数。实际上，模型中只增加了两个参数用于描述小应变刚度行为：初始小应变模量 G_0；剪切应变水平 $\gamma_{0.7}$，割线模量 G_s 减小到 $70\%G_0$ 时的应变水平。

3.6.1 土体固结仪试验加载-卸载

土体硬化模型卸载：卸载泊松比较小，水平应力变化小。摩尔-库仑卸载：卸载泊松比即为加载泊松比，水平应力按照加载路径变化(如图 3.14 所示)。

(1)条形基础沉降，加载应力路径下，各模型沉降分布结果差异较小(如图 3.15 所示)。

(2)基坑开挖下挡墙后方竖向位移差异如图 3.16 所示。

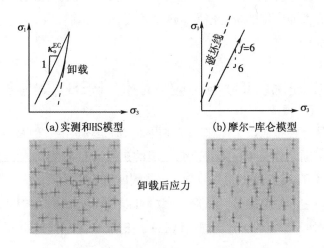

图 3. 14　土体硬化模型卸载与摩尔-库仑卸载特性

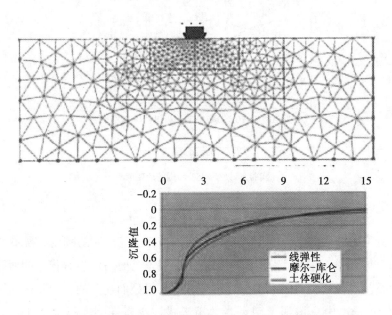

图 3. 15　土体硬化模型卸载与摩尔-库仑卸载条形基础沉降特性

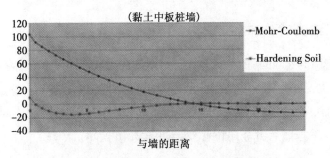

图 3. 16　土体硬化模型卸载与摩尔-库仑卸载基坑开挖下挡墙后方竖向位移差异特性

3.6.2　双曲线应力–应变关系

(1)双曲线应力–应变关系,例如标准三轴试验数据如图 3.17 所示。

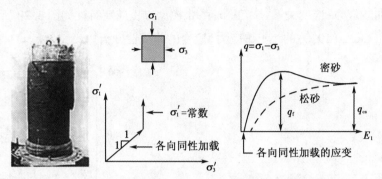

图 3.17　土体硬化模型标准三轴试验各向同性加载的应变特性

(2)双曲线应力–应变关系,双曲线逼近方程应变特性如图 3.18 所示。主要参考 Kondner 和 Zelasko(1963)《砂土的双曲应力–应变公式》。

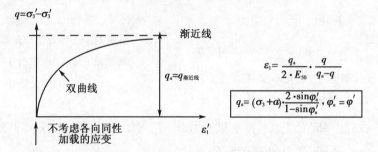

$$\varepsilon_1 = \frac{q_a}{2 \cdot E_{50}} \cdot \frac{q}{q_a - q}$$

$$q_a = (\sigma_3 + a) \cdot \frac{2 \cdot \sin\varphi'}{1 - \sin\varphi'}, \quad \varphi'_a = \varphi'$$

图 3.18　土体硬化模型双曲线逼近方程各向同性加载的应变特性

基本参数:E 为杨氏模量,单位为 kN/m^2;ν 为泊松比;c' 为黏聚力,单位为 kN/m^2;φ' 为摩擦角,单位为(°);ψ 为剪胀角,单位为(°)。

(3)双曲线应力–应变关系,割线模量 E_{50} 的定义方程应变特性如图 3.19 所示。

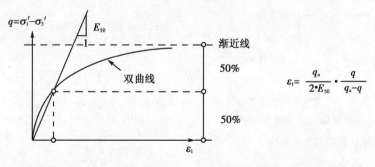

$$\varepsilon_1 = \frac{q_a}{2 \cdot E_{50}} \cdot \frac{q}{q_a - q}$$

图 3.19　土体硬化模型割线模量 E_{50} 的定义方程各向同性加载的应变特性

$E_{50}{}^{ref}$ 为初次加载达到 50% 强度的参考模量:

$$E_{50} = E_{50}^{ref} \left(\frac{\sigma_3' + a}{p_{ref} + a} \right)^m \qquad (3.31)$$

其中，$m_{砂土} = 0.5$；$m_{黏土} = 1$。

（4）双曲线应力–应变关系，修正邓肯–张模型方程应变特性如图 3.20 所示。主要参考 Duncan 和 Chang(1970) 的《土壤应力–应变的非线性分析》。

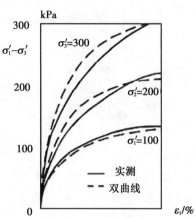

图 3.21　土体硬化模型排水试验数据
（超固结 Frankfurt 黏土）各向同性加载
的应变特性

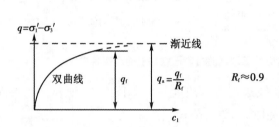

双曲线部分 $q < q_f$；水平线部分 $q = q_f$

$q_1 = (\sigma_3' + a) \dfrac{2\sin\varphi'}{1 - \sin\varphi'}$ 　$a = c'\cot\varphi'$（摩尔–库仑破坏偏应力）

图 3.20　土体硬化模型修正邓肯–张模型方程各向
同性加载的应变特性

（5）双曲线应力–应变关系，排水试验数据（超固结 Frankfurt 黏土）如图 3.21 所示。主要参考 Amann，Breth 和 Stroh(1975) 的文献。

3.6.3　剪应变等值线

（1）三轴试验曲线的双曲线逼近应变特性如图 3.22 所示。

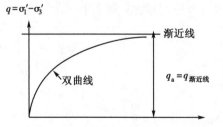

图 3.22　土体硬化模型三轴试验曲线的
双曲线逼近各向同性加载的
应变特性

剪切应变：

$$\gamma = \varepsilon_1 - \varepsilon_3 \approx \frac{3}{2}\varepsilon_1 \qquad (3.32)$$

$$\gamma = \frac{3}{4} \frac{q_a}{E_{50}} \cdot \frac{q}{q_a - q} \qquad (3.33)$$

$$q_a = (\sigma_3' + a) \frac{2\sin\varphi_a'}{1 - \sin\varphi_a'} \qquad (3.34)$$

$$\varepsilon_1 = \frac{q_a}{2E_{50}} \cdot \frac{q}{q_a - q} \qquad (3.35)$$

（2）p-q 平面中的剪应变等值线（$c' = 0$）应变特性如图 3.23 所示。

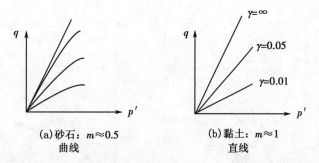

图 3.23　土体硬化模型 p–q 平面中的剪应变等值线($c'=0$)各向同性加载的应变特性

$$\gamma = \frac{3}{4} \frac{q_a}{E_{50}} \cdot \frac{q}{q_a - q} \tag{3.36}$$

$$E_{50} = E_{50}^{rsf} \left(\frac{\sigma_3' + c' \cot \varphi_a'}{p_{ref} + c' \cot \varphi_a'} \right)^m \tag{3.37}$$

$$q_a = (\sigma_3' + a) \frac{2 \sin \varphi_a'}{1 - \sin \varphi_a'} \tag{3.38}$$

(3)Fuji 河砂实验数据(Ishihara，et al，1975)应变特性如图 3.24 所示。

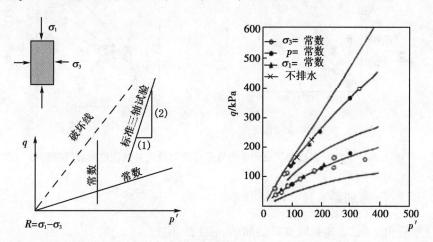

图 3.24　土体硬化模型 **Fuji 河砂实验数据(Ishihara，et al，1975)各向同性加载应变特性**

(4)实测剪应变等值线和双曲线应变特性如图 3.25 所示。

$$\gamma = \frac{3q_a}{4E_{50}} \frac{q}{q - q_a} \tag{3.39}$$

$$E_{50} = E_{50}^{ref} \left(\frac{\sigma_3' + a}{p_{ref} + a} \right)^m \tag{3.40}$$

$$q_a = (\sigma_3' + a) \frac{2 \sin \varphi_a}{1 - \sin \varphi_a} \tag{3.41}$$

其中，$a=0$，$\varphi_a = 38°$，$E_{50}^{ref} = 30$ MPa，$m=0.5$。

(5)剪应变等值线是屈服轨迹的应变特性如图 3.26 所示。

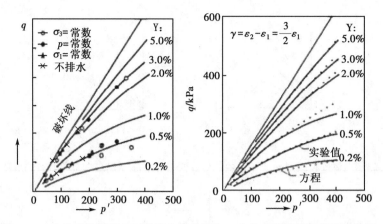

图 3.25　土体硬化模型实测剪应变等值线和双曲线各向同性加载应变特性

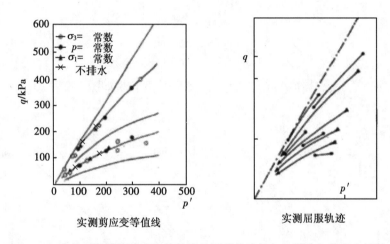

图 3.26　土体硬化模型剪应变等值线是屈服轨迹的各向同性加载应变特性

3.6.4　卸载与重加载

（1）加载和卸载/重加载应变特性如图 3.27 所示。

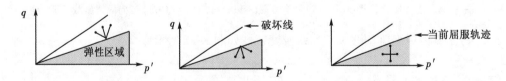

图 3.27　土体硬化模型加载和卸载/重加载各向同性应变特性

● 塑性状态加载：应力点在屈服轨迹上。应力增量指向弹性区外。这将导致塑性屈服，如：塑性应变与弹性区扩张，材料硬化。

● 塑性状态卸载：应力点在屈服轨迹上。应力增量指向弹性区内。这将导致弹性应变增量，应变增量与应力增量符合胡克定律，刚度为 E_{ur}。

● 弹性状态卸载/重加载：应力点位于弹性区域内，所有可能的应力增量都将产生弹性应变。

（2）标准三轴试验卸载/重加载应变特性如图 3.28 所示。

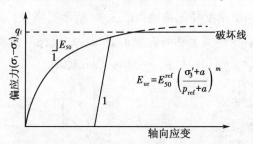

图 3.28　土体硬化模型标准三轴试验卸载/重加载各向同性应变特性

（3）砂土的卸载/重加载标准三轴试验应变特性如图 3.29 所示。

（4）土体硬化模型胡克定律各向弹性各向同性应变特性见式（3.42）。

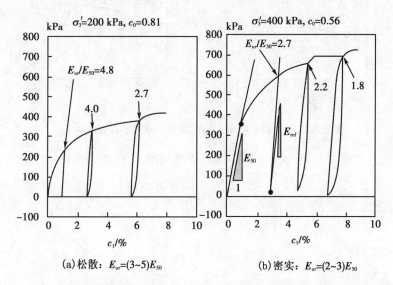

(a)松散：$E_{ur}=(3\sim5)E_{50}$　　　　(b)密实：$E_{ur}=(2\sim3)E_{50}$

图 3.29　土体硬化模型砂土的卸载/重加载标准三轴试验各向同性应变特性

$$
\left.
\begin{aligned}
\Delta\varepsilon_1^c &= \frac{1}{E_{ur}}(\Delta\sigma_1' - \nu_{ur}\cdot\Delta\sigma_2' - \nu_{ur}\cdot\Delta\sigma_3') \\[2mm]
\Delta\varepsilon_2^c &= \frac{1}{E_{ur}}(-\nu_{ur}\cdot\Delta\sigma_1' + \Delta\sigma_2' - \nu_{ur}\cdot\Delta\sigma_3') \\[2mm]
\Delta\varepsilon_3^c &= \frac{1}{E_{ur}}(-\nu_{ur}\cdot\Delta\sigma_1' - \nu_{ur}\cdot\Delta\sigma_2' + \Delta\sigma_3') \\[2mm]
\nu_{ur} &= \text{Poisson's ratio} \approx 0.2 \\[2mm]
E_{ur} &= E_{50}^{ret}\left(\frac{\sigma_1'+a}{p_{ret}+a}\right)^m \\[2mm]
a &= c'\cot\varphi'
\end{aligned}
\right\}
\tag{3.42}
$$

3.6.5 密度硬化

（1）三轴试验经典结果密度硬化特性如图 3.30 所示。临界孔隙率：松砂受剪切时体积变小，即孔隙比减小。密砂受剪切时发生剪胀现象，使孔隙比增大。在密砂与松砂之间，总有某个孔隙比使砂受剪切时体积不变即临界孔隙率。

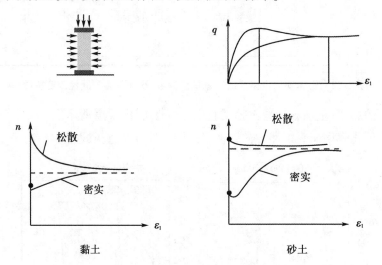

图 3.30　土体硬化模型三轴试验经典结果密度硬化特性

（2）NC 黏土实测体应变等值线密度硬化特性如图 3.31 所示。

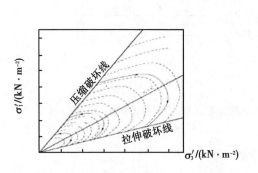

图 3.31　土体硬化模型 NC 黏土实测体应变等值线密度硬化特性

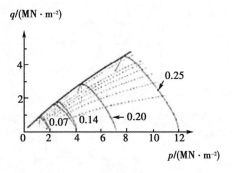

图 3.32　土体硬化模型黏土的实测等值线密度硬化特性

（3）黏土的实测等值线密度硬化特性如图 3.32 所示。

（4）密度硬化等值线类椭圆见图 3.33。

（5）体应变等值线椭圆。体应变等值线椭圆中，椭圆用于修正剑桥模型，如图 3.34 所示。

$$p' + \frac{q^2}{M^2 p'} = p_p \tag{3.43}$$

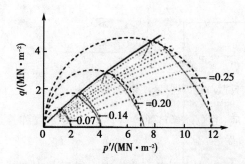

图 3.33 土体硬化模型等值线类椭圆密度
硬化特性

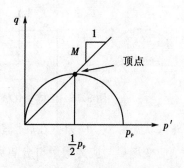

图 3.34 土体硬化模型体应变等值线
椭圆密度硬化特性

其中：$M = \dfrac{6\sin\varphi'}{3-\sin\varphi'}$。

（6）松砂体应变等值线密度硬化特性如图 3.35 所示。

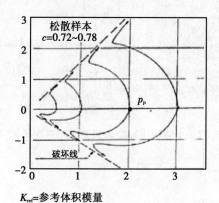

K_{ref}=参考体积模量

图 3.35 土体硬化模型松砂体应变等值线密度硬化特性

一般情况 $m \neq 1$：

$$\varepsilon_{\text{ref}} = \frac{1}{1-m}\frac{p_{\text{ref}}}{K_{\text{ref}}}\left(\frac{p_{\text{p}}}{p_{\text{ref}}}\right)^{1-m} \tag{3.44}$$

特殊情况 $m = 1$：

$$\varepsilon_{\text{ref}} = \varepsilon'_{\text{ref}} + \frac{p_{\text{ref}}}{K_{\text{ref}}}\ln\frac{p_{\text{p}}}{p_{\text{ref}}} \tag{3.45}$$

椭圆：

$$p_{\text{p}} = p' + \frac{q^2}{M^2 p'} \tag{3.46}$$

（7）加载与卸载/重加载密度硬化特性如图 3.36 所示。

• 塑性状态加载：应力点在屈服轨迹上，应力增量指向弹性区外。这将导致塑性屈服，如：塑性应变与弹性区扩张、材料硬化。

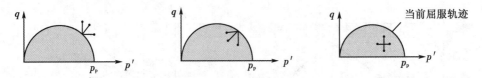

图 3.36 土体硬化模型加载与卸载/重加载密度硬化特性

- 塑性状态卸载：应力点在屈服轨迹上，应力增量指向弹性区内。这将导致弹性应变增量，应变增量与应力增量符合胡克定律，刚度为 E_{ur}。
- 弹性状态卸载/重加载：应力点位于弹性区域内，所有可能的应力增量都将产生弹性应变。

（8）体积硬化或称密度硬化。体积硬化在正常固结黏土和松砂土中占主导；剪切应变硬化，在超固结黏土和密砂土中占主导（图 3.37）。

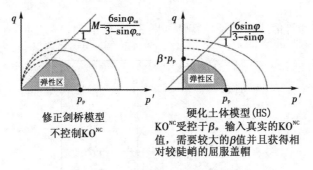

图 3.37 土体硬化模型体积硬化或密度硬化特性

3.6.6 双硬化

（1）体积硬化与剪切硬化。体积硬化在正常固结黏土和松砂土占主导；剪切应变硬化，在超固结黏土和密砂土中占主导（如图 3.38 所示）。

（2）四个刚度区域双硬化（如图 3.39 所示）。

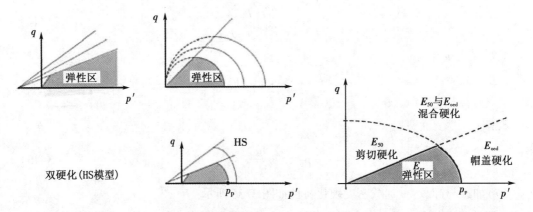

图 3.38 土体硬化模型体积硬化与剪切硬化双硬化   图 3.39 土体硬化模型四个刚度区域双硬化

◆ 3.7　土体硬化(HS)模型与改进

在土体动力学中,小应变刚度已经广为人知。在静力分析中,这个土体动力学中的发现一直没有被实际应用。静力土体与动力土体的刚度区别应该归因于荷载种类(例如,惯性力和应变),而不是巨大的应变范围,后者在动力情况(包括地震)下很少考虑。惯性力和应变率只对初始土体刚度有很小的影响。所以,动力土体刚度和小应变刚度实际上是相同的。

3.7.1　用双曲线准则描述小应变刚度

土体动力学中最常用的模型大概就是 Hardin-Drnevich 模型。由试验数据充分证明了小应变情况下的应力-应变曲线可以用简单的双曲线形式来模拟。类似地,Kondner(1962)在 Hardin 和 Drnevich(1972)的提议下发表了应用于大应变的双曲线准则。

$$\frac{G_s}{G_0} = \frac{1}{1 + \left| \dfrac{\gamma}{\gamma_r} \right|} \tag{3.47}$$

其中极限剪切应变 γ_r 定义为:

$$\gamma_r = \frac{\tau_{max}}{G_0} \tag{3.48}$$

式中: τ_{max} ——破坏时的剪应力。

式(3.47)和式(3.48)将大应变(破坏)与小应变行为很好地联系起来。

为了避免错误地使用较大的极限剪应变,Santos 和 Correia(2001)建议使用割线模量 G_s 减小到初始值的 70% 时的剪应变 $\gamma_{0.7}$ 来替代 γ_r。

$$\frac{G_s}{G_0} = \frac{1}{1 + a \left| \dfrac{\gamma}{\gamma_{0.7}} \right|} \tag{3.49}$$

其中 $a = 0.385$

事实上,使用 $a = 0.385$ 和 $\gamma_r = \gamma_{0.7}$ 意味着 $\dfrac{G_s}{G_0} = 0.722$。所以,大约 70% 应该精确地称为 72.2%。图 3.40 显示了修正后的 Hardin-Drnevich 关系曲线(归一化)。

3.7.2　土体硬化(HS)模型中使用 Hardin-Drnevich 关系

软黏土的小应变刚度可以与分子间体积损失以及土体骨架间的表面力相结合。一旦荷载方向相反,刚度恢复到依据初始土体刚度确定的最大值。然后,随着反向荷载加载,刚度又逐渐减小。应力历史相关,多轴扩张的 Hardin-Drnevich 关系需要加入到 HS 模型中。这个扩充最初由 Benz(2006)以小应变模型的方式提出。Benz 定义了剪切应变标量

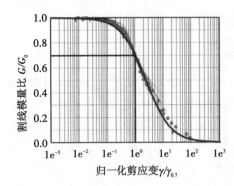

图 3.40 Hardin-Drnevich 关系曲线与实测数据对比

γ_{hist}:

$$\gamma_{\text{hist}} = \sqrt{3} \, \frac{\|H\Delta e\|}{\|\Delta e\|} \tag{3.50}$$

式中：Δe——当前偏应变增量；

H——材料应变历史的对称张量。

一旦监测到应变方向反向，H 就会在实际应变增量 Δe 增加前部分或是全部重置。依据 Simpson(1992) 的块体模型理论：所有三个方向主应变偏量都检测应变方向，就像三个独立的 Brick 模型。应变张量 H 和随应力路径变化的更多细节请查阅 Benz(2006) 的相关文献。

剪切应变标量 γ_{hist} 的值由式(3.50)计算得到。剪切应变标量定义为：

$$\gamma = \frac{3}{2} \varepsilon_q \tag{3.51}$$

ε_q 是第二偏应变不变量，在三维空间中 γ 可以写成：

$$\gamma = \varepsilon_{\text{axial}} - \varepsilon_{\text{lateral}} \tag{3.52}$$

在小应变土体硬化(HSS)模型中，应力-应变关系可以用割线模量简单表示为：

$$\tau = G_s \gamma = \frac{G_0 \gamma}{1 + 0.385 \dfrac{\gamma}{\gamma_{0.7}}} \tag{3.53}$$

对剪切应变进行求导可以得到切线剪切模量：

$$G_t = \frac{G_0}{\left(1 + 0.385 \dfrac{\gamma}{\gamma_{0.7}}\right)^2} \tag{3.54}$$

刚度减小曲线一直到材料塑性区。在土体硬化(HS)模型和小应变土体硬化(HSS)模型中，由于塑性应变产生的刚度退化使用应变强化来模拟。

在小应变土体硬化(HSS)模型中，小应变刚度减小曲线有一个下限，它可以由常规实验室实验得到，切线剪切模量 G_t 的下限是卸载/再加载模量 G_{ur}，与材料参数 E_{ur} 和 ν_{ur} 相关：

$$G_t \geqslant G_{\text{ur}}; \quad G_{\text{ur}} = \frac{E_{\text{ur}}}{2(1 + \nu_{\text{ur}})} \tag{3.55}$$

截断剪切应变 $\gamma_{\text{cut-off}}$ 计算公式为：

$$\gamma_{\text{cut-off}} = \frac{1}{0.385} \left(\sqrt{\frac{G_0}{G_{\text{ur}}}} - 1 \right) \gamma_{0.7} \tag{3.56}$$

在小应变土体硬化(HSS)模型中，实际准弹性切线模量是通过切线刚度在实际剪应变增量范围内积分求得的。小应变土体硬化(HSS)模型中使用的刚度减小曲线如图 3.41

所示。

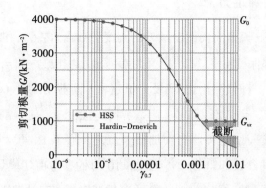

图 3.41　小应变土体硬化(HSS)模型中使用的小应变减小曲线以及截断

3.7.3　原始(初始)加载与卸载/再加载

Masing(1962)在研究材料的滞回行为中发现土体卸载/再加载循环中遵循以下准则:卸载时的剪切模量等于初次加载时的初始切线模量。卸载/再加载的曲线形状与初始加载曲线形状相同,数值增大两倍。

对于上面提到的剪切应变 $\gamma_{0.7}$,Masing 通过下面的设定来满足 Hardin-Drnevich 关系(见图 3.42 和图 3.43)。

$$\gamma_{0.7\text{re-loading}} = 2\gamma_{0.7\text{virgin-loading}} \tag{3.57}$$

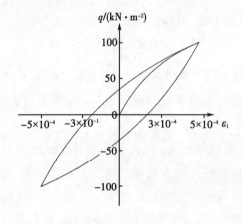

图 3.42　土体材料滞回性能

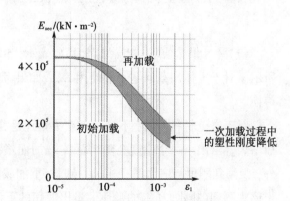

图 3.43　HSS 模型刚度参数在主加载以及卸载/再加载时减小示意图

HSS 模型通过把用户提供的初始加载剪切模量加倍来满足 Masing 的准则。如果考虑塑性强化,初始加载时的小应变刚度就会很快减小,用户定义的初始剪切应变通常需要加倍。HSS 模型中的强化准则可以很好地适应这种小应变刚度减小。图 3.42 和图 3.43 举例说明了 Masing 准则以及初始加载、卸载/再加载刚度减小。

3.7.4 模型参数及确定方法

相比 HS 模型，HSS 模型需要两个额外的刚度参数输入：G_0^{ref} 和 $\gamma_{0.7}$。所有其他参数，包括代替刚度参数，都保持不变。G_0^{ref} 定义为参考最小主应力 $-\sigma_3' = p^{ref}$ 的非常小应变（如：$\varepsilon < 10^{-6}$）下的剪切模量。卸载泊松比 ν_{ur} 设为恒定，因而剪切刚度 G_0^{ref} 可以通过小应变弹性模量很快计算出来 $G_0^{ref} = E_0^{ref} / [2(1+\nu_{ur})]$。界限剪应变 $\gamma_{0.7}$ 使得割线剪切模量 G_s^{ref} 衰退为 $0.722 G_0^{ref}$。界限应变 $\gamma_{0.7}$ 是来自初次加载。总之，除了 HS 模型需要输入的参数外，HSS 模型需要输入刚度参数：G_0^{ref} 为小应变（$\varepsilon < 10^{-6}$）的参考剪切模量，kN/m^2；$\gamma_{0.7}$ 为 $G_s^{ref} = 0.722 G_0^{ref}$ 时的剪切应变。图 3.44 表明了三轴试验的模型刚度参数 E_{50}、E_{ur} 和 $E_0 = 2G_0(1+\nu_{ur})$。对于 E_{ur} 和 $2G_0$ 对应的应变，可以参考前面的论述。如果默认值 $E_0^{ref} = G_{ur}^{ref}$，没有小应变硬化行为发生，HSS 模型就相当于 HS 模型。

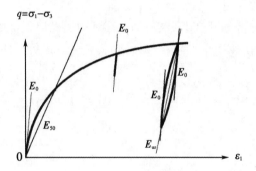
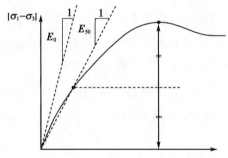

图 3.44　HSS 模型中的刚度参数 $E_0 = 2G_0(1+\nu_{ur})$　　图 3.45　E_0 和 E_{50} 的定义方法（标准排水三轴试验结果）

（1）弹性模量（E）。初始斜率用 E_0 表示，50% 强度处割线模量用 E_{50} 表示，如图 3.45 所示。对于土体加载问题一般使用 E_{50}；如果考虑隧道等开挖卸载问题，一般需要用 E_{ur} 替换 E_{50}。

对于岩土材料而言，不管是卸载模量还是初始加载模量，往往都会随着围压的增加而增大。给出了一个刚度会随着深度增加而增加的特殊输入选项，如图 3.46 所示。另外，观测到刚度与应力路径相关。卸载/重加载的刚度比首次加载的刚度要更大。所以，土体观测到（排水）压缩的弹性模量比剪切的更低。因此，当使用恒定的刚度模量来模拟土体行为，可以选择一个与应力水平和应力路径发展相关的值。

（2）泊松比（ν）。当弹性模型或者 MC 模型用于重力荷载（塑性计算中 $\sum M_{weight}$ 从 0 增加到 1）问题时，泊松比的选择特别简单。对于这种类型的加载，给出比较符合实际的比值 $K_0 = \sigma_h / \sigma_v$。在一维压缩情况下，由于两种模型都会给出众所周知的比值：$\sigma_h / \sigma_v = \nu/(1-\nu)$，因此容易选择一个可以得到比较符合实际的 K_0 值的泊松比。通过匹配 K_0 值，可以估计 ν 值。在许多情况下得到的 ν 值是介于 0.3 和 0.4 之间的。一般地说，除了一维压缩,这个范围的值还可以用在加载条件下。在卸载条件下,使用 0.15~0.25 更为普遍。

(3)内聚力(c)。内聚力与应力同量纲。在 MC 模型中,内聚力参数可以用来模拟土体的有效内聚力,与土体真实的有效摩擦角联合使用[见图 3.46(a)]。不仅适用于排水土体行为,也适用于不排水(A)的材料行为,两种情况下,都可以执行有效应力分析。除此以外,当不排水(B)和不排水(C)时,内聚力参数可以使用不排水剪切强度参数 c_u (或者 s_u),同时设置摩擦角为 0。设置为不排水(A)时,使用有效应力强度参数分析的劣势在于,模型中的不排水剪切强度与室内试验获得的不排水剪切强度不易相符,原因

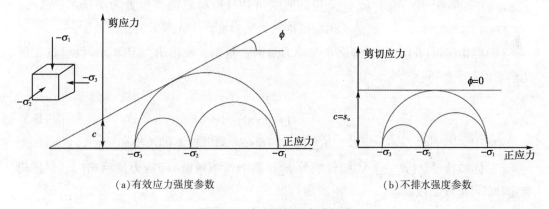

(a)有效应力强度参数　　　　　　　　　(b)不排水强度参数

图 3.46　应力圆与库仑破坏线

在于它们的应力路径往往不同。在这方面,高级土体模型比 MC 模型表现更好。但所有情况下,建议检查所有计算阶段中的应力状态和当前真实剪切强度($|\sigma_1 - \sigma_3| \leqslant s_u$)。

(4)内摩擦角(ϕ)。内摩擦角以度的形式输入。通常摩擦角模拟土体有效摩擦的,并与有效内聚力一起使用[见图 3.46(a)]。这不仅适合排水行为,同样适合不排水(A),因为它们都是基于有效应力分析。除此以外,土的强度设置还可以使用不排水剪切强度作为内聚力参数输入,并将摩擦角设为零,即不排水(B)和不排水(C)[图 3.46(b)]。摩擦角较大时(如密实砂土的摩擦角)会显著增加塑性计算量。计算时间的增加量大致与摩擦角的大小成指数关系。因此,初步计算某个工程问题时,应该避免使用较大的摩擦角。如图 3.46 中摩尔应力圆所示,摩擦角在很大程度上决定了抗剪强度。

图 3.47 表示的是一种更为一般的屈服准则。摩尔-库仑破坏准则被证明比德鲁克-普拉格近似更好地描述了土体,因为后者的破坏面在轴对称情况下往往是很不准确的。

(5)剪胀角(ψ)。剪胀角(ψ)是以度的方式指定的。除了严重的超固结土层以外,黏性土通常没有什么剪胀性($\psi = 0$)。砂土的剪胀性依赖于密度和摩擦角。对于石英砂土来说,$\psi = \phi - 30°$,ψ 的值比 ϕ 的值小 30°,然而剪胀角在多数情况下为零。ψ 的小的负值仅仅对极松的砂土是存在的。摩擦角与剪胀角之间的进一步关系可以参见 Bolton(1986)相关文章。

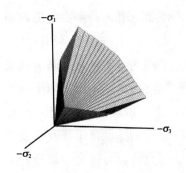

图 3.47　主应力空间下无黏性土
的破坏面

一个正值摩擦角表示在排水条件下土体的剪切将导致体积持续膨胀。这有些不真实，对于多数土，膨胀在某个程度会达到一个极限值，进一步的剪切变形将不会带来体积膨胀。在不排水条件下，正的剪胀角加上体积改变，将导致拉伸孔隙应力（负孔压）的产生。因此，在不排水有效应力分析中，土体强度可能被高估。当土体强度使用 $c = c_u(s_u)$ 和 $\phi = 0$，不排水（B）或者不排水（C），剪胀角必须设置为零。特别注意，使用正值的剪胀角并且把材料类型设置为不排水（A）时，模型可能因为吸力而产生无限大的土体强度。

（6）剪切模量（G）。剪切模量 G 与应力是同一量纲。根据胡克定律，弹性模量和剪切模量的关系如下：

$$G = \frac{E}{1 + (1 + \nu)} \tag{3.58}$$

泊松比不变的情况下，给 G 或 E_{oed} 输入一个值，将导致 E 的改变。

（7）固结仪模量（E_{oed}）。固结仪模量 E_{oed}（侧限压缩模量）与应力量纲相同。根据胡克定律，可得固结仪模量：

$$E_{oed} = \frac{(1 - \nu)E}{(1 - 2\nu)(1 + \nu)} \tag{3.59}$$

泊松比不变的情况下，给 G 或 E_{oed} 输入一个值，将导入 E 的改变。

（8）压缩波速与剪切波速（V_P 和 V_S）。一维空间压缩波速与固结仪模量和密度有关：

$$V_P = \sqrt{\frac{E_{oed}}{\rho}} \tag{3.60}$$

其中，$E_{oed} = \dfrac{(1 - \nu)E}{(1 + \nu)(1 - 2\nu)}$，$\rho = \dfrac{\gamma_{unsat}}{g}$

一维空间剪切波速与剪切模量和密度有关：

$$V_S = \sqrt{\frac{G}{\rho}} \tag{3.61}$$

其中，$G = \dfrac{E}{2(1 + \nu)}$，$\rho = \dfrac{\gamma_{unsat}}{g}$，$g$ 取 $9.8 \ \mathrm{m/s^2}$。

（9）摩尔-库仑模型的高级参数。当使用摩尔-库仑模型时，高级的特征包括：刚度和内聚力强度随着深度的增加而增加，使用"拉伸截断"选项。事实上，后一个选项的使用是缺省设置，但是如果需要的话，可以在这里将它设置为无效。

• 刚度的增加（E_{inc}）。在真实土体中，刚度在很大程度上依赖于应力水平，这就意味着刚度通常随着深度的增加而增加。当使用摩尔-库仑模型时，刚度是一个常数值，E_{inc}

就是用来说明刚度随着深度的增加而增加的,它表示弹性模量在每个单位深度上的增加量(单位:应力/单位深度)。在由 y_{ref} 参数给定的水平上,刚度就等于弹性模量的参考值 E'_{ret},即在参数表中输入的值。

$$E(y) = E_{ret} + (y_{ret} - y) E_{inc} \quad (y < y_{rest})$$ （3.62）

弹性模量在应力点上的实际值由参考值和 E'_{inc} 得到。要注意,在计算中,随着深度而增加的刚度值并不是应力状态的函数。

• 内聚力的增加(c_{inc} 或者 $s_{u, inc}$)。对于黏性土层提供了一个高级输入选项,反映内聚力随着深度的增加而增加。c_{inc} 就是用来说明内聚力随着深度的增加而增加的,它表示每单位深度上内聚力的增加量。在由 y_{ref} 参数给定的水平上,内聚力就等于内聚力的参考值 c_{ret},即在参数表中输入的值。内聚力在应力点上的实际值由参考值和 c_{inc} 得到。

$$c(y) = c_{ret} + (y_{ret} - y) c_{inc} \quad (y < y_{ret})$$
$$S_u(y) = S_{u, ret} + (y_{ret} - y) s_{u, inc} \quad (y < y_{ret})$$ （3.63）

• 拉伸截断。在一些实际问题中要考虑到拉应力的问题。根据图 3.46 所显示的库仑包络线,这种情况在剪应力(摩尔圆的半径)充分小的时候是允许的。然而,沟渠附近的土体表层有时会出现拉力裂缝。这就说明除了剪切以外,土体还可能受到拉力的破坏。分析中选择拉伸截断就反映了这种行为。这种情况下,不允许有正主应力的摩尔圆。当选择拉伸截断时,可以输入允许的拉力强度。对于 MC 模型和 HS 模型来说,采用拉伸截断时抗拉强度的缺省值为零。

• 动力计算中的 MC 模型。当在动力计算中,使用 MC 模型,刚度参数的设置需要考虑正确的波速。一般来说,小应变刚度比工程中的应变水平下的刚度更适合。当受到动力或者循环加载时,MC 模型一般仅仅表现为弹性行为,而且没有滞回阻尼,也没有应变或孔压或液化。为了模拟土体的阻力特性,需要定义瑞利阻尼。

3.7.5　G_0 和 $\gamma_{0.7}$ 参数

一些系数影响着小应变参数 G_0 和 $\gamma_{0.7}$。最重要的是,岩土体材料的应力状态和孔隙比 e 的影响。在 HSS 模型,应力相关的剪切模量 G_0 按照幂法则考虑:

$$G_0 = G_0^{ref} \left(\frac{c\cos\varphi - \sigma'\sin\varphi}{c\cos\varphi - p^{ref}\sin\varphi} \right)^m$$ （3.64）

上式类似于其他刚度参数公式。界限剪切应变 $\gamma_{0.7}$ 独立于主应力。

假设 HSS/HS 模型中的计算孔隙比改变很小,材料参数不因孔隙比改变而更新。材料初始孔隙比对找到小应变剪切刚度非常有帮助,可以参考许多相关资料(Benz, 2006)。适合多数土体的估计值由 Hardin 和 Black(1969)给出:

$$G_0^{ref} = \frac{(2.97 - e)^2}{1 + e} 33 [MPa]$$ （3.65）

Alpan(1970)根据经验给出动力土体刚度与静力土体刚度的关系。如图 3.48 所示。

在 Alpan 的图中，动力土体刚度等于小应变刚度 G_0 或 E_0。在 HSS 模型中，考虑静力刚度 E_{static} 定义约等于卸载/重加载刚度 E_{ur}。

可以根据卸载/重加载 E_{ur} 来估算土体小应变刚度。尽管 Alpan 建议 E_0/E_{ur} 对于非常软的黏土可以超过 10，但是在 HSS 模型中，限制最大 E_0/E_{ur} 或 G_0/G_{ur} 为 10。

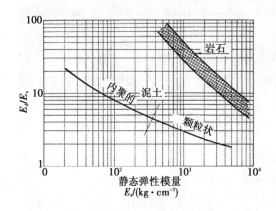

图 3.48　Alpan 给出动力刚度($E_d = E_0$)与静力刚度($E_s = E_{ur}$)的关系

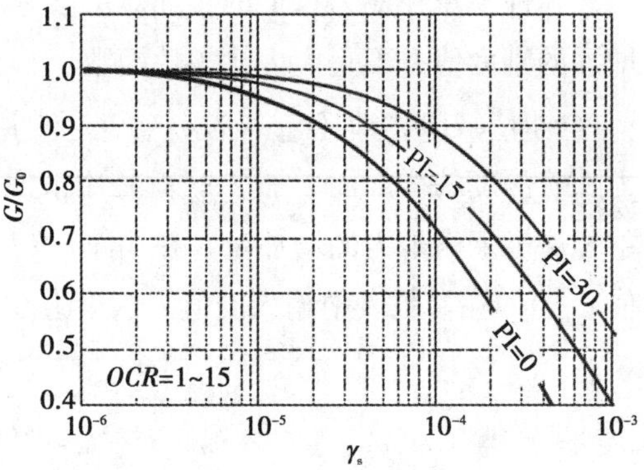

图 3.49　Vucetic 与 Dobry 给出的塑性指数对刚度的影响

在这个实测数据中，关系适用于界限剪应变 $\gamma_{0.7}$。图 3.49 给出了剪切应变与塑性指数的关系。使用起初的 Hardin-Drnevich 关系，界限剪切应变 $\gamma_{0.7}$ 可以与模型的破坏参数相关。应用摩尔-库仑破坏准则：

$$\gamma_{0.7} \approx \frac{1}{9G_0}\left[2c'(1+\cos(2\varphi')) - \sigma_1'(1+K_0)\sin(2\varphi)\right] \tag{3.66}$$

式中：K_0——水平应力系数；

σ_1'——有效垂直应力(压为负)。

3.7.6　模型初始化

应力松弛消除了土的先期应力的影响。在应力松弛和联结形成期间，土体的颗粒（或级配）组成逐渐成熟，在此期间，土的应力历史消除。考虑到自然沉积土体的第二个过程发展较快，多数边界值问题里应变历史应该开始于零($H = 0$)。这在 HSS 模型中是一个默认的设置。

然而，一些时候可能需要初始应变历史。在这种情况下，应变历史可以设置，通过在开始计算之前施加一个附加荷载步。这样一个附加荷载步可以用于模拟超固结土。计算前一般超固结的过程已经消失很久。所以应变历史后来应该重新设置。然而，应变历史已经通过增加和去除超载而引发。在这种情况下，应变历史可以手动重置，通过代替材料或者施加一个小的荷载步。更方便的是试用初始应力过程。

当使用 HSS 模型时，要小心试用零塑性步。零塑性步的应变增量完全来自系统中小的数值不平衡，该不平衡决定于计算容许误差。所以，零塑性步中的小应变增量方向是任意的。因此,零塑性步的作用可能像一个随意颠倒的荷载步,多数情况不需要。

3.7.7　HS 模型与 HSS 模型的其他不同——动剪胀角

HS 模型和 HSS 模型的剪切硬化流动法则都有线性关系:

$$\dot{\varepsilon}_v^p = \sin\psi_m \dot{\gamma}^p \tag{3.67}$$

动剪胀角 ψ_m 在压缩的情况下,HSS 模型和 HS 模型有不同定义。HS 模型中假定如下:

对于　　$\sin\varphi_m < 3/4\sin\varphi$　　　　　　　　　　$\psi_m = 0$

对于　　$\sin\varphi_m \geqslant 3/4\sin\varphi$ 且 $\psi > 0$　　　　$\sin\psi_m = \max\left(\dfrac{\sin\varphi_m - \sin\varphi_{cv}}{1 - \sin\varphi_m \sin\varphi_{cv}},\ 0\right)$

对于　　$\sin\varphi_m \geqslant 3/4\sin\varphi$ 且 $\psi < 0$　　　　$\psi_m = \psi$

如果　　$\varphi = 0$　　　　　　　　　　　　　　　　　$\psi_m = 0$

其中 φ_{cv} 是一个临界状态摩擦角,作为一个与密度相关材料常量,φ_m 是一个动摩擦角:

$$\sin\varphi_m = \frac{\sigma_1' - \sigma_3'}{\sigma_1' + \sigma_3' - 2c\cot\varphi} \tag{3.68}$$

对于小摩擦角和负的 ψ_m,通过 Rowe 的公式计算,ψ_m 在 HS 模型中设为零。约定更低的 ψ_m 值有时候会导致塑性体积应变太小。

因此,HSS 模型采用 Li 和 Dafalias 的一个方法,每当 ψ_m 通过 Rowe 公式计算则是负值。在这种情况下,动摩擦在 HSS 模型中计算如下:

$$\sin\psi_m = \frac{1}{10}\left(M\exp\left[\frac{1}{15}\ln\left(\frac{\eta}{M}\frac{q}{q_a}\right)\right] + \eta\right) \tag{3.69}$$

其中,M 为破坏应力比,$\eta = q/p$ 是真应力比。方程是 Li 和 Dafalias 孔隙比相关方程的简化版。

◆ 3.8　基于土体硬化(HS)的小应变土体硬化(HSS)模型

(1)三轴压缩试验中双曲线应力-应变关系。遵循摩尔-库仑破坏准则的双曲线模型是 HS 和 HSS 模型的基础。相比邓肯-张模型,HS 与 HSS 模型是弹塑性模型(如图 3.50 所示)。

三轴加载中邓肯-张或双曲线模型:

对于 $q < q_f'$:

$$\varepsilon_1 = \varepsilon_{50}\frac{q}{q_a - q} \tag{3.70}$$

其中:

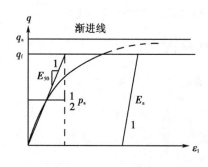

图 3.50　三轴压缩实验中双曲线
应力应变关系

$$q_f = \frac{2\sin\varphi}{1-\sin\varphi}(\sigma'_3 + c\cot\varphi)$$

$$q_a = \frac{q_f}{R_f} \geqslant q_f$$

R_f 为破坏比，默认为 0.9。

（2）动摩擦中塑性应变（剪切硬化）（如图 3.51 所示）。屈服方程：

$$f' = \frac{q_0}{E_{50}} \frac{q}{q_a - q} - \frac{2q}{E_{ur}} - \gamma^{ps} \tag{3.71}$$

其中，γ^{ps} 是状态参数，它记录锥面的展开。γ^{ps} 的发展法则：$d\gamma^{ps} = d\lambda^s$，其中 $d\lambda^s$ 是模型锥形屈服面的乘子。

（3）主压缩中塑性应变（密度硬化）（如图 3.52 所示）。屈服方程：

$$f' = \frac{\bar{q}^2}{\alpha^2} - p^2 - p_p^2 \tag{3.72}$$

其中，p_p 是状态参数，它记录帽盖的位移。

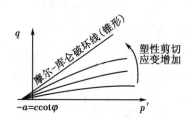

图 3.51　动摩擦中塑性应变（剪切硬化）

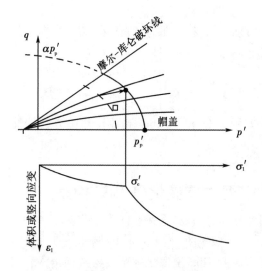

图 3.52　主压缩中塑性应变（密度硬化）

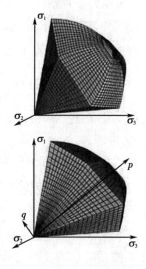

图 3.53　主应力空间下摩尔-库仑的锥面被帽盖封闭幂关系的应力相关刚度

（4）幂关系的应力相关刚度。主应力空间下摩尔-库仑的锥面被帽盖封闭（如图 3.53 所示）。

因此：

$$\bar{q} = f(\sigma_1, \sigma_2, \delta_3, \varphi) \tag{3.73}$$

演化法则：

$$dp_p = \frac{K_s - K_c}{K_s - K_c}\left(\frac{\sigma_1 + a}{p + a}\right)^m d\varepsilon_v^p \tag{3.74}$$

其中，$K_s = \dfrac{E_{ur}^{ref}}{3(1-2\nu)}$ 和帽盖 K_c 的全积刚度由 E_{oed} 和 K_0^{nc} 决定。

应力相关模量如图 3.54 所示。

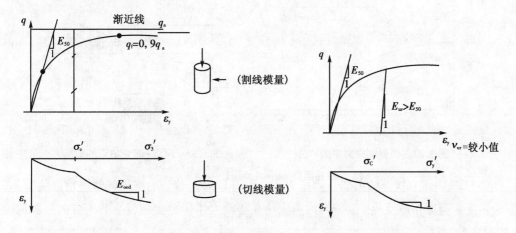

图 3.54　应力相关模量幂关系的应力相关刚度　　　**图 3.55　弹性卸载/重加载**

(5)弹性卸载/重加载如图 3.55 所示。

$$E_{ur} = \frac{E_{ur}}{3(1-2\nu_{ur})} \tag{3.75}$$

$$G_{ur} = \frac{E_{ur}}{2(1+\nu_{ur})} \tag{3.76}$$

$$E_{ur} = \frac{E_{ur}(1-\nu_{ur})}{(1-2\nu_{ur})(1+\nu_{ur})} \tag{3.77}$$

(6)预固结应力的记忆如图 3.56 所示。

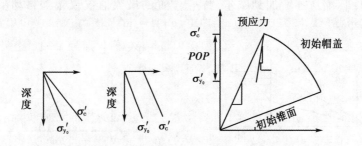

图 3.56　预固结应力的记忆

预固结通过与竖向应力相关的 *OCR* 和 *POP* 来输入，并转化为 p_p。

初始水平应力：

$$\sigma'_{10}=K'_0\sigma'_c-(\sigma'_c-\sigma'_{y0})\cdot\frac{\nu_{ur}}{1+\nu_{ur}} \tag{3.78}$$

默认：$K'_0=1-\sin\varphi$，如果达到 MC 屈服，则被修正。

输出的 OCR 是基于等效各向同性主应力（如图 3.57 所示）。

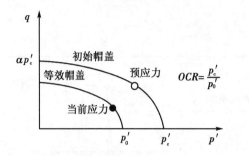

图 3.57　预固结应力中的 OCR　　　　图 3.58　摩尔-库仑线下的剪胀

（7）摩尔-库仑线下的剪胀。剪胀方程：Rowe(1962)修正，输入的摩擦角决定摩尔-库仑强度。剪胀角改变应变；较高的剪胀角获得较大体积膨胀和较小的主方向屈服应变（如图 3.58 所示）。

$$\left.\begin{aligned}\sin\varphi_{cv}&=\frac{\sin\varphi'-\sin\psi}{1-\sin\varphi'\sin\psi}\\[2mm]\sin\varphi_m&=\frac{\sigma'_1-\sigma'_3}{\sigma'_1+\sigma'_3-2c'\cot\varphi'}\\[2mm]\sin\psi_m&=\frac{\sin\varphi_m-\sin\varphi_{cv}}{1-\sin\varphi_m\sin\varphi_{cv}}\end{aligned}\right\} \tag{3.79}$$

从破坏线认识剪胀。

非关联流动：增加的剪胀角 ψ_m 从零（φ_{cv} 位置）到输入值 ψ_{input}（摩尔-库仑线）。Rowe 对于 $\sin\varphi_m<0.75\sin\varphi$；剪胀角等于零。（如图 3.59 所示）

关联流动：压缩从零增加到摩尔-库仑位置的最大值仅仅帽盖移动（如图 3.60 所示）。

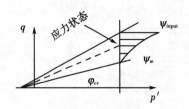　　　　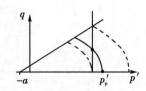

图 3.59　从破坏线认识非关联流动剪胀　　　图 3.60　从破坏线认识关联流动剪胀

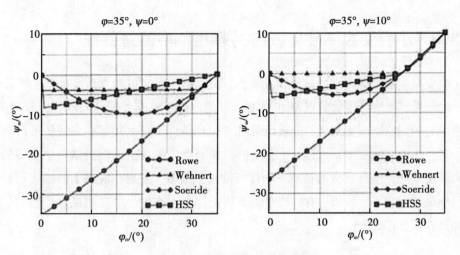

图 3.61　土体硬化模型中的压缩

(8)小应变刚度。土体硬化模型中的压缩如图 3.61 所示。土体硬化(HS)与小应变土体硬化(HSS)模型。当卸载-加载的幅值减小，滞回消失，因此，近乎真实的弹性响应仅在非常小的滞回环的情况下发生。真正弹性刚度叫作小应变刚度(如图 3.62 所示)。

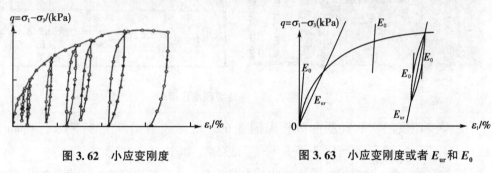

图 3.62　小应变刚度　　　　　　　　**图 3.63　小应变刚度或者 E_{ur} 和 E_0**

小应变刚度或者 E_{ur} 和 E_0。土体硬化(HS)模型中定义屈服面内的刚度的卸载-加载 E_{ur} 是卸载/重加载(大的)滞回环的割线模量，小应变(或小滞回)下的 $E_0 = E_{ur}$ (如图 3.63 所示)。

小应变刚度或者 G_{ur} 和 G_0。来自实验室的土体刚度一般给出割线剪切模量-剪切应变关系图。$G = G(\gamma)$ 是一个应用于荷载翻转后的剪切应变的函数(如图 3.64 所示)。

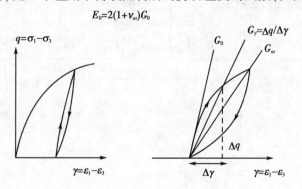

图 3.64　小应变刚度或者 G_{ur} 和 G_0

◈ 3.9 小应变土体硬化(HSS)模型刚度的重要性

小应变刚度通过经典室内试验被发现。因此，不考虑它可能导致高估地基沉降和挡墙变形的问题，低估挡墙后的沉降和隧道上方的沉降，桩或者锚杆表现得偏软等问题。由于边缘处的网格刚度更加大，分析结果对于边界条件不那么敏感，大网格不再导致额外的位移。小应变刚度与动力刚度：真实的弹性刚度首先在土体动力试验中获得的。明显动力情况的土体刚度比自然荷载下土体的刚度大很多。发现小应变下的刚度与动力实测测得结果差异很小。所以，有时将动力下的土体刚度作为小应变刚度是合理的。刚度衰减曲线特征见图 3.65。

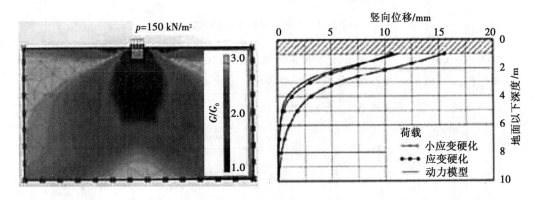

图 3.65　小应变刚度应用

小应变刚度的实验证明和数据见图 3.66。E_0 经验数据 & 经验关系，Alpan 假定 $E_{dynamic}/E_{static}=E_0/E_{ur}$，则可以获得 E_0 与 E_{ur} 的关系，如图 3.67 所示。

$\gamma_{0.7}$ 经验关系。基于实验数据的统计求值，Darandeli 提出双曲线刚度衰减模型关系，与小应变土体硬化(HSS)模型相似。关系给出不同的塑性指标。

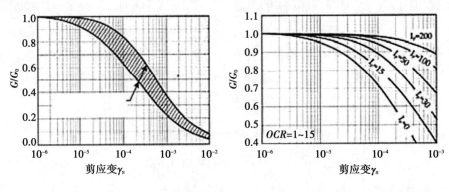

(a) Seed 和 Idris 刚度衰减曲线　　　(b) Vucetic 和 Dobry 刚度衰减曲线

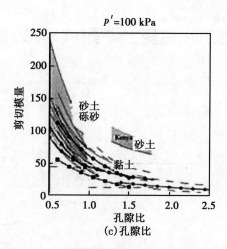

图 3.66　小应变刚度的实验证明和数据

经验公式：

$$G_0 / E_0 = 2(1+\nu_{ur}) G_0 \tag{3.80}$$

进一步的关系式为：

$$G_0 = G_0^{ref} \left(\frac{p'}{p_{ret}} \right)^m \tag{3.81}$$

其中 $G_0^{ref} = function(e) \cdot OCR'$

对于 $W_l < 50\%$，Biarez 和 Hicher 给出：

$$E_0 = E_0^{ref} = \sqrt{\frac{p'}{p_{ref}}} \tag{3.82}$$

其中 $E_0^{ref} = \dfrac{140}{e}$ MPa。

基于 Darandeli 的成果，$\gamma_{0.7}$ 可计算为：

$IP = 0$：

$$\gamma_{0.7} = 0.00015 \sqrt{\frac{p'}{p_{ref}}}$$

$IP = 30$：

$$\gamma_{0.7} = 0.00026 \sqrt{\frac{p'}{p_{ref}}} \tag{3.83}$$

$IP = 100$：

$$\gamma_{0.7} = 0.00055 \sqrt{\frac{p'}{p_{ref}}}$$

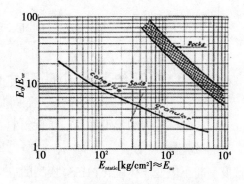

图 3.67　E_0 经验数据 & 经验关系

$\gamma_{0.7}$ 的应力相关性在小应变土体硬化(HSS)模型中并没有实现。如果需要，可以通过建立子类组归并到边界值问题。

◆ 3.10 一维状态的小应变土体硬化(HSS)模型特点

Hardin 和 Drnevich 的一维模型如图 3.68 所示:

Hardin 和 Drnevich 模型:

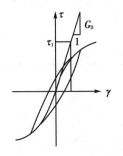

$$\frac{G}{G_0} = \frac{1}{1+\dfrac{\gamma}{\gamma_1}} \tag{3.84}$$

HSS 模型修正:

$$\frac{G}{G_0} = \frac{1}{1+\dfrac{3\gamma}{7\gamma_{2,3}}}$$

图 3.68 一维状态的小应变土体硬化(HSS)模型

刚度退化。左边:切线模量衰减→参数输入。右边:割线模量衰减→刚度退化截断。如果小应变土体硬化模型中的小应变刚度关系预计小于 Gurref 的割线刚度,模型的弹性刚度设置为定值,随后硬化的塑性说明刚度进一步衰减,如图 3.69 所示。

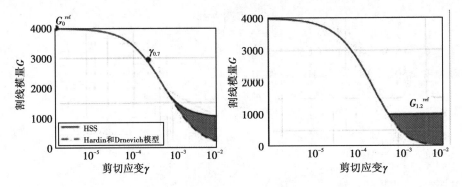

图 3.69 刚度退化

◆ 3.11 三维状态小应变土体硬化(HSS)模型特点

三轴试验中的模型性能。试验材料:密 Hostun 砂土。

试验参数:$E_{ur}^{ref} = 90$ MPa,$E_0^{ref} = 270$ MPa,$m = 0.55$,$\gamma_{0.7} = 2 \times 10^{-4}$。土体硬化(HS)模型与小应变土体硬化(HSS)模型的应力–应变曲线几乎相同,如图 3.70(a)所示。

然而,注意曲线第一部分,两个模型是不一样的。

案例 A。Limburg 开挖基坑槽地面沉降如图 3.71 所示。对比分析:①摩尔–库仑模型 $E = E_{50}$;②摩尔–库仑模型 $E = E_{ur}$;③土体硬化(HS)模型 $E_{oed} = E_{50}$。

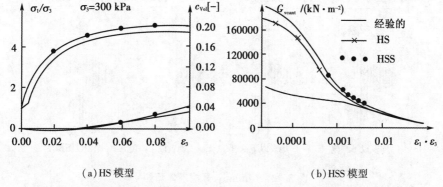

(a)HS 模型　　　　　　　　　　(b)HSS 模型

图 3.70　土体硬化(HS)模型与小应变土体硬化(HSS)模型应力-应变曲线

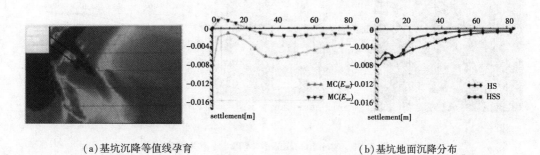

(a)基坑沉降等值线孕育　　　　　　　　(b)基坑地面沉降分布

图 3.71　Limburg 开挖基坑槽地面沉降

Limburg 开挖墙体水平位移如图 3.72 所示。Limburg 开挖墙体弯矩如图 3.73 所示。

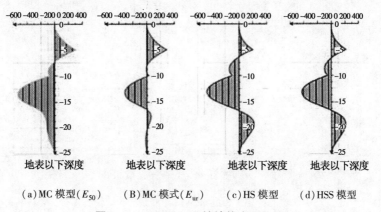

(a)MC 模型(E_{50})　　(B)MC 模式(E_{ur})　　(c)HS 模型　　(d)HSS 模型

图 3.72　Limburg 开挖墙体水平位移

案例 B。隧道案例,Steinhaldenfeld-NATM 隧道开挖支护如图 3.74 所示。

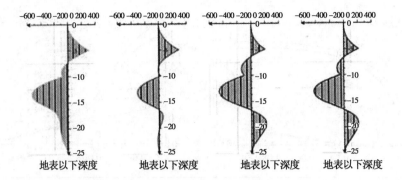

图 3.73　Limburg 开挖墙体弯矩

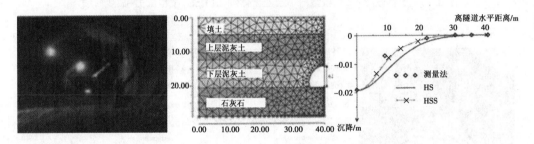

图 3.74　Steinhaldenfeld-NATM 隧道开挖支护

第4章 岩体 Hoek-Brown 破坏准则

与软化模型

岩石一般比较硬,强度较大,从这个角度来看,岩石的材料行为与土有很大差别。岩石的刚度几乎与应力水平无关,因此可将岩石的刚度看作常数。另外,应力水平对岩石的(剪切)强度影响很大,因此可将节理岩石看作一种摩擦材料。第一种方法可以通过摩尔-库仑(MC)破坏准则模拟岩石的剪切强度。但是考虑到岩石所经受的应力水平范围可能很大,由 MC 模型所得到的线性应力相关性通常是不适合的。Hoek-Brown(胡克-布朗,HB)破坏准则是一种非线性强度近似准则,在其连续性方程中不仅包含剪切强度,也包含拉伸强度。与胡克定律所表述的线弹性行为联合,得到 HB 模型。

◆◇ 4.1 Hoek-Brown 破坏准则

Hoek-Brown 破坏准则可用最大主应力和最小主应力的关系式来表述(采用有效应力,拉应力为正,压应力为负):

$$\sigma'_1 = \sigma'_3 - \left(m_b \frac{-\sigma'_3}{\sigma_{ci}} + s \right)^a \tag{4.1}$$

式中:m_b——对完整岩石参数 m_i 折减,依赖于地质强度指数(GSI)和扰动因子(D)参数:

$$m_b = m_i \exp\left(\frac{GSI - 100}{28 - 14D} \right) \tag{4.2}$$

s,a——岩块的辅助材料参数,可表述为:

$$s = \exp\left(\frac{GSI - 100}{9 - 3D} \right) \tag{4.3}$$

$$a = \frac{1}{2} + \frac{1}{6} \left[\exp\left(-\frac{GSI}{15} \right) - \exp\left(-\frac{20}{3} \right) \right] \tag{4.4}$$

σ_{ci}——完整岩石材料的单轴抗压强度(定义为正值)。根据该值可得出特定岩石单轴抗压强度 σ_c 为:

$$\sigma_c = \sigma_{ci} s^a \tag{4.5}$$

特定岩石抗拉强度 σ_t:

$$\sigma_t = \frac{s \sigma_{ci}}{m_b} \tag{4.6}$$

Hoek-Brown 破坏准则描述如图 4.1 所示。

在塑性理论中, Hoek-Brown 破坏准则重新写为下述破坏函数:

$$f_{HB} = \sigma'_1 - \sigma'_3 + \bar{f}(\sigma'_3) \tag{4.7}$$

其中 $\bar{f}(\sigma'_3) = \sigma_{ci}\left(m_b - \dfrac{\sigma'_3}{\sigma_{ci}} + s\right)^a$。

对于一般三维应力状态, 处理屈服角需要更多屈服函数, 这点与摩尔-库仑准则相似。定义压应力为负, 且考虑主应力顺序 $\sigma'_1 \leqslant \sigma'_2 \leqslant \sigma'_3$, 准则可以用两个屈服函数来描述:

$$f_{HB,13} = \sigma'_1 - \sigma'_3 + \bar{f}(\sigma'_3) \tag{4.8}$$

其中 $\bar{f}(\sigma'_3) = \sigma_{ci}\left(m_b - \dfrac{\sigma'_3}{\sigma_{ci}} + s\right)^a$。

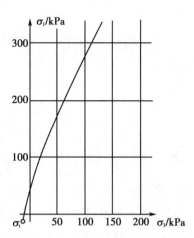

图 4.1　Hoek-Brown 破坏准则

$$f_{HB,12} = \sigma'_1 - \sigma'_2 + \bar{f}(\sigma'_2) \tag{4.9}$$

其中 $\bar{f}(\sigma'_2) = \sigma_{ci}\left(m_b - \dfrac{\sigma'_2}{\sigma_{ci}} + s\right)^a$。

主应力空间中的胡克-布朗破坏面($f_i = 0$)如图 4.2 所示。

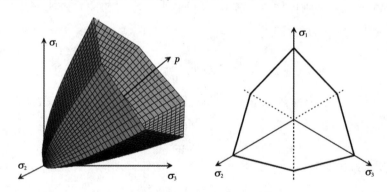

图 4.2　主应力空间中的 Hoek-Brown 破坏面

除了上述两个屈服函数以外, Hoek-Brown 准则中定义了两个相关塑性势函数:

$$g_{HB,13} = S_i - \left(\frac{1 + \sin\psi_{mob}}{1 - \sin\psi_{mob}}\right) S_3 \tag{4.10}$$

$$g_{HB,12} = S_i - \left(\frac{1 + \sin\psi_{mob}}{1 - \sin\psi_{mob}}\right) S_2 \tag{4.11}$$

其中: S_i 为转换应力, 定义为:

$$S_i = \frac{-\sigma_1}{m_b \sigma_{ci}} + \frac{S}{m_b^2} \quad (i = 1, 2, 3) \tag{4.12}$$

ψ_{mob} 为动剪胀角,当 σ_3' 由其输入值($\sigma_3' = 0$)降低为 0($-\sigma_3' = \sigma_\psi$)时,动剪胀角随之变化:

$$\psi_{\text{mob}} = \frac{\sigma_\psi + \sigma_3'}{\sigma_\psi} \psi \geq 0 \quad (0 \geq -\sigma_3' \geq \sigma_\psi) \tag{4.13}$$

此外,为了允许受拉区域中的塑性膨胀,人为给定了递增的动剪胀角:

$$\psi_{\text{mob}} = \psi + \frac{\sigma_3'}{\sigma_t}(90° - \psi)(\sigma_t \geq -\sigma_3' \geq 0) \tag{4.14}$$

动剪胀角随 σ_3' 的变化如图 4.3 所示。

关于 Hoek-Brown 模型的弹性行为,即各向同性线弹性行为胡克定律。模型的参数包括弹性模量 E(代表节理岩体破坏前的原位刚度),泊松比 ν(描述侧向应变)。

Hoek-Brown 破坏准则由于其固有的能力可以捕捉不同类型岩石的非线性行为,在过去几十年的实际工程应用中经常被采用。Hoek-Brown

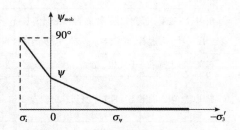

图 4.3　动剪胀角的变化

之前的观点[Hoek,1968 年;Hoek-Brown,1980,将断裂力学的一些概念与初始屈服的非线性趋势所产生的宏观响应联系起来。为了建立初始屈服面的数学表达式并描述岩体的特性,研究了完整岩石的单轴抗压强度(UCS)和一些由经验相关性(即经验系数)得到的无因次常数,常数 m_{b},s 和 a 定义了 Hoek-Brown 准则:

$$\sigma_1 = [\sigma_3 + m_{\text{b}}(\sigma_3/\sigma_{\text{ci}}) + s]^a \tag{4.15}$$

式中：　σ_1——最大主有效应力;

　　　　σ_3——最小主有效应力;

　　　　σ_{ci}——完整材料的 UCS;

m_{b},s 和 a——由经验关系式得到的初始屈服面非线性趋势的无量纲系数。

这一方法已经被一些作者(Marinos 等,2005)进一步改进利用在不同环境条件下野外观测记录经验数据来表征岩体力学特性。为此,提出了地质强度指数(GSI)与破坏程度关系,采用因子(D)来定义 Hoek-Brown 屈服面的材料参数,见式(4.2)、式(4.3)、式(4.4)。

在这些方程中,m_{i} 的值是 m_{b},相当于完整的岩石(即 $m_{\text{b}} = m_{\text{i}}$,$GSI = 100$)。此后,PLAXIS 中实施的 Hoek-Brown 模型是指 Jiang(2017)提出的方法,该方法可以同时保证屈服面和塑性势的光滑性和凸性。潜在应用实现进一步加强,具有以下组成特征:

- 初始非相关性,具有模拟峰后状态膨胀非线性演化的能力。
- 通过两种不同的方法实现软化规则。
- 在应力空间的拉伸状态下的张力截止点。
- 当脆性破坏特征是在窄剪切带中有应变集中时,这里使用了一个速率依赖版本的

Hoek-Brown 模型来解决数值解的网格依赖性。

不同类型的岩石 σ_{ci} 的取值范围见表 4.1，不同类型岩石的参数 m_i 值见表 4.2，不同类型的岩石的定性指标评价见表 4.3。与干扰因子 D 值相关的不同施工案例(建议)见图 4.4 和根据 Marinos 等人(2005)对 GSI 系统的表示汇总见图 4.5。

表 4.1 不同类型的岩石 σ_{ci} 的取值范围

岩石材料	电阻的分类	σ_{ci} 取值范围/$(kN \cdot m^{-2})$
燧石、辉绿岩、新玄武岩、片麻岩、朗岩、石英岩	只有地质锤才有可能碎裂	$0 \sim 250.0E3$
角闪岩、玄武岩辉长岩、片麻岩、花岗闪长岩、石灰岩、大理石、流纹岩、砂岩、凝灰岩	压裂需要地质锤多次击打	$100.0E3 \sim 250.0E3$
石灰岩、大理石、千枚岩、砂岩、片岩、页岩	压裂需要地质锤不止一次地敲击	$50.0E3 \sim 100.0E3$
黏土岩、煤、混凝土、片岩、页岩、粉砂岩	地质锤一击就可以压裂，但不能用小刀刮或削	$25.0E3 \sim 50.0E3$
粉笔、钾肥、盐岩	地质锤点用力冲击会留下浅压痕；用小刀削皮是可能的，但很困难	$5000 \sim 25.0E3$
风化的岩石、高度风化或蚀变的岩石	地质锤尖有力打击会导致土崩瓦解；用小刀削皮是可能的	$1000 \sim 5000$
僵硬的断层泥	地质锤留下压痕	$250 \sim 1000$

表 4.2 不同类型岩石的参数 m_i 值

岩 石	$m_i \pm \Delta m_i$	岩 石	$m_i \pm \Delta m_i$
结块(IG, CO)	19 ± 3	角闪岩(EE, ME)	26 ± 6
安山岩(IG, ME)	25 ± 5	无水石膏(SE, FI)	12 ± 2
玄武岩(IG, FI)	25 ± 5	角砾岩(IG)	19 ± 5
角砾岩(SE)	19 ± 5	白垩岩(SE, VF)	7 ± 2
黏土岩(SE, VF)	4 ± 2	砾岩(SE, CO)	21 ± 3
晶体灰岩(SE, CO)	12 ± 3	英安岩(IG, FI)	25 ± 3
辉绿岩(IG, FI)	15 ± 5	闪长岩(IG FI)	25 ± 5
辉绿岩(IG, ME)	16 ± 5	白云岩(SE, VF)	9 ± 3
辉长岩(IG, CO)	27 ± 3	片麻岩(EE, FI)	28 ± 5
花岗岩(IG, CO)	32 ± 3	花岗闪长岩(IG, CO/ME)	29 ± 3
泥砂岩(SE, FI)	18 ± 3	石膏(SE, ME)	8 ± 2

表4.2(续)

岩 石	$m_i \pm \Delta m_i$	岩 石	$m_i \pm \Delta m_i$
角页岩(EE, ME)	19±4	大理石(EE, CO)	9±3
泥灰土(SE, VF)	7±2	变质砂岩(EE, ME)	19±3
微晶灰岩(SE, FI)	9±2	混合岩(EE, CO)	29±3
苏长岩(IG, CO/ME)	20±5	黑曜岩(IG, VF)	19±3
橄榄岩(IG, VF)	25±5	千枚岩(EE, FI)	7±3
页岩(IG, CO/ME)	20±5	沙石(EE, FI)	20±3
流纹岩(IG, ME)	25±5	砂岩(SE, ME)	17±4
片岩(EE, ME)	12±3	页岩(SE, VF)	6±2
粉砂岩(SE, FI)	7±2	板岩(EE, VF)	7±4
细粒灰岩(SE, ME)	10±2	凝灰岩(IG, FI)	13±5

注：表中使用了以下名称来表示岩石的粒度特征：VC(非常差)、CO(差)、ME(中等)、FI(好)、VF(非常好)；岩石类型为：IG(火成岩)、EE(变质岩)、SE(沉积岩)。

表 4.3 定性指标评价表

干扰因素	干扰因子 D
采用 TBM 或质量优良的爆破方式开挖隧道，见图 4.4(a)	0
在质量较差的岩石中，采用机械工艺而不是爆破人工开挖隧道。不存在导致底鼓的挤压问题，或者通过临时仰拱来缓解，见图 4.4(b)	0
在质量较差的岩石中，采用机械工艺而不是爆破人工开挖隧道。存在严重挤压问题，导致底鼓，见图 4.4(c)	0.5
隧道开挖采用质量极差的爆破方式，导致局部损伤较轻，见图 4.4(d)	0.8
采用可控、小规模、质量良好的爆破方式建造的边坡，见图 4.4(e)	0.7
小尺度质量较差的爆破边坡，见图 4.4(f)	0.7
超大露天矿山边坡，采用大生产爆破作业，见图 4.4(g)	1
大型露天矿山边坡，在软岩中采用机械开挖形成，见图 4.4(h)	1

图 4.4 与干扰因子 D 值相关的不同施工案例图(建议)

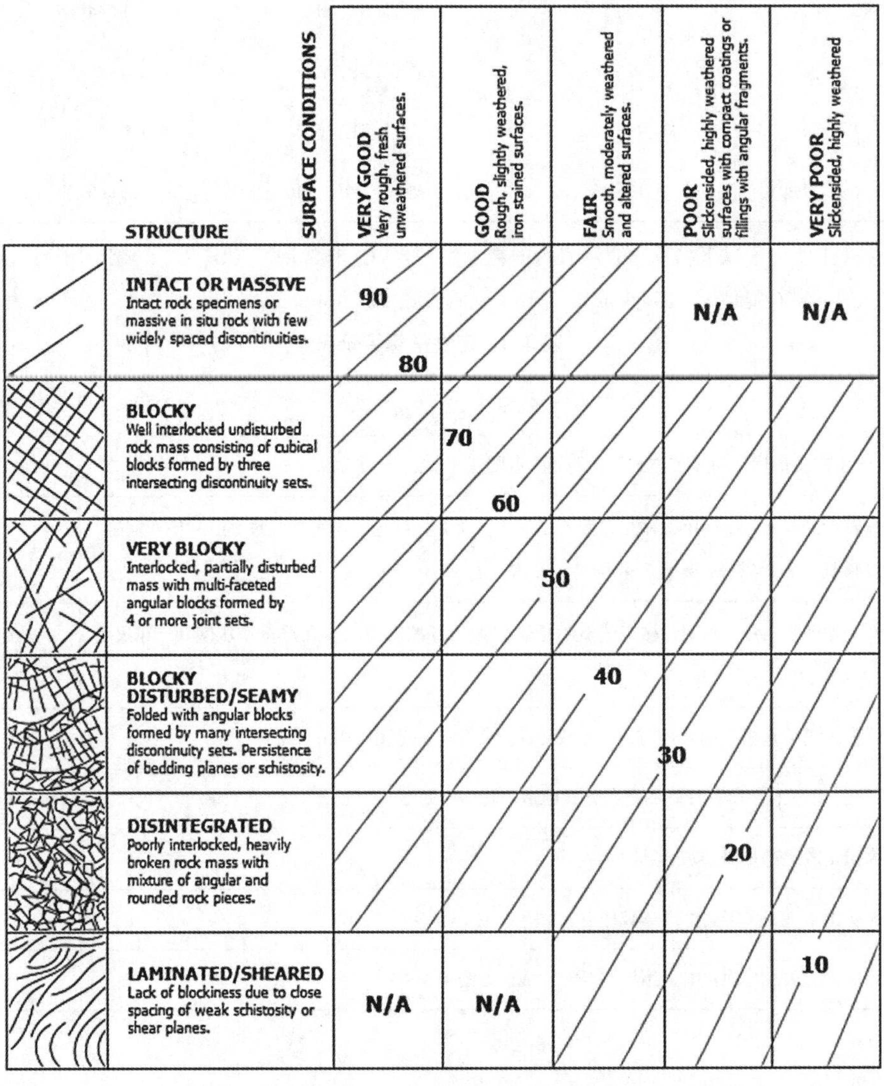

STRUCTURE	SURFACE CONDITIONS	VERY GOOD Very rough, fresh unweathered surfaces.	GOOD Rough, slightly weathered, iron stained surfaces.	FAIR Smooth, moderately weathered and altered surfaces.	POOR Slickensided, highly weathered surfaces with compact coatings or fillings with angular fragments.	VERY POOR Slickensided, highly weathered
INTACT OR MASSIVE Intact rock specimens or massive in situ rock with few widely spaced discontinuities.		90 80			N/A	N/A
BLOCKY Well interlocked undisturbed rock mass consisting of cubical blocks formed by three intersecting discontinuity sets.			70 60			
VERY BLOCKY Interlocked, partially disturbed mass with multi-faceted angular blocks formed by 4 or more joint sets.				50		
BLOCKY DISTURBED/SEAMY Folded with angular blocks formed by many intersecting discontinuity sets. Persistence of bedding planes or schistosity.				40 30		
DISINTEGRATED Poorly interlocked, heavily broken rock mass with mixture of angular and rounded rock pieces.					20	
LAMINATED/SHEARED Lack of blockiness due to close spacing of weak schistosity or shear planes.		N/A	N/A			10

图 4.5 根据 Marinos 等人(2005)对 GSI 系统的表示汇总图

◆ 4.2　Hoek-Brown 模型与 Mohr-Coulomb 模型

为了考虑屈服面中间主应力的影响，根据 Jiang 和 Zhao(2015)用应力不变量(即平均应力 p、偏应力 q 和洛德角 θ)报告的数学形式：

$$f=\left(\frac{q^{1a}}{\sigma_{ci}^{(1/a-1)}}\right)+A(\theta)\left(\frac{q}{3}m_b\right)\cdot m_b p-s\sigma_{ci} \tag{4.16}$$

式(4.17)中考虑的函数 $A(\theta)$ 对应于 Jiang(2017)提出的表达式，定义为：

$$A(\theta)=\frac{\cos\left[\frac{1}{3}\arcos(k\cos3\theta)\right]}{\cos\left[\frac{1}{3}\arcos(k)\right]}\quad(-1<k\leqslant0) \tag{4.17}$$

参数 k 可以作为模型的进一步参数，可以更好地标定岩石样品在偏平面(即 $\kappa=0$ 对应圆形截面)，而 $\kappa\to-1$ 对应 Jiang 和 Zhao(2015)定义的截面。虽然参数 $\kappa\to-1$ 可以保证更接近于原始的 Hoek-Brown 曲面，该曲面的特征是其一阶导数(即屈服面 $\partial f/\partial\sigma_{ij}$)沿压缩三轴应力路径的梯度。因此，在计算一般的三维初边值问题或三轴应力路径时，建议避免使用这个特定的 κ。默认情况下，在 $-1<\kappa\leqslant0$ 范围外，该参数固定为 $\kappa=-0.9999$。Jiang(2017)提出的 Hoek-Brown 标准的表示被绘制在偏平面上(图 4.6(a))，其中对应于 $\kappa=-0.9$ 的特定值的屈服面与原始 Hoek-Brown 公式和 Drucker-Prager 曲面进行了比较。从图中可以看出，对于轴对称应力路径，Jiang(2017)提出的三维概化方法收敛于式(4.16)中所述模型的原始公式。在图 4.6(b)中，函数 $A(\theta)$ 也绘制了参数 κ 的多个值。

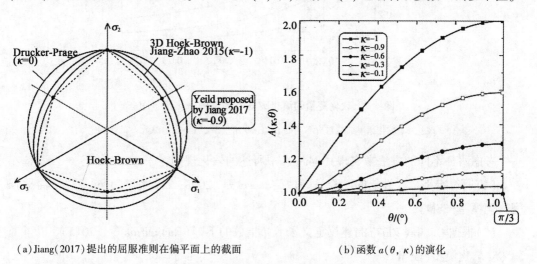

(a) Jiang(2017)提出的屈服准则在偏平面上的截面　　　　(b) 函数 $a(\theta,\kappa)$ 的演化

图 4.6　Jiang(2017)重新排列的图

为了计算塑性应变，塑性势是通过使用屈服面相同的数学特征来定义的，其中它们仅在变量 m_ψ 的基础上有所不同，因此可以在 $m_\psi\equiv m_b$ 的情况下恢复相关的塑性。

$$g = \frac{\sigma^{1/\alpha}}{\sigma_{\mathrm{ci}}^{(1/\alpha-1)}} + A(\theta)\frac{q}{3}m_{\psi} \cdot m_{\psi}p, \quad \begin{cases} \dot{\varepsilon}_{\mathrm{c}}^{p} = \dot{\varLambda}(\cdot m_{\psi}) \\ \dot{\varepsilon}_{\mathrm{q}}^{p} = \dot{\varLambda}\left[\frac{1}{\alpha}\left(\frac{q}{o_{\mathrm{ci}}}\right)^{1/a-1} + \frac{m_{\psi}}{3}\right] \end{cases} \tag{4.18}$$

采用软化规则对材料的剪切退化进行了模拟，$\varGamma_{\mathrm{j}}$ 为等效塑性应变 $\varepsilon_{\mathrm{eq}}^{p}$ 的函数（即为偏塑性应变的累积值），从而可以描述材料的剪切破坏。具体来说，$\varGamma_{\mathrm{j}}$ 的双曲线衰减对于较大的塑性应变值，采用 Barnichon（1988）和 Collin（2003）提出的软化规则来逼近其残余值。

$$\varGamma_{\mathrm{j}} = \varGamma_{\mathrm{j_o}} - \left(\frac{\varGamma_{\mathrm{j_o}} - \varGamma_{\mathrm{j_r}}}{B_{\mathrm{j}} + \varepsilon_{\mathrm{eq}}^{p}}\right)\varepsilon_{\mathrm{eq}}^{p} \quad \left(\varepsilon_{\mathrm{eq}}^{p} = \int_0^t \dot{\varepsilon}_{\mathrm{q}}^{p}\mathrm{d}t\right) \tag{4.19}$$

式中：o, r——下标表示 $\varGamma$ 的初值和残值；

B_{j}——材料参数控制相应的硬化变量的软化速率。

图 4.7 显示了 $\varGamma_{\mathrm{j}}$ 的规范化变化对于不同值的参数 B_{j}，$B_{\mathrm{j}} = \varepsilon_{\mathrm{eq}}^{p}$，$\varGamma_{\mathrm{j}}$ 求解达到 50% 的比值（即 $\varGamma_{\mathrm{j}} = 0.5 \cdot (\varGamma_{\mathrm{j_o}} + \varGamma_{\mathrm{j_r}})$）。

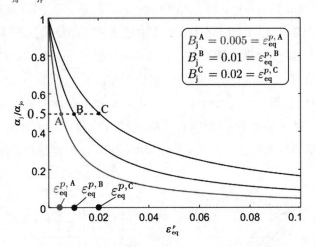

图 4.7　软化变量的演化 $\varGamma_{\mathrm{j}}$ 按初始值归一化示意图

注：关于软化速率曲线对应不同的 B_{j} 值（即 $B_{\mathrm{j}}^{\mathrm{A}}$，$B_{\mathrm{j}}^{\mathrm{B}}$，$B_{\mathrm{j}}^{\mathrm{C}}$）表示参数 B_{j} 的影响

考虑两种不同的方法来实现式（4.19）中所述的软化规则：

（1）通过定义材料性能的下降 m_{b} 和 s（Alonso 等，2003；Zou 等，2016），以下简称强度软化模型（SSM）。

（2）根据 Cai 等（2007）的建议定义了 GSI 指数的下降（Ranjbarnia 等，2015），以下简称 GSI 软化模型（GSM）。

对比 Hoek-Brown 破坏准则和 Mohr-Coulomb 破坏准则在应用中的情况，需要特殊的应力范围，该范围内在指定围压下达到平衡（考虑拉为正，压为负）。

$$-\sigma_{\mathrm{t}} \geqslant \sigma_3' \geqslant -\sigma_{3,\,\mathrm{max}}' \tag{4.20}$$

此时，Mohr-Coulomb 有效强度参数 c'、φ' 之间存在下述关系（Carranza-Torres，2004）：

$$\sin\varphi' = \frac{6am_b(s+m_b\sigma'_{3n})^{a-1}}{2(1+a)(2+a)+6am_a(s+m_b\sigma'_{3n})^{a-1}} \tag{4.21}$$

$$c' = \frac{\sigma_{ci}\left[(1+2a)s+(1-a)m_b\sigma'_{3n}\right](s+m_b\sigma'_{3n})^{a-1}}{(1+a)(2+a)\sqrt{1+\frac{6am_b(s+m_b\sigma'_{3n})^{a-1}}{(1+a)(2+a)}}} \tag{4.22}$$

其中，$\sigma'_{3n} = \sigma'_{3,\,max}/\sigma_{ci}$。围压的上限值 $\sigma'_{3,\,max}$ 取决于实际情况。

◆◇ 4.3　Hoek-Brown 模型中的参数

Hoek-Brown 模型中一共有 8 个参数，一般工程师对这些参数比较熟悉。参数及其标准单位如表 4.4 所示：

表 4.4　Hoek-Brown 模型参数

E	弹性模量	kN/m²
ν	泊松比	—
σ_{ci}	完整岩石的单轴抗压强度（>0）	kN/m²
m_i	完整岩石参数	—
GSI	地质强度指数	—
D	扰动因子	—
ψ	剪胀角（$\sigma'_3 = 0$ 时）	(°)
σ_ψ	$\psi = 0°$ 时围压 σ'_3 的绝对值	kN/m²

（1）弹性模量（E）。对于岩石层，弹性模量 E 视为常数。在 Hoek-Brown 模型中该模量可通过岩石质量参数来估计（Hoek，Carranza-Torres 和 Corkum，2002）：

$$E = \left(1-\frac{D}{2}\right)\sqrt{\frac{\sigma_{ci}}{p^{ref}}} \cdot 10^{\left(\frac{GSI-10}{40}\right)} \tag{4.23}$$

其中，$p^{ref} = 10^5$ kPa，并假定平方根的最大值为 1。

弹性模量单位为 kN/m²（1kN/m² = 1kPa = 10^6GPa），即由式（4.23）所得到的数值应该乘以 10^6。弹性模量的精确值可通过岩石的单轴抗压试验或直剪试验得到。

（2）泊松比（ν）。泊松比 ν 的范围一般为 [0.1，0.4]。不同岩石类别泊松比典型数值如图 4.8 所示。

（3）完整岩石单轴抗压强度（σ_{ci}）。完整岩石的单轴抗压强度 σ_{ci} 可通过试验（如单轴压缩）获得。室内试验试样一般为完整岩石，因此遵循 $GSI = 100$，$D = 0$。典型数据如表 4.5 所示（Hoek，1999）。

表 4.5 完整单轴抗压强度

级别	分类	单轴抗压强度/MPa	强度的现场评价	示例
R6	极坚硬	>250	岩样用地质锤可敲动	新鲜玄武岩、角岩、辉绿岩、片麻岩、花岗岩、石英岩
R5	非常坚硬	100~250	需多次敲击岩样方可击裂岩样	闪岩、砂岩、玄武岩、辉长岩、片麻岩、花岗闪长岩、石灰岩、大理石、流纹岩、凝灰岩
R4	坚硬	50~100	需敲击 1 次以上方可击裂岩样	石灰岩、大理石、千枚岩、砂岩、片岩、页岩
R3	中等坚硬	25~50	用小刀刮不动，用地质锤一击即可击裂	黏土岩、煤块、混凝土、片岩、页岩、粉砂岩
R2	软弱	5~25	用小刀刮比较困难，地质锤点击可看到轻微凹陷	白垩、盐岩、明矾
R1	非常软弱	1~5	地质锤稳点击时可弄碎岩样，小刀可削得动	强风化或风化岩石
R0	极其软弱	0.25~1	手指可按出凹痕	硬质断层黏土

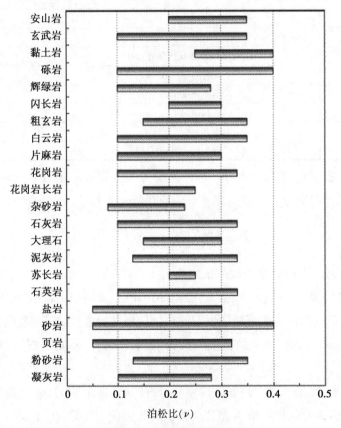

图 4.8 典型泊松比数值

（4）完整岩石参数（m_i）。完整岩石参数为经验模型参数，依赖于岩石类型。典型数值如表 4.6 所示。

表 4.6　完整岩石参数

岩石类型	等级	岩组	岩石结构			
			粗粒	中粒	细粒	极细粒
沉积岩	碎屑岩	碎屑岩类	砾岩① 角砾岩①	砂岩(17±4)	粉砂岩(7±2) 杂砂岩(18±3)	黏土岩(4±2) 页岩(6±2) 泥灰岩(7±2)
沉积岩	碎屑岩	碳酸盐类	粗晶石灰岩(17±3)	亮晶石灰岩(10±2)	微晶石灰岩(9±2)	白云岩(9±3)
沉积岩	碎屑岩	蒸发岩类		石膏 8±2	硬石膏 12±2	
沉积岩	碎屑岩	有机质类				白垩(7±2)
变质岩		无片状构造	大理岩(9±3)	角页岩(19±4) 变质砂岩(19±3)	石英岩(20±3)	
变质岩		微状构造	混合岩(29±3)	角闪岩(26±6)	片麻岩(28±5)	
变质岩		片状构造②		片岩(12±3)	千枚岩(7±3)	板岩(7±4)
火成岩	深成岩	浅色	花岗岩(32±3) 花岗闪长岩(29±3)	闪长岩(25±5)		
火成岩	深成岩	黑色	辉长岩(27±3) 长岩(20±5)	粗粒玄武岩(16±5)		
火成岩	浅成岩		斑岩(20±5)		辉绿岩(15±5)	橄榄岩(25±5)
火成岩	喷出岩	熔岩		流纹岩(25±5) 安山岩(25±5)	石英安山岩(25±3) 玄武岩(25±5)	
火成岩	喷出岩	火山碎屑岩	集块岩(19±3)	角砾岩(19±5)	凝灰岩(13±5)	

（5）地质强度指数（*GSI*）。*GSI* 可以基于图4.9的描绘来选取。

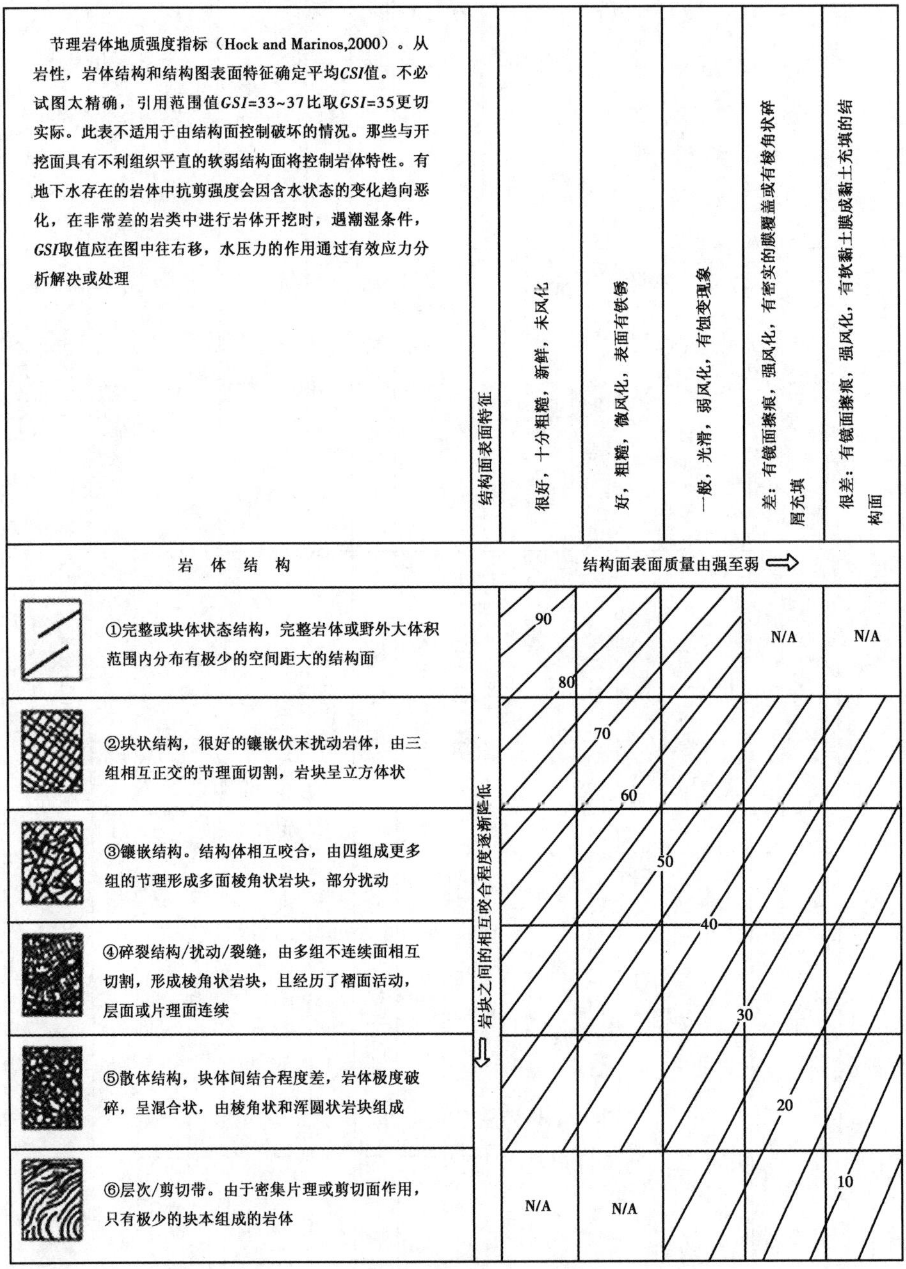

节理岩体地质强度指标（Hoek and Marinos，2000）。从岩性，岩体结构和结构图表面特征确定平均*GSI*值。不必试图太精确，引用范围值 *GSI*=33~37 比取 *GSI*=35 更切实际。此表不适用于由结构面控制破坏的情况。那些与开挖面具有不利组织平直的软弱结构面将控制岩体特性。有地下水存在的岩体中抗剪强度会因含水状态的变化趋向恶化，在非常差的岩类中进行岩体开挖时，遇潮湿条件，*GSI*取值应在图中往右移，水压力的作用通过有效应力分析解决或处理

岩 体 结 构	结构面表面质量由强至弱 ⇨					
	很好，十分粗糙，新鲜，未风化	好，粗糙，微风化，表面有铁锈	一般，光滑，弱风化，有蚀变现象	差：有镜面擦痕，强风化，有密实的膜覆盖或有棱角状岩屑充填	很差：有镜面擦痕，强风化，有软黏土膜或黏土充填的结构面
①完整或块体状态结构，完整岩石或野外大体积范围内分布有极少的空间距大的结构面	90 / 80			N/A	N/A
②块状结构，很好的镶嵌伏末扰动岩体，由三组相互正交的节理面切割，岩块呈立方体状		70 / 60			
③镶嵌结构。结构体相互咬合，由四组成更多组的节理形成多面棱角状岩块，部分扰动			50		
④碎裂结构/扰动/裂缝，由多组不连续面相互切割，形成棱角状岩块，且经历了褶曲活动，层面或片理面连续				40 / 30	
⑤散体结构，块体间结合程度差，岩体极度破碎，呈混合状，由棱角状和浑圆状岩块组成					20
⑥层次/剪切带。由于密集片理或剪切面作用，只有极少的块本组成的岩体	N/A	N/A			10

（岩块之间的相互咬合程度逐渐降低 ⇦）

图4.9 地质强度指数的选取（Hoek，1999）

（6）扰动因子（*D*）。扰动因子依赖于力学过程中对岩石的扰动程度，这些力学过程可能为发生在开挖、隧道或矿山活动中的爆破、隧道钻挖、机械设备的动力或人工开挖。没有扰动，则 *D*=0，剧烈扰动，则 *D*=1。更多信息可参见 Hoek（2006）相关文献。

（7）剪胀角（ψ）和围压（σ_{ψ}）。当围压相对较低，且经受剪切时，岩石可能表现出剪胀材料特性。围压较大时，剪胀受抑制。这种行为通过下述方法来模拟：当 $\sigma_3=0$ 时给

定某个 ψ 值，ψ 值随围压增大而线性衰减；当 $\sigma_3' = \sigma_\psi$ 时，ψ 值减小为 0。其中 σ_ψ 为输入值。在动力计算中使用 Hoek-Brown 模型时，需要选择刚度，以便模型正确预测岩石中的波速。当经受动力或循环荷载时，Hoek-Brown 模型一般只表现出弹性行为，没有（迟滞）阻尼效应，也没有应变或孔压或液化的累积。为了模拟岩石的阻尼特性，需要定义瑞利阻尼。基于 Hoek-Brown 模型，参考 Jiang（2017）提出的方法，可以同时保证屈服表面的光滑度和凸度以及塑性势。

通过以下特征说明：①初始非线性，具有模拟后峰值状态下扩张的非线性演变的能力。②通过两种不同的方法实现软化规则。③应力空间拉伸状态下的张力截断。④使用 Hoek-Brown 模型的速率依赖性本质，用于求解数值解的网格特性，当脆性破坏的特征是剪切带中出现剪应变面时。图 4.10 和图 4.11 显示了材料的响应特性，其中描述了相应的力学材料行为以及控制峰后状态的软化机制的相互作用。

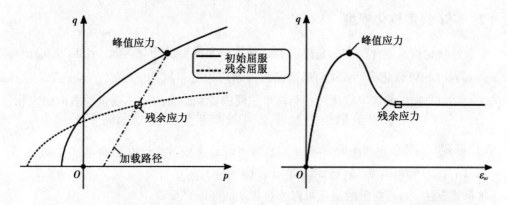

(a) 应力路径中的初始和残余屈服表面　　　　(b) 应力-应变空间中的峰值强度和残余强度

图 4.10　三轴应力路径下的力学行为图

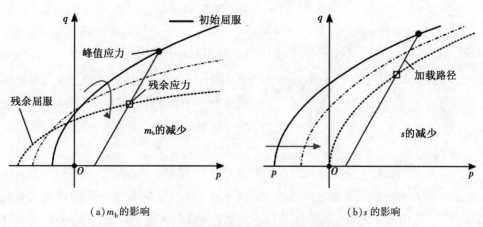

(a) m_b 的影响　　　　　　　　　　　(b) s 的影响

图 4.11　软化过程对屈服表面上变量图

◆◇ 4.4 Hoek-Brown Softening 软化模型

4.4.1 强度软化模型

在 Hoek-Brown model with Softening(HBS)软化模型方法中,材料性能的降低被明确地应用于变量 m_b 和 s 中,从而可以得到 Strength Softening Model(SSM)强度软化模型:

$$\boldsymbol{\Gamma} = \begin{bmatrix} m_b \\ s \end{bmatrix} = \begin{bmatrix} m_{b_o} - \left(\dfrac{m_{b_o} - m_{b_r}}{B_m + \varepsilon_{eq}^p} \right) \varepsilon_{eq}^p \\ s_o - \left(\dfrac{s_o - s_r}{B_s + \varepsilon_{eq}^p} \right) \varepsilon_{eq}^p \end{bmatrix} \tag{4.24}$$

4.4.2 *GSI* 强度软化模型

另一种强化材料退化的方法是使用 *GSI* 指数作为模型的硬化变量,GSI Strength Softening model(GSM)软化模型,从而通过经验关系应用材料软化的减少。这一方法与 Cai 等(2004,2007)提出的确定软化过程与两个主要因素相结合的岩体残余性质的研究相一致:

(1)微裂纹、裂缝和间断的发展。

(2)结合面平滑,影响结合强度(如图 4.12 所示)。

根据该方法,岩石质量的退化可以通过 *GSI* 的降低来反映:

$$GSI = GSI_o - \left(\frac{GSI_o - GSI_r}{B_{GSI} + \varepsilon_{eq}^p} \right) \varepsilon_{eq}^p \tag{4.25}$$

式中: GSI_o , GSI_r ——*GSI* 的初值和残值;

B_{GSI} ——控制软化速率的参数。

通过将公式(4.25)替换,可以得到 GSM 方法软化规则的广义表达式:

$$\boldsymbol{\Gamma} = \begin{bmatrix} m_b \\ s \end{bmatrix} = \begin{Bmatrix} m_{b_o} \exp\left[\left(\dfrac{GSI_r - GSI_o}{28 - 14D} \right) \left(\dfrac{\varepsilon_{eq}^p}{B_{GSI} + \varepsilon_{eq}^p} \right) \right] \\ s_o \exp\left[\left(\dfrac{GSI_r - GSI_o}{9 - 3D} \right) \left(\dfrac{\varepsilon_{eq}^p}{B_{GSI} + \varepsilon_{eq}^p} \right) \right] \end{Bmatrix} \tag{4.26}$$

值得注意的是,为了与定义屈服准则的参数定义和 *GSI* 系统的定义保持一致,指数 a 可以在向量 $\boldsymbol{\Gamma}$ 中的强化变量之间相加,从而在 a 和 *GSI* 之间有进一步的依赖关系。为了简单起见,也由于 a 的可变性范围有限,该系数将保持不变,因此,将使用初始 *GSI* 值(即 $a = 0.5 + \exp(-GSI_o/15) - \exp(-20/3)/6$)。

在过去的几十年里,求 m_b 的残值文献中已经提出了几个经验关系。Ribacchi(2000)提出计算 m_{br} 和 s_r 作为其初始值的一部分(即 $m_{br} = 0.65m_{bo}$ 和 $s_r = 0.04s_o$),而 Crowder 和

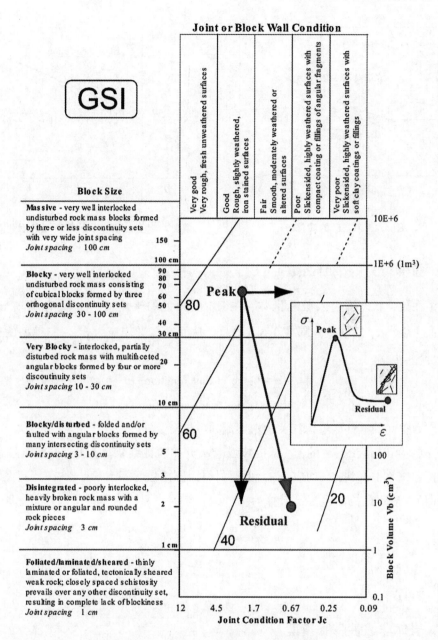

图 4.12 岩体退化过程中 *GSI* 的演化图

Bawden(2004)改进了这一逻辑关系，提出了不同的残差值与不同的 *GSI* 值的关系。沿着这一思路，Cai 等(2007)和 Alejano 等(2010)提出了以下经验关系 GSI_r 作为的函数 GSI_o：

$$GSI_r = GSI_o e^{-0.0154GSI_o},\ 25 < GSI_o < 75$$

$$GSI_p = 17.34 e^{-0.0107GSI_o},\ 25 < GSI_o < 75 \tag{4.27}$$

值得注意的是，对于 GSI_o 的值小于 $GSI_o = 25$，由于参数 m_b，s_o 和当 $GSI_o \leqslant 25$ 时计算的 a 缺乏可变性，则建议考虑如图 4.13 所示的截止点。

105

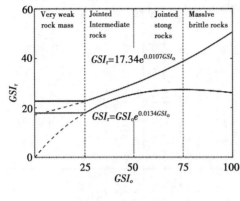

图 4.13　GSI_r 的演化

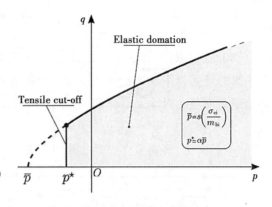

图 4.14　受拉状态下的截断函数示意图

4.4.3　拉伸行为的截断函数

为了在拉伸状态下引入截断函数，在 HB 面角处的平均应力 $\bar{p}$ 的值（即 $\bar{p}=s_o\sigma_{ci}/m_{bo}$），通过参数 α，其取值范围在 0 到 1 之间，从而定义平均应力 p^* 限制模型的最大拉应力（见图 4.15）：

$$0\leqslant\alpha\leqslant1\quad\begin{cases}\alpha=1:\text{ no cut-off function}\rightarrow p^*=\bar{p}\\ \alpha=0:\text{ no tensile domation}\rightarrow p^*=0\end{cases}\tag{4.28}$$

在应力空间的拉伸区考虑相关的塑性流动（$f\equiv g$），（$m_b\equiv m_{bo}$ 且 $s\equiv s_o$ 也是如此）。可以估计 α 的值和相应的 $p*$ 的值，从抗拉强度 σ_t 开始验证结果。为此，若将抗拉强度 σ_t 从单轴拉伸试验中得到，平均应力 $p*$ 此时材料因抗拉强度等于 $p*=\sigma_t/3$。而失效结果表明，α 值对应于比拉伸强度 σ_t 计算为：

$$p^*=\alpha\,\bar{p}=\frac{\sigma_t}{3}=\alpha\left(\frac{\sigma_{ci}}{\sigma_t}\right)\tag{4.29}$$

其中，$\alpha=\dfrac{1}{3}\left(\dfrac{\sigma_t}{\sigma_{ci}}\right)\dfrac{m_{bo}}{s_o}$

4.4.4　岩体非线性膨胀模型

了解岩体屈服后的行为和应变的演化是地质结构设计的关键因素。对于隧道开挖问题，应变场和塑性半径的准确预测对支护和加固设计有重要影响。因此，需要对峰值后的岩体应变演化进行详细的建模。为此，通常将 ψ 定义为（Vermeer 和 De Borst，1984）：

$$\sin\psi=\frac{\dot{\varepsilon}_v^p}{-2\dot{\varepsilon}_1^p+\dot{\varepsilon}_v^p}\tag{4.30}$$

其中，$\dot{\varepsilon}_v^p=2\dot{\varepsilon}p\left(\dfrac{\sin\psi}{\sin\psi-1}\right)$

通过替换塑性势即公式（4.30），可以将膨胀角与 Hoek-Brown（HB）模型的参数联系起来：

$$\sin\psi = \frac{m_\psi}{\frac{2}{a}\left(\frac{q}{\sigma_{ci}}\right)^{1/a \cdot 1} + m_\psi} \tag{4.31}$$

在三轴条件下，公式等价于经典公式，可将剪胀率重新排列为：

$$\sin\psi = \frac{m_\psi}{\frac{2}{a}\left(m_b\frac{\sigma_3}{\sigma_{ci}} + s\right)^{1-a} + m_\psi} \tag{4.32}$$

或者

$$m_\psi = \frac{2}{a}\left[\frac{\sin\psi}{1-\sin\psi}\right]\left(m_b\frac{\sigma_3}{\sigma_{ci}} + s\right)^{1-a} \tag{4.33}$$

在公式(4.33)中，m_ψ 的非线性变异性可以用关于膨胀角的公式来定义，使 m_ψ 作为塑性应变函数(Alejano 和 Alonso，2005；赵和蔡，2010；Walton 和 Diederichs，2015；Rahjoo 等，2016)。在提出的模型中，膨胀角的行为趋势是通过 m_ψ 用 SSM 和 GSM 方法显式变化率来实现，从而保证了伴生塑性和非伴生塑性之间的平稳过渡，以及求解过程中扩容角的减小。虽然方程没有考虑岩石的膨胀特性，但为了确定参数 m_ψ 的初始值，将考虑这个方程。

4.4.5 Hoek-Brown 准则的膨胀模型

变量 m_ψ 的演化对于这两种方法表示为(SSM 方法)：

$$m_\psi = m_{\psi_o} - \left(\frac{m_{\psi_o} - m_{\psi_r}}{B_\psi + \varepsilon_{eq}^p}\right)\varepsilon_{eq}^p \tag{4.34}$$

这个方程可以通过假设 m_ψ 为零来进一步重新排列 m_{ψ_r}(即 $m_{\psi_r} \approx 0$)，可简化如下：

$$m_\psi = \left(\frac{B_\psi}{B_\psi + \varepsilon_{eq}^p}\right)m_{\psi_o} \tag{4.35}$$

沿着这些路线，在 GSM 方法中：

$$m_\psi = m_{\psi_o}\left[\frac{GSI-100}{F_\psi(28-14D)}\right] \tag{4.36}$$

式中：F_ψ——引入控制 m_ψ 值下降的参数随着 GSI 的降低。

通过改写 m_ψ，类似于公式：

$$m_\psi = m_{\psi_o}\exp\left[\left(\frac{GSI_r - GSI_o}{F_\psi(28-14D)}\right)\left(\frac{\varepsilon_{eq}^p}{B_{GSI} + \varepsilon_{eq}^p}\right)\right] \tag{4.37}$$

此外，为了反映岩体质量参数的影响，从完整岩石的贡献中分离出来，F_ψ 重写为：

$$F_\psi = \left(\frac{GSI_o - GSI_r}{GSI_o^i - GSI_r^i}\right)F_\psi^i \tag{4.38}$$

式中：GSI_o^i，GSI_r^i——完整岩样 GSI 的初值和残值（即 $GSI_o^i = 100$，$GSI_r^i \approx 35$）；

　　　　F_ψ^i——完整岩石的膨胀率，从而使其校准与试验测试。

可以通过使用实验室测试的结果校准该参数（如 Marinelli 等提出的校准，2019）。下面将讨论能够对 m_{ψ_o} 进行定性评估的思路，提出将选定的公式与文献中提出的经验关系联系起来。

4.4.6　参数 m_{ψ_o} 的推导

提出一种可能的思路来引入 GSI 对初始膨胀角值的依赖性。为此可以表征初始屈服时的膨胀（即参数值为 M_{b_o} 和 ψ_o）：

$$m_{\psi_o} = \frac{2}{a} \left[\frac{\sin(\psi_o^{rm})}{1-\sin(\psi_o^{rm})} \right] \left(m_{b_o} \frac{\sigma_3}{\sigma_{ci}} + s_o \right)^{1-a} \tag{4.39}$$

在此方程中，岩体的影响不仅会出现在 Hoek-Brown 屈服准则的参数上（即 m_{bo}，s_o），还有初始膨胀角的表达式 ψ_o^{rm}（顶点 rm 为岩体）。岩体效应将通过标量 ξ 值引入，ξ 值与 Alejano 等 2010 年提出的公式一致（$\psi_o^{rm} \equiv \xi\psi_o^{ir}$，其中顶点 ir 代表完整的岩石）。

4.4.7　完整岩石

在提出的模型中，原状岩体的强度退化和剪胀行为的演化均忽略了峰值前潜在的耗散现象。因此，初始膨胀角与峰值（即膨胀角 $\psi_o^{ir} \equiv \xi\psi_{peak}^{ir}$ 重合）可以用来计算 m_{ψ_o}（顶点 ir 代表完整的岩石）。而不是校准参数 m_{ψ_o}，根据试验结果可以采用文献中提出的公式来评估峰值膨胀角。此后，Walton 和 Diederichs（2015）提出：

$$\psi_{peak} = \begin{cases} \varphi_{peak}\left(1-\dfrac{\beta'}{\Omega}\sigma_3\right), & \text{if } \sigma_3 < \Omega \\ \varphi_{peak}(\beta_0 - \beta'\ln\sigma_3), & \text{if } \sigma_3 > \Omega \end{cases}, \quad \Omega = e^{-(1-\beta_0-\beta')/\beta'} \tag{4.40}$$

式中：β_0，β'——控制高围限和低围限压力敏感性的参数，晶体岩的推荐值为 $\beta_0 = 1$，$\beta' = 0.1$（Walton 和 Diederichs，2015）；

　　　φ_{peak}——材料的最大摩擦角。

在这个方程中，还需要计算与 Hoek-Brown 模型的材料性质有关的峰值摩擦角（Alejano 和 Alonso，2005）。

$$\sin\varphi_{peak} = \frac{m_b}{\dfrac{2}{a}\left(m_b \dfrac{\sigma_3}{\sigma_{ci}} + s\right) + m_b} \tag{4.41}$$

对于岩石样品，代入完整的岩石参数（即 $a = 0.5$，$m_b \equiv m_i$），得到：

$$\sin\varphi_{peak} = \frac{m_i}{4\sqrt{m_i\left(\dfrac{\sigma_3}{\sigma_{ci}}\right)+1} + m_i} \tag{4.42}$$

4.4.8　对岩体的影响

为了尺度变换峰值扩张角,且由于不连续地影响描述岩体,在 ψ_o^{rm} 计算 ψ_o^{ir} 基础上用标量 ξ 表示函数 GSI 指标(Hoek 和 Brown,1997;Alejano 和 Alonso,2005)。为此,假设了线性趋势,这与 Alejano 等提出的平均膨胀角的变异性一致。

$$\psi_o^{rm}=\xi \cdot \psi_{peak}^{ir},\ \xi=\begin{cases} 0, & GSI_o \leqslant 25 \\ (GSI_o-25)/50, & 25 \geqslant GSI_o < 75 \\ 1, & GSI_o \geqslant 75 \end{cases} \tag{4.43}$$

式中: ξ ——岩体初始条件的系数,通过地质强度指数(即 GSI_o 的值)计算。

以上强调了岩体的膨胀特性与其力学性质的关系。岩体质量较差(即 $GSI_o \leqslant 25$)的岩体为零剪胀,质量较好的岩体为零剪胀,当 $GSI_o \geqslant 75$ 时,剪胀角值与完整岩石的剪胀角值相同。

◆ 4.5　Hoek-Brown Softening 软化模型应变局部化建模分析

岩土材料的破坏机制通常以应变、迅速、集中在狭窄区域为特征,这一现象通常称为应变局部化。在脆性/膨胀状态下,局部剪切带的发展显著降低了整体力学抗力,从而导致工程地质结构的失稳破坏。在数值分析的规则中,模拟剪切带发展的经典问题之一,是计算解的病态网格依赖,这说明没有能量耗散的破坏(Pijaudier-Cabot 和 Bazant,2017)。为了避免这种非物理行为,必须引入内部长度来控制材料响应峰后剪切带厚度的演变。

在已实现了的 HBS 软化模型中,为了恢复数值解的网格客观性,基于 Perzyna(1966)的过应力理论,考虑黏塑性正则化,从而通过时间梯度引入内部长度(Sluys,1944)。速度-效应被激活在剪切带中,且这种方法的优势依赖于隐式积分算法的简单实现,保证了容易弹塑性、黏塑性之间切换版本相同的模型(Marinelli 和 Buscanera,2019)。

4.5.1　黏性正则化技术

此后,Perzyna(1966)提出的超应力方法被认为是在前述的弹塑性规则中引入速率依赖关系。在这种方法中,黏塑性应变的增量是通过一个黏性核函数 Φ 来表示的,该函数表示塑性破坏的度量(即应力状态在屈服面外的大小),并规定应变速率的大小:

$$\dot{\varepsilon}_{ij}^{vp}=\gamma <\Phi(f)> \left(\frac{\partial g}{\partial \sigma_{ij}}\right),\ \Phi=\frac{f}{\sigma_{ci}} \tag{4.44}$$

式中: γ ——流动性(即黏度的倒数);

$<\cdot>$ ——McCauley 括号。

黏性正则化方法的目的是设置流动性 γ 的值,以接近在材料点的非黏滞行为。同时，通过时间梯度引入内部长度。换句话说，在一些工程问题中，校准流动性值以模拟边界条件的快速动力学特征所产生的速率效应是至关重要的（Manouchehrian 和 Cai，2017），在此背景下，流动性的唯一目标是正则化应变局部化问题。

图 4.15 为实现上述方法的例子，在不同的 γ 值和给定的速率载荷下进行单轴压缩试验。图中可以观察到速率依赖模型如何通过增加相应的流动性值来接近弹塑性行为。一旦流体被约束以减少材料点水平上的速率依赖效应，该参数就可用于控制剪切带厚度，从而在数值问题中提供正则化效应。黏性正则化技术的性能将通过解决平面应变压缩试验来检验，网格客观性将通过显示整体强度和剪切带厚度随试样空间离散化不变性来详细说明。

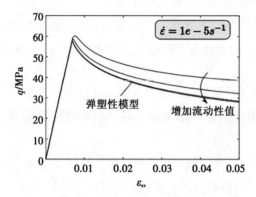

图 4.15　流动性 γ 对 HBS 模型速率响应的影响

随着流动性 γ 值的增加，黏塑性模型收敛到弹塑性模型。

4.5.2　应变局部化分析

为研究黏滞正则化方法的性能，对一组平面应变压缩试验进行了计算。图 4.16 描述了这个初边值问题（IBVP）的细节，其中灰色区域代表了一个特定的区域，该区域的材料强度降低，目的是从样品的左下角触发剪切带的形成。这些数值分析中使用的参数与砂岩的参数相同，唯一例外的是灰色区域中定义的单轴抗压强度已降低到 37 MPa。

在展示速率相关公式的效果之前，有必要举例说明用该模型的弹塑性版本获得的数值解，从而强调网格离散化如何影响数值解。为此目的，相同的 IBVP（即平面应变条件下的压缩试验）用不同数量的单元求解，结果如图 4.17 所示，其中总反应 R_y 的演化已经被绘制成作用位移的函数。通过观测高斯点在塑性载荷下的空间分布来解释试样响应的网格敏感性。在有限元计算中，可以采用不同数量的元素（NEL）得到结果。

事实上，在弹塑性模型中缺乏一个内部长度，无法规定剪切带厚度，而剪切带厚度在数值问题中本质上是由单元的大小给出的。因此，由于单元尺寸与带厚之间的这种内在相关性，网格的细化涉及更显著的耗散过程，这就解释了用较多单元离散的样品的抗力减小更大的原因。值得注意的是，当单元尺寸过小时，由于剪切带内计算的应变梯度值过大,模型不能满足全局收敛。这由图 4.17 的绿线所示,计算在施加位移的 2% 之前停止。

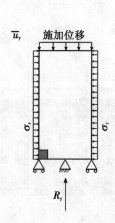

图 4.16 用于计算平面应变压缩下的排水
压缩试验的初始条件和边界条件
(双轴试验 BXD)

注:灰色区域表示一个以简化属性为特征的区域(σ_{ci}=37 MPa)来触发应变本地化现象,而变量 R_y 代表全球样品反应。

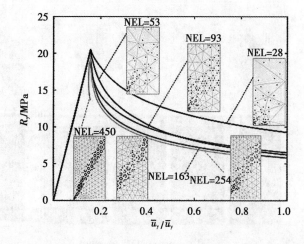

图 4.17 在 σ 径向应力下进行排水双轴试验的竖向
反应 r=1 MPa 和不同数量的元素(NEL)

为了显示速率相关模型引入的正则化效应,在两种不同的流动性值下进行了两次排水双轴试验。这些计算是通过施加等于 0.001 mm/s 的位移速率和 5 MPa 的径向应力来完成的。结果如图 4.18 所示,图中对于不同的网格重复相同的 IBVP,从而显示了解相对于网格密度(即 IBVP)的收敛性(即对于越来越多的元素,R_y 趋向于收敛到同一曲线)。

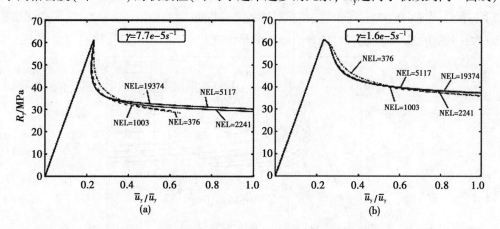

图 4.18 不同网格和两个流度值下总垂直反力的演化

此外,为了更好地识别时间步长中剪切带的形成,图 4.19 显示了在两种不同的流动性值时,在塑性状态下高斯点的空间分布和相应的剪切应变,这很容易强调 γ 比值对带厚度的不同影响。

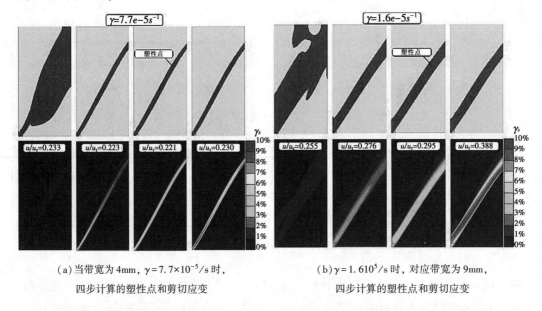

(a) 当带宽为 4mm，$\gamma = 7.7 \times 10^{-5}/s$ 时，四步计算的塑性点和剪切应变

(b) $\gamma = 1.610^5/s$ 时，对应带宽为 9mm，四步计算的塑性点和剪切应变

图 4.19　两种不同流动性值时塑性状态下高斯点的空间分布和相应的剪切应变

　　较低的流动性值对应较薄的剪切带厚度值（即剪切带的厚度与黏度成正比）。内部长度的影响执行通过参数 γ 在图 4.20 中也显示出详细的双轴测试，一直重复的流动性值 $\gamma = 1.3 \times 10^{-5}/s \sim 2.3 \times 10^{-4}/s$，因此显示的结构效应带厚度对全球软化的样本。值得注意的是，本计算是通过选择最大迭代次数（等于 250）来计算的。

　　事实上，在峰后状态的开始，当材料开始软化时，Newton-Raphson 算法需要更高的迭代数才能达到收敛解。为了保证计算达到令人满意的精度，选择 0.01 为可容忍误差的取值，从而进一步强调了收敛趋势的这种特殊行为。所有这些计算中使用的数值输入如下：容忍误差：0.001；每步最大负载分数：0.02；过度松弛因子：1.2；最大迭代次数：250 次；期望的最小迭代次数：6 次；期望的最大迭代次数：25；弧长控制类型：开。

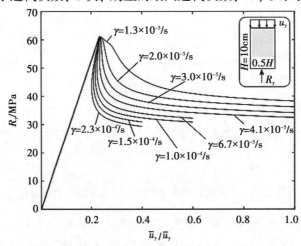

图 4.20　在 σ 径向应力下进行排水双轴试验的竖向反应 $r = 5MPa$ 对于不同的流动性值 γ

◆◇ 4.6　Hoek-Brown Softening 软化模型隧道开挖模拟

为了比较实施模型的解与 Carranza-Torres(2004)提出的解析解,考虑了完美塑性条件。其中,参数选取的唯一区别是考虑了零膨胀角。结果如图 4.21 所示,图中将巷道顶部的位移与解定应力 p_i 进行了对比,图中还展示了在不同时间步长的情况下,卸载阶段结束时隧道周围剪切带的发展情况。通过观察图 4.21,值得注意的是,点 2 表示轴对称解的结束和剪切带传播的开始。为了强调应变软化的效果,图 4.22 中对比了灰岩岩体不同初始条件下的地基反应曲线(Ground Reaction Curve,GRC)(Alieano 等 2010),其中考虑了表 4.7 中报告的参数。为了突出模型的具体本构特征,这些计算采用了三组不同的参数:模型 A(完美塑性);模型 B(恒胀 HBS);模型 C(非线性膨胀 HBS)。值得注意的是,在图 4.22 中,收敛约束曲线的非光滑趋势是由于隧道周围局部应变发展,其公式涉及变形场的不规则剖面。

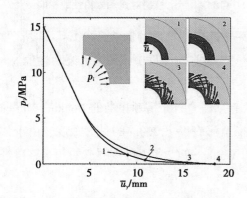

图 4.21　用 Carranza-Torres(2004)广义 Hoek-Brown 准则封闭形式解(蓝线)和黏滞正则化解(黑线)

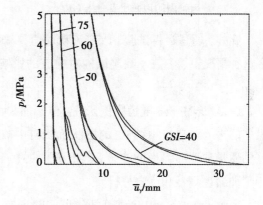

图 4.22　不同模型下不同 GSI 值的地基反应曲线(GRC),对于所有计算 $\gamma=15/d$

表 4.7　不同岩石质量石灰岩岩体($m_i=0$, $\sigma_{ei}=75$ MPa)的表征

应用于模型:A—完美的塑性;B—恒胀应变软化;C—应变软化与可变膨胀

模　型	参　数	$GSI=75$	$GSI=0$	$GSI=0$	$GSI=40$	$GSI=25$
A,B,C	m_{bo}	4.090	2.397	1.677	1.173	0.687
A,B,C	S_o	0.062	0.0117	0.0039	0.0013	0.0002
B,C	m_{br}	1.173	0.981	0.821	0.737	0.687
B,C	S_r	0.0013	0.0007	0.0004	0.0003	0.0002
B,C	B_s,B_m	0.01	0.01	0.01	0.01	0.01
A,B	$m_{\psi cnst}$	0.718	0.312	0.166	0.060	0.000
C	$m_{\psi o}$	1.225	0.587	0.330	0.156	0.000
C	$m_{\psi r}$	0.000	0.000	0.000	0.000	0.000
C	B_ψ	0.001	0.001	0.001	0.001	0.001

此外，提出的公式也与其他在 Hoek-Brown 框架中引入软化规则的方法进行了比较（Alejano 等，2010 和 Ranjbarnia 等，2015）。结果如图 4.23 所示，几者在 GRC 方面表现出相似的行为趋势。

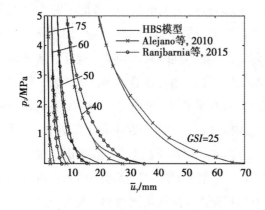

图 4.23　不同 *GSI* 值下 HBS 模型　　　　图 4.24　不同值流度 γ 下的地面反应曲线
与模型的地面反应曲线 GRC　　　　　　GRC 显示了模型对速率依赖性的影响

此外，通过运行试验，改变流动性值 γ 来评估速率依赖性的影响，如图 4.24 所示。在这种情况下，参数 γ 控制结构对响应的影响。在以前的计算中，采用了流动性值 γ = 15/d。

Donking-Morien 隧道案例研究：位于加拿大新斯科舍省布雷顿角岛的 Donking-Morien 煤矿的进入隧道在倾斜 10°的层状沉积岩中被推至海底以下 200m 的最大深度。由于数据的质量和地质界面的缺乏，Pelli 等（1991）和 Walton 等（2014）对该隧道的几个路段进行了伸缩计测量和反向分析。

由 Walton 等（2014）估算的隧道内的场应力为 $\sigma_v = 5MPa$，$\sigma_h = 10MPa$。实验室测试报告的 UCS 范围为 15~63MPa，平均值为 36MPa，杨氏模量在 4~15GPa，而伸长计的测量显示 2996 链处的模量为 5.6GPa。Pelli 等（1991）得出的树冠的塑性区深度为 1.8m。Corkum 等（2012）得出了所选材料的 *GSI* 在 70~80 之间。

这段隧道采用 HBS 模型，参数设置为实验室实验和现场测量的平均值。数值分析显示了该模型为设计提供了可靠估计的能力，如图 4.25 所示。其中，图 4.25(a) 显示了与伸长计测量值比较的冠内垂直位移的截面，以及 GRC[见图 4.25(b)]和塑性区空间分布[见图 4.25(c)]。虽然模型低估了塑性区深度，但观测到的位移和塑性模量与测量值一致。

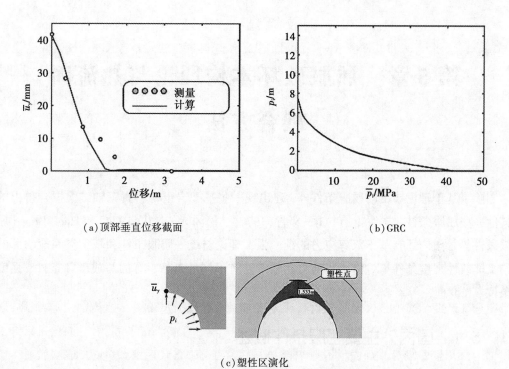

（a）顶部垂直位移截面　　　　　　　　　　　　　　　（b）GRC

（c）塑性区演化

图 4.25　Donking-Morien 隧道计算结果

第5章 屈服破坏本构理论与热流固 耦合方法

除了基于理论导出的屈服条件外，还出现一些基于岩土材料真三轴试验拟合得出的其他一些屈服条件。国际上有拉德-邓肯(1972)、松冈元-中井(1974)和 Hoek-Brown 屈服条件等。国内还有基于双剪应力的统一强度理论与统一屈服条件和基于空间滑动面的广义非线性强度条件等。由于当前对屈服条件有不同的理解，有的写成破坏条件、强度条件、强度理论等。

◆◇ 5.1 国内外主要屈服条件概述

5.1.1 拉德-邓肯(Lade-Duncan)屈服条件、松冈元-中井(Matsuoka-Na-kai)屈服条件和郑颖人-陈瑜瑶屈服条件

拉德-邓肯屈服条件和松冈元-中井屈服条件在 π 平面上都是不规则的形状，近似为一个曲边三角形。这两种屈服条件没有角点，都是光滑曲线，而且拉德-邓肯屈服曲线内接摩尔-库仑屈服条件的三个外角顶点，而松冈元-中井屈服曲线内接摩尔-库仑条件的 6 个内外角点。

拉德-邓肯屈服条件是根据土体的真三轴试验拟合得出的，其表达式为

$$F = \frac{\sigma_1 \sigma_2 \sigma_3}{p^3} = \frac{I_3}{I_1^3} = k(\text{常数}) \tag{5.1}$$

或

$$F = -\frac{2}{3\sqrt{3}} J_2^{3/2} \sin 3\theta_\sigma - \frac{1}{3} I_1 J_2 + \left(\frac{1}{27} - \frac{1}{k}\right) I_1^2 = 0 \tag{5.2}$$

拉德-邓肯屈服条件中常数 k 考虑了真三轴受力情况，因而它适用于真三轴情况。常数 k 可以由试验拟合求得。

松冈元-中井屈服条件以八面体平面作为空间滑动面，认为空间滑动面(SMP 面)上的土体处于最容易滑动状态，此时剪正应力比 (τ/σ_N) 最大，各向同性的 SMP 准则可以表示为：

$$F = \left(\frac{\tau}{\sigma_N}\right)_{\text{SMP}} = \frac{I_1 I_2}{I_3} = k(\text{常数}) \tag{5.3}$$

或

$$F = \frac{(\sigma_2 - \sigma_3)^2}{\sigma_2 \sigma_3} + \frac{(\sigma_3 - \sigma_1)^2}{\sigma_3 \sigma_1} + \frac{(\sigma_1 - \sigma_2)^2}{\sigma_1 \sigma_2} = k \text{（常数）} \tag{5.4}$$

该条件适用于常规三轴情况和非黏性土情况。1976 年松冈元在此基础上提出了拓展空间滑动面条件（SMP），适用于非黏性土与黏性土，1995 年又进行了砂土的真三轴试验，并将表达式写成：

$$\left(\frac{\tau}{\sigma_N}\right)_{SMP} = \sqrt{\frac{I_1 I_2 - 9I_3}{9I_3}}$$

$$= \frac{2}{3}\sqrt{\frac{(\sigma_1 - \sigma_2)^2}{4(\sigma_1 + \sigma_0)(\sigma_2 + \sigma_0)} + \frac{(\sigma_2 - \sigma_3)^2}{4(\sigma_2 + \sigma_0)(\sigma_3 + \sigma_0)} + \frac{(\sigma_3 - \sigma_1)^2}{4(\sigma_3 + \sigma_0)(\sigma_1 + \sigma_0)}} = k \text{（常数）} \tag{5.5}$$

式中 σ_0 为黏聚力与 $\tan\varphi$ 之比，见图 5.1。

由于 SMP 条件设定常规三轴压缩条件（$\sigma_1 > \sigma_2 = \sigma_3$）下，偏平面上 SMP 破坏线中该点与摩尔-库仑破坏线中该点重合，由此可以导出常数项：

$$\left(\frac{\tau}{\sigma_N}\right)_{SMP} = \frac{2\sqrt{2}}{3}\frac{\sigma_1 - \sigma_3}{2\sqrt{(\sigma_1 + \sigma_0)(\sigma_3 + \sigma_0)}} = \frac{2\sqrt{2}}{3}\tan\varphi \tag{5.6}$$

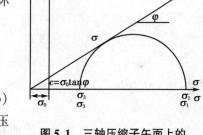

图 5.1　三轴压缩子午面上的屈服曲线

该条件可以用于各种土体，但没有考虑土体的压硬性，设定空间滑动面为八面体平面。

式（5.1）、式（5.3）与式（5.6）虽然没有给出 $g(\theta_\sigma)$ 式，但在 I_1 为常数时，即可绘出 π 平面上的形状曲线（如图 5.2 所示）。

郑颖人、陈瑜瑶根据重庆红黏土的三轴试验结果，应用式（5.7）进行拟合，提出了偏平面上屈服曲线得出形状函数 $g(\theta_\sigma)$

$$g(\theta_\sigma) = \frac{2K}{(1+K) - (1-K)\sin 3\theta_\sigma + \alpha_1 \cos^2 3\theta_\sigma} \tag{5.7}$$

式中 K、α_1 为系数，可由试验数据拟合得出。本次试验中 $K = 0.77$，$\alpha_1 = 0.45$。

图 5.2 中列出了郑颖人-陈瑜瑶拟合曲线，由于它与拉德-邓肯曲线十分接近，因而两条曲线画在一条曲线上。从图可以看出，拉德-邓肯曲线与郑颖人-陈瑜瑶拟合曲线十分相近，它们都是由土体真三轴试验拟合

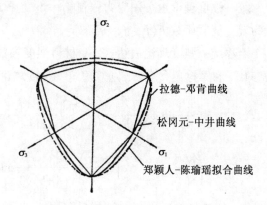

拉德-邓肯曲线

松冈元-中井曲线

郑颖人-陈瑜瑶拟合曲线

图 5.2　π 平面上拉德、郑颖人、松冈元屈服曲线

得到，其三轴拉伸试验时的抗剪强度大于摩尔-库仑条件的抗剪强度，因而适用于真三轴情况，但常数项都需要通过试验拟合得到。松冈元-中井曲线，无论是三轴压缩点还是三轴拉伸点都与摩尔-库仑曲线重合，适用于岩土材料常规三轴情况。

5.1.2 双剪应力条件屈服强度条件

基于双剪应力条件，俞茂宏提出了统一强度理论与统一屈服条件。它可以包括拉压同性材料和拉压异性材料，可以考虑中间主应力影响。当设定参数为某一定值时，可以得出摩尔-库仑条件、广义双剪应力条件、屈瑞斯卡条件和双剪应力条件，但不能得到米赛斯条件。其数学表达式为：

$$F = \sigma_1 - \frac{\alpha}{1+b}(b\sigma_2 + \sigma_3) = \sigma_t, \quad 当 \ \sigma_2 \leqslant \frac{\sigma_1 + \alpha\sigma_3}{1+\alpha} \tag{5.8}$$

$$F' = \frac{1}{1+b}(\sigma_1 + b\sigma_2) - \alpha\sigma_3 = \sigma_t, \quad 当 \ \sigma_2 \geqslant \frac{\sigma_1 + \alpha\sigma_3}{1+\alpha} \tag{5.9}$$

式中：$\alpha = \sigma_t / \sigma_c$——材料的拉压强度比；

σ_c——抗压强度；

σ_t——抗拉强度；

b——统一强度理论中引进的破坏准则选择参数。它是反映中间主应力及相应面上的正应力对材料破坏影响程度的参数，也是反映中间主应力对材料破坏影响的参数。

(1)当 $\alpha = 1$，$b = 1$ 时，可以退化为双剪应力条件；

(2)当 $\alpha = 1$，$b = 0$ 时，可以退化为屈瑞斯卡条件；

(3)当 $\alpha \neq 1$，$b = 1$ 时，可以退化为广义双剪应力条件；·

(4)当 $\alpha \neq 1$，$b = 0$ 时，可以退化为摩尔-库仑条件。

$\alpha \neq 1$，$b = 1$ 时的广义双剪应力条件的屈服面在主应力空间是一个以静水压力线为轴的不等边六角锥体面，在偏平面上是一个顶点不在主轴而与主轴对称的不等边六角形。图 5.3 示出了统一强度理论的上、中、下三个典型极限面。

统一强度理论也可用应力张量第一不变量 I_1、应力偏量第二不变量 J_2 和应力角 θ 表示为统一屈服函数 $F(I_1, J_2, \theta)$。

上述统一强度理论表达式中，材料强度参数为 σ_t 和 α。如取岩土工程中常用的黏结力参数 c 和摩擦角参数 φ，则双剪统一强度理论的表达式可写为：

$$F = \frac{2I_1}{3}\sin\varphi \frac{2\sqrt{J_2}}{1+b}\sin\left(\theta + \frac{\pi}{3}\right) - \frac{2b\sqrt{J_2}}{1+b}\sin\left(\theta - \frac{\pi}{3}\right) + \frac{2b\sqrt{J_2}}{(1+b)\sqrt{3}}\sin\left(\theta + \frac{\pi}{3}\right) +$$

$$\frac{2\sqrt{J_2}}{(1+b)\sqrt{3}}\sin\varphi\cos\left(\theta + \frac{\pi}{3}\right) + \frac{2b\sqrt{J_2}}{(1+b)\sqrt{3}}\sin\varphi\cos\left(\theta - \frac{\pi}{3}\right) \tag{5.10}$$

$$= 2c\cos\varphi \qquad (0^\circ \leqslant \theta \leqslant \theta_b)$$

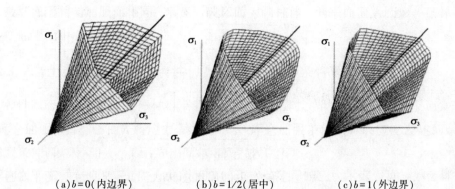

$(a)b=0(内边界)$　　　$(b)b=1/2(居中)$　　　$(c)b=1(外边界)$

图 5.3　统一强度理论的上、中、下三个典型极限面

$$F'=\frac{2I_1}{3}\sin\varphi\frac{2\sqrt{J_2}}{1+b}\sin\left(\theta+\frac{\pi}{3}\right)+\frac{2\sqrt{J_2}}{(1+b)\sqrt{3}}\sin\varphi\cos\left(\theta+\frac{\pi}{3}\right)+\frac{2b\sqrt{J_2}}{1+b}\sin\theta-$$

$$\frac{2b\sqrt{J_2}}{(1+b)\sqrt{3}}\sin\varphi\cos\theta \qquad\qquad (5.11)$$

$$=2c\cos\varphi \qquad\qquad (\theta_b\leqslant\theta\leqslant 60°)$$

5.1.3　基于空间滑动面强度准则的广义非线性强度条件

姚仰平等在 SMP 条件与广义米赛斯条件基础上提出广义非线性条件(GNST)。设三轴压缩条件下($\sigma_1>\sigma_2=\sigma_3$)广义米赛斯准则与 SMP 准则重合，则广义剪应力 q_c 的表达式为：

$$q_c=\alpha q_M+(1-\alpha)q_s \qquad\qquad (5.12)$$

其中，α 为反映 π 平面上的拉压强度比的材料参数(见图 5.4)：

(1)当 $\alpha=1$ 时，为广义米赛斯准则，在 π 平面上的破坏线为圆；

(2)当 $\alpha=0$ 时，为 SMP 准则，在 π 平面上的破坏线为曲边三角形；

(3)当 $0<\alpha<1$ 时，式(5.12)为广义米赛斯准则和 SMP 准则之间的光滑曲线，可以描述各种材料的强度特性。

q_M 为广义米赛斯准则对应的广义剪应力，其值为

$$q_M=\sqrt{I_1^2-3I_2} \qquad (5.13)$$

q_S 为 SMP 准则对应的广义剪应力，其值为

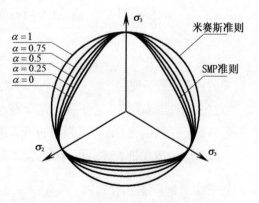

图 5.4　π 平面上的广义非线性强度准则

$$q_S = \frac{2I_1}{3\sqrt{\frac{I_1 I_2 - I_3}{I_1 I_2 - 9I_3} - 1}} \qquad (5.14)$$

将公式整理，令三轴压缩情况下破坏应力比为 $M_c = \dfrac{q_c}{p}$，得

$$q_c = \alpha \sqrt{I_1^2 - 3I_2} + \frac{2(1-\alpha)I_1}{3\sqrt{(I_1 I_2 - I_3)/(I_1 I_2 - 9I_3)} - 1} = M_c p \qquad (5.15)$$

材料参数 α 可以表示为三轴压缩条件下的内摩擦角 φ_c 与三轴伸长条件下的内摩擦角 φ_e 的函数。推导时先导出 α 及三轴压缩条件下破坏应力比 M_c 与三轴拉伸条件下破坏应力比 M_e 的关系，然后转换成 φ_c 与 φ_e 的关系，得到

$$\alpha = \frac{3(3+\sin\varphi_e)(\sin\varphi_e - \sin\varphi_c)}{2\sin^2\varphi_e(3-\sin\varphi_c)} \qquad (5.16)$$

通过三轴压缩试验与三轴拉伸试验，即可求得 φ_c 与 φ_e，从而得到材料参数 α。

当 $\varphi_c = \varphi_e$ 时，$\alpha = 0$，此时在 π 平面上破坏准则为 SMP 准则，见图 5.5 中的细实线；当求得摩擦角 $\varphi_c > \varphi_e$ 时，$\alpha > 0$，见图 5.5 中的粗实线；当 $\alpha = 1$ 时，是广义米赛斯准则。

5.1.4 胡克-布朗(Hoek-Brown)条件

1985 年胡克-布朗依据列出的各类岩石的试验结果，提出了一个经验性的适用于岩体材料的破坏条件(如图 5.6 所示)，一般叫作胡克-布朗条件，其表达式为

$$F = \sigma_1 - \sigma_3 - \sqrt{m\sigma_c \sigma_3 + s\sigma_c^2} \qquad (5.17)$$

式中：σ_c——单轴抗压强度；

m，s——岩体材料常数，取决于岩石性质以及破碎程度。

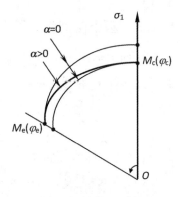

图 5.5　求土性参数 α

在这一条件中考虑了岩体质量数据，即考虑了与围压有关的岩石强度，使它比摩尔-库仑条件更适用于岩体材料。

这一条件与摩尔-库仑条件一样没有考虑中主应力的影响。在子午平面上，它的极限包络线是一条曲线，而不是一条直线，这是与摩尔-库仑条件不同的。

当以应力不变量表述时，胡克-布朗条件可以写成

$$F = m\sigma_c \frac{I_1}{3} + 4J_2\cos^2\theta_\sigma + m\sigma_c\sqrt{J_2}\left(\cos\theta_\sigma + \frac{\sin\theta_\sigma}{\sqrt{3}}\right) - s\sigma_c^2 = 0 \qquad (5.18)$$

在应力空间中，它是一个由 6 个抛物面组成的锥形面，如图 5.6 所示。在 6 个抛物面的交线上具奇异性。

为了消除奇异性，用一椭圆函数逼近这一不规则的六角形，$g(\theta_\sigma)$ 被表述如下：

$$g(\theta_\sigma) = \frac{4(1-e^2)\cos^2\left(\dfrac{\pi}{6}+\theta_\sigma\right) + (1-2e)^2}{2(1-e^2)\cos^2\left(\dfrac{\pi}{6}+\theta_\sigma\right) + (2e-1)D} \quad (5.19)$$

式中：$D = \sqrt{4(1-e^2)\cos^2\left(\dfrac{\pi}{6}+\theta_\sigma\right) + 5e^2 - 4e}$;

$e = \dfrac{q_1}{q_c}$;

q_c, q_1——受压与受拉时的偏应力。

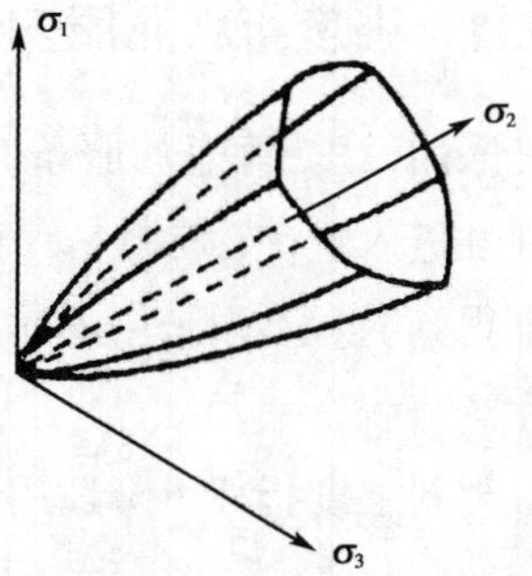

图 5.6　应力空间中的胡克-布朗条件

因而，式(5.18)的胡克-布朗成为一个光滑、连续的凸曲面，并表示如下：

$$F = q^2 g^2(\theta_\sigma) + \overline{\sigma}_c q g(\theta_\sigma) + 3\,\overline{\sigma}_c p - s\,\overline{\sigma}_c^2 = 0 \quad (5.20)$$

式中：$\overline{\sigma}_c = m\dfrac{\sigma_c}{3}$; $q = \sqrt{3J_2}$; $p = \dfrac{I_1}{3}$。

1992 年，胡克对胡克-布朗条件作了一点修正，给出了更一般的表达式：

$$\sigma_1 = \sigma_3 + \sigma_c\left(m\frac{\sigma_3}{\sigma_c} + s\right)^\alpha \quad (5.21)$$

对于大多数岩石采用 $\alpha = \dfrac{1}{2}$。对于岩体质量差的岩体，式(5.21)不适用，建议改用：

$$\sigma_1 = \sigma_3 + \sigma_c\left(m\frac{\sigma_3}{\sigma_c}\right)^\alpha \quad (5.22)$$

2008 年，我国学者朱合华与张其将胡克-布朗条件发展为广义三维胡克-布朗条件，内容从略。

◆◇ 5.2　应力表述的屈服安全系数

表征岩土中某应力点达到屈服程度的指标采用应力表述的屈服安全系数，其物理意义亦可理解为从特定应力状态达到屈服状态的程度。当前国内外一些软件中曾提出岩土破坏接近度的概念，但这一概念中存在某些误解，首先以应力表述的摩尔-库仑条件只能表述岩土体的屈服，而不能表述岩土体的破坏；其次，岩土材料强度的降低不仅包含黏聚力的降低，还包含摩擦系数的降低。破坏接近度的概念可以用来确定岩土应力点的屈服接近度，但依据摩尔-库仑条件强度参数的降低，既要包含黏聚力又要包含摩擦系数，并应按同一比例降低。接近度的度量值应用不广，可以采用大家更为熟悉的安全系数取代。在岩土工程中常用的安全系数有两类，一类是强度储备安全系数，以降低岩土抗剪强度体现岩土的安全度，常用在边(滑)坡工程中；另一类是超载安全系数，以增加荷载体现岩土的安全度，常用在地基工程中。

5.2.1 强度折减屈服安全系数

采用摩尔-库仑屈服条件求解强度折减屈服安全系数。材料的初始屈服意味着材料从弹性进入塑性，屈服是针对材料弹性状态来说的，所以强度极限曲线是在弹性极限情况下得到的。下面采用的屈服条件为平面状态下的摩尔-库仑屈服条件，强度极限曲线为库仑直线。

材料强度指标下降适用于材料的强度储备安全系数。按库仑定律有(见图5.7)：

$$\tau = c + \sigma \tan\varphi \tag{5.23}$$

图5.7　求强度储备屈服安全系数示意图　　图5.8　强度储备屈服安全系数

一般采用强度折减法，将 c、$\tan\varphi$ 按同一比例值(ks)下降，直至强度极限曲线与实际摩尔应力圆相切达到屈服，此时的 ks 值就是屈服安全系数。屈服时的抗剪强度 τ' 为

$$\tau' = \frac{c}{ks} + \sigma\frac{\tan\varphi}{ks} = c' + \sigma\tan\varphi' \tag{5.24}$$

式中：$c' = \dfrac{c}{ks}$，$\varphi' = \arctan\left(\dfrac{\tan\varphi}{ks}\right)$

由相切处满足摩尔-库仑屈服条件，得

$$\sigma_1 = \frac{2c\cos\varphi'}{ks(1-\sin\varphi')} + \frac{1+\sin\varphi'-2\nu(1-\sin\varphi')}{1-\sin\varphi'}\sigma_3 \tag{5.25}$$

求得该应力点的强度折减屈服安全系数为

$$ks = \frac{2\sqrt{\sigma_1\sigma_3\tan^2\varphi + (\sigma_1+\sigma_3)c\tan\varphi + c^2}}{\sigma_1-\sigma_3} = \frac{2\sqrt{(c+\sigma_1\tan\varphi)(c+\sigma_3\tan\varphi)}}{\sigma_1-\sigma_3} \tag{5.26}$$

当 $\varphi = 0$ 时，式(5.26)即为屈瑞斯卡条件下应力点的屈服安全系数。

算例1：已知一点的应力与剪切强度参数(表5.1)，求强度储备屈服安全系数。

由式(5.26)算得 $ks = 1.657$，折减后的 $c' = 1.81\text{MPa}$，$\varphi' = 19.21°$。折减后的强度极限曲线与摩尔应力圆相切(见图5.8)，算例表明，屈服安全系数计算结果可信。

表5.1　应力与强度参数

σ_1	σ_3	c	φ
15MPa	5 MPa	3 MPa	30°

5.2.2　超载屈服安全系数

采用摩尔–库仑条件求解超载屈服安全系数。地基与桩基工程中通常采用超载屈服安全系数。一般采用荷载增量法，即以逐步增加荷载使其达到屈服状态，最简单的方法是增加第一主应力使其逐渐达到屈服状态。将最大主应力 σ_1 逐渐增大，当最大主应力由初始的 σ_1 增大到 $ks\sigma_1$，其摩尔应力圆恰好与强度极限曲线相切，则 ks 为超载屈服安全系数。此时 φ 角不变，这是因为荷载增大时摩擦力也随之增大，安全系数不随摩擦力而变，相当于只增大 c 值，而不增大 φ 值（见图5.9）。

由几何关系可以得到下式：

$$\frac{1}{2}(ks\sigma_1-\sigma_3)=2c\cos\varphi+\frac{1}{2}(ks\sigma_1+\sigma_3)\sin\varphi \tag{5.27}$$

得超载屈服安全系数：

$$ks=\frac{2c\cos\varphi+(1+\sin\varphi)\sigma_3}{(1-\sin\varphi)\sigma_1} \tag{5.28}$$

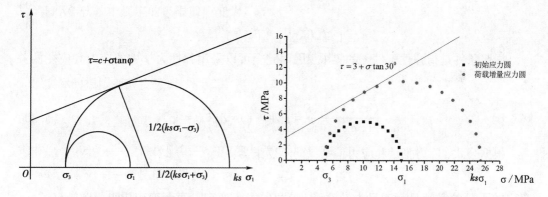

图5.9　求超载屈服安全系数示意图　　　　图5.10　超载屈服安全系数

算例2：已知一点的应力与剪切强度参数（见表5.2），求超载屈服安全系数（见图5.10）。

表5.2　应力和强度参数

σ_1	σ_3	c	φ
15MPa	5MPa	3MPa	30°

由式（5.28）算得 $ks=1.693$，主应力 σ_1 增加到 $ks\sigma_1$，即25.39MPa。由图5.10可以看出，主应力增加后的摩尔尔应力圆与强度曲线相切，表明超载屈服安全系数计算结果可信。

◆◇ 5.3 应变表述的屈服条件

近年来，随着对材料破坏准则的认识以及有限元计算方法的发展，要求采用应变表述的屈服条件，即应变空间中的屈服函数与屈服面。

建立以应变表述的屈服条件，最好的方法是通过以应变表示的大量试验数据的分析，提出既符合实际与力学理论，又使用简单的屈服条件。但是这需要做大量的试验，然而目前这样的试验不多。此外对线弹性材料亦可直接从应力表述的屈服函数转换为应变表述的屈服函数。本节就是采用这种方法，以获得应变屈服条件与屈服面。

物体内某一点开始产生塑性变形时，应变分量之间需要满足的条件叫作应变表述的屈服条件，或简称应变屈服条件。设材料各向同性并不考虑应力主轴旋转，则六维应变空间的屈服函数可以在三维应变空间中讨论，应变屈服函数可表达为：

$$\left. \begin{array}{l} f(\varepsilon_1, \varepsilon_2, \varepsilon_3) = 0 \\ f(I_1', J_2', J_3') = 0 \\ f(I_1', J_2', \theta_\varepsilon) = 0 \end{array} \right\} \tag{5.29}$$

屈服条件是指弹性条件下的界限，因而完全可以采用弹性力学中的应力和应变的关系。

$$\sigma_{ij} = \frac{E}{1+\nu} \left(\varepsilon_{ij} + \frac{\nu}{1-2\nu} \varepsilon_{ij} \delta_{ij} \right) \tag{5.30}$$

根据公式，应力张量和应力偏张量的不变量为：

$$\left. \begin{array}{l} I_1 = \sigma_1 + \sigma_2 + \sigma_3 \\ I_2 = -(\sigma_1\sigma_2 + \sigma_2\sigma_3 + \sigma_3\sigma_1) \\ I_3 = \sigma_1\sigma_2\sigma_3 \end{array} \right\} \tag{5.31}$$

$$\left. \begin{array}{l} J_1 = 0 \\ J_2 = \frac{1}{2} S_{ij} S_{ij} \\ J_3 = S_1 S_2 S_3 \end{array} \right\} \tag{5.32}$$

按公式，应变张量和应变偏张量的不变量为：

$$\left. \begin{array}{l} I_1' = \varepsilon_1 + \varepsilon_2 + \varepsilon_3 \\ I_2' = -(\varepsilon_1\varepsilon_2 + \varepsilon_2\varepsilon_3 + \varepsilon_3\varepsilon_1) \\ I_3' = \varepsilon_1\varepsilon_2\varepsilon_3 \end{array} \right\} \tag{5.33}$$

$$\left.\begin{aligned} J_1' &= 0 \\ J_2' &= \frac{1}{2} e_{ij} e_{ij} \\ J_3' &= e_1 e_2 e_3 \end{aligned}\right\} \tag{5.34}$$

根据式(5.53)及式(5.51)推得应力空间中不变量与应变空间中不变量的转换公式

$$\left.\begin{aligned} I_1 &= \frac{E}{1-2\nu} I_1' = 3K I_1' \\ J_2 &= \left(\frac{E}{1+\nu}\right)^2 J_2' = 4G^2 J_2' = (2G)^2 J_2' \\ J_3 &= \left(\frac{E}{1+\nu}\right)^3 J_3' = 8G^3 J_3' = (2G)^3 J_3' \\ I_3 &= \left(\frac{E}{1+\nu}\right)^3 J_3' - \frac{1}{3}\frac{E}{1-2\nu}\left(\frac{E}{1+\nu}\right)^2 I_1' J_2' + \frac{1}{27}\left(\frac{E}{1+\nu}\right)^3 (I_1')^3 \end{aligned}\right\} \tag{5.35}$$

并有

$$\left.\begin{aligned} \theta_\sigma &= \theta_\varepsilon \\ \mu_\sigma &= \mu_\varepsilon \end{aligned}\right\} \tag{5.36}$$

在推导中还使用了不变量间的如下关系式：

$$\left.\begin{aligned} J_2 &= I_2 + \frac{1}{3} I_1^2 \\ J_2' &= I_2' + \frac{1}{3} I_1'^2 \\ J_3 &= I_3 + \frac{1}{3} I_1 I_2 + \frac{2}{27} I_1^3 \\ J_3' &= I_3' + \frac{1}{3} I_1' I_2' + \frac{2}{27} I_1'^3 \end{aligned}\right\} \tag{5.37}$$

将上述关系式代入到以应力表达的屈服条件中，即得各种以应变表述的屈服条件。

对于米赛斯应变屈服条件有

$$\sqrt{J_2'} - \frac{1+\nu}{E} c = \sqrt{J_2'} - \frac{1+\nu}{E}\tau_s = 0 \tag{5.38}$$

即

$$\sqrt{J_2'} - \frac{\gamma_y}{2} = 0 \quad (纯剪试验) \tag{5.39}$$

式中：$\gamma_y = \dfrac{\tau_y}{G} = \dfrac{1+\nu}{E}\sigma_s$——材料的弹性极限剪应变。

当以纯拉试验的屈服极限主应变 ε_y 来确定 c 值时，可以使 $\varepsilon_1 = \varepsilon_y$，$\varepsilon_2 = \varepsilon_3 = -\nu\varepsilon_y$，代

入式(5.39)，则有：

$$c = \frac{E}{\sqrt{3}} \varepsilon_y \qquad (5.40)$$

则米赛斯应变屈服条件可以写成：

$$f = \sqrt{J_2'} - \frac{1+v}{\sqrt{3}} \varepsilon_y = 0 (纯拉试验) \qquad (5.41)$$

对于屈瑞斯卡条件，有：

$$f = \frac{\varepsilon_1 - \varepsilon_3}{2} - \frac{1+v}{E} c = \varepsilon_1 - \varepsilon_3 - \frac{c}{G} = \varepsilon_1 - \varepsilon_3 - \frac{\tau_S}{G} = \varepsilon_1 - \varepsilon_3 - \gamma_y = 0 \qquad (5.42)$$

若以应变洛德角 θ_ε 表示，则：

$$f = \frac{E}{1+v} \sqrt{J_2'} \cos\theta_\varepsilon - c = \sqrt{J_2'} \cos\theta_\varepsilon - \frac{\gamma_y}{2} = 0 \qquad \left(-\frac{\pi}{6} \leq \theta_\varepsilon \leq \frac{\pi}{6}\right) \qquad (5.43)$$

由式(5.39)可见，在应变 π 平面上，应变屈瑞斯卡屈服条件显然是应变米赛斯屈服条件的内接正六角形。与应力屈服条件一样，应变米赛斯屈服条件与屈瑞斯卡屈服条件，只适用于金属材料。

德鲁克-普拉格(广义屈瑞斯卡)屈服条件，可以写成

$$f = \alpha' I_1' + \sqrt{J_2'} - k' = 0 \qquad (5.44)$$

(1)对 DP1 外角圆锥：

$$\left.\begin{array}{l} \alpha' = \frac{1+v}{1-2v} \cdot \frac{2\sin\varphi}{\sqrt{3}(3-\sin\varphi)} \\[3mm] k' = \frac{1+v}{E} \cdot \frac{6c\cos\varphi}{\sqrt{3}(3-\sin\varphi)} \end{array}\right\} \qquad (5.45)$$

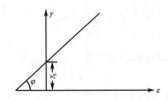

在应变空间中材料常数也用应变来表示，这时 $\tau - \sigma$ 曲线改为 $\gamma - \varepsilon$ 曲线(见图5.11)。其中

$$\left.\begin{array}{l} \gamma_y = \frac{c}{G} = \frac{\tau_S}{G} \\[3mm] \varphi' = \arctan\left(\frac{E}{G}\tan\varphi\right) \end{array}\right\} \qquad (5.46)$$

图5.11 $\gamma - \varepsilon$ 平面上剪切强度极限曲线

这是 $\gamma - \varepsilon$ 应变平面中的材料常数，显然有

$$\varphi = \arctan\left(\frac{G}{E}\tan\varphi'\right) \qquad (5.47)$$

由此，式(5.45)可以写成

$$\left.\begin{array}{l} \alpha' = \dfrac{1+\nu}{1-2\nu} \cdot \dfrac{2\sin\varphi}{\sqrt{3}\,(3-\sin\varphi)} \\[4mm] k' = \dfrac{3\gamma_y\cos\varphi}{\sqrt{3}\,(3-\sin\varphi)} \end{array}\right] \tag{5.48}$$

（2）对 DP2 内角圆锥：

$$\left.\begin{array}{l} \alpha' = \dfrac{1+\nu}{1-2\nu} \cdot \dfrac{2\sin\varphi}{\sqrt{3}\,(3+\sin\varphi)} \\[4mm] k' = \dfrac{1+\nu}{E} \cdot \dfrac{6c\cos\varphi}{\sqrt{3}\,(3+\sin\varphi)} = \dfrac{3\gamma_y\cos\varphi}{\sqrt{3}\,(3+\sin\varphi)} \end{array}\right\} \tag{5.49}$$

（3）对 DP3 摩尔－库仑等面积圆锥

$$\left.\begin{array}{l} \alpha' = \dfrac{1+\nu}{1-2\nu} \cdot \dfrac{2\sqrt{3}\sin\varphi}{\sqrt{2\sqrt{3}\,\pi\,(9-\sin^2\varphi)}} \\[5mm] k' = \dfrac{1+\nu}{E} \cdot \dfrac{6\sqrt{3}\,c\cos\varphi}{\sqrt{2\sqrt{3}\,\pi\,(9-\sin^2\varphi)}} = \dfrac{3\sqrt{3}\,\gamma_y\cos\varphi}{\sqrt{2\sqrt{3}\,\pi\,(9-\sin^2\varphi)}} \end{array}\right] \tag{5.50}$$

（4）对 DP4 德鲁克－普拉格内切圆锥（关联平面应变圆锥）：

$$\left.\begin{array}{l} \alpha' = \dfrac{1+\nu}{1-2\nu} \cdot \dfrac{\sin\varphi}{\sqrt{3}\,(3+\sin^2\varphi)} \\[4mm] k' = \dfrac{1+\nu}{E} \cdot \dfrac{3c\cos\varphi}{\sqrt{3}\sqrt{3+\sin^2\varphi}} = \dfrac{3\gamma_y\cos\varphi}{2\sqrt{3}\sqrt{3+\sin^2\varphi}} \end{array}\right\} \tag{5.51}$$

（5）对 DP5 非关联平面应变圆锥：

$$\left.\begin{array}{l} \alpha' = \dfrac{\sin\varphi}{3} \cdot \dfrac{1+\nu}{1-2\nu} \\[4mm] k' = \dfrac{\gamma_y\cos\varphi}{\sqrt{3}} \end{array}\right\} \tag{5.52}$$

对于应变，摩尔－库仑应变屈服条件为：

$$f = \dfrac{\sin\varphi}{3} \cdot \dfrac{1+\nu}{1-2\nu}I_1' + \left(\cos\theta_\varepsilon - \dfrac{1}{\sqrt{3}}\sin\theta_\varepsilon\sin\varphi\right)\sqrt{J_2'} - \dfrac{\gamma_y}{2}\cos\varphi = 0 \quad -\dfrac{\pi}{6} \leqslant \theta_\varepsilon \leqslant \dfrac{\pi}{6} \tag{5.53}$$

或

$$(\varepsilon_1 - \varepsilon_3) + (\varepsilon_1 + \varepsilon_3)\sin\varphi\,\dfrac{1}{1-2\nu} - \dfrac{\gamma_y}{2}\cos\varphi = 0 \tag{5.54}$$

表 5.3 给出了对应的应变空间表述的几种屈服条件，包括岩土真三轴三维条件与常规三轴三维屈服条件。

表 5.3　工程材料应变屈服条件体系（以拉为正，I_1、J_2、θ_σ 表达式）

材料	平面情况		三维情况	
	名称	公式	名称	公式
岩土材料	摩尔-库仑条件　$n=1$ 常数项中 $\theta_\varepsilon=\pm\dfrac{\pi}{6}$ $2\sqrt{\dfrac{1+\sqrt{3}\tan\theta_\varepsilon}{3+3\tan^2\theta_\varepsilon+4\sqrt{3}\tan\theta_\varepsilon\sin\varphi}}=1$ $I_1'=\varepsilon_1+2\varepsilon_3$	$\dfrac{\sin\varphi}{3}\dfrac{1+\nu}{1-2\nu}I_1'+$ $\left(\cos\theta_\varepsilon-\dfrac{1}{\sqrt{3}}\sin\theta_\varepsilon\sin\varphi\right)$ $\sqrt{J_2'}-\dfrac{\gamma_y}{2}\cos\varphi=0$ $-\dfrac{\pi}{6}\le\theta_\varepsilon\le\dfrac{\pi}{6}$	岩土真三轴三维条件 $1>n>0$	$\dfrac{\sin\varphi}{3}\dfrac{1+\nu}{1-2\nu}I_1'+\sqrt{J_2'}\left(\cos\theta_\varepsilon+\dfrac{1}{\sqrt{3}}\sin\theta_\varepsilon\sin\varphi\right)$ $\sqrt{\dfrac{1+\sqrt{3}\tan\theta_\varepsilon\sin\varphi}{3+3\tan^2\theta_\varepsilon+4\sqrt{3}\tan\theta_\varepsilon\sin\varphi}}$ $-\gamma_y\cos\varphi=0$ $-\dfrac{\pi}{6}\le\theta_\varepsilon\le\dfrac{\pi}{6}$，$\theta_\varepsilon=\arctan\dfrac{2n\varepsilon_2-\varepsilon_1-\varepsilon_3}{\sqrt{3}(\varepsilon_1-\varepsilon_3)}$，$1>n>0$
			岩土常规三轴三维条件 $n=1$	$\dfrac{\sin\varphi}{3}\dfrac{1+\nu}{1-2\nu}I_1'+\sqrt{J_2'}\left(\cos\theta_\varepsilon+\dfrac{1}{\sqrt{3}}\sin\theta_\varepsilon\sin\varphi\right)$ $\sqrt{\dfrac{1+\sqrt{3}\tan\theta_\varepsilon\sin\varphi}{3+3\tan^2\theta_\varepsilon+4\sqrt{3}\tan\theta_\varepsilon\sin\varphi}}$ $-\gamma_y\cos\varphi=0$ $-\dfrac{\pi}{6}\le\theta_\varepsilon\le\dfrac{\pi}{6}$，$\theta_\varepsilon=\arctan\dfrac{2\varepsilon_2-\varepsilon_1-\varepsilon_3}{\sqrt{3}(\varepsilon_1-\varepsilon_3)}$
	德鲁克-普拉格条件 θ_σ 为常数	$\alpha'I_1'+\sqrt{J_2'}-k'=0$	三维德鲁克-普拉格条件 DP1	$\alpha_a'I_1'+\sqrt{J_2'}-k_a'=0$ $\alpha_a'=\dfrac{1+\nu}{1-2\nu}\cdot\dfrac{2\sin\varphi}{\sqrt{3}(3-\sin\varphi)}$ $k_a'=\dfrac{3\gamma_y\cos\varphi}{\sqrt{3}(3-\sin\varphi)}$

表 5.3（续）

材料	平面情况		三维情况	
	名称	公式	名称	公式
岩土材料			DP2	$\alpha'_{\mathrm{a}}=\dfrac{1+\nu}{1-2\nu}\cdot\dfrac{2\sin\varphi}{\sqrt{3}(3+\sin\varphi)}$ $k'_{\mathrm{a}}=\dfrac{3\gamma_y\cos\varphi}{\sqrt{3}(3+\sin\varphi)}$
			DP3+	$\alpha'=\dfrac{1+\nu}{1-2\nu}\cdot\dfrac{2\sqrt{3}\sin\varphi}{\sqrt{2\sqrt{3}\pi(9-\sin^2\varphi)}}$ $k'=\dfrac{3\sqrt{3}\gamma_y\cos\varphi}{\sqrt{2\sqrt{3}\pi(9-\sin^2\varphi)}}$
	DP4	$\alpha'=\dfrac{1+\nu}{1-2\nu}\cdot\dfrac{\sin\varphi}{\sqrt{3(3+\sin^2\varphi)}}$ $k'=\dfrac{\gamma_y\cos\varphi}{\sqrt{3+\sin^2\varphi}}$	DP4	$\alpha'_{\mathrm{a}}=\dfrac{1+\nu}{1-2\nu}\cdot\dfrac{\sin\varphi}{\sqrt{3(3+\sin^2\varphi)}}$ $k'_{\mathrm{a}}=2\sqrt{3}\cdot\dfrac{\gamma_y\cos\varphi}{\sqrt{3+\sin^2\varphi}}$
	DP5	$\alpha'=\dfrac{\sin\varphi}{3}\cdot\dfrac{1+\nu}{1-2\nu}$ $k'=\dfrac{\gamma_y\cos\varphi}{\sqrt{3}}$	DP5	$\alpha'_{\mathrm{a}}=\dfrac{\sin\varphi}{3}\cdot\dfrac{1+\nu}{1-2\nu}$ $k'_{\mathrm{a}}=\dfrac{2}{\sqrt{3}}\dfrac{\gamma_y\cos\varphi}{\sqrt{3}}$
		(θ_σ 为常数)		
金属材料	屈瑞斯卡条件 $n=1$，常数项中 $\theta_\varepsilon=\pm\dfrac{\pi}{6}$ $2\sqrt{\dfrac{1-\sqrt{3}\tan\theta_\varepsilon\sin\varphi}{3+3\tan^2\theta_\varepsilon-4\sqrt{3}\tan\theta_\varepsilon\sin\varphi}}=1,\ \varphi=0$ $-\dfrac{\pi}{6}\leqslant\theta_\varepsilon\leqslant\dfrac{\pi}{6}$ $\sqrt{J_2}\cos\theta_\theta-\dfrac{\gamma_y}{2}=0$，$\varepsilon_1-\varepsilon_3-\gamma_y=0$		米赛斯条件 $n=1$，$\theta_\varepsilon=\pm\dfrac{\pi}{6}$ $2\sqrt{\dfrac{1-\sqrt{3}\tan\theta_\varepsilon\sin\varphi}{3+3\tan^2\theta_\varepsilon-4\sqrt{3}\tan\theta_\varepsilon\sin\varphi}}=1,\ \varphi=0$ $\sqrt{J_2}-\dfrac{\gamma_y}{2}=0$（纯剪） $\sqrt{J_2}-\dfrac{1+\nu}{\sqrt{3}}\varepsilon_y=0$（纯拉）

◆◇ 5.4 破坏条件

塑性材料的破坏过程必然从弹性进入塑性，然后塑性发展直至破坏。屈服与破坏两者含义不同，不能等同。关于工程材料的破坏，当前有许多不同的定义，有的以工程材料强度不足，或承载力不足定义为破坏；有的则以工程材料不能正常使用定义为破坏，这种破坏除上述承载力不足引起的破坏外，还包括工程材料变形过大而造成的破坏，工程设计通常需要兼顾这两种破坏定义。工程材料的破坏形式有脆性断裂和塑性破坏两种类型，脆性断裂一般是对脆性材料而言，破坏时材料处于弹性状态没有明显的塑性变形，突然断裂。例如硬脆性岩石在单轴压力作用下发生拉破坏，又如铸铁在拉力作用下发生拉伸破坏等。塑性破坏是对塑性材料而言的，破坏时以出现屈服和显著的塑性变形为标志。例如岩土材料在压力作用下发生剪切破坏，软钢在拉力或压力作用下发生剪切破坏等。

在强度理论中以材料中某点的应力或应变达到屈服与破坏来定义屈服条件与破坏条件，它也是塑性力学中的初始屈服条件与极限屈服条件。屈服条件与破坏条件都是相对材料中一点的应力或应变而言的。研究强度理论中的屈服条件和破坏条件，通常都是按理想弹塑性材料提出的，这种情况下研究屈服与破坏特别方便。对于初始屈服，弹性阶段应力与应变呈一一对应的线弹性关系，无论用应力表述还是用应变表述都可得到屈服条件。金属材料在应力和应变达到屈服应力和弹性极限应变时，材料出现初始屈服，它符合理想弹塑性材料定义，可由此导出屈服条件。岩土材料一般是硬化材料，往往在未达到弹性极限条件时就出现屈服，而后硬化过程中既会出现塑性应变，同时会出现弹性应变，推导较为麻烦。若将其视作理想弹塑性材料，则很容易导出屈服条件，岩土力学中摩尔-库仑条件就是按理想弹塑性材料导出的。从后述可知，强度理论与极限分析法与本构无关，既可按刚塑性材料推导，也可按理想弹塑性和硬化材料推导，而按理想弹塑性推导最为方便适用。

与弹性阶段不同，在塑性阶段应力与应变没有一一对应关系。若视作理想弹塑性材料，塑性阶段应力不变，因此应力不能反映材料的塑性变化过程，无法用应力来表述破坏条件，它只是破坏的必要条件，而非充分条件。塑性阶段应变随受力增大而不断发展，直至应变达到弹塑性极限应变时该点材料破坏，它反映了材料从弹性到塑性阶段的变化全过程，此时应力和应变都达到了极限状态，它是破坏的充要条件，因而强度理论中的破坏条件可以用应变量导出。然而，当前塑性力学中尚没有导出点破坏条件，塑性力学中常常把屈服条件与破坏条件混为一谈，这显然是不正确的。屈服条件是判断材料从弹性进入塑性的条件，可用弹性力学导出；而破坏条件是判断材料从塑性进入破坏的条件，必须用弹塑性力学才能导出。可见屈服条件与破坏条件不同，屈服表明材料受力后进入塑性，材料性质发生变化，但它可以继续承载，尤其在岩土工程中，希望通过岩土进入塑性以充分发挥岩土的自承作用,减少支护结构的受力。破坏表示材料承载力逐渐丧失,直至完全丧失。如岩土、混凝土材料进入软化阶段后,应力逐渐降低表示强度逐渐丧失,同时材料中某些点先出现开裂,显示局部宏观裂隙直至裂缝完全贯通材料导致整体破坏。对于钢材,强度理论中采用屈服强度而非极限强度,因而钢材不是出现开裂和承载力不足而破坏,而是显示出材料中某些点的应变突然快速增大,最终导致整体变形超出工程允许值而失效。由此可见,工程材料的破坏是一个渐进过程,先出现点破坏,但整体承载力并未完全丧失,然后随着破坏点的增多,承载力逐渐丧失直至形成破坏面导致整体破坏,从点破坏发展到整体破坏的过程可称为破坏阶段。依据上述,材料从受力到破坏经过了三个阶段。弹性阶段:随着受力增大,材料从少数点受力发展至整体受力,此时变形可以恢复,材料性质不变。塑性阶段:先是少数点屈服进入塑性,随屈服点增多逐渐发展成塑性剪切带,此时出现不可恢复的变形并在塑性阶段后期材料中出现一些细微裂缝,材料性质变化。破坏阶段:剪切带内少数屈服点先达到点破坏而出现局部裂缝,随破坏点增多直至裂缝贯通整体,此时岩土类材料的黏聚力几乎完全丧失,剪切带破裂发生整体破坏。

在强度理论和传统极限分析中,通常以材料整体破坏作为破坏依据,即以破坏面贯通整体材料视作工程破坏,所以传统极限分析中的破坏是指材料整体破坏,并以整体破坏作为材料破坏判据。可见传统极限分析理论中已经给出了材料整体破坏条件,可由此求解材料整体稳定安全系数,但它不是任意点的破坏条件,不能作为塑性力学中的破坏条件。

应用上述极限应变作为点破坏条件可以判断材料中任一点是否破坏。随着材料中破坏点增多,当裂缝逐渐贯通成整体破坏面时材料发生整体破坏,由此可以把破坏点贯通工程整体作为整体破坏的判据,它是材料整体破坏的充要条件。当前,传统极限分析和有限元极限分析法中已经给出了各自的整体破坏判据,虽然不同的极限分析方法中整体破坏判据不同,但都可以得到相同的稳定安全系数。

下面给出大理岩试样,在常规三轴试验下加荷的应力应变变化过程。图 5.12(a)是岩样在 10MPa 围压下的常规三轴试验的全过程应力-应变曲线,图 5.12(b)是其放大图,从图中可以看出应力-应变曲线和受力破坏的发展过程。

(1)压密阶段(OA 段):应力-应变曲线呈下凹形,主要是岩样中的原生裂纹和孔隙在小荷载作用下压缩闭合。

(2)弹性变形阶段(AB 段):该阶段应力水平较低,主应变 ε_1 和体应变 ε_v 变化相对较小,应力-应变曲线接近直线,岩样发生可恢复的压缩变形。

(3)塑性变形阶段(BC 段):该阶段为微裂隙扩展和出现宏观裂隙阶段,B 点后岩样开始产生微裂纹,主应变 ε_1 和体应变 ε_v 偏离线性,ε_v 出现负增长,进入塑性阶段;当应力接近峰值应力的 80% 后,ε_3 和 ε_v 增长速率明显加快,岩样产生扩容现象,微裂纹加速扩展,出现肉眼可见的细微裂缝。达到峰值应力 C 点时,ε_3 和 ε_v 水平增长,塑性应变达

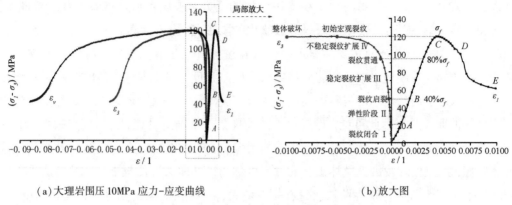

（a）大理岩围压 10MPa 应力–应变曲线　　　　　　　　　　（b）放大图

图 5.12　大理岩全过程应力–应变曲线

到极限状态，出现明显局部裂隙。C 点以左应力随荷载增大而增大，C 点以右应力随荷载增大而降低，所以把 C 点视作岩样点破坏的临界点。

（4）破坏阶段（CE 段）：宏观裂隙扩展和贯通阶段，峰值应力后应力逐渐下降，显示强度降低，宏观裂隙加速扩展，达到 E 点后宏观裂隙完全贯通岩样，黏聚力几乎完全丧失，ε_v 急剧增大，岩样整体破坏并向下滑移，E 点是岩样整体破坏的临界点。

5.4.1　破坏条件与破坏曲面

如前所述，当前塑性力学所说的应力破坏条件实际上是应力屈服条件，不能作为判断材料破坏的判据。在塑性阶段应力虽然不变，但应变是在不断变化的，塑性应变从零达到塑性极限应变，反映了塑性阶段的受力变化过程，此时应力和应变都达到极限状态，它是破坏的充要条件。在 20 世纪 70 年代，拉德在岩土本构关系研究中就曾经提出基于点破坏的破坏条件，他认为破坏条件与屈服条件形式一致，只是常数项不同，因而可通过试验拟合得到破坏条件。但没有从理论上形成破坏准则，即建立点破坏时应力与峰值强度的关系和应变与弹塑性极限应变的关系。郑颖人等提出了基于理想弹塑性模型的极限应变点破坏准则，即把物体内某一点开始出现破坏时应变所必须满足的条件，也就是将弹性与塑性应变都达到极限状态时的条件定义为点破坏条件。下面将导出应变空间内破坏条件完整的力学表达式，其解析式称为破坏函数，其图示称为破坏曲面。

图 5.13 示出理想弹塑性材料与硬–软化材料的应力–应变关系曲线，左面为弹塑性阶段应力–应变曲线，右面为破坏阶段应力–应变曲线。理想弹塑性材料在弹性阶段应力与应变成线性关系，当任一点的应力达到屈服强度时或剪应变达到弹性极限剪应变 γ_y 时材料发生屈服。但材料屈服并不代表破坏，只有塑性剪应变发展到塑性极限剪应变 γ_f 或总剪应变达到弹塑性极限剪应变 γ_f（简称极限应变）的时候才会破坏。由此可见，只要计算中某点的剪应变达到极限剪应变时该点就发生破坏，因而它可作为点破坏的判据。对于整体结构来说，虽然材料已局部破坏而出现裂缝，但受到周围材料的抑制，破坏过程中该点的应变仍然会增大，因此，极限应变也是材料破坏阶段中的最小应变值。

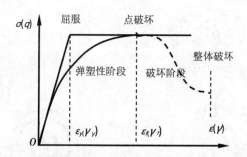

图 5.13　理想弹塑性材料与硬-软化材料应力-应变曲线

如上所述,破坏条件可定义为物体内某一点开始破坏时应变所必须满足的条件。其物理意义就是材料中某点的剪应变达到极限应变 γ_f 时或某点的塑性应变达到塑性极限应变 γ_f^p 时该点发生了破坏。无论是刚塑性材料、理想弹塑性材料还是硬-软化材料都有一个共同的破坏点,该点在弹塑性阶段内应力与应变都达到了极限状态。正如英国土力学家罗斯科等人所说,破坏是一种临界状态,达到临界状态就发生破坏,它与应力路径无关。

破坏条件是应变的函数,称为破坏函数,其方程为

$$f_f(\varepsilon_{ij}) = 0 \tag{5.55}$$

或写成

$$f_f(\varepsilon_{ij}, \gamma_f) = 0 \tag{5.56}$$

$$f_f(\varepsilon_{ij}, \gamma_y, \gamma_f^p) = 0 \tag{5.57}$$

式中:γ_y,γ_f^p,γ_f——分别为弹性、塑性、弹塑性极限剪应变。

屈服面是屈服点的应变连起来构成的一个空间曲面(见图 5.14),塑性理论指出,塑性材料的初始应力屈服面形状与应变空间中的初始应变屈服面都符合强化模型。对于金属材料,两者形状相同,中心点不动,只是大小相差一个倍数。应变空间中理想弹塑性材料的后继屈服面符合随动模型,因而破坏面的形状和大小与初始应变屈服面相同,而屈服面中心点的位置随塑性应变增大而移动(见图 5.15)。破坏面把应变空间分成几种状况:当应变在破坏面上($\gamma = \gamma_f$)时,要处于破坏状态;当应变在屈服面上和屈服面与破坏面之间($\gamma_y \leq \gamma < \gamma_f$)时,处于塑性状态;当应变在屈服面内($\gamma < \gamma_y$)时,处于弹性状态。

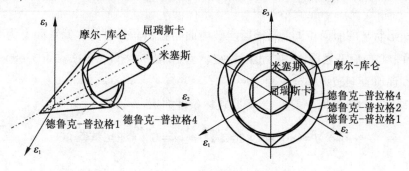

图 5.14　直角坐标、偏平面中岩土与金属材料的屈服面

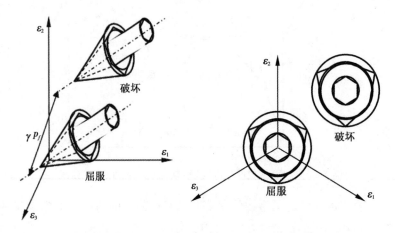

图 5.15　直角坐标、偏平面中岩土与金属材料的破坏面

5.4.2　金属材料的破坏条件

（1）屈瑞斯卡破坏条件。在弹性状态下应力和弹性应变都在不断增长，无论在应力空间中还是在应变空间中的屈服条件都属强化模型，两者的形状一致。屈瑞斯卡应变屈服条件可由应力屈服条件转化而来，由此得到应变表述的屈瑞斯卡屈服条件（$f = \varepsilon_1 - \varepsilon_3 - \gamma_y$）。但开始出现塑性应变以后，理想弹塑性材料应力不变，应变不断增长，应变空间中力学模型成为随动模型，屈服面形状不变，但屈服面中点随塑性应变增大而增大，直至达到塑性极限应变 γ_f^p，由此得到屈瑞斯卡破坏面。按照上述意思，屈瑞斯卡破坏条件的破坏函数为：

$$f_f = \varepsilon_1 - \varepsilon_3 - (\gamma_y + \gamma_f^p) = \varepsilon_1 - \varepsilon_3 - \gamma_f = 0 \qquad (5.58)$$

或

$$f_f = \sqrt{J_2'}\cos\theta_\varepsilon - \frac{\gamma_y + \gamma_f^p}{2} = \sqrt{J_2'}\cos\theta_\varepsilon - \frac{\gamma_f}{2} = 0 \quad -\frac{\pi}{6} \leqslant \theta_\varepsilon \leqslant \frac{\pi}{6} \qquad (5.59)$$

式中：$\gamma_y = \dfrac{\tau_y}{G} = \dfrac{1+\upsilon}{E}\sigma_s$——材料弹性极限剪应变；

$\sqrt{J_2'}$——应变偏张量的第二不变量；

θ_ε——应变洛德角。

破坏面形状与屈服面相同，屈瑞斯卡破坏面为正六角形柱体，偏平面上为一正六角形，破坏面中心与应变屈服面中心距离为 γ_f^p（纯拉试验）。式（5.59）、式（5.60）体现了材料从弹性到屈服直至破坏的全过程。

（2）米赛斯破坏条件。同理，米赛斯破坏条件如下：

$$f_f = \sqrt{J_2'} - \frac{1}{\sqrt{3}}(\gamma_y + \gamma_f^p) = \sqrt{J_2'} - \frac{1}{\sqrt{3}}\gamma_f = 0 \quad （纯拉试验） \qquad (5.60)$$

$$f_f = \sqrt{J_2'} - \frac{\gamma_y + \gamma_f^p}{2} = \sqrt{J_2'} - \frac{\gamma_f}{2} = 0（纯剪试验） \qquad (5.61)$$

破坏面形状与屈服面相同，米赛斯破坏面为圆柱体，偏平面上为圆形。破坏面中心与应变屈服面中心距离为 γ_f^p。

5.4.3 岩土类材料的破坏条件(摩尔-库仑破坏条件等)

弹性状态下，岩土类摩擦材料不考虑中间主应力时，即平面应变情况下通常采用摩尔-库仑屈服条件。下面先将应力表述的摩尔-库仑屈服条件换算成应变表述的摩尔-库仑屈服条件(以压为正)。然后导出摩尔-库仑破坏条件。

已知平面应变情况下，应力表述的摩尔-库仑条件：

$$\frac{1}{2}(\sigma_1-\sigma_2)-\frac{1}{2}(\sigma_1+\sigma_3)\sin\varphi-c\cos\varphi=0 \tag{5.62}$$

依据平面应变条件 $\varepsilon_2=0$，得到广义胡克定律：

$$\left.\begin{aligned}\sigma_1&=\frac{E(1-\nu)}{(1-2\nu)(1+\nu)}\left(\varepsilon_1+\frac{\nu}{1-\nu}\varepsilon_e\right)\\\sigma_2&=\frac{E(1-\nu)}{(1-2\nu)(1+\nu)}\left(\frac{\nu}{1-\nu}(\varepsilon_1+\varepsilon_3)\right)\\\sigma_3&=\frac{E(1-\nu)}{(1-2\nu)(1+\nu)}\left(\varepsilon_3+\frac{\nu}{1-\nu}\varepsilon_1\right)\end{aligned}\right\} \tag{5.63}$$

由公式(5.63)，可得：

$$\left.\begin{aligned}\sigma_1-\sigma_3&=\frac{E}{1-\nu}(\varepsilon_1-\varepsilon_3)\\\sigma_1+\sigma_3&=\frac{2\nu E}{(1-2\nu)(1+\nu)}(\varepsilon_1+\varepsilon_3)+\frac{E}{(1+\nu)}(\varepsilon_1+\varepsilon_3)=\frac{E(1-\nu)}{(1-2\nu)(1+\nu)}(\varepsilon_1+\varepsilon_3)\end{aligned}\right\} \tag{5.64}$$

将公式简化，可得：

$$\frac{\varepsilon_1-\varepsilon_3}{2}-\frac{\varepsilon_1+\varepsilon_3}{2}\sin\varphi=\frac{\gamma_y}{2}\cos\varphi+\frac{2\nu}{1-2\nu}\frac{\varepsilon_1+\varepsilon_3}{2}\sin\varphi \tag{5.65}$$

或

$$\frac{\varepsilon_1-\varepsilon_3}{2}-\frac{\varepsilon_1+\varepsilon_3}{2}\sin\varphi\frac{1}{1-2\nu}-\frac{\gamma_y}{2}\cos\varphi=0 \tag{5.66}$$

应变表述的摩尔-库仑屈服条件，也可写成公式的形式。

由公式(5.65)可以看出，应变表述的摩尔-库仑屈服条件比应力表述的多了一项 $\frac{2\nu}{1-2\nu}\frac{(\varepsilon_1+\varepsilon_3)}{2}\sin\varphi$，但该项是平均弹性应变而不是应变差，所以它不影响摩尔应变圆的形状，而转换过来的摩尔应变圆尚需要移动一个水平距离，即将圆心位置增大一个水平距离，才能构成真正的摩尔应变圆(屈服摩尔应变圆)，由此得到应变表述的摩尔-库仑屈服条件。当材料的弹性极限应变曲线与屈服摩尔应变圆相切时就得到摩尔-库仑屈服条件，如图 5.16 左边所示。

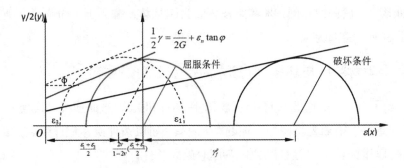

图 5.16　应变屈服条件和破坏条件

同上，将应变屈服面的中点移动 γ_f^p 距离后即可得到破坏摩尔应变圆。当破坏摩尔应变圆与材料弹塑性极限应变曲线相切，就是摩尔–库仑破坏条件（如图 5.16 右边所示）。

由公式（5.66）可得到以压为正的摩尔–库仑准则的破坏函数：

$$f_f = (\varepsilon_1 - \varepsilon_3) - (\varepsilon_1 + \varepsilon_3)\sin\varphi\,\frac{1}{1-2\nu} - \frac{\gamma_y + \gamma_f^p}{2}\cos\varphi = (\varepsilon_1 - \varepsilon_3) - (\varepsilon_1 + \varepsilon_3)\sin\varphi\,\frac{1}{1-2\nu} - \frac{\gamma_f}{2}\cos\varphi = 0$$

$$(5.67)$$

或　$f_f = -\sin\varphi\,\dfrac{1+\nu}{1-2\nu}\varepsilon_m + \left(\cos\theta_\varepsilon + \dfrac{1}{\sqrt{3}}\sin\theta_\varepsilon\sin\varphi\right)\sqrt{J_2'} - \dfrac{\gamma_y + \gamma_f^p}{2}\cos\varphi$

$$= -\sin\varphi\,\frac{1+\nu}{1-2\nu}\varepsilon_m + \left(\cos\theta_\varepsilon + \frac{1}{\sqrt{3}}\sin\theta_\varepsilon\sin\varphi\right)\sqrt{J_2'} - \frac{\gamma_f}{2}\cos\varphi = 0 \quad \left(-\frac{\pi}{6} \leqslant \theta_\varepsilon \leqslant \frac{\pi}{6}\right) \quad (5.68)$$

摩尔–库仑破坏面与摩尔–库仑屈服面的形状大小相同，是一个不等角六角形锥体，偏平面上为一不等角六角形，破坏面中心距屈服面中心为 γ_f^p。

同理可得到德鲁克–普拉格破坏条件，其破坏面是一个圆锥，偏平面上为一圆，破坏面中心距屈服面中心为 γ_f^p。也可得到常规三轴与真三轴三维能量破坏条件。

5.4.4　极限应变计算

（1）弹性极限应变的解析计算。目前国内外尚无求解材料极限应变的计算方法。钢材、混凝土等材料一般通过试验来确定材料极限应变。阿比尔德、郑颖人等提出通过强度与变形参数求岩土类材料（包括混凝土）和钢材等工程材料的极限应变计算方法，从而减少了试验的工作量。求解的思路是，通过建立合适的计算模型，应用现有的整体破坏判据和数值极限分析方法，求取材料点破坏的弹塑性极限应变（见表 5.4）。

表 5.4　应变表述的破坏条件体系(以拉为正,其中岩土主应力表达式以压为正)

剪切状态	平面情况 名称	平面情况 公式	三维情况 名称	三维情况 公式
金属材料	屈瑞斯卡	$\sqrt{J_2}\cos\theta_\varepsilon - \dfrac{\gamma_f}{2}=0$ $-\dfrac{\pi}{6}\le\theta_\varepsilon\le\dfrac{\pi}{6}$ 或 $\varepsilon_1-\varepsilon_3-\gamma_f=0$	米赛斯	$\sqrt{J_2}-\dfrac{\gamma_f}{2}=0$(纯剪); $\sqrt{J_2}-\dfrac{\gamma_f}{\sqrt{3}}=0$　(纯拉)
岩土材料	摩尔-库仑	$(\varepsilon_1-\varepsilon_3)-(\varepsilon_1+\varepsilon_3)$ 0 或 $\dfrac{1}{\sin\varphi}\dfrac{1-2\nu}{}\ -\dfrac{\gamma_f}{2}\cos\varphi=0$	岩土三维能量条件 当 $1>n>0$ $\varepsilon_1>\varepsilon_2>\varepsilon_3$ 岩土真三轴三维条件	$\dfrac{\sin\varphi}{3}\dfrac{1+\nu}{1-2\nu}I_1'+\sqrt{J_2}\left(\cos\theta_\varepsilon+\dfrac{1}{\sqrt{3}}\sin\theta_\varepsilon\sin\varphi\right)$ $-\gamma_f\cos\varphi\sqrt{\dfrac{1+\sqrt{3}\tan\theta_\varepsilon\sin\varphi}{3+3\tan^2\theta_\varepsilon+4\sqrt{3}\tan\theta_\varepsilon\sin\varphi}}=0$ $-\dfrac{\pi}{6}\le\theta_\varepsilon\le\dfrac{\pi}{6}; \theta_\varepsilon=\text{atan}\dfrac{2n\varepsilon_2-\varepsilon_1-\varepsilon_3}{\sqrt{3}(\varepsilon_1-\varepsilon_3)}\quad(1>n>0)$ n 值依据 $\varepsilon_{cc}/\varepsilon_c$ 值通过试算确定 或 $(\varepsilon_1-\varepsilon_3)-(\varepsilon_1+\varepsilon_3)\sin\varphi$ $\dfrac{1}{1-2\nu}$ $-\dfrac{\gamma_f}{2}\cos\varphi\sqrt{\dfrac{1-(2\beta-1)\sin\varphi}{\beta^2-\beta+1+\sin\varphi(1-2\beta)}}=0$ $\beta=\dfrac{\varepsilon_2-\varepsilon_3}{\varepsilon_1-\varepsilon_3}, 1\ge\beta\ge0$
	德鲁克-普拉格	$\alpha'I_1'+\sqrt{J_2}-k'=0$	岩土常观三轴三维条件 (三维摩尔-库仑) 三维德鲁克-普拉格	同上, $n=1$ $\alpha'_3 I_1'+\sqrt{J_2}-k'_3=0$

表5.4（续）

剪切状态	平面情况 名称	平面情况 公式	三维情况 名称	三维情况 公式
岩土材料	θ_σ 为常数		θ_σ 为常数	
	DP4	$\alpha'=\dfrac{1+\nu}{1-2\nu}\cdot\dfrac{\sin\varphi}{\sqrt{3(3+\sin^2\varphi)}}$；$k'=\dfrac{\gamma_f\cos\varphi}{\sqrt{3+\sin^2\varphi}}$	DP1	$\alpha_a'=\dfrac{1+\nu}{1-2\nu}\dfrac{2\sin\varphi}{\sqrt{3}(3-\sin\varphi)}$；$k_a'=\dfrac{3\gamma_f\cos\varphi}{\sqrt{3}(3-\sin\varphi)}$
			DP2	$\alpha_a'=\dfrac{1+\nu}{1-2\nu}\dfrac{2\sin\varphi}{\sqrt{3}(3+\sin\varphi)}$；$k_a'=\dfrac{3\gamma_f\cos\varphi}{\sqrt{3}(3+\sin\varphi)}$
			DP3+	$\alpha'=\dfrac{1+\nu}{1-2\nu}\dfrac{2\sqrt{3}\sin\varphi}{\sqrt{2\sqrt{3}\pi(9-\sin^2\varphi)}}$；$k_a'=\dfrac{3\sqrt{3}\gamma_f\cos\varphi}{\sqrt{2\sqrt{3}\pi(9-\sin^2\varphi)}}$
	DP5	$\alpha'=\dfrac{1+\nu}{1-2\nu}\cdot\dfrac{\sin\varphi}{3}$；$k'=\dfrac{\gamma_f\cos\varphi}{\sqrt{3}}$	DP4	$\alpha_a'=\dfrac{1+\nu}{1-2\nu}\dfrac{\sin\varphi}{\sqrt{3}\sqrt{3+\sin^2\varphi}}$；$k_a'=\dfrac{2}{\sqrt{3}}\dfrac{\gamma_f\cos\varphi}{\sqrt{3+\sin^2\varphi}}$
			DP5	$\alpha_a'=\dfrac{1+\nu}{1-2\nu}\dfrac{\sin\varphi}{3}$；$k_a'=\dfrac{2}{\sqrt{3}}\cdot\dfrac{\gamma_f\cos\varphi}{\sqrt{3}}$

应变可分为弹性应变与塑性应变，总应变为弹性应变和塑性应变之和。弹性状态下，岩土类摩擦材料在不考虑中间主应力时，弹性压应变与剪应变关系应满足应变表述的摩尔-库仑条件。数值分析中各种国际通用软件假设剪应变定义有所不同，但这不影响使用，因为剪应变和极限应变都是在同一软件和同一假设条件下计算得到的。FLAC软件中以应变偏张量第二不变量 $\sqrt{J'_2}$ 表示剪应变，弹性剪应变的表达式如下：

$$\sqrt{J'^e_2} = \sqrt{\frac{1}{6}\left[(\varepsilon^e_1 - \varepsilon^e_2)^2 + (\varepsilon^e_2 - \varepsilon^e_3)^2 + (\varepsilon^e_1 - \varepsilon^e_3)^2\right]} \tag{5.69}$$

材料屈服时满足高红-郑颖人常规三轴三维屈服条件，达到弹性极限状态时，由广义胡克定律求得弹性极限应变。单轴情况弹性极限主应变 ε_{1y}、ε_{2y} 与极限剪应变 γ_y 计算公式为：

$$\left. \begin{array}{l} \varepsilon_{1y} = \dfrac{1}{E}\sigma_1 = \dfrac{2c\cos\varphi}{E(1-\sin\varphi)} \\[3mm] \varepsilon_{3y} = -\dfrac{\nu}{E}\sigma_1 = -\dfrac{2\nu c\cos\varphi}{E(1-\sin\varphi)} \end{array} \right\} \tag{5.70}$$

FLAC软件中规定的极限剪应变为：

$$\sqrt{J'_{2y}} = \frac{(1+\nu)\varepsilon_{1y}}{\sqrt{3}} = \frac{2c\cos\varphi(1+\nu)}{\sqrt{3}E(1-\sin\varphi)} \tag{5.71}$$

实际的极限剪应变写成：

$$\gamma_y = \sqrt{3J'_{2y}} = (1+\nu)\varepsilon_{1y} = \frac{2c\cos\varphi(1+\nu)}{E(1-\sin\varphi)} \tag{5.72}$$

式中：ε_{1y}，ε_{3y}——弹性极限第一主应变与第三主应变；

　　　γ_y——弹性极限剪应变。

（2）弹塑性极限应变计算。应变表述的摩尔-库仑公式只能满足弹性条件下的应变关系，即刚进入塑性时的应变关系，因而上述计算式都是弹性应变计算公式。弹塑性情况下不能再用应变表述的摩尔-库仑公式，必须另辟蹊径。下面由应变张量一般公式导出弹塑性总应变中压应变与剪应变关系。

依据应变张量分析，若在偏应变平面上取极坐标 r_ε，θ_ε，其矢径 γ_ε 为：

$$r_\varepsilon = \sqrt{x^2 + y^2} = \sqrt{2J'_2} = \frac{1}{\sqrt{3}}\left[(\varepsilon_1 - \varepsilon_2)^2 + (\varepsilon_2 - \varepsilon_3)^3 + (\varepsilon_3 - \varepsilon_1)^2\right]^{\frac{1}{2}} \tag{5.73}$$

$$\tan\theta_\varepsilon = \frac{y}{x} = \frac{1}{\sqrt{3}}\frac{2\varepsilon_2 - \varepsilon_1 - \varepsilon_3}{\varepsilon_1 - \varepsilon_3} \tag{5.74}$$

偏应变平面上的主应变与剪应变 $\sqrt{J'_2}$ 和洛德角 θ_ε 关系为：

$$\varepsilon_2 - \varepsilon_m = \frac{2}{\sqrt{3}}\sqrt{J'_2}\sin\theta_\varepsilon \tag{5.75}$$

已知 $\varepsilon_m = (\varepsilon_1 + \varepsilon_2 + \varepsilon_3)/3$，代入式（5.75），可得：

$$\gamma = \varepsilon_1 - \varepsilon_3 = 2(\varepsilon_2 - \varepsilon_3) - 2\sqrt{3}\sqrt{J_2'}\sin\theta_\varepsilon \qquad (5.76)$$

常规三轴试验下，泊松比为常数，$\varepsilon_2 = \varepsilon_3$，应变洛德角 $\theta_\varepsilon = -30°$，代入式(5.75)有：

$$\varepsilon_2 = \varepsilon_3 = -\frac{1}{\sqrt{J_2'}} + \varepsilon_m \qquad (5.77)$$

式(5.76)是弹塑性总压应变与总剪应变的普遍关系，将式(5.77)代入式(5.76)，其中 $\theta_\varepsilon = -30°$，可以获得极限剪应变 $\sqrt{J_{2f}'}$ 和 γ_f 的关系式：

$$\left.\begin{array}{l} \sqrt{J_{2f}'} = \dfrac{\gamma_f}{\sqrt{3}} = \dfrac{\varepsilon_{1f} - \varepsilon_{3f}}{\sqrt{3}} \\[3mm] \gamma_f = \sqrt{3J_{2f}'} = \varepsilon_{1f} - \varepsilon_{3f} \end{array}\right\} \qquad (5.78)$$

式中：γ_f，ε_{1f}，ε_{3f}——弹塑性剪应变 γ 与压应变 ε_1、ε_3 的极限值，对于岩土类材料是剪切强度 c、φ 的函数。

式(5.78)中给出的剪应变与主应变都是未知的，难以用解析方法求得极限剪应变与主应变，但可采用数值计算求得。

(3)混凝土与钢材极限应变计算。

①混凝土极限应变计算。阿比尔的、郑颖人等应用 FLAC3D 软件和有限元荷载增量法，由材料参数求出材料的极限应变。混凝土计算模型取边长 150mm 的立方体，底面施加约束，顶面施加竖向单轴荷载，由于给出的 c、φ 值相当于混凝土棱柱体轴心受压的试验值，计算中不考虑摩擦力。应注意合理划分计算网格，每边划分 20 格为宜。采用荷载增量法或强度折减法进行计算。计算模型如图 5.17 所示，其中点 1~12 为关键记录点(单元)。计算参数见表 5.5，图 5.18 为极限状态的剪应变增量云图。

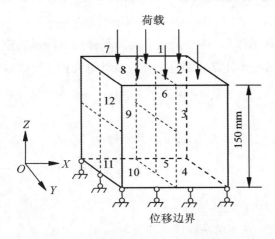

图 5.17　混凝土极限应变计算模型图

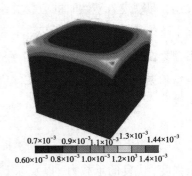

图 5.18　极限状态的剪应变增量云图

表 5.5　混凝土物理学力学计算参数

混凝土强度等级	弹性模量/GPa	泊松比	密度/(kg·m⁻³)	黏聚力/MPa	内摩擦角/(°)
C20	25.5	0.2	2400	2.6	61.1
C25	28.0	0.2	2400	3.2	61.4
C30	30.0	0.2	2400	3.9	61.6
C35	31.5	0.2	2400	4.4	61.9
C40	32.5	0.2	2400	5.0	62.2
C45	33.5	0.2	2400	5.5	62.4

采用理想弹塑性模型，通过有限元荷载增量法计算，逐渐单轴加压直至有限元计算从收敛到不收敛，即达到了试件整体破坏状态。计算单轴压力作用下的 1~12 号单元的应变值。以混凝土强度等级 C25 试件为例，计算结果记录见图 5.19、图 5.20，图中列出了各单元的弹塑性应变值。由图可知，混凝土试块加载到极限荷载 50% 左右时 7 单元和 8 单元开始出现塑性变形。随着荷载增加，8 单元的塑性变形发展明显，加载到极限荷载后该单元应变最大，并依据材料整体破坏可确定该单元已经发生破坏，而其他单元均未破坏，说明正是该单元的破坏导致试件整体破坏。由此可知，该单元的应变即为 C25 混凝土的极限应变，因而可提取该单元破坏时的主应变 ε_1 和剪应变 $\sqrt{J_2'}$ 作为该材料的极限主应变和极限剪应变(见表 5.6)。

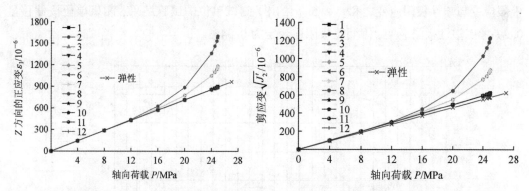

图 5.19　C25 混凝土轴向荷载–轴向主应变 ε_1 曲线　　图 5.20　C25 混凝土轴向荷载–剪应变 $\sqrt{J_2'}$ 曲线

表 5.6　普通混凝土轴向、侧向主应变和剪应变的极限应变值

混凝土强度等级	抗压强度/MPa	轴向应变 ε_1		侧向应变 ε_2		剪应变 ε_{1y}	
		ε_{1y}	ε_{1f}	ε_{2y}	ε_{2f}	$\sqrt{J_{2y}'}$	$\sqrt{J_{2f}'}$
C20	20.13	0.79%	1.38%	−0.158%	−0.461%	0.548%	1.063%
C25	25.04	0.90%	1.61%	−0.179%	−0.542%	0.621%	1.242%
C30	30.74	1.03%	1.88%	−0.206%	−0.640%	0.712%	1.457%
C35	35.05	1.12%	2.07%	−0.223%	−0.717%	0.773%	1.607%
C40	40.28	1.24%	2.39%	−0.249%	−0.832%	0.861%	1.864%
C45	44.63	1.34%	2.56%	−0.267%	−0.893%	0.926%	2.000%

由表 5.6 可知，普通混凝土的极限压应变在 1.38‰～2.56‰，该计算结果与《混凝土结构设计原理》中提供的实验结果 1.50‰～2.50‰ 一致，验证了这一求解方法的可靠性，上述计算方法同样可用于求解岩土材料和钢材的极限应变。

不同数值分析软件中所采用的剪应变表达形式是不同的，如 FLAC3D 软件采用剪应变增量(弹性和塑性剪应变之和) $\sqrt{J_2}$ 表示剪应变。ANSYS 软件中采用等效塑性应变表示，所以不同软件得到的极限剪应变值是不同的，但这并不影响岩土破坏状态的分析和安全系数的确定，因为在使用同一软件进行分析时剪应变和极限剪应变都是在同一力学参数条件下得到的。此外，还要注意采用的收敛标准不同算得的极限应变会有所不同，ANSYS 软件收敛标准越高算得的极限应变越大，但尽管极限应变值变化较大，但算得的安全系数或极限承载力却相差甚微，不影响计算结果。另外，材料变形参数，尤其是弹性模量对极限应变值有很大的影响，弹性模量有误会严重影响极限应变值，但弹性模量和泊松比误差也不影响最终的极限分析计算结果。网格划分也会影响计算结果，按本节提出的划分方法影响不大。最后还应注意求极限应变时采用的屈服准则必须与工程计算时采用的屈服准则相同。

②钢材极限应变计算结果。钢材极限应变试验与计算结果的比较。为验证钢材极限应变计算结果，做了 Q235 低碳钢的实际拉伸试验的应力-应变曲线(如图 5.21 所示)。按本书定义的钢材屈服应变是指初始屈服时的应变，即弹性极限应变；极限应变是弹性极限应变与塑性极限应变之和。表 5.7 给出了测试单位的试验结果，测试单位按偏移量 0.2% 考虑塑性极限应变，因而将极限应变定为 0.34%。

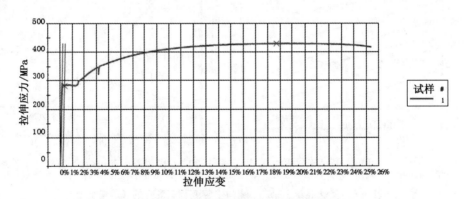

图 5.21　Q235 钢材拉伸应力-应变曲线(测试单位提供)

表 5.7　Q235 钢材拉伸试验结果

样品材料	拉伸应力 /MPa	弹性模量 /MPa	屈服应力 /MPa	屈服应变	极限应变 (偏移量 0.2%)
Q235	430	204	282	0.14%	0.34%

采用上述方法对试验钢材(Q282)用 FLAC 软件做了相应的数值计算，以求得该钢材的屈服极限主应变与剪应变。鉴于钢材拉、压性质相同，拉主应变与压主应变以及拉剪应变与压剪应变相等，做了压主应变与压剪应变计算。试件大小为 15mm 的立方体，计

算参数与结果如表 5.8 所示，当计算采用屈瑞斯卡准则时剪切强度 c 为屈服强度的一半。当受压荷载加至模型整体破坏时，计算获得的极限荷载也是 282.0/MPa，此时关键点 8 剪应变最大，关键点 10 主应变最大，见图 5.22 至图 5.24，由此得到极限主应变 3.33×10^{-3} 与极限剪应变 2.84×10^{-3}。

表 5.8　Q282 钢材力学参数与计算结果

钢筋	E/GPa	ν	$\varphi/(°)$	c/MPa	极限荷载 /MPa	弹性极限主应变 ε_{1y}	弹性极限剪应变 $\sqrt{J_{2y}'}$	极限主应变 ε_{1f}	极限剪应变 $\sqrt{J_{2f}'}$
Q282	204	0.27	0	141.0	282.0	1.40×10^{-3}	1.02×10^{-3}	3.33×10^{-3}	2.84×10^{-3}

低碳钢的计算参数与计算结果。采用上述方法对各类钢材用 FLAC3D 软件做了相应的数值计算，表 5.9 列出了低碳钢的计算参数与计算结果。当钢材达到极限应变时，钢材应变突变，变形快速增大，已不适合工程应用。获得的低碳钢极限主应变在 0.2% ~ 0.33%，这与《混凝土结构设计原理》中给出的钢筋混凝土极限应变在 0.25% ~ 0.35% 相近。

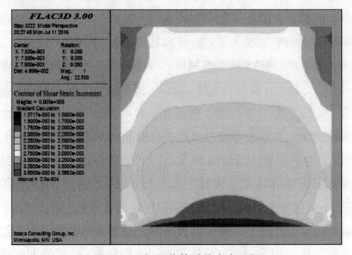

图 5.22　极限荷载时剪应变云图

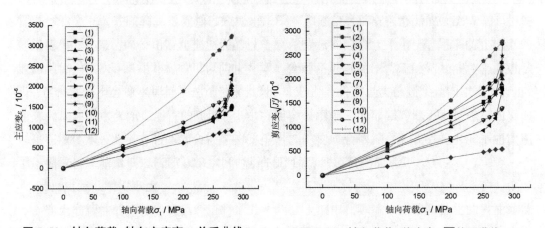

图 5.23　轴向荷载–轴向主应变 ε_1 关系曲线　　**图 5.24　轴向荷载–剪应变 $\sqrt{J_2'}$ 关系曲线**

表 5.9　低碳钢的极限应变(采用 FLAC3D,按屈瑞斯卡条件求得)

编号	钢材	E/GPa	ν	φ/(°)	c/MPa	极限荷载/MPa	弹性极限主应变(ε_{1y})	弹性极限剪应变($\sqrt{J_2'}$)	极限主应变(ε_{1f})	极限剪应变($\sqrt{J_f'}$)
1	Q165	201	0.27	0	82.5	165	0.821×10^{-3}	0.597×10^{-3}	1.999×10^{-3}	1.729×10^{-3}
2	Q205	201	0.27	0	102.5	205	0.95×10^{-3}	0.724×10^{-3}	2.451×10^{-3}	2.119×10^{-3}
3	Q235	201	0.27	0	117.5	235	1.169×10^{-3}	0.857×10^{-3}	2.801×10^{-3}	2.422×10^{-3}
4	Q275	201	0.27	0	137.5	275	1.370×10^{-3}	0.995×10^{-3}	3.273×10^{-3}	2.831×10^{-3}

合金钢的计算参数与计算结果。采用上述方法对合金钢用 FLAC 软件做了相应的数值计算,表 5.10 列出了合金钢的计算参数与极限应变。图 5.25 为 Q345 达到极限荷载时的位移收敛曲线图,极限荷载为 345.1;图 5.26 示出了 Q345 极限荷载时剪应变云图;图 5.27 示出了 Q345 轴向荷载–轴向主应变(ε_1)关系曲线及 Q345 的局部放大图;图 5.28 示出了相应轴向荷载–剪应变($\sqrt{J_2}$)关系曲线。由表 5.10 可见钢材的塑性极限应变随极限荷载的提高而提高,而不是一个固定的值,低碳钢的塑性极限主应变为 1.1‰~1.9‰,合金钢的塑性极限主应变为 2.3‰~3.2‰。

表 5.10　合金钢的极限应变(采用 FLAC3D,按屈瑞斯卡条件求得)

编号	钢筋	E/GPa	ν	φ/(°)	c/MPa	极限荷载/MPa	弹性极限主应变(ε_{1y})	弹性极限剪应变($\sqrt{J_2'}$)	极限主应变(ε_{1f})	极限剪应变($\sqrt{J_2}$)
1	Q335	206	0.3	0	167.5	335.0	1.626×10^{-3}	1.221×10^{-3}	3.936×10^{-3}	3.538×10^{-3}
2	Q345	206	0.3	0	172.5	345.0	1.675×10^{-3}	1.257×10^{-3}	4.059×10^{-3}	3.649×10^{-3}
3	Q370	206	0.3	0	185	370.0	1.796×10^{-3}	1.348×10^{-3}	4.583×10^{-3}	4.119×10^{-3}
4	Q390	206	0.3	0	195	390.0	1.893×10^{-3}	1.421×10^{-3}	4.350×10^{-3}	3.911×10^{-3}
5	Q400	206	0.3	0	200	400	1.942×10^{-3}	1.457×10^{-3}	4.698×10^{-3}	4.223×10^{-3}
6	Q420	206	0.3	0	210	420	2.039×10^{-3}	1.530×10^{-3}	4.933×10^{-3}	4.435×10^{-3}
7	Q440	206	0.3	0	220	440	2.136×10^{-3}	1.603×10^{-3}	5.166×10^{-3}	4.644×10^{-3}
8	Q460	206	0.3	0	230	460	2.233×10^{-3}	1.676×10^{-3}	5.404×10^{-3}	4.857×10^{-3}

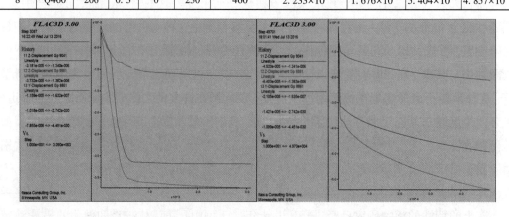

$\sigma_1 = 345.0$ MPa　　　　　　　　　　$\sigma_1 = 345.2$ MPa

图 5.25　Q345 达到极限荷载时点位移收敛曲线图

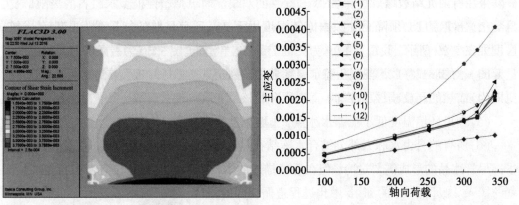

图 5.26　Q345 在 $\sigma_1 = 345.1$ MPa 时剪应变云图　　图 5.27　Q345 轴向荷载–轴向主应变关系曲线

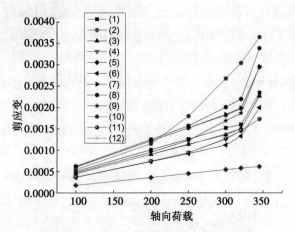

图 5.28　Q345 轴向荷载–剪应变关系曲线

◆◇ 5.5　求解岩土类材料极限拉应变方法

岩土和混凝土材料承受拉应力的能力很低,拉破坏时应变很小,通常视作脆性材料。对于弹脆性材料的应力-应变关系,目前尚未有共识,它处在弹性阶段,应力-应变关系为直线,但它又不同于一般的弹性材料,不能用胡克定律求得极限拉应变,但可用上述数值方法求出弹脆性材料极限拉应变。下面以 C25 混凝土为例,求出混凝土极限拉应变。表 5.11 列出了混凝土的抗拉强度的标准值 f_{tk} 与设计值 f_t。

表 5.11　混凝土轴心抗拉强度标准值和设计值　　　　　　　　单位:N/mm^2

强度	混凝土强度等级							
	C15	C20	C25	C30	C35	C40	C45	C50
标准值 f_{tk}	1.27	1.54	1.78	2.01	2.20	2.39	2.51	2.64
设计值 f_t	0.91	1.10	1.27	1.43	1.57	1.71	1.80	1.89

采用有限元荷载增量法和 ANSYS 软件的双线性理想弹塑性模型求材料的极限应变，混凝土试件取边长 150mm 的立方体，底面施加约束，顶面施加竖向单轴拉伸荷载。计算模型如图 5.29 所示，其中点 1~9 为关键记录点（单元）。图 5.30 为极限状态的剪应变增量云图。图 5.31 为 C25 混凝土特征点荷载–应变曲线。其中 3 单元应变最大，该单元应变即为 C25 混凝土极限拉应变。

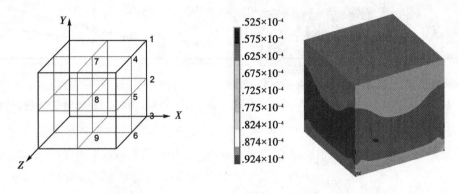

图 5.29　混凝土模型特征点标记　　图 5.30　C25 混凝土极限状态剪应变增量云图

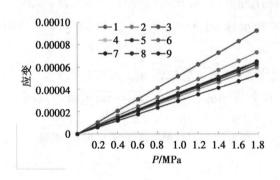

图 5.31　C25 混凝土特征点荷载—应变曲线

表 5.12 列出了不同强度等级混凝土计算拉应变值与规范提供的拉应变值，可见两者相差不大。

表 5.12　普通混凝土极限拉应变

混凝土标号	抗拉强度/MPa	极限拉应变/×10⁻⁴		
	标准值	计算值	规范值	误差
C20	1.54	0.878	0.821	6.8%
C25	1.78	0.924	0.884	4.3%
C30	2.01	0.974	0.952	2.3%
C35	2.2	1.02	0.998	2.2%
C40	2.39	1.07	1.044	2.4%
C45	2.51	1.09	1.072	1.7%

◆◇ 5.6　应变屈服安全系数与破坏安全系数

5.6.1　应变屈服安全系数

首先求应变表述的强度极限曲线, 即弹性应变包络线, 库仑公式可写成:

$$\frac{\gamma}{2} = \frac{c}{2G} + \varepsilon_n \tan\varphi \tag{5.79}$$

式中: ε_n——斜面上的法向应变。

然后求出 ε_n 的应变表达式即可获得弹性应变表述的库仑包络线。由应力表述的摩尔-库仑条件可知:

$$\left. \begin{array}{l} \dfrac{\gamma}{2} = \dfrac{\tau_n}{2G} = \dfrac{1}{4G}(\sigma_1 - \sigma_3)\cos\varphi \\[3mm] \varepsilon_n = \dfrac{\sigma_n}{2G} = \dfrac{1}{4G}(\sigma_1 + \sigma_3) - \dfrac{1}{4G}(\sigma_1 - \sigma_3)\sin\varphi \end{array} \right\} \tag{5.80}$$

根据广义胡克定理, 可得:

$$\left. \begin{array}{l} \sigma_1 - \sigma_3 = \dfrac{E}{1+\nu}(\varepsilon_1 - \varepsilon_3) \\[3mm] \sigma_1 + \sigma_3 = \dfrac{E(1-\nu)}{(1-2\nu)(1+\nu)}\left(\dfrac{1}{1-\nu}\varepsilon_1 + \dfrac{2\nu}{1-\nu}\varepsilon_2 + \dfrac{1}{1-\nu}\varepsilon_3\right) \\[3mm] \qquad\quad = \dfrac{2\nu E}{(1-2\nu)(1+\nu)}(\varepsilon_1 + \varepsilon_2 + \varepsilon_3) + \dfrac{E}{(1+\nu)}(\varepsilon_1 + \varepsilon_3) \end{array} \right\} \tag{5.81}$$

代入式(5.80), 可得应变表述的法向应变 ε_n:

$$\left. \begin{array}{l} \dfrac{\tau_n}{2G} = \dfrac{1}{2}(\varepsilon_1 - \varepsilon_3)\cos\varphi \\[3mm] \varepsilon_n = \dfrac{\sigma_n}{2G} = \dfrac{1}{2}(\varepsilon_1 + \varepsilon_3) + \dfrac{\nu}{1-2\nu}(\varepsilon_1 + \varepsilon_2 + \varepsilon_3) - \dfrac{1}{2}(\varepsilon_1 - \varepsilon_3)\sin\varphi \end{array} \right\} \tag{5.82}$$

式中: ε_1, ε_2, ε_3, ε_n——第一、第二、第三主应变与斜面上的法向应变, 并有 $\varepsilon_2 = \varepsilon_3$;

　　　　φ——材料剪切强度指标;

　　　　E, G, ν——弹性模量、剪切模量和泊松比;

　　　　τ_n, σ_n——斜面上的剪应力与法向应力。

(1)强度折减法求解强度储备屈服安全系数。要知道应变点的破坏安全系数, 首先要知道应变点的屈服安全系数。如果已知一点的应变, 由屈服摩尔应变, 先求出应变表述的屈服安全系数, 然后依据极限应变求得破坏摩尔应变圆。如果还知道弹塑性极限应变曲线, 只要两者相切即为破坏状态, 由此可求出应变点的破坏安全系数。

计算中强度折减时 c、$\tan\varphi$ 按同一比例下降, 直至弹性极限应变曲线与屈服摩尔应力圆相切达到屈服，此时弹性极限剪应变公式为：

$$\frac{\gamma'}{2} = \frac{c}{2Gks} + \varepsilon_n \frac{\tan\varphi}{ks} = \frac{c'}{2G} + \varepsilon_n \tan\varphi' \tag{5.83}$$

式中：$c' = \dfrac{c}{ks}$，$\tan\varphi' = \dfrac{\tan\varphi}{ks}$

与前面相似，只是这里采用了高红-郑颖人常规三轴三维条件（应变表述的三维摩尔-库仑条件），即可求得强度储备屈服安全系数为：

$$ks = \frac{2(1+\nu)\sqrt{\left(c + \dfrac{E}{(1+\nu)(1-2\nu)}((1-\nu)\varepsilon_1 + \nu\varepsilon_2 + \nu\varepsilon_3)\tan\varphi\right)\left(c + \dfrac{E}{(1+\nu)(1-2\nu)}((1-\nu)\varepsilon_3 + \nu\varepsilon_1 + \nu\varepsilon_2)\tan\varphi\right)}}{E(\varepsilon_1 - \varepsilon_3)}$$

$$\tag{5.84}$$

注意：常规三轴下 $\varepsilon_2 = \varepsilon_3$。

【例1】地基中某一单元的大主应力为 20MPa，小主应力为 10MPa。通过试验测得土的弹性模量 $E = 10.0$MPa，泊松比 $\nu = 0.2$，抗剪强度指标 $c = 3.0$MPa，$\varphi = 30°$。物理力学参数及其应力-应变见表 5.13，求地基强度储备屈服安全系数。

表 5.13　例1的物理力学参数及其应力应变

弹性模量 E/MPa	泊松比 ν	σ_1/MPa	σ_3/MPa	ε_1/MPa	ε_3/MPa	c/MPa	φ/(°)
10.0	0.2	20	10	1.6	0.4	3.0	30

解：已知 $\sigma_2 = \sigma_3$，得

$$\varepsilon_1 = \frac{1}{E}(\sigma_1 - 2\nu\sigma_3) = \frac{1}{10}(20 - 20\nu) = 1.6$$

$$\varepsilon_3 = \frac{1}{E}\left[(1-\nu)\sigma_3 - \nu\sigma_1\right] = \frac{1}{10}\left[(1-\nu)10 - 20\nu\right] = 0.4$$

类比摩尔应力圆，已知应力表述的摩尔-库仑定律采用摩尔应力圆表示时，以 $\dfrac{1}{2}(\sigma_1 - \sigma_3)$ 为半径，以 $\left(\dfrac{1}{2}(\sigma_1 + \sigma_3), 0\right)$ 为圆心，而以应变表述的摩尔应变圆与摩尔应力圆相似，同样以 $\dfrac{1}{2}(\varepsilon_1 - \varepsilon_3)$ 为半径，以 $\left(\dfrac{1}{2}(\varepsilon_1 + \varepsilon_3), 0\right)$ 为圆心，但在此基础上应变圆水平向右移动 $\dfrac{\nu}{1-2\nu}(\varepsilon_1 + 2\varepsilon_3)$ 距离：

$$d = \frac{\nu}{1-2\nu}(\varepsilon_1 + 2\varepsilon_3) = 0.8$$

强度折减前，应变表述的库仑包络线由公式（5.80）和公式（5.82）确定。由式（5.81）得到地基强度储备屈服安全系数为（ks）= 2.26。由此

$$c' = \frac{c}{ks} = 1.33, \quad \tan\varphi' = \frac{\tan\varphi}{ks} = 14.33°$$

强度折减后，应变表述的弹性应变包络线由公式确定。强度折减前后，应变表述的弹性极限应变曲线和摩尔应变圆绘制在 $\varepsilon-\gamma/2$ 平面(见图 5.32)。算例计算表明，折减后的弹性极限应变曲线与屈服摩尔应变圆相切，达到极限平衡状态，可见安全系数计算结果可信。

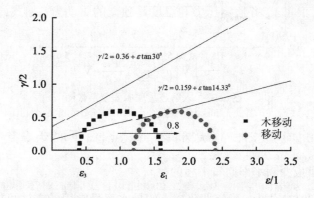

图 5.32　求解强度储备屈服安全系数图

(2)荷载增量法求解超载屈服安全系数。当采用超载安全系数时，增大主应力 σ_1，直至弹性极限应变曲线与屈服摩尔应力圆相切，与前面相似，常规三轴条件下求得超载屈服安全系数为：

$$ks = \frac{2c\cos\varphi\,\dfrac{(1-2\nu)(1+\nu)}{E(1-\nu)}+(1+\sin\varphi)\left[\varepsilon_3+\dfrac{\nu}{1\nu}(\varepsilon_1+\varepsilon_2)\right]}{(1-\sin\varphi)\left[\varepsilon_1+\dfrac{2\nu}{1\nu}\varepsilon_3\right]}$$

【例2】地基中某一单元的大主应力为 20MPa，小主应力为 10MPa。通过试验测得土的弹性模量 $E=10.0$MPa，泊松比 $\nu=0.2$，抗剪强度指标 $c=3.0$MPa，$\varphi=30°$。物理力学参数及其应力–应变见表 5.14，求该单元地基的超载屈服安全系数。

表 5.14　例 2 的物理力学参数及其应力应变

弹性模量	泊松比 ν	σ_1	σ_3	ε_1	ε_3	c	φ
10.0 MPa	0.2	20 MPa	10 MPa	1.6 MPa	0.4 MPa	3.0 MPa	30°

解：

由已知条件：初始的摩尔应变圆与例 1 相同，$\varepsilon_1=1.6$，$\varepsilon_3=0.4$，平移距离 $d=0.8$ (图 5.33 小圆)。土体的超载屈服安全系数为 2.02。最大主应力增大 ks 倍后，土体的主应变：

$$\varepsilon_1' = \frac{1}{E}(ks\sigma_1-2\nu\sigma_3)=\frac{1}{10}(2.02\times20-20\nu)=3.64$$

$$\varepsilon_2' = \varepsilon_3' = \frac{1}{E}\left[\sigma_3-\nu(ks\sigma_1+\sigma_3)\right]=\frac{1}{10}\left[10-\nu(2.02\times20+10)\right]=0$$

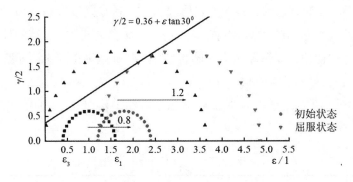

图 5.33　求解超载屈服安全系数图

超载后，摩尔应变圆(图 5.33 大圆)以 $\dfrac{1}{2}(\varepsilon_1' - \varepsilon_3') = 1.82$ 为半径，以(1.82,0)为圆心，但在此基础上应变圆水平向右平移的距离为

$$d = \frac{\nu}{1-2\nu}(\varepsilon_1' + 2\varepsilon_3') = 1.20$$

算例计算表明，超载后的弹性极限应变曲线与屈服摩尔应变圆相切，超载安全系数计算结果可信。

5.6.2　应变表述的破坏安全系数

破坏安全系数与屈服安全系数不同，它只能用应变表述。屈服摩尔应变圆平移塑性极限应变距离以后，即可得到破坏摩尔应变圆，不断移动材料应变极限曲线，当与破坏摩尔应变圆相切时达到破坏，此时应变极限曲线为弹塑性极限应变曲线。下面以例子说明求解方法。

【例3】已知材料的力学参数和一点的应力与应变状态及其极限应变值。表 5.15 列出 C25 混凝土轴向、侧向主应变和剪应变的极限应变值，得到屈服时屈服摩尔应变圆，同时依据屈服条件得到混凝土屈服时的弹性极限应变曲线，然后由极限应变值得到破坏摩尔应变圆。算例中以 C25 混凝土屈服应变圆对应的弹性极限应变曲线作为初始条件，$c/2G = 0.1366$，$\varphi = 61.4°$（见图 5.34），然后通过不断增大折减系数 ks，逼近破坏摩尔应变圆切线，即可获得应变点破坏安全系数。具体做法如下：通过不断增大折减系数 ks 获得一系列包络线，并从几何上判断折减后的弹塑性极限应变曲线与破坏摩尔应变圆的相互关系，当相邻两折减系数(4.1、4.2)对应的极限应变曲线与破坏摩尔应变圆的相对位置关系由相离到相割时，表明安全系数介于 4.1 与 4.2 之间，然后通过二分法，不断逼近破坏摩尔应变圆切线，即可获得破坏安全系数 $ks = 4.1375$，如表 5.16 所示。算例表明，达到破坏时应变点的破坏安全系数计算结果可信。

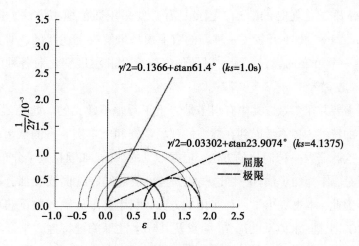

图 5.34 求解破坏安全系数图

表 5.15 普通混凝土轴向、侧向主应变和剪应变的极限应变值

混凝土强度等级	抗压强度/MPa	轴向应变 ε_1		侧向应变 ε_2		剪应变 $\sqrt{J_2'}$	
		ε_{1y}	ε_{1f}	ε_{2y}	ε_{2f}	$\sqrt{J_{2y}'}$	$\sqrt{J_{2f}'}$
C25	25.04	0.90‰	1.61‰	−0.179‰	−0.542‰	0.621‰	1.242‰

表 5.16 求解破坏安全系数过程表

ks	1.0	1.2	1.4	1.6	1.8	2.0	2.2	2.4	2.6
$c/2G$	0.1366	0.1138	0.0976	0.0854	0.0759	0.0683	0.0621	0.0569	0.0525
φ	61.4000	56.8048	52.6453	48.9002	45.5381	42.5228	39.8178	37.3878	35.2005
相对位置关系	相离	相离	相离	相离	相离	相离	相离	相离	相离
ks	2.8000	3	3.2000	3.4000	3.6000	3.8000	4	4.1000	4.2000
$c/2G$	0.0488	0.0455	0.0427	0.0402	0.0379	0.0359	0.0342	0.0333	0.0325
φ	33.2267	31.4406	29.8198	28.3446	26.9980	25.7650	24.6330	24.1013	23.5908
相对位置关系	相离	相离	相离	相离	相离	相离	相离	相离	相割
ks	4.1000	4.1250	4.1375	4.1500	4.2000				
$c/2G$	0.0333	0.03312	0.03302	0.0329	0.0325				
φ	24.1013	23.9717	23.9074	23.8435	23.5908				
相对位置关系	相离	相离	相切	相割	相割				

◆◇ 5.7 基于 Barcelona 模型热流固 THM 耦合方法

冻土行为已被研究了几十年。为了开发新的本构模型或改进已有的模型来模拟冻结材料的行为，学界已经进行了许多尝试。了解冻土的力学特性对解决冻土、寒区工程和冰缘过程的挑战至关重要。现场研究、大规模实验室测试和离心建模都能提供很好的见解，但它们都是昂贵且耗时的活动。因此，有必要采用数值模拟方法。挪威科技大学（NTNU）与 Plaxis bv 合作，开发了一种新的数值模型来解决上述问题。研究这种新方法的目的是提供一个可靠的设计工具，以评估气候变化和温度变化对各种工程问题的影响。

本构模型需要几个参数，其中有很多是岩土工程师不常见的。此外，为了分析冻土和相变发生时的特性，必须考虑到在标准的现场调查和土壤实验室测试活动中无法确定的特定特性。这就需要一种简化的方法，根据常见的数据（如颗粒大小分布）来确定这些属性。其思想是，作为初步估计，将这些数据与土壤冻结特性曲线和部分冻土的水力特性联系起来。因此，本书提出了一种实用的方法，利用有限的输入数据获取冻土的冻结特性曲线 SFCC、土壤-水体系的冻结/熔点及其导水性等关键特性。结合不同的模型和经验方程，提供了一个封闭的公式，可用于计算机模拟的水分迁移在部分冻土相。输入粒度分布、干容重等数据即可获得上述特性。进一步考虑水/冰冻结/融化温度的压力依赖关系，甚至可以考虑相变点降低，从而出现压力融化现象。该模型不仅能定性地表征不同土壤类型的 SFCC，而且能提供许多具有对数正态分布的土壤类型的模型预测数据与实测数据的一致性。这种用户友好的方法在岩土有限元代码 PLAXIS2D 中进行了测试。虽然可以提供一些相关性和默认值，但为了提供一整套必要的土壤参数，实验室测试是不可避免的。为了校准一些最困难的参数，包括巴塞罗那基本模型 BBM 参数，研究想法是使用流速计测试结果。温控里程表试验需要的设备比温控各向同性压缩试验复杂。较短的测试周期可以节省时间和金钱。Zhang 等（2016）开发了一种用于识别非饱和土 BBM 弹塑性模型中材料参数的优化方法，该方法使用吸力控制的流速计试验结果。将同样的方法重新表述为冻土和非冻土的本构模型。这种优化方法允许同时确定控制各向同性的原始行为以及卸载和重新加载行为的参数。

5.7.1　冻土的基本特征

冻土工程几十年来发展迅速。随着冻土工程活动的增多，冻土工程研究的必要性也随之提高。因此，冻土与非冻土的过渡成为一个重要的研究课题。寒区工程、冰缘过程和建筑地基冻结是这一深入研究的有益领域。由于季节温度的变化、全球变暖和人类的干扰，周围土壤的热态发生了变化，景观被重塑（Glendinning，2007；Zhang，2014）。所有这些因素迫使岩土工程师开始了相关研究。无论是自然天气条件还是人类活动引起的土壤冻结，其影响都是深远的。工程师面临着更高的滑坡风险，道路路堤和地基的稳定性降低，路面开裂和冻土退化。此外，人工冻结的使用也将增加。了解冻土的力学行为是至关重要的，且发挥了关键作用。实地研究、大规模实验室实验和离心机建模可以提供很好的方法，但其昂贵且耗时。数值模拟方法的必要性是显而易见的。使用数值模型可节省大量时间，可作为设计工具，并可评估气候变化对各种工程和地质问题的影响。对岩土工程师来说，了解土壤在冻结和融化时的行为是必要的。与适当的本构模型的一起使用，可以发挥改变操作实践和设计理念的潜力，还可以开发新的方法来预测和减少风险和损害。

5.7.1.1　工程注意事项

（1）冻融作用。冻融土壤中的冻作用涉及冻结和融化的过程。Andersland 和 Ladanyi（2004）将冻融作用描述为冻结期土壤冻结面形成冰晶，然后季节性冻土解冻时解冻减弱或承载强度降低而导致冻融的有害过程。为了使冻融作用发生，必须满足一些要求：存在易冻土壤、水的供应、土壤温度低到足以导致部分土壤水冻结（Hohmann，1997；Zhang，2014）。

冻融作用是许多破坏性影响产生的原因（Alfaro 等，2009；Wu 等，2010；Fortier 等，2011 年；de Grandpré，2012；Zhang，2014；Li 等，2016）。管道开裂和破损、公用设施故障、路面开裂［见图 5.35（a）］、结构倾斜［见图 5.35（b）］和基础差冻隆起只是冻害的一些例子。长期记录表明，气候正在变暖，这导致了部分永久冻土层的融化。Lemke 等（2007）报告称。自 20 世纪 80 年代以来，北极永久冻土层顶部的温度上升了 3 ℃。1992 年以来，阿拉斯加的永久冻土层以每年 0.04 m 的速度融化。自 20 世纪 60 年代以来，青藏高原的永久冻土层以每年 0.02 m 的速度融化。冻土退化正在导致地表特征和排水系统的变化。冻土温度的升高导致土壤的增厚活动层成为地壳上层活跃的冻融层。这一层的增厚导致地表大面积沉降。季节温度变化对活动层的年冻结和冻结锋向下运动时的升沉起决定作用。水变成冰需要体积增加约 9%。然而，实际的冻融作用不是由体积膨胀引起的，而是由冰晶体的形成引起的（Taber1916，1929，1930；Andersland 和 Ladanyi，2004；Rempel 等，2004；Michalowski 和 Zhu，2006；Rempel，2007；Azmatch 等，2012；Peppin 和 Style，2012）。冻融是由可利用的自由孔隙水和季节温度变化引起的，它可以对任何工程结构造成破坏。大多数土壤的非均匀性会导致非常不均匀的隆起。例如，这种差动升沉可能严重影响行驶质量和交通路面的使用。整个结构可能会变形（见图5.35）。

（a）冻融循环引起的路面开裂破损　　　　（b）下永冻层融化导致建筑物倾斜

图 5.35　冻融作用造成的破坏性影响（国家冰雪数据中心）

（2）冻融特点。冻融是季节性冻融地区管道、铁路和公路等交通基础设施损坏的主要原因。在美国，每年仅用于修复道路冻融损坏的费用就超过 20 亿美元（DiMillio，1999）。这样看来，全球解决冻融问题的成本是巨大的。冻融是指地表由于冰偏析和冰晶体的形成而发生的向上位移。冻结边缘土体的开裂和未冻水向冻结锋面流动是冰晶的形成过程。Taber（1916）、Taber（1929）和 Taber（1930）可能是最早研究冻融现象的人，并提出了非常重要的见解。Taber 论证了冻融是由水从土柱下部的未冻区向冻结锋移动引起的。在那里，它以土壤中的纯冰带（冰晶）的形式沉积下来，随着土壤的生长，冰晶迫使土壤分开，使表面向上隆起（见图 5.36）。只要有足够的水和足够慢的冻结速度，这个过程可以引起土壤表面几乎无限的隆起。冻融现象已被研究了近一个世纪，但其机理仍有许多未解之处。科学家们仍在积极研究 Taber 的观测结果。Rempel（2007）解释说，例如最显著的冻融破坏发生在分离的冰生长和推开矿物颗粒产生多孔介质的宏观变形时，冰的生长是通过预熔液膜（见图 5.37）来提供的，这些液膜使冰与矿物颗粒分离。这些薄膜之间的分子间相互作用是造成冻融破坏的驱动力。冻融过程如图 5.36 和 5.37 所示。

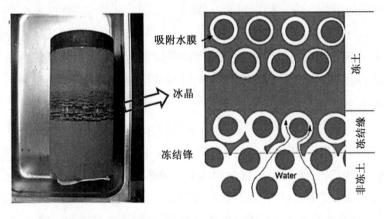

（a）冻融试样（Lay2005）　　　　（b）冻结土示意图

图 5.36　冻结土示意图

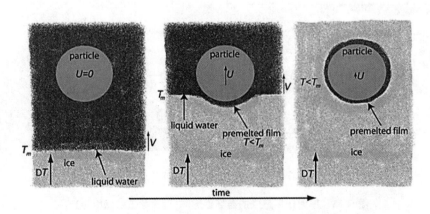

图 5.37　温度梯度下冻结锋与外来固体颗粒相互作用阶段示意图

(3)解冻固结和解冻沉降。在冻结过程中，可能会发生冰的堆积和冻融。当温度升高或冻土受到很高的压力时，冻土就会融化。在冻结过程中形成的冰晶逐渐融化。由于冰的消失，土壤骨架必须适应新的平衡孔隙比(Andersland 和 Ladanyi，2004)。从冰镜中融化的多余水分可能超过土壤骨架的吸收能力。当水试图通过土壤骨架找到它时，或由于其自身重量和/或外力，导致解冻固结正在。融化固结速率既取决于冰的融化速率，也取决于土壤的水力性质(Zhang，2014)。

所有这些定居点的总和可以称为解冻定居点。固结完成后，融沉可能大于或小于冻融引起的位移(Konrad，1989)。它主要取决于冻结前的加载历史和冻融循环次数。冻结正常固结土在其第一次冻融循环中融化后，其沉降量大于冻融量。超固结土在第一次冻融循环作用下仍会存在一些隆起现象。在软土施工中应用的人工地面冻结，例如隧道或开挖[见图 5.38(a)]，以及通过未冻土输送冷冻介质的管道，都是土壤可能遭受第一次冻融循环的例子(Konrad，1989；Zhang，2014)。图 5.38(b)显示了建造在永久冻土层上的非保温加热房屋造成的典型解冻定居点。

(4)Artiftcial 地面冻结。人工控制冻结土作为一种支护施工方法，在岩土工程中已经应用了一个多世纪。在施工过程中，冻土可用于提供地面支持、地下水控制或结构托换。采用人工冻结的方法如图 5.38 所示。通过安装冷冻管，让温度低于水冰点的循环液体(主要是氮气)通过管道，孔隙水就会变成冰。冰变成了一种黏结剂。它将相邻的土壤颗粒或岩石块黏合在一起，增加了冻结土壤的强度和抗渗性。地面冻结可用于任何土壤或岩层，无论其结构、粒度或渗透性如何(Andersland 和 Ladanyi，2004)。但是，人工冻结使地表基础设施的破坏有一定的风险。此外，控制冻结可以导致冰晶的形成，因此冻融融化后土壤结构和密度的显著变化会导致不利的沉降。不均匀隆起和沉降的发生，可能会使现有建筑物和道路产生裂缝。此外，地下水流动起着至关重要的作用。由于地下水或渗流提供了一个连续的热源，因此它对一个完整的冻结体的形成负有时间关系。在渗流较大的情况下，可以达到热平衡状态，停止冻结，无法发展所需的冻壁封闭(Zhou，2014)。因此，人工冻结还需要了解土体强度、土体刚度和渗透性随温度的变化规律。

(5)冻土的有益特性。冻土提供了一些对工程项目非常有益的特性。具有较高的抗压强度、优良的承载力，以及冻土层相对于渗水的防渗性工程在地面支持系统、地基、土坝等设计中使用的特性冻土结构(Andersland 和 Ladanyi，2004)。

冻土强度包括孔隙冰强度、土体颗粒间摩擦阻力和相互干扰强度、土体剪胀强度和相互作用强度、冰基质和土壤骨架之间的关系(Ting 等，1983；Andersland 和 Ladanyi，2004)。同样，温度、围压、应变速率、含冰量和变形历史等都具有重要意义。

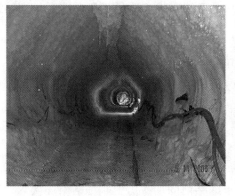
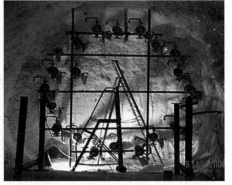

(a)瑞典隧道内冻土的景象　　　　　　　(b)表层的盐水循环管道

图 5.38　隧道施工中的人工冻结

　　冰的内容。力学行为在很大程度上取决于孔隙冰的那部分。因此，冻土的强度也一样。Sayles 和 Carbee(1981)的研究结果表明，初始断裂强度随单位体积土体中冰的体积呈非线性增加[见图 5.39(a)]。由于冰基质是试验土中最坚固的黏结材料，其断裂可视为破坏的开始。然而，它们区别于发生在小应变下的冰基质破坏和发生在大应变下的整个混合物的剪切破坏。测试表明，在泥沙浓度小于约 50%，冰在强度上占主导地位，而在较大的颗粒浓度下，应力-应变曲线表现出越来越强的应变硬化特征，这是由一个渐进的过程造成的大应变下摩擦和联锁的动员(Andersland 和 Ladanyi，2004)。这种行为如图 5.39(b)所示，Baker(1979)也发现了这一现象。他指出，冻结沙子的强度会增加，直到土壤完全被冰饱和，然后会下降，直到土壤颗粒不再影响它[见图 5.39(c)]。

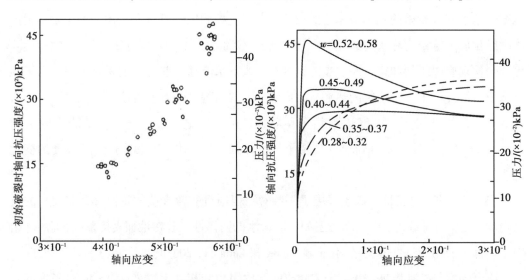

(a)初始破裂时轴向压应力与单位体积土体　　　(b)温度为−1.67 ℃时 5 种不同总含水量范围的
　　　　冰量的关系　　　　　　　　　　　　　　　　平均应力−应变曲线

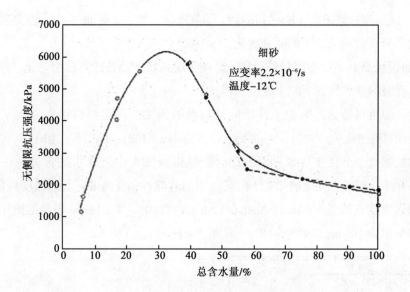

(c) 总含水率对无侧限抗压强度的影响

图 5.39 含冰量对冻土强度的影响曲线图

围压。冻土在围压变化下的行为已经被许多研究者报道(Alkire,1973;帕拉姆斯瓦兰和琼斯,1981;Ma 等,1999;Yang 等,2010;Lai 等,2010)。当颗粒浓度足够高时,冻土强度是冰水泥和土骨架强度的函数。张伯伦等(1972)发现这两种力量来源并不一定同时起作用。这是因为在常压和常温条件下,冰基质比土壤骨架更具有刚性,并在更低的应变下达到其峰值强度(Andersland 和 Ladanyi,2004)。Ladanyi(1981)给出了在恒定应变速率和温度下,但在不同围压下的压缩试验中观察到的现象,其摩尔图如图 5.40 所示,图中由三条失效线和四个区域组成,即:

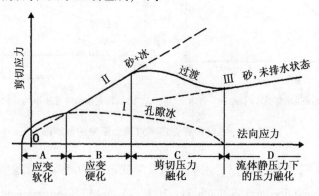

图 5.40 冻结的 Ottaw 砂的整个失效包络面示意图(Chamberlain 等,1972)

A:在低围压下,以冰晶为主。应力-应变行为在拉伸中是脆性的压缩应变软化。第一个强度峰值出现在应变约 1% 时。

B:在 B 区域,应变硬化发生,由于砂冰混合物的摩擦和剪胀,在应变变大 10 倍左右时,第二个峰值占主导地位。

C：高围压时，剪胀率可能受到抑制，随着围压的增加，剪胀率甚至会发生变化。冰承受了大部分正常压力，开始部分融化。

D：当围压高到足以粉碎颗粒时，已经处于压缩状态的孔隙冰就会融化，剪切破坏就会发生，就像不排水状态下的未冻砂一样。

温度。温度可能是影响冻土性质的最重要的因素。许多测试结果证实了这一说法（Haynes，1978；Baker，1979；Parameswaran 和 Jones，1981；Lai 等，2010）。它直接影响着粒间冰的强度、土颗粒与冰界面的结合强度以及冻土中未冻水的含量。在一般情况下，温度下降导致冻土强度的增加，但同时增加其脆性，表现出更大的强度峰值后下降，增加抗压强度比抗拉强度（Andersland 和 Ladanyi，2004）。Fairbanks 淤泥的抗压强度随温度变化的结果由 Haynes（1978）得出，[见图 5.41（a）]。

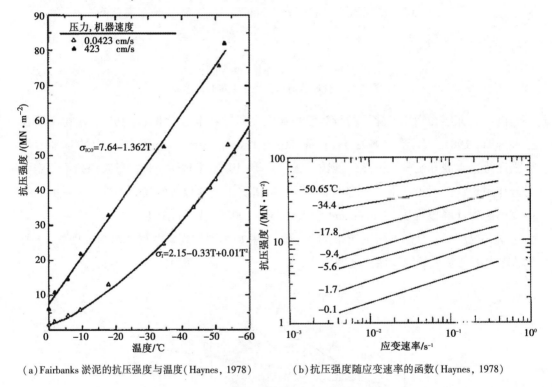

（a）Fairbanks 淤泥的抗压强度与温度（Haynes，1978）　　（b）抗压强度随应变速率的函数（Haynes，1978）

图 5.41　温度和应变速率对冻土强度的影响图

应变率。冰和冻土高度依赖于速率。随着应变速率的降低，峰值和残余值都有所下降（Haynes，1978；Andersland 和 Ladanyi，2004；Arenson 和 Springman，2005）。图 5.41（b）表明，在一定温度下，抗压强度随应变速率的增加而增加。此外，Arenson 和 Springman（2005）注意到，随着轴向应变率的降低，峰值接近残余剪切强度的值。他们的解释是，材料在较低的应变速率下开始蠕变，导致应力重新分布并发生松弛。随着应变的增加，土体的膨胀趋势被抑制，土体的附加剪切阻力被激活。

低渗透饱和冻土表现出非常低的渗透（Burt 和 Williams，1976；Horiguchi 和 Miller，

1983；Oliphant，1983；Benson 和 Othman，1993；Andersland，1996；Tarnawski 和 Wagner，1996；McCauley 等，2002；Watanabe 和 Wake，2009）。渗透系数接近零的土壤可以看作水力屏障，有许多优点。Benson 和 Othman（1993）提出了冻土被广泛用作废物封存结构。其应用的例子包括垃圾填埋场衬垫和覆盖物、危险废物处理场的盖帽，以及用于地面蓄水池和污水泻湖的衬垫。Andersland 和 ladanyi（2004）解释说，对于大型挖掘工程，当冻土支撑系统延伸到不渗透的土层时，就不再需要供水系统了。此外，在地下水修复工程中，地下冻土墙可以为污染场地周围和地下提供临时的防渗屏障。McCauley 等（2002）评估了冻土作为阿拉斯加州燃料储存设施的二级安全壳衬的潜力。此外，在排水较差的地区，开挖需要在地下水位以下，在冬季地面冻结时进行施工是有利的。较高的冻土强度通常在夏季允许重型设备进入松软潮湿的地点。冻土的不透水性有一个很大的好处，就是无需泵送，节省成本。

5.7.1.2　人类活动和冻土

世界上有许多人生活在季节性冻土或永久冻土层上。随着气候的变化和寒冷地区工程活动的增加，冻土对人们生活的影响越来越大。一方面，当冻土开始融化时，它会沉降并破坏建筑和交通基础设施。另一方面，当所有靠近地表的水都结冰时，可能会引起冻融，使城镇很难找到饮用水。建筑物、道路、桥梁、铁路、供水、石油和天然气井都会受到冻土的影响，人们不得不处理所有与冻融相关的问题并承担后果。建在季节性冻土或永久冻土层上的建筑物大多从内部加热并散发热量。热量可以融化建筑物下面的冰冻地面。冻土一旦开始融化，就会由于冰向水的体积变化、固结和建筑物的超载而下沉，破坏其所支撑的建筑物［见图 5.35（b）］。为了防止这种不利情况的发生，需要精心设计，选择合适的基础类型、保温方法和对基础的维护。路堤上的桥梁、铁路、公路和任何其他类型的交通基础设施往往跨越冻土和永久冻土层。如果地面解冻或冻结，经常会发生不同程度的隆起或沉降，并造成损害。需要不断地维修和维护来保证它们的安全。钻探石油和天然气的深井也会导致永久冻土融化。如果发生这种情况，油井可能会坍塌，管道可能会下沉并破裂。工程师已经提出了缓解和避免这种有害情况的解决方案。相关部门提出，首先钻探公司需要把他们的设备放在特殊的混凝土平台上，用来防止地下的地面融化。其次，水泥井衬管可以防止井塌。公司还可以使用特殊的钻井液体来润滑钻头，这种液体不会像水那样快速结冰。此外，工程师在许多地方修建了地面以上的管道。在有大片连续永久冻土地带的地区，供水可能会很困难。大部分的地下水是冻结的。如果存在液体水，土壤中的冰就会将矿物质排出。矿物质会浓缩，土壤中的水就不能饮用了。导致村庄城镇被迫修建从供水区（湖泊和河流）到建筑物的水管。

5.7.1.3　模拟冻土

冻土的特性的相关研究已经进行了几十年。土壤中孔隙流体冻结和融化的表征涉及复杂的热、水和力学过程，在地质力学的几个领域都是必不可少的。根据其特定的应用目的，开发出来的模型具有不同程度的复杂性（Nishimura 等，2009）。热-水-机耦合有限元模型。热-水-机耦合数值模拟处理了温度、液压和力学变形的同时考虑多个物理过程。THM 模型被广泛应用于解决温度变化和质量运动相结合的多孔介质问题(Zhang,2014)。Bekele(2014)概述了冻土随时间完全耦合 THM 模型的相关研究。

冻土本构模型。现有的本构模型已经变得越来越复杂。土壤响应的具体方面的表征要求使这种复杂性增加,以考虑温度、应变大小和速率、相对密度以及剪胀和破碎的相反效应(Springman 和 Arenson,2008)。历史上,可以将冻土本构模型分为两类:一类是基于总应力的力学处理,另一类是基于有效应力的力学处理。但针对冻土的塑性本构模型的研究也变得越来越有趣(Xu,2014)。基于总应力的模型在文献中被广泛用于描述土壤的力学行为,并被大多数冻土岩土工程分析所采用(Arenson 和 Springman,2005;Lai 等,2008,2009,2010;Zhu 等,2010;Xu,2014)。然而,这些模型只倾向于强调围压对弹塑性行为的影响,而较少强调温度和冰含量等重要因素的影响(Ghoreishian Amiri 等,2016)。这意味着它们无法在冻结或融化期间模拟冰含量和/或温度变化下的变形。同时,对于基于总应力的本构模型的发展,一些研究者采用了总应力减去孔隙压力的有效应力原理来模拟冻土的特性(Thomas 等,2009;Nishimura 等,2009;Zhou,2014;Zhang,2014;Ghoreishian Amiri 等,2016)。然而,孔隙水压力的定义、表示和掺入是不一致的。由于水与冰的相变,在描述孔隙水压力变化时遇到了困难,因此需要引入不同的方法。例如,Thomas 等(2009)假设,在部分冻结的土壤中,孔隙不会形成连续的相,也不能施加力学压力。而当土体完全冻结时,孔隙冰是连续的,孔隙水压力有效地代表了力学冰压力。Zhang(2014)采用了有效应力原埋,即总应力由有效应力和水压力组成。Nishimura 等(2009),Zhou(2014),Ghoreishian Amiri 等(2016)对平衡方程中的冰压力和水压力进行了区分,并用 Clausius-Clapeyron 方程来定义两者之间的关系。

Nishimura 等(2009)首次提出了两应力状态变量模型来模拟冻土的行为。与 Alonso 等(1990)相比,冻结饱和土和非冻结非饱和土的物理特性之间的相似性导致了需要采用替代的双应力状态变量本构关系。净应力定义为总应力超过冰压或水压力和低温吸力的超额,是除偏应力之外的两个应力状态变量。使用修正的剑桥-黏土模型作为参考解冻条件,该模型能够捕捉许多基本特征并研究冻结土的复杂力学行为,包括抗剪强度与温度和孔隙度的关系。Ghoreishian Amiri 等(2016)注意到,使用 Nishimura 模型,在冻结期间,冰压力的增加会导致净平均应力为零或负值,进而导致拉伸破坏和土壤颗粒离析。这导致了孔隙比的增加和土壤的软化行为。在各向同性应力条件下,由于温度降低导致的偏析现象使发生拉伸破坏的试样在剪切时始终表现出膨胀行为。此外,在未冻结状态下,模型简化为基于应力的有效临界状态模型。在净应力的定义中,水的压力代替了冰的压力。因此,对融化固结的模拟也是可能的。Nishimura 等(2009)应用离析势理论来解释冻融现象。

Zhou(2014)提出了双应力状态变量框架下的另一种方法。他将冷冻时的温度作为第二个自变量,提出了一种多尺度强度均质化方法,用于预测与温度和孔隙度有关的冻结土强度准则。它可以根据冻结土的微观结构确定宏观黏聚力和摩擦系数。Ghoreishian Amiri 等(2016)指出,考虑到该模型与 Nishimura 等(2009)引入的冰分离现象的应力测量和屈服机制的一致性,上述各向同性应力条件下冻结后试样剪切的问题仍然存在。

Zhang 和 Michalowski(2015)采用有效应力和孔冰比作为本构模型的自变量。在该模型中,冻融现象是用孔隙度增长函数模拟的。Ghoreishian Amiri 等(2016)开发的本构模型是笔者的主要研究对象。在之后的章节中,将详细介绍此模型。

5.7.2 本构模型及其实现

5.7.2.1 本构模型理论

假设土壤是一个完全饱和、各向同性和弹性的天然颗粒复合材料。它可以解冻、部分冻结或完全冻结。未冻土由固体颗粒和孔隙水组成,部分冻土由固体颗粒、孔隙冰和孔隙水组成。当温度足够低时,土壤可能会经历完全冻结状态,其中复合材料由土壤颗粒和孔隙冰组成。假定复合材料的每一组分是不可压缩的。为了考虑局部热平衡,土壤颗粒、孔隙水和孔隙冰在土壤中每一点的温度是相同的(Thomas 等,2009)。

冻结和融化的过程。土壤中的冻结过程不同于纯自由水的冻结过程(Low 等,1968;Andersland 和 Ladanyi,2004;Kozlowski,2004;Lal 和 Shukla,2004;Kozlowski,2009)。纯自由水的冻结或融化发生在 0 ℃,而在土壤-水系统中,它发生在 0 ℃以下。根据 Low 等(1968)相关研究,导致冰点降低的主要宏观参数是含水量 w。对于表面积较小的无黏性土(SSA),这种温度降低是可以忽略的,但对于细粒土壤,如粉砂和黏土,具有保持高未冻水含量(因此高 SSA)的能力,它可以达到 5 ℃(Andersland 和 Ladanyi,2004)。除了水含量(w)的重要性之外,高压和溶质的存在也会降低冰点/熔点。此外,还必须考虑到初始冻结过程并不是从冰点开始的。为了冰晶的成核和生长,需要在冰点以下进行过冷处理。这种现象甚至适用于纯水。图 5.42 分别为纯水和黏土-水体系的冻结过程随时间的变化。以土壤-水系统为重点,土壤的冻结过程可以解释为以下几点。

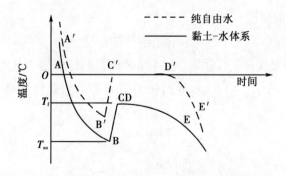

T_f—黏土-水体系的冰点;T_{sn}—黏土-水体系的自发成核温度

图 5.42 纯自由水和黏土-水体系的冷却曲线图(Kozlowski,2009)

(1)一般来说,当土壤温度低于孔隙水凝固点 T_f 时,水开始结冰。孔隙水的这种相变发生在所谓冻结边缘。

（2）土壤温度必须降至孔隙水冻结温度以下，直到有足够的能量激发孔隙水成核。这发生在自发成核温度 T_{sn} 下。

（3）冰的形成释放潜热，孔隙水温度随之升高至其初始冻结温度 T_f。

（4）潜热的释放减缓了冷却，直到所有的核聚变潜热都被释放。

（5）如果环境温度低于孔隙水冰点，土壤温度就会下降。

（6）所有的自由水和大部分结合水冻结在-70 ℃（Andersland 和 Ladanyi，2004）。

尽管冰晶的形成需要过冷，但在后续描述的本构模型的实施中没有考虑自发成核温度的掺入。假设水/冰的冻结/融化过程遵循相同的路径，本研究不考虑土壤冻结特性的一般滞后性质。

许多研究人员一直致力于确定土壤-水系统的冰点/熔点（Low 等，1968；Kozlowski，2004；Xia 等，2011；Kozlowski，2016）。然而，他们的方法并不简单。为了解释冰点/熔点的降低，本研究提出了一种新的经验方法。

5.7.2.2 控制方程

本书提出并描述了热-流体-力学（THM）模型所需要和使用的平衡方程，并将重点放在实际的本构模型上。但对未冻水含量的测定、低温吸湿和水分传递的方法进行了详细的阐述。

（1）热力学平衡。冻土的热力学平衡是通过考虑液态水和冰相的平衡来实现的。这种平衡由 Clausius-Clapeyron 方程描述（Henry，2000），可以如下表示（Thomas，2009）：

$$\frac{p_{ice}}{\rho_{ice}} - \frac{p_w}{\rho_w} = -L\ln\frac{T}{T_f} \tag{5.85}$$

式中：p_w，p_{ice}——孔隙水压力和冰压力；

ρ_w，ρ_{ice}——孔隙水密度和冰的密度；

L——融化潜热；

T——当前温度；

T_f——土壤和压力下冰/水的融化/冻结温度。

水在压力梯度和温度梯度作用下，向冻结区运移的过程称为低温吸力。冻结区又称冻结边缘，如图 5.43 所示。由冰/水界面张力引起的毛细管作用推导如下（Thomas 等，2009）：

$$s_c = p_{ice} - p_w$$

$$= \rho_{ice}\left(\frac{p_w}{\rho_w} - L\ln\frac{T}{T_f}\right) - p_w$$

$$\approx -\rho_{ice}L\ln\frac{T}{T_f} \tag{5.86}$$

根据热力学符号，约定压强是正的。考虑到温度高于 T_f，土壤完全饱和孔隙水。然

后将低温吸力 s_c 设为 0。压力融化现象已经可以用 Clausius-Clapeyron 方程来描述，但是冻结/融化温度本身也与压力有关。关于融化温度与压力的关系，最著名和最常被引用的可能是 Simon 和 Glatzel（1929）提出的经验方程。这一方程不能用于下降的融化曲线或具有极大值的曲线（克钦，1995）。因此，应用这一来表示水冻结和/或冰融化的压力依赖关系是不合适的。因此，Wagner 等（2011）建议使用 IceIh 的融化压力方程：

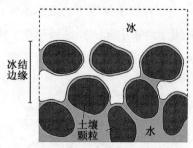

图 5.43　带冻结边缘的冻土示意图（**Peppin** 和 **Style2012**）

$$\frac{p_{\text{melt}}}{p_z} = 1 + \sum_{j=1}^{3} a_j \left(1 - \left(\frac{T}{T_t} \right)^{b_j} \right) \tag{5.87}$$

式中：$T_t = 273.16\text{K}$——气-液-固三相温度；

$p_t = 611.657\ \text{Pa}$——三相点压力。用

$$p_{\text{melt}} = p_{\text{ice}} = s_c + p_w \tag{5.88}$$

可以得到与压力有关的冻结/融化温度 $T_f(p)$ 公式

$$\frac{s_c + p_w}{611.675\ \text{Pa}} = 1 + \sum_{j=1}^{3} a_j \left(1 - \left(\frac{T_f}{273.16\text{K}} \right)^{b_j} \right) \tag{5.89}$$

系数 a_j 和指数 b_j 见表 5.17。

表 5.17　融化压力方程的系数 a_j 和指数 b_j（**Wagner** 等，2011）

j	a_j	b_j
1	0.119539337×10^7	0.300000×10^1
2	0.808183159×10^5	0.257500×10^2
3	0.333826860×10^4	0.103750×10^3

压力融化通过降低冰的融化温度来降低低温吸力和增大水压力。该耦合公式可以通过提供实际温度和孔隙水压力来计算低温吸力 s_c 和冻融温度 T_f。

（2）冰冷的特征函数。土壤-水系统的冷却曲线如图 5.44 所示，在冻结温度 T_f 下，冰正在形成。然而，在土壤-水系统中，并不是所有的自由孔隙水都在相同的温度下冻结。Rempel 等（2004），Wettlaufer 和 Worster（2006）以及 Zhou（2014）的研究结果显示，两种主要机制使得水在低于整体冰点的温度下保持不冻态。这两种机制分别是曲率诱导预融机制和界面预融机制（见图 5.44）。水表面张力的存在与土颗粒之间形成的弯月面非常相似，通过黏接颗粒使毛细吸力增大。相反，后者是斥力的结果，在冰和固体颗粒之间，这些力起到分离压力的作用，通过更多的水吸收来扩大差距。

这两种机制可以在一个热力学处理中结合起来，得出广义 Clapeyron 关系（Rempel 等，2004；Wettlaufer 和 Worster，2006）。此外，Hansen-Goos 和 Wettlaufer（2010）对多孔基质中包含的冰的预融进行了理论描述，该材料的融化温度远远大于冰本身，以预测基

质中在冰点以下温度下的液态水的数量。它结合了冰的界面预融与基体接触、晶界在冰中融化、曲率引起的预融和杂质。上述预融动力学公式均未直接应用于本研究。然而，上述机制可以通过考虑与两个依赖于吸力的屈服标准相关联的低温吸力来实现。

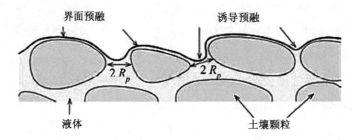

图 5.44　曲率在冰侵入楔形优先固体过程中诱导预融和界面预融（Wettlaufer 和 Worster 2006）

冻土中未冻水的残留量与冻结温度的关系可以看作一种土壤性质，用土壤冻结特性曲线（SFCC）来描述这种关系。由于非饱和土的冻结特性和水分保持特性类似（Black 和 Tice，1989；Spaans 和 Baker，1996；Coussy，2005；Ma 等，2015），使用 van Genuchten 模型（van Genuchten，1980 和 Fredlund 和 Xing，1994）来表示冻结特征函数（Nishimura 等，2009；Azmatch 等，2012b）。然而，也有人试图找到一个经验公式来计算未冻水含量 w_u（Tice 等，1976）。

研究中选择将体积未冻水含量 θ_{uw} 与温度采用基于 Anderson 和 Tice（1972）试验结果的经验公式，其中比表面积 SSA、未冻土容重 ρ_b 和温度 T 是唯一的输入参数。

$$\theta_{uw} = \frac{\rho_w}{\rho_b}\exp(0.2618 + 0.5519\ln(SSA) - 1.4495(SSA)^{-0.2640}\ln(T_f - T)) \qquad (T \leqslant T_f)$$

(5.90)

土壤的比表面积定义为单位质量土壤颗粒的表面积和，用 m^2/g 表示。土壤的许多物理和化学过程都与比表面积密切相关。Sepaskhah 等（2010）使用非线性回归分析来关联土壤颗粒直径的几何平均值 d_g 的测量 SSA 次方。这个经验幂函数允许计算具体的仅提供粒径分布的表面积：

$$SSA = 3.89 d_g^{-0.905} [m^2/g] \tag{5.91}$$

土壤颗粒直径的几何平均值（Shirazi 和 Boersma，1984），单位为 mm。

$$d_g = \exp(m_{cl}\ln d_{cl} + m_{si}\ln d_{si} + m_{sa}\ln d_{sa}) [mm] \tag{5.92}$$

式中：m_{cl}，m_{si}，m_{sa}——黏土、粉土和砂的质量分数，%；

d_{cl}，d_{si}，d_{sa}——分离黏土、粉土和砂的粒径极限（$d_{cl} = 0.001mm$，$d_{si} = 0.026mm$，$d_{sa} = 1.025mm$）。

几何平均和粒径限制由基于 U.S.D.A.分类方案的纹理图（Shirazi 和 Boersma，1984）获得，其中等效直径如图 5.45 所示。

这个新纹理图的一个主要假设是在每个粒度分数内具有对数正态的粒度分布。这样就可以用几何（或对数）平均粒径（d_g）和几何标准差（σ_g）来表示砂、粉土和黏土的任意组合。

利用 d_g 和 σ_g 不仅可以定性利用，而且可以定量利用质地数据来判断土壤的其他物理性质，如 SSA。Petersen 等（1996）指出，土壤比表面积的大

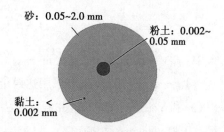

图 5.45 U.S.D.A. 分类方案示意图

小在很大程度上取决于土壤中黏土矿物的数量和类型。然而，这种结构信息方法不能考虑不同类型黏土矿物的比表面积差异很大的事实。然而，提出的 SSA 方程也在 Fooladmand（2011）中得到了检验，并发现它提供了土壤比表面积的一个很好的近似值。使用这种经验的方法的原如下：

① 考虑到工程实践，工程师更有可能知道土壤的矿物学，而不是土壤水分保持曲线（SWRC）和/或 SFCC。

② van Genuchten（1980）；Fredlund 和 Xing（1994）的模型是确定非饱和土水力特性常用的封闭公式，但拟合参数较为敏感，其确定不是日常的岩土工程工作。

③ 与真实测试数据相比，有限的输入数据和低工作量提供了快速和方便的结果。

④ 利用 Tarnawski 和 Wagner（1996）的论文提出的 Campbell 模型（Campbell，1985），可以计算部分冻土的导水率等土壤水分特征。因此，一个封闭关于水分转移的配方可以实现。

（3）水分转移。冻结土壤水分质量守恒定律可表示为：（Thomas 等，2009）

$$\frac{\partial(\rho_w \theta_w \mathrm{d}V)}{\partial t} + \frac{\partial(\rho_{ice} \theta_{ice} \mathrm{d}V)}{\partial t} + \rho_w \nabla v_w \mathrm{d}V + \rho_{ice} \nabla v_{ice} \mathrm{d}V = 0 \tag{5.93}$$

式中：下标 w——孔隙水；

下标 ice——冰；

ρ——密度；

θ——体积水/冰含量；

v——相对于固体骨架的速度；

$\mathrm{d}V$——土壤的体积元；

t——时间。

孔隙冰相对于固体土骨架的速度可以忽略，故 $v_{ice} = 0$。而且，$\mathrm{d}V$ 出现在所有项中，可以消去。这个方程可以简化为：

$$\frac{\partial(\rho_w \theta_w)}{\partial t} + \frac{\partial(\rho_{ice} \theta_{ice})}{\partial t} + \rho_w \nabla v_w = 0 \tag{5.94}$$

Ratkje 等（1982）利用不可逆过程热力学，提出了水的输运方程为：

$$f_1 = \rho_w v_w = -\kappa\left(\nabla P + \frac{\rho_{ice}L}{T_f}\nabla T\right) \tag{5.95}$$

式中：f_1——质量通量，$kg/(m^2 \cdot s)$。

Thomas 等（2009）提出采用达西定律（Darcy's law）以压力水头来描述孔隙水的流动（Bear 和 Verruijt，1987），并假定压力和温度是独立的驱动力，如式（5.96）所示（Ratkje 等，1982；Nakano，1990）。

$$v_w = -\frac{k}{\gamma_w}\left[\nabla(p_w - \gamma_w z) + \frac{\rho_{ice}L}{T_f}\nabla T\right] \tag{5.96}$$

式中：γ_w——水的单位重量；

$\quad\quad p_w$——孔隙水压力；

$\quad\quad z$——深度；

$\quad\quad k$——导水率。

Azmatch 等（2012）认为，确定部分冻土的导水率最常用的方法可能是结合不同的导水率估算方法使用土壤-水保持曲线（van Genuchten，1980；Fredlund 等，1994）。然而，这种方法假设 SWRC 是已知的。将 SWRC 与 SFCC 联系起来，并确定拟合曲线所需的参数，甚至会使部分冻土的导水率的确定复杂化，这并不是日常的工程实践。直接测量的成本、数据的缺乏以及时间压力，要求对冻土的水力特性进行快速可靠的估计。Tarnawski 和 Wagner（1996）建议利用未冻非饱和土的导水函数来计算部分冻土的导水率。这是基于这样的假设：部分冻结的孔隙对水流的影响与充满空气的孔隙相似，阻碍了水分的流动，而水分的流动只发生在充满水的小孔隙中。考虑到这些假设，用 Campbell（1985）的模型来计算部分冻土的渗透系数为：

$$k = k_{sat}\left(\frac{\theta_{uw}}{\theta_{sat}}\right)^{2b+3} = k_{sat}(S_{uw})^{2b+3} = k_{sat}k_r\,[m/s] \tag{5.97}$$

其中，θ_{sat}——饱和土壤的体积含水量，因此假定其等于孔隙度 n；

$\quad\quad \theta_{uw}$——当前的体积未冻水含量；

θ_{uw} 与 θ_{sat} 的比值为所谓未冻水饱和度 S_{uw}，而相对渗透率 k_r 定义为：

$$k_r = (S_{uw})^{2b+3} \tag{5.98}$$

其中，b——基于粒度分布的经验参数（Campbell，1985）；

$\quad\quad k_{sat}$——饱和土的导水率。

Campbell（1985）提到饱和水导率取决于孔隙的大小和分布，因此，从土壤质地出发，推导出许多预测饱和水导率的方程。Tarnawski 和 Wagner（1996）对该方程进行了略微修正，提出了以下经验方程，给出了 k_{sat} 的默认值：

$$k_{sat} = 4\times10^{-5}\left(\frac{0.5}{1-\theta_{sat}}\right)^{1.3b} \cdot \exp(-6.88m_{cl} - 3.63m_{si} - 0.025m_{sa})\,[m/s] \tag{5.99}$$

式中：m_{cl}，m_{si}，m_{sa}——黏土、粉土和砂的质量分数，%。

经验参数 b(Campbell，1985)可以计算如下：

$$b = d_g^{-0.5} + 0.2\sigma_g \tag{5.100}$$

式中：d_g——几何平均粒径，mm；

　　σ_g——几何标准差(Shirazi 和 Boersma，1984)：

$$\sigma_g = \exp\left[\sum_{n=1}^{3} m_i (\ln d_i)^2 - \left(\sum_{n=1}^{3} m_i \ln d_i\right)^2\right]^{0.5} \tag{5.101}$$

其中，m_i 和 d_i 为颗粒质量分数和颗粒尺寸极限。

参数 b 表示在对数标尺图上水势 ψ 相对于体积含水量 θ_w 的斜率。然而必须记住，式 (5.101)是一个估计值，永远不会正确地预测含有大型、相互连接的裂缝或根状渠道的土壤的饱和水力传导率(Campbell，1985)。

(4)传热。冻结土的热量能量守恒定律可以表示为(Thomas 等，2009)：

$$\frac{\partial(\Phi dV)}{\partial t} = \nabla Q dV = 0 \tag{5.102}$$

式中：Φ——土壤热含量；

　　Q——单位体积热通量。

(5)力学的平衡。总应力和体力的变化之和等于零，可以写成：

$$\nabla \cdot \sigma + b = 0 \tag{5.103}$$

式中：σ——总应力；

　　b——体力。

5.7.2.3　力学模型

力学模型的邻接描述主要基于 Ghoreishian Amiri 等(2016)的研究。他们在相关论文中描述了本构模型的初始版本。该模型是在双应力状态变量框架下建立的临界状态弹塑性力学土模型。应力状态变量为低温吸力和固相应力。后者被认为是土壤颗粒和冰的联合应力，定义为：

$$\sigma^* = \sigma - S_{uw} p_w \boldsymbol{I} \tag{5.104}$$

式中：σ^*——固相应力；

　　σ——总应力；

　　S_{uw}——未冻水饱和度；

　　p_w——孔隙水压力；

　　$\boldsymbol{I}$——单位张量。

根据式(5.104)，饱和冻土可以看作由土壤颗粒和冰组成的多孔材料，其中孔隙被水填满。冰是固相应力的一部分，因为它能够承受剪切应力。这种基于有效应力的公式是 Bishop 单有效应力，将未冻水饱和度 S_{uw} 作为有效应力参数或 Bishop 的参数。固相应力能够反映未冻水对力学行为的影响。低温吸力作为第二个状态变量，可以建立一个完整的流体力学框架。通过考虑低温吸力，可以考虑含冰量和温度变化的影响。因此，任何应变增量都可以相加分解为：

$$dc = d\varepsilon^{me} + d\varepsilon^{se} + d\varepsilon^{mp} + d\varepsilon^{sp}$$ (5.105)

式中：$d\varepsilon^{me}$ 和 $d\varepsilon^{mp}$——固相应力变化引起的应变的弹塑性部分；

$d\varepsilon^{se}$ 和 $d\varepsilon^{sp}$——由于低温吸力变化引起的应变的弹塑性部分。

（1）弹性响应。根据混合物等效弹性参数，固相应力变化引起的应变弹性部分可计算：

$$K = (1 - S_{ice}) \frac{(1+e)p_{y0}^*}{\kappa_0} + \frac{S_{ice}E_f}{3(1-2\nu_f)}$$ (5.106)

$$G = (1 - S_{ice})G_0 + \frac{S_{ice}E_f}{2(1+\nu_f)}$$ (5.107)

式中，G 和 K——等效应力相关的剪切模量和体积模量；

κ_0——土体在未冻状态下的恒弹性压缩系数；

G_0——土体的恒剪切模量；

p_{y0}^*——未冻工况的预固结应力；

E_f 和 ν_f——完全冻结状态下土体的杨氏模量和泊松比；

S_{ice}——冰的饱和度，在完全饱和的土壤中，可以确定为：

$$S_{ice} = (1 - S_{uw})$$ (5.108)

其中，S_{uw}——未冻水饱和度。

考虑到冰的温度依赖性行为：

$$E_f = E_{f, ref} - E_{f, inc}(T - T_{ref})$$ (5.109)

其中，$E_{f, ref}$——参考温度下 E_f 的值；

T_{ref} 和 $E_{f, inc}$——E_f 随温度的变化率。

定义固相应力变化引起的应变的弹性部分后，吸力变化引起应变的弹性部分可以计算为

$$d\varepsilon^{se} = \frac{\kappa_s}{1+e} \cdot \frac{ds_c}{(s_c + p_{at})}$$ (5.110)

式中：κ_s——弹性区域内吸力变化引起压缩系数；

$(1+e)$——比体积；

e——孔隙比；

p_{at}——大气压力。

大气压力增加到 s_c，以避免 s_c 接近 0 时的无限大值。然后给出应变的体积和剪切弹性分量：

$$d\varepsilon_v^e = \frac{1}{K}dp^* + \frac{\kappa_s}{1+e}\frac{ds_c}{1+e(s_c + p_{at})}$$ (5.111)

$$d\varepsilon_p^e = \frac{1}{3G}dq^*$$ (5.112)

式中：K, G——由式(5.106)和式(5.107)求得；

$\mathrm{d}p^*$——固相平均应力的变化量；

$\mathrm{d}q^*$——固相偏应力的变化量。

（2）屈服面。在解冻状态下，该模型成为传统的临界状态模型。即当低温吸力值为0时，模型简化为普通的未冻土模型。未冻态采用简单修正的剑桥黏土模型。考虑到冻结状态，应用两个依赖吸力的屈服函数来考虑前面描述的预融效应。考虑到曲率诱导的预融效应对晶粒黏结的影响，考虑了随吸力增大而扩大屈服面的屈服准则。根据 Barcelona 基本模型 BBM(Alonso 等,1990)，固相应力变化引起的载荷崩溃(LC)屈服面表示为：

$$F_1 = (p^* + k_t s_c)\left[(p^* + k_t + s_c)S_{uw}{}^m - (p_y^* + k_t s_c)\right] + \frac{(q^*)^2}{M^2} = 0 \tag{5.113}$$

$$p_y^* = p_c^*\left(\frac{p_{y0}^*}{p_c^*}\right)^{\frac{\lambda_0 - x}{\lambda - \kappa}} \tag{5.114}$$

$$\lambda = \lambda_0\left[(1-r)\exp(-\beta s_c) + r\right] \tag{5.115}$$

式中：p^*——固相平均应力；

q^*——固相偏应力；

M——临界状态线(CSL)的斜率；

k_t——描述低温吸力作用下表观黏聚力增加的参数；

p_c^*——参考应力；

κ——弹性区域内系统的压缩系数，κ 整体土的压缩系数见式(5.116)，κ 在一定程度上也与压力和温度有关；

$$\kappa = \frac{1+e}{K}p_{y0}^* \tag{5.116}$$

λ_0——未冻结状态下土体的弹塑性压缩系数；

r——与土体最大刚度相关的常数(无限低温吸力时)；

β——控制土体在低温吸力作用下刚度变化速率的参数。

随着温度的降低，未冻水的数量减少。在完全冻结状态下，当未冻水含量非常少时，土壤应该表现得像纯冰或冰碎石。纯冰的性质与金属的性质相当，而冰碎石的性质与沙的性质相似。考虑到砂土的各向同性特性，砂土会发生劈裂或粉碎，但不发生剪切就不会发生屈服。最常用的模拟砂土或冰碎石的模型是摩尔-库仑模型。为了解释这一行为，剑桥黏土型屈服面必须在未冻水饱和度下迁移到摩尔-库仑型屈服面。考虑了未冻水饱和度 S_{uw} 的依赖性，对这一问题进行了探讨。指数 m 表示需要在多大程度上考虑这种行为。m 的大小必须在 0 和 1 之间选择。

因此，这一公式能够从高未冻水饱和度的剑桥黏土型(能够屈服于各向同性压缩)转变为极低未冻水饱和度的摩尔-库仑型(不屈服于各向同性压缩)。然而,在很低的解冻饱和度下,屈服面仍然有一个上限(见图5.46)。当S_{uw}等于0时,帽子消失了。

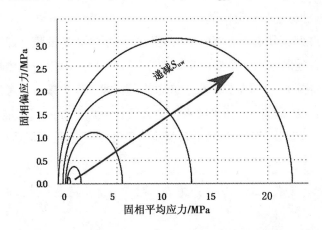

图5.46　恒定$m=1$时未冻水饱和度降低的屈服面演变示意图

前述中讨论的曲率诱导的预熔化效应是通过将晶粒黏结在一起来实现的。由此产生的压缩变形被认为是由于吸力变化引起的变形的弹性部分。当界面预融机制主导预融动力学行为时,低温吸力的增加导致颗粒偏析和冰晶的形成,并使土壤膨胀。这种变形被认为是由吸力变化引起的不可恢复应变的变形部分,即所谓塑性部分。因此,采用一个简单的二次吸力相关的屈服准则来捕捉这一现象。晶粒偏析(GS)屈服准则可写为:

$$F_2 = s_c - s_{c,\text{seg}} \tag{5.117}$$

式中:s_c,$s_{c,\text{seg}}$——冰分离现象的吸力阈值,限制了低温吸力增加时从弹性状态过渡到原始状态范围。

图5.47展示了在$p^*-q^*-s_c$空间中屈服面的三维视图。

(3)硬化规则。不可逆变形控制LC和GS屈服面的位置。然而,并不认为p^*-s_c应力空间中的两条屈服曲线是独立运动的,而是建议它们之间产生确定的耦合。

根据Ghoreishian Amiri等(2016)提出的考虑塑性压缩由于固相压力的变化,一方面在严格的行为和导致LC屈服面外;另一方面,这种塑性压缩导致了维数减少的空洞。因此,期望有一个更低的隔离阈值。图5.48(a)表明了这种耦合硬化规律,导致LC屈服面扩张,GS屈服面向下平移。

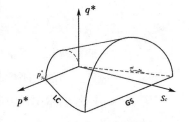

图5.47　在$p^*-q^*-s_c$空间中屈服面的三维视图

此外,由于冰偏析的发生而产生的塑性膨胀也会导致GS屈服面移动向上,反过来导致土壤的软化行为,引发LC产量向内移动表面。此耦合规则如图5.48(b)所示。为了耦合两个屈服曲线,选择它们的位置受总塑性体积变形控制。

$$d\varepsilon_v^p = d\varepsilon_v^{mp} + d\varepsilon_v^{sp} \tag{5.118}$$

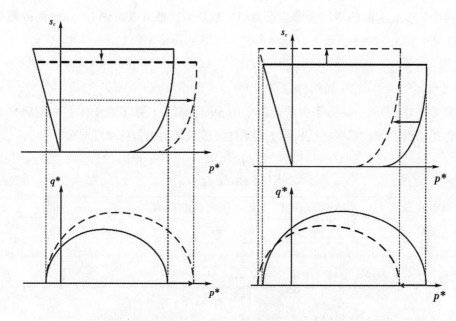

（a）固相应力变化引起的塑性压缩　　　　　　　（b）冰偏析引起的塑性膨胀

图 5.48　GSLC 曲线的耦合示意图

作为起始点，在弹性区域内增加 p^* 会引起压缩的体积变形。在弹塑性和弹性范围内，采用特定体积 $v=1+e$ 和 $\ln p^*$ 之间的线性依赖关系，可以写出弹性区域：

$$\mathrm{d}\varepsilon_\mathrm{v}^{me}=\frac{\kappa}{1+e}\frac{\mathrm{d}p^*}{p^*} \tag{5.119}$$

一旦净平均应力 p^* 达到屈服值 p_y^*，总体积变形可以计算如下：

$$\mathrm{d}\varepsilon_\mathrm{v}^{m}=\frac{\lambda}{1+e}\frac{\mathrm{d}p_\mathrm{y}^*}{p_\mathrm{y}^*} \tag{5.120}$$

因此，由于 p_y^* 的增加，体积应变的塑性组件将变成：

$$\mathrm{d}\varepsilon_\mathrm{v}^{mp}=\frac{\lambda-\kappa}{1+e}\frac{\mathrm{d}p_\mathrm{y}^*}{p_\mathrm{y}^*} \tag{5.121}$$

考虑到 LC 产量轨迹的方程式（5.114）：

$$\frac{p_\mathrm{y}^*}{p_\mathrm{c}^*}=\left(\frac{p_{\mathrm{y}0}^*}{p_\mathrm{c}^*}\right)^{\frac{\lambda_0-\kappa}{\lambda-\kappa}} \tag{5.122}$$

塑性体应变式（5.121）也可以写成：

$$\mathrm{d}\varepsilon_\mathrm{v}^{mp}=\frac{\lambda_0-\kappa}{1+e}\frac{\mathrm{d}p_{\mathrm{y}0}^*}{p_{\mathrm{y}0}^*} \tag{5.123}$$

结合式（5.122）和式（5.123）得到：

$$\frac{\mathrm{d}p_{\mathrm{y}0}^*}{p_{\mathrm{y}0}^*}=\frac{1+e}{\lambda_0-\kappa}\mathrm{d}\varepsilon_\mathrm{v}^{mp} \tag{5.124}$$

假设吸力变化引起的塑性变形也有类似的效应式，则可以得到 LC 屈服面的硬化规律：

$$\frac{\mathrm{d}p_{y0}^{*}}{p_{y0}^{*}}=\frac{1+e}{\lambda_0-\kappa}(\mathrm{d}\varepsilon_{\mathrm{v}}^{mp}+\mathrm{d}\varepsilon_{\mathrm{v}}^{sp}) \tag{5.125}$$

类似地，对 v：$\ln(s_{\mathrm{c}}+p_{\mathrm{at}})$ 平面的行为采用相同的假设，并考虑土体在曲率诱导和界面预融作用下的收缩和膨胀特性机制上，弹性区域内低温吸力的增加导致

$$\mathrm{d}\varepsilon_{\mathrm{v}}^{se}=\frac{\kappa_{\mathrm{s}}}{1+e}\frac{\mathrm{d}s_{\mathrm{c}}}{s_{\mathrm{c}}+p_{\mathrm{at}}} \tag{5.126}$$

当屈服轨迹 $s_{\mathrm{c}}=s_{\mathrm{c,\,seg}}$ 达到时，将产生如下的总变形和塑性变形：

$$\mathrm{d}\varepsilon_{\mathrm{v}}^{s}=-\frac{\lambda_{\mathrm{s}}}{1+e}\frac{\mathrm{d}s_{\mathrm{c,\,seg}}}{s_{\mathrm{c,\,seg}}+p_{\mathrm{at}}} \tag{5.127}$$

$$\mathrm{d}\varepsilon_{\mathrm{v}}^{sp}=-\frac{\lambda_{\mathrm{s}}+\kappa_{\mathrm{s}}}{1+e}\frac{\mathrm{d}s_{\mathrm{c,\,seg}}}{s_{\mathrm{c,\,seg}}+p_{\mathrm{at}}} \tag{5.128}$$

重新排列式(5.128)，结果为：

$$\frac{\mathrm{d}s_{\mathrm{c,\,seg}}}{s_{\mathrm{c,\,seg}}+p_{\mathrm{at}}}=-\frac{1+e}{\lambda_{\mathrm{s}}+\kappa_{\mathrm{s}}}\mathrm{d}\varepsilon_{\mathrm{v}}^{sp} \tag{5.129}$$

假设固相应力变化引起的塑性变形的效应与式(5.129)相似，则 GS 屈服面硬化规律为

$$\frac{\mathrm{d}s_{\mathrm{c,\,seg}}}{s_{\mathrm{c,\,seg}}+p_{\mathrm{at}}}=-\frac{1+e}{\lambda_{\mathrm{s}}+\kappa_{\mathrm{s}}}(\mathrm{d}\varepsilon_{\mathrm{v}}^{sp}+\mathrm{d}\varepsilon_{\mathrm{v}}^{mp}) \tag{5.130}$$

而界面预融机制是通过吸收更多的水来实现的。因此，水的可用性对塑性应变的积累具有更大的影响。冻结边缘的未冻水饱和度越低，吸水的渗透率越低。这会使得低温吸力的增加，而可能的应变量更小。土壤的塑性阻力随含水量的降低而增大。当水饱和度很低时，低温吸力会随着温度的降低而增加，但由于相对渗透率非常有限，能进入的水很少。因此，体积不可能增加。GS 曲线应该能够在成交量没有任何变化的情况下向上移动。这也是符合现实的，如果没有水进来，低温吸力增加不会导致冻融。采用该修正，提出了 GS 屈服面硬化规律如下：

$$\frac{\mathrm{d}s_{\mathrm{c,\,seg}}}{s_{\mathrm{c,\,seg}}+p_{\mathrm{at}}}=-\frac{1+e}{S_{\mathrm{uw}}(\lambda_{\mathrm{s}}+\kappa_{\mathrm{s}})}\mathrm{d}\varepsilon_{\mathrm{v}}^{sp}-\frac{1+e}{\lambda_{\mathrm{s}}+\kappa_{\mathrm{s}}}\left(1-\frac{s_{\mathrm{c}}}{s_{\mathrm{c,\,seg}}}\right)\mathrm{d}\varepsilon_{\mathrm{v}}^{mp} \tag{5.131}$$

(4)流动规则。对于塑性应变增量的方向，与 LC 屈服面相关联的平面内非关联流动规则 s_{c} 为常量被使用。对于 GS 屈服面，则采用关联流动规则：

$$\mathrm{d}\varepsilon^{mp}=\mathrm{d}\lambda_1\frac{\partial Q_1}{\partial\boldsymbol{\sigma}^{*}} \tag{5.132}$$

$$\mathrm{d}\varepsilon^{sp}=-\mathrm{d}\lambda_2\frac{\partial F_2}{\partial s_{\mathrm{c}}}I \tag{5.133}$$

其中，$d\lambda_1$ 和 $d\lambda_2$ 为 LC 和 GS 屈服面的塑性乘法系数，可通过塑性稠度条件得到。Q_1 为塑性势函数，定义为：

$$Q_1 = S_{uw}^{\ \gamma}\left[p^* - \left(\frac{p_y^* - k_t s_c}{2}\right)\right]^2 + \frac{(q^*)^2}{M^2} \qquad (5.134)$$

式中：S_{uw}——未冻水饱和度；

γ——塑性势参数。

添加这个塑性势参数是为了对体积行为有更多的控制。考虑到具有高未冻水饱和度的冻土的体积特性，孔隙中有大量的水，这些水能够移动，并提供了塑性体积变化的可能性。然而，当未冻水饱和度很低时，没有水流动，冻土就会表现为无孔材料。随着冰含量的增加，塑性势面由椭圆向直线变化，体积变化趋势随冰饱和度的增加而减小。在未冻结状态下，塑性势函数与屈服面相同。这种所谓关联塑性也被用于修正的 Cam 黏土模型（MCC）。

5.7.2.4　模型参数

目前的模型总共需要 17 个参数（见表 5.18）。11 个参数描述了固相应力变化下的行为，即 κ_0，G_0，$E_{f,ref}$，$E_{f,inc}$，ν_f，p_{y0}^*，p_c^*，λ_0，M，m 和 γ。3 个参数描述了与屈服应变有关的行为：$s_{c,seg}$ 和 κ_s。最后，β，r 和 k_t 解释了固相应力变化与低温吸力的耦合效应。

5.7.3　实证方法验证土壤冻结特性曲线与水力土壤性质

前面内容中提出了一种经验方法来获得给定土壤的冻结特性曲线（SFCC）和水力特性。所描述的程序包含一个数学模型，用于预测部分冻土的未冻水含量和水力传导性的基础上有限的输入数据，如粒径分布和孔隙度。然而，进一步考虑水/冰冻结/融化温度的压力依赖关系，甚至可以考虑冻结/熔点降低，从而出现压力融化现象。由于广泛的现场测试和实验室测试既耗时又昂贵，因此采用这种实际方法可以避免对土壤样品内的未冻水含量和温度进行测量。对于任何具有对数正态粒度分布的冻结土壤，都可以得到良好而快速的土壤性质估计。以下将定量和定性地证实所提出的经验方法。

表 5.18　本构模型参数表

参　数	描　述	单　位	参　数	描　述	单　位
G_0	未冻土剪切模量	N/m^2	λ_0	未冻结状态弹塑性压缩系数	—
κ_0	未冻土弹性压缩系数	—	M	临界状态线的斜率	—
$E_{f,ref}$	参考温度下冻土的杨氏模量	N/m^2	$(s_{c,seg})_{in}$	分隔界限值	N/m^2
$E_{f,inc}$	杨氏模量随温度的变化率	$N/m^2/K$	κ_s	吸力变化的弹性压缩系数	—
ν_f	冻土泊松比	—	λ_s	吸力变化的弹塑性压缩系数	—
m	屈服参数	—	k_t	随吸力变化的表观黏聚力变化率	—
γ	塑性潜在的参数	—	r	与土体最大刚度相关的系数	—
$(p_{y0}^*)_{in}$	未冻结条件下的初始预固结应力	N/m^2	β	土壤刚度随吸力的变化率	$(N/m^2)^{-1}$
p_c^*	参考压力	N/m^2			

5.7.3.1 土壤冻结特性曲线

SFCC 是冻结土壤温度与未冻水含量之间的关系。虽然时域反射法(TDR)的广泛应用已成为一种成熟的测量方法,但部分冻土中未冻水含量,通过粒径的方法测定 SFCC 分布(PSD)和孔隙比看起来更方便,避免了额外的输入参数。下面将使用有限的输入数据对这种方法进行验证。

Smith 和 Tice(1988)对各种土壤的未冻水含量进行了测量。他们的选择涵盖了粒径分布和比表面积 SSA 的一个代表范围。土壤样品用蒸馏水完全饱和,最初土壤样品被冷却到-10 ℃至-15 ℃之间,并逐渐加热到 0 ℃。0 ℃处的未冻水含量等于土壤样品的孔隙度。加热样品的方法可能会提供与冻结样品时稍有不同的未冻水含量结果。其中一个原因是孔隙水必须克服过冷效应(Kozlowski, 2009)。Oliphant 等(1983)针对 Morin Clay 和 Williams(1963)的试验结果显示了这种效应。

Smith 和 Tice(1988)没有提供不同土壤的粒度分布曲线,因此采用 U.S.D.A.土壤三角形的极限值来估计。假设的粒径质量分数见表 5.19 和图 5.49。

表 5.19 Smith 和 Tice(1988)试验土壤的假定粒径质量分数表

土　壤	$m_{黏土}$	$m_{淤泥}$	$m_{砂}$
Castor 砂壤土	0.06	0.22	0.72
Athena 粉砂壤土	0.15	0.58	0.27
Niagara 淤泥	0.08	0.87	0.05
Suffieltel 粉质黏土	0.41	0.41	0.18
Regina 黏土	0.52	0.25	0.23

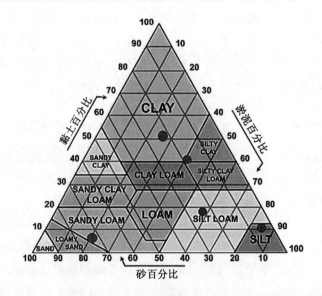

图 5.49 U.S.D.A. 土壤三角形粒度分布图

采用时域反射(TDR)方法得到 5 种不同土壤的 SFCC 及其计算对比图(如图 5.50 所

示）。该图清楚地表明建议的方法,

使用土壤矿物学,是获得大多数土壤类型 SFCC 的首选和默认方法。细粉含量越高,比表面积越高。这允许一个更高的能力,以保持一定数量的未冻水,因此导致冰点降低(Petersen 等,1996;Andersland 和 Ladanyi,2004;Watanabe 和 Flury,2008)。计算得到的冻结特性曲线不仅具有正确的定性性质,而且具有较好的定量一致性。

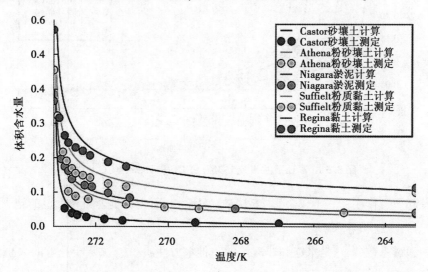

图 5.50 Castor 砂壤土、Athena 粉砂壤土、Niagara 淤泥、
Suffielt 粉质黏土和 Regina 黏土测定 SFCC 和计算 SFCC 比较

5.7.3.2 压力的依赖

如前所述,冰点的压力依赖关系也影响在负温度下保持不冻的水的数量。未冻水含量与压力之间的关系对于研究冻土在高压下的物理性质和力学行为具有重要意义(Zhang 等,1998)。为了验证这一关系,选择了 Zhang 等(1998)的实验数据,所用土壤为兰州黄土。其粒径质量分数分别为 $m_{clay} = 0.12$,$m_{silt} = 0.80$,$m_{sand} = 0.08$。试样在试管中的施加压力分别为 0,8,16,24,32 和 40 MPa。在测定不同负温度下冻土未冻水含量时,各阶段压力保持恒定。孔隙水压力设为施加在试样上的压力。假设初始孔隙比为 0.7,即孔隙度 $n = 0.41$。图 5.51 为 6 种不同压力水平下的实测数据与计算 SFCC 的对比。

图 5.51 通过考虑凝固点的压力相关性,准确再现了 Anderson 和 Tice(1972)之后经验公式计算体积未冻水含量的能力式。

5.7.4 水力特性

了解水力学性质不仅对未冻土很重要,对部分冻土也很重要。冻土中的流动在许多冰缘地貌和过程的详细分析中是很重要的,例如热岩溶、有模式的地面和土壤蠕变(Burt 和 Williams,1976)。由于需要改进预测方法和环境问题,因此增加了对水力传导性研究的兴趣(Andersland 等,1996;Andersland 和 Ladanyi,2004)。此外,冻土中的水分运动可

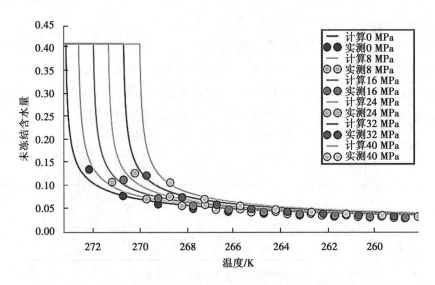

图 5.51 高压下兰州黄土实测 SFCC 与计算 SFCC 比较

能对冻融起重要作用。它不仅会影响边坡的稳定性,还会影响公路和管道的施工。

5.7.4.1 饱和导水率

饱和渗透系数(k_{sat})是水饱和非冻土的一种水力性质。k_{sat}决定于孔隙的大小和分布,通常假设在给定的材料和位置上保持恒定。然而,有时k_{sat}在工程实践中并不为人所知。在这种情况下,常用公式提供了在每个粒径级段内具有对数正态粒径分布(PSD)的土壤类型的饱和水导率的经验估计。为了验证这一经验方法,选择了美国农业部提供的土壤质地等级和相关的饱和渗透系数等级作为比较值。计算得到的k_{sat}值采用 U.S.D.A.土壤质地等级的默认粒径分布及其孔隙比的适当范围(见表 5.20)。

表 5.20 根据 U.S.D.A.土壤结构等级和假定孔隙比范围的粒径质量分数表

土 壤	m_{clay}	m_{silt}	m_{sand}	e_{min}	e_{man}
砂	0.04	0.04	0.92	0.30	0.75
壤土砂	0.06	0.11	0.83	0.30	0.90
砂质壤土	0.11	0.26	0.63	0.30	1.00
壤土	0.20	0.40	0.40	0.30	1.00
粉砂	0.06	0.87	0.07	0.40	1.10
粉质壤土	0.14	0.14	0.21	0.40	1.10
砂质黏质壤土	0.28	0.12	0.60	0.30	0.90
黏质壤土	0.34	0.34	0.32	0.50	1.2
粉质黏质壤土	0.34	0.55	0.11	0.40	1.1
砂质黏土	0.42	0.05	0.53	0.30	1.80
粉质黏土	0.48	0.45	0.07	0.30	1.80
黏土	0.70	0.13	0.17	0.50	1.80

将计算得到的饱和渗透系数范围与给出的饱和渗透系数范围进行对比。通过对比 U.S.D.A.提供的范围(图 5.51 中条形图)和计算的 k_{sat} 值范围(图 5.52 中的线)可以看出,估计的 k_{sat} 值的范围高度依赖于孔隙比。U.S.D.A.所显示的饱和水力传导率与质地的关系只是一个一般的指南,体积密度的差异可能会改变速率。当考虑最小孔隙比(松散状态)和最大孔隙比(密集状态)的计算范围时,这种对土体初始孔隙比的依赖关系在这张图中得到了证明。两种土壤类型,即砂质黏土和砂质黏质壤土,在两个图解范围之间有显著的偏差。但 U.S.D.A.土壤类型均与估算值一致。必须记住只有在没有其他可用的实际 k_{sat} 信息时,才建议使用这种方法来估计饱和水力传导率。尽管如此,仍然可以预期初步估计(见图 5.52)。

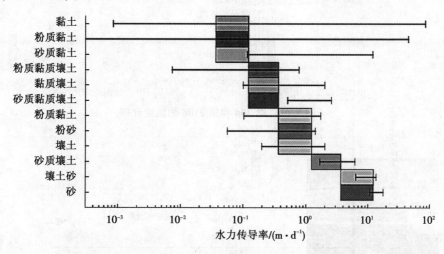

图 5.51　饱和渗透系数范围—U.S.D.A.范围(彩色条)与基于 PSD 和孔隙比计算 k_{sat} 范围(线)的比较图

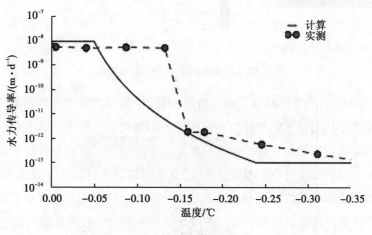

(a)Chena 淤泥

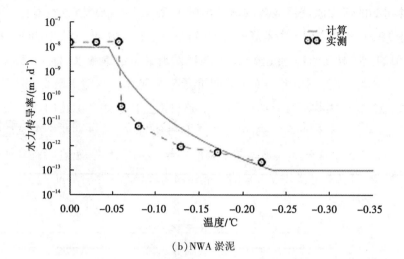

（b）NWA 淤泥

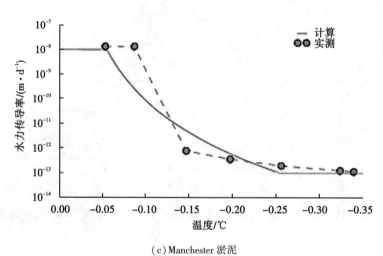

（c）Manchester 淤泥

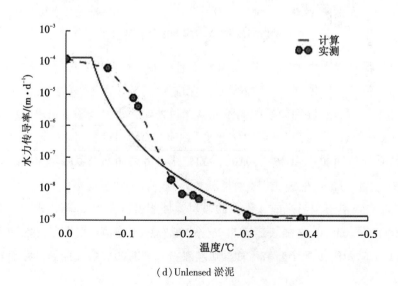

（d）Unlensed 淤泥

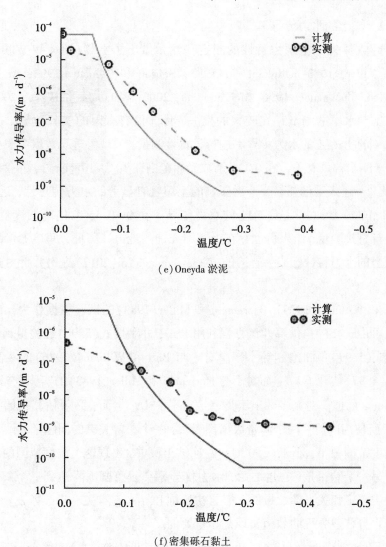

(e) Oneyda 淤泥

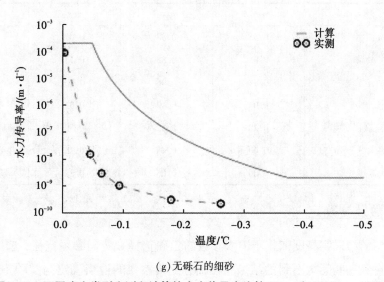

(f) 密集砾石黏土

(g) 无砾石的细砂

图 5.52 不同冻土类型实测和计算的水力传导率比较(Burt 和 Williams, 1976)

5.7.4.2　冻土的水力传导率

许多研究人员为冻土水力特性的测定和测量做出了贡献(Burt 和 Williams, 1976; Horiguchi 和 Miller, 1983; Oliphant 等, 1983; Benson 和 Othman, 1993; Andersland 等, 1996; Tarnawski 和 Wagner, 1996; McCauley 等, 2002; Watanabe 和 Wake, 2009)。然而, 由于部分冻土导水率的测量存在较大的挑战, 目前仅有有限的实验数据。Burt 和 Williams(1976)对部分冻土的水力传导率进行了直接测量, 发现渗透系数取决于土壤类型和温度, 并与未冻水含量有关。在 0 ℃, 系数显然范围在 $10^{-5} \sim 10^{-9}$ cm/s, 并仅缓慢下降约 -0.5 ℃。此外, 还表明已知易受冻融影响的土壤具有显著的水力传导性, 远低于 0 ℃。Horiguchi 和 Miller(1983)测量了冻土的水力传导率在 $0 \sim 0.35$ ℃内随温度变化的函数。由于很难进行直接测量, 结果可能存在一些不准确的地方。因此, 间接测量和经验方法获得部分冻土的水力特性已成为普遍的方法, Azmatch 等(2012)提出并针对这种方法进行了解释。

以 Burt 和 Williams(1976)、Horiguchi 和 Miller(1983)的试验数据作为比较依据。水力传导率值可由式(5.97)估算。该方程利用 PSD, 并利用式(5.90)经验得到体积未冻水含量, 利用式(5.99)预测饱和导水率。对于与 Burt 和 Williams(1976)的实测数据的比较, 使用式(5.97)估计了 k_{sat}, 而对于与 Horiguchi 和 Miller(1983)的实测数据的比较, 则选择了 10^{-8} m/s 的值。对大多数土壤类型给出了 PSD。然而, 必须估算初始孔隙比。表 5.21 列出了所使用的值。两个测量数据都表明, 一个非常关键的问题是导致水力传导率的下降的温度范围很小, 小于 0.50 ℃。在冻结土壤中, 出现这个温度范围的区域称为冻结区条纹。另一个结论是, 在这之后, 水力传导率突然急剧下降达到一个阈值, 意味着预期 k 不会进一步相关下降。最低 k 值与初始饱和导水率有关, 并选择 $k_{sat} \times 10^{-6}$。这个极限值对于水分传递方程的数值实现是很重要的。

表 5.21　Burt 和 Williams(1976)、Horiguchi 和 Miller(1983)试验土的粒径分布和孔隙比表

土　壤	$m_{黏土}$	$m_{淤泥}$	$m_{砂}$	e_0
Chena 淤泥	0.05	0.88	0.07	0.48
NWA 淤泥	0.02	0.85	0.13	0.50
Manchester 淤泥	0.04	0.96	0.00	0.43
Carleton 淤泥	0.03	0.40	0.57	0.60
Oneyda 淤泥	0.28	0.42	0.30	0.60
Leda 黏质粉土	0.40	0.45	0.15	0.50
Fine 细砂	0.06	0.06	0.88	0.50

5.7.5　参数及其确定

每个模型的结果都高度依赖于输入参数的正确选择。我们必须记住, 选择不恰当的参数可能会导致一些意想不到的结果。然而, 土壤参数的适当确定与实验室测试有关,因此耗时且昂贵。此外，样品和试验本身的质量在确定土壤参数方面起着至关重要的作用。考虑到冻土和非冻土本构模型所基于的非饱和土巴塞罗那基本模型，其应用较多的是研究人员，而不是实际工作者。虽然它是最著名的非饱和土弹塑性模型，但由于缺乏从室内试验中选择参数值的简单和客观的方法，导致其对岩土工程师没有吸引力。这是该本构模型在研究范围之外传播的主要障碍之一（Wheeler 等，2002；加里波利，2010；D'onza 等，2012，2015）。因此，试图提供一个描述土体试验、经验相关性和迭代校准的指南，以便从土体试验中获得所有必要的输入参数，以使用新的冻土和未冻土本构模型。在阐述这一准则时，重点在于找到一种折中的办法，一方面提供准确和可靠的土壤参数，另一方面尽量减少进行实验室土壤试验的工作量和费用。但是，这种减少需要减少输入参数。减少所需的输入参数在工程实践意义上是至关重要。它增加了实际项目的用户友好性和适用性。

5.7.5.1　模型参数的分类

在解释所提出的获取所有 17 个参数的策略之前，先将表 5.22 中给出并描述的模型参数分为以下三类。

表 5.22　模型参数分类

弹性参数	强度参数	各向同性应力下的加载状态和低温抽吸变异参数控制
κ_0	M	β
κ_s	k_t	λ_0
G_0	$(s_{c,\,seg})_{in}$	r
$E_{f,\,ref}$	m	p_c^*
$E_{f,\,inc}$	γ	$(p_{y0}^*)_{in}$
ν_f		λ_s

（1）弹性参数。对于未冻土，弹性参数一般不太重要，因为弹性应变明显小于塑性应变。然而，当考虑冻土时，它是不可忽略的，弹性参数的确定具有重要意义。部分冻土的弹性响应在很大程度上取决于温度和未冻水的可用性。因此，与这种温度依赖性相关的弹性参数对弹性响应有重要影响，分别为 $E_{f,\,ref}$，$E_{f,\,inc}$ 和 ν_f。因此，受 κ_0 和 G_0 影响的弹性反应中压力相关部分的作用较小。然而，它们表征了未冻结状态下的弹性行为，并有助于相变发生时的弹性响应。假设低温吸力变化的弹性压缩系数 κ_s 为常数参数。它描述了解冻和冻结的逆转。在解冻过程中，κ_s 呈正值会导致体积增大，但同时也会因固结或屈服面的减小而使体积减小。

（2）强度参数。5 个强度参数 M，k_t，$(s_{c,\,seg})_{in}$，m 和 γ 包括并描述了一些重要的土壤特性。M 描述剪切应力的影响，k_t 表观黏聚力（抗拉强度）的增加，$(s_{c,\,seg})_{in}$ 表现了颗粒偏析的影响和由于冰积累的膨胀行为。屈服参数 m 和塑性势参数 γ 的含义分别在前面进行过解释。

假设保持饱和条件下临界状态线 CSL，M 的斜率为非零低温吸入条件。此外，低温吸力也会增加 CSL 的强度(表观黏聚力)。黏聚力的增加被认为是线性的与低温吸力的关系,用常数斜率 k_t 表示,这是一种简化。真正的冻结结果表明,低温吸力对土壤抗拉强度的影响不是线性的(Akagawa 和 Nishisato,2009;Wu 等,2010;Azmatch 等,2011;Zhou 等,2015)。晶粒偏析的阈值为 $(s_{c,seg})_{in}$,当达到该值时,由于低温的增加而发生弹塑性应变吸入,与这种不可恢复的应变和土骨架的分离有关的是新冰的形成镜体。

(3)各向同性应力下的加载状态和低温抽吸变异参数控制。β,λ_0,r 和 p_c^*,以及预固结应力的初始值 p_{y0}^* 和 λ_s,是一般 Barcelona 基本模型中最难以确定的参数,因此在其未冻结/冻结公式中也是如此。它们同时影响各向同性应力状态下土壤行为的许多方面(Alonso 等,1990;Wheeler 等,2002;Gallipoli 等,2010;D'Onza 等,2012)。Gallipoli 等(2010)提出了一种直接的顺序校准程序,其中模型中的自由度按特定顺序逐步消除。因此,相应的参数值每次选择一个,而不必对其余的参数进行假设。从选择 β 开始点,β 是单一参数,控制 $v^* \sim \ln p$ 面中相对间距的正常压缩线。相对间距定义为给定的恒量(低温吸入)正常压缩线与参考温度 T_{ref1} 下的正常压缩线,按垂直距离归一化在两个参考温度(T_{ref1} T_{ref2})下的正常压缩线,其中计算了所有距离在相同参考应力下的 p_f。对参数 λ_0 和 $r\lambda_0$ 进行了简化计算,将优化过程转化为对实验数据进行直接线性插值的方法低温吸盘 s_c,到一个映射的低温吸盘 s_c^*,这在数学上有相当大的优势。一个通过适当的映射过程进行的类似线性化在推荐的程序中被用于确定硬化参数的初始值 p_{y0}^*。

这种方法需要在不同恒定的正角温度下对土壤样品进行各向同性测试。由于这种类型的测试需要精密的设备,而且耗时,因此提出使用流速计测试结果,而不是各向同性测试结果。温控里程表测试需要的设备不那么复杂。此外,更短的测试周期可以节省时间和金钱。然而,测力计测试的主要缺点是它的侧向应力在零侧向应变的条件下处于控制状态,并且在测试过程中仍然未知。此外,在 Zhang 等(2016)研究使用流速计试验结果进行本构建模之前,还没有成熟、简单和客观的方法。Zhang 等(2016)推导了非饱和土的稳态系数的明确公式,并开发了一种优化方法,用于简单、客观地识别非饱和土弹塑性模型(如 BBM)中的材料参数吸力控制的流速计测试结果。

5.7.5.2 提出土壤测试

为了获得所需的所有材料参数,建议进行下列室内土壤试验(见表 5.23)。

表 5.23 建议的土壤试验

1	流速计在未冻结和冻结状态下进行测试
	N:$\ln\sigma_1^*$ 平面提供了未冻结条件下初始预固结应力的计算数据 $(p_{y0}^*)_{in}$,进而得到参数 β,κ_0,r 和 p_c^* 可以通过标定方法来确定。各向同性下未冻结状态弹塑性压缩系数加载 λ_0,可通过取冻融条件下的测压指数 C_c 来求得考虑状态($\lambda_0 = C_c / \ln 10$)
2	未冻状态下的简单剪切试验
	得到了土体在未冻结状态下的剪切模量 G_0,以及临界状态线(CSL)的斜率 M。

表5.23(续)

3	冻结状态下任意参考温度下无侧限轴向压缩试验 确定冻土的杨氏模量 $E_{f,ref}$ 和冻结状态下的泊松比 ν_f。
4	冻结状态下不同温度下无侧限轴压试验 确定了冻土杨氏模量随温度的变化率 $E_{f,inc}$ 和表观黏聚力的增加率 k_t。
6	冻融试验(冻融循环) 通过找出冻融现象开始时的温度,确定初始偏析阈值。进一步绘制 $\nu : \ln(s_c + p_{at})$ 平面上的冻融循环,以确定 λ_s 和 κ_s 的值

5.7.5.3　可能的相关性和默认值

实验室检测数据,如果有的话,是更可靠的,应该作为依据。

(1)杨氏模量及杨氏模量随温度的变化。Tsytovich(1975)根据对三种不同冻土的 200 mm 立方体的循环压缩试验结果发现,在 200 kPa 压力下,杨氏模量 E 随温度的变化可以用以下公式表示(Johnston,1981):

对于冻砂(粒径 0.05~0.25mm,总含水量 17%~19%)在 −10 ℃温度下。

$$E = 500(1 + 4.2|T|) \tag{5.135}$$

对于冻结粉土(粒度 0.005~0.050mm,总水分含量为 26%~29%),温度降到 −5 ℃。

$$E = 400(1 + 3.5|T|) \tag{5.136}$$

对于冻结黏土(50%通过 0.005mm 筛)和在温度下降到 −5 ℃的 46%~56%水含量。

$$E = 500(1 + 0.46)|T| \tag{5.137}$$

其中,E——杨氏模量,MPa;

$|T|$——低于 0 ℃的温度,℃。

表 5.23 提供了不同土壤类型的 $E_{f,ref}$ 和 $E_{f,inc}$ 可能默认值。根据 Andersland 和 Ladanyi(2004)试验结果可以观察到,在类似条件下,冰的模量比致密冻结砂和淤泥的模量小,但比黏土的模量大得多,这是因为后者含有大量未冻水。相比之下,在 0 ℃时冰的杨氏模量为 8700MPa。

表 5.23　弹性参数默认值

参数	冻砂	冻淤泥	冻黏土
$E_{f,ref}$	500 MPa	400 MPa	500 MPa
$E_{f,inc}$	2100 MPa/K	1400 MPa/K	230 MPa/K

(2)冻结状态下的泊松比。前面提到过的 3 种冻土类型的泊松比随温度的降低而减小,直至孔隙水全部冻结,土体变为刚性。然而,该模型假定冻结状态下的泊松比为常数。相比之下,冰的泊松比约为 $\nu_{ice} = 0.31$。提议用一个值将 ν_f 靠近 ν_{ice}。

(3)临界状态线的斜率。Muir Wood(1991)认为,在临界状态下土壤以纯摩擦方式被破坏。破坏后变形是如此之大,以至于土壤被彻底搅拌起来。所有粒子间的结合力都被破坏了，没有了凝聚力。因此，对于三轴压缩而言，M 可估计为：

$$M = \frac{6\sin\varphi_f}{3-\sin\varphi_f} \tag{5.138}$$

对于三轴延伸，M 的结果为：

$$M = \frac{6\sin\varphi_f}{3+\sin\varphi_f} \tag{5.139}$$

式中：φ_f——剩余摩擦角或临界摩擦角。Ortiz 等（1986）提供了表 5.24 中 φ_f 的一些默认值。

表 5.24　Ortiz 等（1986）试验后土体的选定强度特性（排水，实验室尺度）

参数	峰值摩擦角/(°)	剩余摩擦角/(°)
砾石	34	32
含少量细粒的砂质砾石	35	32
含粉砂或黏土的砂质砾石	35	32
砂砾与砂子的混合料	28	22
均匀细沙	32	30
均匀砂层	34	30
分选良好砂	33	32
低可塑性淤泥	28	25
中等至高塑性淤泥	25	22
低可塑性泥	24	20
中等塑性黏土	20	10
高塑性黏土	17	6
有机淤泥或黏土	20	5

（4）晶粒偏析阈值。这个阈值与冰晶的形成密切相关。一旦温度下降到低温吸力超过这个阈值时，塑性应变就会积累，土壤就会膨胀。Rempel 等（2004），Rempel（2007），Wettlaufer 和 Worster（2006）描述了冰晶和冻融的形成。Rempel（2007）提供了一个表格，计算了三种不同类型的多孔介质在第一个冰晶形成时，随后的新晶和最大程度上的冰温度（见表 5.25）。

表 5.25　第一个冰晶形成时的冰晶温度，随后的新冰晶温度和最大冰晶温度

参数	理想的土壤	Chen 淤泥	Invuik 黏土
$T_{f,\,bulk}-T_{1st}/K$	0.57	1.27	3.48
$T_{f,\,bulk}-T_{new}/K$	0.68	1.66	5.06
$T_{f,\,bulk}-T_{max}/K$	2.63	4.86	10

为了提供低温吸力的数值，将表 5.25 中给定的温度用近似公式进行变换，这个近似公式提供了合理的值。

$$s_c \approx |T_{f,\,bulk}-T|$$

进一步假设理想的土壤可以被看作一种砂，Chena 粉土代表任何类型的粉土，Invuik 黏土代表黏土。表 5.26 为未进行冻融试验时建议的默认值。

表 5.26　建议的晶粒偏析初始阈值

参数	砂	淤泥	黏土
$(s_{c, seg})_{in}$/MPa	0.55	1.25	3.50

5.7.6　参数控制初装、卸载和再装的校准方法

下面将解释如何利用不同恒定正、负温度下的流量计测试结果来获得一些模型参数。Zhang 等(2016)开发并描述了这种方法，并将其应用于当前的模型。所使用的输入参数和静息系数 K_0 的显式推导。

5.7.6.1　改进的状态面方法

采用修正状态面法 MSSA(Zhang 和 Lytton，2009，2012)模拟非饱和土的弹塑性行为，有利于冻结和未冻结 BBM 模型参数的标定。在三轴应力状态下(Zhang，2010)，弹性区域内的体积变化可以用弹性面表示为：

$$v^e = C_1 - \kappa \ln p^* - \kappa_2 \ln(s_c + p_{at}) \tag{5.140}$$

式中：C_1——常数，与土壤的初始比体积有关。

弹塑性区域内的塑性超表面定义如下：

$$v = N(0) - \kappa \ln \frac{p^*}{p_c^*} - \kappa_s \ln\left(\frac{s_c + p_{at}}{p_{at}}\right) - (\lambda_2 - \kappa)\left[\ln\left(\frac{(q^*)^2}{M^2(p^* + k_t s_c)} + (p^* + k_t s_c)s_{uw}{}^m - k_t s_c\right) - \ln(p_c^*)\right] \tag{5.141}$$

5.7.6.2　利用 K_0 显式公式校正模型参数

校准的目标是找到最适合定义的 K_0 应力路径的模型参数 $N(0)$，κ_0，β，r，p_c^*，M，k_t，m 和 γ 的组合。这是通过将原始状态下的试验数据与理论结果之间的总体差异最小化[具体体积由式(5.142)预测]来实现的。利用最小二乘法，所有的试验结果使用相同的权重($w_j = 1$)。目标函数可以表示为：

$$
\begin{aligned}
F(X) &= \sum_{j=1}^{n} w_j (v_j - \hat{v}_j)^2 \\
&= \sum_{j=1}^{n} w_j \left[v_j - \left[N(0) - \kappa \ln \frac{p_j^*}{p_c^*} - \kappa_s \ln\left(\frac{s_{c, j} + p_{at}}{p_{at}}\right) \right] \right. \\
&\quad \left. - (\lambda_s - \kappa)\left[\ln\left(\frac{(q_j^*)^2}{M^2(p_j^* + k_t s_{c, j})} + (p_j^* + k_t s_{c, j})s_{uw, j}{}^{in} - k_t s_{c, j}\right) - \ln p_c^* \right] \right]^2
\end{aligned} \tag{5.142}
$$

5.7.6.3　优化策略

为了使原始状态下的试验数据与理论结果之间的差异最小，采用了粒子群优化 PSO 技术。PSO 算法在 Kennedy 和 Eberhart(1995)的相关研究结果中进行了描述。它的工作原理是，有一个群体，即所谓群，是优化问题的候选解决方案(称为粒子)。根据几个简单的定律，这些粒子在搜索空间中四处移动。粒子的运动是由它们自己在搜索空间中最已知的位置以及整个群的最已知位置来指导的。当发现改进的位置时，它们将指导群的

移动。这个过程是重复的，通过这样做，希望最终发现一个令人满意的优化问题的解决方案。粒子群算法不能保证找到问题的最优解决方案，但它通常效果非常好。

5.7.6.4 约束，上界和下界

为了确保快速而准确地优化，正确选择上界和下界是很重要的。一般约束见表5.27。

表 5.27 策略的一般约束

参数	约束
$N(0)$，κ_0，β，r，$p_c{}^*$，M，k_t，m 和 γ	$x>0$
m，γ	$0 \leqslant x \leqslant 1$

除了这些约束之外，还指定了一些其他依赖项。由于缺乏冻土各向同性或一维压缩试验的数据，以下依赖关系是 BBM 和非饱和土的行为（Alonso 等，1990；Wheeler 等，2002；Gallipoli 等，2010）。当不同低温吸力值下的法向压缩线随着平均净应力的减小而发散时，与最大土刚度 r 相关的系数应小于1.0。当 $r<1.0$ 时，参考应力 $p_c{}^*$ 必须选择很小，且小于最初的预固结压力 $(p_{y0}^*)_{in}$。如果法向压缩线以增大的 p^* 收敛，则应该为模型参数 r 选择一个大于1.0的值。当 r 大于1.0时，必须为参考应力 $p_c{}^*$ 选择一个非常大的值——要比任何建模练习中设想的 p^* 的最大值大得多。这是为了确保 LC 屈服曲线在扩展时具有合理的形状，以及在不同的低温吸力值下正常压缩线的合理位置（Wheeler 等，2002）。$N(0)$ 的取值应接近于初始比体积 $(1+e)$。建议强度参数 M，k_t，m 和 γ 的取值应固定，因为测土仪测试并不能反映土壤的强度。

5.7.7 THM 耦合有限元模型环境验证

对冻土和非冻土本构模型在实际应用中的适用性进行验证。简单的边值问题，其中温度和压力的变化相结合，提出更具体的应用。本构模型的两个主要特征，即对冻融和融沉的模拟能力，可以成功地模拟出来。冷冻管道埋在非冻土中模拟冻融现象，一个立足点放置在冻土上，在一个变暖的时期显示了冰融化的后果和相关的解冻定居点。为了进一步提高人工冻结的认识，以隧道施工中的冻结管为例，对模型进行了验证。

5.7.7.1 边值问题

边值问题试图涵盖并呈现本构模型在热-流体-力学有限元环境中的主要能力和局限性。主要考虑以下情况。

案例1：无侧限压缩试验下的温度梯度；案例2：压力融化；案例3：冻融循环；案例4：冷冻管道冻融分析；案例5：冻土地基经历增温期；案例6：隧道施工中管道冻结。

但是，土壤参数设置要研究的边值问题需要提供土壤参数集。案例1至案例6仅在一个土壤参数集下进行。案例4和案例5考虑两层地层，需要两个参数集。选择前述描述的参考土黏土，以及为砂土设置的新参数。在 THM 有限元环境中，现在可以考虑热力

学影响。它们对于评估模型的性能非常重要。因此,参考土黏土的初始分离阈值 $(s_{c,seg})_{in}$ 设为 3.50 Pa,为前述提出的黏土的默认值。获得部分冻结状态下 SFCC、饱和导水率和导水率所需的一组物理性质如表 5.28 所示。黏土和砂的完整参数,两种土壤参数集的产量面差异见图 5.53(a)和图 5.53(b)。两种材料的屈服面只显示出平均有效应力为 5MPa。两种土壤材料产量表面的差异是由于两个事实:一方面,所选参数的差异(见表 5.28)影响屈服面;另一方面,未冻水含量的影响[见式(5.113)和图 5.54(a)与图 5.54(b)]。由于所选的屈服参数 $m=1.0$,导致了形状上的主要差异。

表 5.28　黏土和砂土的物理特性

土壤	颗粒直径组合/%			孔隙比	固体密度/ kg·m^{-3}
	2.0~0.05 mm	0.05~0.002 mm	<0.002 mm		
黏土	13	17	70	0.90	2700
砂土	92	4	4	0.35	2650

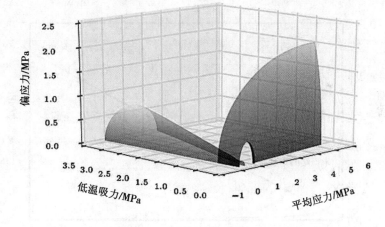

(a)黏土和砂的三维屈服视面图(1)

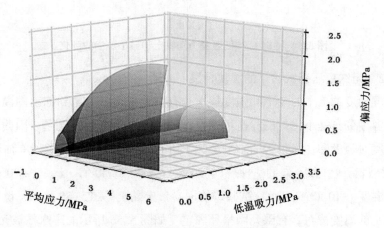

(b)黏土和砂的三维屈服视面图(2)

图 5.53　黏土和砂土的三维屈服面

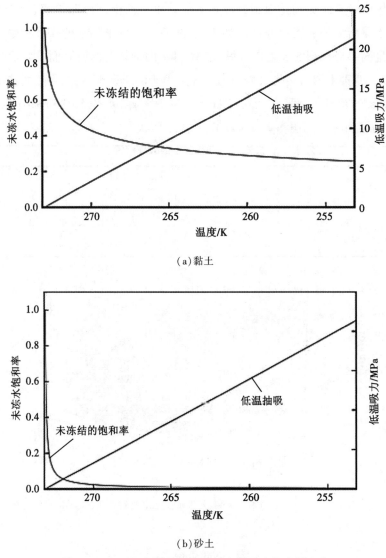

（a）黏土

（b）砂土

图 5.54　SFCC 和低温吸力随黏土和砂土温度的变化

5.7.7.2　无约束压缩试验下的温度梯度

具有温度梯度的冻土的变形和强度特性具有重要意义。考虑到冻土的温度分布，大多数情况下温度分布是不均匀的。这可以看作不同温度梯度的温度场。因此，需要很好地理解热梯度对强度和变形行为的影响。为了研究热梯度对土样变形和单轴压缩强度的影响，对土样进行了 3 种不同的热梯度（0.25 ℃ · cm^{-1}，0.50 ℃ · cm^{-1}，1.00 ℃ · cm^{-1}）和 2 种平均温度（-10 ℃，-15 ℃）试验。使用参考土黏土。图 5.55 显示了设置和剪切过程中保持恒定的温度分布。有限元网格和固定度如图 5.56 所示。排水是被允许的。

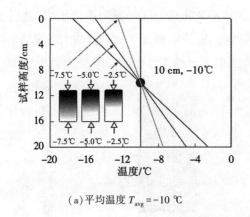

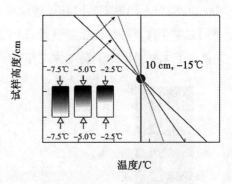

（a）平均温度 $T_{\text{avg}} = -10$ ℃　　　　　　　　　（b）平均温度 $T_{\text{avg}} = -15$ ℃

图 5.55　应用温度梯度

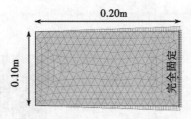

图 5.56　情形 1，2，3 的 FE 模型及网格划分（492 个单元，4069 个节点）

得到的结果如图 5.57 所示，其中在 ΣMstage 上施加的垂直力被绘制成图。图 5.58 为偏应变演化。

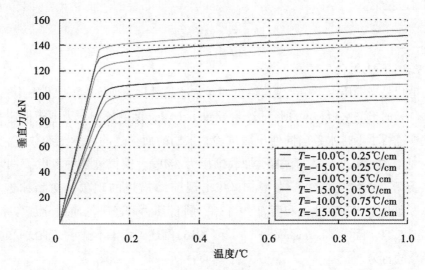

图 5.57　垂直力与 ΣMstage

由图 5.57 可以看出，在恒定平均温度下，弹性模量变化不大，而在较低的平均温度下，弹性模量变化较大。硬化模量和单轴抗压强度随着平均温度和热梯度的减小而增大。从图 5.58 可以看出，在较低的平均温度和较小的温度梯度下，累积的偏应变较少。

Zhao 等(2013)对不同温度梯度和平均温度下的冻结黏土进行了一系列单轴压缩试验,分析了不同温度梯度下冻结黏土的变形和强度特性。模拟结果与 Zhao 等(2013)的结果一致,并覆盖了无侧限压缩下温度梯度作用下冻土的主要性能。

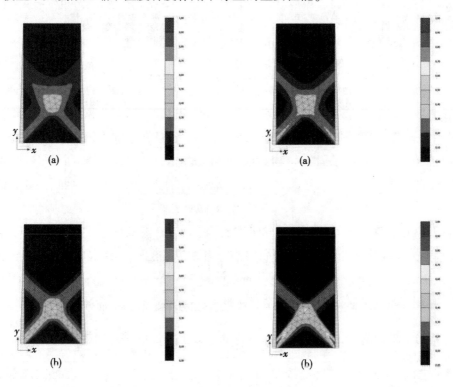

图 5.58　偏差应变

5.7.7.3　压力融化

压力融化是高围压由于相变温度降低而导致冰晶融化的现象。预计孔隙中会有更多的未冻水。高的未冻水饱和度和低的冰量导致了土壤强度的减弱。为了模拟这一特性,对黏土试样进行了不排水各向同性压缩试验。采用前面描述的参考土参数集。根据图5.59 所示的有限元模型定义的试样,加载围压为 5MPa。模拟过程中考虑了−1 ℃的温度。排水受阻,导致孔隙水压力增加,并出现前面描述的现象。初始冰饱和度为41.06%,长期施加围压后冰饱和度为 29.13%。孔隙压力和净平均应力分别与冰饱和度的关系如图 5.59 所示。Ghoreishian Amiri 等(2016)阐述了考虑不排水三轴试验的剪切压力融化现象的行为。

5.7.7.4　冻融循环

冻融循环表明该模型能够模拟冰的离析现象(冻融)以及融沉特性。在此应用中,可以显示晶粒偏析屈服面与加载崩落屈服面的耦合关系。为此,对表 5.29 和表 5.30 所示参数组的黏土试样进行两次冻融循环试验。

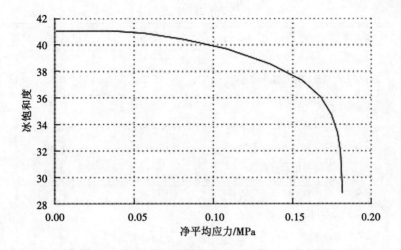

(a)冰饱和度与净平均应力的关系

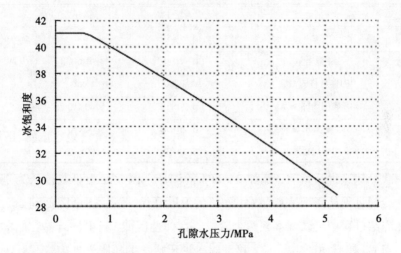

(b)冰饱和度与孔隙水压力的关系

图 5.59　随着冰饱和度的降低净平均应力和孔隙水压力的变化

表 5.29　黏土和砂土本构模型参数

参数	描述	黏土	砂土	单位
G_0	未冻土剪切模量	2.22×10^6	5.00×10^6	N/m^2
κ_0	未冻土弹性压缩系数	0.08	0.15	—
$E_{f,ref}$	参考温度冻土杨氏模量	6.00×10^6	20.00×10^6	N/m^2
$E_{f,inc}$	温度杨氏模量的变化率	9.50×10^6	100×10^6	$N/m^2/K$
ν_f	冻土泊松比	0.35	0.30	—
m	屈服参数	1.00	1.00	—
γ	塑性潜在的参数	1.00	1.00	—
$(p_{y0}^*)_{in}$	对未冻条件的初始预固结应力	300×10^3	800×10^3	N/m^2

表5.29(续)

参数	描述	黏土	砂土	单位
p_c^*	参考应力	45.0×10^3	100×10^3	N/m^2
λ_0	对未冻状态的弹塑性压缩系数	0.40	0.50	—
M	临界状态线的斜率	0.77	1.20	—
$(s_{c, seg})_{in}$	分隔阈值	3.50×10^6	0.55×10^6	N/m^2
κ_s	对吸力变化弹性压缩系数	0.005	0.001	—
λ_a	弹塑性压缩系数	0.80	0.10	—
k_t	吸力变化的表观内聚力变化率	0.06	0.08	—
r	与土体最大刚度相关的系数	0.60	0.60	—
β	土壤刚度随吸力的变化率	0.60×10^{-6}	1.00×10^{-6}	$(N/m^2)^{-1}$

表 5.30　黏土和砂土的热特性

参数	描述	黏土	砂土	单位
cs	比热容	945	900	$J/(kg \cdot K)$
λ_{s1}	导热系数	1.50	2.50	$W/(m \cdot K)$
ρ_s	固体材料的密度	2700	2650	kg/m^3
α_x	x 方向的热膨胀系数	5.20×10^{-6}	5.00×10^{-6}	$1/K$
α_y	y 方向的热膨胀系数	5.20×10^{-6}	5.00×10^{-6}	$1/K$
α_z	z 方向的热膨胀系数	5.20×10^{-6}	5.00×10^{-6}	$1/K$

在第一次冷却过程开始前，施加 250kPa 的围压。因此黏土可以被认为是轻微的过度固结的。冷却过程从高于冰点(274.16K)的温度开始，然后逐渐降低到 263.16K 的最终温度。在冻结过程中可以观察到两个阶段。在弹性区域，κ_s 主导着晶粒间的结合和体积的减小。当 GS 屈服面产生并向上移动时，便开始发生膨胀塑性应变。观测到的体积增加发生冻融。此外，LC 向内移动与未冻结状态下预固结压力的降低有关。当整个土壤样品冷却到 263.16 K 时，解冻过程开始。假设第一次融化循环时围压增加到 500kPa。这一增加保证了冻融后 LC 屈服曲线在早期受到冲击，同时发生塑性压缩和融固结。图 5.60 显示，在第一个冻融循环之后，最终得到了显著的解冻定居点。当触及 LC 屈服曲线时，导致了 GS 屈服面向下移动。一旦样品完全解冻，就可以认为是正常固结的。开始第二次冻融循环。在第一次解冻阶段，GS 屈服曲线虽然向下移动，但并没有达到初始位置。这意味着在下一个冻结期，冰分离将在较低的温度下发生。从第二次冻结期的结果可以看出这一点。弹性部分和曲率诱导的预融机制在冻结时的主导时间比冻结初期更长。与冻结初期相比，GS 屈服曲线在较低温度下被击中，膨胀塑性应变积累较少。一旦完全冷却到 263.16 K，允许土样解冻，但现在不增加围压。土样中孔隙水压力较低，固结时间较长。此外，LC 屈服曲线在融化初期比融化后期出现。可以观察到，最初 κ_s 的影响导致对解冻的膨胀行为，主导其他两种机制。当触及 LC 屈服曲线时，发生塑性压缩，

GS 屈服曲线向下移动。第二解冻期的融化沉降小于第二冻结期的膨胀变形。

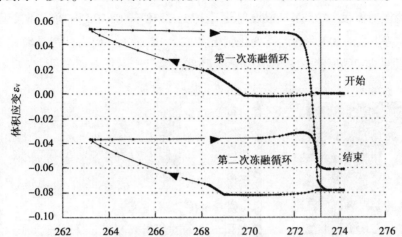

图 5.60 体积应变 ε_v 与温度 T 的关系

5.7.7.5 冷冻管道

冻融和冰离析可能会引起许多工程问题，如路面开裂和管道断裂。因此，在公路和管道工程中，这是一个特别值得关注的问题。冻融可以解释为水的迁移引起的地面膨胀，水的迁移提供了越来越大的冰晶。冻融与冻结后水密度的降低无关（Taber1929，1930）。低温吸力是水运移的驱动因素，但同时受到部分冻土渗透性降低的阻碍。

（1）几何和边界条件。一条管线（φ0.60m）埋深 1.30m，沟渠埋深 1.20m。在黏土层中挖出沟渠，然后用砂土回填。管道的抗弯刚度为 $EI = 2.82 \times 10^5 \mathrm{Nm^2/m}$。模型域宽 3.00m，高 3.00m。所研究问题的对称性模拟一半的管道截面。由于对称的原因，模型的左边界是封闭的，不允许热流，而在模型的右边界是可能的渗流。由于未冻水饱和度和导水率的快速变化，采用了相对精细的网格划分方法。考虑了一个恒定的空气温度为 294K，假设表面导热为 300W/m² 的情况。3m 深度的温度设置为 283K。其几何形状、初始地面温度和边界条件如图 5.61 所示。

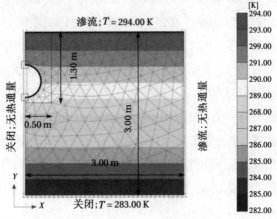

图 5.61 冷冻管道的几何形状和边界条件

（2）仿真和结果。管道放置完毕后，用砂土填满沟槽，管道内冷却的液体使周围温度降低。流体的温度为253K。假设管道冷却到253K需要10d时间。在接下来的20d里，温度保持不变。30d后的温度变化情况如图5.62所示。应力冲击晶粒偏析屈服面，引起膨胀塑性应变的累积。图5.63为冰饱和度。

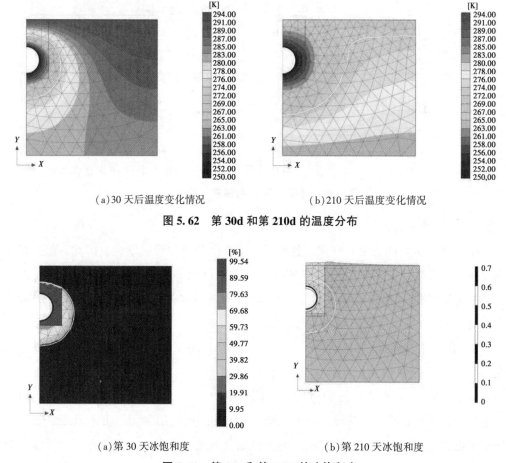

（a）30天后温度变化情况　　　　　　　　（b）210天后温度变化情况

图5.62　第30d和第210d的温度分布

（a）第30天冰饱和度　　　　　　　　　（b）第210天冰饱和度

图5.63　第30d和第210d的冰饱和度

图5.64为30d后的变形网格。可以清楚地看到，冻结的黏土比砂材料含有更多的未冻结的水。发生了约两厘米的冻融。在这30d的恒温之后，考虑180d内气温下降25K。底部边界的温度保持不变。这种模拟的目的是演示冻融是如何随着时间和温度变化而演变的。得到一个新的温度分布（见图5.61），变形网格显示冻融大于7.0cm。图5.65显示了这段冷却期之后的最终冰饱和度。温度变化和冻土的形成不仅改变了地面的应力状态，也影响了已安装管道的应力状态。在设计这种结构时，必须考虑可能导致管道开裂的应力合力的增大。图5.66为弯矩随时间增加的例子。如果周围土壤处于未冻结状态，且没有冷冻流体流过管道，则弯矩相对较小。一旦管道开始冷却，周围土体开始冻结，所引起的变形会引起应力合力的适应。弯矩急剧增加，在这个例子中增加了34倍。

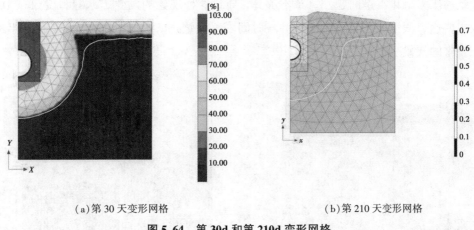

(a) 第 30 天变形网格　　　　　　　　　　(b) 第 210 天变形网格

图 5.64　第 30d 和第 210d 变形网格

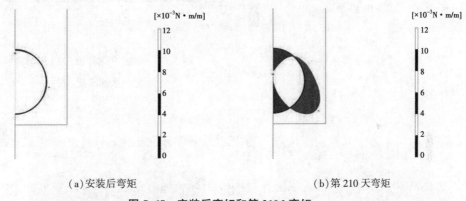

(a) 安装后弯矩　　　　　　　　　　(b) 第 210 天弯矩

图 5.65　安装后弯矩和第 210d 弯矩

5.7.7.6　冻土地基受增温期影响

在冻土工程中，冻土内冰融化引起的沉降是一个重要的问题。冻土带上的路基和冻土带上的地基是冻土带上可能发生融化沉降的两个典型例子。

（1）几何和边界条件。在厚度为 1.00m 的冻黏土层上设置宽度为 2.00m 的筏板基础。黏土层以下为致密砂层。在这一层中发生了相变，即这一层的一部分处于冻结状态，而砂层的另一部分处于未冻结状态。再次，考虑了所研究问题的对称性/平面应变。模型域宽 6.00m，高 4.00m。使用相对精细的网格。地面初始温度设定为恒定温度，地表为 270K，深度为 4.00m 时为 274K。其几何形状、温度分布和边界条件如图 5.66 所示。在施加基础荷载之前，重要的是模拟冻结时间对电流温度分布的影响。这也意味着土壤的正确应力状态。初始冰饱和度如图 5.67 和图 5.68 所示。

（2）仿真和结果。土壤一旦受到很高的地基荷载，即 500kPa，地基下面的土壤就会开始屈服。这种向外移动的荷载坍塌屈服面导致了高达 3.5cm 的沉降。黏土层和砂土层都因超载的增加而发生变形。虽然如此高的地基荷载可能是不现实的，但它表明冻土与它的有益特性，如高强度和刚度，能够承受非常高的负载。土体加载初期的超孔隙水压力导致的压力融化不是问题。负载不够高，导致这种现象的发生。冰饱和度仅在1%的范围内变化。假设地表温度在很长一段时间内线性增加2K。这可能与未来几十年最有可能发生的气候变暖有关。

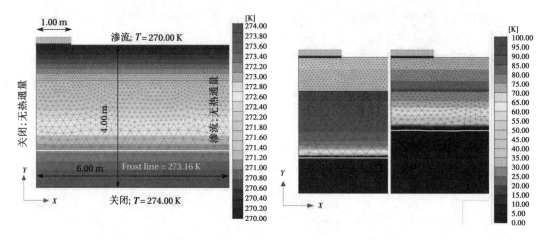

图5.66 几何和边界条件-冻土地基　　图5.67 初始冰饱和度(左)和增温期后的冰饱和度(右)

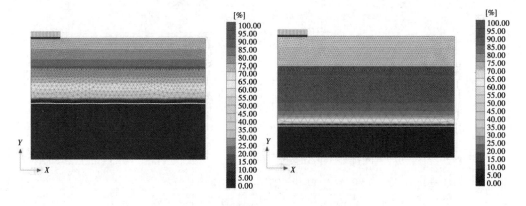

图5.68 初始冰饱和度和气温升高后的情况

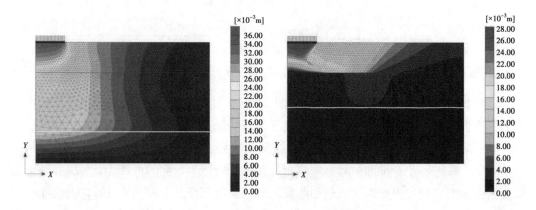

图5.69 基础荷载和气候变暖引起的阶段位移

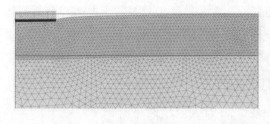
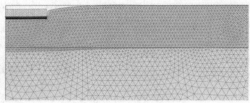

（a）地基荷载引起的网格变形　　　　　　　　　　　（b）气候变暖引起的网格变形

图 5.70　地基荷载和气候变暖引起的网格变形

一种新的温度分布形成了。冻融线向上移动。两层土壤的低温吸力和冰饱和度均降低，见图 5.68 和图 5.69（右）。低温吸力的降低和未冻水的增加以及孔隙水压力的增加，会导致一个新的应力状态，在某一时刻可能会达到 LC 屈服曲线。一旦应力达到 LC 屈服曲线，就会产生显著的压缩应变和融沉。其次是固结作用，因此超孔隙水压力随时间的消散，导致融沉。在图 5.70（b）中可以清楚地看到温度升高的影响，在图 5.70（b）中，位移主要发生在上部黏土层。低密度砂层仍能承受温度变化、冰饱和度降低及强度损失。

5.7.7.7　隧道施工中管道冻结

人工冻结是岩土工程中必不可少的环节。利用饱和土冻结后的特性，解决了许多工程问题。通过安装冻结管和循环的流体温度低于冰点的水通过它们，周围的土壤冻结。在冻结土中，强度增加，渗透性降低，从而提供了暂时的土壤稳定和封水。然而，冻结会引起土壤结构的显著变化。冻结时冻融和解冻时不利的沉降是可以预料的。下面这个例子来自 Brinkgreve 等（2016）的相关研究，其中使用冻结管建造隧道，以在挖掘过程中稳定土壤。首先，通过安装的冻结管使土壤冻结。水密性和增加的土壤强度得到了实现。一旦土壤充分冻结，就可以进行隧道建设。

（1）几何和边界条件。在深 30.0m 的砂层中，施工半径为 3.0m 的隧道，隧道输入参数定义，土壤是完全饱和的，不考虑地下水流动，尽管这是一个对称的问题。SFCC 是通过前述章节中描述的方法计算的。通过定义与冻结管直径（10.0 cm）相似的长度线来模拟冻结管。虽然对流边界条件表示流体，将其温度非常精确地传递给周围的管道，但指定了管道（线）本身的温度。定义了 12 个冷却元件。实际上，安装的冷冻管的数量和位置可能不同。土壤初始温度设定为 283K。在整个冷却过程中，该温度在模型的外边界保持恒定。渗水允许在模型的左右两侧。顶部和底部地下水流动条件的行为设置为封闭。边界条件和生成的网格如图 5.71 所示。隧道是在隧道设计器的帮助下创建的。由于在这个例子中考虑了变形，一个板材料被指定为隧道。板（壳）单元的定义见表 5.31（Brinkgreve 等，2016）。

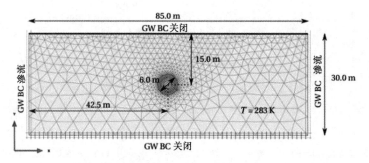

图5.71 隧道施工中的几何形状、边界条件和网格冻结管

表5.31 内衬属性

轴向刚度	抗弯刚度	板厚	具体的重量	泊松比	最大弯矩	最大轴向力
$EA/(\text{N} \cdot \text{m}^{-1})$	$EI/(\text{Nm}^2 \cdot \text{in}^{-1})$	d/m	$(w_{\text{plate}})/(\text{N} \cdot \text{mm}^{-1})$	ν_{plate}	$M_{\text{p}}/(\text{Nm} \cdot \text{m}^{-1})$	$N_{\text{p}}/(\text{N} \cdot \text{m}^{-1})$
14×10^9	143×10^6	0.35	8400	0.15	1×10^{18}	10×10^{12}

（2）仿真和结果。经过10d的时间，冻结管的温度达到250K。在接下来的170d，这个温度保持恒定。图5.72中捕捉到了温度分布。

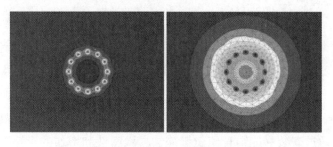

（a）10 d后的温度分布　　　　（b）180 d后的温度分布

图5.72 10 d和180 d后的温度分布图

人工地基冻结作用的后果如图5.73所示。观察到8mm的小冻融发生，几乎所有的挖掘土冻结。建造隧道需要部分冻土的开挖，这一过程以两种不同的方式进行，即在地面上不征收附加费。冻结期停止，两案例在一天的时间内进行调查。由图5.73可知，在开挖未来隧道衬砌处的冻土时，下垫层未冻土和冻土的向上作用力会引起较大的冻融

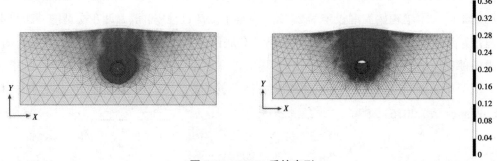

图5.73 180 d后的变形

（2.3cm）。这种刚性的向上运动是由于移除重冰体时的浮力产生的。

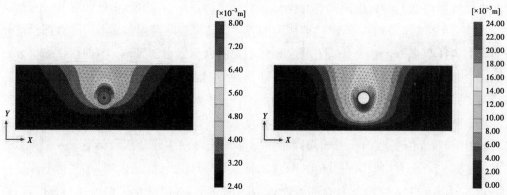

图 5.74　隧道开挖引起的阶段位移

当施加 70 kPa 的额外电荷时，这种向上的运动不仅受到阻碍，而且在地面上发生了沉降（高达 6.8 cm），见图 5.75。可以清楚地看到，由此产生的地面位移在坚硬的冻结"环面"周围搜索它们的方式。两例调查结果表明，基坑开挖安全稳定，保证了几天的稳定时间。经过 1d 的无支撑隧道开挖，衬砌安装。在不运行冷冻管道的情况下，考虑 15d 的期限。一种新的温度分布形成，冰开始融化，可以观察到强度的降低。在不运行冻结管的情况下，15d 的位移如图 5.76 和图 5.77 所示。融化沉降量分别为 0.6cm 和 1.8cm。总位移如图 5.78 所示。

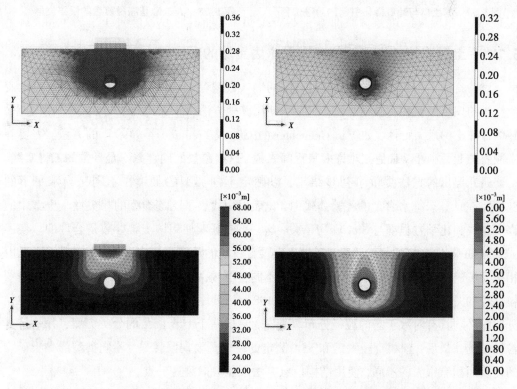

图 5.75　隧道开挖及超载用引起的阶段位移　　　图 5.76　冻土融化引起的阶段位移

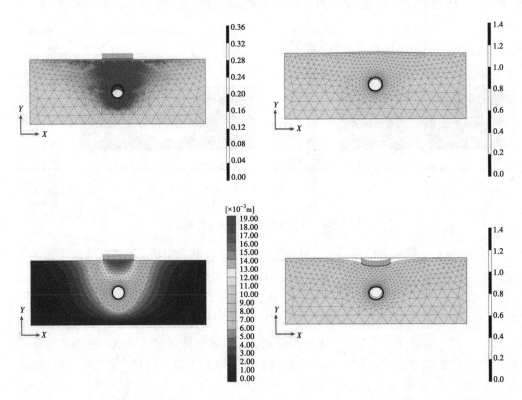

图 5.77 冻土体与超载融化引起的阶段位移　　　图 5.78 人工地基冻融前后的最终位移

5.7.8 土壤冻结特性曲线的确定及水力土壤的适宜性

这一直截了当的方法表明, 通过有限的输入数据可以获得关键的冻土性质。可以避免耗时的现场测试和实验室测试。此外, 使用其他方法将水保持曲线与 SFCC 联系起来, 并估计冻土的水力特性, 如 Van Genuchten(1980)或 Fredlund 等(1994)的方法, 需要确定额外的参数, 可以避免。对许多工程师来说, 这些参数的确定并不是日常的工程实践。

研究提出的方法提供了初步结果, 以确定不同类型的土壤在不同压力水平下的 SFCC。在计算未冻水含量的经验公式中, 比表面积代表了土壤类型的相关性。土壤中的许多物理和化学过程都与 SSA 密切相关, 这一事实证明使用该土壤参数是合理的。使用 Sepaskhah 等(2010)的经验关系, 通过土壤颗粒直径的几何平均值来估计比表面积, 已由相关人员进行检验(2011), 并发现提供了不同土壤 SSA 的良好近似。然而, 确定土壤颗粒直径的几何平均值(Shirazi 和 Boersma, 1984)需要一些假设。首先, 土壤在每个粒径分数内必须具有对数正态的粒径分布。其次, 它是基于 U.S.D.A.的分类方案, 并坚持其粒径限制。最后, 颗粒直径测定和 SSA 测定的一个重要局限性是, 不同类型的黏土矿物的比表面积有很大的不同, 使用结构信息方法不能考虑到这一点。

在考虑 SFCC 的压力依赖性和冻融点的降低时, 压力融化现象起着关键作用。使用的比较值是由 Zhang 等(1998)在高压水平下进行的 SFCC 测量结果。可以确定，所进行的试验属于不排水条件下的试验，导致土样中超孔隙水压力的发展与所施加的压力几乎相等。利用与压力有关的凝固点/熔点公式，高孔隙水压力导致凝固点/熔点的降低。仿真结果与试验结果吻合。Andersland 和 Ladanyi(2004)支持大多数冻土试验可归类为不排水试验的假设。显然，在未冻结和冻结状态下估算的水力传导率与直接测量的结果并不完全一致。影响模拟结果准确性的因素是体积未冻水含量的经验估计，以及 Campbell's 模型的使用，该模型也是有经验的，最初为非饱和土壤制定的。其他要点是直接测量的质量和土壤样品中冰晶的影响。它们对水力传导性影响很大。人们必须记住，所有这些方程得到的都是估计值，永远不会正确地预测。例如，含有大的、相互连接的裂缝的土壤的饱和水力传导率。此外，没有研究覆盖层压力和一般压力的影响。从定性的角度来说，压力的增加引起凝固点的降低。结果是，未冻水的可用性更大，在恒温条件下考虑双重孔隙网络具有更高的水力传导率。反之，随着压力(或温度)的降低，冻土的导水率急剧降低。这在冻土中很常见(Stähli 等，1999；McCauley 等，2002)。综上所述，压力依赖关系也可以通过实证方法得到。然而，Benson 和 Othman(1993)解释说，覆盖层压力的增加也可能降低冻结边缘的水力传导率，因为它压缩了孔隙和裂缝，从而限制了管道的流动。这种导致空隙减少的效应，不能用这种方法来考虑。

第6章 露天煤矿边坡稳定性分析与滑坡防治

露天煤矿的边坡因其地质条件、形成方式、服务对象等因素的不同而表现出一些专有特点,具体如下:露天矿边坡较高,常达数百米,走向较长,常达几千米。露天矿边坡岩石主要是沉积岩,层理明显,软弱夹层较多,岩石强度较低。露天矿边坡变形破坏的形式主要是滑坡。露天矿边坡是开挖工程形成的边坡,岩体较破碎,一般不加维护,因此易受风化作用的影响。露天矿边坡常受到爆破作业和设备振动的影响。露天矿最终边坡是自上而下逐渐形成的,上、下部的服务年限不同。露天矿边坡的不同地段要求达到的稳定程度不同。露天矿边坡对地质条件没有选择的余地,不能因地质条件不良而改址。

露天矿最终边坡角的大小对露天矿剥离量影响极大。例如,高400m、倾角35°的边坡,如边坡角变化1°,则每千米长边坡的剥离量变化约420万 m^3。增大边坡角可降低剥离费,但会增加滑坡风险和边坡维护费用;减小边坡角增加了剥离费,但可降低滑坡风险、减少边坡维护费用。最优边坡角应使剥离费与边坡维护费之和最小。因此,露天矿边坡问题可归结为:设计并形成一个使露天矿生产既经济又安全的最优边坡问题。

◆◇ 6.1 露天煤矿边坡稳定性研究概述

露天煤矿边坡工程的研究内容主要包括几个方面:边坡工程地质情况、地下水渗流特征研究、岩土强度试验与破坏准则、边坡稳定性影响因素、边坡稳定性分析理论、边坡监测与滑坡预报、滑坡防治技术等。

(1)边坡工程地质情况。边坡工程地质工作的主要任务,是搜集资料分析边坡岩体的稳定性。调查岩体结构面分布及岩性变化,分析潜在滑面,确定滑动模式等是首要任务。此项工作首先应从大范围的区域地质背景开始,逐步缩小范围,进而调查边坡工程所在范围的地质条件。具体讲,大体可按以下次序开展工作:区域地质背景;矿区地质构造;露天矿现采场边坡工程地质条件;露天矿最终采场边坡工程地质条件;露天矿边坡工程地质分区。按上列次序取得足够数量的可靠资料之后,便可进行边坡各分区的稳定性分析。随着采掘工程的进展,需要不断补充和更新工程地质资料,直至采掘终了边坡最终形成为止。

(2)地下水渗流特征研究。通过水文地质情况的详细调查,全面掌握矿区及周边的水文地质条件;统计分析当地的气候条件和大气降水补给特征,满足矿山各阶段可行性评价和矿山设计的需要。为合理布置露天矿的防治水措施和边坡稳定性控制提供重要参考。地下水渗流特征研究的内容包括：地下水的影响评价，地下水渗流基本特征分析，地下水渗流控制方程和有限元公式，地下水渗流边界条件以及渗流水力模型。

(3)岩土强度试验与破坏准则。边坡岩体的物理力学强度是影响边坡稳定性的基础参数，其中抗剪强度是决定边坡安全状态和极限角度设计的关键。通过试验准确测定岩土体的物理、力学参数，获取边坡岩土材料的本构模型，确定岩土强度的破坏准则，为后续边坡稳定性的准确分析提供基础数据。

(4)边坡稳定性影响因素。露天煤矿边坡稳定性的影响因素需要从工程地质资料中确定煤岩的矿物组成、地质构造、地应力和地震等重要指标，结合水文地质条件确定地下水和地表水的渗流补给规律和影响范围，根据开采方案设计和生产组织确定爆破振动、采矿工程等因素的影响机理。对上述影响因素进行量化，选择合适的模型加入到边坡稳定性分析中。

(5)边坡稳定性分析理论。结合边坡工程地质情况、地下水渗流特征和岩土体物理力学参数及破坏准则，筛选边坡稳定性影响因素及耦合模型，建立边坡模型，确定潜在的破坏模式，选定恰当的计算方法进行边坡稳定性分析评价。同时，边坡稳定性分析工作是露天矿边坡前期设计、监测预报方法和滑坡防治方案的前提。常用的边坡稳定性分析方法主要有：工程类比法，图解法，数学力学分析方法(极限平衡法、弹塑性力学法、有限元法、边界元法、强度折减法等)，相似模型试验法(相似材料模拟实验、离心模型试验等)和概率分析法。露天煤矿边坡随着采剥作业的推进，其稳定性也处于动态演变过程，具有明显的"时效性"。因此边坡稳定性分析不仅要评价"现状"的稳定性，还要预测今后一段时间稳定性的发展趋势，只有这样才能得到正确的稳定性分析结论。

(6)边坡监测与滑坡预报。由于露天煤矿边坡影响因素众多，岩土体条件的不确定性及受到露天矿动态生产过程影响，仅仅依靠稳定性分析来保障矿山的安全生产是不够的，必须建立边坡监测系统对其进行安全监测。边坡监测工作是获得边坡体的实时状态，评价边坡稳定性的重要手段之一。目前常监测的内容有：变形监测、应力监测、岩体破裂监测和地下水监测。其中变形监测应用最为广泛；常用的处理方法有：统计归纳法、灰色系统理论、时序分析法、非线性理论方法、系统理论方法和多元信息融合法等。露天煤矿边坡的滑坡预报需要准确量化影响因素、处理监测数据后进行及时预报。岩土力学理论不断发展，提供了丰富的力学强度破坏准则，预算模型和算法的快速更新也为滑坡预报提供了更多处理方案。

(7)滑坡防治技术。在露天开采的过程中，为保证矿山安全生产，需对不稳定边坡进行滑坡防治。而为获得露天开采的最大经济效益，常需采用较大的边坡角。为协调两者的关系，在边坡设计和矿山生产过程中，允许有一定的边坡破坏概率，这就涉及滑坡预防和防治问题。对局部稳定性较差的地段，需要采用人工干预的手段进行加固，使边坡由不稳定状态转变为稳定状态。常见的措施有削坡减载、疏干排水、人工建造支挡物

（挡墙、抗滑桩、锚索加固系统等）。

在上述工作基础上，对边坡进行工程地质分区，对那些工程地质条件良好的分区，其边坡角度可主要依据采矿运输设计方案来确定；而对那些有滑坡危险的分区，则需补充收集资料，加以重点分析研究。E.Hoek 等推荐的边坡稳定性研究程序，反映了边坡工程地质工作过程，是有参考价值的。见图6.1。

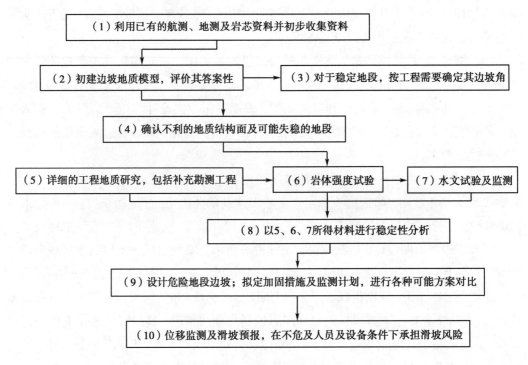

图6.1　边坡稳定性研究程序框图

◆◇ 6.2　露天煤矿边坡稳定性分析任务

6.2.1　边坡稳定性分析评价方法发展阶段

边坡岩体和自然界事物一样，有两种运动状态——相对静止状态和显著变动状态。相对静止状态的边坡是稳定的，是边坡的常态；显著变动状态即边坡的破坏或失稳，如滑动、流动、崩落等。边坡稳定性分析是岩土工程领域的主要课题之一，其研究始于20世纪20年代以前。到目前为止，边坡稳定性分析评价方法经历了三个阶段，即传统的定量分析评价方法阶段、数值分析方法阶段和目前采用的综合评价方法阶段。

（1）第一阶段——定量分析评价方法阶段。采用的主要是工程地质分析，如类比法和极限平衡法。前者实质是一种经验方法，也是最早应用于判断边坡稳定性的方法。这种方法虽然是基于感性认识的判断方法，但是它发展至今，形成了工程地质对比法，如今仍不失为一种必不可少的方法。例如，对比自然地貌、地史，对比地下采空区引发的塌陷角,尤其是对比国内外现有的露天矿边坡角,然后设计新露天矿的边坡角,仍然是一种可信的方法。极限平衡法则是通过对潜在滑体进行受力分析,引入摩尔-库仑强度准则,根据滑体的力(力矩)平衡,建立边坡安全系数表达式,进行定量评价分析,这种方法的应用始于均质土坡。早在 20 世纪 20—30 年代,在瑞典的 Fellenius(1926)、美国的 Terzaghi(1936)以及 Taylor(1937)等的经典土力学著作中,关于土体边坡的稳定性计算原理已有详细论述,这些原理至今仍被广泛采用。

(2)第二阶段——数值分析方法阶段。始于 20 世纪 60 年代,数值方法被引入到边坡稳定性分析中,数值方法包括:从早期的有限差分法(Finite Difference Method),有限单元法(finite element method),边界单元法(boundary element method)到近些年出现的主要针对岩土介质的离散元法(discrete element method),关键块体理论(key block theory),非连续变形分析(discontinuous deformation analysis),运动单元法(kinematical element method),刚体有限元法(rigid finite element method),快速拉格朗日分析法(fast lagrangian analysis),数值流形方法(numerical manifold method)等。数值方法能从较大范围考虑介质的复杂性,全面分析边坡的应力应变状态,有助于提高对边坡变形和破坏机理的认识,较极限平衡法有很大的改进和补充。

(3)第三阶段——综合评价方法阶段。始于 20 世纪 80 年代,这个阶段一些新理论和现代评价方法在边坡分析中得到应用,如可靠性理论、模糊数学、随机过程、概率论与统计、灰色预测理论、混沌、分叉、分形等非线性理论,以及人工智能与神经网络、损伤力学等,在边坡稳定性的非线性动力学理论模型、滑坡系统的自组织特性、边坡变形的分析特征、边坡失稳的分叉与突变模型、边坡稳定判别性的灰色系统理论等方面取得了若干成果。这些新理论和方法大大推动了边坡稳定性的研究进展,但由于它们处于探索阶段,仍然存在很多不足,如:滑坡系统参数的选择往往受到实际监测资料的限制,资料自身的误差影响滑坡过程中的非线性方程的建立;对于滑坡的自组织特征,由于边坡系统内部和外部之间的相互作用和耦合机制不清楚,难以建立模型来分析和研究,只能通过系统的一些宏观参数的数值分析来研究系统的复杂性。这些理论和新方法的出现反映出目前岩土工程界研究人员正由传统的正向思维向系统思维、反馈思维、全方位思维(包括逆向思维、非逻辑思维等)发展。各种新技术、新方法、新理论的引入及其与上述评价方法的耦合仍是目前发展的主趋势。边坡稳定性计算方法很多,分类特征各异。工程应用中,应尽量采用多种计算方法,互相校核、综合分析。

6.2.2　露天煤矿边坡分析的任务

边坡的滑动往往是渐进发展的,有的持续时间较短,可在数小时甚至数分钟之内完成;有的较长,可达数年之久。有的由渐进过程转变为渐息过程,也可能经过一段时间滑动又复活。也就是说,边坡自始至终处于动态平衡之中。人们分析出来的稳定程度,即便是相当准确的,也并不表示该边坡此时此刻的实际稳定程度。边坡岩体内的抗滑力与滑动力无时无刻不在各种自然应力的复杂影响下发生变化，而计算时所选用的数据以及计算出的结果，只能是相应的界限值，即区间值。

边坡稳定性一般用稳定系数(有些文献也称为安全系数)表示。稳定系数通常有两种表示方法：一种是表示边坡岩体自身的抗滑力与驱使其破坏的诸力的比值；另一种是表示岩体强度的储备系数，是边坡岩体的极限强度值与实际发挥作用的值(调用的部分强度)之比。

考虑到影响稳定性诸因素随时间空间的变异，取样测定的偏差以及选定破坏模式和计算方法的误差，所求得的稳定系数仅是参考数值。边坡设计中总是要求边坡具有一定的许用安全系数，称为边坡许用安全系数，或简称安全系数，有时也称许用稳定系数。

边坡许用安全系数的大小主要取决于两方面因素：一方面是边坡所服务的工程对象的要求，另一方面是人们对边坡客体的主观认识的可靠程度。重要工程要求的安全系数较大。

露天煤矿的边坡往往高达数百米，走向长达几千米至十几千米。边坡下部或台阶平盘上经常会有工作人员、大型设备存在，边坡破坏将会对人员、设备安全构成严重威胁。国内外露天矿边坡的许用安全系数一般取为 1.1~1.5，多数取为 1.3。值得注意的是，露天矿开采的年限是有限的，不同区段边坡形成及存在的年限也是不同的，没有必要要求它长期稳定。

对于露天煤矿边坡这样庞大的岩石工程客体，选择固定的许用安全系数往往是不合理的，而应该根据边坡高度、地质条件复杂程度、露天煤矿生产规模、坑内及地面重要设施的分布情况，对边坡进行分区设计，提出不同安全系数要求。《煤炭工业露天矿边坡工程设计标准》(GB 51289—2018)中，对于露天煤矿的采场、排土场边坡分类和许用安全系数给出了具体标准，见表 6.1 至表 6.2。

表 6.1 采场边坡工程安全等级划分

采场边坡工程安全等级	边坡高度 H/m	采场边坡地质条件复杂程度	露天煤矿生产规模
一级	>300	简单~复杂	大型
	300≥H>100	复杂	
二级	300≥H>100	中等复杂	中型
	≤100	复杂	
三级	300≥H>100	简单	小型
	≤100	简单~中等复杂	

注：①边坡高度按现行国家标准《露天煤矿岩土工程勘察规范》(GB 50778—2012)有关规定划分。②地质条件复杂程度按现行国家标准《煤炭工业露天矿边坡工程监测规范》(GB 51214—2017)有关规定确定。③露天煤矿生产规模按现行国家标准《煤炭工业露天矿设计规范》(GB 50197—2015)有关规定划分。

表6.2　排土场边坡工程安全等级划分

排土场边坡工程安全等级	排土场边坡高度 H/m	排土场基底地质条件复杂程度
一级	>100	简单~复杂
	100≥H>50	复杂
二级	100≥H>50	中等复杂
	≤50	复杂
三级	100≥H>50	简单
	≤50	简单~中等复杂

注：排土场基底地质条件复杂程度按现行国家标准《煤炭工业露天矿边坡工程监测规范》(GB 51214—2015)有关规定确定。

露天矿边坡危害等级可按表6.3划分。

表6.3　露天矿边坡危害等级划分

边坡危害等级		Ⅰ	Ⅱ	Ⅲ
可能的人员伤亡		有人员伤亡	有人员伤亡	无人员伤亡
潜在的经济损失	直接	≥500万元	100万~500万元	≤100万元
	间接	≥5000万元	1000万~5000万元	≤1000万元
综合评定		很严重	严重	不严重

边坡设计稳定系数，可按表6.4采用。

表6.4　边坡设计稳定系数 F_{st}

边坡类型	服务年限/a	许用安全系数
边坡上部有特别严重建筑物或边坡滑落会造成生命财产重大损失者	>20	≥1.5
采掘场最终边坡	>20	1.3~1.5
非工作帮边坡	<10	1.1~1.2
	10~20	1.2~1.3
	>20	1.3~1.5
工作帮边坡	临时	1.0~1.2
外排土场边坡	>20	1.2~1.5
内排土场边坡	≤10	1.2
	>10	1.3

注：宜根据露天矿边坡危害等级划分，根据综合评定结果分别取大值、中值或小值。

露天采场的边帮有些高达数百米，岩层更迭、地质结构面纵横交错，水文及工程地质条件非常复杂，而露天矿开挖前所能提供的基础资料往往有限，因此凭借分析计算而设计出一个几十年内一劳永逸的既经济又稳定的露天矿边坡角度往往是不现实的。鉴于此，露天矿边坡稳定性的研究应随采掘工程的不断延深和扩展，随边坡岩体工程地质环境的逐渐揭露而分段逐步深化开展。露天矿直至采掘终了时，方能对其边坡的经济性及稳定性给予适当的最终评价。这是露天矿边坡工程稳定性研究方法区别于其他边坡工程的主要原因。

对于露天矿边坡工程，稳定性计算的任务有两个方面：①验算已有边坡的稳定性，判定是否采取防护措施，并作为防护设施设计的依据。②设计露天矿合理边坡角，多是已知开采深度，设计既经济又安全的边坡角。

露天煤矿的边坡设计中，通常允许发生一定数量的滑坡；否则边坡过缓将使剥离量过大，导致经济效益不佳。目前国内外设计露天矿边坡，除进行稳定性计算外，还常参考经验数据，并辅以边坡位移监测系统以及防护设施的设计。

◆◇ 6.3 边坡稳定性分析软件与应用

6.3.1 理正软件

理正边坡治理系统包括理正边坡综合治理软件有限元版、理正岩土边坡综合治理系统、理正岩土边坡稳定分析系统、理正岩土岩质边坡稳定分析软件、理正岩土边坡滑坍抢修设计软件、理正岩土挡土墙设计软件、理正岩土抗滑桩(挡墙)设计软件等，根据不同的需求选择相应的软件系统进行计算分析。

(1)理正边坡综合治理软件有限元版。依托理正边坡综合治理软件已有边坡模型和治理模型，采用非线性有限元技术对模型对象进行弹塑性分析，采用强度折减方法进行边坡稳定性分析。可以分析出边坡位移、应力应变及支护构件内力，并进行可视化查看，是传统规范方法的有效补充。理正边坡综合治理软件是国内较早具备 P-BIM 功能的边坡设计软件。

(2)理正岩土边坡综合治理系统。理正岩土边坡综合治理系统是针对高和边坡、复杂边坡的治理推出的综合分析软件。软件基于理正自主图形平台开发，能够对高边坡、复杂边坡进行整体建模，可布置单一支挡，也可同时布置多种治理手段，如挡墙、抗滑桩、护坡格梁、锚杆锚索和填方挖方等。进行多滑面的稳定性分析，指定滑面滑坡推力计算、各支挡构件计算接口。同时可进行多种治理方案的比选，为高边坡、复杂边坡的治理提供更加经济和安全的参考。

(3)理正岩土边坡稳定分析系统。针对铁路、公路路基设计开发的专业设计软件，经推广应用已经得到行业内的认可。该软件引起其他行业，尤其是水利、港口等行业的关注，迫切希望补充完善相关内容。在此基础上开发的理正边坡稳定分析系统在内容和功能上都作了较大的调整和改进，是能够处理各种复杂情况的通用边坡稳定分析系统。

(4)理正岩土岩质边坡稳定分析软件。主要功能是进行简单平面、复杂平面、简单三维楔体、赤平极射投影岩质边坡的稳定计算及相关的分析。考虑的因素包括：岩体的结构面、裂隙、裂隙水、外加荷载、锚杆及结构面的抗剪强度、地震作用等。理正岩土岩质边坡稳定分析软件适合于水利、公路、铁路、城建、地矿等行业，是工程建设实用的设计工具。

（5）理正岩土边坡滑坍抢修设计软件。适用于公路、铁路、水利等行业的边坡滑坍快速抢修分析计算。对于出现滑坡的工程（如铁路、公路、水利等）进行快速抢修，能在最短时间完成安全、可靠、经济的滑坍抢修方案的确定及实施。软件考虑多种因素（外加荷载、地震作用、地下水等）对边坡滑坍的影响，能够分析计算滑坡现状的剩余下滑力，提供抗滑桩、坡底反压、上部刷方减载等三种治理措施，可以单独采用，也可以任意组合采用，进行快速边坡滑坍抢修设计，并可快速得到工程量与造价。

（6）理正岩土挡土墙设计软件。挡土墙是铁路、公路、水利、市政、规划、地矿等行业经常碰到的设计难点是：情况复杂多变、计算内容繁多、计算过程烦琐，手工设计难以胜任。理正岩土挡土墙设计软件，适用范围广、考虑问题全面、计算结果准确、计算速度快、操作简便。

（7）理正岩土抗滑桩（挡墙）设计软件。可以快速完成滑坡推力、各种形式的抗滑桩、抗滑挡墙计算，而且操作简单、考虑情况全面，特别适用于方案设计，从而真正把设计人员从手工劳动中解放出来。

6.3.2　GEO5 软件

GEO5 是一款专门用于岩土工程分析和设计的软件。它广泛应用于地质勘探、土木工程和地下工程等领域。GEO5 通过一系列模块提供不同的工程解决方案，如挡土墙设计、抗滑稳定性分析、基础设计、隧道分析等。GEO5 的界面设计旨在使岩土工程师能够快速且准确地完成复杂的地质分析任务。用户界面直观且功能强大，适合不同层次的用户需求。该软件提供了一系列的模块和功能，用于处理各种岩土工程、地质和结构工程问题。

（1）挡土墙设计（retaining wall design）。

功能：设计和校验各种类型的挡土墙，如重力墙、悬臂墙、钢筋混凝土墙等。

特点：考虑地下水位、地震作用、土压力等因素，提供详细的稳定性和结构强度分析。

子模块：涵盖重力墙、悬臂墙、板墙、钢筋土墙等。

内核算法：使用极限平衡法（limit equilibrium method, LEM）来计算土压力和检查滑移、倾覆、基础承载力等。

（2）抗滑稳定性分析（slope stability analysis）。

功能：分析和评估斜坡的稳定性，适用于自然斜坡和人工边坡。

特点：支持多种滑动面形状，包括圆形和非圆形滑动面，以及土钉和锚杆加固的设计。

子模块：用于自然斜坡和人工边坡的稳定性评估。

内核算法：多种算法，如 Bishop、Janbu、Spencer 和 Morgenstern-Price 等方法，来计算滑坡的安全系数。

（3）地基和基础设计（foundation design）。

功能：设计和校验浅基础、深基础（如桩基础）和地板。

特点：考虑不同的载荷情况，包括静载、动载和偶然载荷，以及土壤–结构相互作用。

子模块：包括浅基础、桩基础、承台等设计。

内核算法：使用经典的土压力分布理论和桩–土互动模型，结合极限状态设计原则。

（4）地下结构分析（underground structure analysis）。

功能：分析隧道、地下车库和其他地下结构的作用。

特点：能够模拟土体和结构之间的相互作用，考虑开挖和施工阶段的影响。

子模块：针对隧道、地铁、地下车库等的分析。

内核算法：采用弹性理论和塑性理论，模拟土体和结构的相互作用。

（5）岩石力学分析（rock mechanics analysis）。

功能：分析岩石和岩质斜坡的稳定性，适用于矿山和采石场。

特点：包括岩体分类系统，如 RMR 和 GSI，以及岩石的破裂和滑移分析。

子模块：用于岩体的分类和岩石斜坡的稳定性分析。

内核算法：结合岩体力学的经验公式和极限平衡法。

（6）地下水分析（groundwater analysis）。

功能：分析地下水流和地下水位对工程结构的影响。

特点：模拟水流对土壤和岩石的渗透性能，考虑渗透和排水条件。

子模块：分析地下水流和水位变化对工程的影响。

内核算法：使用达西定律和渗透系数来模拟水流。

（7）地震分析和动力学（seismic analysis and dynamics）。

功能：评估地震作用对岩土结构的影响。

特点：提供地震波的动力分析，考虑土体的非线性行为。

子模块：评估地震对岩土结构的影响。内核算法：使用等效静力方法和动力时间历程分析。

（8）有限元分析（finite element analysis）。

功能：提供更为复杂和详细的结构和土体行为分析。

特点：适用于非常规和复杂地质条件下的分析，支持弹性和塑性材料模型。

子模块：提供更复杂的岩土和结构相互作用分析。

内核算法：采用有限元法（finite element method，FEM），支持弹性和塑性材料模型，能够模拟复杂的应力–应变关系。

（9）报告和文档制作。

功能：生成分析结果的详细报告，包括图表和计算数据。

特点：报告格式可定制，方便整合到工程文档中。

子模块：用于生成详细的分析报告和文档。

内核算法：整合和格式化分析数据，提供图表和文字的清晰展示。

GEO5 的强大功能来自这些子模块的集成和各自内核算法的精确实现。这些算法结合了岩土工程领域的经典理论和最新的科学研究成果，确保了软件在不同情况下的适用性和可靠性。

6.3.3　Rocscience 软件

Rocscience 公司致力于开发易于使用、稳定可靠的二维和三维岩土工程分析和设计软件。提供高品质的岩土分析工具，能够快速、准确地对地表和地下的岩土工程结构和稳定性进行分析，从而优化设计，提高项目的安全性并降低设计成本。Rocscience 岩土系列软件研究的理论支持来自国际著名岩石力学大师 E.Hoek 亲自带领的团队，同时软件的所有研发工程师们本身也是具备岩土工程及力学背景的专业工程师，有多年的现场实践经验。同时，Rocscience 重视用户的反馈，聆听用户对软件的功能需求，促进软件功能更为强大，不断向前发展。Rocscience 系列软件大体可分为三大类别（边坡稳定分析软件、开挖支护分析软件、岩土系列工具软件）共计 16 个功能模块，各个模块分别独立为一款软件，可以分别单独使用。

（1）CPillar 三维顶柱稳定分析软件。该软件是 Rocscience 公司基于 Windows 操作系统开发的主要用于评估地下顶柱、表面和层级顶板稳定性的三维稳定分析软件。CPillar 软件操作简单、快捷，可应用于土木工程以及矿业工程岩石结构分析。

（2）Dips 地质方位数据图解和统计分析软件。该软件是一款基于地质数据的方位交互分析软件，主要用于节理和节理分布的统计、分析，它具有多种应用，既适合新手或临时用户做简单的地质数据分析，也为熟悉赤平投影的用户在地质数据分析时提供更多的高级工具。Dips 软件通过统计节理和节理分布，除了可以通过赤平投影查看节理数据，给用户提供极点图、极点符号图、云图、玫瑰图等结果，还可以提供三维球面投影功能。Dips 软件同时具备多种计算功能，如统计群集方位等值线、平均方位和置信计算、群集变异计算和定性以及定量特征属性分析。

（3）EX3 三维地下硐室开挖边界元分析软件。该软件是一款适用于地下硐室开挖工程设计和分析的软件，它基于边界元理论，主要的功能是进行应力分析，它的数据可视化工具也被广泛应用于处理矿山或土木工程的三维数据，比如微震数据集的可视化、地震波速、源参数和事件密度等。不同于有限元和有限差分，边界元仅需在开挖边界生成网格，而不需整体生成网格。它为工程人员提供方便的参数分析工具，用于各向同性和横观各向同性材料及线性和非线性节理。

（4）RSData 岩石、土和不连续强度分析软件。该软件是一款用来分析岩石和土体强度数据的多功能工具包，用于确定材料的强度包络线以及其他物理参数。RSData 中内嵌 RocProp 软件，后者他是岩石材料数据库软件。RSData 软件可以处理三轴、直剪实验数据，常用于确定岩石和土体材料线性和非线性强度包络线的相关参数。RSData 软件包含岩土工程中最广泛使用的四种强度模型：广义 Hoek-Brown、MohrvCoulomb、Barton-Bandis 和 Power Curve。

（5）RocFall 陡峭边坡落石统计分析软件。该软件是一款用来评价陡峭边坡落石风险的统计分析软件，它可以分析出整个边坡落石的动能、速度和弹跳高度包络线，以及落石滚动终点的位置。可以获得沿坡面线的动能、速度和弹跳高度分布，分布规律可用柱状图显示，并自动计算其统计学规律。

（6）RocPlane 岩质边坡楔体平面滑动稳定分析软件。RocPlane 软件内嵌许多有用的功能，帮助用户快速建立、修改和运行模型。提供辅助加固设计，优化加固锚杆的角度、计算指定安全系数所需的加固力，可以施加外荷载，孔隙水压力、地震荷载或外部力都可以在软件中轻松模拟计算。节理强度模型包括 Mohr-Coulomb、Barton-Bandis 或 Power Curve Models，还可以定义节理波动角度以使模拟更接近实际情况。

（7）RocSupport 软岩开挖支护体系评价软件。该软件可以计算软岩中圆形或近似圆形开挖断面的变形，查看隧道与各种支护体系的相互影响。用户只需给出隧道半径、原位应力状态、岩石参数和支护参数，软件即可对地表效应曲线和支护效应曲线进行计算，两条曲线的交叉点决定了支护体系的安全系数。岩体的强度模型包括 Mohr-Coulomb 和 Hoek-Brown。

（8）RocTopple 岩质边坡倾倒破坏分析与支护设计软件。该软件的计算原理基于流行的 Goodman 和 Bray 块体倾倒方法。输入边坡几何参数、结构面距离、倾角和强度，RocTopple 软件即可自动生成倾倒体。同时软件能以二维或三维视图直观显示边坡的倾倒破坏，显示各个块体潜在的破坏模式（倾倒、滑动、稳定）和全局安全系数。除了确定性分析外，RocTopple 软件还能够进行概率分析和敏感性分析。概率分析允许用户定义输入参数中任意参数组合的统计学分布，软件执行失效概率分析，结果以直方图、散点图和累积曲线显示。敏感性分析允许用户确定边坡稳定安全系数对哪一个参数的变化更为敏感。RocTopple 软件可以用岩石锚杆对边坡进行加固，软件中可以定义锚杆的长度、角度、强度、间距和位置，可以应用各种类型的外部荷载，包括线荷载、分布荷载、地震荷载和水压力等。

（9）RS2 二维开挖和边坡有限元分析软件。该软件是一款功能强大的岩土工程弹塑性有限元分析软件，广泛应用于各类工程项目分析中，包括地表或地下开挖的支护设计、边坡稳定分析、地下水渗流分析以及概率分析等领域。RS2 能够轻松、快速地完成复杂的、多工况步的模型的建模分析，诸如软岩或多节理岩体中的隧道、地下厂房洞室群、露天矿坑和边坡、坝体、土工合成材料加筋土结构稳定性等等，能够分析渐进破坏、土与结构相互作用及各种其他问题。

（10）RS3 三维开挖和边坡有限元分析软件。该软件主要用于地下洞室及隧道开挖与支护设计、地表开挖支护及基础设计、地基固结分析及渗流计算等各种岩土工程问题的分析计算。RS3 软件强大的分阶段施工处理方法，能够灵活地模拟诸如分步开挖、分析支护、分析添加荷载以及与之类似的问题，最多可达几百个不同施工阶段。为了阶段之间的协助与分配，软件提供了一个施工阶段序列设计功能，对于分配复杂的、重复性的工作，可以快速处理。

（11）RSPile 通用的桩分析软件。该软件是一款桩水平和轴向荷载分析软件。可绘制桩的水平阻力函数，计算用于 Slide 的桩阻力。

（12）Settle3 三维固结沉降分析软件。该软件是一款三维软件，用于分析基础、路堤和地表开挖下的固结和沉降。它将一维问题分析的简单性与三维复杂的可视化能力结合起来。软件可以模拟分步加载，包括瞬时沉降、主固结和次固结（蠕变）等。软件还可以定义材料类型为线性或非线性，分阶段指定地下水高程，用户还可以定义水平或竖向的排水条件。

（13）Slide2 二维极限平衡法边坡稳定性分析软件。该软件是一款功能全面的边坡稳定分析软件，能够分析所有类型的土质和岩质、天然或人工边坡、路堤、坝体、挡土墙等，能够进行水位骤降分析、参数敏感性分析和边坡失效概率分析以及支护设计。Slide2 软件的另一个分析功能是基于有限元法的渗流分析，可以进行稳态和瞬态渗流计算，可以独立使用，也可以与边坡稳定分析耦合使用求解水位变化的边坡稳定性问题。

（14）Slide3 三维极限平衡法边坡稳定性分析软件。可以实现复杂的几何、各向异性材料，不均匀荷载以及不对称支护的分析。Slide3 简单能在几分钟内解决具有挑战性的三维模型。

（15）Swedge 岩石边坡楔体稳定性分析软件。该软件是一款用于岩质边坡表面楔形体稳定性评价的分析软件。岩质楔形体有两组交叉的节理面和坡面定义，同时也有选项可以定义张拉裂缝。

（16）UnWedge 地下硐室开挖楔体稳定性分析软件。该软件是一款分析地下硐室开挖楔体稳定性的软件，通过计算得到潜在不稳定块体的安全系数，包括考虑各种形式的支护模式，帮助用户确定支护体系如锚杆长度、位置、喷射混凝土参数、厚度等。Un-Wedge 软件能够快速建模、快速定义加固支护，三维可视化的计算结果实时显示。

6.3.4　Itasca 公司软件

（1）FLAC^{2D} 软件。FLAC^{2D}（2D fast lagrangian analysis code）是目前在岩土体工程领域内应用最为广泛、功能最为强大的连续介质力学专业分析软件之一，该产品高度体现了数学理论与岩土力学理论的有机融合，即有效地采用有限差分求解方法来处理众多有限元程序难以解决的岩土体等工程材料的强烈非线性问题，特别擅长于针对大变形、强烈非线性及系统物理不稳定系统（甚至大面积屈服/失稳或坍塌）等破坏现象的力学描述和模拟。可以用于分析和模拟 2D 动力学的地质力学软件。

FLAC 采用显式差分求解方法，解决传统有限元线性方程组求解时在复杂条件下计算不收敛问题。能够方便地解决大应变和大变形问题，避免传统有限元方法经常遇到的计算不收敛后无法获得结果的局限。同时，能够追踪、记录和展示破坏发展过程，清晰揭示破坏发生的时间、部位和演化历程。软件具有强大的前处理和后处理功能。大多数参数均可以图形的方式显示，输入和输出结果的可视化程度极高。FLAC 植入了岩土体领域内全部成熟、广泛应用的材料本构模型。按照计算模式可以分为以下四类：静力模型、动力模型、蠕变模型和地下水模型。各种模型之间可以耦合，应用范围非常广泛。FLAC 中含有四种结构单元，分别为梁、锚杆、桩及支护单元，可以模拟各种支护构件。

FLAC 采用离散元理论元方法的界面单元(interface)，可以直接模拟岩层中不连续面，如断层、节理及层理等滑动和离层。FLAC 软件具备真正意义的岩土体-结构耦合分析能力，结构单元和岩土体之间可实现协调变形和非协调变形两种模式。具备通用边界条件的快捷定义，如力边界、速度边界、加速度边界、自由域边界等。内置程序编译器(FISH)可让用户编制自己的函数变量甚至引入自定义的力学模型，显著提高和扩大了FLAC 的应用范围和灵活性。

（2）FLAC^{3D}软件。FLAC^{3D}(3D fast lagrangian analysis code)是一款基于连续介质理论和显式有限差分方法开发，广泛用于岩土、采矿工程分析和设计的三维高端数值分析程序，特别适合处理有限元方法(FEM)难于解决的岩土体复杂课题，如复杂多工况、大变形、非线性材料行为、失稳破坏的发生和发展。FLAC^{3D}基本承袭了 FLAC 程序的计算原理，并将分析能力作进一步延伸而拓展到三维空间。由于FLAC^{3D}程序是主要为地质工程应用而开发的岩石力学数值计算程序，程序包括反映地质材料力学行为效应的特殊数值。FLAC^{3D}设有七种材料本构模型：各向同性弹性材料模型、横观各向同性弹性材料模型，摩尔-库仑弹塑性材料模型，应变软化、硬化塑性材料模型，双屈服塑性材料模型，节理材料模型，空单元模型，可用来模拟地下开挖和煤层开采。

FLAC^{3D}包括多个动态和液化本构模型，能提供三维全动态分析，将仿真功能扩展到地震工程、土壤液化、地震学、爆破和矿山岩爆中的各种动态问题。FLAC^{3D}软件还包括Hydration-Drucker-Prager 本构模型，可以根据水化等级(或等效混凝土龄期)调整材料的力学性质。热分析结合了传导和对流模型，用于模拟热传递和热引起的位移，特别适用于地热和核废料分析。热分析可以与机械应力和孔隙压力计算单向耦合。FLAC^{3D}的蠕变分析可用于模拟具有时间依赖性材料行为的材料。FLAC^{3D}提供了 11 个本构模型，用于模拟蠕变，涵盖了黏弹性和黏塑性行为。应用领域包括油气储层、压缩空气储能、采矿、冻土、核废料处置和深隧道。FLAC^{3D}允许用户自定义本构模型，以描述与 Itasca 内置库不同的材料行为。UDM 可以自动加载到 FLAC^{3D}项目中，并可以自由分发(作为 DLL 文件)。

FLAC^{3D}的 IMASS 旨在模拟岩体对开挖诱导的应力变化的响应。IMASS 捕捉从完整岩石到体积材料的损伤进展，考虑了塑性变形中的膨胀和增容效应。其独特的两阶段软化行为区分了损伤和随后的扰动，使其成为在采矿中准确表示岩体峰值后状态的关键工具。

（3）PFC 软件。PFC（partical flow code）是一款采用颗粒流离散单元法作为基本理论背景进行开发的分析程序，特别适用于散体或胶结材料的细观力学特性描述和受力变形分析与研究。固体介质破裂和破裂扩展、散体状颗粒的流动是 PFC 最基本的两大功能。PFC 将现实地质体、工程结构处理为颗粒体的组合，结构面及内部缺陷等不连续特征通过节理接触模型来表征，针对颗粒体受力变形等力学行为进行描述；采用接触算法搜索颗粒体接触条件并计算接触受力状态，当接触出现屈服形成剪切滑动或张开时，颗粒体发生运动位移（平动、转动）甚至破坏现象，核心技术决定了 PFC 从根本上区别于建立在宏观连续或非连续介质基础上的岩土体领域传统数值方法。PFC 使用离散元法（DEM）模型刚性颗粒（二维为盘、三维为球）集合体的运动和相互作用。PFC 允许离散物体的有限位移和旋转（包括完全分离），并根据计算的结果进行自动识别。由于限制为刚性颗粒，PFC 也看作 DEM 的简化版本，而一般意义上的 DEM 可以处理可变形的多边形颗粒/块体。在 DEM 中，每当内力平衡时，颗粒的相互作用就被视为具有平衡状态的动态过程，通过跟踪单个颗粒的运动，可以找到受力作用的颗粒集合体新的接触力和位移。运动是由特定的墙、颗粒运动和/或体力引起的扰动通过颗粒系统传播而产生的，这是一个动态过程，其中传播速度取决于离散系统的物理属性。离散元法（DEM）模拟：PFC 主要用于模拟颗粒或岩土体在不同加载条件下的力学行为，采用 DEM 方法进行模拟。多物质模拟：软件可以模拟不同材料的相互作用，包括颗粒、岩石、土壤等。工程问题模拟：PFC 广泛应用于模拟岩石力学、岩土工程、地下开采等工程问题。可视化和后处理：提供强大的可视化工具和后处理功能，帮助工程师直观地理解模拟结果。用户友好性：PFC 通常设计为用户友好，使得工程师和科研人员能够相对容易地建立模型和进行模拟。

内置模块包括三个，分别为热分析模块、流体动力学模块、滚动阻力线性模型。

6.3.5　PLAXIS 2D/3D 软件

PLAXIS 是一款岩土有限元分析软件，其界面友好，操作流程简明清晰，且具备强大的建模、分析功能，可实现点、线、面、体等几何对象及结构、静动力荷载的高效参数化建模，是岩土工程师的得力工具。PLAXIS 程序的"输入"界面下包括土层、结构、网格、水位、分步施工等五个标签，整个建模计算过程按此分析流程依次进行即可。PLAXIS 程序具有交互式图形界面，其土层数据、结构、施工阶段、荷载和边界条件等都是在类似CAD 绘图环境的操作界面中输入，支持 DXF、DWG、3DS 及地形图的导入，有曲线生成器可建立曲线，有多种工具可以进行交叉、合并、平移、分类框选、旋转、阵列等操作以建立复杂几何模型。

PLAXIS 2D/3D 共包括三个模块，即主模块、渗流模块、动力模块，可进行塑性、安全性、固结、渗流、流固耦合、动力等各种分析。可对常规岩土工程问题（变形、强度）如地基、基础、开挖、支护、加载等进行塑性分析，可对涉及超孔压增长与消散的问题进行固结分析，可对涉及水位变化的问题进行渗流（稳态、瞬态）计算以及完全流固耦合分析，可对涉及动力荷载、地震作用的问题进行动力分析，可对涉及稳定性(安全系数)的问题进行安全性分析。从工程类型角度来看，可对基坑、地基基础、边坡、隧道、码头、水库坝体等工程进行分析。另外，PLAXIS 程序还有专门的子程序用于模拟常规土工试验并可进行模型参数优化(土工试验室程序)。PLAXIS 程序率先引入了土体硬化模型(HS)和小应变土体硬化模型(HSS)这两个高级本构模型，能够考虑土体刚度随应力状态的变化，其典型应用如基坑开挖支护模拟，对于坑底回弹和地表沉降槽，以及支护结构的变形和内力等的计算结果，经过与众多工程实例监测数据的对比，已经得到世界范围内的广泛认可，成为开挖类有限元计算的首选本构模型。PLAXIS 程序具有强大的后处理功能，能够输出结果等值线、彩色云图、等值面及矢量分布图，能够输出结构单元的内力、实体单元内力、各阶段孔压变化，能够在输出视图上添加注释，绘制监测点变化曲线(曲线管理器)，自动生成计算结果报告和动画，在计算过程中能够预览计算结果以便于及时检查和修正模型。

PLAXIS 软件的二维主模块是该软件的核心部分，用于进行二维有限元分析。模拟和分析地下结构的行为首先要建立几何模型。该模型是一个真实三维问题的二维简化显示，它由点、线、类组构成。一个几何模型应该包括地基各个土层的代表性划分、结构物体、施工阶段和荷载。这个模型必须足够大，以便其边界不会影响研究问题的结果。在几何模型生成之后，基于其中的线和类组的组成程序会自动生成有限元模型。一个有限元网格包括三个组成部分，分别为单元、节点、应力点。PLAXIS 动力模块是 PLAXIS 有限元分析软件中的一个重要部分，专门用于模拟和分析地下结构在动力荷载下的响应。PLAXIS 动力模块主要用于地震分析，设定动力加载类型，采用非线性材料模型，如弹塑性模型，以更准确地模拟土体的变形和应力变化。同时，软岩可以将动力荷载与静力荷载相结合，综合考虑不同类型的荷载对地下结构的影响。模拟结果包括位移、速度、加速度、应力等参数。PLAXIS 软件的渗流模块主要用于模拟地下水流对土体和地下结构的影响。通过考虑地下水位、孔隙水压力、水流速度等参数，采用多孔弹性材料模型，可以定量地分析土体中的水分运移。同时，还可以考虑水分对土体变形的影响，实现渗透和变形的耦合分析。PLAXIS 软件的三维模块是进行三维有限元分析的工具。这个模块可以对地下结构进行更全面和准确的建模，定义和应用各种边界条件。在软件的三维建模环境中可定义多层土体，并考虑土体的不同力学性质，还可以定义地下水位、结构元素(包括桩、墙、基坑、地铁隧道等)等信息。三维模块分析过程中支持多物理场耦合，例如岩土耦合和水力-渗透耦合。允许用户更全面地考虑不同物理场之间的相互作用。此外，还可实现动力分析功能，模拟地下结构在动力荷载(如地震)下的响应。

6.3.6 应用工程实例

Itasca 开发了边坡岩体(SRM)方法。Cundall 认为 SRM 是由一组节理集组成的节理岩体，允许新的裂缝开始和生长。根据施加的应力和应变动态变化，使用黏结粒子模型如图 6.2 所示。Potyondy 和 Cundall 描述了岩石基体和光滑节理模型。由 Mas Ivars 等描述了预先存在的断裂面，其黏结粒子模型基于 Itasca 离散元码 PFC^{3D}。模型将岩石作为一个球状粒子组合在一起，利用从现场钻探和测绘中获得的节理间距、长度和方向等参数。

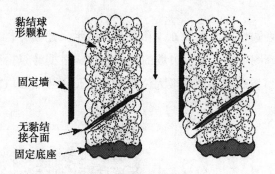

图 6.2　黏结粒子模型

Cundall，Potyondy 认为 SRM 模型的变化特点取决于岩石的性质和本构关系，以及不连续性，需要做大量复杂交互的工作来完成。Lorig 用 SRM 方法揭示岩体的渐进破坏。

Cundall 等使用 SRM 方法研究了试样尺度对节理岩体强度的影响。其研究的试样来自南非帕拉博拉的石灰岩岩体，实验结果如图 6.3 所示。

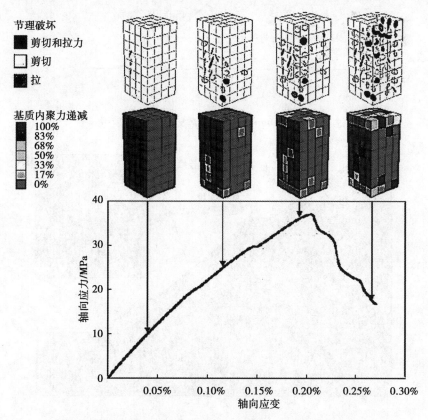

图 6.3　损伤出现在应变软化阶段，联合模型基体黏聚退化和节理错动，Cundall

另一种已应用于岩石的高级数值分析软件，是由 RockField Software 开发的 ELFEN 软件。该软件包含二维/三维模型，并能实现有限元和离散元混合分析。Crook 等使用 ELFEN 建立了标准摩尔-库仑屈服准则与张力切断组合模型，分析了脆性、拉伸轴向断裂和韧性剪切特性。

Chuquicamata 的西边坡模型如图 6.4 和图 6.5 所示。建模分析后得到如图 6.6 和图 6.7 所示的模拟结果。图中展示了西边坡的变形机制，根据计算得到岩体运动信息和位移等值线分布云图，可以确定模型中最大位移量和变形深度，数值模拟结果与边坡的实际观测结果一致。

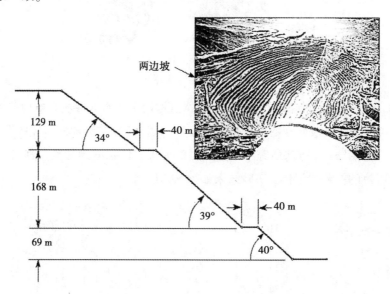

图 6.4　Chuquicamata 西边坡二维 SRM 模型

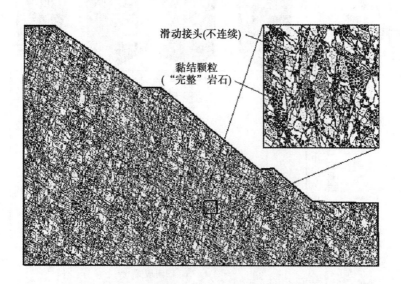

图 6.5　Chuquicamata 西边坡放大滑动和岩石结构黏结颗粒模型

图 6.6　Chuquicamata 西边坡 PFC²ᴰ模型计算的运动情况

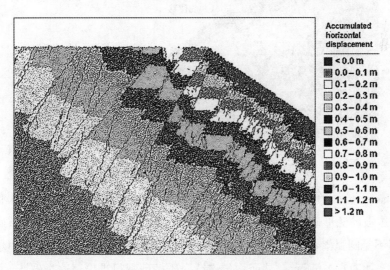

图 6.7　Chuquicamata 西边坡位移等值线分布云图

图 6.7 中所示为岩体中细节水平位移,裂缝分布和发育规律;在不连续面(即破坏面)上存在形成倾倒破坏的趋势;现阶段边坡没滑塌下来,模型持续发生缓慢的蠕变,与现场观测较为吻合。随着边坡的持续蠕变,张裂缝不断形成,不连续面(破坏面)渐进贯通,最终在边坡坡脚形成推移,即倾倒破坏全过程,见图 6.8。

图 6.8　Chuquicamata 西边坡张裂缝形成和弯曲推移错台

值得注意的是，SRM 模型并不涉及使用岩体分类系统。SRM 模型用于岩体属性估计，没有假定变形破坏失效机制或失效滑动面。边坡整体变形破坏过程由模型本身生成完成。考虑的是单个岩石块体和不连续性节理，以应对不断变化的应力。

对于 Chuquicamata 西边坡模型，采用 Phase^{2D} 软件中的均匀连续介质模型进行分析，得到如图 6.9 所示的分析结果。根据边坡形变轮廓、位移矢量和总位移等值线图，可以确定边坡破坏过程最大位移约 1.9m，稳定安全系数为 1.83。

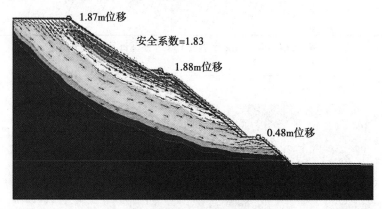

图 6.9　连续模型总位移轮廓云图

采用 Phase^{2D} 分析所得的位移和安全系数与现场观察的情况相比较，结果似乎是合理的。然而，边坡的变形破坏模式却差异很大。如前文所述，边坡实际的变形破坏形式是倾倒破坏而不是圆弧滑动。岩体内的独立块体和不连续节理、裂隙控制了边坡变形进程和破坏模式，如图 6.10 所示。然而均匀连续介质模型则很难出现这类破坏形式，大概率会形成圆弧滑动。

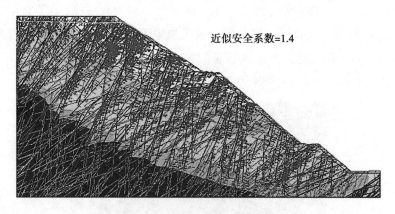

图 6.10　断裂模型总位移轮廓

由图 6.10 所示均匀连续介质模型中断裂层面的叠加生成新模型，导致岩体行为发生显著变化，位移矢量表示一个主要的倾倒破坏过程，比同类模型更真实。然而，这一过程只是定性的，因为两者都有精准详细的力学行为，完整的岩石块体和不连续面没有包括在模型中。

此外，一个连贯连续模型的破坏综合分析，必须考虑"完整"岩体的拉伸和剪切破坏。对于不连续的剪切破坏直到最近才有了连接连续体模型，发展等效的 SRM 模型。大多数边坡设计人员都对设计稳定边坡感兴趣。不需要对大位移和岩块分离建模，可以在岩体 SRM 模型中进行。对以连贯连续体模型为基础的发展是很重要的。对一些案例有必要进行研究，如岩体的崩裂和沿斜坡向下的石块运动。虽然 SRM 模型可以用于这样的分析，但也应该考虑更简单的替代方法。

加拿大不列颠哥伦比亚省哥伦比亚河上的大坝实例。测量的地表的位移和可见的边坡变形特征表明，岩体正以每年高达 13mm 的速度向下朝向水库倾斜。1984 年至 2005 年期间，英属哥伦比亚水力发电公司进行了一次调查，在与突然的岩崩有关的风险中，将大量的岩石堆积起来，岩崩冲击水库的蓄水，引起的波浪有可能超过大坝的坝体部分。

在现场调查中，照片图 6.11 显示出强烈的倾斜结构面、花岗闪长岩块体。运动学分析表明边坡为稳定，但人们担心大范围的崩塌破坏可能发生在地震中，可能产生斜坡破坏。

图 6.12 中显示了一个横剖面，其中也包括了分析中使用的 UDEC 模型。岩块用刚性多边形体表示，由真正的结构面、结构体定义形状（见图 6.13）。人工结构面（泰森多边形法）包含在刚性多边形内，以表示巨大的内部缺陷岩石块。选择 Voronoi 块的大小来代表岩石。岩石边坡施工过程中观测到的所有的石块假设是刚性的，剪切和共轭结构面摩擦角 25°，黏聚力为零。旋涡节理的抗拉强度代表风化作用，将抗拉强度从 10MPa 降级到 4MPa 来控制模拟塌陷。完整的岩块模型的崩塌破坏过程包括向下滑动导致的倾倒，沿着岩块内部剪切和共轭结构面的拉伸崩塌破坏的过程，导致近中段的边坡隆起。

图 6.11　由陡峭的道路切割形成的斜坡（2004 年）

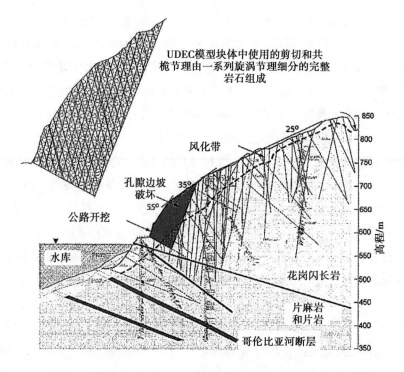

图 6.12　修改后的边坡截面和细节模拟模型

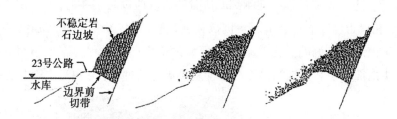

图 6.13　用于模拟评估潜在滑动速度的修改后的 UDEC 模型

◆◇ 6.4　滑坡防治方法类型及程序

　　滑坡是边坡最常见的破坏形式之一，且常常受到多种因素影响。具体到每一个滑坡案例的分析中，影响因素也各不相同。此外，滑坡的变形和发展不是一蹴而就，而是具有渐变性，因此滑坡防治最好是在早期治理。在露天开采的过程中，为保证矿山生产安全，需对不稳定边坡进行滑坡防治。为获得露天开采的最大经济效益，常需采用较大的边坡角。例如，国外的露天矿边坡设计就倾向于加大边坡角，降低安全系数，并允许有一定的边坡破坏概率。这就涉及滑坡防治问题。因此，滑坡防治是一项非常重要的工作。露天矿滑坡防治工作的特点如下。

　　(1)在设计阶段就开始研究滑坡防治措施，目的是设法提高边坡角，以期获得较大的经济收益。图 6.14 为美国亚利桑那州双峰铜矿通过边坡加固提高边坡角时采出矿岩量变化示意图。该矿将边坡角从 40°提高到 50°后，可多采出矿石 800 万 t，同时减少剥离物 2300 万 t，获得经济收益 1425 万美元。加固总费用为 423 万美元，这样在整个矿山开采期内，矿山因提高边坡角获得纯收益 1002 万美元。然而，边坡角的加大并不与矿山纯收益成正比关系。由加拿大希尔顿矿的边坡加固经验得出，增大边坡角与获得经济收益之间有图 6.15 的曲线关系。图中可见，边坡角的大小存在着一个最优区间，即最优边坡角。

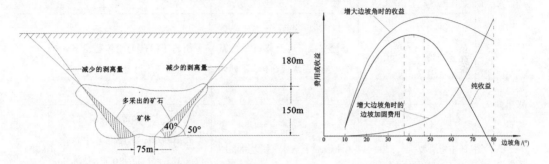

图 6.14　边坡角从 40°提高到 50°时矿岩量变化　　　　**图 6.15　边坡角最优区间**

（2）动态设计，动态施工。受到多因素的制约，前期勘察很难全面掌握矿区所有的地质信息，随着露天矿开采作业的不断推进，地层不断被揭露，会暴露出来新的问题。因此，在做好矿山地质编录的过程中，对新发现的潜在滑体应进一步评价。

（3）在生产过程中特别注意边坡岩体动态的监测、工程地质和水文地质调查以及稳定分析工作。一旦发现边坡有滑落可能，应及时防治，从而避免滑坡给矿山带来危害。国外露天矿在 20 世纪 60 年代以前，滑坡防治一般采用挡墙、削坡减载，疏干排水等方法。自 20 世纪 60 年代开始，美国、加拿大、苏联等国开始使用锚杆、锚索、钢轨桩等加固边坡。近年来，国内对边坡加固尤为重视，以大型锚杆(索)、水平横梁、钢丝网和坡面喷浆为代表的加固系统正在大规模使用，其中四川省巴郎山滑坡的治理工程中采用大体量锚索加固。该工程于 2010—2013 年建设，共包含 15 根锚索，其中最长的锚索全长328m，采用双曲面网状结构，锚索直径为 63.5mm，设计承载力为 10000kN。此外重庆九龙坡滑坡治理工程、江西省赣州市会昌县官桥滑坡治理工程、四川仪陇高速公路 52km+800 滑坡治理工程等锚索均超过 200m。锦屏水电站边坡加固所采用的最长的锚索达100m。其他防治方法如抗滑桩、疏干排水、预裂爆破等也在不断发展。我国一些露天矿滑坡防治概况见表 6.5。

表 6.5　我国一些露天矿滑坡防治概况

矿山名称	防治实例	不稳定岩体量/万m³	防治措施	防治效果	施工时间
海州露天煤矿	维护非工作帮边坡		沿非工作帮距边坡 150～350m 处，修筑长 4086m 的疏干巷道，用以拦截冲积层地下水，防止向非工作帮边坡岩体渗透	初期排水量达 10000～12000m³/d，使地下水位由 161m～167m 降低至 159.4m，对非工作帮边坡的稳定起很大作用	1955
	86 站滑坡	30.00	以 100 根 43kg/m 型钢轨抗滑桩支挡，地面修筑排水系统，使坡面水流通畅，不到处漫流	使趋于滑落的滑体稳定下来，维持三年稳定期	1974
	西南帮滑坡	3.00	修筑疏水平巷老井贯通，并以超前钻孔放水，使老井和冲积层中水位降低	初期钻孔涌水量 81.9m³/h，共放出 6000m³，使老井中水位由 185m 降低至 167m，使涌水量稳定在 18.93m³/h	1972
	东北环滑坡	12.62	用时 80 个松动爆破滑面钻孔，对滑面进行松动爆破	使滑面处的内摩擦角由 19° 提高到 24°，使稳定系数提高 0.2	1974
	8、6、5 号弱层		相应在 78、46、38 平盘分别用 380、141、94 根钢轨抗滑桩加固	效果良好	1962
抚顺西露天煤矿	西大巷基础		(1)对巷道东侧 3 号滑坡进行减重清理，减小对巷道压力。 (2)全部清除巷道 2 号断层以上凝灰岩，降低巷道煤柱，加护墙。 (3)顺整个巷道基础，彻底排出巷道上部地表水	使巷道基础稳定，未出现移动迹象	1962
	西北帮		合理安排剥采生产计划。	确保该区边坡稳定，未因滑坡影响生产	1958
	东西大巷间非工作帮 2 号断层下边坡		(1)预留保安煤柱(厚度由稳定计算求得)支撑上部不稳定岩体。 (2)合理安排回采煤柱与上部清岩的生产计划	效果良好。未因下部回采煤柱面使上部岩体滑落	

表6.5(续)

矿山名称	防治实例	不稳定岩体量/万m³	防治措施	防治效果	施工时间
武钢大冶铁矿			用39根钢轨抗滑桩支挡	保证了该区边坡稳定	
	东采场狮子山北帮西口Ⅰ号滑坡体	17.00	用132根直径32mm、长15~32m的预应力锚杆加固6个台阶,76根深孔钢轨抗滑桩加固4个台阶,另外采用局部削坡减载,片石护坡,水平孔疏水,喷浆护面等措施	加固效果良好	1977—1978
	最终境界边坡		(1)多段顺序起爆降震; (2)缓冲爆破降震; (3)预裂爆破降震	对维护露天矿最终边坡起明显效果	1977
白银公司露天矿	一号采场1775公路路基		(1)用70根钢轨抗滑桩和200根长4m的锚杆加固。 (2)长270m的混凝土挡墙加固	经岩移观测和应力测量证明加固效果良好	1975
	最终境界边坡		(1)按边坡最终形态布置最后一排爆破钻孔。 (2)适当缩小爆破参数。 (3)采用微差爆破、减震孔和预裂爆破	对维护露天矿最终边坡起良好作用	
冶金部某矿	牙口滑坡		(1)滑体上部用19根断面1.7×1.9m²大型钢筋混凝土抗滑桩支挡。 (2)滑体下部用抗滑挡墙支挡。 (3)滑体上部清方减重。 (4)滑体表面排水,滑体外修筑截水沟	使滑体稳定,确保滑体下部选矿厂主厂房的安全	1971

表6.5(续)

矿山名称	防治实例	不稳定岩体量/万m³	防治措施	防治效果	施工时间
义马北露天煤矿	外排土场撒灰台滑坡	30.00	以22根2×1.8m²断面的大型钢筋混凝土抗滑桩支挡。	使正在缓慢滑动的滑体逐渐稳定下来,确保排土干线的安全	1975
	外排土场420滑坡	18.04	用纵横向盲沟拦截,疏导排土场基底地下水,使之注入涧河	减轻滑坡对陇海铁路路基的侧向压力,使滑坡体滑动速度明显减缓	1965
	工作帮东部		用31根断面2.5m×3.5m,2.0m×2.0m,长14~27m,桩间距7~8m的钢筋混凝土桩加固	效果良好	1984
淮南某露天铜矿	西帮▽485台阶		用7根断面1.1m×1.5m的钢筋混凝土抗滑桩支挡	效果良好	1976
铜川前河露天煤矿	非工作帮工业广场	40.00	用34根大型钢筋混凝土抗滑桩和89根钢轨抗滑桩支挡	保证工业广场的安全,效果良好	1974—1975
平庄西露天煤矿	工作帮第24次滑坡	40.00	由上而下逐水平清理,回填砂石,垫起后恢复通车	基本保证运输安全	1974
	北部端帮		在砂砾石层含水层以下基岩中修筑疏干巷道	排出大量地下水,枯水期达350~400m³/h,洪水期达500m³/h,疏干后仅为100m³/h。对维护北端帮边坡效果良好	1961—1965
云南可保皂角露天煤矿	文昌宫排土场	3.00	(1)建立地面防排水系统,减少地表水侵入排土场。(2)用两排15kg/m型钢轨桩支挡	止住滑坡,控制滑坡的蔓延	1974
	非工作帮	12.00	(1)用降水井疏干地下水。(2)开挖地面防洪沟。(3)平整非工作帮表面,填平水塘。(4)扩采扰动土,加大保安平台,共清理10万m³。(5)打钢轨桩支挡局部边坡	使非工作帮边坡基本稳定	1974

表6.5(续)

矿山名称	防治实例	不稳定岩体量/万m³	防治措施	防治效果	施工时间
潘洛铁矿		100.00	(1)地表排水、疏干地下水； (2)预留保安矿柱； (3)分期削坡减载； (4)调整采矿方法及加强生产管理； (5)实施抗滑桩工程； (6)回填采坑，反压坡脚	滑坡灾害得到彻底根治	1999
伊敏河露天煤矿	东南帮		短工作线、高强度推进、快速回填	于 2009 年 3 月份前成功地回收了滑坡区煤炭 350 余万 t	2009
江西铜业银山矿业	南帮		(1)清理坡面危岩； (2)钢丝绳锚杆钻孔、灌注； (3)安装支撑绳、张拉、挂网	滑塌区域 24~-36m 段边坡整体保持稳定，坡面无浮石、大块滚落，达到治理目的	
扎尼河露天矿	非工作帮		(1)条带开采； (2)基底清淤处理； (3)内排压脚； (4)帷幕截水	抑制了边坡变形速率的上升，避免了滑坡灾害的发生	2017
天池能源南露天	西帮		(1)锚索加固； (2)内排压帮	抑制边坡变形，回收西帮压煤量	2019—2022

露天矿滑坡防治方法很多，归纳起来有四大类：①疏干与排水；②提高滑带土岩性质；③抗滑支挡与锚固(桩、墙、格构梁、挂网、喷浆等人工加固措施)；④减重压脚。露天矿滑坡防治工作应立足于防，治次之。它贯穿于露天矿设计、施工、生产各个阶段。滑坡防治是一门严谨、复杂的系统工程，其中有效的设计方案和施工方案必须建立在前期对边坡工程地质调查分析、岩土力学试验及稳定性评价的基础上。因此，滑坡防治工作应按照一定程序进行，它反映了各项防治措施的轻重缓急次序。这一程序是：①进行有关滑坡原因的工程地质、水文地质的勘探工作；②截集并排出流入滑坡区的地表水；③疏干滑坡区或附近的地下水，或降低地下水位；④削坡减载，反压坡脚或清除滑体，爆破减震等；⑤采用人工支挡物或其他预防措施。各种方法及其作用和适用条件详见表6.6。

表 6.6 露天矿滑坡防治方法

类型	方法	作用	适用条件
削坡压坡脚	缓坡清理	对滑体上部或中上部进行削坡，减小边坡角。从而减小下滑力	滑体确有抗滑部分存在才能应用。可及时调入采运设备的滑坡区段可采用
	减重压坡脚	对滑体上部削坡，使下滑力减小，同时将土岩堆积在滑体下部抗滑部分，使抗滑力增大	滑体下部确有抗滑部分存在，并要求滑体下部有足够的宽度以容纳滑体上部的土岩
增大或维持边坡岩体强度	疏干排水	将滑体内及附近岩体地下水疏干，从而减小动、静水压力，并维持岩体强度不致降低	边坡岩体内含水多，滑床岩体渗透性差
	爆破滑面	松动爆破滑面，使滑面附近岩体内摩擦角增大，使滑体中地下水渗入滑床下岩体中	滑面单一，弱层不太厚，滑体上没有重要设施
	破坏弱层回填岩石	用采掘机械破坏弱面，并立即回填透水岩石，回填以后的岩石内摩擦角大于弱面内摩擦角	滑面单一的浅层顺层滑坡
	爆破减震	用多排毫秒微差爆破，减小地震波对岩体的破坏作用	岩石坚硬且爆破量较大
	预裂爆破	为维持到界边坡的岩体强度不致因爆破而降低，用预裂爆破法减少爆破对岩体的破坏	到界边坡
	注浆	用浆液充填岩体中裂隙，使岩体整体强度提高，并堵塞地下水活动的通道；或用浆液建立防渗帐幕，阻截地下水	岩体中岩块较坚硬，裂隙发育，连通，地下水丰富，严重影响边坡稳定
人工建造支挡物（人工加固）	大型预应力锚杆（索）加固	用锚杆（索），并施加预应力以增大滑面上的正压力，使岩体的整体强度有所提高	潜在滑面清楚，岩体中的岩块较坚硬，可加固深层滑坡
	抗滑桩支挡	桩体与桩周围岩体相互作用，桩体将滑体的推力传递给滑面以下的稳定岩体	滑面较单一、清楚，滑体完整性较好的浅层、中厚层滑坡
	挡墙	在滑体下部修筑挡墙，以增大抗滑力	滑体较松散的浅层滑坡；要求有足够的施工场地和建材供应
	超前挡墙法	在滑体下部的滑动方向上预先修筑人工挡墙	一般在山坡排土场的下部应用

第7章 紧邻国铁露天开采边坡稳定性分析

义煤集团天新矿业有限责任公司(以下简称天新公司)前身为义马矿务局北露天煤矿,始建于1960年6月,1967年3月投产。2007年3月通过股份制改制,成立义马天新矿业有限责任公司,2011年更名为义煤集团天新矿业有限责任公司,现隶属河南能源化工集团义煤公司管理。为促进矿业经济持续、健康发展,保护耕地和生态环境,建设绿色矿山,保障露天煤矿闭坑边坡稳定及紧邻陇海铁路安全,遵照《河南省矿产资源总体规划(2016—2020年)》,《关于落实"河南省人民政府办公厅关于印发河南省支持煤炭行业化解过剩产能国土资源政策实施方案的通知"的函》,河南省人民政府办公厅关于做好"三区两线"范围内露天矿山开发及矿区生态环境综合整治工作的指导意见,开展露天煤矿闭坑紧邻陇海铁路安全与边坡治理方案评价设计研究工作,露天煤矿矿区布置见图7.11。义煤集团天新矿业有限责任公司研究具体目的:落实加快推进生态文明和"美丽河南"建设工作,促进河南省矿产资源开发利用与生态环境保护的协调可持续发展的规定;坚持"建设绿色矿山、严格保护耕地","预防为主、防治结合","谁破坏、谁治理、谁损毁、谁复垦"的原则,明确矿权人在获得开发权利的同时,必须承担对损毁土地进行保护、恢复、治理及复垦的义务;通过对现场的细致调查,结合项目周边的实际情况,提出切实可行的露天煤矿闭坑紧邻陇海铁路安全与边坡治理方案。

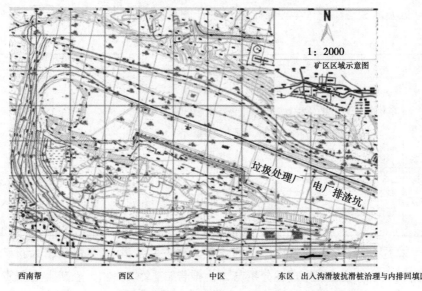

图7.1 义煤集团天新矿业有限责任公司露天煤矿矿区布置图

天新公司位于河南省三门峡市义马市东区街道(原义马市千秋镇),行政区划隶属义马市管辖,地理极值坐标为东经 111°53′24″~111°54′57″,北纬 34°43′19″~34°44′03″。天新公司西距三门峡市约 70km,距义马市约 7km;东距洛阳市约 51km,距新安县约 15km;南距洛宁县 40km。天新公司位于陇海铁路与 310 国道之间,连霍高速公路位于 310 国道北侧。天新公司至陇海铁路义马火车站有运煤专用铁路,铁路长 0.3km;天新公司附近有公路分别和 310 国道、连霍高速公路相连,距离分别为 1.0km 和 10km,交通十分方便。

◆ 7.1 露天煤矿开采

7.1.1 露天煤矿开采现状

天新公司采用露天开采,采用工作帮移动坑线的开拓运输系统,4m³ 电铲采装,20t 卡车运输,单斗挖掘机-卡车运输开采工艺,纵向拉沟沿倾向推进的开采方式。全部采用内部排土场进行排弃的开拓、开采方式。截至 2016 年 12 月 31 日,该矿共查明资源储量 544.23 万 t,其中保有(111b)+(331)+(333)类资源储量 465.70 万 t,在保有资源储量中(111b)类为 313.57 万 t,(331)类为 129 万 t,(333)类为 23.13 万 t;矿山历年累计动用(111b)资源储量 78.53 万 t。经计算截至 2016 年底,剩余可采储量为 81.86 万 t,矿山生产规模为 15 万 t/年,剩余生产服务年限为 5.5 年,矿山恢复治理期为 3.5 年,管护期为 5 年,服务年限为 8.5 年,自 2018 年 8 月至 2026 年 6 月。其中,矿山地质环境保护与恢复治理服务年限为 5.5 年,土地复垦服务年限为 8.5 年。目前,针对天新公司露天煤矿闭坑与延续生产的严峻问题,开展露天煤矿闭坑紧邻陇海铁路安全及边坡治理方案可行性研究,以及露天煤矿延续生产整治施工设计方案的论证(见表 7.1)。

表 7.1 露天煤矿闭坑与延续生产方案论证

论证方案	对比方案	预计时间	投资估算
闭坑方案	①鉴于目前南帮边坡稳定安全,整治与闭坑兼并 ②南帮边坡 1600~3600 剖面、地面标高+430m~+330m、坑底标高+410m~+370m 上部边帮刷坡防护、下部边帮内排压脚护坡防护	治理 3~5 年	2.2 亿元 (需要外投)
延续生产方案	露天煤矿采煤 453 万 t(按 400 元/t 售价) 恢复涧河流域的青山绿水岛洲生态	改建 1 年 (200m 外)	改建费 3.5 亿元 效益 18.2 亿元 (不需要外投)

备注:①不包括千秋矿等采煤产生的效益。②主要参考:《义煤集团天新矿业有限责任公司露天煤矿边坡工程稳定性分析与评价报告》《义煤集团天新矿业有限责任公司露天煤矿边坡工程最终境界稳定性分析与评价》《义煤集团天新矿业有限责任公司露井

联合端帮采煤机分层采硐矸石膏体充填边坡程稳定性分析》。③义马火车站及线路改建由中铁第二勘察设计研究院提供。④井工煤矿采煤由中国矿业大学提供。天新公司矿区范围内只有一个露天采场，露天采场内只有少量的建筑物，且大都为活动板房性质的建筑，复垦施工期直接予以拆除。露天采场内主要生产系统有工业场地（调度中心）、内排土场、生产道路及油库，具体如图7.2所示，项目用地及规模见表7.2。

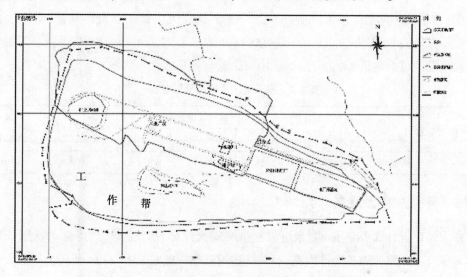

图7.2　天新公司露天采场平面工程布局图

表7.2　露天采场主要项目用地　　　　单位：hm²

项目	013	033	202	204	合计
	旱地	其他林地	建制镇	采矿用地	
排土场+400m	5.302	0	0	0.343	5.645
排土场+370m	0	0	0	5.348	5.348
临时排土场	1.221	0	0	0	1.221
工业场地	0.967	0	0	0	0.967
矿山道路	2.786	0	0	0.676	3.462
油库	0	0	0.234	0	0.234
露天采场	65.978	0.011	0.569	80.515	147.073
合计	76.254	0.011	0.803	86.882	163.95

7.1.2　资源储量

（1）保有资源储量。依据《义马天新矿业有限责任公司矿产资源开发利用方案》，截至2010年12月底，共获2-3煤层（111b）+（331）+（333）类资源储量513万t。其中（111b）318万t，占62.0%；（331）129万t，占25.1%；（333）66万t，占12.9%。据2016年12月天新公司（煤矿）动态检测报告，截至2016年底共查明煤炭资源储量544.23万t，其中保有资源储量465.70万t，（111b）类313.57万t，（331）类129万t，（333）类23.13万t；矿山累计动用资源储量78.53万t。

（2）工业资源储量。井田构造复杂程度中等，煤层赋存较稳定，推断的资源量（333）可信度系数 K 取 0.8。计算工业资源储量：313.57+129+23.13×0.8＝461.07 万 t。

（3）煤柱损失。根据《建筑物、水体、铁路及主要井巷煤柱留设与压煤开采规程》，矿井留设的永久性煤柱如下：边界压煤损失量为 68.53 万 t，陇海铁路的压煤损失量共为 303.15 万 t。

（4）可采资源储量。露天煤矿可采资源储量＝（露天煤矿工业资源储量-采区过渡时端帮煤柱煤量）×回采率＝（461.07-371.68）×95%＝84.92 万 t。经计算，天新公司露天煤矿共获得设计可采储量 84.92 万 t。矿山可采储量详见表 7.3。

表 7.3　露天煤矿可采储量汇总表　　　　　　　　　　单位：万 t

煤层	保有资源储量	工业资源储量	边坡压煤损失量			开采损失	设计可采储量
			边界	陇海铁路	小计		
2-3	465.40	461.07	68.53	303.15	371.68	4.47	84.92

7.1.3　开采规模及服务年限

露天煤矿设计服务年限＝剩余可采储量/（露天煤矿设计生产能力×储量备用系数），根据《煤炭工业露天煤矿设计规范》，储量备用系数一般取 1.1~1.2。天新公司露天煤矿地质构造简单，故设计取值为 1.1，根据资源储量开发利用方案，天新公司生产规模为 15 万 t/年。

矿山剩余服务年限＝设计可采储量÷储量备用系数÷生产规模＝84.92÷15÷1.1＝5.1 年，则矿山剩余生产服务年限 5.1 年（见表 7.4）。

表 7.4　天新公司主要技术特征表

序号	指标名称	单位	指标	序号	指标名称	单位	指标
1	露天煤矿主要技术特征			3	资源/储量		
1.1	地面境界平均长度	km	1.5~2.2	3.1	保有资源储量	万 t	544.23
1.2	地面境界平均宽度	km	0.5~1	3.2	工业资源储量	万 t	461.07
1.3	地面境界面积	km²	1.6373	3.3	剩余可采储量	万 t	84.92
1.4	底部境界平均长度	km	1.4~1.9	4	煤质		
1.5	底部境界平均宽度	km	0.4~0.9	4.1	煤类		长焰煤
1.6	底部境界面积	km²	1.5128	4.2	灰分（原煤）	%	21
1.7	最大开采深度	m	100	4.3	硫分（原煤）	%	0.79
1.8	最终端坡角	(°)	32	4.4	挥发分	%	37.27
2	煤层情况			4.5	发热量	万 t/a	22.46
2.1	可采煤层		2-3	5	设计生产能力		
2.2	可采煤层厚度	m	平均 10.40	5.1	年生产能力	万 t	15
2.3	煤层倾角	(°)	2~14	5.2	日生产能力	t	455
2.4	煤的容重	t/m³	1.4				

7.1.4 开采方式、方法

①开采方式为露天开采,现采场工作帮共有 8 个台阶,内排土场有 3 个排土场。

②露天开采生产系统为:穿孔→爆破→采装→运输→排土。

③穿孔作业:采用 KX-150C 型回转钻机进行垂直穿孔作业。

④爆破作业:采用乳化炸药,非电毫秒微差起爆。

⑤采装作业:使用 WK-4 型单斗挖掘机,进行端工作面平装车,采用推土机、前装机辅助作业,清扫场地。

⑥运输作业:采用自卸卡车运输煤、岩。

⑦排土作业:使用推土机和前装机推排岩石,平整场地。

⑧开拓方式及工业场地位置:天新公司由义煤集团北露天煤矿破产重组而成,于 2007 年 3 月 16 日成立,设计生产能力 15 万 t/年,采用的开采方式为露天开采,采用工作帮移动坑线的开拓运输系统,4m³ 电铲采装,20t 卡车运输,单斗挖掘机-卡车运输开采工艺,纵向拉沟沿倾向推进的开采方式。全部采用内部排土场进行排弃的开拓、开采方式。露天煤矿现有的工业场地及已有设备、设置、建筑等能够满足日常生产、生活的需要,无须改建、新建,仍采用原有的采场及工业场地。

⑨水平标高划分及采区划分:露天煤矿现开采水平标高为 +460～+330m,矿区 2-3 煤层全区可采,以 6# 支线为界划分为东、西区,采剥平盘以开采水平标高 +410、+400、+390、+380、+370、+360m 相称。目前,采场已形成台阶 8 个,采掘工作面 5 个,其中剥离工作面 3 个,采煤工作面 2 个,剥离工作台阶高度 10m,水平分层,采煤工作面亦为水平分层,台阶一般高度为 10m。

⑩运输方案:矿区内的运输道路四通八达,交通十分便利,矿山生产的煤炭主要供应省内、外电厂。矿山所生产的煤炭和所需的材料、设备均由汽车运输,地面运输条件十分便利。工业场地及采、排场内以道路运输为主,所生产煤炭可直接运至储煤厂或矿坑。

⑪排土方案:自 1987 年以来改为内排土场,目前矿区范围内有两个内排土场(排土场 +370m 和排土场 +400m),据开发利用方案设计,矿山未来生产共需剥离岩土 208.9 万 m³。矿山严格按照《义马矿务局北露天煤矿内排土场稳定性研究》等报告所确定的内排土场主要参数建立内排土场。排土台阶高度:16m;工作帮坡角:11°;废止帮坡角:15°;工作平盘宽度:60m;废止平盘宽度:37m;台阶坡面角:36°～38°;排土有效长度:1.1km;土岩松散系数:1.15;采煤工作面与最下一条排土线坡脚安全距离:40m。2006 年末内排土场剩余容积 180.0 万 m³,2007—2009 年每年新增容积:135.0 万 m³。因此,总计有排土容积:585.0 万 m³,可以满足排土空间需要。

7.1.5 矿田地质概况

(1)地形地貌。天新公司露天煤矿位于涧河北岸的二级阶地上,原地形为低山丘陵地貌，地形较为平坦；现地形为一盆地，四周较高，中间低，地面高程+348.6～+463.8m，相对高差115.2m；区内南部为人工开采形成的台阶状地貌，为侏罗系出露，北部为人工回填土，属第四系。天新公司露天煤矿矿区属黄河流域洛河水系的上部支流。矿区南部边界外200～350m处有一河流——涧河，涧河为一典型的季节性河流，发源于陕县观音堂一带山区，向东流至洛阳汇入洛河；涧河在露天煤矿附近河床宽300～400m；涧河正常流量一般为 0.31～70.10m³/s，枯水期流量为 0.20～0.50m³/s，雨季最大流量为1446.50m³/s(1958年)，1972年和1981年夏季由于干旱均发生断流。庙园沟为一季节性冲沟，沟底有地下水排泄，由义马煤田的东侧陈家洼冲沟向南流入涧河。

(2)地层。2-3 煤层(底层煤)为本矿主采煤层，黑褐色。上部以亮煤、镜煤为主，夹薄层暗煤、丝炭；下部以暗煤为主，夹有镜煤和较多丝炭条带。煤层总厚度0～31.96m，平均10.40m。煤层厚度变化大，一般是露头部分薄，底部厚，西部煤层薄，东部煤层厚；另外在主向斜南翼紧临向斜轴有一煤层增厚带，厚度10～20m，沿向斜轴分布，延展长度1500m左右。煤层结构复杂，含夹矸一般4～6层，最多达13层。不同区域含夹矸情况不同，一般规律是东部含夹矸层数少而薄，西部含夹矸层数多而厚。夹矸层厚度一厘米至几十厘米。在煤层增厚带内夹矸厚度可达1～3m。夹矸岩性以泥岩为主，炭质泥岩次之，并有少量的细砂岩、粉砂岩等。现场可见，有的泥岩夹矸层在地下水作用下呈塑性，但不同部位塑性程度不同。塑性泥化夹矸层厚一般为 1～3cm 左右，厚者达 10cm 以上，沿走向分布不稳定，连续长度可见 20～30m 左右。2-3 煤层由于受构造影响，裂隙发育，原生结构部分遭受破坏，形成部分碎裂煤及鳞片状构造煤等。可见到煤层局部产状急剧变化，以及构造形成的镜面等。2-3 煤层顶板由西往东以 6%的坡度抬升。矿田地层为第四系黄土及砾石层和第三系砾岩层直接不整合在中侏罗统义马组各层段之上。现南帮边坡的地层自老到新有：中侏罗统义马组(J21)的底砾岩段、煤矸互叠层、2-3 煤层、砂岩及第四系黄土(Q)。

底砾岩段(J21-1)：为义马组底部一套粗碎屑沉积，由灰褐色灰色砾岩、含砾砂岩、砂岩、含砾泥岩组成。本段岩性及厚度横向变化较大，由砾岩变为含砾泥岩，砂砾岩及含砾鲕状砂岩，纵向上也是砾岩、砂岩、泥岩相间出现，厚度5～30m。

煤矸互叠层：由多层薄煤层、煤线、炭质页岩、褐灰色或灰色泥岩、砂质泥岩、粉砂岩组成。属一套泥炭沼泽相与复水沼泽相多次交替出现的沉积物，其中有一层0.2～0.4m灰色细砂岩，层位稳定。本层厚度在东部逐渐减薄尖灭，厚度 0～23.8m，平均8.820m。探井资料反映，该层之中夹有数层软弱泥化夹层，层位不稳定。

砂岩：由细砂岩、中砂岩、粉砂岩组成。夹有黑灰色砂质泥岩。上部及下部颗粒较细，主要是青灰色、灰色、深灰色的薄层状及中厚层状粉砂岩、细砂岩，具微波状层理、水平层理，中部的颗粒较粗，主要是浅灰色、灰色、土黄色厚层状具楔形交错层理的中粒砂岩及缓波状层理的细砂岩。在粉砂岩中常见到较多的植物叶部化石，在细砂岩中常可见到直立镜煤化树干。有些岩层面上保存着明显的波痕。矿田西部砂岩底部发育有薄层的灰色泥岩,为 2-3 煤的伪项,砂岩顶部发育有薄层状的灰黑色炭质泥岩和泥岩,为 2-1 煤的伪底。不同地区砂岩层的节理发育程度,岩石胶结程度及强度,泥岩及不同砂岩的分层数、分层厚、分层间的胶结程度均不同。总体而言,东区、中区的分层较少,节理发育较差,特别是砂岩层上部的黄砂岩及白砂岩中,经常能见到块度达 1~2m 的砂岩块,其强度也高。而西区局部灰色砂岩的分层较多、薄、节理密,岩石强度较低。砂岩层总厚度 0~53.13m,平均厚 45.36m。西部较厚,一般为 35m 左右,东部因遭受剥蚀,减至 0~16m。

第四系黄土(Q):下部为灰白色、肉红色砂、卵石层,卵石直径 5~30cm 不等,为砂土或亚砂土充填,厚度 0~11.35m,平均 4.24m,上部为黄色、红褐色黄土、砂质黏土,厚度 0~23.46m,平均 14.02m,与下伏各地层呈角度不整合接触。

(3)地质构造。渑池煤田主要构造见图 7.3。义煤集团天新矿业有限责任公司露天煤矿位于渑池向斜北翼仰起端,基本构造形态为一简单单斜构造。地层产状平缓,走向近东西,倾向南。

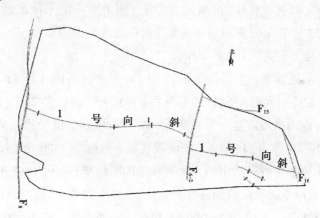

图 7.3　天新公司露天煤矿构造图

断层:井田内断层不太发育,勘探工程和采矿工程揭露的正断层 4 条;按断层走向分为 NNE、NNW 和 NWW 向,NNE 向 2 条,NNW 向 1 条,NWW 向 1 条,详见图 7.3。

F16 正断层:为井田的东部边界,延伸方向为 N18°W,区内延伸长度 470m,倾向 SW,倾角 68°,落差不详。由 1702、1703、1802 和红 8 等 4 个钻孔控制,控制程度比较可靠。

F8 正断层:为一区域性断层,为井田的西部边界,延伸方向近 NS,区内延伸长度为 540m,倾向 W,倾角 63°,落差 37~57m。该断层控制程度较高,跃进煤井巷道中见到此断层,并有工作面控制,3001、2905、千补 1、千补 2、2103、2509 等 6 个钻孔所证实。

F6-2 正断层:位于井田的中东部 21 与 22 地质剖面线之间,延伸方向 N18°E,延伸长度 760m,倾向 NWW,倾角 75°,断层北部落差 15~20m,向南逐渐减小,并尖灭。控制程度高,由生产工程揭露。

F15 正断层:位于井田北部边界,延伸方向为 N84°W,区内延伸长度 440m,倾向

SW，倾角65°，10~20m。由红9、2005钻孔控制和生产工程揭露，控制程度可靠。

层间滑动构造是在煤与煤矸之间存在的一系列低角度、波状起伏、叠瓦状的断裂构造，伴生强烈揉皱。煤层是不均质地质体，在统一构造应力作用下，煤层的不均一性导致若干个煤分层及夹矸层层间滑动；煤层中易于发生层间滑动的分层称为滑动敏感层，滑动敏感层与其上、下分层出现明显不协调和不整合的关系。层间滑动构造使煤层厚度发生很大变化，结构更加复杂化。

在井田东南部发育，在南翼东段的煤壁2-3煤中普遍存在多层强烈揉皱的分层，这些强烈揉皱煤层上部或下部的煤分层依然保持着原有产状。煤层中滑动敏感层常形成斜歪、平卧、倒转等不同形态的褶曲，表现为自SSW~NNE方向推挤、楔入或叠覆，楔入体在沿走向或沿倾向上呈透镜状。

褶皱：井田内勘探控制和采矿工程揭露的褶皱共计三条，其中渑池向斜为主要褶皱构造。1号向斜：包含整个井田，延伸方向近东西向，延伸长度2.26km，向东收敛仰起，向西倾伏、逐渐宽缓开放。轴向为N70°~85°W，轴面倾斜东，倾角3°~5°，向斜轴中东部被F_{6-2}断开。南北两翼不对称，北翼地层较陡，倾角8°~16°；南翼地层平缓，1°~3°，局部较陡达11°~22°。在1号向斜的东南翼发育两条北西西向褶皱，分别为背斜和向斜，规模较小，延伸长度分别为300m和200m。

地震：根据洛阳地震办公室提供的资料，1920年2月—1964年11月波及矿井所在的地震共有5次，发生时间分别为1920年9月、1930年、1947年3月、1964年9月和11月。中国科学院将前两次地震鉴定为Ⅵ度；1947年地震震中位于渑池县，震级5级，震中烈度Ⅵ度；1964年9月和11月的2次地震性质、强度与1920年、1930年地震相似。根据国家质量技术监督局发布的中华人民共和国国家标准GB 18306—2001《中国地震动参数区划图》，义马市地震动峰值加速度为0.05g，对应的基本烈度为Ⅵ度。参照原地矿部《工程地质调查规范(1∶10~1∶20万)》第8.5.2条规定，矿井所在地的区域地壳属稳定区。

(4)煤层开采条件。该矿采场东西长1.4km，南北宽0.8km，最大采深约108m，设计产量15万t/年，核定产量22万t/年。采场工作帮现在共设有9个台阶，原设计为纵采，倾向推进。但随着矿山重组，以及矿山实际生产情况，目前矿山生产调整为横采，沿倾向布置工作线，沿走向推进。采用单斗卡车进行剥离与采矿。

◆◆ 7.2 区域矿田水文地质

在陕渑煤田内对开采煤炭资源有影响的地下水主要有：奥陶系岩溶裂隙水、碎屑岩裂隙水。义马一带开采煤层赋存于侏罗系中，奥陶系岩溶裂隙水对开采煤层无影响。

7.2.1 矿田水文地质

井田范围：由河南省国土资源厅2010年11月颁发的采矿许可证(证号：

C410000201001112005315Z)划定的23个坐标点依次连接圈定(相当于"北起2-3煤层露头线、南止距陇海铁路50m平行线,东起F_{c16}和F_5断层、西止F_8断层")。东西长约2.20km,南北宽约0.48~1.32km,面积2.0815km^2,生产规模15万t/年,有效期2010年11月至2018年2月。矿井范围内的含水层与周围的含水层相连(见图7.4和图7.5)。

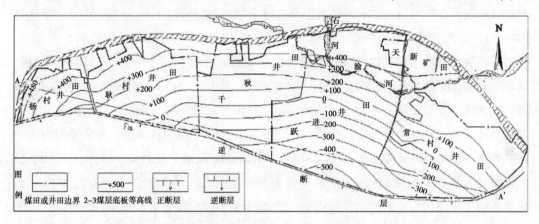

图7.4　义马煤田煤矿分布图

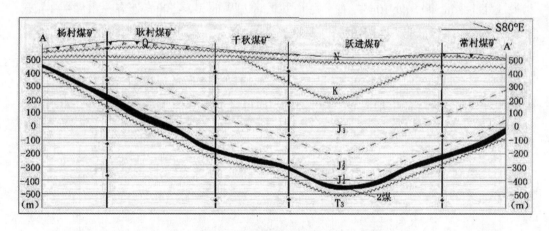

图7.5　义马煤田深部走向地质剖面(AA′线)

(1)第四系松散岩类孔隙含水层。井田及附近分布第四系类黄土和冲积~洪积沉积层。前者分布在陇海铁路以北,底部有砾石层,含水性较弱;后者主要分布在河谷两岸,岩性为含砂卵石,分选性和磨圆度较差,厚度不大。根据千秋矿抽水资料,$q=1.876$~$6.71L/(s\cdot m)$,$k=14.91$~$91.5m/d$,北露天2405号孔与2306号孔抽水结果$q=0.022$~$0.729L/(s\cdot m)$,$k=1.513$~$51.266m/d$。水温12℃,水化学类型为HCO_3-Ca水。该含水层接受大气降水、河水的补给。在河谷地带的富水性强,由河谷向两侧变弱。孔隙水的水力性质属潜水。在井田内该含水层不存在,因此孔隙水对矿井无影响。

(2)新近系岩溶裂隙含水层。地层厚0~40.91m,含水层岩性为泥灰岩、钙质胶结的砾岩,一般为5.00m。泥灰岩质纯,蜂窝状溶洞发育,溶洞一般直径为10~20mm,最大50~70mm。

7.2.2 大气降水及地面水

当地年均降水量约 670mm, 主要集中在汛期 7—9 月份。涧河、石河 2 条季节性河流流经煤田东段浅部, 从千秋、跃进和常村井田浅部穿过, 是地面主要水体。石河常年干涸, 雨季最大流量 100L/s; 涧河枯水季节有时干涸, 常年流量不足 5L/s, 最大流量曾达 1446.5L/s。大气降水对天新露天煤矿坑直接充水, 在煤田浅部透过地裂缝向矿井充水, 是地下各含水层的主要补给水源。地面河水主要透过小煤矿河下采煤所形成地面裂缝、塌坑以及小煤矿滥采乱挖所形成的人工导水通道而向其充水, 大气降水和地面水对露天煤矿充水作用明显。矿井所在地区属黄河流域洛河水系的涧河支流域。南涧河在井田南部边界外 200~350m 处通过。南涧河发源于陕县观音堂一带山区, 向东流至洛阳汇入洛河; 南涧河在井田附近河床宽 300~400m; 南涧河正常流量一般为 0.31~70.10m³/s, 枯水期流量为 0.20~0.50m³/s, 雨季最大流量为 1446.50m³/s(1958 年), 1972 年和 1981 年夏季由于干旱均发生断流。苗园沟为一 U 形冲沟, 沟底有地下水排泄, 由陕渑煤田的东侧陈家洼冲沟向南流入南涧河。苗园沟位于井田北部 500m 左右, 流向为南北向, 冲沟最浅处 3~4m, 最深处 10m 左右。在井田北部边界外 400~500m 处有一水库——苗园水库, 设计水库蓄水能力 30×10⁴m³, 现蓄水约 4×10⁴m³。溢洪道标高 450m, 泄流流向南涧河。大气降水是天新公司露天煤矿的主要充水因素, 起直接充水作用。涧河水经第四系松散层渗至地面, 大气降水可透过导水裂隙形成的导水通道或以新近系、第四系潜水渗漏的方式向露天煤矿南帮边坡、矿井充水, 使得露天煤矿涌水量表现为明显的季节性特征(见图 7.6)。

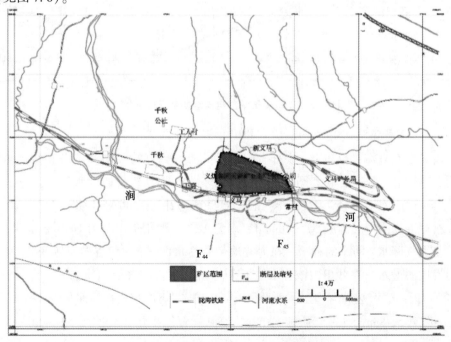

图 7.6 露天煤矿矿区地面水系图

7.2.3　矿井充水条件

陕渑煤田内的碎屑岩裂隙水，由下至上分别存在于二叠系、三叠系、侏罗系砂岩裂隙中，二叠系碎屑岩裂隙水主要对开采山西组煤层有较大影响，三叠系碎屑岩裂隙水对所有开采的煤层基本无影响，侏罗系碎屑岩裂隙水则对开采侏罗系煤层影响较大。

(1)侏罗系碎屑岩裂隙水的水文系统边界。碎屑岩裂隙水的汇水范围称为碎屑裂隙水文系统，此范围内的大气降水最终以一定份额汇集并补给裂隙水系统，碎屑裂隙水水文系统的边界主要取决于地形地貌与地质构造，因此根据地形地貌、地质构造确定碎屑裂隙水的水文边界。东以陕渑煤田和新安煤田的边界断层(F_{58})为界；北以煤田北部分水岭为界；西北扣门山以东地面分水岭为界；南部以硖石、义马断层为界。

(2)侏罗系碎屑岩裂隙水的含水系统边界。侏罗系碎屑岩的含水系统边界，取决于侏罗系的分布范围，其边界主要取决于地质构造，因此根据地质构造，确定岩溶裂隙水的含水系统边界。东、西、北三面以侏罗系露头(或隐伏露头)为边界；南部以硖石、义马断层为界。据临区千秋矿抽水资料，该含水层单位涌水量 $q=0.4549$L/(s·m)，$k=1.56$m/d，富水性中等，水化学类型为 HCO_3-Ca-Mg 水。该含水层含承压水，现处于疏干半疏干状态。该水层为开采煤层的顶板直接充水含水层，且该区松散地层薄，开采煤层后易引发地裂缝，新近系岩溶裂隙水沿地裂缝进入矿井。会对 2-3 煤层开采带来一定的影响。在井田内该含水层不存在，因此新近系岩溶水对矿井无影响。

(3)侏罗系底部碎屑岩裂隙含水层。侏罗系底部砾岩厚 0~32.81m，一般为 7.70m，砾石的成分以石英岩和石英砂岩为主。根据千秋抽水实验结果，砂岩含水层 $q=0.000536$~0.0010L/(s·m)，$k=0.0055$~0.00745m/d，北露天 2405 号孔底砾岩含水层为 $q=0.0068$~0.0102L/(s·m)，$k=0.0382$~0.0545m/d，水化学类型为 HCO_3-K+Na 水。总体上该水层富水性弱。该含水层含裂隙承压水，是 2-3、2-1 煤层的底板直接充水含水层，由于其富水性弱，虽对开采煤层有一定影响，但在正常情况下不易对矿井安全构成威胁。由于该含水层在开采煤层以下，该含水层中的裂隙水对矿井充水影响不大。

(4)侏罗系下统义马组隔水层。隔水层岩性由深灰、灰黑色泥岩组成，厚 3.20~20.35m，一般为 10.00m，岩性致密，水平层理发育，厚度稳定，且自北向南、自东向西有增厚的趋势。为侏罗系 2-3 煤底板以下良好的隔水层，在自然条件下，可阻隔其上、下部裂隙水的水力联系；但在开采条件下，将失去隔水性能。

(5)三叠系谭庄组隔水层。岩性以灰色泥岩为主，粉砂岩、细砂岩次之，平均厚度 11m 左右，一般情况下可阻止谭庄组裂隙水进入。侏罗系碎屑岩裂隙水的补给，主要在侏罗系裸露区或隐伏露头接受大气降水或以上的地下水补给，由于侏罗系中泥岩所占比率较大，砂岩的厚度相对较薄，裂隙发育不很发育，在地面裂隙常常被泥质充填，因此其补给量相对较小。在接受补给后顺地层倾向方向径流，即由北西向东南径流。在自然条件下，侏罗系碎屑岩裂隙水主要向义马断层排泄。目前条件下，矿井排水可能是侏罗系碎屑岩裂隙水的唯一排泄方式。天新公司露天煤矿位于侏罗系裂隙水含水系统的补给区。大气降水是矿坑充水的主要来源。据统计，雨季降水量占矿坑总排水量的 70% ~ 90%。地面水，南涧河从井田南部通过，为季节性河流；井田北部边界外 400~500m 处有一水库——苗园水库。老窑及周边矿井采空区积水。矿井自投产至今已有 70 余年的开采历史，小煤窑开采历史更长。区内的小窑现已基本疏干。区外千秋煤矿、前进一矿、豫兴煤矿有采空区积水、地下水。第四系松散岩类孔隙水：井田南部的南涧河河谷及附近分布有孔隙潜水，开采河谷附近的煤层时，在靠近南部采坑进行采掘活动时，孔隙水成为充水水源。新近系岩溶裂隙水：在新近系岩溶裂隙水距煤层较近地段，新近系岩溶裂隙水就会进入矿井而成为矿井的充水水源。侏罗系底部碎屑岩裂隙裂隙水：侏罗系底部碎屑岩裂隙含水层上为开采煤层，为开采煤层底板直接充水含水层，当有采掘活动时，侏罗系底部碎屑岩裂隙裂隙水进入矿井而成为矿井充水水源。

根据充水通道的尺寸规模与充水水源强弱的组合关系，可将充水通道分为渗入性通道和溃入性通道。渗入性通道的尺寸一般较小，充水水源相当贫乏，充水水源通过渗入性通道进入矿井时，一般水量较小，以滴水、小股状形式进入矿井。开采煤层后在顶板、底板形成细小的裂隙，即为渗入性通道。小的裂隙为渗入性通道。一般情况下，通过渗入性通道的水不易对矿井安全构成威胁。渗入性通道在该矿井内主要为开采煤层后形成的裂隙。溃入性通道的尺寸一般较大，充水水源相当丰富，此时水源通过通道的水量较大，一般以大股状的流水形式进入矿井，对矿井的影响较大，甚至构成威胁。渗入性通道和溃入性通道是可以转化的，当充水水源丰富且压力较大时，开始充水时通道细小，随着水流通过通道，通道的尺寸会加大，水流会进一步加大。这时，渗入性通道转化为溃入性通道。断层两盘附近富水性，当采掘活动接近，断层常常成为溃入性通道。该矿以渗入性通道为主，溃入性通道主要存在于开采坑周边的积水区附近。

7.2.4 矿井及周边地区积水状况

天新公司煤矿矿井内无积水区。天新公司煤矿西邻为千秋煤矿、义马市豫兴煤矿、义马市前进一矿，西南临跃进矿，现将各矿积水情况及对天新煤矿的影响分述如下：

(1) 千秋煤矿。位于天新煤矿范围外西部，积水区较多，紧邻天新煤矿采空区积水有一处，位于 2-3 煤层底板标高 +290m ~ +320m 处，积水面积 298425m²，积水量 88200m³。

(2) 义马市豫兴煤矿。位于天新煤矿范围外西部，紧邻天新煤矿 2-3 煤层底板标高 +300m 处有采空区积水，积水面积 2900m²，积水量 2030m³。

(3) 义马市前进一矿。位于天新煤矿范围外西部，紧邻天新煤矿 2-3 煤层底板标高 +310m 处有采空区积水，积水面积 36450m²，积水量 21870m³。

7.2.5 矿坑防排水

（1）坑下防洪系统。西区一个集水坑，泵坑安装两台12SH-6型315kW防洪泵，泵台标高为+337.98m。泵坑积水经西端帮排水管路直接进入矿坑北部非工作帮+402m截排水沟，通过东风路涵洞排入涧河。

（2）地面防排水系统。地面排水系统有矿坑北部+402m截排水沟、庙园水库东测溢洪道，中央站的1道北、2道南、3道南等排水沟组成。其中矿坑北部+402m截排水沟主要拦截来自矿坑北部的洪水，经东风路涵洞排入涧河；中央站各排水沟主要拦截地面径流，使之汇入六、七号防洪沟后，以陇海铁路南霍村防洪沟排入涧河。矿坑下共有防洪用排水泵2台，水泵型号：12SH-6型，配套电源电压为6kV，电机功率315kW。排水管路3趟，两趟外径ϕ325mm，一趟外径ϕ219mm，管路总长1500m。水泵吸口直径ϕ300mm，出口外径ϕ200mm，由坑口变电所二回路供电。防洪泵开关柜、避雷器、接地电阻安全性能委托义马矿区建设工程质量检测中心检测，2013年3月19日检测结果全部达到安全标准，可投入使用，其排水能力完全能满足正常情况下的排水需要。持续1d、3d及7d特大暴雨时，设计坑下汇水速度分别为1507.5、2086.5、3515.5m³/h，超过水泵排水能力（见表7.5），泵坑水位不断上升，可达+334.8m，尚低于防洪泵台标高，如果有连续暴雨超过3d时，要转移防洪泵，井架设于上部台阶适当位置继续排水。

表7.5 防洪联合运转实际排水能力和暴雨期间矿坑汇水量表

连续暴雨时间/d	矿坑水汇水量/(m³·h⁻¹)			
	暴雨径流量	地面径流量	老空涌水量	合计
1	790	513.5	204	1507.5
3	1369	513.5	204	2086.5
7	2798	513.5	204	3515.5

7.2.6 边坡地下水渗流特征及水压分布规律

露天煤矿及其南帮边坡的水文地质条件在该矿几次主要的地质勘察报告——1963年12月中南局127队提交的《河南省渑池煤田北露天井田煤矿地质勘察最终报告》（以下简称"精查报告"）、1983年8月义马矿务局地测处提交的《义马局北露天煤矿东段地质补充勘察报告书》（以下简称东段补勘报告）、1994年3月义马矿务局工程勘察公司提交的《义马局北露天煤矿补充勘探地质报告》（以下简称"补勘报告"）——中有较详细的叙述。

该项目在此基础上，结合边坡岩体野外水文测绘工作，着重研究南帮边坡地下水渗流规律及水压分布特征，为边坡稳定性分析提供依据。

边坡含水层组的划分：构成采场南帮边坡的地层自下而上有：中侏罗统义马组底砾岩层，煤矸互叠层，2-3煤，砂岩层（25#线以西，17#线以西增厚），2-1煤（11#线以西），泥岩层(9#线以西)，第四系卵(砾)石层，黄土。东段补勘报告与补勘报告中对南帮边坡岩体的含水特征有了较为清晰的反映：底砾岩层为隔水底板；煤矸互叠层及2-3煤为裂隙含水层；砂岩层为弱裂隙含水层；第四系卵(砾)石层为渗透性良好的潜水孔隙含水层。下面就边坡各含水层组的水文地质特征作一描述。

第四系卵(砾)石层潜水孔隙含水层：含水层为第四系的冲积-洪积层。岩性上部为砾石夹砂质黏土，底部为河卵石夹细砂。砾石分选性和磨圆度较差，砾混杂。砾径最大30cm，一般为15cm。该层厚度为 $1.12\sim11.35m$，平均厚度5.23m。精查报告所作的2306、2405孔抽水试验查明，该含水层渗透系数为 $1.513\sim54.226m/d$，单位涌水量 $q = 0.022\sim0.729t/(s\cdot m,)$ 影响半径 $l=51.10m$。

东段补勘报告中勘察钻孔潜水水位如表7.6所示，最高水位标高+399.36m，表明该层存在统一稳定的潜水水位。

表7.6　勘查钻孔潜水水位一览表

孔号	B8	B17	B19	B9	B10
水位埋深/m	10.37	8.02	11.35	12.58	15.22
标高/m	397.57	396.93	399.36	395.89	395.55

补勘报告的勘测钻孔潜水水位同样说明了上述结论，A线剖面的3、4号钻孔潜水高为3~5m。该含水层主要补给水源为大气降雨和工业民用水下渗，平水期潜水向矿坑和涧河排泄，雨季涧河水位抬升，在高水头压力作用下，涧河水补给潜水。潜水的另一个重要排泄方式为沿下覆小煤窑形成的冒落通道垂直补给煤层，并在煤层中形成静水压。

砂岩弱裂隙含水层：岩性为灰白-灰黄中~细粒砂岩，砂页岩，原岩致密。但因胶结程度差，且埋藏距地面浅，风化剥蚀严重，厚度变化由东向西为0~46.28m。精查报告勘察资料表明，该层浅部风化裂隙发育，深部裂隙不发育，但老窑上覆砂岩裂隙十分发育。钻孔抽水试验结果 $k=0.0055\sim0.00745m/d$。可见该含水层渗透性弱，连通性较差。

煤及煤矸互叠层裂隙含水层：含水层即2-3煤及其下伏的煤矸互叠层含水层。据东段补勘报告可知该含水层最大厚度52.16m(东段)，最小厚度11.73m，平均厚26.55m。精查报告中不曾把煤层视为含水层。而在东段补勘报告中首次明确指出"该层是含水性弱、富水性不均的承压裂隙含水层"。由1988年补充勘探的水文地质试验得，煤层的渗透系数为0.046m/d，而 $q=0.0068l/(s\cdot m)$，可见其渗透性明显强于上覆砂岩层。采场煤台阶的野外水文测绘表明，出水点多集中于煤层之中，并且分布十分密集，涌水量较大。在矿坑东区，由于涧河侵蚀基底接近煤层顶板，而且涧河河床原为南露天开采位置，所以涧河水可直接补给煤层裂隙含水层及其中的空巷。而在矿坑西区，由于煤层以6%的坡度向西降低，在河床和煤层顶板之间有30~50m厚的砂岩层组，所以卵(砾)石层潜水只能通过砂岩裂隙弱含水层和空巷形成的冒落通道垂直下渗补给煤层。

7.2.7　煤层中水位分布整体性分析

煤含水层均质程度差，各向异性明显。渗透特征的各向异性表现为煤层中水平层理发育，水平渗透系数大于垂直渗透系数。而均质程度反映了煤层中承压水头分布是整体性的还是局部性的，即煤层中存不存在统一的水压等势面，这个问题是边坡稳定分析中是否考虑沿煤层底板形成水压的关键。而在矿区几次主要的勘察报告中均没有明确的认识。在 1983 年完成的东区煤层中勘测钻孔资料表明，煤层中存在统一联系的水位面，如表 7.7 和图 7.8 所示。而在西区，1988 年补充勘探工作表明，煤层中只要有采空区的存在，就有地下水位。可见有形成统一地下水位的趋势。以 1988 年补充勘探工作结果 A 线水文地质剖面图为例，如图 7.8 所示。

表 7.7　东区 25#线边坡钻孔水文勘测统计表

孔号	B7	B11	T7	T5	T1	T2	T3	T4
水位埋深/m	5.79	17.04	13.64	2.50	8.70	13.69	14.50	21.8
水位标高/m	389.6	387.1	384.7	370.9	386.3	381.5	375.4	362.2
水位与煤层底板高差/m	6.0	5.0	1.0		1.0	5.0	2.0	
备注	稳定	掘进	掘进	掘进	掘进	掘进	掘进	掘进

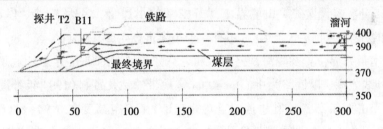

图 7.7　东区 25#线（补充勘探 6 线）水文地质剖面图

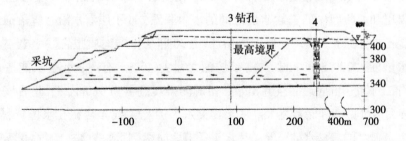

图 7.8　西区 1988 年补充勘探 A 线水文地质剖面图

3 号钻孔在煤层中没有形成稳定的水位，而 4 号钻孔煤层中的承压水头很高，高出煤层底板 25.45m，可见西区煤层中水头是局部性的。西区煤层中水头分布独立性与老空分布的独立性关系密切。3、4 号钻孔柱状图表明，4 号钻孔 2-3 煤层上覆砂岩破碎，$RQD = 47\%$；分析该位置附近分布有空巷，所以冲积层潜水沿冒落裂隙带下渗到空巷之中导致煤层空巷充水，局部水头较高；3 号钻孔 2-3 煤层上覆砂岩完整，$RQD = 79\% \sim$

95%，煤层中没有形成稳定水位。可见，有空巷存在的地方，因空巷充水可能产生局部高水头。对比东区和西区钻孔资料，东区钻孔分布于现采场边坡，而西区钻孔离现采场100~200m，说明除东区地质构造复杂，煤层断裂，揉皱强烈外，露天开采不但使煤层中原生层理、构造裂隙张开，而且产生了许多卸荷裂隙、风化裂隙及采动爆破裂隙，提高了煤层中的裂隙率，使得老空积水和煤层裂隙水相互沟通，这样该含水层中的水头分布从局部性向整体性过渡，进而形成具有统一联系的宏观水位等势面。

7.2.8 老空的分布及其充水作用分析

煤层能成为具有统一水力联系的裂隙含水层，其空巷的分布在其中扮演十分重要的角色。对此在矿区历次地质勘探报告中虽有论及但未详细分析。空巷分布及充水情况对煤层裂隙水的渗透及水压分布具有重要的实际意义。

由于矿田位于含煤地层的浅埋藏区，故小煤窑生产十分普遍。这些遗留的采空区虽高度不高(1.1~8.6m，平均2.71m)但分布十分密集。20世纪60年代南涧河两岸的老窑有据可查的有48个(1958年147队调查结果)，1963年以前在矿田内施工的82个钻孔中有20个遇到老窑。1965年煤田地质局127队根据物探工作在井田范围内圈定老窑面积$4.33 \times 10^5 m^2$，在此范围内共有23个钻孔，13个见老窑，总厚度62.39m，平均厚度2.71m。1985年，露天煤矿矿田境界南部开挖新的小煤窑，多达36个，以后一部分报废，又有新的开采，到1990年10月还有6个小煤窑在生产。

由于对南帮到界位置及陇海铁路附近的老空分布情况的研究更具实际意义，所以对南帮7#~21#线之间，以铁路为中心的400m宽地带的钻孔资料(1994年补勘报告)进行了统计分析，在所有25个钻孔中遇到空巷的有8个，老空高度在0.94~8.60m之间，平均高度3.86m，老空的钻孔占统计钻孔数1/3左右，勘察平面上的分布比较均匀。煤层中的空巷一般不充填。如老空高度平均约3m，则其冒落带和裂隙带高度可达15~24m，极易导通煤层和上覆卵(砾)石含水层之间的水力联系，冲积层潜水沿着冒落通道垂直渗入老空，形成老空积水。据矿地质人员估计(1990年《生产地质报告》)，老空水加上煤层水的涌水量可达20~80m³/h。约占矿坑涌水量的40%。有时，老空水能造成突水事故。1984年二季度，坑底遇一空巷出水，初期测得其流量为980m³/d，此后该处出水持续了一个多月，可见其静储量之大。从上述突水事例及A线4号钻孔水位资料可知，老空水是一个个孤立的静储水体，但局部水头很高，向两侧很快衰减。随着露天采矿工程的推进，煤层中各种裂隙不断扩展、贯通，可在局部老空水高静水压力作用下产生空巷水之间的水力联系，而逐渐过渡形成一个宏观的水位等势面，这样，在边坡稳定分析中可考虑到老空水压作用，便于稳定计算。

上述分析得出的基本结论是：雨季，冲积层潜水沿冒落通道大量补给老空形成积水，非雨季，以老空水作为储水水源，在其高水头作用下沿煤层水平渗流，向边坡面排泄，并对煤层底板产生一定水头高度的水压力。老空分布越密集，越接近采场临空面，水压分布连续性越好。

7.2.9　边坡地下水渗流分析模型

南帮边坡因含水层赋存情况东区和西区存在差别，所以煤层裂隙水补给水源也不同。下面以生产地质 25#线（东区见图 7.9）和 9 线剖面图（西区见图 7.10）为例详细说明。

25#线剖面图边坡煤层裂隙水渗流模型如图 7.9 所示，该剖面图涧河距离采场设计境界很近，约 200m，而且煤层直接和涧河河床侵蚀基底接触，该位置原为南露天开采采场，所以涧河水直接补给煤裂隙含水层，在涧河水头作用下，水沿煤层水平渗流，流向采场煤层露头排泄。补给煤层的另一种方式是冲积层潜水沿老空冒落通道垂直下渗补给。底砾岩为隔水底板，涧河水位为定水头补给边界，采场煤露头为排泄边界，因底板近水平，水力坡度小，所以径流缓慢，排泄量较小，但产生一定高度的水位面。

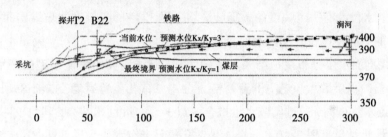

图 7.9　东区 25#线边坡煤层裂隙水渗流模型剖面示意图

9#线剖面边坡煤层裂隙水渗流模型如图 7.10 所示，该剖面图采场设计境界位置距涧河较远，约 500m，煤层与涧河床侵蚀基底间有 30～50m 厚的弱裂隙砂岩含水层相隔。所以补给煤层的唯一方式是冲积层潜水沿老空冒落通道垂直下渗补给。其他渗流特性和 25#线剖面图一致。可见该剖面图最终境界附近边坡煤层中的老空分布显得十分重要。

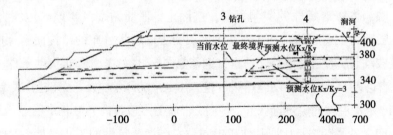

图 7.10　西区 9#线边坡煤层裂隙水渗流模型剖面示意图

7.2.10　边坡煤层水压分布模拟与预测

在建立了东区、西区边坡地下水渗流模型之后，以钻孔实测水位资料为依据，采用边界元数值模拟方法，模拟计算边坡当前的水压分布及预测最终境界位置边坡水压的分布情况，为边坡稳定性计算提供水压参数。

(1)南帮到界边坡水压模拟与预测。水压分布是义马南帮到界边坡稳定性计算的重要技术参数之一。该地区各项勘探资料中有关水文地质试验的数据较少。目前仅限于东区6#线地质剖面(对应25#线生产地质剖面)和西区A线水文剖面(对应9#线生产地质)零散的水文试验和水位实测数据可供参考,以此为依据,只能粗略地描述边坡水压分布情况,分析结果有待进一步验证。

(2)25#线剖面水压分布模拟成果。边界单元法是一种将域内问题的基本解化作边界积分方程,通过解方程计算势场的影响函数的数值分析方法。对于渗流问题,其基本解为渗流问题的基本解。按25#线剖面的渗流分析模型,涧河为定水头边界,底砾层为隔水底板,边坡面为流出面排泄边界,水位面为自由面边界,煤层按均匀各向同性介质考虑,渗透系数$k=0.046$m/d,通过拟合T2.B11孔水位资料,模拟当前边坡水压分布等势面,计算结果如图7.7所示。从图7.7中可见,水位面在采场附近比煤底板高2.8~7.4m,水力坡度较缓。当开采到最终境界时,因排泄边界已向南推进,所以当补给边界条件不变时,水位就有一定幅度的下降。平均下降3.4~8.6m,在边坡溢出面附近,水位下降幅度大的原因是该位置的隔水底板倾角较陡。

(3)9#线剖面水压分布模拟结果。该剖面和25#线剖面的渗流模型的区别是煤层补给方式是上覆冲积层潜水经老空下渗补给。设4号钻孔位置有老空,有8m长的流量补给边界,该点水位最高,通过调节水量拟合该点375.45m的水位高,其他条件和25#线剖面图一致。计算结果见图7.10。如果4号钻孔位置老空水头为局部性的,应该形成图中虚线所示的水位线,但正如前节所分析,考虑到比较不利的水压分布情况,因而产生了图7.10的水压分布线。开采到最终境界时,由于单个老空补给水量有限,所以水位下降了10.9m。因此预测的最终境界水位下降幅度和老空的分布密度关系密切。老空越密集,静储量越大,水位降幅越小。

前述边坡水压预测分析是把边坡岩体看作渗透各向同性的连续含水介质考虑的,原因是缺乏反映岩体渗透特性的实测资料。实际上,现场勘察可知该区边坡岩体结构特征:以水平层理为主要裂隙结构,地下水运动受岩体层状分布的结构面产状控制,水平方向蓄水性较均匀,渗透性较好,垂直方向渗透性较差。在原岩非扰动条件下,因层理间隙闭合,渗透差异不明显。随着露天开挖,井工采动影响,以及爆破振动、卸荷等扰动作用的加剧,水平层理间隙逐渐张开、扩展,岩体的渗透各向异性程度明显增大,将对边坡水压分布产生显著影响。比其他矿山同类岩体渗透特性的工程经验,考虑把岩体水平渗透系数与垂直渗透系数之比值定为3:1,比较适当。据此分析水压分布规律,既能够满足边坡稳定性计算要求,又能较为充分认识岩体渗流本质。

(4)中区19#线剖面水压分布预测结果。中区19#线水文边界条件更接近于东区25#线剖面图,所以对19#线采用与25#线相同的边界条件,计算结果如图7.11所示。

通过南帮边坡煤层赋水性分析、钻孔水文资料分析及野外煤层出水点测绘,可初步得出结论,即作为裂隙含水层的煤层整体上具有统一水力联系的水位面。对煤层水压分

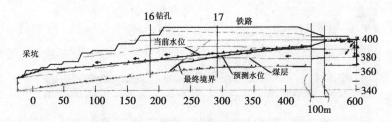

图 7.11　中区 19#线边坡煤层裂隙水渗流模型与水压分布预测剖面示意图

布进行模拟分析可预测边坡最终境界时形成的水压分布曲线。

　　上述分析预测成果是在目前掌握的资料基础上得出的，需要实践检验修正，最终境界边坡的水压分布情况将直接影响到最终境界边坡稳定计算结果。所以建议在 17#、19#线火车站位置，边坡境界附近施工 2 个钻孔，监测煤层中水位动态变化，为最终境界边坡设计提供确切数据。工作帮边坡地下水渗流规律分布图如图 7.12 至图 7.36 所示。

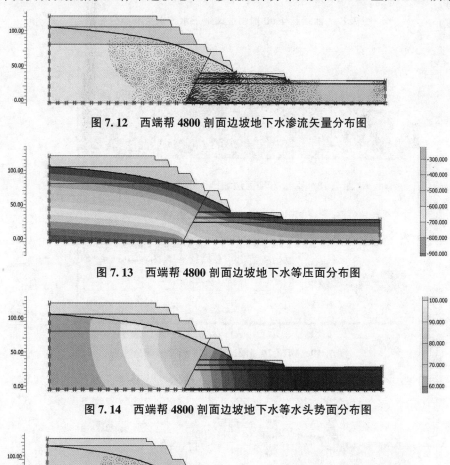

图 7.12　西端帮 4800 剖面边坡地下水渗流矢量分布图

图 7.13　西端帮 4800 剖面边坡地下水等压面分布图

图 7.14　西端帮 4800 剖面边坡地下水等水头势面分布图

图 7.15　西端帮 4600 剖面边坡地下水渗流矢量分布图

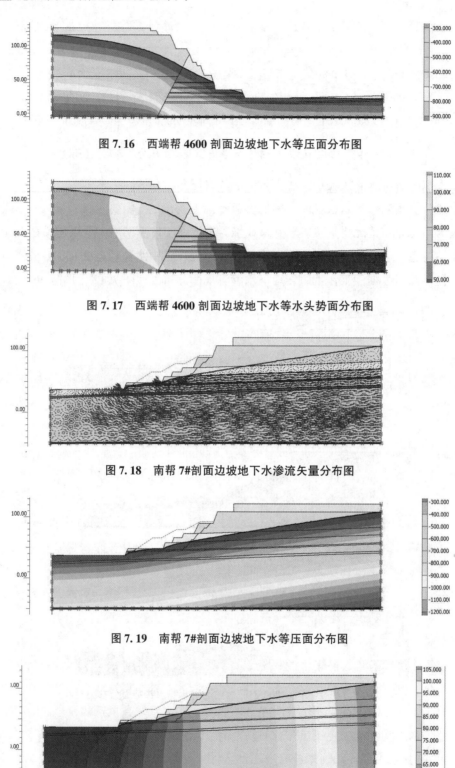

图 7.16　西端帮 4600 剖面边坡地下水等压面分布图

图 7.17　西端帮 4600 剖面边坡地下水等水头势面分布图

图 7.18　南帮 7#剖面边坡地下水渗流矢量分布图

图 7.19　南帮 7#剖面边坡地下水等压面分布图

图 7.20　南帮 7#剖面边坡地下水等水头势面分布图

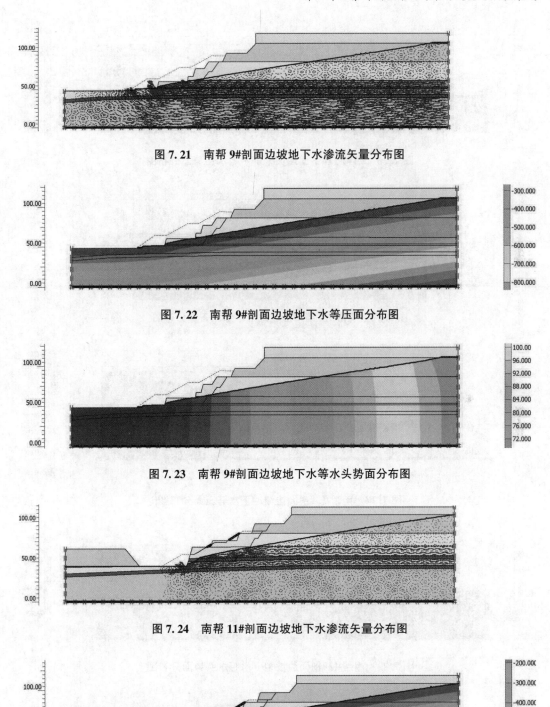

图 7.21 南帮 9#剖面边坡地下水渗流矢量分布图

图 7.22 南帮 9#剖面边坡地下水等压面分布图

图 7.23 南帮 9#剖面边坡地下水等水头势面分布图

图 7.24 南帮 11#剖面边坡地下水渗流矢量分布图

图 7.25 南帮 11#剖面边坡地下水等压面分布图

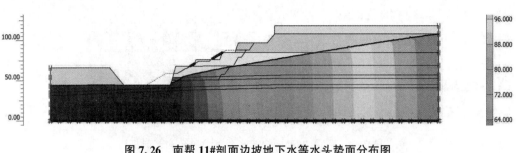

图 7.26 南帮 11#剖面边坡地下水等水头势面分布图

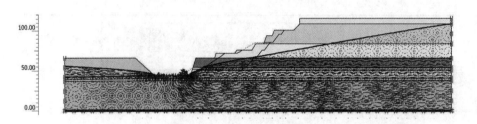

图 7.27 南帮 13#剖面边坡地下水渗流矢量分布图

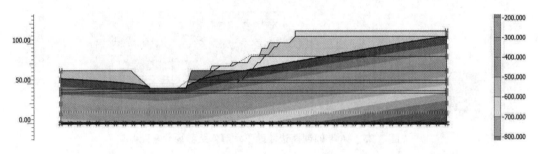

图 7.28 南帮 13#剖面边坡地下水等压面分布图

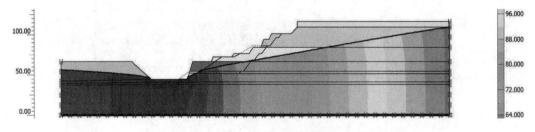

图 7.29 南帮 13#剖面边坡地下水等水头势面分布图

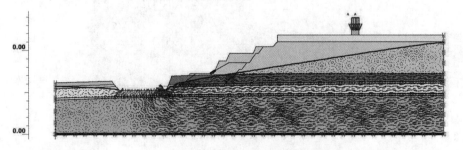

图 7.30 南帮 15#剖面边坡地下水渗流矢量分布图

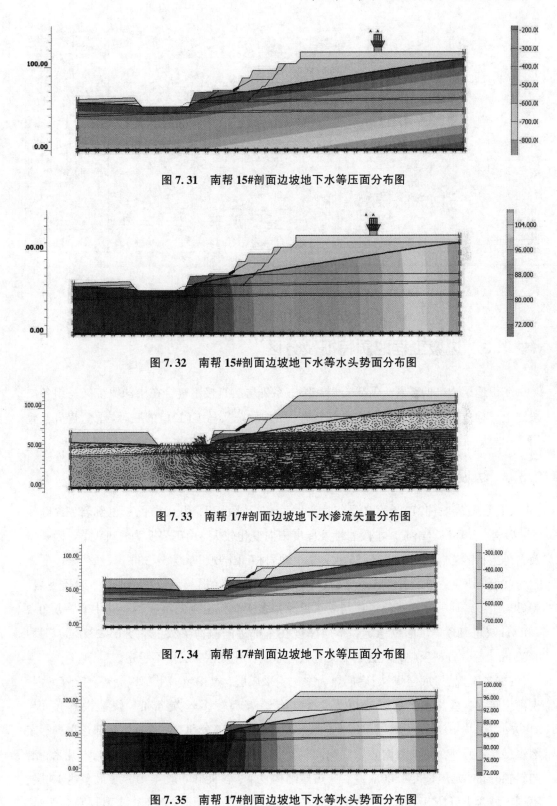

图 7. 31　南帮 15#剖面边坡地下水等压面分布图

图 7. 32　南帮 15#剖面边坡地下水等水头势面分布图

图 7. 33　南帮 17#剖面边坡地下水渗流矢量分布图

图 7. 34　南帮 17#剖面边坡地下水等压面分布图

图 7. 35　南帮 17#剖面边坡地下水等水头势面分布图

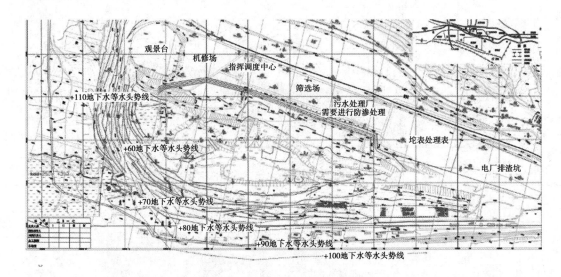

图 7.36 南帮、西端帮边坡地下水等水头势线分布图

◆◇ 7.3 边坡工程地质特征及分区

矿田地层为第四系黄土及砾石层和第三系砾岩层直接不整合在中侏罗统义马组各层段之上。构成南帮边坡的地层自老到新有：中侏罗统义马组(J21)的底砾岩段、煤矸互叠层、2-3 煤(底层煤)、砂岩、2-1 煤、泥岩段以及第四系(Q)黄土。

7.3.1 边坡工程地层岩性特征

(1)底砾岩段(J21)。为义马组底部一套粗碎屑沉积，由灰褐色灰色砾岩、含砾砂岩、砂岩、含砾泥岩组成。本段岩性及厚度横向变化较大，由砾岩变为含砾泥岩，砂砾岩及含砾鲕状砂岩，纵向上也是砾岩、砂岩、泥岩相间出现，厚度 5~30m。

(2)煤矸互叠层。由多层薄煤层、煤线、炭质页岩、褐灰色或灰色泥岩、砂质泥岩、粉砂岩组成。属一套泥炭沼泽相与复水沼泽相多次交替出现的沉积物。其中有一层 0.2 ~0.4m 灰色细砂岩，层位稳定。本层厚度在东部逐渐减薄尖灭，厚度 0~23.8m，平均 8.820m。探井资料反映，该层之中夹有数层软弱泥化夹层，层位不稳定。

(3)2-3 煤层(底层煤)。底层煤为本矿主采煤层，黑褐色。上部以亮煤、镜煤为主，夹薄层暗煤、丝炭；下部以暗煤为主，夹有镜煤和较多丝炭条带。煤层总厚度 0~31.96m，平均 10.40m。煤层厚度变化大，一般是露头部分薄，底部厚，西部煤层薄，东部煤层厚；另外在主向斜南翼紧临向斜轴有一煤层增厚带，厚度十几米到二十几米，沿向斜轴分布，延展长度 1500m 左右。煤层结构复杂，含夹矸一般 4~6 层，最多达 13 层。不同区域含夹矸情况不同，一般规律是东部含夹矸层数少而薄，西部含夹矸层数多而厚。夹矸层厚度一厘米至几十厘米。在煤层增厚带内夹矸厚度可达 1~3m。夹矸岩性以泥岩为主,炭质泥岩次之,并有少量的细砂岩、粉砂岩等。现场可见,有的泥岩夹矸层在地下水作用下呈塑性,但不同部位塑性程度不同。塑性夹矸层厚一般为 1~3cm 左右,厚者达十几厘米,沿走向长分布不稳定,连续长度可见 20~30m 左右。2-3 煤层由于受构造影响,裂隙发育,原生结构部分遭受破坏,形成部分碎裂煤及鳞片状构造煤等。可见到煤层局部产状急剧变化,以及构造形成的镜面等。2-3 煤层顶板由西往东以 6% 的坡度抬升。

(4)砂岩。由细砂岩、中砂岩、粉砂岩组成。夹有黑灰色砂质泥岩。上部及下部颗粒较细,主要是青灰色、灰色、深灰色的薄层状及中厚层状粉砂岩、细砂岩,具微波状层理、水平层理,中部的颗粒较粗,主要是浅灰色、灰色、土黄色厚层状具楔形交错层理的中粒砂岩及缓波状层理的细砂岩。在粉砂岩中常见到较多的植物叶部化石,在细砂岩中常可见到直立镜煤化树干。有些岩层面上保存着明显的波痕。矿田西部砂岩底部发育有薄层的灰色泥岩,为 2-3 煤的伪顶,砂岩顶部发育有薄层状的灰黑色炭质泥岩和泥岩,为 2-1 煤的伪底。不同地区砂岩层的节理发育程度,岩石胶结程度及强度,泥岩及不同砂岩的分层数、分层厚、分层间的胶结程度均不同。

总体而言,东区、中区的分层较少,节理发育较差,特别是砂岩层上部的黄砂岩及白砂岩中,经常能见到块度达 1~2m 的砂岩块,其强度也高。而西区局部灰色砂岩的分层较多、薄、节理密,岩石强度较低。砂岩层总厚度 0~53.13m,平均厚 45.36m。西部较厚,一般为 35m 左右,东部因遭受剥蚀,减至 0~16m。

(5)2-1 煤层(中层煤)。仅在 13#线生产地质剖面线以西 500~600m 范围内发育,是次要开采煤层。呈黑褐色,煤岩成分以亮煤、镜煤为主,构成光亮型和半亮型煤岩类型,含少量黄铁矿。含夹矸 1~5 层,夹矸层为泥岩和炭质泥岩。煤层西部较厚、向东逐渐变薄至尖灭。厚度 0~7.44m,平均厚 3.75m。

(6)泥岩段(J1-32)。仅在 9#线生产地质剖面以西尚有残留,岩性为深灰色-灰黑色及灰绿色厚层状泥岩,致密,具隐蔽水平层理,厚度 0~23.32m,平均厚 11.65m。

(7)第四系黄土(Q)。下部为灰白色、肉红色砂、卵石层,卵石直径 5~30cm 不等,为砂土或亚砂土充填,厚度 0~11.35m,平均 4.24m,上部为黄色、红褐色黄土、砂质黏土,厚度 0~23.46m,平均 14.02m,与下伏各地层呈角度不整合接触。

7.3.2　边坡工程地层构造形态特征

矿田位于渑池-义马向斜的北翼,含煤地层为一向南缓倾的单斜构造,又由于受到来自南南西方向的压应力的推挤,原单斜构造在洞河与矿坑南部境界附近的地层隆起,被改造成几个规模不等、起伏平缓的次级短轴褶曲,并发育有与之伴生的断裂构造及层间滑动构造。下面将控制和影响南帮边坡稳定的构造形态作一描述。

(1)主向斜。这是一个向东逐渐收敛仰起,向西逐渐宽缓开放,两翼不对称的倾伏向斜,如图 7.37 所示,轴向大致为 N70°~80°W。因其枢纽多次波状起伏,在矿田中段东部(17#～19#线生产地质剖面线间)存在一个小型鞍状隆起。向斜南翼总体上北倾，其西段岩层的倾角很平缓，在大面积内仅 2.5°～3°，倾向北北西，但在东段由于伴生有轴向 N60°W 的更次一级的褶曲而使构造复杂化，产状变化很大，岩层的倾角变陡，可达 12°～22°。在 1990 年的《生产地质报告》中，将这一控制该矿田基本构造轮廓的倾伏向斜称为主向斜。南帮边坡岩层位于主向斜南翼。陇海线下部，岩层呈水平埋藏，但在地质剖面线 19#线以东，岩层显示倾向南倾。

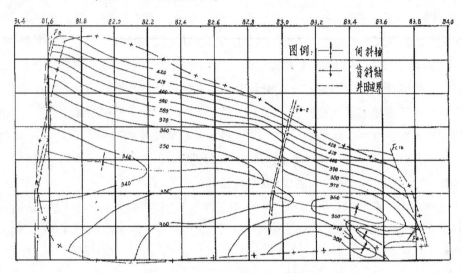

图 7.37　向斜构造形态特征图

(2)次级背、向斜。①次级背斜：是一个向 NWW 倾伏的小背斜，轴向 N6°～65°W，其轴位于主向斜以南约 120m 处，两翼不对称，北翼较陡，南翼较缓，层间多不协调形变。②次级向斜：是一个与次级背斜相伴生的小向斜，轴向 N60°～65°W，向 NWW 倾伏。其轴位于次级背斜以南约 75m 处。两翼同样不对称，但与伴生的小背斜相反，北翼较缓，南翼较陡。

(3)断裂构造。矿区范围内较大规模的断裂构造不多见，且多分布于矿坑的东西两侧，出露在南帮边坡地层中的断层位于东段。①F_5 正断层：走向 N45°E，倾向 NW，倾角 70°，落差大于 5m，位于矿田的东南。②F_{16} 正断层：走向 N18°W，倾向 SW，倾角 68°，落差不详。位于矿田东端、与 F_5 断层共同构成矿田东部边界。③F_{6-1} 逆断层：位于主向斜最东部的仰起端，走向 N80°W，倾角 35°，落差 12m 左右。④F_{6-2} 正断层：位于矿田中段 18 生产地质剖面线附近。走向 N18°E，倾向 NWW，倾角 75°。落差在矿田北部较大，约 15～20m，向南逐渐减小，约在距矿田南部边界 150m 处尖灭。⑤F_{6-3} 逆断层：走向 N40°W，倾向 SW，倾角 30°，落差 2.5～5.6m。⑥F_{6-4} 逆断层：位于 13#线生产地质剖面附近，走向大致为 N60°W，倾向 NW，倾角 20°，落差 15m。⑦F_{6-5} 正断层：走向 N25°W，倾向 SW，倾角 65°，落差 8m 左右。

上面记述了较大的几条断层。实际上矿田内的断裂构造是相当发育的，要比上述有限几条断层在数量上多很多。它们主要发育在煤层及煤矸互叠层等软弱柔性岩层内部，这些主要由层间物质顺层滑动引起的断裂和揉皱构造称为层间滑动构造。

（4）层间滑动构造。层间滑动构造在该矿田内是指发育在煤层及煤矸互叠层内部的一系列呈低角度波状起伏的叠瓦状断裂构造及与之伴生的强烈揉皱构造的综合形迹。1990 年在矿坑南帮边坡东段+370m、+380m、+390m 等平盘的煤壁上，可见到 2-3 煤中普遍存在多层强烈揉皱的分层，这些滑动敏感层与其上、下分层之间明显地显现出不协调和不整合的关系，常形成斜歪、平卧、倒转等各种形态的小褶曲。而且其本身还在总体上表观出自南南西向北北东方向的推挤、楔入或叠覆。这些楔入体在沿走向或沿倾向的剖面上往往呈透镜状。层间滑动构造使得钻孔柱状图上记录到煤芯及岩芯上的镜面滑动、揉皱、鳞片状、碎粒状等描述。层间滑动构造在 2-3 煤内形成许多小断裂断层、节理、滑面，破坏了其完整性，改变了其产状、结构，降低了其强度，对南帮边坡的稳定性产生许多不利影响。

7.3.3　边坡工程岩体结构特征

一般来讲，煤层属层状结构，煤矸互叠层属薄层状结构。但东区局部煤层因断层、局部褶曲构造发育，岩体节理密集，完整性较差，视为散体结构。另外，在老空及火区附近煤层，岩体十分破碎，也视为散体结构。

砂岩属层状结构。其中黄砂岩、部分白砂岩胶结程度高，岩体完整性好，呈厚层状、块状结构；而西区的灰砂岩，因胶结程度不好，风化后呈破碎状，属散体结构。

7.3.4　软弱夹层的分布及其泥化特征

煤层及煤矸互叠层中的薄层泥岩，浸水后泥化，形成泥化弱层，强度较低，易构成滑动面。下面将煤层中可能形成的泥化夹层的层位埋藏特征描述如下：煤矸互叠层中常见有 1~3 层塑性的软泥或泥岩薄层，厚数厘米或十几厘米，层面为水浸润或有渗水，其强度非常低，浅者离煤矸互叠层顶面仅 1~3m，易构成滑动面，但层位不稳定。2-3 煤层内夹有几层塑性薄层泥岩及薄层炭质泥岩，强度也较低，浸水后成为泥化夹层。它们在 2-3 煤层中分布不连续，厚度不一，泥岩中常含杂质，含水量也有变化。泥岩厚一般 1~3cm 左右，时断时续，薄者小于1cm。个别厚分层的厚度达十几厘米，可见延续长达 20~30m 左右。

7.3.5　边坡工程地质分区及其评价

通过对南帮边坡变形稳定的影响因素的归纳分析，结合现场工程地质测绘填图工作，针对南帮边坡及地面出现的工程地质现象，可对南帮边坡作如下工程地质分区及工程地质特征初步评价（见图 7.38）。

（1）东区（21#线生产地质剖面或 3200 以东）。该区煤层较厚，底板倾角较陡，可达

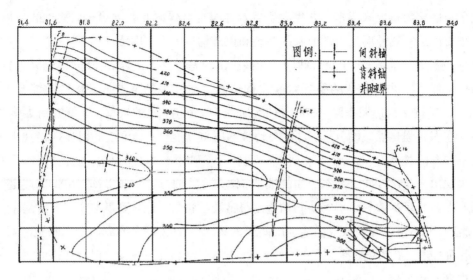

图 7.38 煤层底板向斜构造形态与边坡工程和内排土场分布图

12°~22°，易形成沿煤层底板的顺层滑坡。该区煤层中褶曲断裂构造发育，岩体较破碎。曾经边坡高约 40m，坡角 21°左右。上述工程地质特征决定了该区边坡稳定性较差。该区特别是东部出入沟已回填，非工作帮到达最终境界，实现了跟踪内排，基本恢复原地貌，原滑坡体、抗滑桩滑坡治理体边坡稳定。同时，确保了地面公路和陇海铁路的安全。

（2）中区（17#~21#线生产地质剖面或 2800~3200）。中区的地层赋存特征为砂岩厚度较薄，变化不大，平均 12.5~15m 左右，煤层厚度较大。该区砂岩原较完整，呈厚层状、块状结构，但因煤层顶部老空规模较大，而且自燃发火猛烈，所以砂岩层塌陷破碎严重，局部岩体呈碎裂–散体结构。该区煤层倾角变缓，5°~8°左右。煤层完整性好于东区，但因该区煤层中出水点十分密集，煤层中薄层泥岩渗水后易形成泥化夹层。该区边坡高度 50m 左右，工程地质条件好于东区，边坡处于临近设计边坡，由临时工作帮向非工作帮逐步临近境界，回填压脚跟踪内排，并向恢复原地貌发展，积极确保地面公路和陇海铁路的安全。该区地面有重要的建筑设施——义马火车站与编组站，目前距采场约 55m，所以临近设计边坡及地面稳定显得特别重要。

（3）西区（17#线剖面以西）。西区地层赋存特征明显不同于东区和中区。从 17#线往西，煤层顶板以 8% 的坡度向下倾伏，所以砂岩层急剧增厚，由东向西砂岩层厚 15~35m。而煤层逐渐变薄，由 17#线的 13m 过渡到 7#线的 5~6m 左右。同时煤层倾角边缓，约 3°。该区砂岩顶板从 11#线以西，夹有 0~3m 厚的 2-1 煤，从 9#线以西，在 2-1 煤顶板赋存有 0~23m 厚的炭质页岩。区煤层中褶曲构造不发育，空巷在 7#~9#线、13#~15#线两处分布密集，煤层破碎严重。本区砂岩层较厚，6~10 个台阶，总体上完整性较差，其中赋存于 2-1 煤底板和 2-3 煤顶板的青灰、暗灰色的砂岩风化后呈松散、粉碎状，呈散体结构。该中部砂岩为灰白色、土黄色，完整性稍好，一般呈块状、层状、薄层状等碎裂结构，局部亦呈散体结构。该区边坡高度 60m 以上，由于边坡岩体质量较差，因此在加陡靠界过程中可能引起边坡变形失稳，处于变形区。该区地面有重要的建筑设施——陇海铁路，目前距采场约 55~175m，处于临时工作帮向临近设计边坡逐步靠近，采场南部边坡基本稳定。

（4）西端帮区（4400 至 5000 剖面）。该区煤层近水平并与边坡小角度反倾，尽管存在正断层，但随着 4900 剖面由北向南跟踪内排回填，西端帮区由临时工作帮向非工作帮逐步接近境界并回填压脚，大大降低了西端帮区的边坡高度，稳定性得到了极大改善，处于临时工作帮向临近设计边坡逐步靠近，采场西端帮边坡基本稳定。

7.3.6 内排土场分区及其评价

内排土场已经由北向南排土石越过主向斜轴，即由顺倾排土石转为反倾排土石，有利于内排土场的稳定，大大提高了内排土场的稳定性。

（1）东区（23#线生产地质剖面或 3200 以东）。跟踪内排与电厂排渣坑基本恢复原地标，进行覆土恢复原生态，确保地面公路和陇海铁路的安全。

（2）中区（17#~23#线生产地质剖面或 2800~3200）。跟踪内排与电厂排渣坑、垃圾处理厂进行原地标恢复，如若露天煤矿强制性闭坑，南帮边坡难以尽快内排压脚和覆土恢复原生态，无法尽快保护地面建筑、公路和陇海铁路的安全，需要进行边坡综合治理。

（3）西区（7#线至 17#线剖面以西）。该区是露天煤矿采场和内排土场主要工作区，其坑底的距离由东至西 200~400m 不等，也是采场和内排土场高边坡区域。如若露天煤矿强制性闭坑，南帮边坡无法内排压脚，也无法覆土恢复原生态，无法尽快保护地面建筑、公路和陇海铁路的安全，需要投入大量资金进行边坡综合治理。

（4）西端帮区（4400 至 5000 剖面）。该区是露天煤矿采场和跟踪内排土场主要工作区，其采场高边坡接近 107m，跟踪内排土场高边坡接近 67m。如若露天煤矿强制性闭坑，西帮边坡无法跟踪内排压脚，尽管西端帮区无重要设施，但边坡稳定性受地面、地下水，以及自身高陡边坡和井工开采影响，边坡长期稳定性堪忧。

可见，需要科学考虑露天煤矿强制性闭坑采取的应急措施，开展露天煤矿闭坑紧邻陇海铁路安全和边坡治理方案可行性研究和综合治理设计。

◈◈ 7.4 露天煤矿生产过程中边坡治理工程及防治效果

目前，露天煤矿临近闭坑，南帮高边坡加固和防护措施不得力，极易引发各种边坡变形破坏、滑坡、崩塌/滚石、泥石流等病害。如何对开挖后的边坡进行合理的稳定性评价和加固成为高边坡中的一个难题。

7.4.1 露天煤矿边坡加固技术现状

露天煤矿高边坡可分为自然边坡和人工边坡，边坡工程一般指人工边坡，是一种将自然边坡经人工填筑或开挖形成的工程地质体。边坡工程涉及领域很宽，不同行业的边坡工程各具特色。对单个边坡而言，矿山工程边坡高陡，水利工程边坡需要考虑水位升降、回水影响以及流水侵蚀等诸多复杂的因素。矿山边坡多由残坡积、全风化、强风化、中风化、微风化和未风化等不同岩层构成，工程性质相对复杂，值得重视。边坡病害的类型主要有滑坡、崩塌、泥石流、错落、流坍、冲刷、剥落等，其中滑坡、崩塌、泥石流被称为矿山三大主要地质病害。

(1)滑坡。一般来讲，滑坡按形成原因可分为自然滑坡和采矿工程滑坡；对于地质勘察揭示的滑坡，一般考虑绕避的原则，受其他条件限制不得不通过时，往往会采取加固措施；而涉及采矿工程的滑坡，可分为采矿生产期发生的和闭坑后发生的滑坡，采矿生产期滑坡往往是由于人为因素不导致边坡下部形成临空，在爆破、降雨、冻融等外力因素的不利影响下，边坡岩土属性趋向软化或坡体发生蠕变，从而产生滑坡。而闭坑后发生的滑坡，遇有周围建筑、车站、河流等，更加需要详细地质勘察和稳定性评价，更加慎重地加以处理。

(2)崩塌/滚石。崩塌/滚石一般指陡坡岩土沿残积层中的裂隙和下伏风化较浅的岩层或软弱面瞬间脆性破坏的现象。崩塌/滚石病害的发生更具突发性，在采矿生产期和闭坑后均可能产生。

(3)泥石流。泥石流是指斜坡上或沟谷中含有大量泥、砂、石的固、液相颗粒流体奔腾冲泻的现象。泥石流是地质不良山区的一种介于洪水和滑坡间的地质灾害。泥石流的发生频度主要受区域坡体地貌植被的破坏以及恶劣气候条件的影响。

7.4.2　影响边坡稳定的因素

影响边坡稳定的因素很多，归纳起来可分为两大类，即自然因素和人为因素。采矿生产期边坡受地质构造和地形条件等因素的影响。闭坑后边坡的处理和使用管理都是由人去实现的，从建设程序和内容看，影响边坡稳定的人为因素可归集为下列三个方面，即闭坑设计因素、加固施工因素和防护养护管理因素。

7.4.3　高边坡加固类型

根据滑坡产生的原理，高边坡加固工程的技术途径主要有减少滑坡下滑力或消除下滑因素、增加滑坡阻滑力或增加阻滑因素两种。高边坡加固工程须贯彻顺应性与协调性原则，充分利用稳定状态的自然条件(如内排压脚)，改造那些处于非稳定状态的自然条件，使之处于新的稳态。结合滑坡地形、水文地质条件、滑坡形成机理及发展阶段，因地制宜采用一种或多种措施达到防止滑坡灾害的产生或治理已发生的滑坡灾害的目的。目前，高边坡加固措施可归纳为以下几种类型。

(1)抗滑墙。抗滑挡土墙是目前整治中小型滑坡应用最为广泛而且较为有效的措施之一。对于小型滑坡，可直接在滑坡下部或前缘修建抗滑挡土墙；对于中、大型滑坡，抗滑挡土墙常与排水工程、刷土减重工程等措施联合运用。其优点是山体破坏少，稳定滑坡收效快。尤其对于由于斜坡体因前缘崩塌而引起的大规模滑坡，会起到良好的整治效果。抗滑挡土墙所抵抗的是滑坡体的剩余下滑力，较一般挡土墙主要抵抗的主动土压力大。因此，为满足其稳定性要求，墙面坡度采用 $1:0.3 \sim 1:0.5$，甚至缓至 $1:1$，有时甚至将基底做成倒坡。

(2)挡土墙防护。在公路路堑边坡防护工程中，大量的挡土结构得到了广泛应用。挡土墙按断面的几何形状及特点，常见的形式有：重力式、锚杆式、土钉墙、悬臂式、扶臂式、柱板式和竖向预应力锚杆式等。各种挡土墙都有其特点及适用范围，在处理实际挡土工程时，应对可能提供的一系列挡土体系的可行性作出评价，选取合适的挡土结构形式，做到安全、经济、可行。

(3)抗滑桩。抗滑桩是易滑坡路段防护应用最广泛的方法。其主要工作原理是凭借桩与周围岩(土)体的共同作用，将滑坡体的推力传递到滑动面以下的稳定地层，利用稳定地层的锚固作用和被动抗力来平衡滑坡体的推力。抗滑桩承受的外力，主要是桩后土体的滑坡推力，其次是桩前土体抗力。与其他杆件结构如柱、桩基础等相比，其受力特点是主要承受横向荷载，有些类似于梁，但由于它埋藏在地层中，动面的存在和地基土体抗力的作用又使其有别于简单的梁，成为一种超静定结构。抗滑桩施工方法可分为：打入桩、钻(挖)孔灌注桩，其中以挖孔桩最为常用；按材料可分为：木桩、钢桩、混凝土或钢筋混凝土桩等；按截面形式，则有矩形桩、管形桩、圆形桩等。其结构形式也是多样的，如各处独立设置的排式单桩，将各桩上部以承台连接的承台式桩及做成排架形式的排架桩等，也可以根据需要做成其他形式。

抗滑桩的突出优点是：抗滑能力大，在滑坡推力大、滑动面深的情况下，较其他抗滑工程经济、有效。桩位灵活，可以设在滑坡体中最有利于抗滑的部位，可以单独使用，也能与其他建筑物配合使用。分排设置时，可将巨大的滑体切割成若干分散的单元体，对滑坡起到分而治之的作用，挖孔抗滑桩可以根据弯矩沿桩长变化合理布设钢筋。因此，较打入的管桩等要经济。施工方便，设备简单。具有工程进度快、施工质量好、比较安全等优点。施工时可间隔开挖。不致引起滑坡条件的恶化。开挖桩孔能校核地质情况，检验和修改原有的设计，使其更符合实际。对整治运营线路上的滑坡和处在缓慢滑动阶段的滑坡特别有利；施工中如发现问题易于补救。

(4)预应力锚索/锚杆框架。预应力锚索的作用机理是把破碎松散岩层组合连接成整体，并锚固在地层深部稳固的岩体上，通过施加预应力，把锚索长度范围内的软弱岩体(层)挤压密实，提高岩层层面间的正压力和摩阻力，阻止开裂松散岩体位移，从而达到加固边坡的目的。这种方法的最大特点是：可保持既有坡面状态下深入坡体内部进行大范围加固；预先主动对边坡松散岩层施加正压力，起到挤密锁固作用；锚索孔高压注浆，浆液充填裂隙和孔隙，可提高破碎岩体的强度和整体性；结构简单、工期短、造价低廉。

7.4.4 锚杆在边坡加固中的使用

(1)锚杆与钢筋混凝土桩联合使用,构成钢筋混凝土排桩式锚杆挡墙。在边坡支护中排桩式锚杆挡墙主要用于下列情况:①滑坡区域的边坡支护、开挖造成牵引式滑坡或工程滑坡可能性较大的潜在滑坡区域的边坡支护,在抗滑桩难以支挡边坡推力荷载时,宜优先采用预应力锚索抗滑桩结构;②边坡开挖后,由于外倾软弱结构面形成临空状楔体塌滑可能性较大,造成危害性较大的边坡;③高边坡稳定性较差的土层边坡,此时由于抗滑桩悬臂较长,承受的弯矩过大,为了防止抗滑桩破坏,可采用单锚点或多锚点作法。

(2)锚杆与混凝土格架联合使用形成钢筋混凝土格架式锚杆挡墙。锚杆锚点设在格架节点上,锚杆可以是预应力锚杆(索)和非预应力锚杆(索)。这种支挡结构主要用于高陡岩石边坡或直立岩石切坡,以阻止岩石边坡因卸载而失稳。

(3)锚杆与钢筋混凝土面板联合使用形成锚板支护结构。适用于岩石边坡。锚杆在边坡支护中主要承担岩石压力,限制边坡侧向位移,而面板则用于限制岩石单块塌落并保护岩体表面防止风化。

(4)锚钉加固边坡。在边坡中埋入短而密的抗拉构件与坡体形成复合体系,增强边坡的稳定性。该法主要用于土质边坡和松散的岩石边坡,加固高度较小。

(5)锚杆与钢筋混凝土板肋联合使用形成柱板式锚杆挡墙。一般采用自上而下的逆作法施工。

7.4.5 压浆锚柱(固结)

随着注浆技术和相关技术的迅速发展,注浆在边坡加固与防护中应用相当广泛。注浆是通过把浆液注入岩石的裂隙或土体的孔隙中,一方面增强边坡坡体的抗剪强度、减小坡体的渗透性,从而提高其地基承载力、减小水压力或水动力;另一方面提高可能的潜在滑面的抗剪强度以增强坡体的稳定性。边坡注浆加固技术一般适用于两种情况:对于由崩滑堆积体,岩溶角砾岩堆积体,以及松动岩体构成的极易滑动的边坡或由于开挖形成的多卸载裂隙边坡,对坡体注入水泥砂浆,以固结坡体并提高坡体强度,避免不均匀沉降,防止出现滑裂面。对于正处于滑动的边坡、存在潜在滑动面的边坡、或处于不稳定的边坡,运用注浆技术对滑带压力注浆,从而提高滑面抗剪强度,提高其稳定性。这种情况实际上是把注浆加固作为边坡滑带改良的一种技术,滑带改良后,边坡的安全系数评价一般采用抗剪断标准。压浆锚柱(固结)施工设备简单、占地面积小、工期短、见效快、加固地层的深度可深可浅,但难以检测注入范围和判断固结状态。

7.4.6 排水固结

排水包括地面排水和地下排水,其目的是将地面水截流排泄,并把滑体内地下水引出坡体, 以减少滑坡体因水力作用而失稳。研究表明绝大多数滑坡是由于过于集中的水活动(地面水、地下水和大量降水)所引起, 故有 "十滑九水" 之说, 所以滑坡体的排水十分必要。地下排水措施包括在边坡内设置的排水平硐、排水竖井, 或在排水平硐和排水竖井内打的排水孔, 以及在边坡表面上打的排水孔。地下排水措施可降低坡内的地下水位, 减小作用在边坡滑体上的水荷载。该种措施的排水效果取决于不连续面的规模、渗透性能、输水能力和方位。一般来讲, 地下排水措施是一种较有效的边坡处理措施之一。表面排水措施包括在坡顶和坡面上修截水沟。表面排水措施可将坡顶和坡面上的来水集中排泄, 减小裂隙水压力对边坡稳定的不利影响。表面排水措施是岩质高边坡加固处理中一种快捷、经济和有效的措施。

7.4.7　复合支挡结构

复合支挡结构是由锚杆和桩组成的一种新型挡土结构, 由作为竖向挡土结构的双排桩和作为外拉系统的侧向倾斜锚杆组成, 并通过桩顶横梁沿土体通长布置。其中, 两排竖向桩及桩顶横梁形成空间门架式挡土结构体系, 具有较大的侧向刚度, 可以有效地限制整个结构的侧向变形。作为外拉系统的土层锚杆, 其一端通过桩顶横梁与桩相连, 另一端为锚固体。锚固体设在稳定土层中, 通过锚杆传递到处于稳定区域中的锚固体上, 由锚固体将传来的荷载分散到周围稳定的土层中, 从而可以充分发挥结构的整体受荷能力和地层的承压能力。挡土结构通过桩顶横梁保证结构的整体性, 具有较大的空间效应。

综上所述, 边坡稳定性分析及加固理论技术研究由来已久。国内外学者曾从静力学观点和理论出发, 从边坡失稳滑动形成的条件、作用因素、滑体结构、滑体尺寸方面进行考虑, 对边坡进行勘测, 运用极限平衡法分析计算来评价边坡的稳定性, 并采用适当的加固技术防护边坡, 实践证明是成功的。目前, 边坡稳定性分析无论从理论上还是方法上都日趋成熟, 提出了多种评价边坡稳定性的方法, 这些理论技术均不同程度地推进了对边坡稳定性的研究。在进行加固方法的选择时, 需要正确分析边坡失稳机理, 准确评价其稳定性, 合理地进行下滑力的计算, 这是选择加固设计方法的关键。因此, 在进行加固设计时, 首先要结合工程所处的地质环境, 分析边坡可能出现的破坏情况, 然后结合工程特点, 提出相应的加固方案, 最后综合考虑施工方法和经济条件选择便于实施的加固方案。

7.4.8　露天煤矿南帮东区边坡滑坡治理

7.4.8.1　边坡变形失稳现象

根据南帮东区边坡工程地质分区, 针对边坡工程地质特征、水文地质条件、井工开采覆岩破坏以及露天开采情况, 对南帮边坡出现的变形失稳现象进行分析。

(1)南帮东区边坡变形失稳。南帮东区边坡曾发生多次滑坡失稳, 由于露天煤矿生产过程中进行了多次加固和内排压脚等，边坡变形失稳得以控制，如图7.39所示。南帮东区边坡变形失稳现象如下：①27#线以东，为变形稳定区。该区位于前东端帮出入沟，因内排压脚，边坡变形趋于稳定。②25#~27#线之间，为变形区，即抗滑桩区。1982年曾发生过因开采南帮坡脚煤壁而沿煤层底板软弱泥化夹层滑动的滑坡，经实施抗滑桩支挡工程，变形减缓，但从目前29~31号桩被推弯的事实来看，该区边坡变形仍在继续。③23#~25#线之间，为变形失稳区。该区因下部开采煤壁于1996年发生规模较大的滑坡，滑体倾向长150m，走向宽200m，沿煤底板顺层滑动。上述滑坡事实给出一个重要的启示：东区边坡不良的地层赋存形态决定了在煤层开采至边界过程中极易产生滑坡灾害，原设计的边坡境界和坡角不能实现或在采取抗滑工程的前提下才可能实现。④21#~23#线之间，为潜在的失稳变形区。该区坡角较缓，从上述滑坡教训中可知，若本区边坡继续加陡靠界，那么滑坡可能继续向西扩展，引起该区边坡失稳。

图7.39　南帮边坡采矿工程位置及地面建筑物布置全貌(1997年)

（2）南帮中区边坡变形破坏。南帮中区边坡（21#~17#线），为变形区，该区地层赋存平缓，工程地质条件明显好于东区。当前边坡角较小，由于井工开采上覆岩层冒落，该区边坡煤层自燃严重，对采矿生产安全构成很大威胁，目前边坡变形明显。

（3）南帮西区边坡变形失稳。为进一步分析西区的工程地质特征，可将该区划分为W1区（7#~17#线）和W2区（7#线以西）两个亚区。W2区居于变形区，虽然煤层倾角缓，但因岩体较破碎，且边坡高度大，所以在到界过程中引起的地面变形范围可能较大。W1区位于西端帮，有矿坑重要的运输折返干线。由于该区边坡坡角陡，地面及矿坑小煤窑分布密集，所以仍有潜在变形失稳可能，处于潜在变形失稳区。

南帮到界边坡的25#~27#线滑坡（1982年）以及24#~26#线的边坡变形失稳（1996年），都给露天煤矿的生产安全带来威胁，影响了采矿工程的正常安排。在分析该两处边坡滑坡与失稳原因的基础上，进行稳定性评价，以便回顾南帮最终境界的评价确定过程。

7.4.8.2　南帮东区25#~27#线滑坡治理分析

1982年春，南帮东区25#~27#线断面附近+410m平盘原入坑干线的南侧，出现一条东西向长52m的沉陷沟。同年7月下旬连降暴雨后，裂缝急速扩展，形成一条长达170m，宽0.5m的大裂缝，平盘发生下沉，局部地区下沉量超过1m，造成入坑干线运输中断。滑坡发生后，露天煤矿采取了应急措施，将入坑干线南移，对+400m 平盘进行削坡减重，进行地面排水，加设地面观测等，10 月份后滑坡速度变慢，为了确保陇海铁路的安全和采矿工程顺利进行，于 1983 年初对滑坡区进行调查研究，进行滑坡区槽探及井探工程、软弱岩层的力学性质的测定，以及布设滑坡抗滑工程，初步控制了该区滑坡。

(1)滑坡发生原因分析。①地质条件的影响。滑坡区位于采场东端 F_5、F_{16} 号断层与向斜轴交叉处附近，滑坡体位于向斜构造的南翼上，本区地质构造复杂，在该构造的南翼上部(靠近开采境界附近处)存在一个次一级的背斜小褶皱和向斜小褶皱。除在向斜轴部的东端有两个横断层外，在滑坡体的中部有一条长达 300~400m 的纵向结构面。岩层因挤压而揉曲严重，不论在煤层中或在底砾岩中均可见到因挤压而产生的构造剪切面。另外，在底层煤中、煤矸互叠层内和底砾岩的顶板处均夹有许多薄层的泥岩层，这些泥岩层厚度不大，但沉积稳定，遇水呈可塑性，它是构成滑动层的主要弱层。滑动发生在底层煤中，煤层厚度大，结构复杂，夹矸层次多。据抽样统计，厚度大于 0.05m 的夹矸层有 11 层，厚度小于 0.05m 的夹矸层更多。这些夹矸层岩性单一，以泥岩为主。据探井揭露查明，滑坡的主要滑动层发生在煤与泥岩接触面上，泥岩上部的煤岩因滑动剪切而破碎，局部成为粉末状，沿此滑动面有地下水泄出。②地下水的影响。水在这次滑坡中起极为重要的作用。当滑坡发生后，在+360m 平盘的滑面处出现泉水，该处渗水流量为 0.09~0.39L/s，流量的增减与降雨有关。另外，在开挖探井时，在煤与泥岩的接触面上有渗水现象，渗水流量一般为 0.0014~0.058L/s。出水点处泥岩层上部的煤层一般比较破碎，甚至成为粉状，可认为该处是本次滑坡的滑动面。③老窑采空区的影响。滑坡区内有许多老巷存在，特别是+390m 平盘以南地区相对较多，在开采过程中因老巷存在而造成煤体自燃也较为普遍。在滑坡勘探过程中，T13、T1 探井及 B7 钻孔均遇到老窑，这些老巷不仅破坏了滑坡区岩体的完整性，并且沟通了地面水和地下水的水力联系，降低了边坡岩体的抗滑能力。④采矿工程的影响。泥岩层中存在许多泥岩软弱夹层，一旦这些夹层被采矿工程切断，必然会促使岩体发生滑动。另外，采矿过程中的爆破振动对岩体的破坏，也是影响边坡稳定性的不利因素。

综上所述，可对本次滑坡的形成条件作出判断如下：1982 年初在当时入坑干线南侧形成的长达 52m、宽 8~10m 的沉陷沟是由老巷崩塌引起的。虽然入坑干线并未产生变形和移动，但这条沉陷沟的存在和不断扩展，使地面水积聚和渗漏。特别是 7 月下旬连降大暴雨之后，大量雨水通过沟中的裂缝和附近因老巷沉陷造成的其他裂缝向煤体渗入补给，不但使煤体中的泥岩夹层软化，并且还以泥岩为隔水层形成水头压力，从而降低了岩体的稳定性。当泥岩层在边坡下部被切割时，泥岩层上部岩体发生滑动，使滑动面处的煤层因相对错动挤压变成碎粉状。同时也沟通了整个滑面处的水力联系，地下水在泥岩露头处流出。随着采掘工程的推进，如不采取有效的防滑措施，边坡岩体迟早是要发生滑动的，势必造成地面建筑物的进一步破坏，甚至危及附近公路直至陇海铁路的安全。

(2)地面建筑物破坏原因分析。①老窑塌陷引起的破坏。据老工人介绍，这个地区自明朝开始就有土法采煤。居民先挖竖井，然后向四周开挖，自然冒落，到无法开采时另换位置。后来采用自然通风的平巷开采。目前在采掘平盘上揭露出来的老巷较多。据了解，在建安处木工房附近，有三个老巷井口，一个在 T13 探井附近（在开挖 T13 探井时正好挖到老巷角上，发现有二条巷道，一条为向西开挖，一条向南开挖，用细木杆支护），一个在木工房的烘干房附近，还有一个在 T10 探井以东 10 余米的变压器附近。这三个井口正处在建筑物破坏最严重地段。预制厂仓库的塌陷处也是井口所处的位置，它邻近的房子也发生裂缝。而在建安处食堂以东地区，黄土层与三叠系地层直接接触，煤层已被剥蚀掉，岩层上部的建筑物没有发生破坏。由此可说明老巷的塌陷是造成上部建筑物破坏的主要原因。②地基不均匀沉降引起的破坏。据了解，在修筑陇海铁路时，为了提高路面的标高，在现在公路和建筑物的附近挖土方垫路基，当时这些地区被挖成一条深沟，后来露天剥离时进行回填，地面才提高到今天的标高，现有地面建筑物是修建在回填地基上的，易于造成不均匀下沉。此区内的建安处食堂由于建筑较晚，采用预制圈梁基础，房屋并无发现裂缝。而其邻近的早期建筑物没有圈梁基础，均产生程度不同的裂纹。因此，可认为地基不均匀下沉对建筑物破坏有一定影响。③露天煤矿滑坡引起的地面破坏。由于滑坡岩体的移动，使滑坡体后壁应力得到释放，破坏了原有岩体中的应力平衡，从而引起建筑物原有裂缝的扩大和新裂缝的产生。如木工房的东墙北边的裂缝及路局大修队住房的裂缝都是在滑坡发生后不久出现的，带锯房北门口的裂缝则是在滑坡体发生后进一步扩大的。

（3）滑坡反算。由于滑坡的移动量较小，甚至在探井中也难看到滑坡体的滑动面，所以滑动面时是根据地面裂缝、煤壁的错动位置、探井中煤与泥岩的接触面的位置来确定的。因为出水点均发生在泥岩和煤的接触面上，该处泥岩顶板部位的煤层均因挤压而破碎，有时近于粉末状，说明该处岩层发生错动，并沟通了与上部水力联系。根据对滑坡形态的分析，确定滑坡中心处在 2650、2600、2550 的三个断面，因为在 2650 与 2550 两断面均已看出岩层发生错动的现象，在 2600 断面发生铁道鼓起现象。由于错动的距离小，可以认为滑坡是处于滑动的初始阶段，亦即相对处在极限稳定状态，稳定系数在 1.00~1.08。为此矿方采取了减重与自然排水措施。减重措施是及时而有效的，由于减重，边坡的安全系数由极限状态时的 1.0 提高到 1.07~1.28。自然排水也使边坡的稳定状况得到改善，边坡的疏干程度由滑坡时的 40% 提高到 50%，使边坡的安全系数由 1.0 提高到 1.06~1.08。减重和自然排水的综合作用，使边坡的稳定状况有了很大的改善，其安全系数由 1.0 提高到 1.16~1.38。据此分析，可以认为：现有边坡处于较为稳定的状态，如无大雨使地下水位升高，边坡不会出现剧烈的变形与滑坡。但当向最终境界推进过程中，以及达到最终境界时，边坡的稳定状态将会随采矿工程的实施而发生变化。

7.4.8.3 南帮东区 25#~27#线边坡变形

由于采矿工程边坡到界，原滑坡体的稳定状况显著恶化，稳定系数降至 1.1 左右。由于 +391m 内排压脚回填（26#线以东），滑坡体稳定系数明显提高，一般在 1.4 以上。

但是，25#～27#线部分到界边坡稳定状况明显恶化，随着采矿工程推进到界，其边坡有不断发生大变形滑坡危险。

7.4.8.4　南帮东区24#～26#线失稳体

随着南帮东区24#～26#线地面到界、边坡加陡过程中发生了大规模的滑移（如图7.40和图7.41所示）。稳定分析表明，在无抗滑桩作用情况下，潜在失稳体的稳定系数为0.997；而考虑有抗滑桩作用情况，潜在失稳体的稳定系数为1.095，表明此区段失稳体随着采矿工程到界、边坡加陡以及抗滑桩体破坏，抗滑效果降低，其稳定状况将进一步恶化。

图7.40　滑坡失稳体情况（1999年）

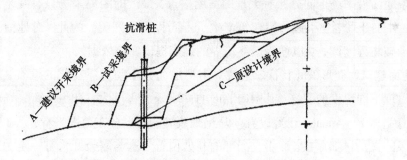

图7.41　25#线滑坡失稳体剖面示意图

7.4.8.5　南帮东区23#线变形失稳体

由于地层构造作用，在南帮东区23#线近100m范围内断层构造重叠，煤体变厚，煤层底板起伏陡倾，对边坡稳定性构成极为不利条件，如图7.42所示。

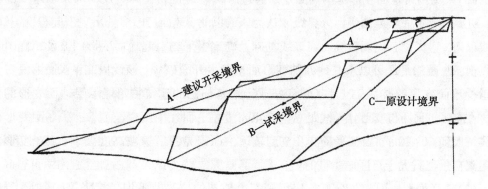

图7.42　23#线变形失稳体剖面示意图

地面变形观测表明，边坡以 2.09～5.89mm/d（坡肩）位移速度发展，同时对当前区段稳定分析，其稳定系数为 1.061，表明边坡目前处于极限稳定状态，是潜在变形失稳体，如图 9-5 所示。

图 7.43　23#线附近边坡变形失稳情况（1999 年）

7.4.8.6　地面建筑物破坏与变形现象调查

在南帮地面沿采场走向分布有大量的房屋建筑，最近的距离采场只有几米远。由于露天开采、井工开采老空引起房屋建筑产生了不同程度的开裂。为此，对地面大量房屋建筑进行了破坏程度调查，以便为最终境界的确定提供实测依据。

（1）地面建筑物变形破坏特征。通过对南帮地面数十间房屋建筑的调查，发现许多民房屋墙出现不同程度的裂缝，其中南北向的立墙开裂程度大，有些距离采场较近的民房屋墙裂缝宽达 20～40mm，已经废弃。从出现裂缝的房屋分布范围来看，从东部的厂区仓库到西区的义马村都存在，而不是局部的几处位置。这与露天开采有一定关系。比较典型的开裂房屋是义马站广场穷人饭店北侧的民房，位于 17#线剖面附近，距离采场 30～40m，一面屋墙裂缝多达 3～4 条，而一面院墙开裂宽度为 20～30mm，可知地面变形程度较大。当然，房屋开裂程度不能完全反映出地面的应变量，因为调查发现，一般新建的和基础牢固的房间没有出现裂缝，而一些老的民房出现了许多裂缝。

（2）采场南帮地面变形范围的圈定。通过房屋建筑物裂缝调查及其与采场距离的量测，初步圈定了一条地面变形分界线。认为该线以北，地面房屋多处出现不同程度裂缝，该线以南，房屋没有出现裂缝。在该线基础上确定了采场引起地面变形的波及范围。该线以南，普通的民房可以承受地面的变形而不发生开裂破坏；该线以北，普通的民房不能承受地面变形的破坏，但是基础良好或经地基加固的建筑物仍能承受地面变形的危害。在东区，采场与变形分界线距离只有 40m 左右，而在中区以至西区，采场距变形分界线增大到 60～80m。西区采场波及范围较远的原因是西区边坡高度大于东区，变形影响距离自然也就大于东区。

（3）地面变形原因初步分析。房屋开裂由地基的拉张及不均匀沉降等变形所引起，而地基变形不能认为单纯由露天开采所引起。小煤窑、地下水、构造、爆破振动等都可能产生或影响地面变形。南帮地面及陇海铁路附近，老空分布比较密集，现场勘察，在义马村北侧，地面出现两个老空引起的地面沉陷洼地。即使老空沉陷移动停止，露天开挖又可能引起老空岩移活化，产生更大的地面变形。爆破产生的振动也是引起地面变形的重要因素之一。义马村村民介绍，放炮后屋檐抖动比较剧烈。根据矿爆破振动测试报告，装药量96kg，安全距离为100m(100m处地面振动速度安全值<1cm/s)。

上述三种因素共同作用是产生地面变形的直接原因。如何定量评价这三大因素的作用程度，是地面变形分析的技术关键。

7.4.8.7　露天开采与地面变形的关系

为了研究露天开采与地面变形的关系，特别是不同区段地面变形程度，在南帮地面选取了24#、21#、19#和15#线四条实测变形勘探线，用于揭示露天开采对地面变形的影响和规律。4条实测变形勘探线的边坡高度及帮坡角分别为：24#线边坡高度为35m，帮坡角为19°；21#线边坡高度为28m，帮坡角为13°；19#线边坡高度为43m，帮坡角为13°；15#线边坡高度为60m，帮坡角为12°。分析可知，东区24#线边坡明显陡于中区边坡、西区边坡，而西区边坡明显高于东区边坡、中区边坡。表7.8中变形值表明随着采矿工程到界、边坡加陡增高，地面变形破坏程度显著增加。由24#线变形情况可知，坡肩处变形是距坡肩15m处变形的1700%，该区段变形破坏具有明显的大变形破坏特征，房屋建筑物开裂破坏、地面塌陷。距坡肩5m处变形是距坡肩15m处变形的560%，该区段变形具有明显的变形破坏特征，房屋建筑有小变形缝隙，地面基本平整。而距坡肩15m以外，变形微弱，是小变形特征。21#线坡肩处变形是距坡肩20m处变形的553%，该区段变形破坏具有明显的大变形破坏特征，房屋建筑物开裂破坏、地面塌陷。距坡肩11m处变形是距坡肩20m处变形的253%，该区段变形具有明显的变形破坏特征，房屋建筑有小变形缝隙，地面基本平整。而距坡肩20m以外，变形微弱，是小变形特征。19#线坡肩处变形是距坡肩38m处变形的514%，该区段变形破坏具有明显的大变形破坏特征，房屋建筑物开裂破坏、地面塌陷。距坡肩13m处变形是距坡肩38m处变形的1342%，该区段变形具有明显的变形破坏特征，房屋建筑有小变形缝隙，地面基本平整。而距坡肩38m以外，变形微弱，是小变形特征。15#线坡肩处变形是距坡肩30m处变形的1583%，该区段变形破坏具有明显的大变形破坏特征，房屋建筑物开裂破坏、地面塌陷。距坡肩18m处变形是距坡肩30m处变形的237%，该区段变形具有明显的变形破坏特征，房屋建筑有小变形缝隙，地面基本平整。而距坡肩30m以外，变形微弱，是小变形特征。

表7.8　典型实测变形勘探线变形观测值

剖面	24#线剖面	21#线剖面	19#线剖面	15#线剖面
距坡肩/m	0	0	0	0
变形值/mm	1700	830	400	554

表7.8(续)

剖面	24#线剖面	21#线剖面	19#线剖面	15#线剖面
距坡肩/m	5	11	13	18
变形值/mm	560	380	87	83
距坡肩/m	15	20	38	30
变形值/mm	100	150	7	35

7.4.9　南帮老出入沟边坡变形失稳分析与控制

7.4.9.1　南帮老出入沟边坡变形与失稳概况

露天煤矿经过多年的生产，南帮边坡由东向西逐渐到界并加陡，东部约300m已到界。到界的部分边坡已发生过较大面积的滑动变形。1982年开始发生的边坡滑动变形，主要集中在24#线以东的区域。1993年义马北露天煤矿技术人员提出了义马北露天煤矿开拓运输系统改造方案设计，并着手实施，建立了内排土场非工作帮固定开拓坑线，西端帮滑落坑线，南帮下部小折返的开拓运输线，初步形成了比较完善的采、运、内排生产系统，义马北露天煤矿采掘工程平面示意图7.44所示。

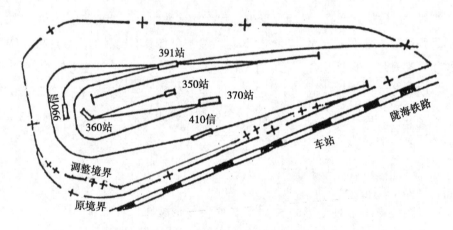

图7.44　采场现有开拓运输系统布置示意图

为了保证南帮东部最终边坡稳定以及地面铁路、公路等设施的安全，采取了内排反压护坡等措施，控制南帮到界边坡的变形与失稳。26#线以东实施了内排反压护坡措施，边坡稳定状况明显提高，地面变形基本趋向零。基本到界的24#~26#线之间，边坡原有抗滑桩支挡，但是随着边坡到界，一些抗滑桩发生了位移，一些出露部分倾倒，分析可能已经折断。这些现象表明了边坡稳定状况明显变差，地面变形有活动迹象。

7.4.9.2　边坡变形与稳定反分析

1982年7月下旬一场大雨后，南帮东部24#线以东的边坡产生明显变形，选取典型25#线进行分析。如图7.45所示，边坡变形失稳体上下地层分别为：第四系黄土卵石层、煤层、煤层底板页岩和砾岩。建议境界（A界）：最终境界，$F_s \geqslant 1.3$；试采境界（B界）：

在一定工程条件下,尽量多采煤 $F_s \geqslant 1.2$;初设境界(C 界):1959 年由沈阳煤矿设计院完成《初步设计》;安全境界(D 界): $F_s \geqslant 1.5$,无任何工程措施的缓边坡安全境界。

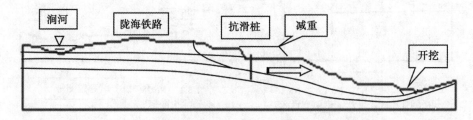

图 7.45　25#线边坡开挖、减重、抗滑和失稳区域示意图

经当时探井和检测桩测试,结果表明,边坡变形失稳体的滑动面是沿煤层底部已经泥化的泥岩软弱夹层。据水文地质观测资料,边坡疏干程度为 40% ~ 50%(以地面、水位面距离煤层底部高度计算)。通过当时和以后多次进行的边坡岩土物理力学指标试验和反分析,其主要物理力学指标:第四系黄土卵石层: $\gamma = 1760 kg/m^3$, $c = 68 kPa$, $\varphi = 21.00$。煤层: $\gamma = 1500 kg/m^3$, $c = 60 kPa$, $\varphi = 26.50$(切层); $\gamma = 1500 kg/m^3$, $c = 10 kPa$, $\varphi = 26.50$(顺层)。煤层底板页岩中泥化夹层: $\gamma = 1500 kg/m^3$; $c = 10 kPa$, $\varphi = 14.00$(切层)。

由于边坡变形失稳的疏干程度大约为 40%,利用 Sarma 法反分析了该边坡的稳定状况,安全系数为 1.00,处于极限稳定状态,如表 7.9、表 7.10 和图 7.46 所示。

表 7.9　南帮 25#线边坡稳定性变化表

状态	稳定系数	备注
情况 1	1.00	雨季初
情况 2	<1.00	雨季中不减重
情况 3	1.07	雨季中实施减重措施
情况 4	<1.00	坡脚实施小开挖
情况 5	1.20	实施减重与抗滑桩措施

表 7.10　南帮 25#线边坡失稳位移变化表

状态	点号	No.12	No.16	No.21	No.24	No.28	备注
情况 1	位移/mm	0.033	0.096	0.403	1.158	1.429	雨季初
情况 2	位移/mm	0.040	0.140	0.556	2.745	3.374	雨季中
(位移增大)	位移/mm	21.2%	45.8%	37.9%	137.0%	136.1%	不减重
情况 3	位移/mm	0.075	0.258	0.828	1.798	2.122	雨季中实施
(位移增大)	位移/mm	127.2%	168.7%	105.4%	55.2%	48.5%	减重措施
情况 4	位移/mm	0.085	0.344	1.055	2.495	2.832	坡脚实施
(位移增大)	位移/mm	157.6%	258.3%	161.8%	115.4%	98.2%	小开挖
情况 5	位移/mm	0.072	0.233	0.773	1.743	2.075	实施减重与
(位移增大)	位移/mm	118.2%	142.7%	91.8%	50.5%	45.2%	抗滑桩措施

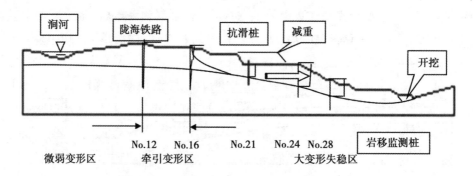

图 7.46　25#线工程地质、岩移变形破坏分区图

雨季后边坡变形失稳的疏干程度大约为 50%，边坡的安全系数为 1.06，稳定状态得到缓解。在 7 月下旬大雨后雨季实施的紧急边坡顶部减重措施，使得边坡的安全系数提高到 1.16，稳定状态得到明显改善。若不在 7 月下旬大雨后雨季进行紧急边坡顶部减重措施，则边坡的安全系数将小于 1.00，边坡变形将发展演化为滑坡。在 7 月下旬大雨后雨季实施紧急边坡顶部减重措施后，如再遇到大雨情况，即边坡的疏干程度达到 40%，边坡的安全系数将下降到 1.07，稳定状态又趋于恶化。可见，边坡的稳定性动态变化，安全系数储备显得不足，为了确保边坡在雨季和非雨季安全系数不低于 1.10，即下限 1.10 和上限 1.20，采取了抗滑桩支挡工程，滑坡单宽推力为 1.189×10^6N。

分析表 7.10 得到：露天煤矿开挖边坡加陡增高和不良的工程地质、水文地质是边坡变形失稳体形成的背景条件，雨季(特别是 7 月下旬的大雨)降雨是边坡变形失稳体活动的诱发因素。背景条件和诱发因素的组合作用使得边坡有如表 7.10 中情况 1 和情况 2 的趋势发展，滑坡失稳体发生在 No.16~No.28 之间及以下，No.12~No.16 之间受滑坡失稳体大变形的影响而发生牵引变形，No.12 至涧河之间受牵引变形的影响而出现了微弱变形。雨季中实施的边坡上部减重措施，抑制了滑坡失稳体的进一步发生和发展，滑坡失稳体的变形由不减重的 136.1%~137.0% 减至 48.5%~55.2%，而地面变形略有增加。可见，减重措施是控制边坡变形失稳体活动的有效措施。

在实施边坡上部减重措施的条件下，实施下部坡脚煤层的小开挖，明显诱发边坡变形失稳体的大变形活动，出现滑动迹象。而待抗滑桩等综合治理措施实施后，在非雨季进行抗滑桩下部煤层的控制开挖是可能的，也是可行的。在实施边坡变形失稳体上部减重措施的基础上，采取抗滑桩支挡工程可以使边坡变形进一步减缓，但不很显著。边坡变形失稳体大变形活动和出现滑动迹象的控制是采取综合整治措施取得的，效果得到了几十年的验证。

7.4.9.3　内排对南帮老出入沟边坡变形与失稳的控制

南帮东区边坡的稳定性较差，采用机动灵活的汽车工艺开采到界，加速内排提高边坡稳定性是行之有效的措施之一。如图 7.47 所示，铁道、汽车采排工艺方案的特点是以铁道开采为主，汽车采排为辅，该方案不需改变现有开拓运输系统，即大部分煤、岩仍由铁道按现有生产系统完成，只是对靠界煤、岩及道头煤、岩由汽车开采，由汽车靠界，并回填采空区，以及回填铁道道头采空区。2000 年以后已经全部实现电铲/液压铲–汽车开采内排工艺。

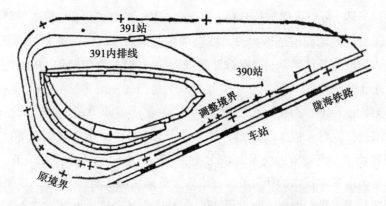

图 7.47　铁道、汽车采排工艺方案示意图

设计的内排标高为+391m 水平，对其南帮到界边坡可以实现最佳压脚——反压护坡。25#线压脚内排后，边坡稳定系数大于 1.4，如图 7.48 所示；23#线压脚内排后，边坡的稳定系数也大于 1.4，内排后的稳定分析表明，东区失稳边坡的稳定性改善非常显著。上述到界边坡稳定性改善也可以推广应用到中、西区到界边坡。采用铁道、汽车工艺就可以更加有效地实现"快采快填，稳坡护坡"，保护南帮边坡的稳定与减少地面变形破坏发展。

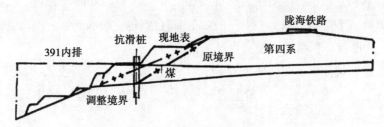

图 7.48　南帮东区 25#线境界调整与采矿、内排土布置示意图

7.4.10　露天煤矿生产过程中的地质环境治理

废弃露采矿山对自然生态环境产生恶劣影响，并在一定程度上形成诸多地质灾害安全隐患，因此对废弃露采矿山的治理刻不容缓。

7.4.10.1　治理原则

废弃露采矿山环境治理应遵循：①自然–社会–经济系统效益最大化原则；②因地制宜原则；③安全原则；④突出重点，逐步推进原则；⑤治理后环境与周围协调一致原则；⑥谁破坏谁治理、谁投资谁受益原则。

7.4.10.2　废弃露采矿山治理步骤

（1）废弃地的边坡治理。露采矿山一般位于城镇周边，交通道路附近，属于人口活动频繁区域，因此在治理前应对边坡进行安全评估。对边坡的治理措施主要有：①对一些坡度较大的边坡，可以进行台阶式降坡卸荷处理，以达到放缓边坡的目的。②对于高度不大的边坡，充分利用矿区的废渣(土)堆，采用填方压坡角处理。③对于易造成滑坡不稳定的边坡岩体，可以采用支挡结构，如设立挡墙、抗滑桩等，从根本上解决边坡稳定性的问题。④对局部地质构造破碎带，可以采用打锚杆、钢筋网喷射混凝土支护坡面。⑤少数矿区水文地质条件复杂，可以修建排水沟的方法以疏干矿区内积水。⑥为防止滚石伤人，应进行撬毛工作。

(2)植被绿化。植被绿化是还原生态系统、美化环境的关键。通过人工改良其生存条件，促进植被在短时间内生长繁殖，尽可能使废弃露采矿山恢复到破坏前的面貌，从而达到治理的目的。植被绿化技术由来已久，早在20世纪30年代，美、英、日、法等国相继开展液压喷播植草技术的研究，并在农业、道路边坡工程中应用；70年代东南亚国家的液压喷播技术也蓬勃发展；80年代起，日本开始对岩质边坡技术进行研究；近年来我国开始借鉴和引用国外先进技术和成功经验，逐步从传统的边坡防护向边坡绿化防护转变。

①营造土壤条件。植被绿化最关键的环节是营造土壤条件。植被原有赖以生长的土壤条件因采矿被剥离破坏，要恢复植被必须重新营造适宜植被生长的土壤。基于采矿后形成的特殊地貌特征，营造土壤条件主要有以下几种方法。

喷浆法。适合大坡度岩面且岩体稳定性好情况，成本高。其方法是在岩体上架设立体铁丝网或塑料网，锚固，再用压力喷混机逐层喷涂已调制好的混合料，混合料成分主要是土壤、肥料、有机质、疏松材料、保水剂、黏合剂等，加水成浆，将其喷射到岩面网架上，达到一定厚度后再喷播含植被种子的混合料。

台阶法。适合坡度大、坡面坚密稳定，对放缓边坡困难或者投入大的情况。要求：台阶高度10m左右，宽1~2m，台阶上设种植槽，槽高50cm以上，槽中回填种植土，适当添加有机肥以便种植物快速成活。

鱼鳞坑法。坡度在45°以下，高度不超过50m，坡面稳定，岩体具有一定程度的风化，可以采用此法。要求：横向水平距离(即坑距)一般为1.5~3.0m，上下间距(纵向)3.5~5.0m，坑深50cm左右。

废渣(土)回填复土法。针对一些高度较低，坡度大的边坡，可以采用此法。先进行削坡处理，然后回填废渣(土)，一般废渣含有一定的泥土成分，所以整平后再覆盖5~15cm厚的有机土即可实现植被复绿的效果，若是本着植树成林的目的，则覆土厚度不低于50cm。

框架复土法。边坡含土很少或者完全没有，而坡度又偏大的坡面，一般需要削坡处理后进行，也可用水泥在坡面上先构筑框架(或用其他材料做成)或用空心水泥砖砌面，然后将土填入其中，再播植物。

暗台阶复土法。原理同框架复土法，适宜陡坡类型。该法就是利用锚网在坡面上搭建多级台阶，水泥固化，暗台阶上覆有一定含黏合剂土壤，再喷播植绿，前期还要覆无纺布防止雨水冲刷。

②植被绿化技术。具备土壤条件，并不是说大功告成了，土壤条件是前提，但要使种下去的植被能存活下来还得注意方法和细节。植被绿化主要技术有以下几种：

客土喷播法。容土喷播法 20 世纪 90 年代末从日本引进的绿化技术，它是将草种肥料、保水剂、土壤、有机物、稳定剂等充分混合后，通过喷射机按设计厚度均匀喷到需防护的工程坡面，以达到景观近似于自然绿化目的。应根据不同工期的气候特点，选择不同的种子配合比和施工方法，以保证绿化效果，一般最佳施工期为 3—6 月份。

原生植物移植法。通过移植已成活的植物，达到绿化的目的。此法具有成活率高的优点，可以在短时间内实现绿化。

植生袋法。用乙烯网袋等将预先配好的土、有机基质、种子、肥料等装入袋中，袋的大小厚度随具体情况而定。一般尺寸为 33cm×16cm×4cm，也可放大。一般在有一定渣土的坡面使用。使用时沿坡面水平方向开沟，将植生袋吸足水后摆在沟内。摆放时种子袋与地面之间不留空隙，压实后用 U 形钢筋式带钩竹扦将种子袋固定在坡面上。一周后种子发芽，初期应适时浇水。

堆土袋法。该法是将装土的草袋子沿坡面向上堆置，草袋子间撒入草籽及灌木种子，然后覆土并依靠自然飘落的草本类种子繁殖野生植物。

野生土种栽植法。从矿区周边采集种子和种苗进行播种与栽植。

外来品种引入法。把域外(在本区域)成功种植的护坡植物，特别是观赏性花卉灌木，移植到矿山中，使其产生景观效应。

藤蔓植物攀爬法。矿山中常出现岩石裸露的陡坡，不便复土植绿。常利用藤蔓植物攀爬、匍匐、垂吊的特性，对山坡、墙面、岩石、坡面绿化，如爬山虎最初以茎卷须产生吸盘吸附岩体后又产生气生根扎入岩隙附着，向上攀爬，最后以浓密的枝叶覆盖坡面从而达到绿化的目的；使忍冬、蔓常春藤、云南黄素馨等枝叶从上披垂或悬挂而下，达到遮盖坡面的效果。选择藤蔓植物必须注意植物形状(如阳性、阴性、耐阴性，不同坡面朝向选择不同光耐性植物)及攀爬方式，适宜的高度，如使用美国爬山虎及一些缠绕类大藤木需架网式绳子以便攀援物沿着绳子生长。

高大乔木遮挡法。在矿山远处及坡脚复土，栽植速生高大乔木或大树移栽。利用大树树体高大浓荫遮挡裸露坡面，不仅具有较好的视觉效果，同时为耐荫爬藤植物等提供良好的生态环境。

另外边坡绿化技术还有许多其他方法，诸如铺草皮法、绿篱法、插穗法、埋干法等。

(3)后期养护。俗话说："三分种，七分养"。后期养护是废弃露采矿山环境治理的最后一步，也是必不可少的步骤，做得不好就可能前功尽弃。植物栽种成型后必须适时进行基材修补、追肥、浇水、防冻、植物补种和病虫害防治等。

7.4.10.3 注意事项

①植被绿化过程中应注意不同植被的搭配合理性，以便减少生存竞争的矛盾，使各种植被能够相存相依，促进生长繁殖。如浅根与深根的搭配，根基型与丛生型的搭配等；植物发芽期尽可能相近，否则发芽缓慢的植物会很快被淘汰。

②对一些地处城市近郊或邻近交通干线、居民集中区的矿山，可以组织专家进行调研，研究其经济价值，探讨开发建立旅游景区或其他生活休闲区的可行性。这样不仅可以使废弃矿山间接得到治理，而且可以因地制宜充分利用其经济价值，造福一方，实现变废为宝的效果，如盱眙象山国家矿山公园就是最好的例子。矿山环境恢复治理是关系到国民经济发展的大事，是一项长期而艰巨的任务，也是可持续发展战略是否贯彻落实的重要体现。在治理过程中依照"谁破坏谁治理，谁投资谁受益"的治理原则，将保护和治理的责任与经济利益结合起来，造福子孙万代。

7.4.11 边坡监测系统

7.4.11.1 采场边坡工程监测

露天煤矿采场边坡工程监测应根据边坡工程地质复杂程度、水文地质条件、边坡工程监测等级、变形特点和控制要求等选择边坡工程监测内容与方法。当露天煤矿采场边坡之下存在井工开采采空区时，应监测已有采空区对露天煤矿采场边坡的影响；当露天煤矿由露天开采沿某一露天煤矿边坡转入井工开采时，应监测井工开采对露天煤矿采场已有边坡的影响。

(1)露天煤矿采场边坡工程监测。在露天煤矿采场边坡逐渐形成过程中，应在边坡巡视监测的同时，实时进行地质调查与资料收集工作，应包括下列内容：①组成边坡土层部分的土类、分布状态、含水情况、物理力学性质等；②组成边坡岩层(岩体)部分岩石特征、软弱结构层(面)的赋存状态、分布规律、接触关系、接触面的特征及产状等；③与边坡稳定有关的各类地质构造，包括断层、褶曲、节理和裂隙等的性质、产状、发育方向及程度、裂隙带宽度与分布密度及充填物等；④松散层及风化岩石的岩性、次生矿物、岩石破碎程度、与坚硬岩石的接触关系及接触面特征等；⑤构成边坡体的煤层、煤层顶板及底板的产状、位置、厚度、结构以及强度；⑥对已有滑坡，应描述滑坡体的位置、分布范围及滑落时间、滑动方向、滑落面产状及边坡渗水情况等；⑦边坡顶面是否存在已有地面裂缝或出现新的地面裂缝，若发现地面裂缝，应描述地面裂缝的形态、产状及发育情况等；⑧边坡底脚是否出现底鼓隆起变形现象，若出现，应描述底鼓隆起的分布形态及发育情况等。

(2)露天煤矿采场边坡变形监测。监测方法应按相关规范有关规定执行，并应符合下列要求：①在露天煤矿地面最终境界线以外 200m 范围以内，应建立地面变形和地下变形的永久监测网。其监测线、点布置数量，应根据露天煤矿边坡的走向长度、边坡区段的重要性和可能实现的具体情况确定。但监测线不应少于 3 条，每条监测线上不应少于 3 个监测点。每个监测分区不应少于 5 个监测点。地下变形监测孔深应达到预想滑面下 5~10m，孔径应为 108~200mm。②在采掘场到界边坡上，应建立永久监测网。监测线间距应为 200~400m；监测线上的监测点间距应为 30~50m，监测周期应根据地面变形和地下变形的情况确定。在降雨期间或当变形速度加剧时，应增加监测频率，并应及时提交监测报告。③对出现地面和地下变形或地质构造复杂、稳定性较差的重要边坡，应建立地面和地下变形的监测系统。地面和地下监测线的数量，应根据地面和地下变形区的范围确定，但不应少于 2 条，每条线上不应少于 3 个监测点。

(3)露天煤矿采场边坡工程应力监测。应根据边坡工程监测工作等级及边坡工程实际情况进行选择。应力监测方法应符合规范有关规定。露天煤矿应进行降雨量、地面水和地下水监测，并应符合下列规定：①在边坡工程设计阶段，降雨量、地面水和地下水监测资料可收集利用已有水文地质资料；②在露天煤矿建设阶段，露天煤矿采场边坡与地下水疏干系统会逐步形成，地下水监测网应逐步建立；③在露天煤矿开采生产阶段，露天煤矿边坡端帮与地下水疏干系统会进一步形成并完善，地下水监测工作应进入常态化管理；④露天煤矿采场边坡的地下水监测项目，可根据露天煤矿的已有资料、工程地质条件、水文地质条件等综合分析进一步选择，地下水监测方法应按照相关范有关规定执行；⑤降水量监测方法应按相关规范规定执行。

(4)露天煤矿采场边坡爆破振动监测。其监测方法应符合相关规范的有关规定。当气温对露天煤矿采场边坡稳定性构成影响时，宜对其影响区域内的气温进行监测，监测方法按相关规范的规定执行。

当露天煤矿采场边坡工程监测进入 Ⅱ 监测阶段后期时，可选择遥测装置进行自动化监测。自动化监测应符合规范有关规定。

距离露天煤矿采场边坡较近的重要建(构)筑物以及运输道路等应进行建筑物变形观测，具体要求应按现行行业标准《建筑物变形观测规范》有关规定执行。

露天煤矿采场边坡工程监测范围，应包括采场边坡体与采掘场地面境界线以外的影响区，应按规范确定。影响区宽度的确定，应符合下列要求：①开采深度小于 200m 时，其宽度不宜小于最大开采深度；②开采深度大于等于 200m 时，其宽度不宜小于 200m。

7.4.11.2　排土场边坡工程监测

露天煤矿排土场边坡工程监测工作应根据排土场基底工程地质复杂程度、水文地质条件、排弃方式、剥离物构成、安全等级、监测阶段、变形特点和控制要求等选择边坡监测内容与方法。当露天煤矿排土场边坡之下存在井工开采采空区时，应监测已有采空区对排土场边坡的影响。

(1)排土场边坡工程监测。露天煤矿排土场边坡工程应结合边坡巡视进行地质调查与资料收集工作，应包括下列内容：①构成排土场边坡基底地层的岩、土特征，地层结构及分布产状等；②构成排土场边坡的排弃物料成分，土、岩比例，粒度大小、排弃方式以及排弃速度等；③排土场边坡各台阶及边坡顶面沉陷裂缝的走向、长度、宽度、深度以及发展速率等；④对于软基底排土场，应重点调查排土场边坡底脚是否出现底鼓隆起现象，若发现底鼓隆起现象，应描述底鼓隆起的条带分布走向、长度、宽度等。

（2）排土场边坡变形监测。监测按相关规范有关规定执行，并符合下列要求：①在距离村镇、公路、铁路、河流较近的排土场边坡段，应建立地面变形和地下变形的永久监测网。②监测线、孔布置数量，应根据排土场边坡的走向长度、边坡区段的重要性和可能实现的具体情况确定。但监测线不应少于3条，每条监测线上不应少于3个监测点。

（3）排土场边坡工程应力监测。宜监测堆积排弃物土压力与排土场基底应力的变化，应力监测应符合本规范规定。

（4）排土场边坡的地下水监测应符合下列规定：①在排土场工程设计阶段，地下水监测资料可收集利用已有水文地质资料；②在露天煤矿排土场建设初期阶段，地下水监测网应逐步形成并完善；③在露天煤矿生产阶段，排土场边坡会逐渐堆积形成，地下水监测工作应进入常态化管理，监测方法应按相关规范有关规定执行。

存在泥石流隐患的露天煤矿排土场边坡，应进行泥石流监测，泥石流的分类见规范；监测方法应按现行行业标准《崩塌、滑坡、泥石流监测规范》有关规定执行。

距离排土场边坡坡脚较近的重要建筑物应进行建筑物变形观测，具体要求应按现行行业标准《建筑物变形观测规范》执行。

露天煤矿排土场边坡工程监测范围，应包括排土场排弃物堆积边坡、排土场边坡坡顶及坡脚影响区，应按相关规范确定。边坡脚外侧影响区宽度不宜小于排土场边坡高度的1.5倍。

7.4.11.3　监测方案

露天煤矿边坡工程监测方案的编制，应综合考虑监测边坡的工程地质和水文地质条件、工程爆破、周边环境条件、边坡轮廓、露天煤矿开采方式以及排土场排弃方法等因素进行。监测方案编制前，应对监测现场进行详细踏勘，进一步收集已有资料，并根据工程现场、边坡类型、边坡滑移模式、变形阶段和危害程度等划分露天煤矿边坡工程监测工作等级，提出边坡监测技术要求。并应收集下列资料：①煤田勘探报告；②可行性研究报告，初步设计报告，露天煤矿剥、采、排工程平面图等说明书和设计图纸；③区域气象、水文、地震的有关资料；④边坡补充勘察和稳定性评价成果文件；⑤边坡工程影响范围内的道路、输电线、地下管线、地下设施及周边建筑物有关资料。监测方案应按监测边坡段所处的Ⅰ、Ⅱ、Ⅲ监测阶段分别进行编制。露天煤矿边坡工程监测，应对以下特殊条件边坡工程的监测方案进行专门论证：①地质和环境条件特别复杂的边坡工程；②对人员、设备安全构成严重威胁和重大经济损失的边坡工程；③形成整体滑坡、重新修改设计和治理的边坡工程；④其他必须进行论证的边坡工程。

监测单位应根据委托单位下达的监测任务书编制监测方案，并应包括下列内容：①工程概况（自然条件、地质环境、边坡工程的特征等）；②监测方案编制依据；③监测目的；④监测范围；⑤监测项目的确定；⑥监测方法选定（监测点网布设、监测精度要求、监测频率、监测预报预警、监测人员及仪器设备、监测措施应急预案、工序管理及信息反馈等）；⑦监测数据记录制度；⑧监测数据分析方法等。

露天煤矿边坡稳定监测的主要内容有：边坡岩体上不同点在空间的移动及过程，滑落面的形状、大小、倾角及其位置，滑落体的大小、形状和滑落方向，地下水、爆破和设备运输情况，边坡岩体移动对采剥工程和边坡上各种建筑(构)物的危害程度。

监测方法主要有简易观测法、设站观测法、仪表观测法和远程观测法。其使用的监测仪器有：地面大地测量仪器(经纬仪、水准仪、测距仪、全站仪等)、摄影仪、GPS、红外遥感器、激光微小位移传感器、边坡稳定雷达、声发射检测仪、位移计、钻孔倾斜仪、锚索测力计和水压监测仪等，应综合考虑监测方法和仪器。边坡工程监测要形成控制网和监测网。

首先应确定边坡体变形监测的范围，在该范围内确定边坡体的主要滑动方向，按变形范围和主要滑动方向确定监测线，选取典型断面，再按监测线选择监测点的位置。边坡监测点应均匀地布设在滑动量较大、滑动速度较快的轴线方向和滑坡前沿区，在滑体以外较稳定的地方也应适当布点，在滑动较快的地段，应适当加密；监测点宜呈断面形式布设在不同的高程上；裂缝监测点应选择在有一定代表性的位置，布设在裂缝的两侧。可利用钻孔做深部位移、水位等监测孔。

7.4.11.4　变形监测

露天煤矿在建设和开采阶段，应设置监测站对采掘场边坡、排土场边坡进行变形监测。变形监测网宜采用独立的平面坐标系统和高程基准，并进行一次布网。必要时可采用国家坐标系统和高程基准或项目所在地使用的平面坐标系统和高程基准。露天煤矿边坡工程变形监测，包括地面变形监测和地下变形监测等。地面变形监测包括地面位移监测、地面裂缝监测、地面隆起变形监测。露天煤矿边坡工程变形监测方法主要包括：卫星导航定位测量、三维激光扫描测量、数字近景摄影测量、全站仪边角测量、全站仪三角高程测量、几何水准测量等。可根据边坡工程的变形类型、精度要求、变形速率、现场作业条件以及边坡体的安全性等指标，按表 7.11 选用。并可同时综合采用多种方法进行监测。

表 7.11　变形监测方法的选择

类别	监测方法
水平位移监测	全站仪边角同测、极坐标测量、交会测量、GPS 测量、伸缩仪测量、多点位移计测量、倾斜仪测量等
垂直位移监测	水准测量、电磁波测距三角高程测量等
三维位移监测	全站仪自动跟踪测量、卫星导航定位测量、摄影测量、三维激光扫描等
地面裂缝监测	精密测(量)距、伸缩仪测量、测缝计测量、位移计测量、摄影测量等
地面隆起监测	比例尺测量、小钢尺测量、精密测(量)距、自动监测仪或传感器自动测记
应力、应变监测	应力计测量、应变计测量

露天煤矿边坡工程变形监测，应根据边坡工程的实际情况、边坡特点、监测目的、任务要求以及测区条件等，确定变形监测的内容、精度等级、基准点与变形点布设方案、监测周期、仪器设备及检定要求、观测与数据处理方法、提交成果内容等，并编写监测方案。露天煤矿边坡变形监测应布设监测网，监测网包括基准网与变形监测网；监测网的网点宜分为基准点、工作基点和变形观测点。其网点布设应符合下列要求：①基准点，应设置在边坡变形影响区域之外稳固可靠的位置。至少应有 3 个基准点。其水平位移基准点应采用带有强制归心装置的观测墩，垂直位移基准点宜采用双金属标或钢管标。②工作基点，应设置在监测区域比较稳定且方便使用的位置。水平位移监测工作基点宜采用带有强制归心装置的观测墩，垂直位移监测工作基点可采用钢管标。对通视条件较好的小型边坡，可不设立工作基点，在基准点上直接测定变形观测点。③变形观测点，应设置在能反映边坡体变形特征的位置或监测断面上，监测断面应包括：关键断面、重要断面和一般断面。需要时，还应埋设一定数量的应力、应变传感器。

监测网和监测点的初次监测，应在埋设标石 10~15d 后进行。露天煤矿边坡变形监测基准网初期宜每隔半年观测 1 次，一年后可每年观测 1 次；当对变形监测成果发生怀疑时，应随时检核监测基准网。露天煤矿边坡工程变形监测周期应根据地面变形和地下变形的具体情况确定，并应符合下列规定：①监测点一般情况每月监测 1~2 次；②雨季应适当增加监测次数，暴雨前后增加观测频率；③边坡变形剧烈时，应每日观测 1 次或多次；④当发现个别监测网点和监测点被破坏时，应及时恢复，并注意与之前监测成果的校核。④地面变形监测周期应根据监测阶段等综合确定。Ⅰ级监测期应每年 2 次，Ⅱ级监测期应每月 1 次或与其他观测同步进行。采掘与整治过程前后均应监测。当变形速度加快时应增加监测次数。每年监测不得少于 4 次。每年应提交监测分析报告。⑤当野外地质调查或地面变形监测发现局部地段有不稳定迹象时，应进行地下变形监测。监测周期可根据位移速度和季节变化确定；露天煤矿边坡工程变形监测阶段应分为Ⅰ、Ⅱ、Ⅲ三个阶段。当监测进入Ⅱ阶段后期时，可采用遥测装置。

露天煤矿边坡工程变形监测网应在露天煤矿建设和开采初期建立：①监测工作可用全站仪、GPS 和水准仪进行，应定期观测和进行数据整理。②当边坡处于Ⅱ级监测阶段时，在关键地区应增加观测站，并应增加观测次数。③当边坡周边影响范围内出现裂缝或隆起等迹象时，应采用位移计、伸长计来测量滑体位移，必要时可采用遥测装置进行自动化监测。

露天煤矿边坡变形监测，应对监测资料定期、及时整理，并应根据边坡变形的实际情况提交成果分析资料，可包括下列内容：①变形监测成果统计表；②监测点位置分布图；③裂缝位置及观测点分布图；④隆起位置及观测点分布图；⑤位移矢量图（水平位移矢量图、垂直位移矢量图、水平与垂直位移叠加分析图）；⑥位移（水平或垂直）速率、时间、位移量曲线图；⑦其他图表；⑧变形监测报告。

（1）地面变形监测。

①地面位移监测。露天煤矿边坡工程地面变形监测的精度，不宜低于三等。地面位移监测技术主要包括大地测量技术和位移计监测技术。露天煤矿边坡地面水平位移监测网和监测点的精度要求，应符合表7.12的规定。

表7.12 边坡地面水平位移监测网和监测点的精度要求

等级	监测网	监测点	适用范围
	相邻点点位中误差/mm	点位中误差/mm	（边坡工程安全等级）
三等	±3	±6	一、二
四等	±6	±12	三

露天煤矿边坡地面垂直位移监测网和监测点的精度要求，应符合表7.13规定。

表7.13 边坡地面垂直位移监测网和监测点的精度要求

等级	监测网	监测点	适用范围
	相邻点点位中误差/mm	点位中误差/mm	（边坡工程安全等级）
四等	±1	±4	一、二
五等	±2	±8	三

地面水平位移监测基准网，宜采用全站仪边角同测网，也可采用GPS网、三角形网、导线网等。基准网点位，宜采用有强制归心装置的监测墩。监测墩的制作与埋设，应符合相关规定。用全站仪边角同测可进行水平位移基准点控制网观测及基准点与工作基点间的联测。用全站仪小角法、极坐标法、前方交会法和自由设站法可进行监测点的水平位移观测。还可使用全站仪自动跟踪测量系统进行连续观测。各等级位移观测所用全站仪的测角、测距标称精度应符合表7.14规定。

表7.14 全站仪测角、测距标称精度要求

等级	测角中误差/(″)	差距中误差
二等	≤1.0	≤$(1mm+2\times10^{-6}D)$
三等	≤2.0	≤$(2mm+2\times10^{-6}D)$
四等	≤2.0	≤$(2mm+2\times10^{-6}D)$

用全站仪边角测量进行水平位移基准点控制网观测及基准点与工作基点间联测，其主要技术要求应符合表7.15的规定。

表7.15 全站仪边角测量基准网的主要技术要求

等级	相邻基准点的点位中误差/mm	平均边长 L/m	测角中误差/(″)	测边相对中误差	水平角观测测回数	
					全站仪测角标称精度1″	全站仪测角标称精度2″
三等	6.0	≤550	≤2.0	≤1/100000	2	4
四等	12.0	≤700	≤2.0	≤1/80000	1	2

监测基准网的水平角观测，宜采用方向观测法。其技术要求应符合现行国家标准

《工程测量规范》规定。监测基准网边长，宜采用电磁波测距。其主要技术要求应符合表 7.16 规定。

表 7.16　测距的主要技术要求

等级	仪器精度等级	每边测回数		一测回读数较差/mm	单程各测回较差/mm	气象数据测定的最小读数		往返较差/mm
		往	返			温度/C°	气压/Pa	
一等	1mm 级仪器	4	4	1	1.5			
二等	2mm 级仪器	3	3	3	4	0.2	50	$\leq 2(a+bD)$
三等	5mm 级仪器	2	2	5	7			
四等	10mm 级仪器	4	—	8	10			

注：1. 测回是指照准目标一次，读数 2~4 次的过程。2. 根据具体情况，测边可采取不同时间段代替往返观测。3. 测量斜距，须经气象改正和仪器的加、乘常数改正后才能进行水平距离计算。4. 计算测距往返较差的限差时，a、b 分别为相应等级所使用仪器标称的固定误差和比例误差系数，D 为测量斜距（km）。

全站仪交会法、极坐标法的主要技术要求，应符合下列规定：①当采用边角交会时，应在 2 个测站上测定各监测点的水平角和水平距离。分别按测角交会和测边交会计算监测点的平面坐标，当其较差值不超过要求精度值的 $2\sqrt{2}$ 倍时，取其平均数作为该监测点的最终坐标。②当仅采用测角或测边交会进行水平位移监测时，宜采用三点交会法；角交会法的交会角，应在 60°~120° 之间，边交会法的交会角，宜在 30°~150° 之间。③用极坐标法进行水平位移监测时，宜采用双测站极坐标法。④测站点应采用有强制对中装置的观测墩，变形观测点可埋设安置反光镜或觇牌的强制对中装置或其他固定照准标志。⑤测站点与监测点之间的观测距离、边长和角度观测测回数宜符合表 7.17 的规定。

表 7.17　全站仪观测距离及观测测回数的要求

全站仪标称精度	三等		四等	
	边长 L/m	观测测回数	边长 L/m	观测测回数
$0.5''(1\text{mm}+2\times10^{-6}D)$	≤ 1200	1	≤ 1800	1
$1.0''(2\text{mm}+2\times10^{-6}D)$	≤ 800	1	≤ 1200	1
$2.0''(2\text{mm}+2\times10^{-6}D)$	≤ 500	2	≤ 800	1

用全站仪自由设站法进行位移观测，应符合下列规定：①进行二维或三维变形测量，设站点至少应与 4 个基准点或工作基点通视，且该部分基准点或工作基点的平面分布范围应大于 90°，至设站点的距离比不超过 1∶3，同时宜符合规范的规定。②二维或三维监测点中不少于 2 点在其他测站应同期观测。③进行位移观测的水平角和距离观测测回数应符合表 7.17 的规定。

全站仪自动跟踪测量的主要技术要求，应符合下列规定：①测站应设立在基准点或工作基点上，并采用有强制对中装置的观测台或观测墩；测站视野应开阔无遮挡，周围应设立安全警示标志；应同时具有防水、防尘设施。②监测体上的变形观测点宜采用观测棱镜，距离较短时也可采用反射片。③全站仪的自动照准应稳定、有效、单点单次照准时间不宜大于 10s。④应根据观测精度要求、全站仪精度等级、监测点到仪器测站的视线长度，进行观测方法设计和精度估算。有关技术要求可参照规定执行，每站每次观测不应少于 1 个测回。⑤多台全站仪联合组网观测时，相邻仪器间宜至少设置两个 360°棱镜进行联测，相邻测站应有重叠的观测目标。⑥数据通信电缆宜采用光缆或专用数据电缆，并应安全敷设，连接处应采取绝缘和防水措施。⑦作业前应将自动观测成果与人工测量成果进行比对，确保自动观测成果无误后，方能进行自动监测。⑧测站和数据终端设备应备有不间断电源。⑨数据处理软件，应具有观测数据自动检核，超限数据自动处理，不合格数据自动重测，观测目标被遮挡时，可自动延时观测处理，变形数据自动处理，分析，预报和预警等功能。

全站仪小角法测量的有关技术要求，按规范及现行国家标准《工程测量规范》有关规定执行。露天煤矿边坡地面垂直位移监测基准网，应布设成环形网。宜采用几何水准测量方法观测，可采用全站仪三角高程测量。垂直位移监测基准网的主要技术要求，应符合表 7.18 的规定。

表 7.18 垂直位移监测基准网的主要技术要求 单位：mm

等级	相邻基准点高差中误差	每站高差中误差	往返较差或环线闭合差	检测已测高差较差
三等	1.0	0.30	$0.60\sqrt{n}$	$0.8\sqrt{n}$
四等	2.0	0.70	$1.40\sqrt{n}$	$2.0\sqrt{n}$

水准观测的主要技术要求，应符合表 7.19 的规定。

表 7.19 水准观测的主要技术要求

等级	水准仪型号	水准尺	视线长度/m	前后视距较差/m	前后视的距离较差累积/m	视线离地面最低高度/m	基本分划、辅助分划读数较差/mm	基本分划、辅助分划所测高差较差/mm
三等	DS05	铟瓦	50	2.0	3	0.3	0.5	0.7
	DS1	铟瓦	50	2.0	3	0.3	0.5	0.7
四等	DS1	铟瓦	75	5.0	8	0.2	1.0	1.5

注：数字水准仪观测，不受基、辅分划读数较差指标的限制，但测站两次观测的高差较差，应满足表中相应等级基、辅分划所测高差较差的限值。

全站仪三角高程测量，应符合下列规定：①应在两个测量点上设置棱镜，在其中间设置全站仪。观测视线长度不宜大于 300m，最长不应超过 500m，视线垂直角不应超过 20°。每站的前后视线长度之差，对三等观测不应超过 30m，四等观测不超过 50m。②视线高度和离开障碍物的距离不应小于 1.3m。③当使用单棱镜观测时，每站应变动一次仪器高进行两次独立观测。当两次独立观测所计算高差的较差值符合表 7.20 的规定时，取其平均数作为最终高差值。

表 7.20　两次观测高差较差限差

等级	两次观测高差较差限差/mm
三等	$\leq \pm 10\sqrt{D}$
四等	$\leq \pm 20\sqrt{D}$

注: D 为两点间距离,以 km 为单位。

全站仪三角高程测量中的距离和垂直角观测,应符合下列规定:每次距离观测时,前、后视应各测两个测回。每测回应照准目标 1 次、读数 4 次。距离观测应符合表 7.21 的规定。

表 7.21　距离观测要求

全站仪测距标称精度	一测回读数间较差限值/mm	测回读数间较差限值/mm	气象数据测定最小读数	
			温度/C°	气压/mmHg
$\leq (1mm+1\times 10^{-6}D)$	3	4.0	0.2	0.5
$\leq (1mm+2\times 10^{-6}D)$	4	5.5	0.2	0.5
$\leq (2mm+2\times 10^{-6}D)$	5	7.0	0.2	0.5

每次垂直角观测时,采用中丝双照准法观测。观测测回数及限差应符合表 7.22 的规定。

表 7.22　垂直角观测要求

全站仪测角标称精度/(″)	测回数		两次照准目标读数差/(″)	垂直角测回/(″)	指标差较差/(″)
	三等	四等			
0.5	2	1	1.5	3	3
1	4	2	4	5	5
2	—	4	6	7	7

观测宜在日出后 2h 至日落前 2h 的期间内目标成像清晰稳定时进行。阴天和多云天气可全天观测。垂直位移监测基准(网)点测量的其他技术要求,按现行国家标准《工程测量规范》有关规定执行。用卫星导航定位测量方法,可以进行露天煤矿边坡三、四等位移监测。对于边坡Ⅰ、Ⅱ级变形监测阶段可使用静态测量模式,对于边坡Ⅲ级变形监测阶段可使用动态测量模式。卫星导航定位测量静态测量作业,应符合下列规定:①点位应选在视野开阔处,视场内障碍物的高度角不宜超过 15°;点位附近不应有强烈干扰接收卫星信号的干扰源或强烈反射卫星信号的物体。②通视条件好,应便于使用全站仪等手段进行后续测量作业。③作业中应严格按照规定的时间计划进行观测。④观测前,应对接收机进行预热和静置,同时应检查电池的容量、接收机的内存和可储存空间是否充足。⑤天线安置的对中误差,不应大于 2mm;天线高的量取应精确至 1mm。⑥观测中,应避免在接收机近旁使用无线电通信工具。⑦作业时,接收机应避免阳光直接照晒。雷雨天气时,应关机停测,并应卸下天线以防雷击。⑧对于三等以上的 GPS 变形监测,应

采用双频接收机，并采用精密星历进行数据处理。四等变形监测可选用预报星历进行数据处理。观测数据处理和质量检查应符合现行国家标准《工程测量规范》有关规定，同一时段观测值的数据采用率宜大于 85%。

卫星导航定位测量动态测量作业，应符合下列规定：①应设立永久性固定参考站作为变形监测的基准点，并建立实时监控中心。②参考站应设立在变形区之外或受变形影响较小的地势较高区域，上部天空应开阔，无高度角超过 10° 的障碍物，且周围无 GPS 信号反射物（大面积水域、大型建构物），无高压线、电视台、无线电发射站、微波站等干扰源。③流动站的接收天线，应永久设置在监测体的变形观测点上，并采取保护措施。接收天线的周围无高度角超过 10° 的障碍物。变形观测点的数目应依具体的监测项目和监测体的结构灵活布设。接收卫星数量不应少于 5 颗，并采用固定解成果。④数据通信。参考点站和监测点应与数据处理分析系统通过通信网络进行连通，并应保证数据实时传输。

露天煤矿边坡变形监测当采用摄影测量方法时，应满足下列要求：①应根据监测体的变形特点、监测规模和精度要求，合理选用作业方法，可采用时间基线视差法、立体摄影测量方法或实时数字摄影测量方法等。②监测点标志，可采用十字形或同心圆形，标志的颜色应使影像与标志背景色调有明显的反差，可采用黑、白、黄色或两色相间。③像控点应布设在监测体的四周；当监测体的景深较大时，应在景深范围内均匀布设。像控点的点位精度不宜低于监测体监测精度的 1/3。当采用直接线性变换法解算待定点时，一个像对的控制点宜布设 6~9 个；当采用时间基线视差法时，一个像对宜布设 4 个以上控制点。④对于规模较大、监测精度要求较高的监测项目，可采用多标志、多摄站、多相片及多量测的方法进行。⑤摄影站应设置在带有强制归心装置的观测墩上。对于长方形的监测体，摄影站宜布设在与物体长轴相平行的一条直线上，并使摄影主光轴垂直于被摄物体的主立面；对于圆柱形监测体，摄影站可均匀布设在与物体中轴线等距的周围。⑥多像对摄影时，应布设像对间起连接作用的标志点。⑦变形摄影测量的其他技术要求，应满足现行国家标准《工程摄影测量规范》有关规定。露天煤矿边坡变形监测其他测量方法的技术要求，按现行国家标准《工程测量规范》有关规定执行。

②地面裂缝监测。露天煤矿边坡工程地面裂缝监测，应测定采场边坡与排土场边坡顶部及各台阶或坡面上出现的裂缝的空间分布位置和裂缝的走向、长度、宽度、深度及其变化情况。地面裂缝监测可结合边坡巡视工作进行。对监测的地面裂缝应统一进行编号、描述、观测、拍照、建档。地面裂缝，可采用伸缩仪、位移计或千分卡尺等进行监测。应满足下列要求：一是地面裂缝监测应设置观测点，每条裂缝应布设不少于 2 组观测点，并根据裂缝的走向和长度，分别布设在裂缝的最宽处和裂缝的末端。二是观测点处应设置裂缝观测标志，并应跨裂缝牢固安装在裂缝两侧的稳定部位；标志安装完成后，应拍摄裂缝观测初期的影像。三是裂缝观测标志设置应牢固，并应标注可供量测的固定点。短期观测时，可采用打入地下一定深度的木桩或钢钎；长期观测时，可采用埋入地

下一定深度的素混凝土或钢筋混凝土墩，并在墩顶面设置观测中心点。四是裂缝的量测，若规模较小，可采用直尺、小钢尺、游标卡尺或坐标格网板等工具进行人工量测；规模较大且不便于人工量测的裂缝宜采用精密测（量）距方法；需要连续监测裂缝的变化时，可采用测缝计或传感器自动测记方法进行观测。五是裂缝宽度数据应量至 0.1mm，裂缝错位数据应量至 0.5mm，裂缝深度数据应量至 1.0mm。六是裂缝的观测周期，应根据裂缝变化速度确定。裂缝初期可每周观测 1 次，基本稳定后宜每月观测 1 次，当发现裂缝加大时应及时增加观测次数，必要时应持续观测。

露天煤矿边坡工程监测地面裂缝应提交下列资料：①裂缝平面位置分布图；②裂缝空间位置分布图；③裂缝观测成果表；④裂缝宽度变化时-距曲线图；⑤裂缝深度变化时-距曲线图；⑥裂缝错位变化时-距曲线图。

③地面隆起变形监测。露天煤矿边坡工程地面隆起变形监测，应测定采场边坡与排土场边坡坡脚出现隆起的平面分布位置和隆起的走向、长度、宽度、高度及其变化情况。地面隆起变形的监测可结合边坡巡视工作进行。对监测的地面隆起应统一进行编号、描述、观测、拍照、建档。地面隆起变形的观测，应满足下列要求：①地面隆起变形监测应设置观测点，每条隆起应根据隆起的走向和长度布设不少于两组观测点。②观测点处应设置隆起监测标志，并应牢固安装在跨隆起两侧的稳定部位与隆起轴部的特征部位；标志安装完成后，应拍摄隆起观测初期的影像。③隆起监测标志设置应牢固，并应标注可供量测的固定点。短期观测时，可采用打入地下一定深度的木桩或钢钎；长期观测时，可采用埋入地下一定深度的素混凝土或钢筋混凝土墩，并在墩顶面设置观测中心点。④隆起的量测，若规模较小，可采用比例尺、小钢尺、游标卡尺或坐标格网板等工具进行人工量测；规模较大且不便于人工量测的隆起宜采用精密测（量）距方法；需要连续监测隆起的变化时，可采用自动监测仪或传感器自动测记方法进行观测。⑤隆起观测中，隆起检测数据应量至 0.5mm，隆起高度数据应量至 1.0mm。⑥隆起的观测周期，应根据隆起变化速度确定。隆起初期可每半个月观测 1 次，基本稳定后宜每月观测 1 次，当发现隆起加大时应及时增加观测次数，必要时应持续观测。

露天煤矿边坡工程监测地面隆起变形的观测应提交下列资料：①隆起平面位置分布图；②隆起观测成果表；③隆起宽度变化时-距曲线图；④隆起高度变化时-距曲线图。

（2）地下变形监测。地下变形监测应确定可能会滑动的滑面位置、滑坡规模、变形特征等。地下变形监测应包括水平位移监测、垂直位移监测、大地位移监测。①水平位移监测应采用钻孔倾斜仪、应变式传感器、伸长计等。②垂直位移监测采用沉降仪、卧式水平孔倾斜仪等。③大地位移监测应采用固设式倾斜仪、位移计等。当野外地质调查或地面位移监测发现局部地段有不稳定迹象时或地质构造复杂、稳定性较差的重要边坡，应进行地下变形监测。地下变形监测线的数量，应根据地下变形区的走向长度确定，但不应少于 2 条，每条线上不应少于 3 个监测点。可采用钻孔倾斜仪或位移计测量边坡内部深层水平位移。

当采用钻孔测斜仪测定边坡深部位移时，应符合下列规定：①测斜仪宜采用能连续进行多点测量的滑动式仪器。②监测点钻孔位置应布设在边坡滑动区关键部位，并可对边坡滑坡体上局部滑动和可能具有的多层滑动面进行观测；其测斜管埋设深度应在预计滑动层（面）以下 10~20m。③埋设测斜管时，应先用地质钻机成孔，将分段测斜管连接放入孔内，将测斜管吊入钻孔内时，应使十字形槽口对准观测的水平位移方向。管底端应装底盖，测斜管连接部分及底盖处应密封处理，测斜管与钻孔壁之间空隙宜回填细砂或水泥与膨润土拌和的灰浆，其配合比应根据土层的物理力学性能和水文地质情况确定。④测斜管埋好后，应停留一段时间，使测斜管与边坡岩土体固连为一整体。⑤观测时，可由管底开始向上提升测头至待测位置，或沿导槽全长每隔 500mm（轮距）测读 1 次，将测头旋转 180° 再测 1 次。两次观测位置（深度）应一致，以此作为 1 个测回。每周期观测可测 2 个测回，每个测斜导管的初测值，测 4 个测回，观测成果取平均数。

位移监测周期与监测深度应根据地面位移和地下位移的具体情况确定，并应符合下列规定：①地面位移监测周期应根据监测阶段等综合确定。Ⅰ级监测期应每年两次，Ⅱ级监测期应每月 1 次或与其他观测同步进行。采掘与整治过程前后均应观测。当位移变化加速时应增加观测次数。每年观测不得少于 4 次。每年应提交监测分析报告。②监测周期可根据位移速度和季节变化确定。③地下位移的监测深度，应在预计滑动层（面）以下 10~20m。对观测数据及岩体稳定状况，应及时进行整理和分析。监测资料应定期、及时整理，并应提供有关图表。图表应包括位移矢量图、钻孔位移曲线图、位移与时间曲线图等。

7.4.11.5　边坡巡视监测

边坡巡视监测应指定专人负责，采用简易的工具，人工对边（滑）坡表面及影响范围进行巡视检查。边坡巡视监测人员应符合下列要求：①边坡巡视人员中应由一名经验丰富、熟悉该工程情况的水工环地质专业工程师负责，并应有熟悉该工程的测量与采矿专业工程师参加；②边坡巡视人员应做到相对固定、连续，不得任意抽调或更换；③当发生滑坡等特殊情况时，边坡巡视检查组可另行聘请有关专家，但日常边坡巡视人员应参加。

边坡巡视监测包括日常巡视、年度巡视与特殊巡视。边坡巡视监测工作，应包括下列内容：①边（滑）坡地面或排水洞有无新裂缝、坍塌发生，原有裂缝有无扩大、延伸，断层有无错动发生。②地面有无隆起或下陷；边（滑）坡后缘有无拉裂缝；前缘有无剪出口出现；局部楔体有无滑动现象。③地面与地下排水系统是否完好。④是否有新的地下水出露，原有的渗水量和水质有无变化。⑤边坡监测网各种监测设施是否损坏。边坡巡视监测应形成记录，并可根据边坡巡视具体情况确定是否形成报告。边坡巡视监测记录应符合下列规定：①边坡巡视监测记录应包括：时间、地点、参加人员、巡视目的和内容，以及巡视中发现的问题；②边坡巡视监测记录可采用文字、照相、摄像、素描等。边坡巡视监测应配备地质锤、手持 GPS、地质罗盘、皮尺、放大镜、照相机、摄像机等必要工具。

7.4.11.6 信息反馈与预警预报

露天煤矿边坡工程监测，应及时反馈监测信息，以达到边坡工程维护与管理的动态化与信息化。露天煤矿边坡工程监测，应根据各有关工程监测信息的反馈结果，及时分析、研究、总结，对采场边坡与排土场边坡的稳定性作出预警预报。

（1）信息反馈。露天煤矿边坡工程监测信息，应及时反馈给有关单位及部门，为边坡工程实施动态化信息管理提供依据；应及时反馈给设计单位，用于露天煤矿采场边坡角的进一步优化；应及时反馈给生产单位，为露天煤矿的安全生产与边坡维护提供决策依据。

（2）预警预报。露天煤矿边坡工程监测预警预报，按时间可划分为中长期预报、短期预报和临灾预报。露天煤矿边坡工程监测预警预报应根据监测反馈信息分阶段提出，并符合下列要求：①中长期预报，应在月报、季报、年报中提出；②短期和临灾预报，应做到随时出现随时提出，并以专报形式提交。

（3）露天煤矿边坡稳定性影响因素。露天煤矿边坡稳定会受到边坡（帮）角大小，爆破振动与采运扰动，岩体的结构构造、风化程度、完整性、物理力学参数，大气降水和冻融循环等因素的影响；露天煤矿边坡安全预警预报应综合考虑边坡体及影响范围内的水平位移、竖向位移、裂缝和坡脚隆起的发展趋势。露天煤矿边坡工程安全预警预报应按照规范规定执行。

监测过程中边坡工程发生下列情况之一时，必须立即预警，同时应增加监测频率并调整监测方案：①变形量或变形速率出现异常变化；②变形量达到或超出预警值；③边坡影响范围内周边或坡面出现塌陷、滑坡迹象；④边坡影响范围或周边建（构）筑物及地面出现异常；⑤由于地震、暴雨、冻融等自然灾害引起的其他变形异常情况。

（4）露天煤矿边坡工程监测资料分析。可包括下列内容：①分析边坡巡视资料，特别要注意检查采场边坡与排土场边坡顶部是否存在裂缝，坡脚是否出现隆起；并进一步分析裂缝与隆起的发展变化趋势以及与边坡稳定性的关系。②研究边坡体内地质构造及地层产状的空间分布特征，并分析地质构造及地层产状与边坡稳定性的关系。③分析地下水监测资料，主要是分析地下水位与静水压力的变化规律，并分析论证地下水各参数与边坡稳定性的相关性。④对地面变形、裂缝、隆起以及地下位移资料进行分析研究，并据此对边坡稳定性作出判断。⑤分析边坡各监测参数的特征值和异常值，并与相同条件下的设计值、试验值、预警预报值，以及历年变化范围值相比较。当监测值超出或接近预警预报值时，应及时对边坡工程的安全性进行专门论证。⑥露天煤矿排土场边坡泥石流活动预测方法，可按照规范有关规定执行。

露天煤矿边坡工程监测资料分析研究应分阶段进行，并分别提出阶段性报告。阶段性报告主要是根据监测资料阶段性分析成果，对边坡工程的稳定性作出阶段性评价，并据此进一步分析预测边坡工程下阶段的发展趋势，同时对采矿安全生产以及边坡的维护与管理工作提出合理化建议。

7.4.11.7　防排水系统

地下水位监测宜通过钻孔设置水位监测管实施，并应符合下列规定：①根据现场监测条件、监测精度与监测频率要求，地下水位监测可采用测绳、水位计或地下水多参数自动监测仪等。②水位监测应从固定点量起，并应将读数换算成从地面算起的水位埋深及标高。③每次测量水位时，应记录观测井近期是否进行疏干降水，以及是否受到附近疏干降水井的影响。④采用测绳测量水位前，应对其伸缩性进行校核，并应消除误差。⑤采用电测水位仪时，应检查传感器的导线和测量用导线连接是否牢固，连接处应采用绝缘胶带仔细包扎，并应检查电源、音响及灯显装置是否正常，测量用导线应做好长度尺寸标记。⑥安装自记水位仪的观测点，宜每个月用其他测量设备对地下水位实测 1 次，以核对自记水位仪的记录结果；应在安装后第一个月及后每半年，用其他测量设备实测 2 次水位，核对自动监测仪的记录结果。⑦当承压水水头高于地面时，可用压力表测量水位，当水头高出地面不多时，也可采用接长井管或测压管的方法测量水位。

地下水位监测应分层观测，水位观测管的滤管位置和长度应与被测含水层的位置和厚度一致，被测含水层与其他含水层应采取有效的隔水措施。水位监测管的安装应符合下列规定：①水位监测管的导管段应顺直，内壁应光滑无阻，接头应采用外箍接头；②观测孔孔底应设置沉淀管；③观测孔完成后应进行洗孔，观测孔内水位应与地层水位保持一致，且连通性良好。

地下水位监测频率应符合下列规定：①人工观测水位宜每 10d 观测 1 次。对于承压含水层，可每月观测 1 次。②安装有自动水位监测仪的观测孔，宜每日观测 4 次，观测时间宜为 6 时、12 时、18 时和 24 时。存于存储器内的数据可每月采集 1 次，也可根据需要随时采集。③当遇有中雨以上降雨时，潜水层中的观测点应从降雨开始增加观测次数至雨后 5d。④对傍河的观测孔，洪水期每日观测 1 次，从洪峰到来起，应每日早、中、晚各观测 1 次，并应延续至洪峰过后 48h 为止。⑤对流量较稳定的边坡地下水出露点水位，应每 10d 观测 1 次；当边坡地下水出露点水位变化异常时，应每日观测 1 次，直至水位相对稳定为止。⑥露天煤矿的疏干排水孔初期，地下水位变化较大，应增加观测次数，每日观测 1~2 次，直至水位变化接近疏干降水控制水位时，可每 10d 观测 1 次。⑦当需测定地下水与地面水之间的水力联系时，应对地下水水位与地面水水位同步进行观测，可每 10d 观测一次；但汛期及水位变化较大时，应每日观测 1 次。

地下水水位监测精度应符合下列规定：①水位监测数值应以 m 为单位，并应测记至小数点后三位；②人工监测水位时，同一测次应量测 2 次，间隔时间不应少于 1min，并应取 2 次水位的平均值作为监测结果，两次测量允许偏差应小于 10mm；③自动监测水位仪精度误差不应大于 10mm；④每次测量结果应当场核查，发现异常时应及时补测。

当需对与边坡影响范围内地下水有水力联系的地面水体水位监测时，应按国家现行行业标准《水文普通测量规范》执行。

◆◇ 7.5 露天煤矿闭坑边坡稳定与陇海铁路安全评价

7.5.1 煤岩土力学强度与变形特性参数

针对南帮边坡的岩土及软弱夹层等，采用了不同的测试仪器、测试手段，模拟岩土在地层中的实际受力状态，测定了岩土及软弱夹层的抗剪强度指标黏聚力与内摩擦角，变形模量与泊松比及相应的应力-应变关系等物理力学指标。

天新公司露天煤矿以往的历次滑坡，如 1983 年在 E18～E22 的 +360m 水平掘沟时，切断煤矸互叠层中的软弱夹层引起了上部岩体滑动，1987 年 3 月 15 日内排线 +370m 线滑坡，经探槽证实，均是由于 2-3 煤底板及 2-3 煤间的薄层泥岩强度低，抗剪强度不足而引起。尤其降雨、渗水等使泥岩层的强度急剧降低。因此，重点对 2-3 煤底板泥岩、2-3 煤间的薄层泥岩强度进行了测试与分析。用直剪、流变、三轴、无侧限抗压强度等试验，进行了各项力学强度指标的测定，提出了南帮边坡岩土及软弱夹层的物理力学特性参量。

7.5.1.1 直接剪切试验与成果

直接剪切试验是测定软土及弱层强度的一种常用方法。通常采用 4 个试样，分别在不同的垂直压力下，施加水平剪力进行剪切，求得破坏时的剪应力，然后根据库仑定律，用最小二乘法回归分析，确定抗剪强度参数内摩擦角和黏聚力。试验采用快剪法，在 WI-3 型便携式直剪仪上完成。针对南帮不同位置、不同种类岩土试样及软弱夹层，采用 50、100、150、200、300、400kPa 不等的压力施加垂压，试样规格为 D61.8mm×20mm。直剪试验主要是针对南帮 2-3 煤底板及 2-3 煤间的泥岩弱层和第四系上覆黄土进行的。试验成果见表 7.23、表 7.24，图 7.49 为泥岩弱层直剪试验的剪应力与正应力变化关系曲线。

表 7.23 泥岩弱层直剪试验成果表

泥岩采样	试件数量/个	垂直压力/kPa	剪应力/kPa	黏聚力/kPa	内摩擦角/(°)	密度/(g·cm^{-3})
3 线西 40m 原状	13	50～200	32.04～68.08	27.85	9.3	1.89
8 线西 100m 原状	15	50～200	21.72～111.78	21.72	16.9	1.99
7 线西 100m 扰动	10	50～200	45.92～90.76	36.28	15.7	1.99
3 线西 100m 原状	6	50～150	71.20～81.09	69.23	7.3	1.73
6 线东 60m 扰动	3	50～200	34.35～123.82	18.33	28.0	2.11
3 线东 80m 原状	3	50～200	92.38～161.09	71.93	25.8	1.91
7 线西 20m 原状	4	50～200		42.72	12.1	
7 线西 20m 原状	4	50～200		64.08	15.9	

表 7.24　泥岩弱层、黄土直剪试验成果表

泥岩弱层、黄土采样	试件数量/个	垂直压力/kPa	剪应力/kPa	黏聚力/kPa	内摩擦角/(°)	密度/(g·cm^{-3})	含水量/(°)
泥岩弱层 2 线西 40m+354m 扰动	4	50~200	82.41~163.40	62.57	27.8	1.80	21.7
泥岩弱层 8 线西 100m+353m 扰动	4	50~200	64.44~148.45	45.58	27.8	1.99	19.0
泥岩弱层 3 线西 100m+356m 扰动	4	50~200	59.63~201.14	16.73	42.9	1.73	19.3
泥岩弱层 3 线东 80m+356m 扰动	4	50~200	70.31~190.10	35.52	37.7	1.91	13.1
黄土 5 线+407m 原状	10	50~200	76.90~300.11	57.80	31.5	1.90	

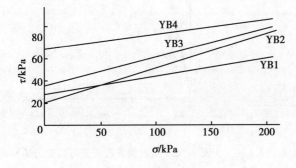
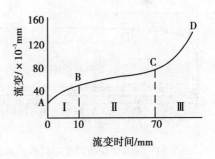

图 7.49　泥岩弱层直剪试验剪应力与正应力变化关系曲线　　图 7.50　泥岩弱层流变关系曲线

7.5.1.2　流变试验与成果

流变试验是重点工程项目中分析与评价必不可少的一项试验手段，它充分考虑了岩土强度的时效性，从强度动态变化出发，确定长期力学强度指标。2-3 煤底板及 2-3 煤间的泥岩弱层长期强度指标的确定，是试验研究的一个重要方面。采用应力式土壤剪切流变仪，在恒温、恒湿条件下，测定长期流动强度指标——黏聚力与内摩擦角及相应的变形参量，具有较高的科学价值。

在不同大小剪应力长期作用下，该种泥岩弱层同样表现出三个不同的流动变形阶段，如图 7.50 所示：第一阶段，当剪应力小于某一临界值时，各级剪应力下的变形基本上是瞬时的，随时间的推移流变值变化很小，而且流变速度一直随时间的推移而递减，此阶段为减速流变阶段。第二阶段，当剪应力超过某一临界值后，各级剪应力下的流变很快递减到一个常数值，并以此速度一直发展。所受剪应力大小不同，其稳定流变速度也不同，此阶段为等速流变阶段。第三阶段，当剪应力大于第二阶段最大一级剪应力时，很快出现加速流变，并导致试样破坏，此阶段为加速流变阶段。由此可见，第三阶段是第二阶段的继续。因此，在第二阶段开始出现等速流变的那一级剪应力，是泥岩弱层受力变形直至破坏的一个转折点。

首先对泥岩弱层进行固结快剪试验，获得其快剪强度方程；确定流变试验不同正应

力下剪切荷载等级梯度。正应力确定为 100、200、300、400kPa，每一级剪力历时约 168h。试验开始，测记每台仪器量表在每级剪应力下的读数，依据波尔兹曼叠加原理，计算不同正应力试样在每一剪力下的应变值，然后在剪应变与时间(ε-t)坐标系内，绘制叠加后剪应变与时间关系曲线，如图 7.51 所示。

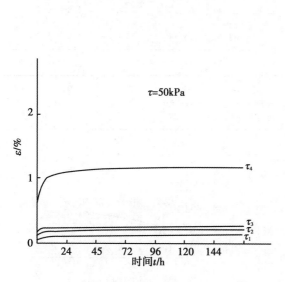

图 7.51　泥岩弱层剪应变与时间关系曲线　　　图 7.52　泥岩弱层剪应变与剪应力的等
　　　　　　　　　　　　　　　　　　　　　　　　　　　时线簇关系曲线

以横坐标时间为准，选取 1、8、24、48、96h 的剪应变与剪应力值，在剪应力与剪应变(τ-ε)坐标系内，绘制剪应变与剪应力的等时线簇，如图 7.52 所示。

从 τ-ε 等时线簇上，采用最大拐点图解法，确定试样在某一正应力下的屈服剪应力 τ_f，从而可获得一组 σ_i、τ_f，对于四种正应力，得四组 σ_i、τ_f，即有 σ_1．τ_f、σ_2、τ_f、σ_3、τ_f、σ_4、τ_f，用最小二乘法回归分析即可得到长期强度指标——黏聚力 c 和内摩擦角 $\varPhi$，这种方法带有一定的人为性误差。根据流动曲线确定屈服剪应力一般更为可靠，该种方法首先计算不同正应力试样在每一剪力下的应变速率，然后在应变速率与剪应力(ε-τ)坐标系内，绘制流动曲线，如图 7.53 所示。

根据试验加载破坏的前一级剪应力，寻找加速流变拐点，从而确定所对应的屈服剪应力。分析结果表明，促使试样产生加速流变导致破坏的前一级剪应力，可视为屈服剪应力 τ_f，根据不同正应力下的屈服剪应力值进行回归分析所得到的结果，即泥岩弱层试样在长期荷载作用下的流动强度指标。在 τ-ε 坐标系内可计算试样的剪切模量 G，在 ε-τ 坐标系内可计算试样的黏滞系数 η，其试验成果见图 7.54 至图 7.56 所示。

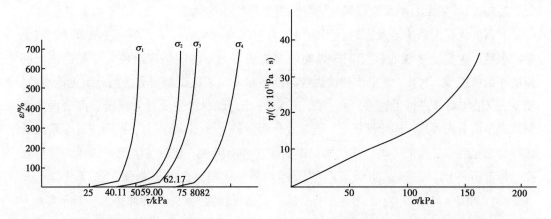

图 7. 53　泥岩弱层流变速率与剪应力流动曲线　　图 7. 54　泥岩弱层黏滞系数与正应力变化关系曲线

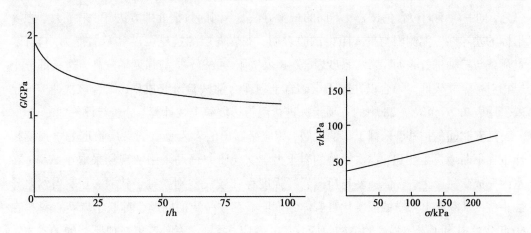

图 7. 55　泥岩弱层剪切模量与时间变化关系曲线　　图 7. 56　泥岩弱层屈服剪应力与
正应力变化关系曲线

表 7. 25　泥岩弱层长期强度指标(3 线东 80m，+356m)

初始剪切模量	$G_0 = 0.09\text{MPa}$
长期剪切模量	$G_0 = 0.09\text{MPa}$
初始黏滞系数	$\eta_0 = 181.2\text{Pa} \cdot \text{s}$
长期黏滞系数	$\eta_\text{f} = 718.4\text{Pa} \cdot \text{s}$
瞬时黏聚力	$C_0 = 71.84\text{kPa}$
瞬时摩擦角	$\varphi_0 = 25.80°$
长期黏聚力	$c_\text{f} = 29.53\text{kPa}$
长期摩擦角	$\varphi_\text{f} = 14.00°$
密度	$\rho = 1.19\text{g/cm}^3$
含水量	$W = 24\%$

7.5.1.3 岩土力学试验成果分析与强度变形指标的确定

对露天煤矿南帮土岩及泥岩弱层的物理力学试验研究进一步表明，控制南帮边坡稳定的关键因素是2-3煤底板与2-3煤间的泥岩弱层。以往的历次滑坡大都是由该层的强度不足所引发，因此，测定该层的强度与变形参量是该次试验研究的重点。无论直剪、流变、三轴均对其进行了侧重研究，第二阶段的补充试验也主要针对该层。南帮泥岩弱层从东至西分布多层，连续性较差，层厚变化幅度较大(0.1~20cm)，不同位置所采取的试样含水量各异，密度不均，并且所夹煤屑程度亦有差别，致使各组泥岩试样的抗剪强度指标有所不同。三轴试验所采取的试样均质、软塑、含煤屑微量，强度较低(c = 206.48kPa，Φ = 11.020°)；泥岩重塑样，基本都是很软的夹泥，所测摩擦角接近于零(c = 116.18kPa，Φ = 0.970°)；流变试验所采取的试样为原状样，均质性略差，煤屑含量稍高，致使其抗剪强度指标与三轴试验抗剪强度指标相比偏高(c = 14.53kPa，Φ = 14.00°)。总之，同一层不同位置的试样，不同的试验方法，不同的数据处理方法，带来了力学强度指标的差异性。无侧限与贯入阻力试验表明，泥岩弱层的抗压强度和承载能力均较低。点荷载与三轴试验表明，第三系砂岩、2-3煤抗压、抗拉、抗剪强度均较高，这一部分土岩相对稳定性较好。综合以往露天煤矿岩土物理力学试验研究成果，结合该次研究，建议采用表7.26至表7.28中的各项指标进行南帮边坡稳定性计算、分析与评价。

随着时间的推移，采掘工程的发展，相应暴露出的岩土及软弱夹层物理力学强度指标也在不断地发生变化，本次课题的岩土力学试验研究仍局限于从现场采取小试样，在室内完成。实际上，岩体强度与所测岩样强度存在较大差别。对于软弱夹层，当然差异性小些，以室内小岩样的强度代替岩体强度明显存在一定的问题。苏联学者费森科早在60年代就提出了岩体强度的结构效应与尺寸效应；我国学者孙广忠在他所著的《岩体结构力学》一书中，一再强调使用原位大试体力学试验模拟岩体强度。因此，若有条件，在南帮开展野外岩体原位试验是十分必要的，这对准确评价露天煤矿最终到界边坡稳定性和安全性十分必要。

表7.26 露天煤矿岩土物理力学试验研究成果建议指标

岩土名称	适用区间	密度/(kN·m⁻³)	弹性模量/MPa	剪切模量/MPa	泊松比	抗拉强度/kPa	黏聚力/kPa	内摩擦角/(°)	渗透系数/(m·d⁻¹)
黄土	全区	19.0	12.0	6.0	0.30	0.5	95.0	19.3	15.130
黄砂岩	7#~17#线 19#~23#线	23.6	330.0 300.0	270.0 250.0	0.29	19 17	211.0	37.1 32.0	0.007
白砂岩	7#~17#线 19#~23#线	23.6	330.0 300.0	270.0 250.0	0.27	19 17	211.0	36.2 32.0	0.007

表7.26(续)

岩土名称	适用区间	密度/(kN·m⁻³)	弹性模量/MPa	剪切模量/MPa	泊松比	抗拉强度/kPa	黏聚力/kPa	内摩擦角/(°)	渗透系数/(m·d⁻¹)
煤层	7#~17#线 19#~23#线	15.0	230.0 220.0	170.0 150.0	0.25	39 39	180.0 129.2	29.4 28.8	0.046
煤矸互叠叠层/页岩	全区	20.7	42.0	24.0	0.23	43	170.0	29.5	0.046
泥岩弱化夹层	7#~23#线	19.1	12.0	6.0	0.33	0.5	37.0	12.8	0.005
风化砂岩	23#线以东	23.6	300.0	250.0	0.25	0.5	211.0	29.0	0.046
风化煤层	23#线以东	15.0	200.0	130.0	0.25	0.5	60.0	26.5	0.046
泥岩弱化夹层	23#线以东	19.1	12.0	6.0	0.33	0.5	10.0	11.0	0.005
底砾岩	全区	20.6	400.0	300.0	0.23	95	200.0	25.5	0.041
排弃土石	全区	19.0	35.0	18.0	0.35	0.5	45.5	27.8	0.150
充填膏体	全区	20.0	1200	960.0	0.40	300	200	36	1.000
充填煤矸石	全区	18.5	250	200.0	0.40	0.5	0.5	36	10.000

表 7.27 典型土层 HSS 物理力学参数

地层	$E_{s0.1~0.2}$/MPa	E_{refoed}/MPa	E_{ref50}/MPa	E_{refur}/MPa	m	c'/kPa	Φ'/(°)	G_0/MPa
泥岩弱化夹层	2.0	2.0	3.0	16.0	1.00	10.0	20.0	40.0

表 7.28 土工试验补充成果

土层编号名称	重度 γ/kN·m⁻³	含水量 w/%	液限 w_L/%	塑限 w_p/%	压缩系数 a/MPa⁻¹	地基承载力特征值/kPa
泥岩弱化夹层	17.9	31.5	85.0	55.0	0.494	100

7.5.2 露天煤矿边坡工程设计评价标准

7.5.2.1 基本规定

在露天煤矿设计阶段，边坡工程设计应与矿山开采设计阶段相适应；露天煤矿边坡专项勘察宜分阶段进行。露天煤矿边坡工程设计应在边坡岩土工程勘察工作基础上进行。应按边坡分区进行边坡稳定性评价，确定各区最优边坡角，并应提出已有边坡角的调整和修正建议。露天煤矿边坡应进行相应的边坡监测。靠帮边坡爆破时，应采用控制爆破方法。露天煤矿边坡岩体结构类型、岩体结构完整程度、边坡地质结构、边坡破坏模式按标准规范执行。露天煤矿采场边坡工程安全等级应根据边坡高度、地质条件复杂程度和露天煤矿生产规模，按表 7.29 划分；排土场边坡工程安全等级应根据边坡高度、排土场基底地质条件复杂程度，按表 7.30 划分。

表 7.29　采场边坡工程安全等级划分

采场边坡工程安全等级	边坡高度 H/m	采场边坡地质条件复杂程度	露天煤矿生产规模
一级	>300	简单~复杂	大型
	300≥H>100	复杂	
二级	300≥H>100	中等复杂	中型
	≤100	复杂	
三级	300≥H>100	简单	小型
	≤100	简单~中等复杂	

注：1. 边坡高度按现行国家标准《露天煤矿岩土工程勘察规范》(GB 50778—2012)有关规定划分。2. 地质条件复杂程度按现行国家标准《煤炭工业露天煤矿边坡工程监测规范》(GB 51214—2017)有关规定确定。3. 露天煤矿生产规模按现行国家标准《煤炭工业露天煤矿设计规范》(GB 50197—2015)有关规定划分。

表 7.30　排土场边坡工程安全等级划分

排土场边坡工程安全等级	排土场边坡高度 H/m	排土场基底地质条件复杂程度
一级	>100	简单~复杂
	100≥H>50	复杂
二级	100≥H>50	中等复杂
	≤50	复杂
三级	100≥H>50	简单
	≤50	简单~中等复杂

注：排土场基底地质条件复杂程度按现行国家标准《煤炭工业露天煤矿边坡工程监测规范》(GB 51214—2017)有关规定确定。

露天煤矿边坡危害等级可按表 7.31 划分。

表 7.31　露天煤矿边坡危害等级划分

边坡危害等级		Ⅰ	Ⅱ	Ⅲ
可能的人员伤亡		有人员伤亡	有人员伤亡	无人员伤亡
潜在的经济损失	直接	≥500 万元	100 万~500 万元	≤100 万元
	间接	≥5000 万元	1000 万~5000 万元	≤1000 万元
综合评定		很严重	严重	不严重

边坡设计稳定系数，可按表 7.32 采用。

表 7.32　边坡设计稳定系数 Fst

边坡类型	服务年限/a	稳定系数
边坡上部有特别严重建筑物或边坡滑落会造成生命财产重大损失者	>20	≥1.5

表7.32(续)

边坡类型	服务年限/a	稳定系数
采掘场最终边坡	>20	1.3~1.5
非工作帮边坡	<10	1.1~1.2
	10~20	1.2~1.3
	>20	1.3~1.5
工作帮边坡	临时	1.0~1.2
外排土场边坡	>20	1.2~1.5
内排土场边坡	≤10	1.2
	>10	1.3

注：宜根据露天煤矿边坡危害等级划分，根据综合评定结果分别取大值、中值或小值。

工业场地边坡及与采掘场、排土场关系不大的边坡工程设计参照相关规范执行。

7.5.2.2　边坡工程勘查

(1)一般规定。在露天煤矿工程设计与生产阶段，应对边坡工程分阶段进行岩土工程勘察。露天煤矿边坡岩土工程勘察应按阶段并遵循一定的程序进行，应满足露天煤矿边坡工程设计的要求，并根据露天煤矿的具体特点，因地制宜，选择运用适宜的勘察手段，提供符合露天煤矿边坡工程设计与施工要求的勘察成果。露天煤矿边坡岩土工程勘察范围应包括露天采场边坡与排土场边坡。边坡工程勘察，应包括下列内容：①查明露天煤矿边坡的工程地质、水文地质条件，提供岩体结构类型、岩体完整程度、地质结构等内容；②对所取岩样进行详细的岩土物理力学试验，获得原始参数；③对影响边坡稳定性的诸因素进行分析并评价其影响程度；④提出边坡稳定性计算参数；⑤确定边坡角和可能的失稳模式；⑥对边坡提出合理的防治措施与监测方案。

采场边坡工程勘察，应符合下列要求：①勘探方法应根据勘察阶段、边坡工程安全等级及边坡工程地质条件等确定，并应采用钻探、井探、槽探、洞探、工程物探以及工程地质测绘等综合手段；②边坡工程勘察工作应紧密结合露天开采方案并围绕露天煤矿各边帮进行，重点是查明非工作帮、工作帮、端帮可能引起滑落的地质因素；③边坡应查明露天开采的最下一个煤层或潜在滑动面以下 50m(垂直厚度)范围内软弱层(面)、结构层(面)、构造层(面)的层位、层数、厚度、岩性、分布范围以及岩土体物理力学性质等；④在设计部门正式划定露天煤矿境界和拉沟位置后，应进行专门的边坡工程岩土工程勘察工作。

排土场边坡岩土工程勘察，应对下列影响露天煤矿排土场稳定性因素的内容进行评价：①地形、地貌、排土场基底岩土埋藏条件；②水文地质条件；③采掘工艺及废弃物料堆排方式；④排弃物料的组成及基底岩土物理力学性质；⑤排土场场地条件的变化对环境的影响。露天煤矿边坡工程岩土工程勘察还应按现行国家标准《露天煤矿岩土工程勘察规范》有关规定执行。

（2）设计阶段。露天煤矿设计阶段的边坡岩土工程勘察宜与设计阶段相适应，可划分为下列阶段：①可行性研究阶段岩土工程勘察；②初步设计阶段岩土工程勘察；③施工图阶段岩土工程勘察。成果应作为露天煤矿设计阶段边坡设计的依据，应满足露天煤矿设计所需的工程地质资料、各帮边坡稳定分析、各帮边坡维护管理及防治监测的要求。

设计阶段应搜集下列资料：①露天煤矿的生产规模、服务年限、初步确定的开采境界和开采方法、开采工艺等；②露天煤矿最终平面图。

设计阶段边坡工程勘察，应满足下列内容要求：①查明勘察区地层、岩性、产状，研究岩体的工程性质，并应划分工程地质岩组，区分软弱岩层和风化破碎带；②查明岩、土层空间分布、成因、时代，地下水埋藏特点和土岩接合面特点，查明勘察区断层、褶皱、节理、裂隙等构造类型分布、组合及其工程地质特征；③查明勘察区软弱结构层（面）分布、厚度及其工程地质特征；④查明勘察区水文地质条件；⑤确定岩、土物理力学性质，并应重点研究潜在滑动面岩体的抗剪强度；⑥查明勘察区不良地质作用的分布、成因、发展趋势和对边坡稳定性的影响；⑦对位于高应力区的高边坡，宜进行岩石原位地应力的测量与分析；⑧在地震基本烈度大于七度的勘察区，应搜集和分析区域地震资料，为抗震设计提供依据；⑨查明地下水的类型、补给来源、埋藏条件，地下水位、变化幅度及与地面水体的关系；⑩对稳定程度较低的边坡，应提出治理方案措施的建议。

排土场边坡岩土工程勘察，应符合下列规定：①排土场排弃前对排土场基底进行勘察；②查明内外排土场基底地层岩性及其分布、成因、产状、物理力学性质；③查明基底软弱结构层（面）的分布、厚度及其特性；④查明水文地质条件；⑤查明排土场勘察范围内的不良地质作用及采空区的分布、发育，以及对排土场基底稳定的影响；⑥分析排弃物料的组成及物理力学性质；⑦勘探控制深度应不少于坚硬土层或基岩下 5~10m；⑧分析排土场边坡和基底的稳定性。

（3）生产阶段。露天煤矿生产阶段，当边坡出现崩塌、滑坡等严重失稳时，应组织有关专家进行技术论证；并有针对性地开展边坡专项工程勘察。成果应作为露天煤矿采场境界变更、修改设计以及边坡治理的依据。生产阶段的边坡工程勘察，应充分利用已揭露的岩土体对以前勘察成果进行验证、校正、补充完善，尤其是对边坡岩土体稳定类型进行进一步划分，对各边帮岩土体的稳定性进行评价。生产阶段边坡工程勘察应满足修改边坡设计或边坡治理所需工程地质资料的要求。生产阶段边坡岩土工程勘察工作，应充分利用岩体已被揭露的有利条件和已有的工程地质资料，进行仔细的分析研究。并应根据工程的具体情况，具有针对性地布置适量的工程地质补充测绘、勘探和试验工作，以提供精确完善的工程地质资料。

生产阶段边坡岩土工程勘察，应包括下列内容：①利用已形成的边帮和采掘所揭露的岩体，进行有针对性的工程地质测绘和调查；对各类结构面进行测量、统计和组合类型划分。②对边坡改（扩）建地段或稳定条件较差的边坡需确定滑动面时，应进行适量的工程地质钻探、井探和槽探。③利用边帮对崩塌等各种失稳现象进行详细的调查，分析失稳原因和类型及破坏模式，并对不稳定边坡提出位移监测和采取治理要求。④进行物探工作，确定岩体风化程度及因采掘爆破致使岩体松动的范围。⑤利用地下水监测资料和适当进行水文地质试验工作，核定水文地质特征，以便确定或修改疏、降水设计。⑥利用边帮采取岩土试样，进行室内物理力学性质试验；利用台阶进行原位抗剪强度试验，确定控制性不利结构面的力学参数。

7.5.2.3　边坡稳定性评价

（1）一般规定。露天煤矿边坡稳定性评价，应根据不同勘察阶段提出的勘察成果进行，其评价精度应与勘察阶段相适应。应在定性分析、定量计算基础上，宜结合监测结果，综合进行评价，并提出有针对性的工程措施建议。边坡稳定性评价应按工程地质分区分别进行，应对所划分的各边帮分段作出整体稳定性评价和局部稳定性评价，以整体稳定性评价为基础。在进行采掘场边坡稳定性评价时，应对覆盖土体和岩体边坡稳定性分别作出评价。边坡稳定计算应以极限平衡方法为主，以边坡稳定系数为评价指标。在进行土体和岩体边坡稳定性分析时，应根据所判定的破坏类型（滑坡或崩塌）和破坏模式（平面滑动、折线滑动、圆弧滑动，倾倒或楔体破坏）进行分析计算。对安全等级为Ⅰ级的边坡，宜采用数值分析法进行边坡的应力场、变形场分析和渗流分析。同时，应对已存在的不良地质现象（滑坡、崩塌及岩堆、泥石流等）的现状稳定性和对采场边坡稳定性的影响作出评价。

（2）稳定性计算。应采用工程类比、图解法等方法对边坡破坏模式、稳定状态和破坏趋势作出初步判断，然后选用相应的方法进行计算。根据边坡破坏机理选择二维或三维边坡稳定计算方法，二维稳定分析应选择有代表性的工程地质剖面进行分析计算。

边坡稳定性应分别按不同工况组合进行计算，边坡稳定系数应符合相关规定。

爆破振动力和地震力荷载可采用拟静力法，对于重大工程项目的Ⅰ级边坡宜采用数值分析法计算。地震动峰值加速度应符合现行国家标准《中国地震动参数区划图》。采用拟静力法时，爆破振动力和地震力荷载计算符合下列规定：

①抗震稳定计算时，各条块的地震惯性力应按下式计算：

$$F_i = \frac{a\xi\beta_i W_i}{g} \tag{7.1}$$

式中：F_i——第 i 条块的水平地震惯性力，kN；

　　　a——设计地震加速度，m/s²；

　　　ξ——折减系数，可取 0.25；

　　　β_i——第 i 条块的动态分布系数，可取 $\beta_i = 1$；

　　　W_i——第 i 条块的重力，kN；

　　　g——重力加速度，m/s²。

②边坡稳定计算时，考虑爆破振动力，各条块的水平爆破力可按下列公式计算：

$$\left.\begin{aligned} F_i' &= \frac{a_i \beta_i W_i}{g} \\ a_i &= 2\pi f V_i \\ V_i &= K\left(\frac{\sqrt[3]{Q}}{R_i}\right)^\alpha \end{aligned}\right\} \tag{7.2}$$

式中：F_i'——第 i 条块爆破振动力的水平向等效静力，kN；

   a_i——第 i 条块爆破振动质点水平向最大加速度，m/s²；

   β_i——第 i 条块的爆破动力系数，可取 $\beta_i = 0.1 \sim 0.3$；

   W_i——第 i 条块的重力，kN；

   g——重力加速度，m/s²；

   f——爆破振动频率，Hz；

   V_i——第 i 条块重心处质点水平向振动速度，m/s；

   Q——爆破装药量，齐发爆破时取总装药量，分段延时爆破时取最大一段的装药量，kg；

   R_i——爆破区药量分布的几何中心至观测点或建筑物、防护目标的距离，m；

   K、α——与采场地质条件、岩体性质、爆破条件等有关的系数，由振动检测和测试数据获取。

边坡稳定计算时，应考虑地下水、地面水的对边坡稳定的影响。岩体的自重在浸润线以上应采用天然重度，在浸润线以下应采用浮重度。对有地下水渗流的岩体，采用浮重度计算时，应考虑渗透水压力作用，各条块的渗透水压力可按下式计算：

$$P_{wi} = \gamma_w V_i J_i \tag{7.3}$$

式中：P_{wi}——条块 i 的渗透水压力，kN；

   γ_w——水的重度，kN/m³；

   V_i——条块 i 单位宽度岩土体的水下体积，m³；

   J_i——条块 i 地下水渗透坡降。

根据岩质边坡中地下水位线，对边坡体某点的孔隙压力进行估算时，可视岩体性质、结构面的发育及其连通程度，按类似工程经验，对其水头进行折减。对降雨造成边坡坡体表层一定深度范围内形成暂态饱和区的情况，在计算孔隙压力时，宜进行折减。

岩体结构面抗剪强度指标试验应符合现行国家标准《工程岩体试验方法标准》的有关规定。已滑移的滑坡，其滑动面的抗剪强度指标宜取残余强度，或取反分析强度值。岩体抗剪强度指标应采用室内试验、现场原位试验等方法确定，无条件进行试验时，可采用反演分析、经验类比等方法综合分析确定。

排土场边坡应根据不同排弃物料组成和基底的岩土性质选择合理的计算参数。边坡稳定计算方法，根据边坡破坏类型和可能的破坏模式，可按下列原则确定：①均质土体或较大规模破裂结构岩体边坡可采用圆弧滑动法计算。但当土体或岩体中存在对边坡稳定性不利的软弱结构面时，宜以软弱结构面为滑动面进行计算。②对较厚的层状土体边坡，宜对含水量较大的软弱层面或土岩结合面采用平面滑动或折线滑动法进行计算。③对可能产生平面滑动的岩(土)体边坡，宜采用平面滑动法进行计算。④对可能产生折线滑动面的岩(土)体边坡，宜采用折线滑动法进行计算。⑤对结构复杂的岩体边坡，可采用赤平投影对优势结构面进行分析计算。或采用实体比例投影法进行计算。⑥对可能产生倾倒的岩体，宜进行倾倒稳定性分析。⑦对边坡破坏机制复杂的岩体边坡，宜结合数值分析法进行分析。

排土场边坡稳定性分析除排土场本身的稳定计算外，尚应对排土场基底的极限承载能力、基底变形、最大排弃高度进行验算。当边坡可能存在多个滑动面时，对各个可能的滑动面均应进行稳定计算。边坡稳定计算应进行敏感性分析，宜根据对边坡稳定影响程度选择以下内容进行分析：①水压变化；②不同含水率弱层强度的变化；③边坡几何尺寸变化；④岩土体强度指标变化；⑤其他因素变化。

(3)评价及成果报告。边坡稳定状态分为稳定、基本稳定、欠稳定和不稳定，根据边坡稳定系数(见表7.33)，确定。露天煤矿采掘场、排土场各分区边坡角应根据边坡稳定评价结果确定。

表 7.33　边坡稳定状态划分

边坡稳定系数 F_s	$F_s < 1.00$	$1.00 \leq F_s < 1.05$	$1.05 \leq F_s < F_{st}$	$F_s \geq F_{st}$
边坡稳定状态	不稳定	欠稳定	基本稳定	稳定

注：判断优先顺序从右向左。

(1)边坡稳定评价内容。①边坡稳定初步判断，包括边坡稳定状态、滑坡模式等；②边坡分区稳定计算；③边坡稳定现状评估、预测评估；④边坡分区稳定边坡角度确定；⑤边坡治理措施；⑥边坡治理措施对提高边坡角可行性分析。

(2)边坡稳定评价报告。宜包括下列内容：①项目概况；②场区气象、水文、地形地貌、地理交通等情况；③场区工程地质、水文地质情况及不良地质现象；④露天煤矿情况；⑤边坡地质条件、边坡分区、边坡破坏模式；⑥岩石、岩体及结构面等物理力学性质；⑦边坡稳定计算边界条件、参数选取及分区计算；⑧边坡稳定评价；⑨不良地质现象及边坡工程措施；⑩结论与建议；⑪附图、附表。

7.5.3　边坡失稳模式与地下水水位数值模拟

(1)西端帮现状采场非工作帮边坡失稳模式与地下水水位分析。西端帮现状采场非工作帮边坡失稳模式为：受正断层影响，断层西侧滑动面为近似圆弧滑动面，东侧受煤层、煤矸互叠层中泥化弱层控制影响，呈现顺层滑动面，或近似圆弧滑动面剪切煤矸互叠层和内排土场，边坡失稳模式为复合式滑动面。由于正断层断距几十米，隔水影响不明显，综合分析后不将其视为隔水层，地下水水位分析考虑各个岩层的赋存情况和渗透性能进行，得到了地下水水位分布规律。

（2）南帮现状采场边坡失稳模式与地下水水位分析。南帮现状采场临时工作帮边坡失稳模式为：受煤层、煤矸互选层中泥化弱层控制影响，上部滑动面为近似圆弧滑动面，下部滑动面为沿泥化弱层顺层滑动面，或近似圆弧滑动面剪切煤矸互叠层和内排土场，边坡失稳模式为复合式滑动面。受涧河水头影响，地下水水位分析考虑各个岩层的赋存情况和渗透性能进行，得到了地下水水位分布规律。

（3）内排土现状边坡失稳模式与地下水水位分析。内排土现状边坡失稳模式为：受排土场基底、煤矸互叠层中泥化弱层控制影响，上部滑动面为近似圆弧滑动面，下部滑动面为沿泥化弱层顺层滑动面或沿排土场基底滑动面，或近似圆弧滑动面剪切煤矸互叠层和内排土场，边坡失稳模式为复合式滑动面或高段排土场近似圆弧滑动面。

受北侧地面地形和防洪沟水头影响，地下水水位分析考虑各个岩层的赋存情况和渗透性能进行，得到了地下水水位分布规律。

综上所述，通过有限元数值模拟方法有效地揭示了采场、内排土场的边坡失稳模式，利用地下水渗流分析理论和有限元方法模拟了地下水水位变化，为露天煤矿边坡工程稳定性分析与评价奠定了基础。

7.5.4 现状矿坑边坡稳定性评价

7.5.4.1 西端帮4600～5000现状采场非工作帮边坡极限平衡稳定性分析

表7.34 边坡稳定状态划分

边坡稳定系数 F_s	$F_s < 1.00$	$1.00 \leq F_s < 1.05$	$1.05 \leq F_s < 1.2$	$F_s \geq 1.2$
边坡稳定状态	不稳定	欠稳定	基本稳定	稳定

西端帮4600～5000现状采场非工作帮、临近设计边坡稳定分析结果见图7.57至图7.59。4900以北非工作帮边坡到最终设计境界，实现跟踪内排；4900以南临时非工作帮临近设计边坡，接近最终设计境界；西端帮4600～5000现状采场非工作帮、临近设计边坡稳定分析表明边坡稳定。

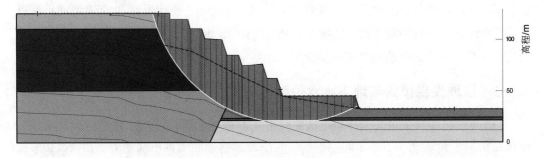

（a）稳定系数 $F_s = 1.499$（有水位）

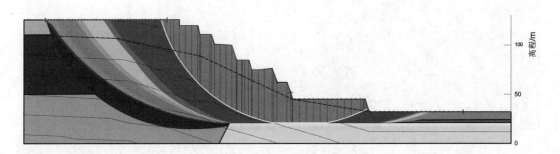

(b)稳定系数 F_s=1.499(有水位)安全图

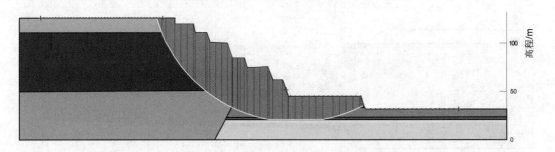

(c)稳定系数 F_s=1.931(无水位)

图 7.57　西帮 4600 现状采场非工作帮边坡稳定分析结果图

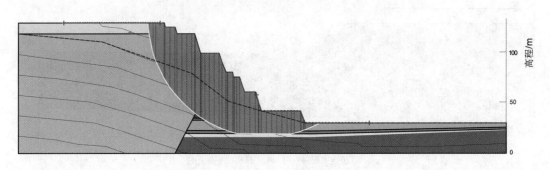

(a)稳定系数 F_s=1.162(有水位)

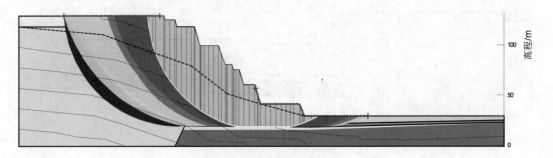

(b)稳定系数 F_s=1.162(有水位)安全图

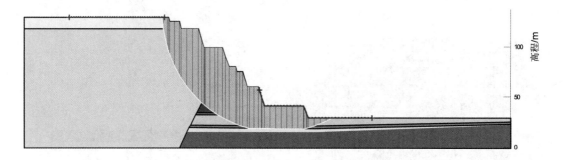

（c）稳定系数 $F_s = 1.453$（无水位）

图 7.58　西帮 4800 现状采场非工作边坡稳定分析结果图

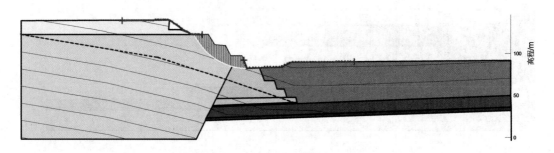

（a）稳定系数 $F_s = 1.432$（有水位）

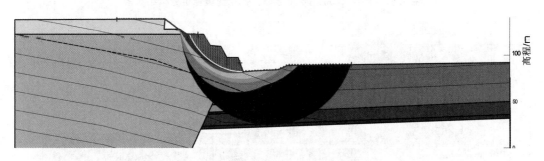

（b）稳定系数 $F_s = 1.432$（有水位）安全图

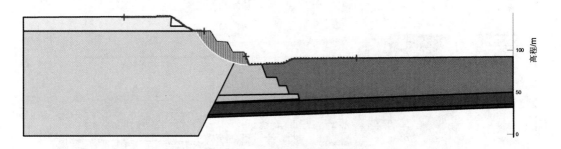

（c）稳定系数 $F_s = 1.639$（无水位）

图 7.59　西帮 5000 现状采场非工作帮边坡稳定分析结果图

7.5.4.2　南帮西区 7#~17#现状采场临时工作帮边坡极限平衡稳定性分析

表 7.35　边坡稳定状态划分

边坡稳定系数 F_s	$F_s<1.00$	$1.00\leqslant F_s<1.05$	$1.05\leqslant F_s<1.2\sim1.3$	$F_s\geqslant1.2\sim1.3$
边坡稳定状态	不稳定	欠稳定	基本稳定	稳定

南帮西区 7#~17#现状采场临时工作帮边坡稳定。边坡稳定分析结果见图 7.60 至图 7.65。

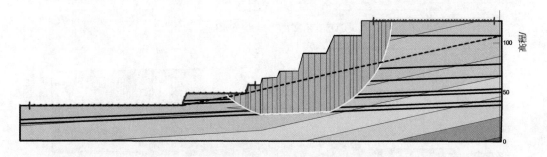

（a）稳定系数 $F_s=1.400$（有水位）

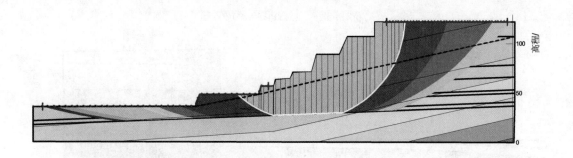

（b）稳定系数 $F_s=1.400$（有水位）安全图

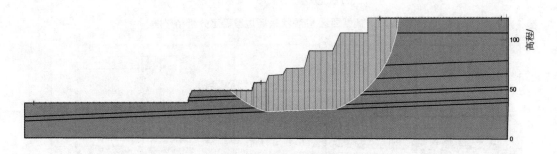

（c）稳定系数 $F_s=1.713$（无水位）

图 7.60　南帮西区 7#现状采场边坡稳定分析结果图

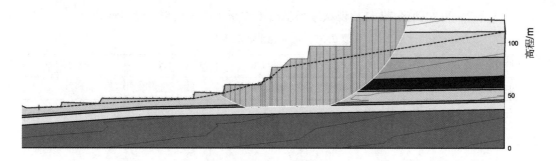

（a）稳定系数 $F_s = 1.450$（有水位）

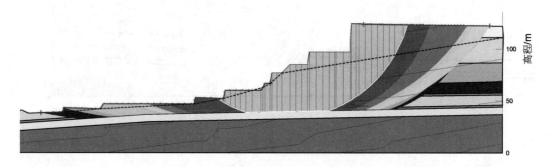

（b）稳定系数 $F_s = 1.450$（有水位）安全图

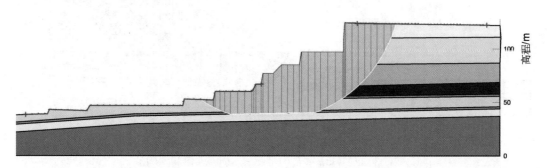

（c）稳定系数 $F_s = 1.855$（无水位）

图 7.61　南帮西区 9#现状采场边坡稳定分析结果图

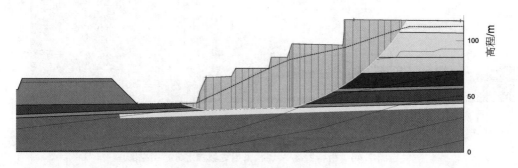

（a）稳定系数 $F_s = 1.310$（有水位）

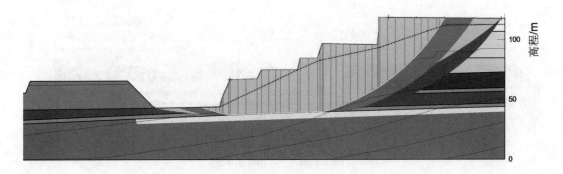

(b)稳定系数 $F_s = 1.310$(有水位)安全图

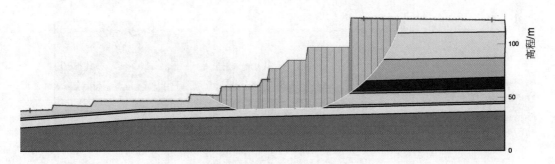

(c)稳定系数 $F_s = 1.872$(无水位)

图 7.62　南帮西区 11#现状采场边坡稳定分析结果图

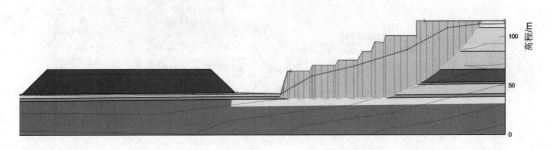

(a)稳定系数 $F_s = 1.291$(有水位)

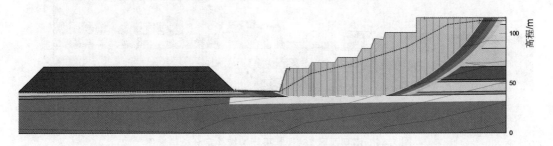

(b)稳定系数 $F_s = 1.291$(有水位)安全图

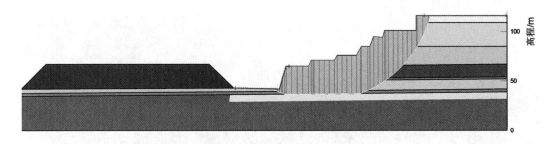

(c)稳定系数 F_s = 1.764(无水位)

图 7.63 南帮西区 13#现状采场边坡稳定分析结果图

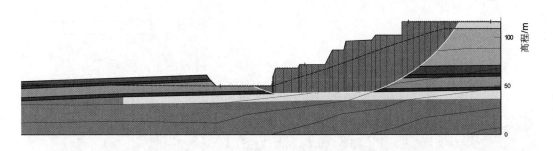

(a)稳定系数 F_s = 1.783(有水位)

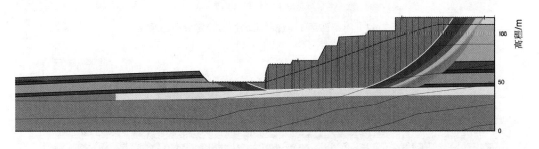

(b)稳定系数 F_s = 1.783(有水位)安全图

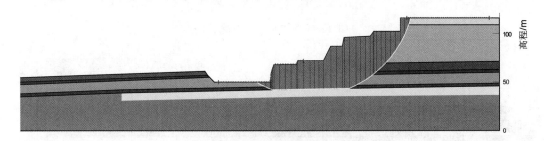

(c)稳定系数 F_s = 1.883(无水位)

图 7.64 南帮西区 15#现状采场边坡稳定分析结果图

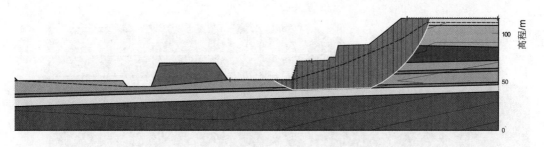

(a)稳定系数 $F_s = 1.307$(有水位)

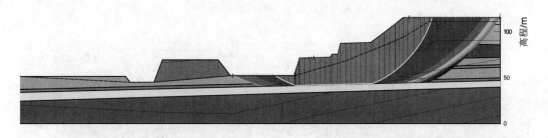

(b)稳定系数 $F_s = 1.307$(有水位)安全图

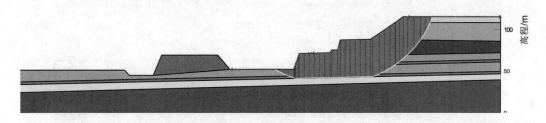

(c)稳定系数 Fs = 1.751(无水位)

图 7.65　南帮西区 17#现状采场边坡稳定分析结果图

7.5.4.3　南帮东区 2800~3200 现状采场临近设计边坡极限平衡稳定性分析

表 7.36　边坡稳定状态划分

边坡稳定系数 F_s	$F_s < 1.00$	$1.00 \leqslant F_s < 1.05$	$1.05 \leqslant F_s < 1.3$	$F_s \geqslant 1.3$
边坡稳定状态	不稳定	欠稳定	基本稳定	稳定

南帮东区 2800~3200 现状采场临近设计边坡稳定。边坡稳定分析结果见图 7.66 至 7.70。

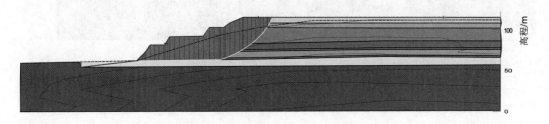

(a)稳定系数 $F_s = 1.306$(有水位)

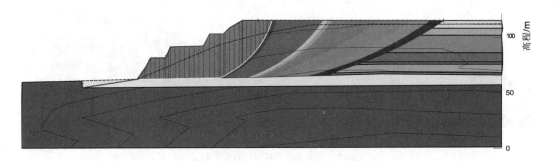

（b）稳定系数 $F_s = 1.306$（有水位）安全图

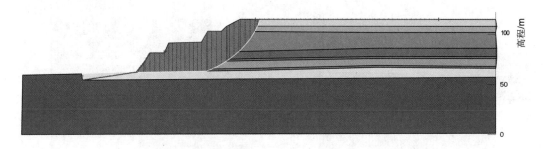

（c）稳定系数 $F_s = 1.681$（无水位）

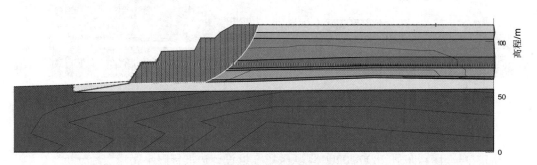

（d）稳定系数 $F_s = 1.018$（暴雨水位）

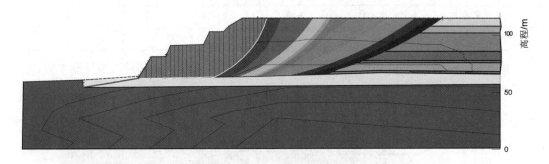

（e）稳定系数 $F_s = 1.018$（暴雨水位）安全图

图 7.66　南帮东区 2800 无内排压脚现状采场边坡稳定分析结果图

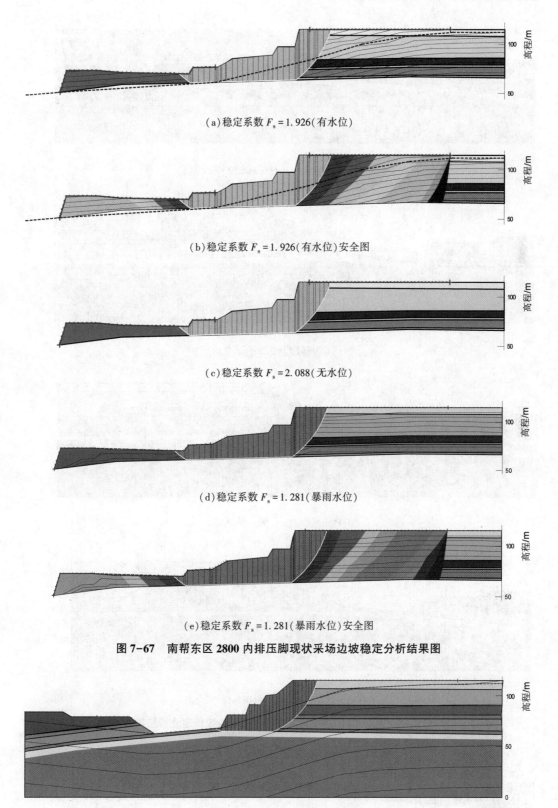

（a）稳定系数 $F_s = 1.926$（有水位）

（b）稳定系数 $F_s = 1.926$（有水位）安全图

（c）稳定系数 $F_s = 2.088$（无水位）

（d）稳定系数 $F_s = 1.281$（暴雨水位）

（e）稳定系数 $F_s = 1.281$（暴雨水位）安全图

图 7-67　南帮东区 2800 内排压脚现状采场边坡稳定分析结果图

（a）稳定系数 $F_s = 1.427$（有水位）

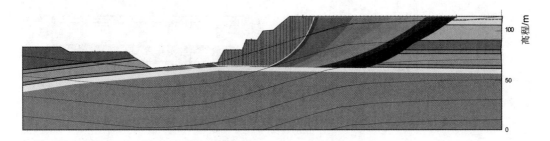

(b)稳定系数 F_s=1.427(有水位)安全图

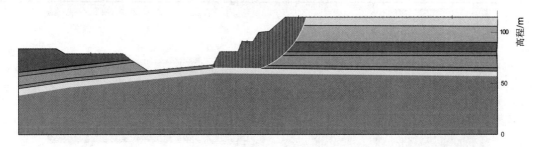

(c)稳定系数 F_s=1.663(无水位)

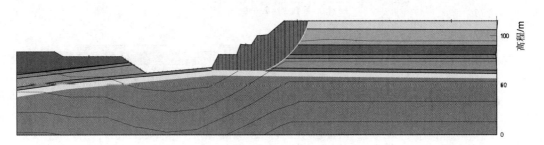

(d)稳定系数 F_s=1.003(暴雨水位)

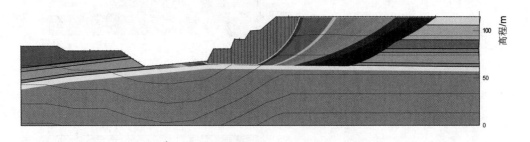

(e)稳定系数 F_s=1.003(暴雨水位)安全图

图 7.68　南帮东区 3000 无内排压脚采场边坡稳定分析结果图

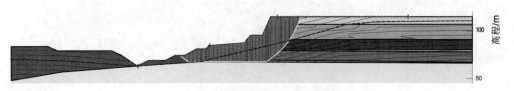

(a)稳定系数 F_s=1.873(有水位)

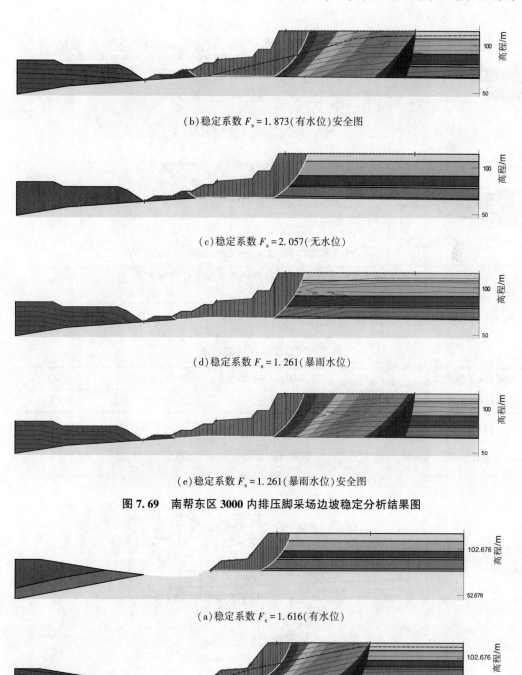

（b）稳定系数 $F_s = 1.873$（有水位）安全图

（c）稳定系数 $F_s = 2.057$（无水位）

（d）稳定系数 $F_s = 1.261$（暴雨水位）

（e）稳定系数 $F_s = 1.261$（暴雨水位）安全图

图 7.69　南帮东区 3000 内排压脚采场边坡稳定分析结果图

（a）稳定系数 $F_s = 1.616$（有水位）

（b）稳定系数 $F_s = 1.616$（有水位）安全图

（c）稳定系数 $F_s = 1.791$（无水位）

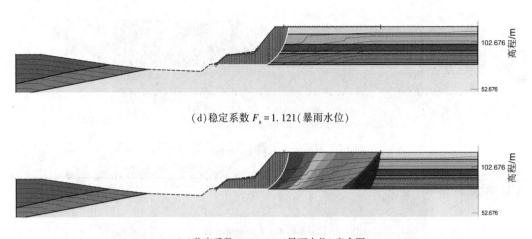

(d)稳定系数 $F_s = 1.121$(暴雨水位)

(e)稳定系数 $F_s = 1.121$(暴雨水位)安全图

图 7.70　南帮东区 3200 现状采场边坡稳定分析结果图

7.5.6　现状内排土场边坡稳定性评价

表 7.37　边坡稳定状态划分

边坡稳定系数 F_s	$F_s < 1.00$	$1.00 \leqslant F_s < 1.05$	$1.05 \leqslant F_s < 1.2$	$F_s \geqslant 1.2$
边坡稳定状态	不稳定	欠稳定	基本稳定	稳定

内排土场现状边坡稳定。内排土场边坡稳定分析结果见图 7.71 至图 7.81。

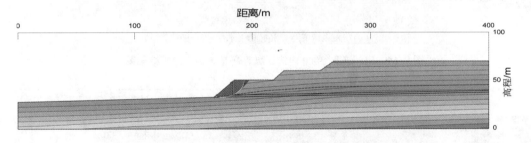

图 7.71　4600 内排土场边坡稳定系数 $F_s = 1.493$

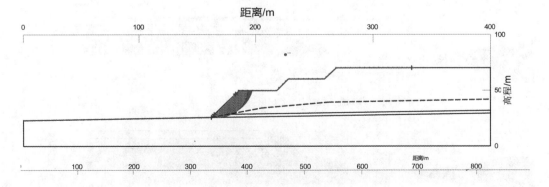

图 7.72　4800 内排土场边坡稳定系数 $F_s = 1.252$

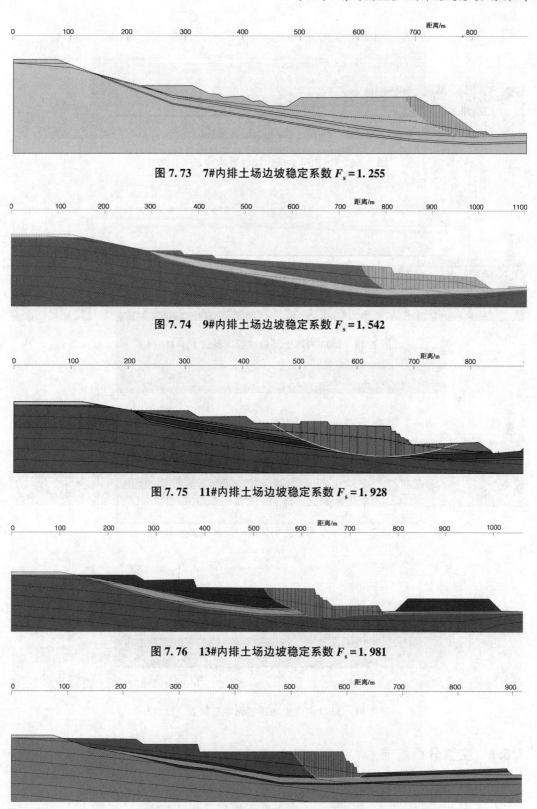

图 7.73　7#内排土场边坡稳定系数 $F_s = 1.255$

图 7.74　9#内排土场边坡稳定系数 $F_s = 1.542$

图 7.75　11#内排土场边坡稳定系数 $F_s = 1.928$

图 7.76　13#内排土场边坡稳定系数 $F_s = 1.981$

图 7.77　15#内排土场边坡稳定系数 $F_s = 1.800$

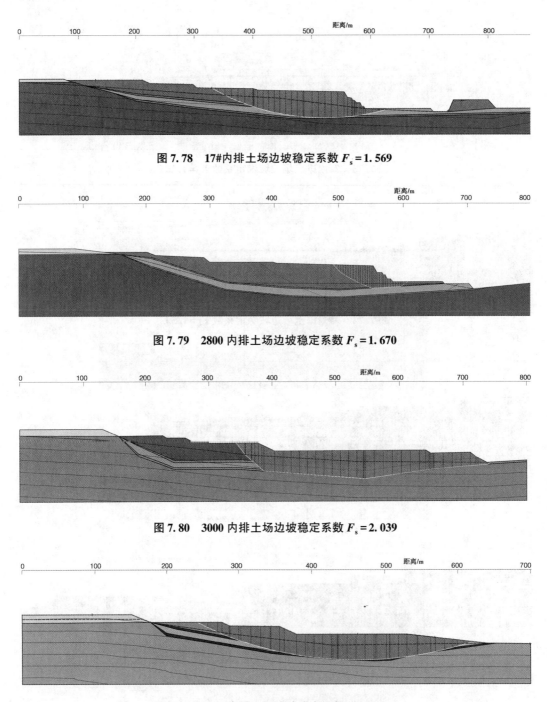

图 7.78　17#内排土场边坡稳定系数 $F_s = 1.569$

图 7.79　2800 内排土场边坡稳定系数 $F_s = 1.670$

图 7.80　3000 内排土场边坡稳定系数 $F_s = 2.039$

图 7.81　3200 内排土场边坡稳定系数 $F_s = 2.412$

7.5.6　主要分析结果

综上所述,得出主要结论如下:

①采用极限平衡稳定分析方法,对现状露天煤矿采场、内排土边坡稳定性进行分析与评价可行,符合规范要求。

②通过有限单元数值模拟,利用采场、内排土场边坡的滑坡模式和地下水水头分布,为极限平衡稳定性定量分析奠定了基础。

③现状露天煤矿采场临时工作帮、临近设计边坡稳定性处于稳定状态;现状露天煤矿内排土边坡稳定性处于稳定状态。

④现状露天煤矿采场临时工作帮边坡 7#~17#距离陇海铁路 55~175m,尚未接近露天煤矿设计境界 50m 划定或最终边坡,现状采场边坡安全储备系数较大。

⑤现状露天煤矿采场临近设计边坡 17#~21#或 2800~3200 距离陇海铁路 55m,临近露天煤矿设计境界 50m 划定或最终边坡,预内排压脚现状采场边坡安全储备系数满足规范要求;即使极端暴雨边坡饱水、无内排压脚环境,边坡稳定系数仍大于 1.000,但是处于欠稳定状态;可见,现状露天煤矿采场临近设计边坡 17#~21#或 2800~3200 可以保证地面公路、陇海铁路的稳定和安全。

⑥现状露天煤矿采场临近设计边坡 17#~21#或 2800~3200 的采矿和内排压脚实践,为现状露天煤矿采场临时工作帮边坡 7#~17#距离陇海铁路 55~175m 开采实施,临近露天煤矿设计境界 50m 划定或最终边坡积累了宝贵经验和奠定了可靠验证基础。

◆◆ 7.6　露天煤矿闭坑紧邻陇海铁路及边坡存在的问题

近年来,随着露采矿山暴露出来的环境问题日益突出,政府加强了对露采矿山的整治力度,严格执行国家地方政策,严格把关矿产资源开发利用方案的审批制度,规范矿山生产操作,对小型矿山企业进行整合,关闭资源利用率低、资源浪费严重的矿山企业,提高管理效率,达到提高矿政管理水平的目的。此外,在矿山闭坑、关停过程中,严格按照矿山环境恢复治理保证金收缴及使用管理暂行办法的有关要求,切实贯彻"在保护中开发,在开发中保护"的总原则,依照"谁破坏谁治理,谁投资谁受益"的政策,积极做好矿山环境保护与恢复治理工作。天新公司露采矿产资源开发利用现状为:露采矿山对景观、生态的破坏较严重;开采过程中粉尘、噪声对周边环境污染也很严重;矿石运输车辆严重超载,对道路产生破坏,沿途跑冒滴漏造成污染;以及矿产加工企业引起的矿业二次污染等问题;不规范的开采方式还出现了陡坡悬崖等地质灾害隐患,其状况也令人担忧。

7.6.1　废弃露采矿山特征

露采矿山不仅占用和破坏大量土地资源,而且采掘剥离过程中对生态景观蚕食相当严重。

废弃后的露采矿山,根据地质结构和外貌特征大致可分为如下几种:①由采矿剥离表土及开采的岩石碎块堆积形成的废石堆废弃地,结构松散、雨季泥水泛滥,坡面水土流失严重,大规模堆放易发生泥石流灾害。②凹陷式开采形成的废弃采坑,由于地下水的涌出和降雨的补给,这些废弃采坑大多都积水成潭。③采矿留下的深石壁,落差从几米到几十米不等,坡度 60°~80°,少数呈倒鹰嘴状,危岩耸立,极易发生滑坡、坍塌等地质灾害。④闭矿后遗留下的建筑废弃地、矿山辅助建筑物、临时道路交通等先占用而后废弃的土地。

7.6.2 闭坑后存在的问题

(1)对自然景观的破坏。采矿破坏原有的生态平衡系统,使青山绿水变成疮眼洼地,采矿形成陡峭的石壁,周围几乎寸草不生。一些露采矿山采用凹陷式开采,开采后形成巨大的深坑,严重破坏周围自然景观,与周围环境非常不协调。

(2)破坏土地资源。采矿不仅破坏周围的自然景观,还严重破坏土地资源,使土地不能得到充分利用。采矿剥离出大量的表土和碎石,因得不到利用往往都堆积如山,直接破坏和占用土地资源。

(3)对植被的破坏。矿石往往埋藏在表土层以下,开采需要先剥离表土层,这就造成对植被的毁灭性的破坏,并影响周围植被的生长,一些固体废弃物的堆放也严重破坏了植被的生长,植被的破坏极易造成水土流失。

(4)地质灾害隐患。一些矿山开采后遗留下高而陡的边坡,裸露的岩石经风化作用,边坡失稳,极易诱发滑坡、坍塌等地质灾害,在雨水季节也很容易引发泥石流。

义马矿区煤炭开采一直面临着“三下坡下”开采,“三下”即涧河水系、市政建筑、交通道路下的煤炭开采,“坡下”即露天煤矿边坡下井工的煤炭开采,“三下坡下”开采诱发了城区地面沉陷、边坡滑坡、地下水下降等一系列灾害,也引起了陇海铁路路基沉陷、机车脱轨等安全隐患,严重影响义马市城建规划与人民生活。

7.6.3 现状采场失稳模式分析

7.6.3.1 西端帮现状采场非工作帮边坡失稳模式与地下水水位分析

西端帮现状采场非工作帮边坡失稳模式为:受正断层影响,断层西侧滑动面为近似圆弧滑动面,东侧受煤层、煤矸互叠层中泥化弱层控制影响,呈现顺层滑动面,或近似圆弧滑动面剪切煤矸互叠层和内排土场,边坡失稳模式为复合式滑动面。

由于正断层断距几十米,隔水效果影响不明显,综合分析后不将其视为隔水层,地下水水位分析考虑各个岩层的赋存情况和渗透性能进行,得到了地下水水位分布规律。

西端帮现状边坡失稳模式与地下水水位数值模拟结果见图 7.82 至图 7.84。

7.6.3.2 南帮现状采场边坡失稳模式与地下水水位分析

南帮现状采场临时工作帮边坡失稳模式为:受煤层、煤矸互叠层中泥化弱层控制影响,上部滑动面为近似圆弧滑动面,下部滑动面为沿泥化弱层顺层滑动面,或近似圆弧滑动面剪切煤矸互叠层和内排土场,边坡失稳模式为复合式滑动面。受涧河水头影响,地下水水位分析考虑各个岩层的赋存情况和渗透性能进行,得到了地下水水位分布规律。

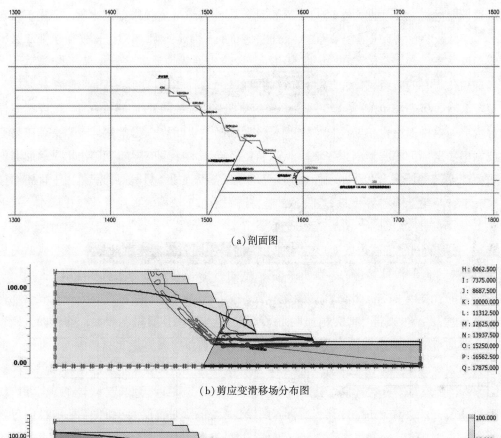

(a)剖面图

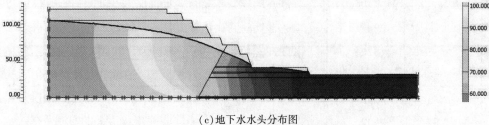

(b)剪应变滑移场分布图

(c)地下水水头分布图

图 7.82　4600 现状采场非工作帮边坡

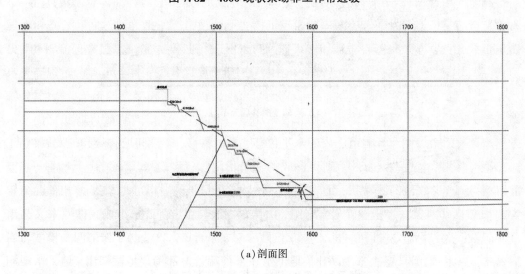

(a)剖面图

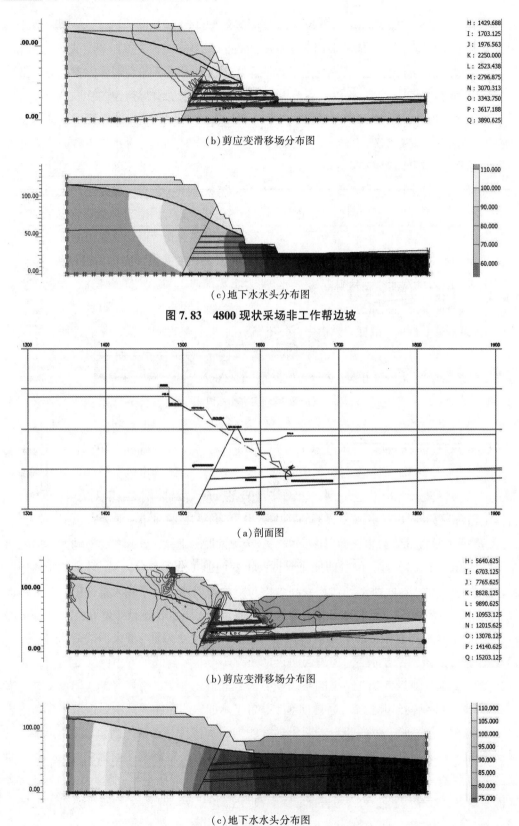

(b)剪应变滑移场分布图

(c)地下水水头分布图

图 7.83　4800 现状采场非工作帮边坡

(a)剖面图

(b)剪应变滑移场分布图

(c)地下水水头分布图

图 7.84　5000 现状采场非工作帮边坡

南帮现状边坡失稳模式与地下水水位数值模拟结果见图 7.85 至图 7.93。

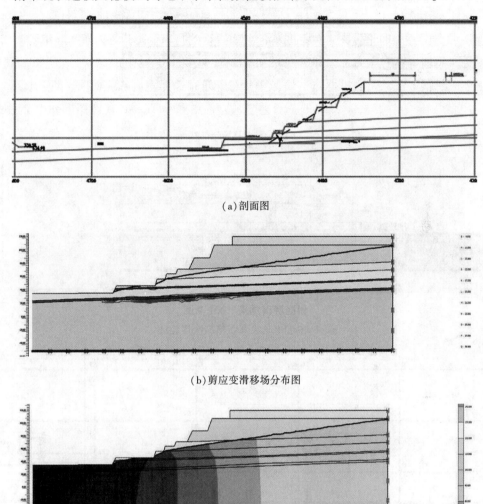

(a)剖面图

(b)剪应变滑移场分布图

(c)地下水水头分布图

图 7.85　7#现状采场非工作帮边坡

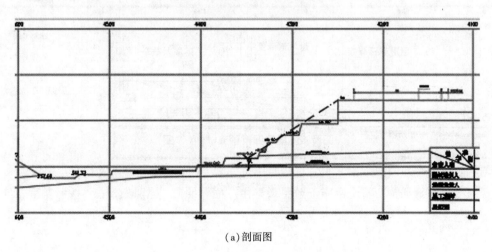

(a)剖面图

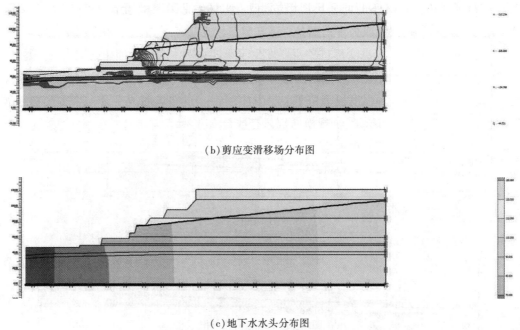

(b)剪应变滑移场分布图

(c)地下水水头分布图

图7.86　9#现状采场非工作帮边坡

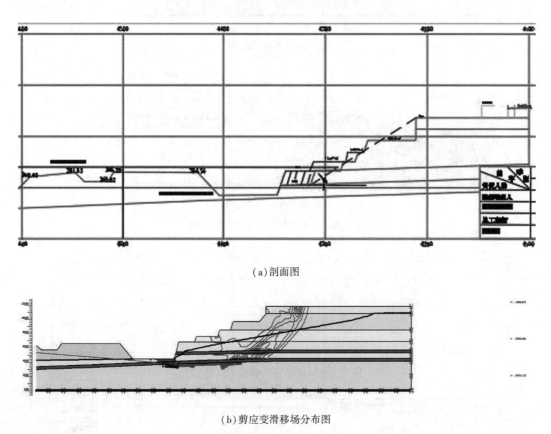

(a)剖面图

(b)剪应变滑移场分布图

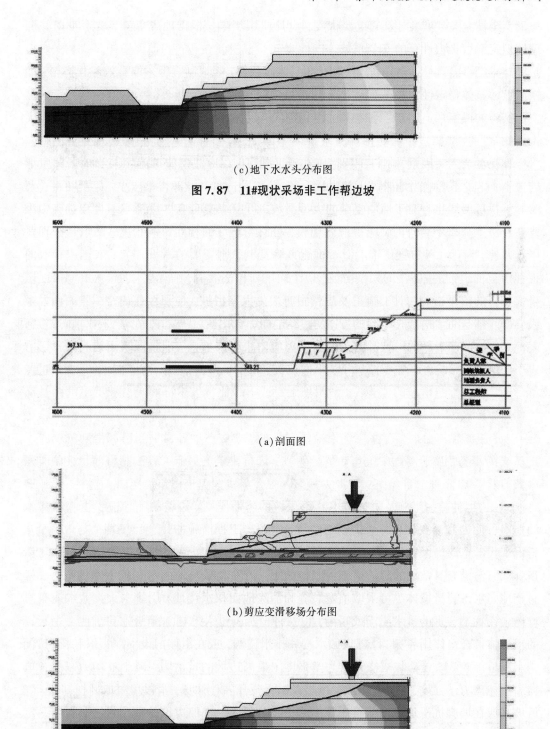

(c)地下水水头分布图

图 7.87　11#现状采场非工作帮边坡

(a)剖面图

(b)剪应变滑移场分布图

(c)地下水水头分布图

图 7.88　13#现状采场非工作帮边坡

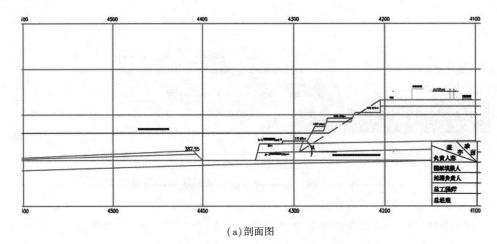

（a）剖面图

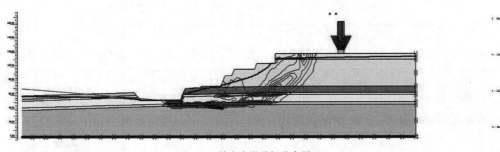

（b）剪应变滑移场分布图

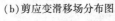

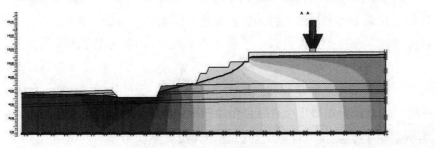

（c）地下水水头分布图

图 7.89　15#现状采场非工作帮边坡

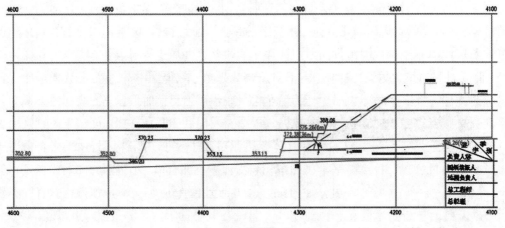

（a）剖面图

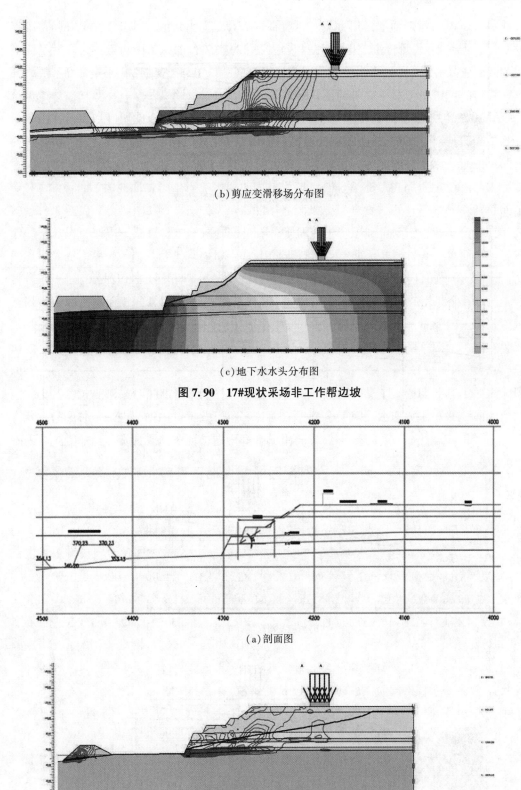

(b)剪应变滑移场分布图

(c)地下水水头分布图

图 7. 90 17#现状采场非工作帮边坡

(a)剖面图

(b)剪应变滑移场分布图

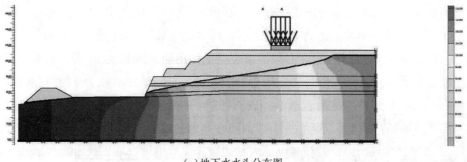

(c)地下水水头分布图

图 7.91　2800 现状采场非工作帮边坡

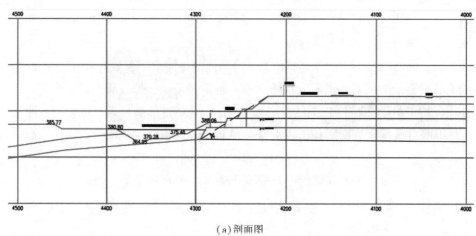

(a)剖面图

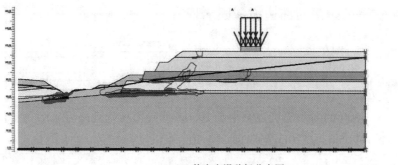

(b)剪应变滑移场分布图

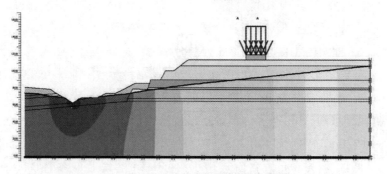

(c)地下水水头分布图

图 7.92　3000 现状采场非工作帮边坡

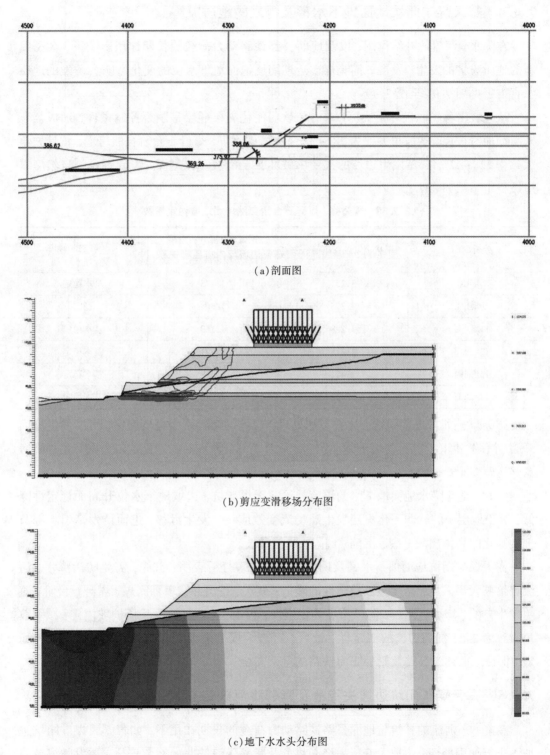

(a)剖面图

(b)剪应变滑移场分布图

(c)地下水水头分布图

图 7.93　3200 现状采场非工作帮边坡

7.6.4 露天煤矿闭坑地面地下水害及诱发的地质灾害

在降水、河流的补给作用，以及地面公路铁路动力荷载的长期作用影响下，会诱发新的地质灾害的发生、发展。露天煤矿近期闭坑地面地下水位的变化影响会诱发的地质水害灾害见图 7.94 至图 7.99：

从边坡滑移场和破坏模式可以看出，软弱泥化夹层顺层是主要控制条件，形成复合式滑动面滑坡，现状坡角大致为 28°～32°；如若裸露煤、煤矸石台阶自然垮塌，估计坡角大致为 32°～42°，必然发生边坡的大变形破坏甚至滑坡。裸露煤、煤矸石台阶自然垮塌边坡稳定系数如表 7.38 所列。

表 7.38　裸露煤、煤矸石台阶自然垮塌边坡稳定系数

分析剖面	现状垮塌边坡稳定系数	裸露煤、煤矸石台阶自然垮塌边坡稳定系数	稳定性影响程度
7#剖面	1.251	1.175	基本稳定
9#剖面	1.375	1.308	稳定
11#剖面	1.288	1.159	基本稳定
13#剖面	1.275	1.171	基本稳定
15#剖面	1.422	1.219	基本稳定
17#剖面	1.418	1.276	基本稳定

露天煤矿如若近期闭坑、边坡不加处理，裸露的煤台阶会自然垮塌，可能发生地面开裂、沉陷、塌陷，甚至滑坡等地质灾害，危及上部台阶和后缘地面建筑公路及紧邻陇海铁路运营安全。

同时，随着降水地面地下水的渗流补给露天煤矿坑，边坡地下水位升高而稳定性降低，沉积地层中的软弱泥化夹层发生蠕动流变效应——发生滑移，进而诱发牵引上部节理裂隙化的岩体出现开裂、沉陷、塌陷，甚至滑坡。

露天煤矿闭坑地面地下水害及诱发的地质灾害分析表明：首先，需要防治降水、河流补给露天煤矿坑，诱发边坡稳定性的降低；其次，挖出并覆盖裸露煤、煤矸石台阶，避免发生自然、垮塌，进一步降低边坡的稳定性；再次，对边坡进行反压护坡内排，减缓坡角大致为 24°，提高边坡的稳定性；最后，对露天煤矿边坡进行防护加固，确保永久稳定，保证地面建筑公路及紧邻陇海铁路的运营安全。

7.6.5 露天煤矿闭坑边坡失稳危及紧邻陇海铁路安全分析

在降水、河流的补给与地面公路铁路动力荷载的长期作用下，如若露天煤矿闭坑边坡不进行加固处理，边坡大变形失稳必将危及紧邻陇海铁路的运营安全，诱发陇海铁路路基沉陷、塌陷等新的地质灾害发生。露天煤矿近期闭坑诱发的新地质灾害安全隐患紧邻陇海铁路安全分析见图 7.100 至图 7.105。

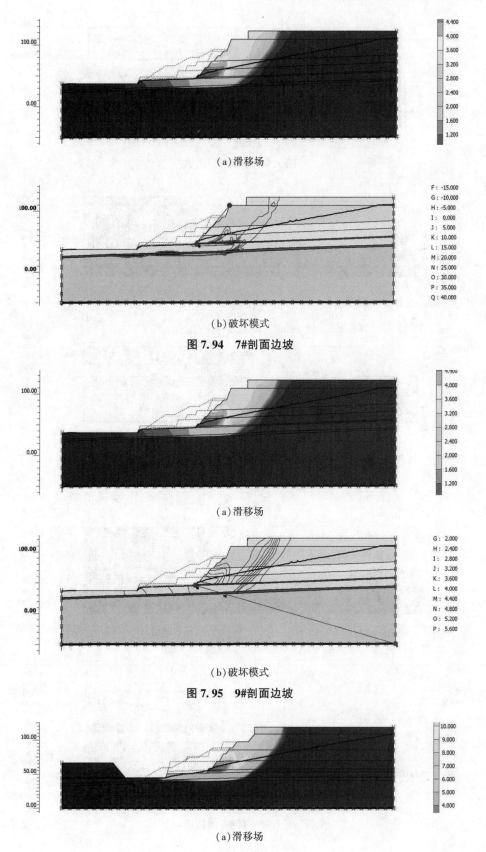

(a)滑移场

(b)破坏模式

图 7.94　7#剖面边坡

(a)滑移场

(b)破坏模式

图 7.95　9#剖面边坡

(a)滑移场

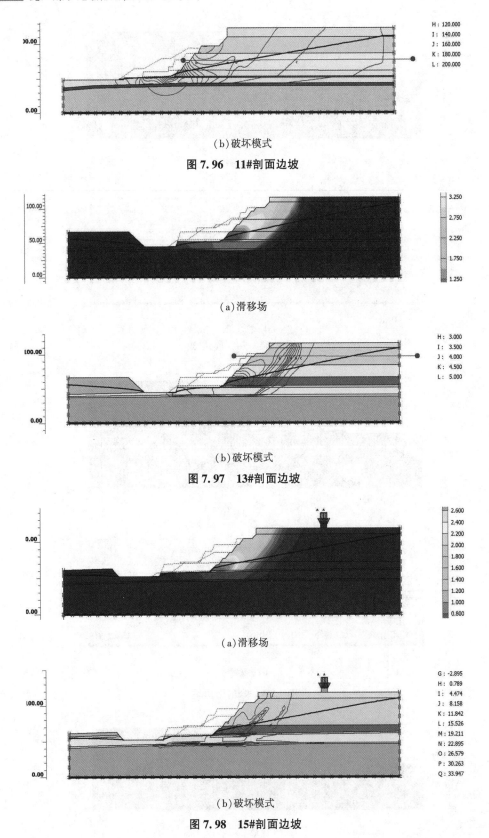

（b）破坏模式

图 7.96　11#剖面边坡

（a）滑移场

（b）破坏模式

图 7.97　13#剖面边坡

（a）滑移场

（b）破坏模式

图 7.98　15#剖面边坡

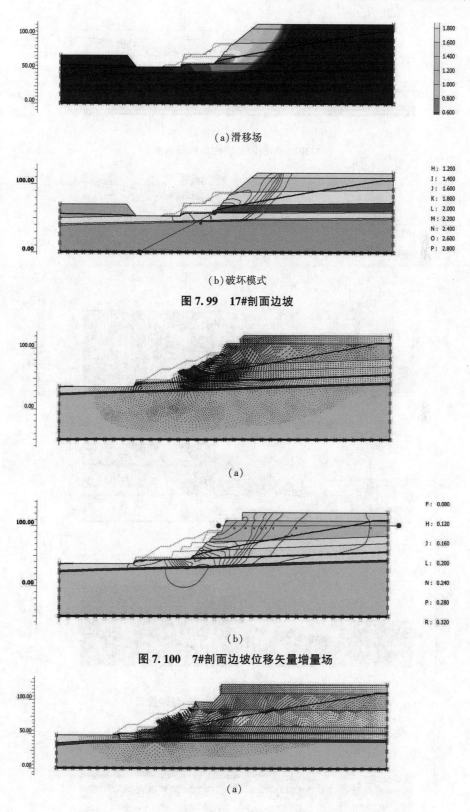

（a）滑移场

（b）破坏模式

图 7.99　17#剖面边坡

（a）

（b）

图 7.100　7#剖面边坡位移矢量增量场

（a）

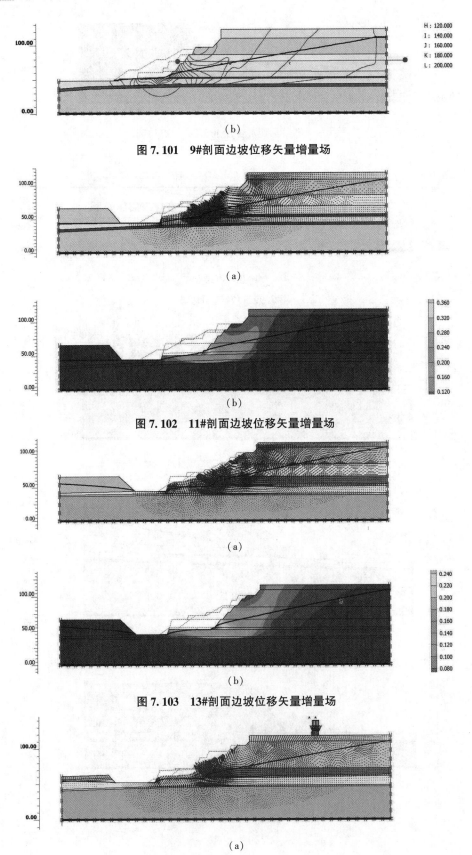

（b）

图 7.101　9#剖面边坡位移矢量增量场

（a）

（b）

图 7.102　11#剖面边坡位移矢量增量场

（a）

（b）

图 7.103　13#剖面边坡位移矢量增量场

（a）

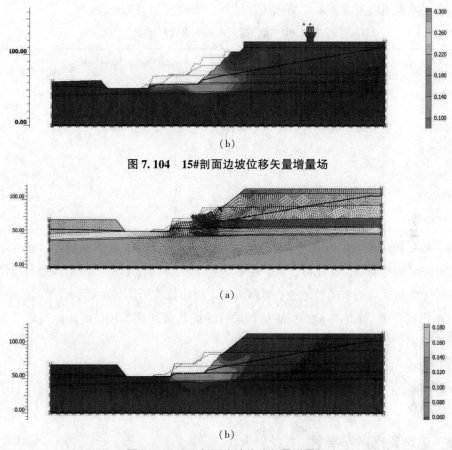

（b）

图 7.104　15#剖面边坡位移矢量增量场

（a）

（b）

图 7.105　17#剖面边坡位移矢量增量场

由边坡位移矢量增量场和地面沉降、水平增量曲线可以看出，软弱泥化夹层顺层是主要控制条件，形成复合式滑动滑移特征；如若裸露煤、煤矸石台阶自然垮塌，必然发生边坡的大变形破坏甚至滑坡。

如若裸露煤、煤矸石台阶自然垮塌，边坡下部滑动特征明显，上部地面紧邻坡肩30m 范围也将出现滑动特征，地面开裂、沉陷、塌陷，甚至发生滑坡等地质灾害。边坡最大滑动位移和地面变形情况如表7.39 所列。

表 7.39　边坡最大滑动位移和坡肩地面变形情况

分析剖面	边坡最大滑动位移/mm	紧邻坡肩 30m 地面变形/mm	安全性影响程度
7#剖面	360	120	基本安全
9#剖面	200	80	安全
11#剖面	520	180	欠安全
13#剖面	340	140	欠安全
15#剖面	360	140	欠安全
17#剖面	260	100	基本安全

如若裸露煤、煤矸石台阶自然垮塌，边坡下部滑动特征明显，地面紧邻范围也将出

现开裂、沉陷等地质灾害。紧邻露天煤矿地面变形情况如表7.40所列。

表 7.40 紧邻露天煤矿地面变形情况

分析剖面	紧邻坡肩 30~80m 地面变形/mm	安全性影响程度	紧邻坡肩 80~150m 地面变形/mm	安全性影响程度
7#剖面	80	欠安全	20~40	基本安全
9#剖面	40	基本安全	10~20	安全
11#剖面	100	不安全	40~60	欠安全
13#剖面	80	欠安全	20~40	基本安全
15#剖面	80	欠安全	20~40	基本安全
17#剖面	60	欠安全	20~40	基本安全

露天煤矿闭坑边坡失稳危及紧邻陇海铁路安全分析表明：为确保露天煤矿坑边坡稳定，挖出并覆盖裸露煤、煤矸石台阶，避免发生自然、垮塌，进一步对边坡进行反压护坡内排，减缓坡角提高边坡的稳定性；对露天煤矿坑边坡进行防护加固，确保永久稳定。

对将出现开裂、沉陷等地质灾害区域进行地面基础注浆加固，保证地面建筑公路及紧邻陇海铁路的运营安全。

◆ 7.7 露天煤矿闭坑边坡治理方案

7.7.1 边坡治理的必要性

近几年，矿山滑坡地质灾害在我国多地发生，使人民生命受到威胁、财产遭受损失，给国民经济造成负面影响。所以，滑坡地质灾害治理研究成为研究热点，开展露天煤矿闭坑紧邻陇海铁路安全和边坡治理方案研究十分必要。

滑坡地质灾害是一种岩土体位移而造成的灾害，岩土体位移的原因有自然因素，也有人为因素。一般滑坡地质灾害爆发与气象水文、地形地貌以及地质灾害有关。要把滑坡地质灾害所带来危害降至最低，就需要从滑坡地质灾害的治理入手。

7.7.1.1 造成滑坡地质灾害的原因

（1）自然因素。主要体现在地质构造和降雨量上。地质构造本身岩土体土质不稳是造成滑坡地质灾害的主要原因，而降雨是造成滑坡地质灾害最直接的原因。降雨使雨水渗透进岩土体，改变了其岩土质，增加了岩土层的重量，使岩土层变得松散容易位移，从而出现滑坡地质灾害。一些岩土层在降雨停止后经过阳光的暴晒，使得水分蒸发，岩土质干燥而开裂，甚至脱层，使岩土层在地心引力的影响下发生位移，滑坡地质灾害也随之出现。

（2）人为因素。主要体现在矿山工程造成的岩土层松散以及人为活动造成的岩土体脱层。具体表现在：①矿山工程对岩土地进行开发挖掘，使岩土层松散；②工程设计时考虑不周全，排水系统未健全；③岩土体剥落/滚石；④降水、地下水渗流和软弱泥化夹层蠕动变形使得岩土层松动，易移位；⑤交通荷载/地震动力响应的影响。

7.7.1.2　滑坡地质灾害的发生规律

滑坡地质灾害发生的时间有一定的规律可循，因为它与地震、温度、气候，以及人类活动有关，一般具有同时性。而有些滑坡现象发生在诱发因素作用后，比如：融雪、风以及暴雨等来袭后，通常不会立即发生滑坡现象，但是它们会使得岩土质疏松，为之后的滑坡地质灾害留下了隐患。岩土体剥落/滚石，降水、地下水渗流和软弱泥化夹层蠕动变形使得岩土层松动、易移位，交通荷载/地震动力响应的影响，以及坡脚处剥蚀滑坡现象并不会立马显现，只有在自然因素的影响下，其坡体下滑重力累积到一定的程度，才会导致滑坡地质灾害。

7.7.1.3　边坡地质灾害治理的必要性

(1)有利于提高边坡地质灾害治理的水平。一般而言，边坡具有十分特殊的性质，从而会导致一系列灾害的频发，基于边坡地质灾害频发的现状，必须要在治理技术上进行深入的研究。如果不进行处理就会引起整体性的地质灾害，带来的后果是非常严重的。因此，必须要高度重视边坡地质灾害的治理工作，要对边坡地质灾害治理技术进行全面系统的探析和研究。分析研究边坡治理技术是提高工程质量的重要因素，边坡地质灾害的治理应针对具体原因采取治理措施，这样能有效提高边坡地质灾害治理的水平。

(2)有利于形成边坡地质灾害治理预警机制。针对边坡地质灾害形成的特点和现状进一步分析发现，边坡地质灾害的发生缺乏有效的预警机制，这也是导致边坡地质灾害频发的主要原因。因此，在边坡地质灾害技术的研究过程中，提出了有效可行的边坡地质灾害治理技术，进而在一定程度上形成了边坡地质灾害预警机制，这将为边坡地质灾害治理带来极大便利，具有重要的建设性作用。与此同时，该预警机制的形成实现了对生命安全、财产安全的保障。

边坡地质灾害是在一定区域特点的基础上形成和发展的，在防护和治理上也具备区域性特点。可见，需要通过对边坡地质灾害的探讨和分析，明确边坡地质灾害治理的现状，分析和研究边坡地质灾害治理的技术，理解边坡地质灾害治理的必要性，并指出提高工程质量的重要性在于边坡治理技术。

7.7.1.4　天新公司闭坑后可能出现影响陇海铁路安全的地质灾害

(1)闭坑后边坡稳定存在的问题。天新公司闭坑后的露天煤矿坑边坡存在的问题：①由采矿剥离表土及开采的岩石碎块堆积形成的废石堆、废弃地，结构松散、雨季泥水泛滥，坡面水土流失严重，易发生泥石流灾害。②凹陷式开采形成的废弃采坑，由于地下水的涌出和降雨的补给，废弃采坑积水成潭。③采矿留下的深石壁，落差从几米到几十米不等，坡度60°~80°，少数呈倒鹰嘴状，危岩耸立，极易发生滑坡、坍塌等地质灾害。④闭矿后遗留下的建筑废弃地、矿山辅助建筑物、临时道路交通等先占用而后废弃土地。⑤开采后形成的大面积煤层露头面，长期暴露极易引起煤层自燃(2-1煤、2-3煤属于极易燃煤层，发火期最短 15d）。煤层自燃后极易造成岩体爆裂、垮落、滑塌、地表沉降、边坡失稳等地质灾害。⑥矿田内有大小断层、构造复杂，区内个别地方煤岩层风化破碎极易造成岩体垮落、滑塌、地表沉降、边坡失稳等地质灾害。⑦井工开采后形成的老窑老孔内有的已经风化、自燃，在已揭露的煤层断面上显现，多处煤层深部已自燃，极易造成岩体爆裂、垮落、滑塌、地表沉降、边坡失稳等地质环境灾害。⑧矿坑内端帮梯形台阶上存在许多风化、变形失稳的岩体，以及破碎、风化、失稳的煤体及着火煤，易造成坍塌、滑坡、污染等地质环境灾害。⑨由于受采动影响，在矿坑坡顶附近一定范围内可能会产生一些裂隙、裂缝、沉降、滑塌等地质环境灾害。⑩开采后遗留下高而陡的边坡，裸露的岩石经风化作用，边坡失稳，极易诱发滑坡、坍塌等地质灾害，在雨水、暴雪季节也很容易引发泥石流、滑坡等地质灾害。

（2）天新公司闭坑后边坡变形的几种可能性。闭坑后露天采坑边坡灾害可预见的边坡变形有以下几种可能性：矿山地质灾害；地形地貌景观破坏；土地资源占用；含水层破坏等。闭坑后可预见的边坡变形主要有滑坡、崩塌、泥石流、错落、流坍、冲刷、剥落、露头煤自燃、岩爆、塌陷、地裂缝及地面沉降等，其中滑坡、崩塌、泥石流、露头煤自燃、地面沉降是闭坑后的五大主要地质灾害。

（3）边坡失稳危及陇海铁路安全的可能性。2017 年 7 月 30 日东北大学编制的《义煤集团天新矿业有限责任公司露天煤矿边坡工程稳定性分析与评价报告》中对露天煤矿现状边坡进行了稳定性分析与评价，结合矿山以往滑坡治理情况，采用极限平衡稳定分析方法，通过有限单元数值模拟，揭示了采场、内排土场边坡的滑坡模式。现状露天煤矿采矿边坡稳定性处于稳定状态；现状露天煤矿内排土边坡稳定性处于稳定状态。

1999 年 10 月，中国矿业大学和义马煤业（集团）有限责任公司北露天煤矿共同完成的河南省煤矿技术难题招标项目《铁路、建筑物附近露天煤矿开采边界问题研究》报告，根据现场实际，在对地下水渗流规律、采矿开挖效应和软弱夹层流变特性研究的基础上，利用 FLAC 技术，深入分析研究了地面变形，划分了地面建筑物变形破坏的范围。其主要研究结论中将露天煤矿采场南部地面建筑物变形受损情况概括为：①距离最终开采境界 30m 以内为Ⅳ级变形破坏范围，建筑物需要大修，搬迁或拆迁。②距离最终开采境界 30m 至陇海铁路间为Ⅱ、Ⅲ级变形破坏范围，建筑物需要小修、中修或加固。③露天煤矿边坡稳定会受到边坡（帮）角大小，爆破振动与采运扰动，岩体的结构构造、风化程度、完整性、物理力学参数，大气降水和冻融循环等因素的影响；露天煤矿边坡安全预警预报应综合考虑边坡体及影响范围内的水平位移、竖向位移、裂缝和坡脚隆起的发展趋势。

矿坑西侧、南侧为露天采矿剥离形成的台阶形陡坎，落差从几米到几十米不等，坡度 60°～80°，少数呈倒鹰嘴状，危岩耸立，极易发生滑坡、坍塌等地质灾害。底层结构为：①岩体，为坚硬-半坚硬碎屑岩岩组，由侏罗系义马组、新近系组成。侏罗系义马组自下而上依次为砾岩、煤矸互叠层、煤层、砂岩层、泥岩层。②土体，为第四系松散岩岩组，下部为卵石、砾石，上部为黄土，地下水在采场端帮上部局部地段渗出，地下水浸润与其相接触的滑面使其不断向采场坍塌、滑动；采场端帮第四系局部为灰白、灰褐色薄层泥岩，具塑性，此层可成为下滑面。

南帮第四系崩滑，可见变形迹象主要发生于第四系黄土夹少量卵砾石构成的高度 10~15m、坡度 60°~75°的陡直边坡。土体干燥时呈硬塑状态，稳定性好，但纵向裂隙发育，遇水发生塑性变形，强度显著降低，易发生崩滑。自斜坡形成至今，持续发生滑落（如图 7.106 和图 7.107 所示），规模通常只有数百立方米。

图 7.106　采坑南帮崩滑

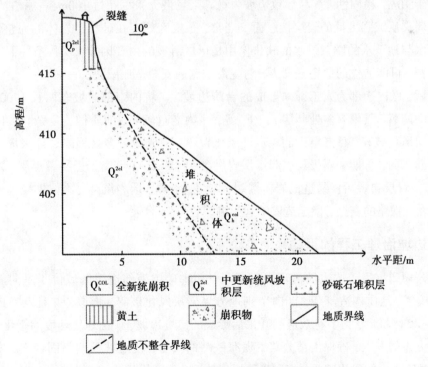

图 7.107　南帮第四系崩滑剖面图

泥岩层：分布于采场 23#线以西，薄层状层理发育，易风化成片状或小块，岩体强度较低，完整性差，易形成切层、顺层滑面。由于该层位于南帮上部，局部影响最终边坡的稳定性。新近系砾岩层不整合于中侏罗统之上，钙质或泥质胶结，裂隙发育。在采场西帮局部出露,可形成滑面。在调查老窑开采分布情况时,有资料可查的废井共 32 个,无资料可查的废井 58 个。这些小煤窑的乱采乱掘,给露天煤矿的安全生产和陇海铁路路基的安全带来了很大的危害。主要表现在:①影响露天采场各项工程的正常作业。当剥离采煤工作面接近采空区时,引起上部岩层、煤层的塌陷,危及作业人员、采掘设备及运输线路的安全。②采空区容易积水,采掘工作面接近时会造成突水事故。③小煤窑开采形成的采空区、爆破裂隙。冒落裂隙增大了煤层与空气的接触面,加速了煤层的氧化,引起煤层的自燃发火,形成火区,造成煤炭资源损失。影响附近生产作业人员及设备的安全。④小煤窑的乱采乱掘,使上部岩层塌落后混入煤层,使露天采煤工程复杂化,降低回采率,造成煤质下降和煤炭资源损失。⑤1984 年以来的小煤窑大部分集中在矿田南部,靠近陇海铁路,由于这些小煤窑的开采,造成这一地区采空区的增加,岩体的完整性遭到破坏,岩石裂隙发育,为地下水活动提供了通道,使发育在煤岩层中的软弱夹层长期遭受地下水、采空区积水的浸润而泥化,力学强度降低。因此,小煤窑采空区给露天开采及陇海铁路安全所带来的隐患较大。

闭坑后,不对矿坑边坡进行治理和管理,露头煤自燃,自燃煤层以及矿床围岩岩体结构以片状碎裂结构为主,软弱结构面、不良工程地质层发育,残坡积层、基岩风化破碎带厚度大于 10m,稳固性差,易导致边坡失稳。采场最大采深超过 100m,采掘工程切断或接近软弱夹层或强度低的岩层接触面。老窑、采空区的存在破坏了岩体的完整性,增强了地表水与地下水的联系。水的软化作用是形成滑坡的主要因素,现状条件下原生地质灾害发育,可能造成的危害程度大,对陇海铁路的安全造成威胁。

闭坑后,区内南部为人工开采形成的台阶边坡,矿坑内南部边坡东西长 1700m,位于主向斜的南翼,其内有多处断层 F_5、F_{16} 等,区内老空较多、地质构造复杂。区内个别地方煤岩层风化破碎,且老空中的煤炭已风化自燃,造成地表多处塌陷。开采形成的大面积煤层露头面,长期暴露极易引起煤层自燃(2-1 煤、2-3 煤属于极易燃煤层,发火期最短 15d)。煤层自燃后极易造成岩体爆裂、垮落、滑塌、地表沉降、边坡失稳等地质灾害,并对陇海铁路的安全、稳定造成不利影响。

7.7.2 边坡治理工程的目的

天新公司闭坑后矿坑边坡治理工程的目的:①矿坑南部边坡区域位于主向斜的南翼,老空较多、地质构造复杂,区内个别地方煤岩层风化破碎、坍塌,并且老空内已风化、自燃。②闭坑后,为了有效遏制开采后形成的矿坑边坡、矿山地质环境的恶化,减少矿山地质灾害的发生,确保南帮公路、陇海铁路的安全,使边坡长期坚固稳定、安全可靠,必须对该区内的风化破碎、变形失稳煤岩体,以及风化、着火残煤进行彻底清理并及时进行回填、压实,使边坡达到长期稳定,确保陇海铁路安全。③回填达到标高:+380m。④由于开挖边坡较高,采取上部边帮刷坡防护、下部边帮内排压脚护坡防护,遵循"少开挖、重内排、强防护、绿色环保"的原则。

综上所述,随着社会进步及经济发展,越来越多矿山工程活动中涉及边坡工程问题,通过长期的工程实践，工程地质工作者已对边坡工程形成了比较完善的理论体系，并通过理论对人类工程活动进行有效的指导。近年来，随着人们环境保护意识的增强及国际减轻自然灾害活动的开展，人类已认识到：边坡诞生不仅仅是其本身的历史发展，而是与人类活动密切相关；人类在进行生产建设的同时，必须顾及边坡的环境效应，并且把人类的发展置于环境之中，因而相继发展了工程活动与地质环境相互作用研究领域，在这些领域中，边坡作为地质工程的分支之一，一直是人们研究的重点课题之一。边坡一般是指具有倾斜坡面的土体或岩体。边坡处治，首先要进行稳定性分析，然后根据稳定性分析的结果，决定是否要对其进行加固处理。边坡稳定分析的方法很多，目前在工程中广为应用的是传统的极限平衡理论。近几年，基于不同的力学模型而建立起来的各种数值分析计算方法也越来越受到工程界的重视。由于坡表面倾斜，在坡体本身重力及其他外力作用下，整个坡体有从高处向低处滑动的趋势，同时，由于坡体岩土自身具有一定的强度和人为的工程措施，它会产生阻止坡体下滑的抵抗力。一般来说，如果边坡岩土体内部某一个面上的滑动力超过了岩土体抵抗滑动的能力，边坡将产生滑动，即失去稳定；如果滑动力小于抵抗力，则认为边坡是稳定的。影响边坡稳定性的因素主要有内在因素和外部因素两方面，内在因素包括组成边坡的地貌特征、岩土体的性质、地质构造、岩土体结构、岩体初始应力等。外部因素包括水的作用、地震、岩体风化程度、工程荷载条件及人为因素。

可见，内在因素对边坡的稳定性起控制作用，外部因素起诱发破坏作用。

(1) 边坡稳定分析与评价。随着人类工程活动向更深层次发展，在经济建设过程中，遇到了大量的边坡工程，且规模越来越大，其重要程度也越来越高，有时会影响人类工程活动；并且人们更注重由于边坡失稳造成的地质灾害，故边坡稳定性研究一直是重中之重。边坡稳定性分析与评价的目的，一是对与工程有关的天然边坡稳定性作出定性和定量评价；二是要为合理地设计人工边坡和边坡变形破坏的防治措施提供依据。边坡的稳定是一个比较复杂的问题，影响边坡稳定性的因素较多，简单归纳起来有：边坡体自身的物理力学性质、边坡的形状和尺寸、边坡的工作条件、边坡的加固措施等。边坡稳定分析的方法比较多，但总的说来可分为两大类，即定性分析法和定量分析法，定性分析方法中的代表是工程地质类比法，而定量分析方法中的代表是以极限平衡理论为基础的条分法和以弹塑性理论为基础的数值计算方法。条分法以极限平衡理论为基础，由瑞典人彼得森在1916年提出，20世纪30—40年代经过费伦纽斯和泰勒等人的不断改进，直至1954年简布提出了普遍条分法的基本原理，1955年毕肖普明确了土坡稳定安全系数，使该方法在目前的工程界成为普遍采用的方法。

(2) 边坡病害的防治。边坡病害防治采取以防为主，辅以治理的原则，在线路选定前要做到准确勘查所经路线的岩土性质及其他相关的工程地质问题，不仅为后面的设计施工提供准确详尽的第一手资料，而且避免出现较大的安全事故。

边坡病害的防治原则：坚持以工程地质条件为依据，重视滑坡定性评价，辅以定量评价。定量评价一定要满足定性评价。

安全性，根据防治对象的重要程度，设计使用年限。根据地震条件、地下水条件合理地拟定滑坡推力计算的安全系数。

技术经济合理性，充分利用一切地形、地质条件，因地制宜地采取有效工程措施，加强滑坡的整体稳定性，做到工程措施、技术、经济合理性。

实施的可能性，充分考虑施工过程和顺序，以保证滑体逐步趋于稳定，并确保施工人员安全。

重视社会人文因素，制订工程措施和施工顺序时，应注意协调施工与当地居民生活的关系，尽量不影响当地居民正常生活。

重视环保绿化。对于性质复杂的大型滑坡，可以绕避时应尽量绕避。当绕避有困难或在经济上显著不合理时，应视滑坡规模、公路与滑坡的相互影响程度、防治与治理费用等条件，设计几种方案比选。对于可能突然发生急剧变形的滑坡，应采取迅速有效的工程措施；对于滑坡缓慢的大型滑坡，应全面规划和整治，仔细观察每期工程的效果，以采取相应的治理措施；对于施工及运营中产生的大型滑坡，应慎重作出绕避、治理方案或局部改移与防治措施相结合的方案等，经全面综合比较后决定取舍，应采取预防措施，避免其复活或产生新的滑坡。对于性质简单的中小型滑坡，一般情况下可进行整治，路线不必绕避。但应注意调整路线平、纵面位置，以求整治简单、工程量小、施工方便、经济合理。路线通过滑坡的位置，一般滑坡上缘或下缘比滑坡中部好。滑坡下缘的路基易设成路堤形式，以减轻滑体自重；对于窄长而陡峭的滑坡，可用旱桥通过。整治滑坡之前，一般应先做好临时排水系统，以减缓滑坡的发展，然后针对引起滑坡滑动的主要因素，采取相应的措施。滑坡整治工程宜在旱季进行，并注意施工方法和程序，避免引起滑坡的发展。

（3）边坡的防治措施及防护技术。①边坡的防治原则：边坡的治理应根据工程措施的技术可能性和必要性、工程措施的经济合理性、工程措施的社会环境特征与效应，并考虑工程的重要性及社会效应来制定具体的整治方案。防治原则应以防为主，及时治理。②防治措施。常用的防治措施可归纳如下：消除和减轻地面水和地下水的危害，如防止地面水入浸滑坡体。可采取填塞裂缝和消除地面积水洼地、用排水天沟截水或在滑坡体上设置不透水的排水明沟或暗沟，以及种植蒸腾量大的树木等措施。对地下水丰富的滑坡体可在滑体周界 5m 以外设截水沟和排水隧洞，或在滑体内设支撑盲沟和排水孔、排水廊道等。③改变边坡岩土体的力学强度。提高边坡的抗滑力、减小滑动力以改善边坡岩土体的力学强度，常用措施有：削坡及减重反压：对滑坡主滑段可采取开挖卸荷、降低坡高或在坡脚抗滑地段加荷反压等措施，这样有利于增加边坡的稳定性，但削坡一定要注意有利于降低边坡有效高度并保护抗力体。边坡加固：边坡加固的方法主要有修建支挡建筑物（如抗滑片石垛、抗滑桩、抗滑挡墙等）、护面、锚固及灌浆处理等。支护结构由于对山体的破坏较小，而且能有效地改善滑体的力学平衡条件，故为目前来加固滑坡的有效措施之一。

（4）边坡工程防护技术。①浆砌片石护坡。一般适用于易受水侵蚀的土质边坡、严重剥落的软质岩石边坡、强风化或较破碎岩石边坡、残坡积较厚而松散的边坡。抹面和捶面是我国公路建设中常用的防护方法，材料均可就地采集，造价低廉，但强度不高，耐久性差，手工作业，费时费工，在一般等级公路上使用问题尚不显著，若在高速公路特别是边坡较高时就有一定的局限性。干砌片石或浆砌片石防护在不适于植物防护或者有大量开山石料可以利用的地段最为适合。砌石防护的优越性是显而易见的，它坚固耐用、材料易得、施工工艺简单、防护效果好，因而在高速公路的边坡防护中得到广泛的应用。②锚杆加固防护。对于失稳边坡和可能失稳边坡，须采用边坡加固技术来保证边坡的稳定性，然后再考虑坡面防护工程。边坡加固技术包括锚杆防护、抗滑桩防护和挡土墙防护等。坡面为碎裂结构的硬岩、层状结构的不连续地层、坡面岩石与基岩分离有可能下滑的挖方边坡适用于锚杆防护。这种防护还特别适用于岩层倾角接近边坡坡角和有裂隙的厚层岩石。另外，在一些土质边坡中常用的土钉墙，原理上与锚杆及抗滑桩相同，通过打入土钉，增加边坡土体的整体抗滑力，达到提高边坡稳定系数的目的。③支挡工程。抗滑挡土墙是整治滑坡常用的有效措施之一。抗滑挡土墙一般设置在滑坡前缘，挡土墙基础必须深埋于滑动面（带）以下的稳定地层中，以免随滑体被推走。抗滑挡土墙采用重力式，利用墙身重量来抗衡滑体，优点是取材容易、机械化要求不高、施工方便、见效快。

上述边坡变形破坏的防治措施，应根据边坡变形破坏的类型、程度及其主要影响因素等，有针对性地选择使用。实践证明，多种方法联合使用，处理效果更好。如常用的锚固与支挡联合，喷混凝土护面与锚固联合使用等。

7.7.3 露天煤矿闭坑南帮西部边坡加固治理方案

（1）南部边坡治理。南帮边坡经线 1600~3600 之间、地面标高+430m~+410m、坑底标高+331m~+370m。治理措施：+380m 水平上部边帮刷坡防护与加固，+380m 下部边帮内排压脚与护坡防护。

南帮边坡 1600~3600 剖面距离坑边不小于 10.0m 修建沿帮景观路与绿化。①3.5m+3.75m+0.5m+3.75m+3.5m = 15.0m 宽双向 2 车道（非机动车道）；②水泥混凝土路面 25cm+基层 35cm+底基层 20cm+垫层 15cm；③北侧设置防护栏和截水沟；④植树植草+景观雕塑；⑤休闲廊庭+特色公园；⑥矿山博物馆。

各级边坡支护设计：①一级边坡段设锚杆框架，水平中心间距为 3.0m，锚杆长度为8m，边坡坡率为 1：1.5，框架内 TBS 植草，3m 碎落台水泥护面，坡面每 25m 布置台阶式排水沟，3m 碎落台布置矩形排水沟。②二级边坡段设锚杆框架，水平中心间距为3.0m，锚杆长度为 10m，边坡坡率为 1：1.25，框架内 TBS 植草，3m 碎落台水泥护面，坡面每 30m 布置台阶式排水沟，3m 碎落台布置矩形排水沟。③三~五级边坡段设锚杆框架，水平中心间距为 3.0m，锚杆长度为 12m，边坡坡率为 1：1.0，框架内 TBS 植草，3m 碎落台水泥护面，坡面每 30m 布置台阶式排水沟，3m 碎落台上布置矩形排水沟。④锚杆框架横竖向中心间距为：0.5m+3×3.0m+0.5m = 10.0m。锚杆采用 φ28mm 钢筋制作，等级 HRB335，倾角为 20°，设计拉力为 60kN；锚杆框架梁截面：宽×高 = 0.3m×0.3m。

南帮边坡经线 1600~3600 之间、南帮边坡 1600~3600 剖面、内排标高+380m、坑底标高+320m~+370m，+380m 下部边帮内排压脚护坡防护。分为一~三级边坡，每级边坡高为 15.0m，坡率为 1:1.75，分级平台宽为 15.0m，坡面防护横竖向为 3m×3m 锚杆框架，框架倒角为 0.25m，框架内和分级平台码砌块石并护面；锚杆框架横竖向中心间距为：0.5m+6×3.0m+0.5m = 19.0m。锚杆采用 φ28mm 钢筋制作，等级 HRB335，锚杆长度为 10m，倾角为 20°，设计拉力为 60kN；锚杆框架梁截面：宽×高 = 0.3m×0.3m。

（2）疏干排水。疏干减压排水孔每级边坡设置，水平间距为 5.0m，仰角为 5°，孔深为 15m，钻孔孔径为 110mm。

（3）边坡治理施工。按照动态设计原则，针对边坡稳定情况，进行边坡表面刷坡→锚杆框架施工→坡面每 25m 台阶式水沟施工→3m 碎落台矩形水沟施工→3m 碎落台水泥护面→框架内 TBS 植草→+380m 下部边帮内排压脚→+380m 下部边帮护坡防护。同时，根据刷坡后的岩性变化，可经过设计人员现场校核，适当变更锚杆布置的范围和长度。

（4）露头煤、煤矸互叠层的处理裸露露头煤、煤矸石需要挖除与黄土覆盖。目前，边坡坡角在 24°~32°，下部边坡裸露露头煤、煤矸石，自然易燃，不但会产生污染，而且剥蚀高边坡坡脚，若近期闭坑、边坡不加处理，裸露的露头煤、煤矸石台阶会自然垮塌，可能发生地面开裂、沉陷、塌陷，甚至滑坡等地质灾害，危及上部台阶和后缘地面建筑公路及紧邻陇海铁路运营安全。可见，对裸露露头煤、煤矸石需要挖除并黄土覆盖处理。

（5）西端帮边坡治理。设计方案如图 7.108 至图 10.116 所示。①+385m（17#线）~+400m（7#线）（西端帮+400m（4600）~+400m（4800））内排压脚；②内排土场煤矸互叠层治理；③内排场基地为多层互层煤矸石，自然易燃，需要挖除回填；④特殊地段的治理；⑤对将出现开裂、沉陷等地质灾害区域进行地面基础注浆加固，保证地面建筑公路及紧邻陇海铁路的运营安全。

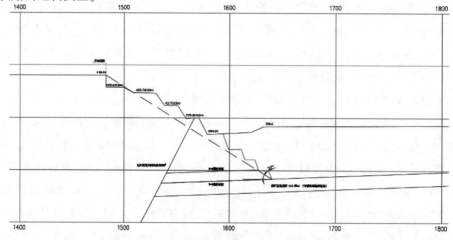

图 7.108　5000 断面西端帮边坡与内排压脚关系

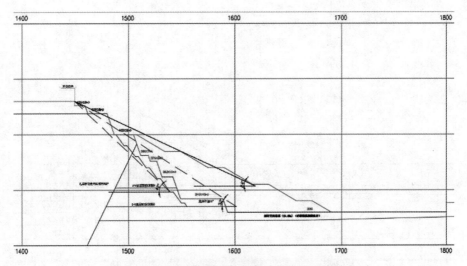

图 7.109 4800 断面西端帮边坡与内排压脚关系

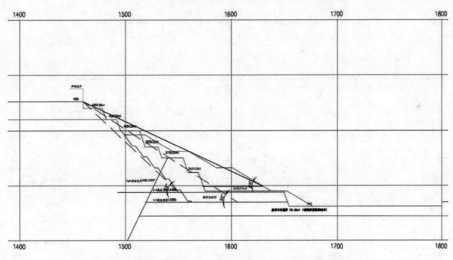

图 7.110 4800 断面西端帮边坡与内排压脚关系

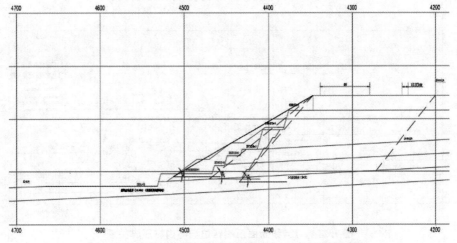

图 7.111 7#线断面西端帮边坡与内排压脚关系

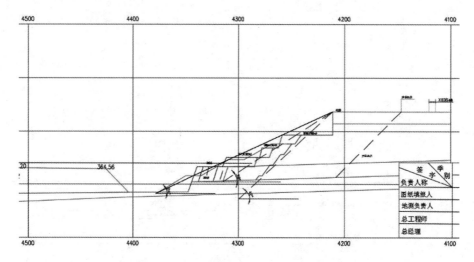

图 7.112　9#线断面西端帮边坡与内排压脚关系

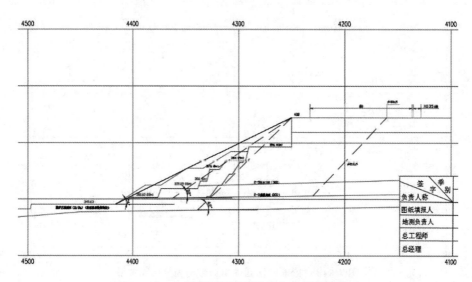

图 7.113　11#线断面西端帮边坡与内排压脚关系

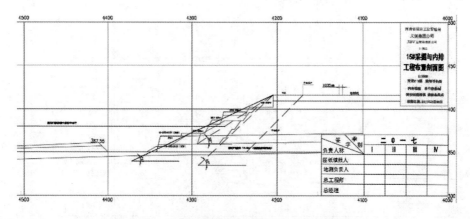

图 7.114　13#线断面西端帮边坡与内排压脚关系

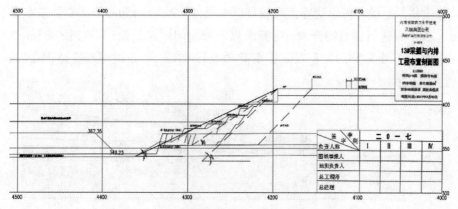

图 7.115　15#线断面西端帮边坡与内排压脚关系

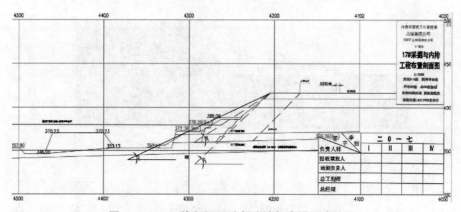

图 7.116　17#线断面西端帮边坡与内排压脚关系

7.7.4　露天煤矿闭坑边坡治理的措施分析

在降水、河流的补给与地面公路铁路动力荷载的长期作用下，露天煤矿闭坑边坡应进行加固处理，保证边坡稳定性及紧邻陇海铁路运营安全。露天煤矿近期闭坑经过治理分析见图 7.117 至图 7.134。

露天煤矿近期闭坑经过治理边坡稳定系数得到提高(见表 7.41)，确保边坡稳定性及紧邻陇海铁路运营安全。

表 7.41　露天煤矿近期闭坑经过治理边坡稳定系数

分析剖面	现状垮塌边坡稳定系数	裸露煤、煤矸石台阶自然垮塌边坡稳定系数	反压护坡内排压脚	稳定性影响程度
7#剖面	1.251	1.175	1.335	稳定
9#剖面	1.375	1.308	1.545	稳定
11#剖面	1.288	1.159	1.376	稳定
13#剖面	1.275	1.171	1.288	基本稳定
15#剖面	1.422	1.219	1.458	稳定
17#剖面	1.418	1.276	1.457	稳定

边坡位移矢量场和剪应变等值线场分析表明，坡肩 30~150m 地面变形基本安全，坡肩 30m 范围不易进行建筑物开发，待露天煤矿近期闭坑经过治理后建设 3.5m+3.75m+0.5m+3.75m+3.5m＝15.0m 宽双向 2 车道(非机动车道)，水泥混凝土路面 25cm+基层 35cm+底基层 20cm+垫层 15cm。

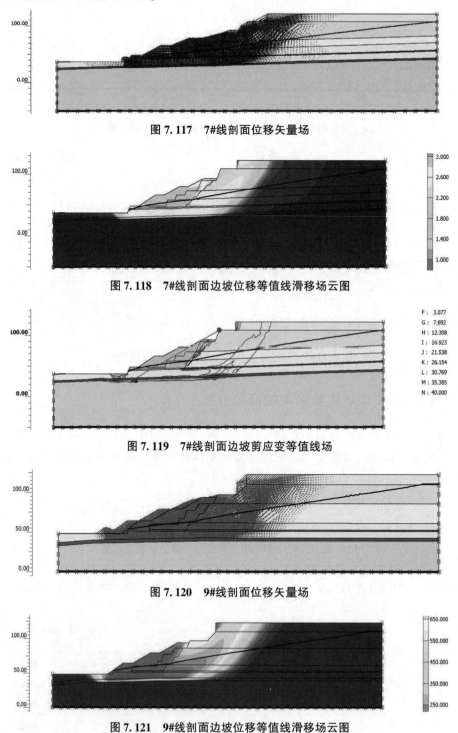

图 7.117　7#线剖面位移矢量场

图 7.118　7#线剖面边坡位移等值线滑移场云图

图 7.119　7#线剖面边坡剪应变等值线场

图 7.120　9#线剖面位移矢量场

图 7.121　9#线剖面边坡位移等值线滑移场云图

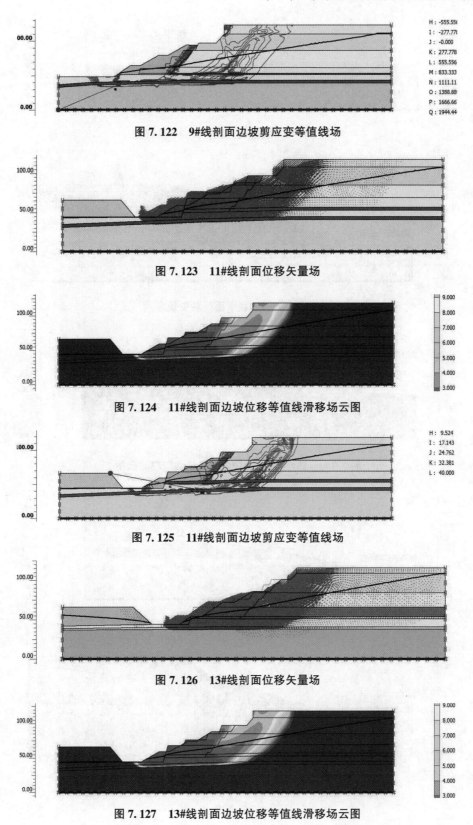

图 7.122　9#线剖面边坡剪应变等值线场

图 7.123　11#线剖面位移矢量场

图 7.124　11#线剖面边坡位移等值线滑移场云图

图 7.125　11#线剖面边坡剪应变等值线场

图 7.126　13#线剖面位移矢量场

图 7.127　13#线剖面边坡位移等值线滑移场云图

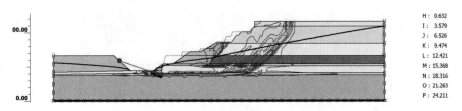

图 7.128　13#线剖面边坡剪应变等值线场

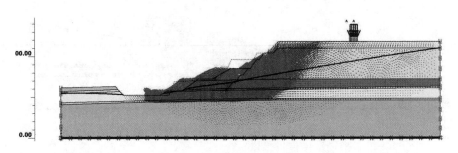

图 7.129　15#线剖面位移矢量场

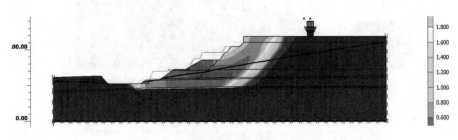

图 7.130　15#线剖面边坡位移等值线滑移场云图

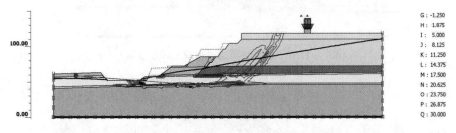

图 7.131　15#线剖面边坡剪应变等值线场

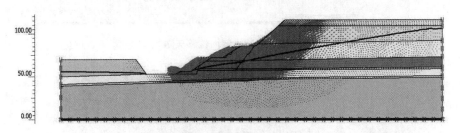

图 7.132　17#线剖面位移矢量场

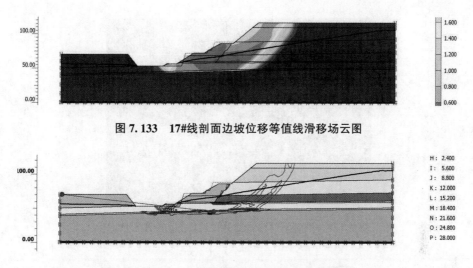

图 7.133 17#线剖面边坡位移等值线滑移场云图

图 7.134 17#线剖面边坡剪应变等值线场

7.7.5 露天煤矿闭坑边坡加固内排压脚滚石分析控制

露天煤矿岩土体边坡坍塌、落滚石情况如图 7.135 至图 7.137 所示。

图 7.135 南帮边坡底层煤、砂岩层坍塌、
落滚石情况

图 7.136 中区上部砂岩层分布及坍塌、
落滚石情况

随着露天煤矿闭坑，如若露天煤矿岩土体边坡不进行加固处理，高边坡坍塌、落滚石情况将不断发生、发展，甚至会危及人民生命财产安全。需要对边坡加固、内排压脚，防治滚石。

现状采场边坡滚石分析见西端帮 5000、4800 和 4600 剖面，以及 7#~17#线剖面。如图 7.138 至图 7.154 所示。现状采场边坡滚石分析表明，现状采场边坡坍塌、落滚石情况严重应高边坡的安全，需要对边坡采取固石防护措施。通过裸露岩石——弹性情况、半刚性防护+植被——弹塑性防护情况对比分析，采用半刚性防护+植被——弹塑性防护为好，进一步验证高边坡防护的重要性。

图 7.137　中区下部砂岩层分布及坍塌、落滚石情况

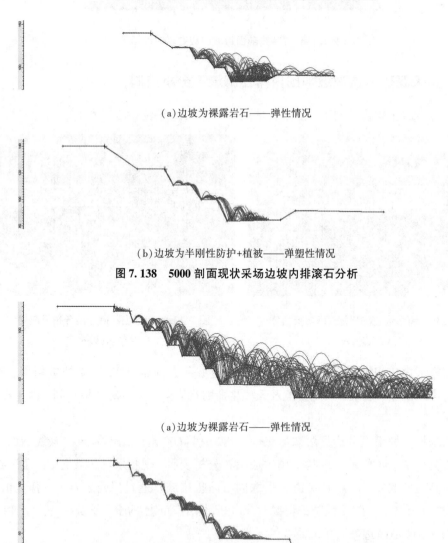

（a）边坡为裸露岩石——弹性情况

（b）边坡为半刚性防护+植被——弹塑性情况

图 7.138　5000 剖面现状采场边坡内排滚石分析

（a）边坡为裸露岩石——弹性情况

（b）边坡为半刚性防护+植被——弹塑性情况

图 7.139　4800 剖面现状采场边坡滚石分析

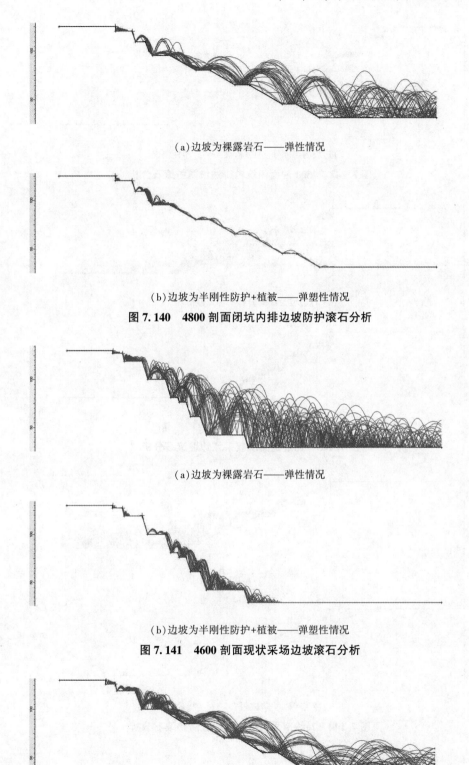

(a)边坡为裸露岩石——弹性情况

(b)边坡为半刚性防护+植被——弹塑性情况

图 7.140 4800 剖面闭坑内排边坡防护滚石分析

(a)边坡为裸露岩石——弹性情况

(b)边坡为半刚性防护+植被——弹塑性情况

图 7.141 4600 剖面现状采场边坡滚石分析

(a)边坡为裸露岩石——弹性情况

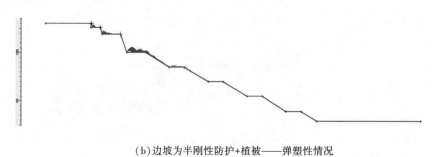

（b）边坡为半刚性防护+植被——弹塑性情况

图7.142 4600剖面闭坑内排边坡防护滚石分析

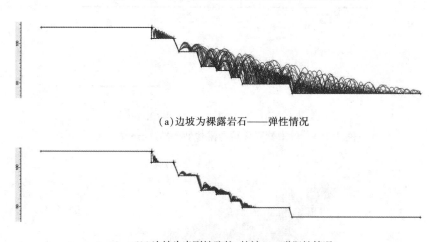

（a）边坡为裸露岩石——弹性情况

（b）边坡为半刚性防护+植被——弹塑性情况

图7.143 7#线剖面现状采场边坡滚石分析

（a）边坡为裸露岩石——弹性情况

（b）边坡为半刚性防护+植被——弹塑性情况

图7.144 7#线剖面闭坑内排边坡防护滚石分析

（a）边坡为裸露岩石——弹性情况

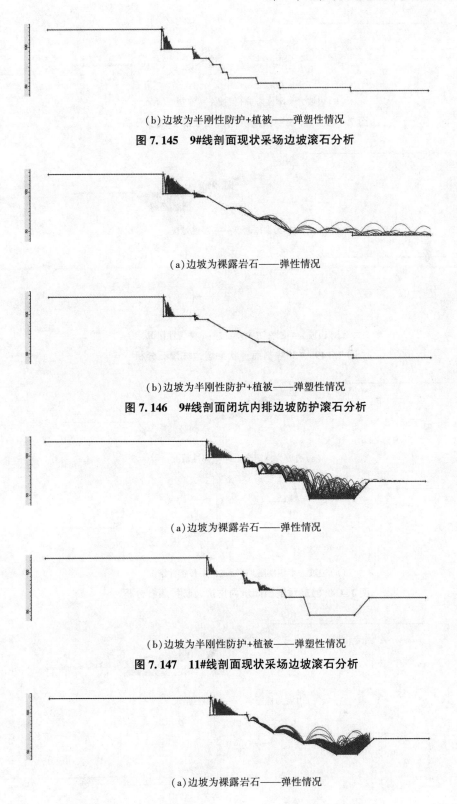

（b）边坡为半刚性防护+植被——弹塑性情况

图 7.145　9#线剖面现状采场边坡滚石分析

（a）边坡为裸露岩石——弹性情况

（b）边坡为半刚性防护+植被——弹塑性情况

图 7.146　9#线剖面闭坑内排边坡防护滚石分析

（a）边坡为裸露岩石——弹性情况

（b）边坡为半刚性防护+植被——弹塑性情况

图 7.147　11#线剖面现状采场边坡滚石分析

（a）边坡为裸露岩石——弹性情况

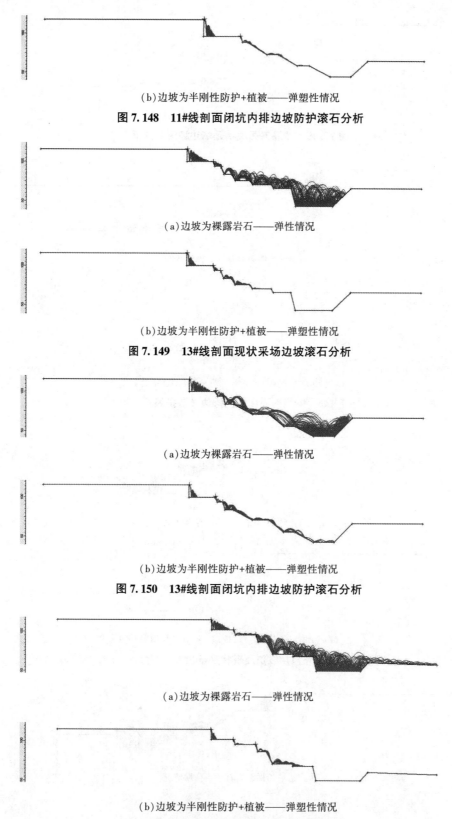

(b)边坡为半刚性防护+植被——弹塑性情况

图 7.148　11#线剖面闭坑内排边坡防护滚石分析

(a)边坡为裸露岩石——弹性情况

(b)边坡为半刚性防护+植被——弹塑性情况

图 7.149　13#线剖面现状采场边坡滚石分析

(a)边坡为裸露岩石——弹性情况

(b)边坡为半刚性防护+植被——弹塑性情况

图 7.150　13#线剖面闭坑内排边坡防护滚石分析

(a)边坡为裸露岩石——弹性情况

(b)边坡为半刚性防护+植被——弹塑性情况

图 7.151　15#线剖面现状采场边坡滚石分析

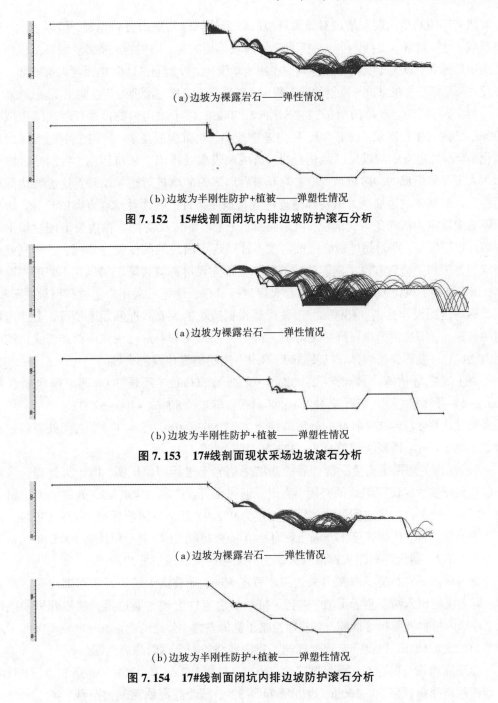

(a)边坡为裸露岩石——弹性情况

(b)边坡为半刚性防护+植被——弹塑性情况

图 7.152　15#线剖面闭坑内排边坡防护滚石分析

(a)边坡为裸露岩石——弹性情况

(b)边坡为半刚性防护+植被——弹塑性情况

图 7.153　17#线剖面现状采场边坡滚石分析

(a)边坡为裸露岩石——弹性情况

(b)边坡为半刚性防护+植被——弹塑性情况

图 7.154　17#线剖面闭坑内排边坡防护滚石分析

7.7.6　露天煤矿闭坑边坡治理工程量与原煤煤矸石清挖量

7.7.6.1　边坡治理工程台阶清理、加固

天新矿业公司矿山地质环境问题自 1960 年义马北露天煤矿建矿即形成，期间生产规模几经变更，2005 年北露天煤业公司政策性破产，实行股份制改造，天新矿业公司于 2007 年 3 月 16 日成立。开采历史中形成滑坡、地形地貌景观破坏、土地占用、含水层破

坏等诸多环境地质问题。通过对地质环境问题野外调查与室内分析论证，拟以监测、削坡减载、台阶清理、支挡、排水等工程防治滑坡地质灾害，以生物、喷播复绿等工程修复受损地形地貌，以覆土复耕工程释放被占用土地资源，以监测措施防止因含水层破坏造成突发性环境问题，在保护与恢复治理工程中，应采取边清挖边治理的综合防治工程措施。

（1）浮石清理。矿坑内南部边坡东西长 1700m，位于主向斜的南翼，西端帮边坡长600m，其内有多处断层 F_5、F_{16} 等，区内老空较多、地质构造复杂，区内个别地方煤岩层风化破碎，且老空中的煤炭已风化自燃，造成地表多处塌陷。矿坑四周，特别是区内南部为人工开采形成的台阶边坡，需要对开采后形成的矿坑进行边坡治理，使边坡达到长期稳定。根据矿坑边坡所处的特殊地理位置及地质条件，通过对治理方案的比选，边坡治理方案确定为横向条带式清挖，由东向西、先上后下依次清挖。在边坡治理过程中严禁破坏煤层底板，严禁超越最终边坡清挖。针对现场出现的其他特殊情况，必须制定出相应的办法和措施后方可实施。边坡治理工程首先要对边坡台阶上的风化、变形失稳岩体，以及破碎、风化、失稳的煤体及着火煤进行清理。清挖后采用岩土进行回填、压实。回填标高达到设计标高：+390m。边坡清理根据边坡的现有状况和塌陷情况，上部边帮刷坡防护、下部边帮内排压脚护坡防护。首先从 E23 线东 46m 处由东向西条带式清挖矿坑内的风化、变形失稳岩体，以及破碎、风化、失稳的煤体及着火煤。

岩土清挖量估算。17#半～23#之间：东西长 500m，（经线 3000 距 23#地质线西50m）；5#～17#半之间：东西长 1200m；西端帮：南北长 800m（4400～5200）。

通过估算：17#～23#东 46m 处需清挖量为 27.9036 万m³；5#～17#半之间处需清挖量为 295.896 万m³；需要清挖总量为：323.80 万m³。

（2）压脚处理回填岩量。清理后的边坡采用岩土进行回填压实，即压脚处理。采用分层机械压实，保证回填后的坚固、稳定。通过估算：17#～23#东 46m 处回填岩土量为52.57 万m³；5#～17#半之间处需回填岩土量为 952.91 万m³。回填标高+375～+390m，压脚底部宽度 50m，压脚长度 1700m、平均回填厚度 25m，压脚岩量预计为 1005.48 万m³。

7.7.6.2 露天煤矿闭坑露煤着火防治开采与内排反压护坡加固

紧邻陇海铁路的露天煤矿开采边界原暂定 50m，随着露天煤矿开采东部边界不断到界，露天煤矿出入沟发生了滑坡，进行了抗滑桩稳定性治理。通过露天煤矿开采程序优化、跟踪内排护坡压脚等措施，有效地控制了陇海铁路、公路的变形，一定程度缓解了地面建筑的变形破坏，以及一定程度规避了陇海铁路的安全运营隐患问题。

鉴于陇海铁路的存在，露天煤矿目前闭坑，南帮 1.7km 长、30～90m 高的边坡，其坡肩地面距离陇海铁路 50～200m，边坡角 24°～32°，随着陇海铁路动力荷载影响、涧河高水位渗流补给露天煤矿坑边坡、近水平顺层地层的覆存与软弱泥化夹层流变，其高边坡将出现长期蠕动变形破坏，露天煤矿闭坑南帮 1.7km 长边坡露煤着火，出现边坡失稳，严重威胁陇海铁路、原国道及地面建筑物的安全，需要缓期闭坑进行内排压脚和防护加固综合治理。

露天煤矿闭坑露煤着火防治强化开采方案设计与稳定分析表明，采矿边坡稳定系数大于 1.15，处于基本稳定状态；强化开采紧随内排反压护坡，可规避露煤着火，减缓采矿边坡最终坡度(为24°),提高采矿边坡稳定系数(大于1.3)。

对上部采矿20~40m高边坡和下部内排反压30~50m高护坡复合边坡分别进行永久防护,上部采矿20~40m高边坡采用框架锚杆/索边坡加固+框架内绿化植被防护,下部内排反压30~50m高护坡分采用框架锚杆/索边坡加固+框架内码砌块石防护,确保陇海铁路安全。

上部1.2km长采矿20~40m高边坡加固防护工程费用2500万元,下部1.7km长内排反压护坡增加土石量1005.48万m³,费用12669.05万元。

边坡坡肩30m外地面二灰注浆,预防地面开裂、沉陷,范围长1.2km×宽30~80m×深20~40m,二灰注浆工程量10万t,费用3500万元。

7.7.6.3　内排土场自燃煤矸互叠层处理

闭坑后应对内排场裸露着火的煤矸互叠层进行清挖,对清挖后裸露的煤矸互叠层露头首先进行喷浆封闭处理,然后进行压脚处理。经估算裸露煤矸互叠层可以清挖350万t次煤(平均单价:40元/t,毛收入14000万元)。

7.7.6.4　露头自燃煤清挖出的原煤量及封闭

闭坑后应首先进行裸露着火煤、煤矸互叠层的清挖,清挖后对煤层、煤矸互叠层露头进行喷浆或注浆封闭,然后进行反压护坡处理,保证边坡的长久稳定。通过估算避免裸露煤着火可以清挖采出36.60万t煤炭(单价:260元/t,毛收入9516万元)。

7.7.7　露天煤矿闭坑边坡治理与原煤煤矸石清挖费用估算

露天煤矿闭坑边坡治理与原煤煤矸石清挖费用估算汇总如表7.42所列。

表7.42　露天煤矿闭坑边坡治理与原煤煤矸石清挖费用估算汇总

工程名称	工程项目	清挖量/万t	生产成本单价/万元·t⁻¹	成本估算/万元	售价/元·t⁻¹	效益估算/万元
露天煤矿闭坑与边坡治理	边坡清理岩土量	323.80	12.60	4079.88		
	上部1.2km长采矿20~40m高边坡加固防护量			2500.00		
	中下部1.7km长内排反压30~50m高边坡加固防护量	1005.48	12.60	12669.05		
	边坡坡肩30m外地面二灰注浆工程量,长1.2km×宽30~80m×深20~40m			3500.00		
	小计			22748.93		
煤矸石清挖	裸露煤矸互叠层清挖采出量	350.00	10.00	3500.00	40.00	14000.00
露煤清挖	避免裸露煤着火清挖采出量	36.60	20.00	732.00	260.00	9516.00
	小计			4232.00		23516.00
	合计			26980.93		23516.00

◆◇ 7.8 露井联合采煤机分层采硐矸石膏体充填边坡稳定性分析

7.8.1 矿井水文地质类型与防治建议

依据《煤矿防治水规定》第二章第一节第十一条的规定：根据矿井受采掘破坏或者影响的含水层及水体、矿井及周边采空区积水分布状况、矿井涌水量或者突水量分布规律、矿井开采受水害影响程度以及防治水工作难易程度，矿井水文地质类型划分为简单、中等、复杂、极复杂等4种。具体划分依据详见表7.43。

表 7.43 矿井水文地质类型

分类依据		类 别			
		简单	中等	复杂	极复杂
受采掘破坏或影响的含水层及水体	含水层性质及补给条件单位涌水量	受采掘破坏或影响的孔隙、裂隙、岩溶含水层，补给条件差，补给来源少或极少	受采掘破坏或影响的孔隙、裂隙、岩溶含水层，补给条件一般，有一定的补给水源	受采掘破坏或影响的主要是岩溶含水层、厚层砂砾石含水层、老空水、地表水，其补给条件好，补给水源充沛	受采掘破坏或影响的是岩溶含水层、老空水、地表水，其补给条件很好，补给来源极其充沛，地表泄水条件差
	$q/(\text{L} \cdot \text{s}^{-1} \cdot \text{m}^{-1})$	$q \leq 0.1$	$0.1 < q \leq 1.0$	$1.0 < q \leq 5.0$	$q > 5.0$
矿井及周边老空水分布状况		无老空积水	存在少量老空积水，位置、范围、积水量清楚	存在少量老空积水，位置、范围、积水量不清楚	存在大量老空积水，位置、范围、积水量不清楚
矿井涌水量/$(\text{m}^{-3}/\text{h}^{-1})$	正常 Q_1、最大 Q_2	$Q_1 \leq 180$ WN 地区 $Q_1 \leq 90$ $Q_2 \leq 300$ WN 地区 $Q_2 \leq 210$	$180 < Q_1 \leq 600$ WN 地区 $90 < Q_1 \leq 180$ $300 < Q_2 \leq 1200$ WN 地区 $210 < Q_2 \leq 600$	$600 < Q_1 \leq 2100$ WN 地区 $180 < Q_1 \leq 1200$ $1200 < Q_2 \leq 3000$ WN 地区 $600 < Q_2 \leq 2100$	$Q_1 > 2100$ WN 地区 $Q_1 > 1200$ $Q_2 > 3000$ WN 地区 $Q_2 > 2100$
突水量 $Q_3/(\text{m}^3 \cdot \text{h}^{-1})$		无	$Q_3 \leq 600$	$600 < Q_3 \leq 1800$	$Q_3 > 1800$
开采受水害影响程度		采掘工程不受水害影响	矿井偶有突水，采掘工程受水害影响，但不威胁矿井安全	矿井时有突水，采掘工程、矿井安全受水害威胁	矿井突水频繁，采掘工程、矿井安全受水害严重威胁

表7.43(续)

分类依据	类别			
	简单	中等	复杂	极复杂
防治水工作难易程度	防治水工作简单	防治水工作简单或易于进行	防治水工程量较大,难度较高	防治水工程量大,难度高

7.8.2 矿井水文地质类型划分

《煤矿防治水规定》中的影响矿井水文地质类型的六项指标叙述如下。

7.8.2.1 受采掘破坏或影响的含水层及水体

(1)大气降水。大气降水是矿坑充水的主要来源。据统计,雨季降水量占矿坑总排水量的70%~90%,对该矿生产会造成影响较大。以往三年中无长时间的持续暴雨出现,水文地质条件简单。

(2)地表水。南涧河从井田南部通过,为季节性河流;井田北部边界外400~500m处有水库——苗园水库。在正常情况下对本矿生产影响甚微。以往三年中水文地质条件简单。

(3)老窑及周边矿井采空区积水。矿井自投产至今已有60余年的开采历史,小煤窑开采历史更长。区内的小窑现已基本疏干。近三年采掘活动未受到矿井内及周边采空区积水的影响。在未来的采掘活动接近积水前应做好探放水工作。

(4)地下水。①第四系松散岩类孔隙水:井田南部的南涧河河谷及附近分布有孔隙潜水,开采河谷附近的煤层时,在靠近南部采坑进行采掘活动时,孔隙水成为充水水源。由于开采区域距孔隙水源有一定距离,进入矿井的水量较小。水文地质条件简单。②新近系岩溶水:裂隙含水层单位涌水量0.4549L/s·m,其富水性中等,但由于新近系发育为透镜状,在采坑周边几乎被疏干,水文地质条件简单。③侏罗系裂隙水:侏罗系含水层单位涌水量一般小于0.1L/s·m;在采坑周边近于疏干,水文地质条件简单。

综上所述,近三年受采掘破坏或影响的含水层及水体的水文地质条件简单。

7.8.2.2 矿井及周边采空区积水分布状况

矿井内无积水区,区内的小窑现已基本疏干。区外前进一矿、千秋煤矿、豫兴煤矿采空区积水较少,且位置、范围、积水量清楚,水文地质条件中等。

7.8.2.3 矿井涌水量

未降水时矿井涌水量近于无水,降水时矿井涌水量60~200m³/h,水文地质条件简单。

7.8.2.4 突水量

自矿井投入生产以来,未发生矿井突水现象,水文地质条件简单。

7.8.2.5 开采受水害影响程度

（1）大气降水。大气降水为矿井的主要充水水源，受大气降水的不均匀性影响大。正常年份降水量不大，主要集中于每年的7—9月份，暴雨持续时间短，进入矿井的水量相对较小；但在极端气象条件下暴雨有可能持续时间较长，进入矿井的水量大。近三年无持续长时间的暴雨出现，矿井的采掘活动受大气降水的影响较小。

（2）地表水。苗园水库在正常情况下对该矿生产影响甚微。在极端天气条件下，洪水会进入矿坑，对该矿生产会造成极大影响。

（3）采空区积水。①千秋煤矿、豫兴煤矿、前进一矿：三个煤矿积水区与天新煤矿之间均留有煤柱，且积水区水面标高低于天新煤矿开采最低标高，其积水对天新煤矿的采掘活动基本无影响。②跃进煤矿：跃进煤矿与天新煤矿以陇海铁路为界，双方均留有铁路保护煤柱，故跃进煤矿的积水对天新煤矿开采并无影响。需要说明的是，采空区积水是动态的，天新煤矿应与周边矿井就积水情况经常沟通，预防周边采空区积水对采掘活动造成大的影响，同时在接近可能积水的地段时应加强探放水工作。

（4）地下水。①第四系孔隙水：含水层的单位涌水量 $1.876 \sim 6.71 L/s \cdot m$，主要分布于南涧河的河谷，但距采坑较远，采坑周边几乎不存在孔隙水，进入矿井的水量很小，水文地质条件简单；采掘活动不受孔隙水的水害影响。②新近系岩溶水：裂隙含水层单位涌水量 $0.4549 L/s \cdot m$，其富水性中等，但由于新近系发育为透镜状，在采坑周边几乎被疏干。采掘活动不受新近系的水害影响。③侏罗系裂隙水：侏罗系含水层单位涌水量一般小于 $0.1 L/s \cdot m$；在采坑周边近于疏干。采掘活动不受侏罗系裂隙水的水害。

综上所述，开采受水害影响程度中等。

7.8.2.6 防治水工作难易程度

（1）大气降水。大气降水进入矿井的水量较大，雨季加强排水工作即不易造成水害。因此，大气降水防治水工作难易程度简单。

（2）地表水。南涧河从井田南部通过，矿井周边地面标高比河床高，防治水工作简单。

（3）地下水。①第四系孔隙水：含水层的单位涌水量 $1.876 \sim 6.71 L/s \cdot m$，主要分布于南涧河的河谷，但距采坑较远，采坑周边几乎不存在孔隙水，进入矿井的水量很小，采掘活动不受孔隙水的水害影响，防治水工作简单。②新近系岩溶水：裂隙含水层单位涌水量 $0.4549 L/s \cdot m$，其富水性中等，但由于新近系发育为透镜状，在采坑周边几乎被疏干。采掘活动不受新近系的水害影响，防治水工作简单。③侏罗系裂隙水：侏罗系含水层单位涌水量一般小于 $0.1 L/s \cdot m$；在采坑周边近于疏干。采掘活动不受侏罗系裂隙水的水害影响，防治水工作简单。

（4）老窑采空区积水。只要加强并做好对采空区积水排放的工作，可获得良好的效果，因此防治水工作简单。

综上所述，防治水工作难易程度为简单。根据上面对影响矿水文地质条件指标的叙述，综合评定天新煤矿的水文地质类型为中等，如表 7.44 所示。

表 7.44 矿井水文地质类型评价表

分类依据	单位涌水量/(L·s⁻¹·m⁻¹)	矿井及周边采空区积水情况	矿井涌水量/(m³·h⁻¹)		突水量/Q_3/(m³·h⁻¹)	受水害影响程度	防治水工作难易程度
			正常 Q_1、最大 Q_2				
单项指标		存在少量老空积水，位置、范围、积水量清楚			无	采掘工程受水害影响，但不威胁矿井安全	防治水工作简单
单项指标评价	简单	中等	简单		简单	中等	简单
水文地质条件评价	中等						

7.8.3 对防治水工作的建议

虽然该矿的水文地质条件为中等，防治水工作简单，但也应加强防治工作，针对该矿存在的水文地质问题，对防治水工作提出如下建议：

①在雨季来临之前，保持排水设备处于良好的状态；在雨季应密切关注天气变化趋势，当暴雨来临之前应将人员及时撤出并加强排水工作。

②把小窑(包括老窑区)积水的防治作为防治水工作的一个方面，在接近采空区之前应制定切实可行的方案，并不折不扣地落实。采空区是否积水，与一定的时期相对应，离开具体的时期谈是否积水就失去了意义，因此，未来进行采掘活动，在接近采空区之前应切实做好水工作，真正做到防患于未然。

③注意收集气象资料。

7.8.4 南帮境界建筑物端帮压煤概况

7.8.4.1 端帮压煤可采储量计算

根据 2-3 煤层底板等高线及储量估算图及其所附煤层柱状钻孔图，使用克里金插值法绘制端帮膏体充填开采区域的煤层等厚线。在端帮膏体充填开采区域边界线上确定均匀布置双测点，共布置测点 2×74 个。测点间距 3m，膏体充填开采区域内均匀布置 46 个测点，其中包含已有的柱状钻孔点，测点分布如图 7.156 所示。

利用煤层等厚线分别对上述测点进行插值后，可建立端帮膏体充填开采区域煤层厚度分布情况的三维模型，其中边界外侧测点煤层厚度值设置为 0。根据煤层厚度分布情况，通过对其体积进行积分，确定煤炭体积约为 270 万 m³，煤的容重取 1.3kg/m³，天新公司南侧端帮压煤量总计约 351 万 t，扣除边界东南不可开采部分，端帮膏体充填开采压煤量约为 300 万 t。根据《煤炭工业矿井设计规范》规定，中厚煤层工作面采出率为 95%，预计最多回采煤炭约 285 万 t。

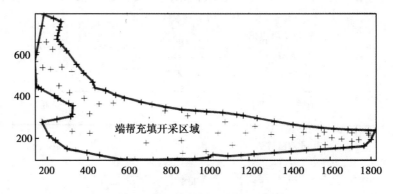

图 7.156　端帮压煤区域测点分布图

7.8.4.2　建(构)筑物概况与煤炭损失情况

经过实地勘察发现，地面建筑物主要有陇海铁路线、义马车站和井田边界的零星村庄建筑物等。截止到 2012 年底，陇海铁路线最近处距离井田边界约 50m，距离当前开采边界约 120m，同时零星的村庄建筑物位于围岩井田边界和陇海线之间，且房屋多为砖混结构，抗变形能力较差，为了保护陇海铁路线和零星的村庄建筑物，义煤集团天新矿业有限责任公司留设了大量保护煤柱，其中，最小处煤柱宽度为 70m，造成了矿井大量的煤炭资源损失，仅主采 2-3 煤层损失资源量约 351 万 t。

7.8.4.3　建(构)筑物分类与抗变形能力分析

根据调查，将开采可能影响的区内建筑物分为以下 2 种类型：

第一类：普通村民平房，这类建筑物一般片石基础、砖墙，房屋建设质量较差，而且年代久远，有的甚至陈旧不堪，或已经产生自然裂缝，抗变形能力较弱。

第二类：为框架结构二、三层的多层楼房。建筑物施工质量较好，但数量较少，为近年新建或在建，设有圈梁抗变形，具有一定抗变形能力。

7.8.4.4　建筑物保护等级

建筑物受开采影响的损坏程度取决于地表变形值的大小和建筑物本身抵抗采动变形的能力。国家煤炭工业局制定的《建筑物、水体、铁路及主要井巷煤柱留设与压煤开采规程》(煤炭工业出版社，2000)中对矿区建筑物保护等级划分的规定见表 7.45。

表 7.45　矿区建筑物保护等级划分

保护等级	主要建(构)筑物
I	国务院明令保护的文物和纪念性建筑；一等火车站，发电厂主厂房，在同一跨度内有两台重型桥式吊车，平炉，水泥厂回转窑，大型选煤厂主厂房等特别重要或特别敏感的，采动后可能导致发生重大生产、伤亡事故的建筑物；铸铁瓦斯管道干线，大、中型矿井主要通风机房，瓦斯抽放站，高速公路，机场跑道，高层住宅楼等

表7.45(续)

保护等级	主要建(构)筑物
II	高炉，焦化炉，220kV以上超高压输电线路杆塔，矿区总变电所，立交桥；钢筋混凝土结构的工业厂房，设有桥式吊车的工业厂房，铁路煤仓、总机修厂等较重要的大型工业建(构)筑物；办公楼，医院，剧院，学校，百货大楼，二等火车站，长度大于20m的二层工业楼房和三层以上多层住宅楼；输水管干线和铸铁瓦斯管道线和架空索道，电视塔及其转播塔，一级公路等
III	无吊车设备的砖木结构工业厂房、三、四等火车站，砖木、砖混结构平房或变形缝区段小于20m的两层楼房，村庄砖瓦民房；高压输电线路杆塔，钢瓦斯管道等
IV	农村木结构房屋，简易仓库等

根据《建筑物、水体、铁路及主要井巷煤柱留设与压煤开采规程》中建筑物保护等级划分的要求，730采区内的地面建筑物分别属于3个保护等级：①I级保护等级，主要指10层及10层以上的高层住宅楼；②II级保护等级，主要包括办公楼、学校、医院，长度大于20m的两层楼房和三层以上多层住宅楼；③III级保护等级，主要包括一般砖木、砖混结构平房或变形缝区段小于20m的二、三层楼房以及普通村庄砖瓦民房。

7.8.4.5　建筑物变形设防指标与评价

《建筑物、水体、铁路及主要井巷煤柱留设与压煤开采规程》在我国煤矿大量现场实测数据的基础上总结出了砖混结构建筑物破坏程度与地表变形值的关系，为矿区建(构)筑物抗变形能力分析提供了有效的参照。建筑物结构不同，相同变形条件下建筑物损害程度不同，即使相同结构建筑物，建筑材料和建筑质量不同，相同变形条件下建筑物损害程度也不相同。井田南翼边界附近各类建(构)筑物中，建筑物抗变形能力差异比较大，重点就抗变形能力最差的村庄普通建筑物抗变形能力进行分析，为确定建筑物保护设防指标提供依据。村庄房屋受开采影响的损坏程度取决于地表变形值的大小和建筑物本身抵抗采动变形的能力。根据《建筑物、水体、铁路及主要井巷煤柱留设与压煤开采规程》规定，我国一般砖混结构建筑物的临界变形值等级划分如表7.46所示。需要指出的是，在实际的村庄及建筑物下采煤工作中，往往在同样的变形值作用下，有些村庄及建筑物的损坏程度要大于《建筑物、水体、铁路及主要井巷煤柱留设与压煤开采规程》的损坏等级，这是由于某些农村房屋质量普遍较低，抗变形能力较弱的缘故。建筑物开采损害实测资料分析表明，对于农村普通砖石房屋，水平变形往往是主要因素，当地表水平变形值小于1.2mm/m时，房屋不会产生裂缝，该值可以作为农村房屋开裂临界变形值，实际上该值仅为表7.46中砖混结构房屋I级损害变形上限值的60%~70%。而当水平变形达到表7.46砖混结构房屋I级损害变形上限时(即水平变形$\varepsilon = 2mm/m$)，部分农村砖石房屋将产生大于4mm的裂缝。

表 7.46 砖混结构建筑物损坏等级

损坏等级	建筑物损坏程度	地表变形值			损坏分类	结构处理
		水平变形 $\varepsilon/(\text{mm}\cdot\text{m}^{-1})$	曲率 $K/(10^{-3}\cdot\text{m}^{-1})$	倾斜 $i/(\text{mm}\cdot\text{m}^{-1})$		
I	自然间砖墙上出现宽度 1~2mm 的裂缝	≤2.0	≤0.2	≤3.0	极轻微损坏	不修
	自然间砖墙上出现宽度小于 4mm 的裂缝；多条裂缝总宽度小于 10mm				轻微损坏	简单维修
II	自然间砖墙上出现宽度小于 15mm 的裂缝，多条裂缝总宽度小于 30mm；钢筋混凝土梁、柱上裂缝长度小于 1/3 截面高度；梁端抽出小于 20mm；砖柱上出现水平裂缝，缝长大于 1/2 截面边长；门窗略有歪斜	≤4.0	≤0.4	≤6.0	轻度损坏	小修
III	自然间砖墙上出现宽度小于 30mm 的裂缝，多条裂缝总宽度小于 50mm；钢筋混凝土梁、柱上裂缝长度小于 1/2 截面高度；梁端抽出小于 50mm；砖柱上出现小于 5mm 的水平错动，门窗严重变形	≤6.0	≤0.6	≤10.0	中度损坏	中修
VI	自然间砖墙上出现宽度大于 30mm 的裂缝，多条裂缝总宽度大于 30mm；梁端抽出小于 60mm；砖柱上出现小于 25mm 的水平错动	>6.0	>0.6	>10.0	严重损坏	大修
	自然间砖墙上出现严重交叉裂缝、上下贯通裂缝，以及墙体严重外鼓、歪斜；钢筋混凝土梁、柱裂缝沿截面贯通；梁端抽出大于 60mm；砖柱出现大于 25mm 的水平错动；有倒塌的危险				极度严重损坏	拆建

注：建筑物的损坏等级按自然间为评判对象，根据各自然间的损坏情况按表分别进行。

由于矿井开采涉及复杂的工农关系，直接关系到煤炭开采和居民生活，因而矛盾突出，实际处理难度较大。考虑到天新公司地面建筑物结构与分布特点，实际开采过程中应尽可能不让地面建筑物出现砖墙开裂现象，对于抗变形较弱的建筑物使自然间砖墙上出现的裂缝宽度控制在 1mm 以内，多条裂缝总宽度小于 3mm。基于此原则设定端帮开采时地面建筑物 I 级损坏地表变形标准为：① $-2.0\text{mm/m} \leqslant$ 倾斜 $\leqslant +2.0\text{mm/m}$；② $-0.1 \times 10^{-3}/\text{m} \leqslant$ 曲率 $\leqslant +0.1 \times 10^{-3}/\text{m}$；③ $-1.4\text{mm/m} \leqslant$ 水平变形 $\leqslant +1.0\text{mm/m}$。

上述数值为《建筑物、水体、铁路及主要井巷煤柱留设与压煤开采规程》中规定普通建筑物达到 I 级损害程度允许地表变形值的 50%~70%。

7.8.5　露井联合端帮采煤机分层采硐程序与膏体充填开采

7.8.5.1　端帮膏体充填开采目的

义煤集团天新矿业有限责任公司露天煤矿采场西南帮接近到界,在其上方有陇海铁路干线通过和零星村庄建筑物,在保证陇海铁路和地表建筑物本质安全的前提下,圈定了西南帮地表境界距陇海铁路干线 50~100m,为了最大限度地回收煤炭资源,采用端帮膏体充填开采西南边坡压煤,有利于保护地表铁路线和村庄建筑物安全,有利于提高边坡稳定性。

综合可知,义煤集团天新矿业有限责任公司露天煤矿采用端帮膏体充填开采的主要目的是:保护井田边界上方陇海铁路干线和地表建筑物的安全,控制地表开采沉陷在建(构)筑物允许范围内,有效保证地面建(构)筑物财产安全和居民人身安全。保证边界煤柱回收安全,最大限度回收采场边界残留煤柱与残留顶煤资源,提高煤炭资源采出率。

7.8.5.2　TEREX SHM 端帮采煤机

美国 TEREX SHM 公司研发的露井联合端帮采煤机如图 7.157 所示,生产现场如图 7.158 所示。

图 7.157　美国 TEREX SHM 公司　　　　图 7.158　TEREX SHM 端帮采煤机生产现场
研发的露井联合端邦采煤机

端帮采煤机的截割头采用连续采煤机的横向截割头设计,采煤后形成方形煤房,煤房不进行支护,依靠煤房间留设的煤柱支撑顶板,因此,要求顶板稳定性要好,不发生大面积冒顶。截割头模块根据煤层的厚度可以选择,采高范围 0.71~3.2m。截割滚筒中部传动,全自动控制。截割落下的煤,经由全封闭铠的推进臂内的双螺旋运输机运出。螺旋杆直径 460mm。推进臂是端帮采煤机系统的关键组成部件,它由多节组成,每节长6.1m。节与节之间为水平有限度铰接,以适应"波浪式"煤层的推进和拉出。端帮采煤机可以深入矿山系统 300m 以上。推进臂采用高耐磨抗腐蚀合金材料,外部全封闭铠可防止外部围岩对煤质的污染。其推力达 170t,而回撤力超过 350t,因而推进臂具备足够的刚度和强度。

TEREX SHM 端帮采煤系统的优点是：①技术成熟，系统可靠，已在世界60多个矿区成功使用；②生产能力大，月产可达20万t；③开采煤房深度大，可达300m；④发生局部冒顶压机事故时，可强行拉出；⑤可露天作业，避免井工开采的不安全性。

义煤集团天新矿业有限责任公司露天煤矿南帮及西南帮剩余煤炭资源埋藏深度均在100m以下，煤层倾角顺倾在6°以下，地质构造较为简单，煤强度在中硬以上，直接顶板中等稳定，这些条件基本满足 TEREX SHM 端邦采煤机要求。

7.8.5.3　端帮采煤机膏体充填开采方案的选择

由于义煤集团天新矿业有限责任公司露天煤矿煤层厚度较大，约为10m，而端帮采煤机的采高范围为0.71~3.2m。因此，需要进行分层开采，通常情况下，可分为上行分层开采和下行分层开采。

上行开采破坏了采场上覆煤层的原始应力平衡状态，引起岩体应力重新分布。当重新分布后的应力超过了煤的极限强度时，必然引起上覆煤层的横向变形与破坏。上覆煤层的横向离层变形主要产生大量采动裂隙，破坏岩层，但随时间的延长，采动影响逐渐消失，采动裂隙会重新闭合压实；而纵向剪切变形则表现为煤层发生台阶错动，破坏顶板煤层结构。后者是影响上行开采最大障碍，也给上行开采顶板维护带来一定的困难。可以由于义煤集团天新矿业有限责任公司露天煤矿煤层埋深较浅，端帮开采影响范围相对较小，可以降低应力重新分布过程中产生的变形和破坏，但无法避免上行开采带来的上述影响。下行开采时，第一分层开采后，下分层是垮落的岩石下进行回采，顶板往往是破碎的岩体，为保证下行开采工作面的安全，上分层必须铺设人工假顶或形成再生顶板，若采用后者，则需要滞后较长的时间进行开采。

采用上行膏体充填开采时，充填体作为假底，随着开采分层数量的增加，顶板煤岩体破坏范围及其程度将逐渐增大，不利于顶板围岩的稳定与控制，往往会产生顶板的垮落，不利于充填工作的顺利开展和下分层端帮开采的进行；采用下行膏体充填开采时，充填体作为假顶，由于充填体的密实性和完整性，能够及时对上覆岩层产生支撑作用，阻止其产生不可控的变形和破坏，维持上覆岩体的整体稳定，为下分层开采提供良好的顶板条件。因此，义煤集团天新矿业有限责任公司露天煤矿采用端帮采煤机下行膏体充填分层分采回收边界煤量。

7.8.5.4　端帮采煤机下行膏体充填分层分采方案

同一区段内上下分层工作面可以在保持一定错距的条件下，同时进行回采，称为"分层同采"；也可以在区段内采完一个分层后，经过一段时间，待顶板垮落基本稳定后，再掘进下分层顺槽，然后进行回采，称为"分层分采"。该方案设计的分层分采是指端帮开采后，进行充填，然后沿着端帮选择合适位置再分别进行端帮开采和充填，依次循环，直到该分层开采完毕，然后采用同样的方法，再进行下分层端帮采煤机膏体充填开采。

(1)采硐尺寸参数。"岩体指标"是指由 Bieniawski(1976)开发的岩石分类系统。这套系统被用于测定井工矿山无支撑跨距的支护时间。"岩石指标"主要有以下几种参数：完整岩石的无侧限抗压强度 RQD，间距不连续性，不连续性条件和地下水条件。每一个参数都有数值限定，整体"岩体指标"数值在 1 和 100 之间，数值越高表示岩石力学条件越好，义煤集团天新矿业有限责任公司露天煤矿岩石的"岩体指标"数值为 $RQD=64$，属于中等稳定岩石。根据井工条带开采经验分析，确定膏体充填开采时，采硐宽度为 2.6m，采硐高度为 3.0m 顶板不会产生严重的破碎，能够保证其整体的完成性，为膏体充填工作的实施创造了条件，同时采硐充填后的充填体作为永久支撑体支撑上覆岩层，保证边坡稳定与安全。

（2）端帮分层开采顺序。端帮开采的采硐尺寸为：宽度 2.6m，高度为 3.0m，达到年产 22 万 t 的能力，需要进行端帮开采推进深度为 60m。根据矿井资料可知，19 号剖面线向西到端帮膏体充填开采边界处，压煤深度均大于 60m，且端帮膏体充填开采区域靠近排土场侧长约 1600m，如图 7.159 所示。

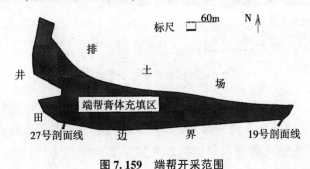

图 7.159　端帮开采范围

煤层采硐按照自上而下的顺序进行端帮开采和充填，即先采煤层最上方的分层，采硐开采结束后，撤出采煤机的截割头后，立即进行封口和充填，下分层采硐是在上分层采硐的充填体下进行，上下分层采硐分层错位布置，水平采硐间不留设隔离煤柱。每个采硐一次即可将其充满，可以概括分为以下几个主要阶段：

第一阶段：修建端帮开采台阶。目前，义煤集团天新矿业有限责任公司露天煤矿的端邦并不适合立即进行端帮开采作业，必须先清理端帮平台，将松动的岩石移除，确保端帮开采的安全。这些清理工作必须在正式端帮开采前完成，可以通过钻爆或者由现场的挖掘机完成。此外，煤层含有夹矸带，并且煤层的直接顶板由砂岩构成，支撑能力好。开采台阶的宽度为 13.0~20.0m，宽度越大，越利于端帮开采。

第二阶段：端帮开采。义煤集团天新矿业有限责任公司露天煤矿开采边界煤层具有一定倾角，需进行仰斜端帮开采，当端帮开采推进的距离较大（100m 以上）时，为了确保充填质量和充填效果，需要将充填管路送入采硐深处进行充填。根据义煤集团天新矿业有限责任公司露天煤矿拟端帮开采区域和开采条件，若采用端帮开采必然面临深部充填的问题，曾有研究提出了地面钻孔法，由于该方法存在工程量大、充填效果无法保证而未被采用。为此，提出两种深部采巷充填方法，即导向架顶推布管充填法和沿深部开采边界掘支护巷道布管充填法。

①导向架顶推布管充填法。如图 3.100 所示，该充填方法的特点：充填管和排气管固定在排头架上；由带轮子和吊管装置的推拉架将排头架顶推到采巷深处末端；布管到

位后，依靠液压力固定排头架，脱离导向架与排头架连接，吊管装置放下充填管和排气管，然后逐节回撤推拉架；推拉机构利用端帮机固定钻孔；充填管、排气管和排头架一次性消耗；采巷不进人。采巷充填管材消耗：初步选择采巷内充填管（又叫布料管），布料管和排气管钢材量共计需要5400t左右，按照4500元/t价格计算，合计管材费用2430万元，加上连接和排头架费用，估计采巷充填管道增加吨煤费用10元/t左右。

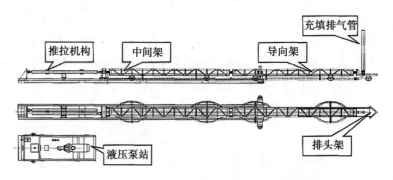

图7.160　导向布管充填示意图

②掘巷充填法。从端帮开采区域一端边界沿煤层顶板掘进巷道至深部开采边界，然后沿开采边界掘进至端帮开采另一端，形成一条两端在外的巷道，巷道采用锚网支护，局扇通风；充填时，充填从巷道入口铺到要充填采巷的深部边界，从高处向低处充填。采用该方法充填巷道需要人员进入掘进，增加了巷道支护费用；充采巷道不需要人员进入；没有充填管路一次性使用消耗。初步估计掘进巷道总长度2600m，巷道掘进费用按照3000元/m考虑，掘进总费用780万元，加上通风费用等，估计掘巷增加吨煤成本5元/t左右。

上述两种方案中，方案1的特点是采巷内不进人，布料管放置与充填全部机械化完成；方案2的特点是需要人工掘进充填联络巷，充采巷道内不需要进入，充填工作效率较高，充填质量能够保证。

第三阶段：膏体充填。利用充填泵压将配置合格的膏体充填浆体，通过柔性充填管输送到采硐深处进行充填，考虑膏体充填浆体的流动性较好，并结合课题组井工膏体充填经验，可以单个采硐一次性密实充填。

（3）留煤柱间隔开采及其稳定性分析。

①留煤柱间隔开采。这种开采方法如图7.161所示，首先从19号剖面线开始，依次向西布置采硐开采，采硐之间留设与采硐宽度相同尺寸的煤柱（2.6m），高度为3.0m，依次间隔留煤柱端帮膏体充填依次开采，当开采西部边界时，再返回膏体充填开采间隔煤柱。

②间隔煤柱稳定性分析。

a. 煤柱容许荷载计算。在美国的端帮开采中，广泛的使用Mark-Bieniawski公式来计算和分析煤柱的稳定性。在南非、澳大利亚以及印度，支撑煤柱的强度公式已经存在，但是大多数情况下，这些公式用来计算和设计井工矿支撑煤柱或者房柱开采的支撑煤柱。这里采用Mark-Bieniawski公式进行稳定性分析。

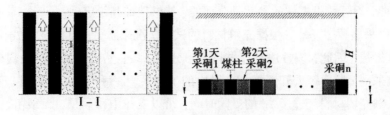

图 7.161　留煤柱间隔充填开采示意图

$$S_p = S_c \left(0.64 + 0.54 \frac{W}{H} - 0.18 \frac{W^2}{HL} \right) \tag{7.4}$$

当参数 L 数值大于 W 或者 H 的时候，此公式变为：

$$S_p = S_c \left(0.64 + 0.54 \frac{W}{H} \right) \tag{7.5}$$

式中：S_p——煤柱容许荷载，MPa；

　　　S_c——单轴抗压强度，MPa；

　　　W——支撑煤柱宽度，m；

　　　H——支撑煤柱高度，m。

已有资料显示，矿井煤样单轴抗压强度为 6.5MPa，并将煤柱宽度 $W=2.6$m，高度 $H=3.0$m 代入式（7.5），即可求得留设煤柱容许荷载为 $S_p=7.2$MPa。

b. 煤柱承受荷载计算。支撑煤柱所受的垂直应力一般由支域面积计算法来获得，支域面积计算法陈述了煤柱的应力在大小上等同于支撑煤柱受到的覆盖层的重量以及相邻巷道对煤柱的应力。

$$\sigma_p = \sigma_v \frac{(W + W_d)}{W} = 0.024D \frac{(W + W_d)}{W} \tag{7.6}$$

式中：σ_p——煤柱承受载荷，MPa；

　　　W——支撑煤柱宽度，m；

　　　W_d——采硐宽度，m；

　　　D——覆盖层厚度，m。

将支撑煤柱宽度 $W=2.6$m，采硐宽度 $W_d=2.6$m，覆岩厚度 $D=50$m，代入式（7.6），即可求得煤柱所受荷载 $\sigma_p=2.4$MPa。

c. 煤柱的稳定性分析。根据煤柱强度的稳定性评价方法，则采硐留设煤柱的安全系数可由下式计算：

$$F_{os} = \frac{S_p}{\sigma_p} \tag{7.7}$$

式中：S_p——煤柱容许载荷，MPa；

　　　σ_p——煤柱承受载荷，MPa。

将上述计算的煤柱容许荷载 $S_p=7.2$MPa，煤柱承受荷载 $\sigma_p=2.4$MPa，代入计算式（7.7），即可得到留设采硐煤柱的安全系数为 3.0，安全系数大于一般工程允许的安全系数 1.5。因此，设计留设煤柱的参数是合理的，能够保证其稳定。

（4）分段采硐顺序开采。根据充填材料的试验情况来看，充填材料的 7d 强度即可实现支撑上覆岩层，因此，该方法是首先将端帮分成 7 段，然后对每个分段划分成若干端帮膏体充填采硐，然后每天开采 1 个分段内的 1 个采硐，每 7 天一个循环，依次循环开采。由于采硐充填材料经过了 7d 的凝固时间，足以支撑上覆岩层，无须留设采硐煤柱，即可实现每个分段的连续充填开采。具体开采过程如图 7.162 所示。

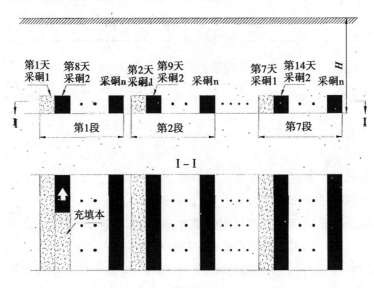

图 7.162　分段采硐顺序充填开采示意图

与分段采硐顺序充填开采相比，留煤柱间隔充填开采充填材料的凝聚时间较短，充填材料性能要求相对较高。分段采硐顺序充填开采主要利用充填材料的 7d 强度，充填材料凝结时间更长，但端帮采煤系统需要来回往复移动，对生产管理产生一定的影响。由于留设煤柱的稳定性较好，为了管理方便，初步选择采用留煤柱间隔充填开采方法进行开采。

7.8.5.5　充填膏体单轴抗压强度与应力–应变曲线

图 7.163 所示是粉煤灰膏体试件的 7d 应力–应变曲线，图 7.164 所示是矸石粉煤灰膏体试件的 7d 应力–应变曲线。试件的一般破坏机理可以概括为：

①粗骨料和胶结材料的界面及胶结材料的内部形成微裂纹。

②应力增大后，这些微裂纹逐渐延伸和扩展，并连通成宏观裂纹，试件的整体性遭受破坏而逐渐丧失了承载力。

③从应力–应变曲线可以看出，试件具有良好的弹性变形能力，膏体材料破坏前的变形很小，不超过 2%。

④可以发现充填体具有较高的残余强度，即充填体达到强度极限破坏后，仍能维持一定的承载性能，这一特性对提高充填体的承载性能有利。

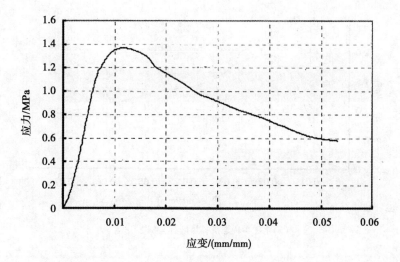

(a)水泥:粉煤灰=1:5.0

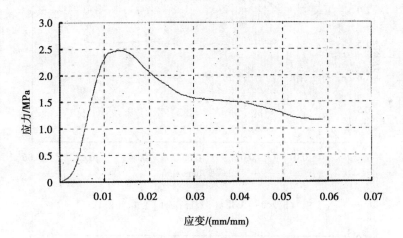

(b)水泥:粉煤灰=1:3.6

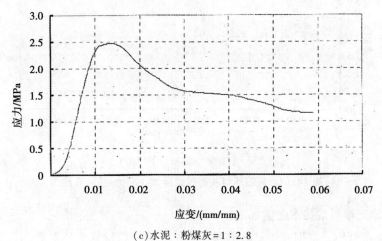

(c)水泥:粉煤灰=1:2.8

图 7.163 试件 27d 应力-应变曲线

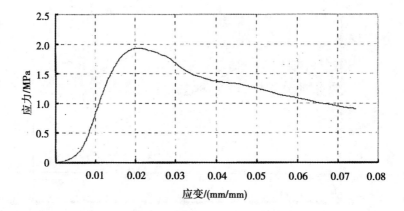

（a）水泥：粉煤灰：煤矸石=1：2：5.3

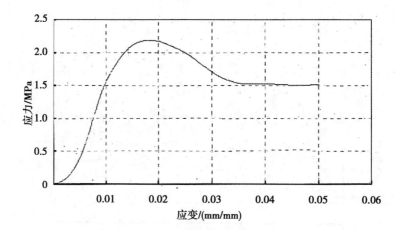

（b）水泥：粉煤灰：煤矸石=1：1.5：3.8

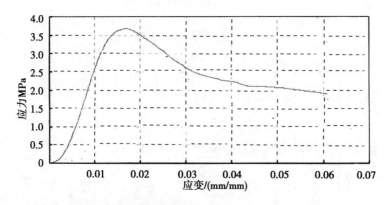

（c）水泥：粉煤灰：煤矸石=1：1.2：2.8

图 7-164　矸石粉煤灰膏体试件 27d 应力-应变曲线

推荐配比充填料浆技术参数如下：

（1）粉煤灰膏体。根据室内试验结果，粉煤灰浆充填材料配比参数为：质量分数 C_w =59%～61%，水泥：粉煤灰=1：2.8～1：5.0（质量比）。即 $1m^3$ 膏体配比为：粉煤灰

700~750kg；水泥 150~250kg；外加剂 0.8~1.6kg；水 600~630kg。

（2）矸石粉煤灰膏体。根据室内试验结果，矸石+粉煤灰浆充填材料配比参数为：粒径小于 5mm，且 0.0075mm 以下颗粒含量高于 15%；质量分数 C_w=69%~71%，水泥：粉煤灰：煤矸石=1：1.2：2.8~1：2.0：5.3。即 1m³膏体配比为：煤矸石 530~850kg；粉煤灰 300~400kg；水泥 150~250kg；外加剂 0.8~1.6kg；水 500~535kg。

7.8.5.6　膏体充填系统能力选择

设计的膏体充填与采煤在不同地点进行，相互之间不干扰，膏体充填不影响矿井生产能力。实现端帮采煤与膏体充填的平行作业，可实现大规模、大能力生产，同时考虑天新公司当前的开采实际生产能力 22 万 t/a，因此，设计膏体充填系统产煤能力 22 万 t/a。露天煤矿煤层平均厚度 9.0m，并取煤体密度 1.3t/m³，端帮膏体充填开采产煤量为 22 万 t/a。基于上述条件，年充填量为 148148m³，取年工作天数 330d，日充填量为 449m³/d，日有效充填工作时间 8h，充填系统理论能力为 56m³/h，考虑 1.2 倍富裕系数，充填系统能力需要达到 67m³/h，进一步考虑充填设备系列，初步确定露天煤矿膏体充填系统设计能力为 70m³/h。

7.8.5.7　端帮膏体充填开采数值模拟初步分析

数值模拟方法的突出优点就是能够较好地考虑诸如介质的各向异性、非均质特性及其随时间的变化、复杂边界条件和介质不连续等复杂地质条件。FLAC 程序基于拉格朗日差分算法，特别适合模拟大变形和扭曲。FLAC 采用显式算法来获得模型的全部运动方程（包括内变量）的时间步长解，从而可以追踪材料的渐进破坏直至整体垮落，这对研究采矿设计是非常重要的。此外，程序允许输入多种材料类型，也可在计算过程中改变某个局部的材料参数，增强了程序使用的灵活性，极大地方便了模拟计算时的处理。基于上述计算功能和材料模型，FLAC 程序比较适合于采矿工程和地下工程的分析和设计，因此针对露天开采端帮采煤膏体充填的变形及破坏特点，利用 FLAC 程序计算分析端帮采煤膏体充填地表、边坡的位移和破坏过程。

摩尔-库仑屈服准则所揭示的岩石力学特性已被众多的岩石力学试验所证实，由于其参数较少且较容易获得，在工程中得到了广泛的应用。由于东区可采煤层推进距离较小，开采影响范围较小，所设计的几何模型尺寸减小了 100m，以提高运算速率。根据义马煤业集团天新矿业公司端帮开采方案设计，并结合现场实际情况，建立数值模拟计算模型。摩尔-库仑塑性模型所涉及的岩体物理力学参数包括：体积模量 B、剪切模量 S、黏聚力 c、内摩擦角 f、质量密度 D、抗拉强度 t；其中，B 和 S 是由岩体的弹性模量和泊松比确定的。目前，地下工程及岩土工程中尚不能很好地定量分析的重要原因之一，就是岩体的物理力学参数难以正确地确定；岩体物理力学参数一直是岩体力学研究的难题，至今尚未得到很好的解决。

根据义马煤业集团天新矿业公司端帮开采方案设计相关力学参数，确定该模型地层关系及各地层力学参数如表 7.47 所示。

表 7.47　数值模拟分析岩土层物理力学参数

	序号	岩性	B/GPa	S/GPa	C/kPa	F/℃	D/kg·m^{-3}	t/MPa
东区	1	表土	0.08	0.01	20	19.3	1970	0.3
	2	砂岩	6.32	4.6	135	32.4	2600	2
	3	煤层	1.1	0.73	30.5	25.44	1330	0.18
	4	互叠层	2.7	0.52	26.3	25.6	2560	1.74
	5	充填体	1.2	0.4	200	36	2000	0.5
中区	1	表土	0.08	0.01	20	19.3	1970	0.3
	2	砂岩	6.32	4.6	135	32.4	2600	2
	3	煤层	1.1	0.73	41.9	26	1330	0.38
	4	互叠层	2.7	0.52	36.2	25.6	2560	1.74
	5	充填体	1.2	0.4	200	36	2000	0.5
西区	1	表土	0.08	0.01	20	19.3	1970	0.3
	2	砂岩	6.32	4.6	135	32.4	2600	2
	3	煤层	1.1	0.73	35	25.44	1330	0.32
	4	互叠层	2.7	0.52	31.2	23.3	2560	1.74
	5	充填体	1.2	0.4	200	36	2000	0.5

　　现场实地勘察表明,露天煤矿南帮边界范围内与陇海铁路线呈斜交状,东区距离陇海线较近,西区距离陇海线较远。因此,模拟开采边界的确定原则为:东区开采 50m,西区开采以井田边界为主要依据。基于此,确定模拟方案。方案 1:东区在 19 号剖面线附近,模拟端帮开采推进 50m;方案 2:中区在 23 号剖面线附近,模拟端帮开采推进 90m;方案 3:西区在 25 号剖面线附近,模拟端帮开采推进 200m;方案 4:西北区在 27 号剖面线附近,模拟端帮开采推进 250m。根据露天煤矿提供的相关煤层储量状况图,确定端帮开采区域煤层平均厚度为 9.0m,采用跳采方式全部回采,采后及时充填,充填率分别为:100%,95%,90%。

　　模拟分析表明,充填率对于地表变形的影响比较大,同样充填率不同推进长度对铁路地表下沉影响不是很大,但对倾斜变形、水平变形和曲率的影响比较大。陇海铁路位于距东区煤层露头 100~200m 处,铁路范围内及边坡处地表变形如表 7.48 至表 7.51 所示。

表 7.48　东区采 50m 陇海铁路及边坡变形

位置	参数	充填率		
		100%	95%	90%
陇海铁路	下沉变形/mm	13~30	14~30	15~30
	倾斜变形/(mm·m^{-1})	0~1.5	0~1.6	0~1.6
	曲率	-0.0001~0	-0.00011~0	-0.00011~0
	水平变形/(mm·m^{-1})	-1.3~0	-1.4~0	-1.4~0

表7.48(续)

位置	参数	充填率		
		100%	95%	90%
边坡	下沉变形/mm	40	44	45
	倾斜变形/(mm·m⁻¹)	1.8	2	2
	曲率	−0.00007	−0.00007	−0.00007
	水平变形/(mm·m⁻¹)	−1.5	−1.6	−1.6

表 7.49　中区采 50m 陇海铁路及边坡变形

位置	参数	充填率		
		100%	95%	90%
陇海铁路	下沉变形/mm	10~15	10~15	15~20
	倾斜变形/(mm·m⁻¹)	0~0.1	0~0.1	0~01
	曲率	−0.000003~0	−0.000003~0	−0.000003~0
	水平变形/(mm·m⁻¹)	−0.3~0	−0.4~0	−0.5~0
边坡	下沉变形/mm	50	180	350
	倾斜变形/(mm·m⁻¹)	1	5.5	9.5
	曲率	−0.00005	−0.00018	−0.00025
	水平变形/(mm·m⁻¹)	−1.8	−4	−9

表 7.50　西区采 200m 陇海铁路及边坡变形

位置	参数	充填率		
		100%	95%	90%
陇海铁路	下沉变形/mm	10~15	10~25	15~30
	倾斜变形/(mm·m⁻¹)	0~0.1	0~0.2	0~0.2
	曲率	−0.00003~0	−0.0001~0	−0.0001~0
	水平变形/(mm·m⁻¹)	−0.3~0	−1~0	−1.4~0
边坡	下沉变形/mm	50	577	1114
	倾斜变形/(mm·m⁻¹)	1.8	3.8	7.8
	曲率	−0.00008	−0.00018	−0.00033
	水平变形/(mm·m⁻¹)	−1.7	−3	−6.2

表 7.51　西北区采 205m 陇海铁路及边坡变形

位置	参数	充填率		
		100%	95%	90%
陇海铁路	下沉变形/mm	<15	<16	<17
	倾斜变形/(mm·m⁻¹)	<0.07	<0.2	<0.2
	曲率	−0.000002~0	−0.00005~0	−0.00005~0
	水平变形/(mm·m⁻¹)	−0.1~0	−1.0~0	−1.1~0

表7.51（续）

位置	参数	充填率		
		100%	95%	90%
边坡	下沉变形/mm	55	568	1086
	倾斜变形/(mm·m^{-1})	1.9	3	6.1
	曲率	−0.00008	−0.00013	−0.00030
	水平变形/(mm·m^{-1})	−1.7	−3	−7.1

由表7.48至表7.51可知，端帮膏体充填开采后，地表陇海铁路线所在范围内情况：①最大下沉值为30mm；②倾斜变形值为0~1.6mm/m；③水平变形值为−1.4~0mm/m；

满足地表建筑物变形设防指标：①−2.0mm/m≤倾斜变形≤+2.0mm/m；②−0.1×10^{-3}≤曲率≤+0.1×10^{-3}；③−1.4mm/m≤水平变形≤+1.0mm/m。

地表建筑物控制在Ⅰ级损害程度范围内。同时充填开采对边坡的稳定性影响较大，基于此，为了保证边坡的稳定，方案建议采用全部充填。

7.8.6 露井联合端帮分层采硐膏体/矸石体充填边坡变形破坏稳定性分析

7.8.6.1 露井联合端帮分层采硐膏体充填边坡渗流与变形分析

露井联合端帮分层采硐膏体充填边坡渗流与变形分析见图7.165至图7.172所示。露井联合端帮分层采硐膏体充填边坡渗流场分析表明，地下水位明显下降有利边坡稳定，采空区渗流加剧，补给内排压脚边坡，不利边坡稳定。露井联合端帮分层采硐膏体充填边坡变形分析表明，采硐上覆岩体位移加剧，表现明显非对称弯沉盆，诱发内排压脚边坡偏压，临空边坡位移最大。地表距离坡肩50m范围变形位移矢量50~80mm，地表距离坡肩50~100m范围变形位移矢量10~30mm，控制地表变形显得尤为重要。

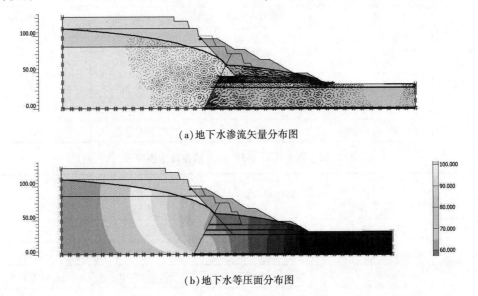

（a）地下水渗流矢量分布图

（b）地下水等压面分布图

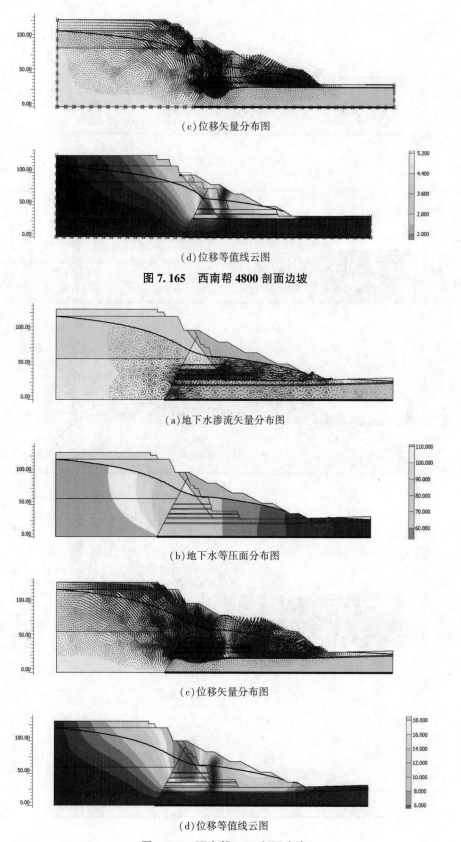

(c)位移矢量分布图

(d)位移等值线云图

图 7.165　西南帮 4800 剖面边坡

(a)地下水渗流矢量分布图

(b)地下水等压面分布图

(c)位移矢量分布图

(d)位移等值线云图

图 7.166　西南帮 4600 剖面边坡

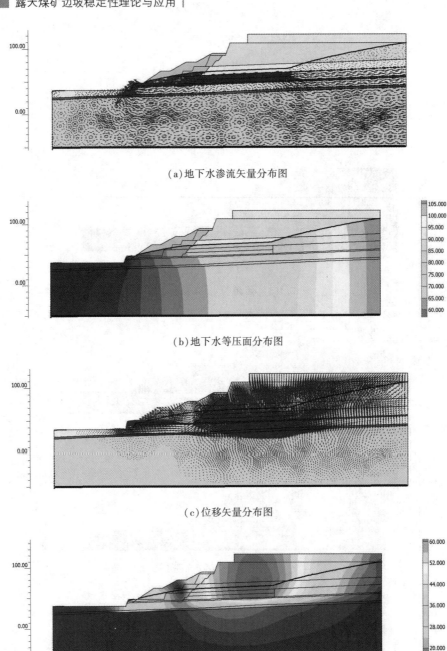

(a)地下水渗流矢量分布图

(b)地下水等压面分布图

(c)位移矢量分布图

(d)位移等值线云图

图 7.167　南帮 7#剖面边坡

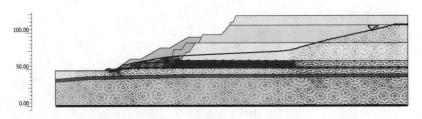

(a)地下水渗流矢量分布图

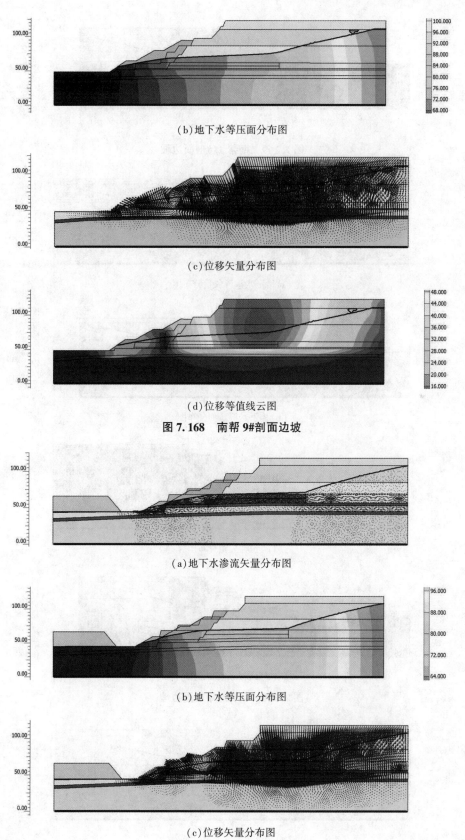

（b）地下水等压面分布图

（c）位移矢量分布图

（d）位移等值线云图

图 7.168　南帮 9#剖面边坡

（a）地下水渗流矢量分布图

（b）地下水等压面分布图

（c）位移矢量分布图

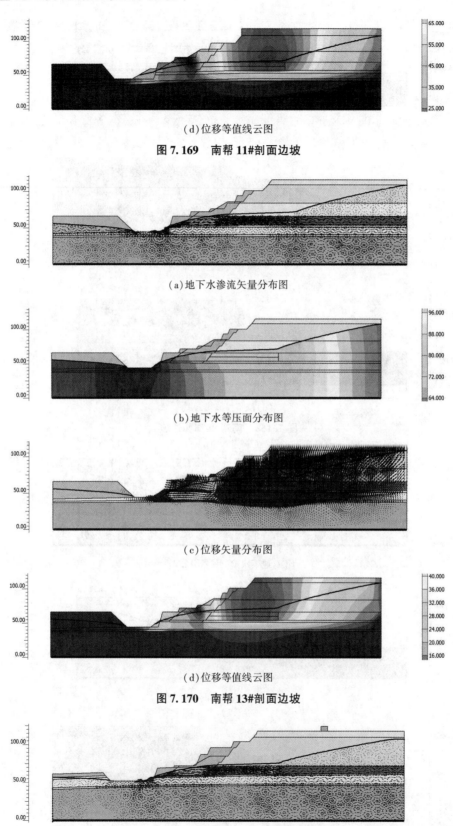

（d）位移等值线云图

图 7.169　南帮 11#剖面边坡

（a）地下水渗流矢量分布图

（b）地下水等压面分布图

（c）位移矢量分布图

（d）位移等值线云图

图 7.170　南帮 13#剖面边坡

（a）地下水渗流矢量分布图

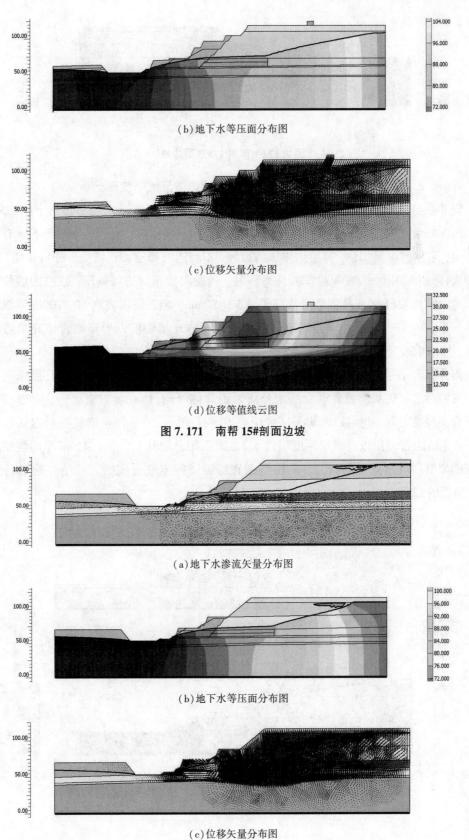

(b)地下水等压面分布图

(c)位移矢量分布图

(d)位移等值线云图

图 7.171　南帮 15#剖面边坡

(a)地下水渗流矢量分布图

(b)地下水等压面分布图

(c)位移矢量分布图

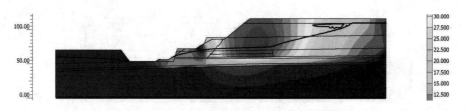

（d）位移等值线云图

图 7.172　南帮 17#剖面边坡

7.8.6.2　露井联合端帮分层采硐矸石体充填边坡渗流与变形分析

露井联合端帮分层采硐矸石体充填边坡渗流与变形分析见图 7.173 至图 7.180 所示。露井联合端帮分层采硐矸石体充填边坡渗流场分析表明，地下水位明显下降有利边坡稳定，采空区渗流加剧，补给内排压脚边坡，不利边坡稳定。边坡变形分析表明，采硐上覆岩体位移加剧，表现明显非对称弯沉盆，诱发内排压脚边坡偏压，临空边坡位移最大。地表距离坡肩 50m 范围变形位移矢量 50~80mm，地表距离坡肩 50~100m 范围变形位移矢量 10~30mm，露井联合端帮分层采硐矸石体充填边坡变形略比膏体充填边坡变形大，控制地表变形显得尤为重要。

露井联合端帮分层采硐矸石体充填边坡变形分析表明，露井联合端帮分层采硐膏体充填有明显经济优势。露井联合端帮分层采硐膏体/矸石体充填方案可行，可以在西段帮进行实验性开采，也可以考虑采区采用前进式开采，采面采用走向长壁后退式开采方法，全充填法管理顶板。煤层厚度超过 4.5m 时采用分层开采，小于 4.5m 厚的煤层选用不同的架型尽可能采全厚，掘进采用炮掘和综掘锚网索联合支护。总结经验进行西段帮、南帮的开采。

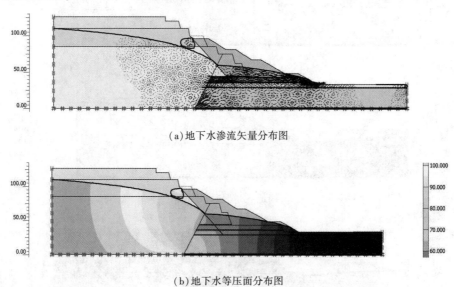

（a）地下水渗流矢量分布图

（b）地下水等压面分布图

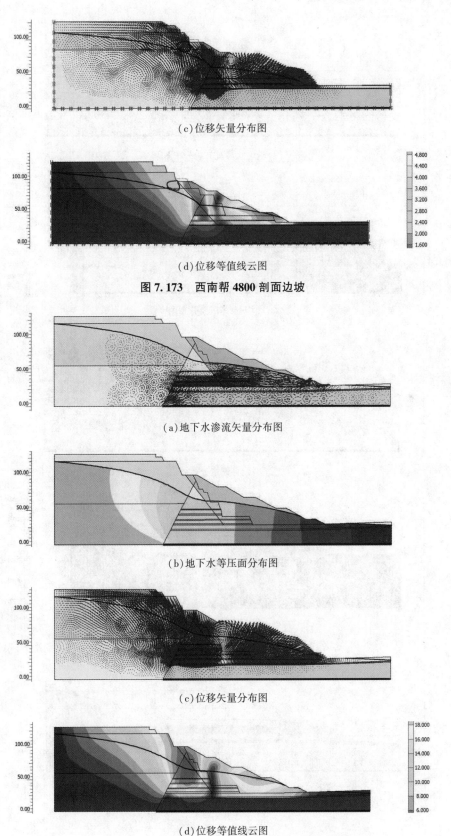

(c) 位移矢量分布图

(d) 位移等值线云图

图 7.173　西南帮 4800 剖面边坡

(a) 地下水渗流矢量分布图

(b) 地下水等压面分布图

(c) 位移矢量分布图

(d) 位移等值线云图

图 7.174　西南帮 4600 剖面边坡

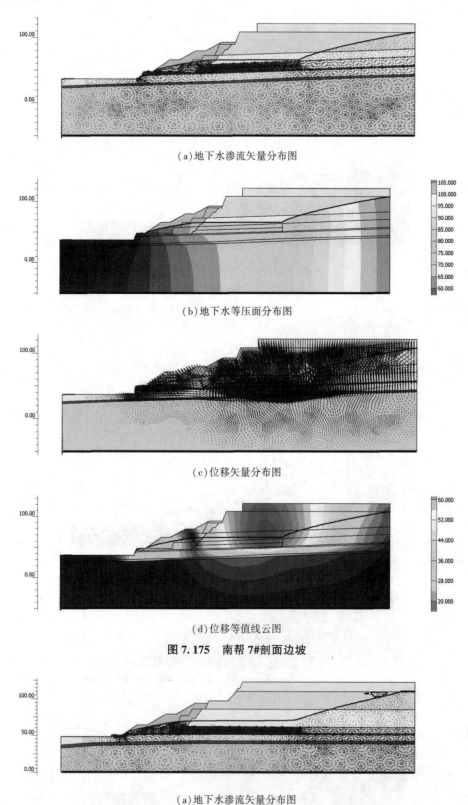

(a)地下水渗流矢量分布图

(b)地下水等压面分布图

(c)位移矢量分布图

(d)位移等值线云图

图 7.175　南帮 7#剖面边坡

(a)地下水渗流矢量分布图

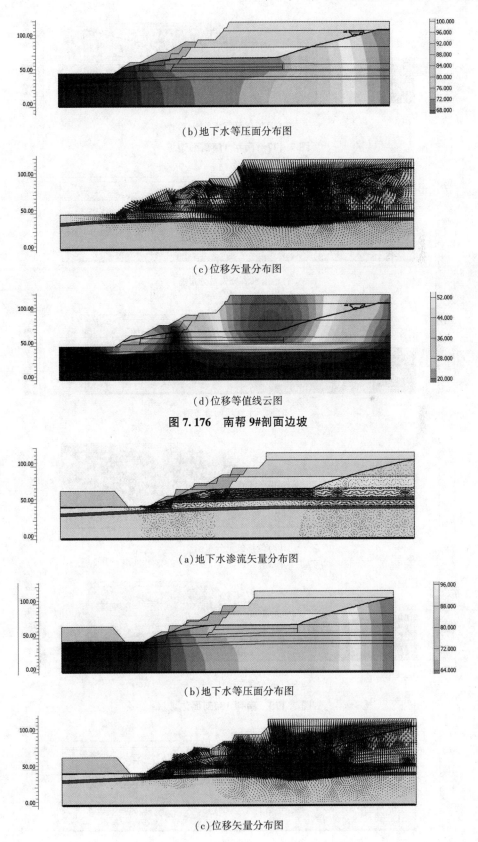

(b) 地下水等压面分布图

(c) 位移矢量分布图

(d) 位移等值线云图

图 7.176 南帮 9#剖面边坡

(a) 地下水渗流矢量分布图

(b) 地下水等压面分布图

(c) 位移矢量分布图

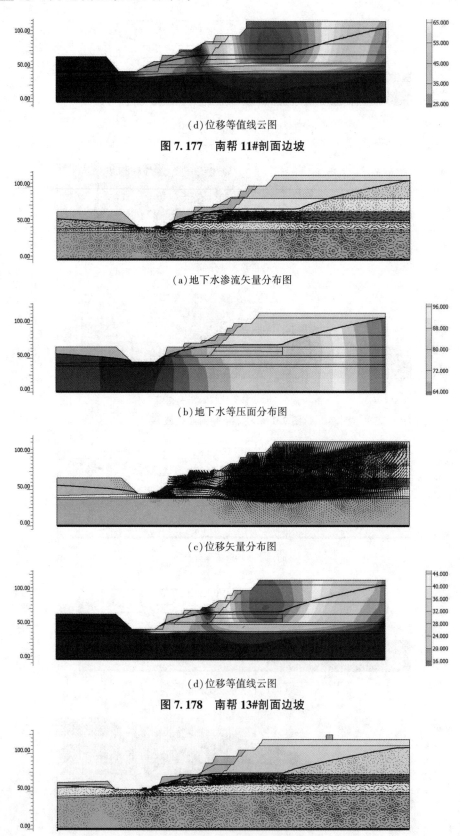

(d)位移等值线云图

图 7.177　南帮 11#剖面边坡

(a)地下水渗流矢量分布图

(b)地下水等压面分布图

(c)位移矢量分布图

(d)位移等值线云图

图 7.178　南帮 13#剖面边坡

(a)地下水渗流矢量分布图

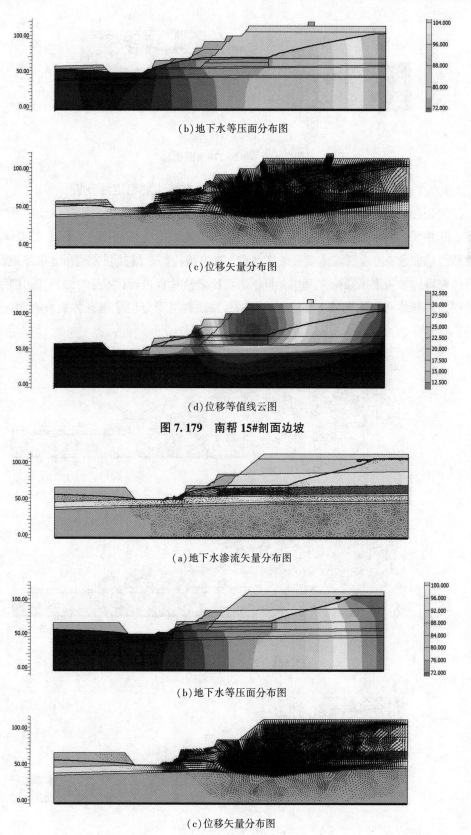

(b)地下水等压面分布图

(c)位移矢量分布图

(d)位移等值线云图

图 7.179　南帮 15#剖面边坡

(a)地下水渗流矢量分布图

(b)地下水等压面分布图

(c)位移矢量分布图

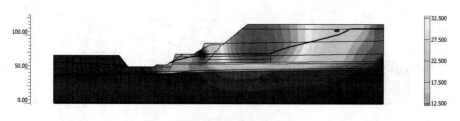

(d)位移等值线云图

图 7.180 南帮 17#剖面边坡

7.8.6.3 露井联合端帮分层采硐膏体/矸石体充填边坡稳定性分析

露井联合端帮分层采硐膏体/矸石体充填边坡强度折减形变见图 7.181 至图 7.188 所示。露井联合端帮分层采硐膏体/矸石体充填边坡形变分析表明,采硐上覆岩体临空边坡侧位移加剧,内排压脚体变形破坏严重,有失稳趋势。露井联合端帮分层采硐膏体/矸石体充填边坡强度折减形变基本相同、边坡稳定性基本接近(见表 7.52);露井联合端帮分层采硐膏体矸石体充填边坡形变表明,露井联合端帮分层采硐膏体充填有明显经济优势。

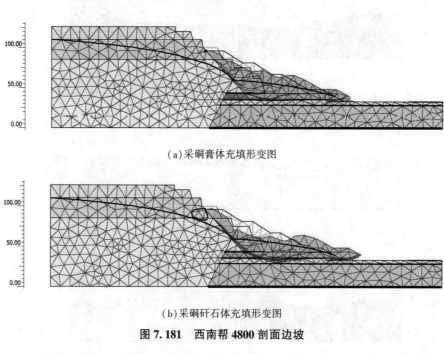

(a)采硐膏体充填形变图

(b)采硐矸石体充填形变图

图 7.181 西南帮 4800 剖面边坡

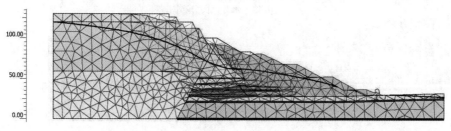

(a)采硐膏体充填形变图

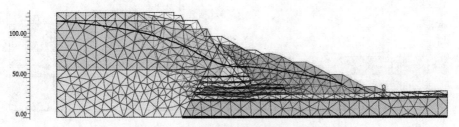

（b）采硐矸石体充填形变图

图 7.182　西南帮 4600 剖面边坡

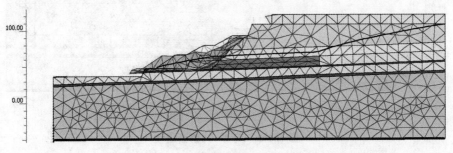

（a）采硐膏体充填形变图

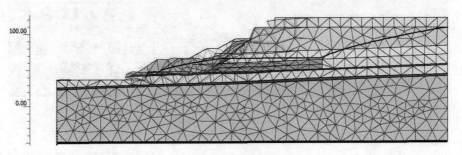

（b）采硐矸石体充填形变图

图 7.183　南帮 7#剖面边坡

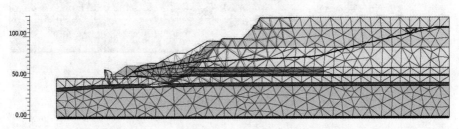

（a）采硐膏体充填形变图

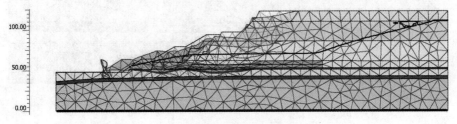

（b）采硐矸石体充填形变图

图 7.184　南帮 9#剖面边坡

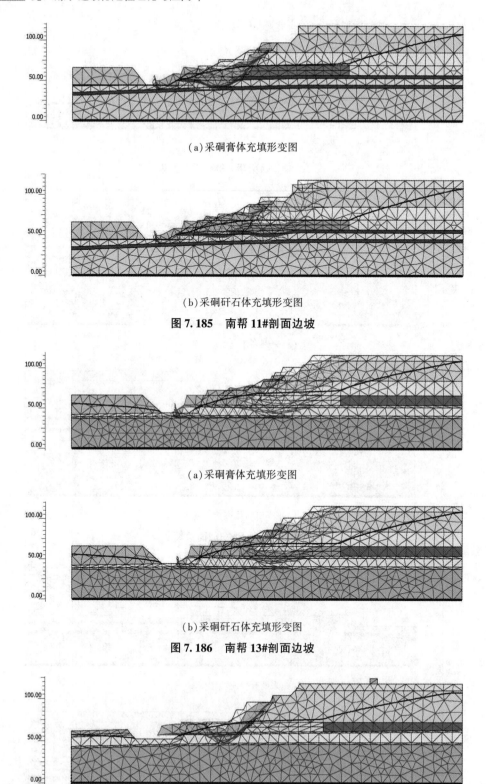

(a)采硐膏体充填形变图

(b)采硐矸石体充填形变图

图 7.185　南帮 11#剖面边坡

(a)采硐膏体充填形变图

(b)采硐矸石体充填形变图

图 7.186　南帮 13#剖面边坡

(a)采硐膏体充填形变图

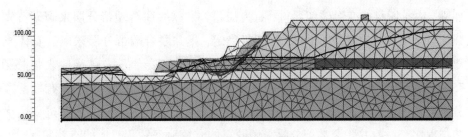

（b）采硐矸石体充填形变图

图 7.187　南帮 15#剖面边坡

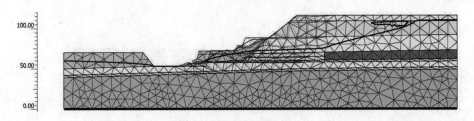

（a）采硐膏体充填形变图

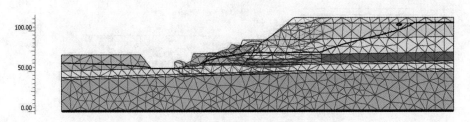

（b）采硐矸石体充填形变图

图 7.188　南帮 17#剖面边坡

表 7.52　露井联合端帮分层采硐膏体/矸石体充填边坡强度折减稳定系数与稳定性

充填情况	4800 剖面	4600 剖面	7#剖面	9#剖面	11#剖面	13#剖面	15#剖面	17#剖面
膏体	1.259	1.209	1.293	1.524	1.349	1.402	1.407	1.471
稳定性	稳定	稳定	基本稳定	稳定	稳定	稳定	稳定	稳定
矸石体	1.256	1.187	1.292	1.494	1.327	1.325	1.393	1.417
稳定性	稳定	基本稳定	基本稳定	稳定	稳定	稳定	稳定	稳定

　　露井联合端帮分层采硐膏体/矸石体充填方案可行，可以在西段帮进行实验性开采，也可以考虑采区采用前进式开采，采面采用走向长壁后退式开采方法，全充填法管理顶板。

7.8.6.4　露井联合西端帮 5000 剖面分层采硐矸石体充填边坡稳定性分析

　　露井联合西端帮 5000 剖面端帮分层采硐矸石体充填边坡稳定分析见图 7.189 所示。露井联合端帮分层采硐矸石体充填分析，考虑了断层的隔水性、断层的泥化效应等不利因素。露井联合端帮分层采硐矸石体充填边坡形变分析表明，采硐上覆岩体临空边坡侧位移加剧，内排压脚体变形破坏严重，有失稳趋势。露井联合端帮分层采硐矸石体充填边坡强度折减边坡稳定系数 1.843，为超级稳定，露井联合端帮分层采硐矸石体充填经济优势明显。露井联合端帮分层采硐矸石体充填地表变形：坡肩及地表位移值 A = 35.175mm、B = 21.562mm、C = 5.963mm、D = 1.233mm、E = 0.259mm，在有效掌握地表位移分析与监测情况下，为露井联合端帮分层采硐矸石体充填提供依据，进一步优化开采工艺与程序。对露井联合端帮分层采硐矸石体充填地下钻孔变形的有效掌握，可以进一步监测露井联合端帮分层采硐矸石体充填岩层移动规律，为进一步优化开采范围与程序提供依据。

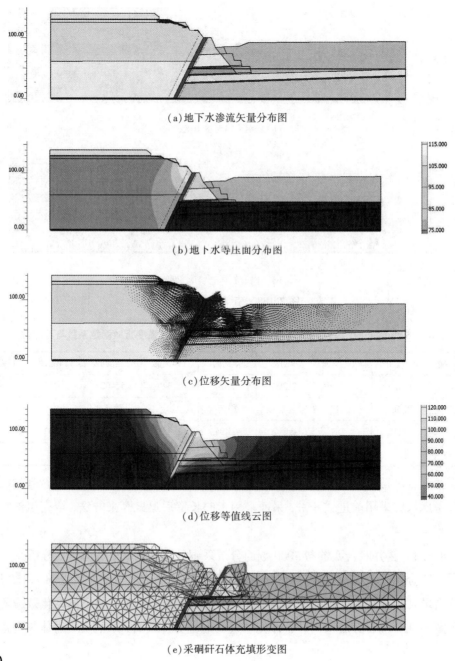

(a)地下水渗流矢量分布图

(b)地下水等压面分布图

(c)位移矢量分布图

(d)位移等值线云图

(e)采硐矸石体充填形变图

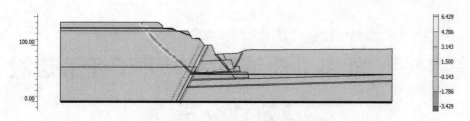

(f) 采硐矸石体充填剪应变滑移面分布图

图 7. 189　西端帮 5000 剖面边坡

综上所述, 露井联合端帮分层采硐膏体/矸石体充填分析主要结论:

① 露井联合端帮分层采硐膏体/矸石体充填边坡形变分析表明, 采硐上覆岩体临空边坡侧位移加剧, 内排压脚体变形破坏严重, 有失稳趋势。

② 露井联合端帮分层采硐膏体/矸石体充填边坡强度折减形变基本相同、边坡稳定性基本接近, 西南帮 4800、4600 和 7#剖面边坡稳定, 南帮 7#~17#剖面边坡稳定。

③露井联合端帮分层采硐矸石体充填边坡形变表明, 露井联合端帮分层采硐膏体充填有明显经济优势。

④露井联合端帮分层采硐膏体/矸石体充填方案可行, 可以在西段帮进行实验性开采, 也可以考虑采区采用前进式开采, 采面采用走向长壁后退式开采方法, 全充填法管理顶板。

⑤露井联合西端帮 5000 剖面端帮分层采硐矸石体充填进行实验性开采, 为进一步优化开采范围、工艺与程序提供依据。

第8章　紧邻工业城区露天井工开采边坡稳定性分析

依据抚顺西露天矿北帮边坡工程实例，系统分析边坡观测数据，结合数值模拟方法研究边坡的变形破坏机制和发展趋势，进行边坡稳定性动态评价，介绍治理工程及效果，希望能够对类似矿山边坡的失稳预测及变形控制研究起到一定的借鉴价值。

露天井工开采的过程中由于开采方法的差异性，造成边坡原地层被扰动——采动效应。通过露天井工联采或边坡采煤将压煤采出，使得边坡被采空区扰动。对于露天井工边坡分层充填开采造成的扰动，除了边坡采煤开采产生的采动效应外，还存在充填体逐层回填采空区时产生的充填效应，即产生多采动效应。根据各种开采方法对应的时空关系，这些开采方法的采动影响域中的一部分相互重叠，致使采动效应相互作用和相互叠加，表现为一种采动效应对其他平衡体系的干扰或作用，使得多种开挖体系之间相互诱发或相互制约，从而形成一个复合动态变化系统。在露天煤矿边帮资源开采过程中，采动效应引起边坡变形破坏和稳定性与一般边坡不同。针对采动效应下边坡变形破坏机理，相关学者进行了大量研究，主要涉及利用底面摩擦模型试验、数学模型、数值模型、微震监测等手段进行边坡变形破坏、应力变化、稳定性等方面研究。采用底面摩擦模型试验，研究了复合采动效应下边坡岩体变形破坏机理，建立了露天井工联采下急倾斜厚大矿体的岩体移动分析模糊数学模型，分析了露天井工采动边坡稳定性，通过采用数值模拟，揭示了露天转井工的围岩移动变形、应力分布和破坏机理。用相似模拟试验和数值模拟，发现露天井工开采的边界垂直安全高度是决定安全开采的主要因素，露天井工联采下水平煤层边坡岩体剪切破坏主要集中在采空区两侧的边坡脚位置。建立了露井联采下边坡稳定系数与最安全采深的数学模型，揭示了其力学变形机理，分析了最安全采深、上覆岩层位移规律及边坡保护煤柱宽度对岩层沉降范围的影响。分析了边坡变形过程中位移-时间特征，提出了露天井工联采逆倾边坡存在上升域、下沉域，圈定了井工开采对露天开采边坡影响范围。进行了不同顶柱厚度边坡高度下的底摩擦模拟模型试验，分析了边坡岩体变形破坏模式主要是采动边坡岩体向采空区拉裂、破断和滑移破坏。设计研究了不同井工工作面布置方向对露天开采边坡稳定影响规律，发现井工工作面与露天开采边坡面倾向平行布置时对边坡稳定性影响最小。研究了充填体变形与地下开采引起的边坡变形沉降量之间的关系，表明充填体弹性模量、泊松比均与边坡沉降量成反比，变形沉降量由坡顶到坡脚先增大后减小。采用数值模拟方法对膏体充填开采的边坡裂隙发育情况进行分析，发现采高对边坡稳定性影响最大。采用 FLAC^{3D} 分析了边帮压煤条带开采的采硐尺寸、煤柱参数及边坡岩体赋存条件等对边坡变形和稳定性的影响。表明在露天向井工开采的转变过程中,剪切破坏和拉伸破坏主要集中在采空区顶板。以边坡与井工工作面之间的夹角建立了数值模型,发现边坡和工作面之间的夹角为 $0° \leqslant \alpha < 90°$,边坡角的变化将随着夹角的增加而增加,边坡坡面长度减小速率将随夹角的增加而减小。提出了边坡反向滑动结构模型,研究了边坡上覆地层的运动规律和煤柱稳定性,揭示了非均匀动荷载失稳的机理。Wang 等利用物理模型评估了覆岩移动破坏对边坡稳定性的影响,表明大规模多煤层开采会加速覆岩移动和边坡变形破坏,对于扰动性较弱的单层煤层开采,应确定边坡开采扰动区域。此外,类似于边坡的沟壑下浅埋煤层开采覆岩移动变形破坏也取得一些进展。系统地分析了工作面推进方向,沟坡角和开采高度等因素对浅埋煤层开采下边坡变形机理的影响,在向沟壑的开采过程中,边坡岩层会水平滑动并分层旋转;在远离沟壑的井工开采过程中,边坡岩层以反向多边形旋转。发现在沟壑地形浅层煤层上坡段开采时,沟底关键层在非均布荷载作用下的旋转和断裂造成黏结梁结构无法稳定。提出了一种山谷地形下煤层上覆岩层应力场、位移场和破坏场分布的新方法,煤层的原位应力场受沟壑地形的影响,会引起滑坡、沟壑塌陷等地质灾害。表明浅埋煤层开采时,沿顺倾黄土边坡最有可能发生滑坡。研究了边坡下压煤层井工开采的上覆岩层与地表变形破坏规律,发现煤层浅部和深部开采的上覆岩层变形破坏规律不同,形成的"三带"存在明显差异。采用 3DEC 对边坡压煤井工开采全过程进行模拟,揭示了"关键硬岩层"与"关键弱层"耦合作用下露天井工采动边坡的变形破坏模式与典型失稳机理。利用 PFC^{2D} 对贵州省某煤矿高陡边坡不同井工开采煤层层数进行模拟,表明采空区经过坡脚后,多层开采加剧了边坡的沉陷和变形,边坡下沉时向前倾倒,边坡前缘地层从反倾角转变为顺倾角特征,且边坡的总位移远大于煤层的总开采厚度。通场检测、理论分析和数值模拟发现非均布荷载作用下沟壑下关键层的旋转破坏是造成地层强烈破坏行为的根本原因。建立了"非均匀分布荷载梁"结构模型,揭示了浅埋煤层和边坡角对开采裂缝间距的影响规律。

综上所述,研究促进了露天井工采动效应对边坡变形破坏机理方面的研究发展,然而以往研究主要针对露天井工联采边坡的采动效应。因此,总结露天开采边坡下井工分层充填开采采动边坡变形破坏的关键影响因素,分析顺倾、水平及逆倾煤层的分层充填开采边坡潜在破坏模式,构建分层充填开采采动边坡数值模型,分析采动过程中整体边坡、煤柱–充填体、采硐顶板的复合露天边坡应力场及位移场变化规律、变形破坏情况,揭示露天井工分层充填开采边坡稳定性变化规律显得尤为重要。

◆◇ 8.1 采矿工程条件

抚顺西露天矿是一座历史悠久、规模宏大的大型深凹露天煤矿(见图 8.1 和图 8.2)。露天矿位于抚顺市市区西部,南倚千台山北麓,北临浑河,矿坑北部境界与抚顺石油一厂、抚顺发电厂、水泥厂等企业相邻。目前，采场东西长 6.6km，南北宽 2.2km，采深约 400m。矿坑面积 10.4km²，三个排土场总面积 21.2km²，约占抚顺市市区面积的 27%。露天矿闭坑时最终深度：西部内排最低标高为-284m，东部-284m，中部-368m。已采出煤炭 26 亿 t，油母页岩 4.8 亿 t，剥离 16 亿 m³，为国民经济作出了重大贡献。该矿 1991 年完成了第五次技术改造，形成了"分区开采、联合运输、内部排土"的开采工艺系统（单斗挖掘机-铁道，单斗挖掘机-汽车-胶带运输机）。煤矿的最终矿坑对周边的环境影响是很严重的。此外，在露天矿坑以下及北帮边坡下曾有深部井和胜利矿进行过多年的大规模地下开采作业，使得露天矿北帮边坡几乎全部处于井工采动后的岩移扰动范围内。

图 8.1 抚顺西露天矿北帮边坡

图 8.2 抚顺西露天矿矿坑

（1）露天开采。抚顺西露天矿的露天开采作业集中在主向斜的南翼。抚顺西露天矿从 1984 年开始实施改扩建的设计方案，主要内容为"分区开采、联合运输、内部排土"。目前，采矿工程基本调整为"全区开采、分区开拓，联合运输，内部排土"，即以 E1000 为界，将矿坑分为东西两采区，实行采区搭配开采程序，采煤和剥离工作线沿煤层走向布置，并向倾向方向推进，开采后台阶采用 12m 高水平台阶，采煤方式为顶板露煤方式；剥离岩石采用单斗-铁道工艺，其中西区-176m，东西区-128m 水平以下采用汽车内排，采煤采用单斗汽车胶带工艺。露天矿开采最终西区（EW0 以西）采深标高为-284m，中区（EW0~E2000）为-368m，东区（E2000 以东）为-248m。闭坑前，内排土线由原有 4 条增加到 10 条，内排总容量达 86653 万 m³，从西向东（至 EW0 以西）能起到压脚护坡的作用，有利于边坡的稳定及减缓地面变形。露天矿闭坑时的最终帮坡角：西区 28°~31°，中区 30.5°，东区 31.8°。这是在有进一步的疏干排水措施，并达到预期减压效果基础上确定的。一旦终采闭坑，由于北帮坑向湿坑过渡，疏干排水系统逐步取消，边坡稳定状况必然日趋恶化，原有滑坡等灾害区域极可能复活，使露天矿地质环境也日趋恶化，变形、沉陷加剧，从而发生灾害，可以考虑东露天矿的开采，剥离物排至西露天矿内排保护城区。如图 8.3 和图 8.4 所示。

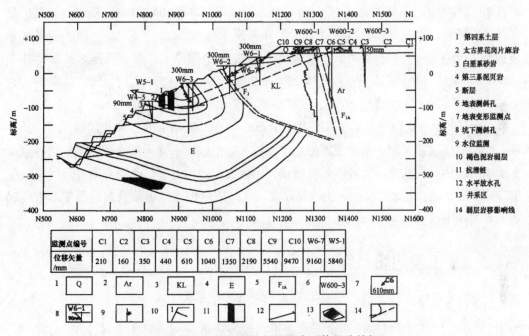

监测点编号	C1	C2	C3	C4	C5	C6	C7	C8	C9	C10	W6-7	W5-1
位移矢量/mm	210	160	350	440	610	1040	1350	2190	5540	9470	9160	5840

图 8.3　W600 剖面倾倒滑移变形体位移特征

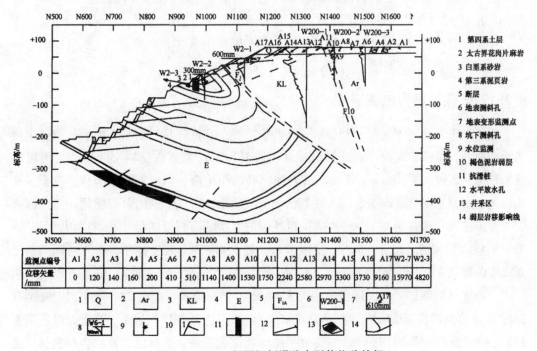

监测点编号	A1	A2	A3	A4	A5	A6	A7	A8	A9	A10	A11	A12	A13	A14	A15	A16	A17	W2-7	W2-3
位移矢量/mm	0	120	140	160	200	410	510	1140	1400	1530	1750	2240	2580	2970	3300	3730	9160	15970	4820

图 8.4　W200 剖面倾倒滑移变形体位移特征

（2）地下开采。在抚顺西露天矿坑以下及北帮边坡以下的向斜轴部，在本层煤中曾对深部井和胜利矿进行过多年的大规模的地下开采作业。两矿分界以 EW0 防水煤柱为界（W25～E75，100m 宽），EW0 以东为胜利矿，以西为深部井开采。在露天坑外西南端还进行过采粟子沟组岩层中 A 层煤的南昌井开采。1923 年前采用河沙充填。1923 年后各井工采煤区充填材料均采用水废油母页岩。其容重 1.5t/m³，孔隙率约为 45%。胜利矿自 1907 年开采，其矿井位于 E75～E4000 之间，与深部井由 EW0 煤柱隔开。胜利矿早期开采扩展到-100m 标高，但在以后几年开采限于标高-420～-650m 之间。各采区除447 区在 1986 年停采外，胜利矿各采区已于 1979 年全部停采。抚顺西露天矿深部井采煤以 EW0 煤柱与胜利矿分界，位于 W25～W1245、N545～N1040 之间，开采深度在-417～-100m 之间，始于 1952 年 10 月，1977 年 5 月全部停采。

由上述可见，抚顺西露天矿北帮几乎全部处于井工采动后的岩移扰动范围内，其结果不仅使原生裂隙开裂，也产生新的导水裂隙带，使边坡水文地质条件改变，同时也改变了原生岩体结构状况，使岩体强度降低，导致边坡岩体变形，已经对边坡及周边的稳定带来不良影响，由此引起的岩土体破损在一定时期内仍将对边坡及其地面变形破坏起到不利的作用。

◈ 8.2　工程地质条件

抚顺西露天矿北帮边坡由于受大气降雨、浑河水头补给，水文地质条件十分恶劣。20 世纪 90 年代以来，每年汛期由于水压影响致使边坡倾倒滑移组合体变形十分严重，不但影响矿山运输生产，而且严重威胁紧邻北帮地面工业建筑设施（抚顺石油一厂等）的安全。北帮从 90 年代开始发生边坡大规模的倾倒滑移组合体变形，影响之大、范围之广，对矿山生产和地面建筑物破坏之严重，在全国矿山系统非常罕见，从而引起国家各部委的高度重视。

8.2.1　矿区地质构造特征

抚顺煤田发育于浑河深大断裂带。该断裂在晚前寒武纪即已形成，中生代至新生代初活动强烈，断裂带附近存在明显波浪式沉降特征。在老第三纪整个断裂带大规模陷落，形成一系列含煤、硅藻土及油母页岩的碎屑沉积构造。就抚顺煤田范围内而言，地质构造的发育主要受成煤期后浑河断裂活动形成的水平挤压与走向牵引控制。而浑河断裂在煤田范围内表现为 F_{1a} 与 F_1 两条压扭性断层。抚顺西露天矿位于抚顺煤田西段，处于 F_1 断层牵引构造急剧发育部位，使位于 F_1 南侧的第三系地层被牵引形成不对称向斜及复式褶曲构造，向斜北翼岩层倒转，南翼岩层倾角平缓，如图 8.5 所示。

（1）F_{1a} 与 F_1 断层。① F_{1a} 断层。走向 80°～85°，倾向北西，倾角 70°～75°。W1300、+38 水平探巷揭露该断层破碎带宽度为 80m，上盘岩石为基底片麻岩系，下盘为白垩系玄武岩、砂岩及砂页岩等。破碎带主要由夹角砾断层泥构成，并有巨大片麻岩包裹体，说

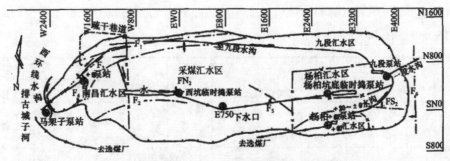

图 8.5　抚顺西露天矿主要构造与防排水系统平面图

明了其活动的多期性和活动性质变化。破坏带宽度西宽东窄,至辽宁发电厂厂区宽约 30m。F_{1a} 断层在北帮于 W1600 左右位于地面境界附近,向东以与矿坑走向 10°~15° 夹角远离矿坑,坑边石油一厂、发电厂厂区均坐落在该断层带上。断层上盘与断层带内的巨大片麻岩包裹体富含裂隙水。1986 年 W1300 上部白垩系水平放水孔穿透该层位时,涌水量约 150L/min,且经久不减。由于该断层的存在,地表厂区变形严重。②F_1 断层。走向 80°,倾向北,倾角 47°~52°,上盘为 F_1 白垩系龙凤坎组地层,下盘为第三系煤系地层。断层破碎带宽 20~30m,发育有断层泥、断层角砾层等。从揭露特征,断层倾角、走向与破碎带规模等综合判断,F_1 在深部与走向均呈与 F_{1a} 断层相交的趋势。实际上只是 F_{1a} 深大断裂下盘的一条分支构造。F_1 断层于 W1800,+9 平盘出露,至 E850 出坑,斜切北帮达 1650m。断层面力学性质调查与构造线组合至形式分析均说明断层上盘存在大幅度北东方向移动,断层破碎带随下盘岩性的变化宽度不一。W1200 以西,下盘岩石较脆(油母页岩和煤层),破碎带宽度较大(10m 左右),至 W1800 可达 50m,且角砾岩发育 W1200 以东,下盘岩石为绿色泥岩岩组,破碎带宽度较窄,但断层南翼岩层拖拉揉皱带宽度较大。受该断层控制,W1800~E1000 范围内的北帮上部边坡出现了不同程度的边坡变形与破坏问题。

(2)褶曲构造。北帮褶曲构造主要包括以下两个方面:①煤田牵引向斜:W1200~W200 反映在绿色泥岩层的轴线清晰,核部呈不对称状,北翼产状由倒转到直立过渡到高角度南倾,南翼产状平缓,W1000 以东轴迹仰起方向北东,仰起角 3°~4°,轴面产状 341.5°∠29°。煤层于 W1400~W200 呈倒转状斜交坡面出露完整。②复式褶曲:发育于牵引向斜南翼的绿色泥岩层中,由 W400 向东至 E1800,发育较连续完整次级向斜三条,次级背斜二条,轴线方向大体与煤田牵引向斜一致;呈斜列式展布。

8.2.2　矿区地层岩性组成

抚顺煤田为一套新生代老第二系内陆沼泽相沉积地层。煤田内地层系统包括太古界鞍山群,下白垩统龙凤坎组,老第三系抚顺群和第四系。前两者构成煤田基底和下部地层,抚顺群各组赋存于煤系向斜核部和两翼。由于地质构造作用,北部的太古界鞍山群与下部白垩统分别沿 F_{1a} 和 F_1 断层仰冲,与煤系地层呈断裂接触。根据露天矿边坡岩土体部分工程地质性质的差异及特征,考虑矿山开挖特点,同时为了便于研究边坡岩土体的移动和变形,将研究区的岩土体按地质年代从新到老划分为如下工程地质空间组合单元,如图 8.6 和图 8.7 所示。

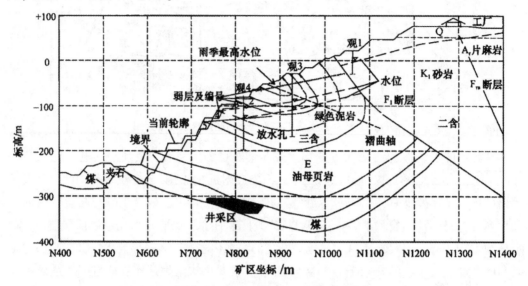

图 8.6　W600 工程地质空间组合图

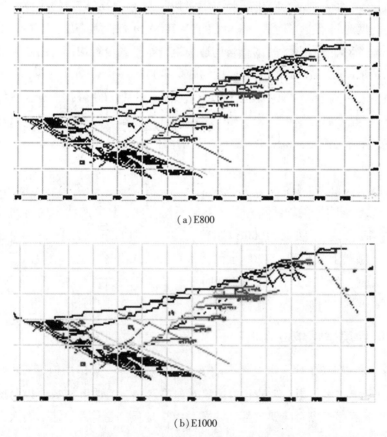

(a) E800

(b) E1000

图 8.7　E800~E1000 工程地质空间组合图

8.2.3　矿区北帮西区边坡工程地质特征

抚顺西露天矿北帮工程地质条件比较复杂，在北帮上部和厂区南部有 F_{1a} 和 F_1 逆断层通过，均为压扭性逆断层。F_1 断层上盘为白垩系岩层，下盘为第三系岩层。F_{1a} 断层上盘为太古界鞍山群的花岗片麻岩，下盘为白垩系破碎砂岩。F_{1a} 和 F_1 之间形成一个由内垩系岩层组成的倒三角岩体，其边界均有软弱的断层泥和断层角砾岩。

在 F_{1a} 与 F_1 断裂构造作用下，北帮地层产状和岩体结构受到剧烈影响；使位于 F_{1a} 与 F_1 之间的白垩系岩体严重受剪，岩体破碎，裂隙发育，呈碎裂结构；使位于 F_1 南侧的第三系地层被牵引形成不对称向斜及复式褶曲构造，向斜北翼岩层倒转，南翼岩层倾角平缓，加之绿色泥岩中夹有多层软弱褐色页岩，有的已形成泥化夹层(如图 8.8 所示)。

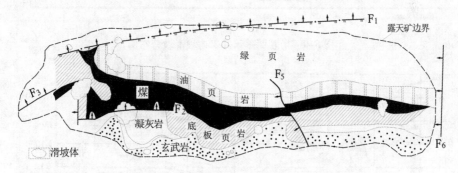

图 8.8　抚顺西露天矿地层分布平面图

8.2.4　采场边坡滑坡

露天矿采场边坡的变形破坏对正常生产和周边环境会产生很大影响。20 世纪 50 年代建设、生产的主要露天煤矿大多发生过边坡滑坡，有些矿还比较频繁。滑坡给矿山的生产和矿坑周边设施的安全带来了严重的威胁，造成了巨大的经济损失。据统计，抚顺西露天矿 1929 年至 1949 年滑坡清理外运量约 2100 万 m^3；1949 年至 1986 年约 6500 万 m^3；至今累计清帮外运量已接近 1 亿 m^3。滑坡涉及了南帮(底帮)、西端帮、西北帮和北帮东部。

在矿山开采过程中，由于矿山生产、地质构造复杂、岩性变化大等一系列因素影响，发生过许多地质灾害，不仅给露天矿本身，而且给周边的企业、建筑物等带来一系列的重大问题。截至 1996 年抚顺西露天矿发生地质灾害 70 余次，滑坡体积 2000 万 m^3。例如，北帮 E800 滑坡造成露天矿运输干线停运、线路切断、平盘埋没，剥离运输停顿达半年；西端帮泥石流滑坡冲垮两个水平内部排土线，使内排作业停止；东南帮滑坡造成干线停运、掩埋线路、压煤停产；北帮 E1000 沉陷滑移变形使地面兴平路沉陷断裂和矿务局电铁客货运输中断停运，变形面积达 12.88 万 m^2；大规模的北帮 W200～W800 倾倒滑移组合体变形，造成抚顺石油一厂部分工业设施和建筑物严重破坏，如图 8.9 和图 8.10

所示，表 8.1 列出了抚顺西露天矿典型的滑坡。

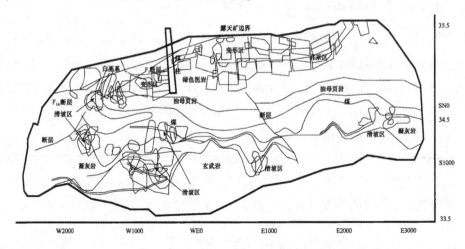

图 8.9　抚顺西露天井工边坡滑坡分布图

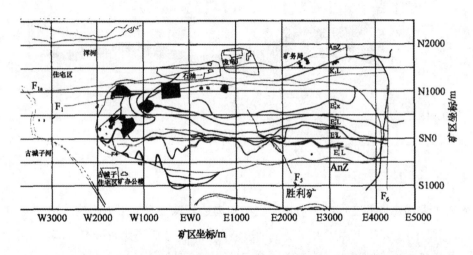

图 8.10　抚顺西露天矿北帮西区倾倒滑移与中区沉陷滑移变形破坏图

表 8.1　抚顺西露天矿典型滑坡表

地质灾害名称	时间	体积/万 m^3	区间	危害
西部出车沟滑坡	1953	40	西北帮区	破坏 3 个采掘平盘
老四号滑坡	1955	60	南崩岩区	12 段和 16 段采煤工作面及运输铁路被埋
南机电厂滑坡	1964	105	南崩岩区	南机电厂区大部分滑落，工厂被迫拆迁
W700 滑坡	1979	129	南崩岩区	10 条干线，4 条采掘线均被切断
北帮 E800 滑坡	1987	52	北帮东部	滑落体将 28 干线 3 条线路及平盘水沟切断，将 12 段平盘全部淹没。使北帮剥离运输陷于停顿状态达半年之久，造成的经济损失巨大，估计达 6000 万元

表8.1(续)

地质灾害名称	时间	体积/万 m³	区间	危害
西端帮泥石流	1993	20	西端帮区	泥石流冲垮了-81m及-108m水平的内部排土线,造成铁道悬空、变形,使内部排土作业停止。造成的经济损失估计可达5000万元
北帮 E1000 沉陷滑移变形	1993—1994	12.88	北帮东区	导致 14 段站场被埋,7 段、28 干线运输中断,地面兴平路沉陷变形严重,局矿客货电铁停运。直接经济损失估计达 12000 万元
北帮 W200～W800 倾倒滑移变形	1986 至今	2	北帮西区	露天矿北帮西区边坡随着加陡到界,从 1986 年开始发生大幅度、大规模的倾倒滑移变形,使露天矿生产受到严重影响,并波及地面,影响距离约 500～700m,造成地面境界处部分工业设施和民用建筑物严重破坏。到 1996 年国家已投入数亿元资金进行边坡治理。目前变形仍在发展,并有增大的趋势

◆◇ 8.3　水文地质与防排水

8.3.1　北帮冲积层水文地质条件

(1)降雨河流影响冲积层水文地质条件。抚顺西露天矿位于北面浑河河床与南面丘陵山地所夹的狭长平原带上,地形较缓、地势较低,地面标高在+70～+80m,总趋势是东北略高,西南略低,地形坡度为2‰左右。由于受海洋性气候影响,空气湿润、雨量充沛,年降雨量为460～1135mm,平均降雨量880mm,大部分在夏季七八月份以暴雨形式出现,最大日降雨量为185.9mm/d,最大连续降雨量263.5mm,平均蒸发量为965.9mm/a。抚顺露天矿北帮冲积层上部多被厚约17m的人工堆积物覆盖,渗透性强,在北帮地面的径流条件下,大部分渗入北帮冲积层中。

抚顺露天矿坑地表水系北有浑河、西有古城子河。浑河由东向西横贯抚顺,水力坡度1.2%左右,矿坑北部区段内水位标高通常为+68～+69m,洪峰季节最高水位可达+75m,最大流量2700m³/s,最小流量350m³/s。北帮冲积层底板低于浑河常年水位3～10m,矿坑距浑河最近距离100m,北帮与河床之间冲积层连续分布,基底以约2‰的坡度缓向矿坑,使浑河成为定水头充水补给源,冲积层地下水位随季节波动幅度不超过1m。古城子河位于矿坑境界以西,河床宽50m左右,最大流量为8.6m³/s,最小流量0.8m³/s,由南向北汇入浑河。

(2)北帮冲积层水文地质条件。冲积层分布于矿坑的北帮及西帮,底板标高为+58～+66m,基岩顶面由北东东向南西西平缓降低。冲积层厚 11.78～35.57m,平均 17.5m,

由上、下两部分组成。上部由人工填土、充填碎石及不稳定分布的黏土、亚黏土透镜体组成，厚9.3~25.4m，一般6~14m；下部由磨团很好的卵石、粗砂及细砂组成，厚2.48~10.17m，一般7~9m，下部含水层在E2000以东尖灭、消失，所以北帮冲积层以E2000为界分Ⅰ、Ⅱ两个类型。其中E2000以西渗透系数$K=3\times10^3$m/s，单位涌水量$q=17.67$~24.77L/（s·m），影响半径$R=51.7$~254m。

北帮冲积层与浑河河床毗邻，含水层连续分布，直接受浑河定水头补给，水力联系密切。古城子河河床与矿坑西端帮最近处为150m，河床潜水沿冲积层或古城子河旧河道亦可渗入矿坑。此外，北帮上部的发电厂、石油一厂、水泥厂等企业和周围居民也以明沟暗渠将部分工业、生活污水排、渗入冲积层中。被北帮冲积层覆盖的基岩含水单元有太古界鞍山群片麻岩构造裂隙含水单元、白垩系砂砾岩构造裂隙含水单元、E1000以东的第三系绿色泥岩上部构造裂隙水单元。这些基岩水单元由于基岩风化带的厚度、构造裂隙的发育程度、基岩顶板的标高等因素而不同程度地受到冲积层的越流补给，发生水力联系。北帮冲积层地下水总径流方向与基底缓坡指向相同，排泄方式有沿矿坑揭露的基岩接触面自然溢流、冲积层疏干井群截排、越流排渗给下伏基岩水单元、地表自然蒸发。北帮冲积层疏干工程除疏干巷道和疏干井群外，沿帮建有截水沟由东岗向西流入大官暗渠，已形成了较完整的截排系统。

（3）北帮基岩水文地质条件。①北帮基岩水文地质参数：北帮基岩地层由老到新主要有太古界鞍山群片麻岩、中生界下白垩统龙凤坎组砂岩、砂砾岩、凝灰质粉砂岩及玄武岩；下第三系抚顺群凝灰岩、煤、油母页岩、绿色泥岩。鞍山群片麻岩为F_{18}断裂上盘组成部分，构造裂隙极发育，虽缺少试验资料，水文地质参数不详，但85062号水平放水孔穿入该岩层时，水量骤增，达15.7L/s，历时两个月水量不减，说明该岩层渗透性、赋水性均良好。下白垩统龙凤坎组砂岩、砂砾岩、粉砂岩位于F_1断裂与F_{1a}断裂之间，平均厚250m，受构造影响，岩层裂隙发育，破碎。1982年的试验工作测定其渗透系数$K=3\times10^{-7}$~1×10^{-6}m/s。抚顺群凝灰岩为煤层底板，主要分布在南帮和西端帮，平均厚65m，有软质、硬质凝灰岩之分，硬质凝灰岩据南帮水文地质试验资料，$K=1\times10^{-7}$m/s，影响半径$R=28$m，软质凝灰岩因含蒙脱石，吸水易软化，导水性能降低。

本层煤为主采煤层，裂隙发育，平均厚55m，1982年国外设计中曾有估计值，顺层理方向$K=10^{-6}$m/s，西北帮A层煤水文试验资料可以参考比照，其渗透系数$K=1\times10^{-7}$m/s，影响半径$R=27$m。油母页岩覆于本层煤之上，平均厚118m，1982年国外设计中有估计值，顺层理方向$K=3\times10^{-7}$m/s，垂直层理方向$K=10^{-7}$m/s。绿色泥岩覆于油母页岩之上，为北帮边坡的主要组成部分，厚度在120~530m，层间发育约30层褐色页岩夹层，部分褐色页岩层中还夹有泥化层，起相对隔水作用。绿色泥岩渗透系数$K=2\times10^{-7}$~2×10^{-6}m/s。

②断裂构造对基岩水文地质条件的影响：北帮基岩分别为两条深大断裂F_1及F_{1a}所切割。F_{1a}断裂走向N80°W，倾向N10°W，倾角70°，压扭性断裂，断裂破碎带宽80m，由

黑灰色断层泥夹构造角砾组成，隔水性能良好。F_{1a}断裂走向近东西，倾向北，倾角 50°，压扭性断裂，断裂破碎带西宽东窄，数米到数十米不等，主要由紫红色断层泥组成，隔水性能良好。F_{1a}以北为太古界鞍山群的片麻岩；F_{1a}向南到F_1间为白垩系的砂岩、砂砾岩。F_1以南为第三系的凝灰岩、煤、油母页岩和绿色泥岩，受F_1逆推作用，靠近F_1断裂的部位形成牵引向斜褶曲，部分地区向斜北翼倒转。这样，F_1、F_{1a}将北帮基岩划分为三个大的水文地质单元，即F_{1a}以北的鞍山群；F_{1a}至F_1间的白垩系；F_1以南的第三系。

③井工采动对水文地质的影响：抚顺西露天矿坑北帮边坡下部的井工采煤区，以EW0 防水煤柱为界，EW0 以东为胜利西露天矿深部井井工采煤区。胜利矿自 1907 年开采，1979 年停采，采区位于 E75~E4000、N600~N1100 之间，早期开采扩展到-100m 标高，但在其后的开采限于标高-420~-650m 之间，20 多个采区几乎全部为走向长壁法开采，水砂废油母页岩充填，充填体压缩率为 32%，直接下沉率为 35.4%。胜利矿井累计开采煤层厚度 45~60m，平均累计采厚 50m。抚顺西露天矿深部井 1952 年开采，1977 年全部停采，采区位于 W25~W1245、N545~N1040 间，井采深度在-417~-100m 间，除东区下二路及中区下二路采区为高落法开采无充填外，其余均为走向长壁法开采水砂废页岩充填。抚顺西露天矿深部井累计开采煤层厚度(真厚，以下同) 30~60m，平均累计采厚 35m。

(4) 导承裂隙带高度的确定。抚顺西露天矿北帮边坡下的井工开采绝大部分为水砂废油母页岩充填，三带中的冒落带不发育，而导水裂隙带、整体移动带尤其是导水裂隙带由于带内的原有断裂构造发育及边界上存在F_1这样的巨型断裂而发展得更完全。理论上，导水裂隙带在垂剖面上又可细分为严重断裂、一般开裂和微小开裂三部分。严重断裂：大部分岩层为全厚度断开，但仍保持原有的沉积层次，裂隙间的连通性好，漏水严重，钻孔观测时，冲洗液漏失量大于 1.0L/(s·m)。一般开裂：岩层在其全厚度内未断开或很少断开，层次完整，裂隙间的连通性较好，漏水程度一般，钻孔观测时，冲洗液漏失量为 0.1~1.0L/(s·m)。微小开裂：部分岩层有微小裂隙，基本不断开，裂隙间的连通性不太好，漏水性微弱，钻孔观测时，冲洗液漏失量小于 0.1L/(s·m)。

由于煤层上覆的油母页岩和绿色泥岩为中硬岩，采后顶板的下沉过程发展得慢但比较充分，导水裂隙带的顶点可近最大值。1989 年 5 月以来，对北帮井采区上覆岩层施工的钻孔逐个进行了钻进冲洗液的漏失观测，见表 8.2。

表 8.2　钻进冲洗液的漏失观测

钻孔号	孔漏点标高/m	孔漏点至煤层顶板间距/m	累计采厚(真厚)/m	裂高/采厚
89 观 3(W600)	-70.39~-93.61 (始漏)(中止循环)	270~240(垂向) 257~232(法向)	31	7.74(垂向) 7.50(法向)
89 观 5(W400)	-88.21 (完全渗漏)	280(垂向) 262(法向)	38	7.36(垂向) 6.89(法向)

表8.2(续)

钻孔号	孔漏点标高/m	孔漏点至煤层顶板间距/m	累计采厚(真厚)/m	裂高/采厚
89072(W800)	−102.65~−141 (始漏)(中止循环)	185(垂向) 177(法向)	30	6.16(垂向) 5.90(法向)
89079(W200)	−112.01 (中止循环)	244(垂向) 221(法向)	38	6.42(垂向) 5.81(法向)
90017(W200)	−104.89 (中止循环)	290(垂向) 265(法向)	35	7.83(垂向) 7.16(法向)
90035(W500)	−65.99~−87.89 (中止循环)，(中止处理 后循环)	270(垂向) 267(法向)	35	7.71(垂向) 7.63(法向)
90032(W300)	−114.61 (中止循环)	307(垂向) 288(法向)	38	8.08(垂向) 7.58(法向)

钻进过程中使用的泥浆泵型号为 TBW250/40 或两台同时使用的型号为 120/20 的泵，中止循环点的漏失量均大于 0.1L/(s·m)。表8.3实测点的裂高与采厚比一般在6~8，这与全国部分井工煤矿统计结果，即充填法开采的裂高与采厚比为6~8相吻合。

表8.3　岩体地下水疏干参数

岩层	S_4/m^{-1}	n	K/(m·s^{-1})		C_v(有界)/(m^2·a^{-1})		C_v(无界)/(m^2·s^{-1})		备注
			顺层	切层	顺层	切层	顺层	切层	
第四系冲积层	1×10^{-5}	0.1000	1×10		100		0.100		不存在切层
白垩系砂页岩	3×10^{-6}	0.0010	3×10^{-7}		0.10		0.003		不考虑层理
第三系绿泥岩	3×10^{-6}	0.0010	2×10^{-7}~2×10^{-6}	10^{-8}	1.00	0.0030	0.030	0.0001	
第三系油母页岩	3×10^{-6}	0.0001	3×10^{-7}	10^{-9}	0.01	0.0003	0.003	10^{-5}	
第三系煤	1×10^{-6}	0.0100	10^{-7}~10^{-6}		0.30		3×10^{-3}	3×10^{-4}	
第三系凝灰岩	3×10^{-6}	0.0030	10^{-7}		0.100		0.001		
第三系玄武岩	3×10^{-6}	0.0001	10^{-8}		0.003		0.001		
矿井回填废页岩	1×10^{-5}	0.2000	10^{-3}		100		0.050		

8.3.2　北帮边坡径流、排泄条件

北帮基岩边坡地下水总径流方向是自北向南，通过边坡临空面蒸发和排泄。片麻岩和白垩系含水单元除通过 F$_{1a}$ 和 F$_1$ 断裂越流排泄外，部分水平放水孔穿入该两单元也成为其排泄通道。导水裂隙含水单元因与井工老巷连通，其径流、排泄均指向老巷。W1000、W950 等处在 −200m 水平拉沟时，老空巷出水，除经揭露的老空巷排泄，在下部

平盘坡面上也见有泄水点。EW0 防水煤柱以东，由于胜利矿井工泵站抽排，其导水裂隙含水单元的排泄条件优于西区。依据北帮基岩水文地质单元的划分和补径排条件，北帮水文地质模型：北帮西区地表浑河和冲积层为补给边界，补给 F_1 上盘的白垩系构造裂隙水单元形成高水头，通过 F_1 断层越流补给和冲积层直接补给两种方式补给 F_1 断层下盘绿色泥岩上部构造裂隙水单元，组成北帮边坡的绿色泥岩上部构造裂隙水单元沿坡表向坑内排泄。资料表明，F_1 断层越流补给量逐年增大，绿色泥岩上部构造裂隙水单元水头不断增高，原因是北帮边坡倾倒滑移组合体变形的发展导致 F_1 断层隔水性不断减弱，越流系数不断增大，形成白垩系构造裂隙水单元的定水头补给。

8.3.3 矿区地下水疏干与防排水

露天矿坑汇集水的来源有大气降雨、浑河补给源、古城子河床潜水、杨柏河旧河道渗水等，每年汇水量可达 2000 万 m^3。为合理拦截疏导该范围内地表水，在南、北地面设两条截水沟，即北部沿帮水沟由东岗向西流入大官暗渠，南帮沿帮水沟，由注砂井向西流入古城子河。坑下不同水平设永久和临时性水沟，分别流向各泵站，形成了比较完整的排水系统。

(1)疏干巷道工程。西北帮 W1800~W1000 的 +35m 水平疏干巷道。在巷道内采用垂直和仰角放水孔放水，疏放冲积层孔隙潜水，兼疏放白垩系岩层裂隙水，总工程量1572m，自 1986 年施工，至 1989 年完工。

(2)疏干井工程。①冲积层疏干井：1981 年西北帮一段站区严重变形，1982 年于W1200~W1900 建造冲积层截排疏干井 16 眼，工程量 405.2m，当年 7 月使用，截至 1988年 9 月共排水 576 万 m^3。1987 年 4 月—1988 年 4 月，于 W950~E1400 区间，建造地面冲积层疏干井 46 眼，进尺 891.1m，至 1988 年 9 月，共排水 238.7 万 m^3。②基岩疏干井：为疏放基岩白垩系裂隙水，1987 年 5 月始，在北帮沿 7~28 干线北侧的 W600~E800区间，建造基岩疏干井 22 眼，进尺 658.7m，同年 7 月排水，至 1988 年 9 月，共排水 32.5万 m^3。③水平放水孔工程。水平放水孔以仰角 3°~5°，孔径 89mm 塑料眼管为结构。为疏放北帮基岩白垩系及第三系边坡中水，自 1984 年以来，在 W1800~E1300 水平以上打孔 308 个，进尺 37997m；1989 年在 -33m 水平，W200~E200 打孔 63 个；-44m 水平，W200~W750 打孔 36 个；1990 年在 -140m 水平，W200~W800 施工 7 组，进尺 3100m。水平放水孔放出的水，经由主干输水管成明渠流向泵站。④垂直放水孔工程。1988 年以来，在 W200~W800 分别施工垂直放水孔 6 个，进尺 1437.6m，由绿色泥岩边坡向下穿过油母页岩进入老空巷。

8.3.4 北帮边坡疏干放水现场测试

北帮 W200~W600 现场测试：1988 年 8—11 月，在 W600 剖面位置施工垂直放水孔的同时，在垂直放水孔附近打观测孔 10 个，进尺 262.32m，平均孔深 20m，由于采掘推进，所打 10 个孔至次年初观测时尚余 6 个，表 8.4 为观测结果。

表 8.4　垂直放水孔观测结果　　　　　　　　　　　　单位:m

孔号/坐标	88059 W6000.796 N874.312 -52.981	88060 W600.877 N883.329 -52.551	88062 W610.274 N874.880 -53.101	88063 W630.636 N876.845 -54.011	88064 W591.588 N872.939 -82.851	88065 W573.270 N876.112 -52.639
观测日期 1989 年 1 月 21 日	13.02	埋掉	无水	8.61	无水	7.29
观测日期 1989 年 2 月 28 日	13.15	埋掉	无水	8.69	无水	7.41

　　1989 年在 W600、W400 剖面施工水压观测孔 5 个，进尺 750.67m，即 89 观 1 孔、89 观 5 孔，观测结果见表 8.5，以监测绿色泥岩深部边坡中地下水压变化。其中 89 观 3 孔竖管式和 89 观 3 孔埋入式水压计水位观测曲线跌宕。89 观 3 孔竖管端头位置与 89 观 3 孔水压计头标高虽不同(-150、-124m)，但同处于第三系导水裂隙水单元中，水位曲线呈现良好的同步性及相似性，水压计观测数相对滞后。1990 年 5 月份后，竖管被变形错断，无法再进行比较分析。W400 的 89 观 5 孔自 1989 年 10 月建立并开始观测，在一个月的时间内水位迅速逼近 W600 的 89 观 3 孔竖管水位，虽然此后 89 观 5 孔由于竖管变形无法进行准确测定，但其后的几次粗测估定，仍与 89 观 3 孔竖管水位保持同步，这表明导水裂隙带内具有良好的水力连通性。1988 年在 W1800-E1300 的 -16m 水平以施工水平放水孔 6 组，1989 年 W200~E200 的 -33m 水平、W200~W750 的 -44m 水平施工水平放水孔 8 组。1990 年 4 月中旬，在北帮 W600~W800 的 -140m 水平施工水平放水孔 5 组，孔深 160~210m，均穿入导水裂隙带内，初始测量每个单孔平均涌水量为 $102m^3$/min。W600 观 3 孔水压计 5 月开始的水位观测显示水位迅速下降，至 10 月份逐渐稳定形成第二个台阶。疏干试验表明，以 -140m 水平穿入导水裂隙带内的疏干效果最为明显，疏干影响半径最大可达 115m。这表示，利用导水裂隙带内良好的水力连通性，只要有足够的疏干量，可以产生很大的降落漏斗，使北帮边坡第三系深部向斜核部的水压迅速降低。

　　为确定北帮边坡岩体渗流特性及水压分布特征，在 E550 和 E1500 共设置水压监测孔 21 个，水平放水孔 1 个，同时进行岩体结构面测试，现场试验结果表明：边坡岩体坡表以下 50m 深度以上渗透性良好，适合水平放水孔自然疏干，50m 深度以下渗透性显著降低，水平放水孔难以疏干边坡深部岩体的静水压；水平渗透性大于垂直渗透性，边坡水位以下水压力为静水压力的 76%。现场水文地质测试初步认清了岩体水压分布特征和疏干过程的水压动态变化规律，为渗流作用下边坡动态稳定性分析及疏干排水设计提供了科学依据。

表 8.5　水压观测结果统计　　　　　　　　　　　　　　单位:m

孔号/坐标 水位/m	89 观 1 W6000.001 N1061.450 +24.618 管端头-50.382	89 观 2 W597.922 N927.489 -29.626 管端头-205	89 观 3 W603.304 N927.390 -29.360 管端头-150	89 观 3 水压计头-124	89 观 4 W501.161 N818.180 -80.503 管端头-174	89 观 5 W400.113 N933.989 -27.874 管端头-222
1989 年 6 月 13 日	4.188					
7 月 7 日	4.588					
7 月 19 日	4.288					
8 月 15 日	-2.102	-79.726 处管变形 -90.551				
8 月 27 日	-1.872	-27.456				
8 月 28 日		处管变形				
8 月 8 日	-2.532	-91.276/				
9 月 22 日		-90.966				
10 月 18 日			-89.43			
10 月 21 日			-93.21			
10 月 23 日			-94.04			
10 月 25 日			-94.75			-45.774
10 月 28 日			-94.71	-79.72		-51.494
10 月 31 日			-95.11	-85.51		-54.614
11 月 6 日						
11 月 14 日	-2.542		-95.71	-87.59		-62.334
11 月 21 日	-2.572	-90.626		-88.19		
12 月 4 日	-2.532	-91.076	-96.12	-88.62		-91.524
12 月 9 日			-96.32			-96.464 管弯
12 月 11 日						
12 月 21 日				-89.09		
			-97.46	-89.40		
			-97.56		-91.00	
					-91.32	
1990 年 2 月 21 日					-99.30	
3 月 9 日			-98.26			
3 月 10 日					-101.103	
3 月 24 日			-97.86	-88.17		
5 月 9 日			-106.26	-107.41	-106.363	
6 月 11 日			管变形卡住	-118.00	-110.743	
8 月 4 日			干管	-115.75	-115.983	
10 月 31 日				-117.51	-122.353	

注:-13m 以下为浆砂充填。

◈ 8.4 北帮边坡变形破坏分析

8.4.1 边坡变形破坏

抚顺西露天矿北帮西区倾倒滑移组合体变形的部位受地质构造和采矿条件的限制，主要发生在 E600~W1000、N850~N1500 范围内，变形体由倾倒和滑移组合体两部分体组成。倾倒滑移组合体变形体的 W200 地区变形破坏出现于 1985 年 6 月，首先在 W50~E150 范围内的 28 干线平盘出现裂缝。至同年 10 月，干线北移后，在 W50~E100 范围内，28 干线平盘坡肩处发生垮落，垮落宽度 10~20m。到 1986 年 7 月，变形裂缝扩展到上部地表，距坑边 50m 处的公务段办公室内产生裂缝。与此同时，坑内 12 段（16m 水平）以上的绿色泥岩边坡出现大面积的变形，1987 年 1 月，地表裂缝增至 3 条，东西方向由 W300 延展到 E100。1987 年 2 月，以 W200 为中心的变形加剧，28 干线平盘水沟错断，直至 1987 年 4 月，变形渐趋缓和。此次破坏最终使 28 干线平盘产生水平位移 5.3m，垂直下沉 2.9m，最大位移速度（1987 年 2 月 2 日—1987 年 2 月 25 日）：水平位移 394.20mm/d，垂直位移 76.7mm/d。在绿色泥岩边坡中发生倾倒变形的各台阶的平盘上和台阶面上均出现呈北东向展布的南高北低的裂沟，裂沟顶部的高差可达 1~2m，宽达 1m 左右，可见深度在 1m 以上，见图 8.11。

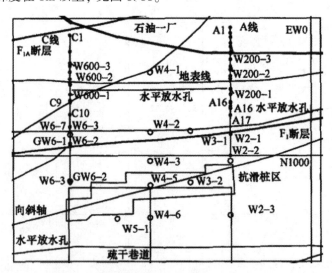

图 8.11 边坡地面位移观测和地下岩移监测

裂沟的展布方向与岩层走向一致，裂沟的位置均发生在褐色页岩赋存的部位，裂沟之间的距离多在 5~10m。当台阶坡面上出现裂沟时，将原来紧贴在坡面上的人行木梯推离坡面，木梯的顶端悬空。1987 年 7 月，在 W200 剖面牵引主向斜南翼的大坡道处设置了 87-监 3 孔，用来观测边坡岩体深部的位移。该孔竣工后，仅观测两次，时间间隔半月，导管即于孔深 6m 处被错断，被迫终止观测。该监测孔的孔深 6m 处存在一层厚为 0.9m 的褐色页岩层；该深度处的导管被错断，说明沿这个褐色页岩层已发生顺层滑移变形。产生顺层滑移变形的动力来自倾倒段岩体的推压，这样，牵引主向斜南北两翼的岩体便形成了倾倒滑移组合体变形体。倾倒滑移组合体变形体的 W600 地区的倾倒变形的发展较 W200 地区来得晚，其部位也较 W200 低。1988 年 3 月 20 日，W600 剖面附近的绿色泥岩边坡进镐，在向斜核部(46~68m 水平)进行采掘，随即引起 7 段和 12 段产生明显变形，大坡道(-27m 水平)处出现倾倒变形所产生的裂缝多达 14 条。经过露天矿及时采取有效的工程措施，终于控制住倾倒变形的进一步发展，保障了大坡道和 7 段干线的运输安全。所采取的工程措施有：停止在向斜核部的采掘工程；在大坡道处施工水平放水孔的疏干减压工程；在绿色泥岩边坡中作为应急之需，自下而上安排适量的回填压脚工程；在大坡道外对段坡采取锚杆加固工程。此后该区段经历了时间段较长的稳态变形阶段，在经历了 4 年的稳态阶段后，从 1992 年开始进入加速阶段，加速变形阶段的特点是年均位移速度逐年增大。1996 年后又进入新一轮的稳态阶段。与地表变形相对应，北帮地表石油一厂建筑的破坏情况也具有在某些年破坏较重及破坏数量较多的特点。建筑物的破坏可大致分为三个阶段：20 世纪 60 年代大量建筑物被破坏，这主要是由当时的井工开采所造成的。第二次较大的破坏主要集中于 1975—1976 年初。在这一阶段建筑物出现严重破坏。第三次较大的建筑物破坏出现在 1985—1987 年初。石油一厂厂区内对不同的建筑物分别实施了纠斜和加固工程，但个别地段、构筑物仍有不同程度的变形产生，直到 20 世纪 90 年代治理工程的实施。

8.4.2 西北帮边坡变形破坏分析

变形监测是研究中极为重要的环节，目的在于及时掌握岩土变形状态，为稳定性分析、监测施工过程的安全性及效果评价提供数据并反馈信息。监测工程的建立将最大限度地服务于防治对策的制订，同时又最大限度地指导着防治对策实施。抚顺西露天矿和石油一厂为边坡稳定和安全生产，布置了较为完备的监测系统，采用了多种监测手段对地表、岩土体深层变形等进行了全面监测。

抚顺西露天矿北帮西区边坡从地面石油一厂到坑底高达 400m，布设大量地表观测点和多个地下岩移倾斜孔，其中研究区主要有石油一厂观测线，主要设置在矿坑周围的地面上，即垂直于边坡平盘和易于长期保存的地段。观测点用预制水泥或大口径钻孔下管灌注水泥砂浆等埋设。观测使用的仪器有测距使用的 DI-5 红外测距仪及测水平使用的 007 水准仪。为了掌握深部岩体的变形动态、变形深度，又在 W200、W600 等剖面分别安设了监测桩，首先是形成钻孔，然后在钻孔安设刻有槽滑道的聚乙烯管，用 PSH-1 型双向伺服加速度计测斜仪定期进行监测。下面根据地面地下岩移观测数据分析边坡变形特征和发展规律。

8.4.3　边坡岩体变形特征

(1)边坡表面和地面变形特征。露天矿地面厂区地基坐落在北倾的夹持在 F_{1a} 与 F_1 断裂间的岩体上，呈倒三角形岩体俯卧。在 F_1 南侧的呈倒转向斜的第三系岩层上面，它们共同组成一个巨型的倾倒体。倾倒滑移组合体从 1990 年开始发生大规模变形，到 1997 年累计变形量十几米，之后随着大范围的治理工程实施，变形有较大幅度减缓。根据厂、矿联合观测的 A(W600 剖面)、B(E400 剖面)、C(W200 剖面)观测线长达 12 余年的观测成果，可将地表变形特征归纳如下。①沿东西方向的地表变形特征：A、B、C 观测线各测点的位移历时曲线表明，A 线测点的水平位移量最大，达 6200mm 以上，下沉量亦达 4800mm 以上；C 测点的水平位移量达 3900mm 以上，下沉量约达 3100mm；B 线测点的水平位移量约为 320mm，下沉量约为-380mm。表明倾倒滑移组合体变形区的地表变形主要在 W200~W600 地段。②沿南北方向的地表变形特征：地表变形自南向北逐渐减小；在 F_1 断层带处的下沉曲线显示凹谷，如 A-9 点、B-4 点、C-7 点。C-7 点处的下沉曲线的凹谷自 1991 年以来逐渐拉平，而 A-9 点和 B-4 点处的下沉凹谷却逐年发展。这与 F_1 断层带距露天矿边坡的距离有关，C-7 点距坑边仪 100m，而 A-9 点为 204m，B-4 点更远些；距离坑边越近，地表变形的断层效应将越被露天开采影响所取代。③地表变形随时间发展特征：经对两条测线的 F_{1a} 断层以北、F_{1a} 断层带、F_{1a} 断层以南典型测点的年平均位移速度的统计表明，F_{1a} 断层以北的年均位移速度在 0.1~100mm/d，而且下沉位移速度多大于水平位移速度；F_{1a} 断层带处的位移速度西段在 0.1~1 mm/d，东段为 0.01~0.1mm/d，同样是下沉位移速度大于水平位移速度；F_{1a} 断层以南的位移速度西段为 1~10mm/d，水平位移速度大于下沉位移速度，但东段为 0.1~1mm/d，表现出下沉位移速度大于水平位移速度的特点。④"阶跃"现象的显现与发展：在某个较短时间段内，出现急剧的位移发展，但并未导致坡体破坏，且随后的位移发展速度又减缓下来，从而在位移曲线上形成一个台阶，这种现象称为"阶跃"。观测表明，"阶跃"现象只是从 1993 年才开始明显显现，而且多出现在汛期(每年的 7 月中旬~9 月中旬)内，位移"阶跃"现象随着距露天矿坑边距离的增大而减弱，以至于消失，并且主要显现在研究区西段的靠近坑边一带。

根据这个倾倒滑移组合体不同区域的累计变形量，总结其变形特征：F_{1a} 断层以北地面花岗片麻岩体以沉陷变形为主，F_{1a} 断层下盘白垩系岩体和倒转向斜北翼岩体的变形特征以水平位移为主，垂直位移向下；坑下向斜南翼顺层岩层边坡，变形特征表现为：虽然以水平位移为主，竖向位移向上。

综上所述不难看出，露天煤矿的采场边坡在其随采掘降深而逐渐形成过程中，边坡及采场周围地表变形(在这里统称为表层岩体变形)也随之显现和发展，变形的显现与发展主要受边坡岩体地质构造条件和采矿条件的制约，地质构造条件控制了变形的类型，采矿技术条件控制了变形的发展速度和显现时间。

在露天煤矿采场的顶帮和底帮岩体内，均赋存软弱夹层或软弱结构面，其力学特性就成为表层岩体变形的主要控制因素。软弱夹层多具流变特性，因而变形发展也具有蠕动特征，即其变形不仅随采矿工程推进而显现，也随边坡存在时间的延长而发展。表层岩体变形的蠕动特征与边坡体内软弱夹层的蠕变特性既有联系又有区别，其联系是变形显示流变特性，变形随时间而加大，其区别是随采掘工程的推进，作用在软弱层面上的应力并不总是一个常量，而由于采掘引起的应力增大，往往导致变形速率的增大和破坏时间的提前到来。

（2）边坡和地下岩体变形特征。边坡地下位移监测是分析边坡变形机制，了解边坡位移变形动态的重要手段。地下位移变形与边坡工程地质环境以及周围采矿工程活动有着密切的关系。W6-1 岩体移动观测孔典型的变形曲线显示出岩体位移随孔深加大而减小，按位移曲线的斜率不同，可将岩体分为两段：孔深 0~51m 段为变形急剧发展段，位移曲线的斜率为 2.9~9.9mm/m，至 1994 年 8 月 17 日进一步发展到 6.0~17.4mm/m；孔深 50~200m 为变形较缓发展段，其位移曲线显示倾倒特征。位移曲线的斜率为 0.66~1.24mm/m，变形相对轻微得多。W600-2 和 W600-3 岩体移动观测孔位于 F_{1a} 断层上盘，倾斜变形较小。边坡上有 W6-1、W6-2、W6-3、W4-5 岩体移动观测孔，其中 W6-2、W6-3 位于倒转向斜北冀，具有倾倒变形特征，且位移量越靠近 F_1 位移越大。W6-1 位于倒转向斜核部，在 0~45m 处具有剪切-倾倒变形特征。W4-5 于 1996 年补充设立，位于向斜南翼顺层滑移段，沿 2 弱层具有顺层滑移特征。边坡地下岩体移动观测表明，边坡变形不是沿单一弱层滑移，上部弱层滑移量大于下部弱层滑移量，随着倾倒滑移组合体发展，倾倒滑移组合体的深度和影响范围逐步增大。对比边坡和地面岩体移动观测孔变形曲线，可以确定倾倒滑移组合体各个顺层对应的上部倾倒变形影响角，约 20°：其中 1 弱层直接影响范围为地面 C-7 号观测点以南，2 弱层直接影响范围为地面 C-5 号观测点以南。边坡变形具有同样的特征。其中 W2-1 岩体移动观测孔典型的变形显示在孔深 0~56m 段，为倾倒变形明显发展段，W2-1 在孔深 1~26m 段具有明显的剪切滑移特征，可以确定倾倒滑移组合体各个顺层对应的上部倾倒变形影响角，约 22°：其中 1 弱层直接影响范围为地面 A-l4 号观测点以南，2 弱层直接影响范围为地面 A-10 号观测点以南。综合分析各区域的变形特征，根据地下位移变形曲线，倾倒剪切滑移为主的复合变形区及松弛剪切滑移复合变形区的剪切滑移面连线将大致平行于边坡面，如 W200 剖面和 W600 剖面连线倾角为 20°~22°，从而给出了倾倒滑移组合体的范围。

（3）地面位移与坡表位移的相关性

F_{1a} 断层以南地面位移发展与坡表位移发展具有很好的相关性、同步性和特征一致性。①地面与坡表位移发展的特征一致性：A-13~A-17 测点的位移曲线与坡表 W2-7 和 W6-7 测点的位移曲线相近，同样，C-8~C-10 测点的位移曲线与坡表的测点的位移曲线也是相近的。它们的共同特征是：在 1991—1992 年位移曲线呈匀速发展，而在 1993—1996 年，都有位移"阶跃"现象。②地面与坡表位移发展的同步性和相关性：

W200 和 W600 这两个剖面位于 F_{1a} 以南的测点的位移随测点与坑边距离的加大而减小。同时，厂区 A-11~A-17 测点与坡表 W2-7 测点的位移、下沉的相关程度均较高。

8.4.4　边坡蠕动变形发展规律

（1）边坡蠕动变形的阶段划分。抚顺西露天矿北帮边坡变形大体上分为出初始变形阶段、稳态变形阶段和加速变形阶段。初始变形阶段历时很短，变形量很大。W2-7 观测点的位移历时曲线表明，1987 年 2—5 月，累计位移 2994mm，最大位移速度 204.62mm/d，致使 28 干线一度陷于瘫痪状态。稳态变形阶段历时较长，蠕动变形速度保持在一个较小的范围内波动。W2-7 观测点的年位移速度从 1988 年的 2.46mm/d 逐渐减缓到 1991 年的 1.00~1.28mm/d，保持 4 年时间。加速变形阶段的特点是年均位移速度逐年增大。W2-7 观测点的年位移速度从 1992 年的 1.81mm/d 逐渐增大到 1995 年的 4.15mm/d，其中 1994 年最大为 7.28mm/d。

（2）边坡变形"阶跃"现象的显现发展。W2-7 观测点的历时曲线表明，从 1992 年开始，每年汛期的位移曲线均有显著的"阶跃"现象。位移的"阶跃"现象不仅使得当年的位移速度明显增大，而且使其后续的非汛期平均位移速度较其前年的非汛期平均位移速度也有所增加。从 1991 年到 1994 年、1995 年，每年非汛期的平均位移速度从 1.39mm/d 增大到 1.88，2.55mm/d。年均位移速度尤其是非汛期的平均位移速度的增大，是边坡稳定性恶化的标志。随着汛期位移"阶跃"现象显现和非汛期的平均位移速度的增大，该区边坡有从加速蠕变过渡到失稳破坏的趋势。观测结果表明，如果继续加陡向斜南翼边坡，倾倒滑移组合体发展程度继续加剧，滑移深度和对地面的影响范围增大，雨季水位变化会加剧这一发展过程。停止关键部位采掘工程和边坡疏干排水是减缓边坡变形速度的有效措施。

8.4.5　倾倒滑移组合体变形特征

（1）倾倒变形位置确定。边坡岩体的地下位移均显示倾倒特征，随孔深加大，南向水平位移逐渐减小。地下位移的倾倒现象由坑内向坑边逐渐减弱，这与岩体结构有关。如 W6-3 孔的倾倒变形远大于 W6-1 孔，这是因为 W6-3 孔设在易于产生倾倒变形的软硬互层结构的绿色泥岩倾倒体内，而 W6-1 孔是埋设在碎裂结构的白垩系岩体内，其倾倒变形相对较弱，当然，也与其距坑内采掘部位较远有关系，倾倒变形的深度是有限的。如 W6-3 的倾倒变形深度为 55m，这取决于顺层滑移段的边坡几何尺寸。顺层滑移的部位是根据 16 段和 18 段测点观测结果判定的，从测点位移曲线中可以看出，16 段测点的位移速率远大于 18 段测点，据此判定顺层滑移部位在 16 段与 18 段之间。这正是实地勘察测得 1 号弱层的部位。

（2）顺层滑移位置确定。在边坡水压观测中，观 2 孔用的是竖管式水压计。由于岩体变形，在孔深 40~60m 之间将竖管挤扁，使放在孔内的测量导线难以抽出。观 2 孔内埋设的两个竖管式水压计分别在孔深 25，78m 处被卡住，这两个深度处显示为褐色页岩。观 2 孔和观 3 孔位于倾倒与顺层滑移段的过渡部位，直接承受来自倾倒段岩体的推压作用，可见岩体内产生的挤压变形是剧烈的。

（3）边坡倾倒滑移组合体变形对地面变形的影响。北帮边坡由断裂构造、牵引主向斜、复式褶曲以及反倾层状结构岩体所组成。牵引主向斜的影响范围在 EW0 以西，而其在绿色泥岩中的影响范周在 EW0~W800 之间。在此区间内，W200 和 W600 两个剖面可作为讨论边坡变形对地面变形影响的典型剖面。牵引主向斜北翼的绿色泥岩倒转陡倾，并夹有多层软弱的褐色页岩夹层，呈软硬相间的互层结构。这种结构的岩体，在露天开采的条件下，极易产生倾倒变形。当这部分边坡的坡角逐渐加陡后，进入倾倒段的台阶数量随之增多，由于倾倒变形逐渐向上叠加，将增大地面的变形。

W200、W600 剖面倾倒段的剖面边坡角的变化如表 8.6 所列。统计结果表明，可能产生倾倒变形部位的坡角，自 1979 年以来逐渐加陡。如 W200 剖面在 −25~±0m 水平之间的局部边坡角由 1979 年末的 18.5° 逐渐加陡至 1986 年末的 33.5°；W600 剖面 ±0~+25m 水平之间的局部边坡角由 1979 年末的 12.5° 逐渐加至 1988 年末的 30°。当边坡角较缓时，倾倒段内的台阶数少，每个台阶的倾倒变形单独存在，互相不影响。而且随采掘工程推进，倾倒变形体不断被剥离掉，所以不易察觉倾倒变形对生产安全的影响，但是当局部边坡角 α_1 加陡至 α_2，而且 α_2 又大于倾倒变形影响角 γ，则各台阶的倾倒变形将互相干扰，重复叠加，倾倒变形的深度和在坡顶的影响宽度将逐渐加大。而且，一旦顺层精移段的边坡在倾倒的推压下产生顺层滑移变形时，倾倒变形的深度和影响宽度将进一步扩大。从表 8.6 中局部边坡角的统计和倾倒变形的发展之间的对应关系可以看出，当局部边坡角陡于 28°~30° 时，倾倒变形将急剧发展。如 W200 剖面 1985 年末的局部边坡角为 28°，1986 年末陡至 33.5°，倾倒变形从 1985 年 6 月开始显现，1986 年 7 月之后，倾倒变形进一步发展，使 18 干线的线路变形，地面建筑物裂缝破损。W600 剖面的局部边坡角由 1987 年末的 28° 陡增至 1988 年末束的 30° 时，倾倒变形开始显现，直接影响大坡道的安全，并使地面铁道队办公室破损。因此，为防止倾倒变形的显现和发展，倾倒段的局部边坡角应控制在 28° 以下。

表 8.6 W600、W200 剖面边坡角变化

年份	W600			W200		
	−25m~±0m 局部边坡角/(°)	地面−坑底 总体边坡角/(°)	F_1 牵引主向斜 轴间台阶数	±0m~+25 局部 边坡角/(°)	地面−坑底 总体边坡角/(°)	F_1 牵引主向斜 轴间台阶数
1979	12.5	18.2	5	18.0	18	3.5
1980	17	18.2	5	24.0	18	4.5
1981	20	18.4	5	26.5	18	4.5
1982	20	18.6	5	23.5	18	4.5

表8.6(续)

年份	W600			W200		
	$-25m\sim\pm0m$ 局部边坡角/(°)	地面–坑底 总体边坡角/(°)	F_1 牵引主向斜 轴间台阶数	$\pm0m\sim+25$ 局部 边坡角/(°)	地面–坑底 总体边坡角/(°)	F_1 牵引主向斜 轴间台阶数
1983	25	18.6	5	23.5	18	4.5
1984	21	19.0	5	26.5	19	5.0
1985	26.5	18.8	5.5	28.0	19	5.0
1986	26.5	18.8	5.5	33.5	19.5	5.5
1987	28	20.0	6	33.5		5.5
1988	30	20.0	6.5	33.5	20	5.5

(4)倾倒滑移组合体变形破坏特征。根据边坡地质结构和岩移观测曲线可知，F_1 断层下盘绿色泥岩体受到 F_1 断层以北岩体的倾倒力作用，而且绿色泥岩中央有多层软弱的褐色页岩泥化软弱夹层，同时在此地质体的上部，向斜北翼岩层倒转，形成倾倒滑移有利条件，其下部向斜南翼岩层处于顺层状态。褐色页岩中泥化夹层呈可塑性，具有流变特性，北翼岩体在自重力作用下发生倾倒，自上而下逐块传递倾倒力，在倒转岩层倾倒力的作用下，南翼岩层发生沿弱层的顺层滑移，其结果导致倾倒岩层进一步发生倾倒变形。

目前，向斜南翼边坡已经到界，但在北翼倒转岩层倾倒力的作用下，南翼岩层沿弱层的顺层滑移仍然不断增加，这种倾倒滑移——再倾倒——再滑移构成了北帮边坡倾倒滑移组合体的变形特点，且变形在雨季发生"阶跃"变化，其原因是水位升高不但增大了倾倒滑移组合体的浮托力，而且增加了褐色页岩泥化软弱夹层的含水率，使其蠕变性能增强。北帮边坡的变形发展规律为水压动态作用下的蠕动变形过程，不但有加速蠕变的发展趋势，而且随着倾倒滑移组合体的大变形发展过程，引起了牵引主向斜北翼倒转岩体和 F_{1a}、F_1 断层间的呈倒三角形的白垩系岩体乃至 F_{1a} 断层北侧的花岗岩体参与了倾倒变形，主滑移变形深度有从1、2弱层到3、4弱崖的趋势。

综上所述，开挖对地面变形是有影响的。这个影响由两个方面的原因造成：首先是北帮总体轮廓的变化，由于开挖卸载导致边坡岩体产生松弛倾倒滑移组合体变形，这种变形是渐进的，相对来说是微弱的；其次是倾倒变形的影响，在边坡开挖条件下，倾倒变形是急剧的，相对而言，它的影响远超过北帮轮廓改变对地面变形的影响。它是引起北帮西区地面变形加剧发展的主要原因。

◆◇ 8.5　北帮边坡变形破坏数值模拟分析

根据上述分析，对边坡变形破坏进行建模，岩体物理力学指标见表8.7和表8.8。

表 8.7　岩体物理力学指标

岩性	本构模型	容重 /kN·m⁻³	弹性模量/MPa	泊松比	黏聚力/kPa	摩擦角/(°)	渗透系数/m·s⁻¹	
							平行层理	垂直层理
建筑物	Mohr-Coulomb	23.0	10000	0.15	10000	50	1×10^{-10}	
断层	HS-Small	18.3	100	0.40	13	7	1×10^{-9}	1×10^{-10}
油母页岩	Mohr-Coulomb	21.0	1700	0.29	200	36	3×10^{-7}	1×10^{-9}
煤层	Mohr-Coulomb	15.0	1200	0.29	140	35	1×10^{-6}	1×10^{-7}
玄武岩	Mohr-Coulomb	28.0	10000	0.14	120	35	1×10^{-8}	
白垩系砂岩	Mohr-Coulomb	23.0	2000	0.25	58	29	3×10^{-7}	
第四系软土	HS-Small	18.0	200	0.35	200	30	1×10^{-5}	
绿色泥岩	HS-Small	23.0	1200	0.30	150	30	2×10^{-6}	1×10^{-8}
褐色泥页岩	HS-Small	21.5	100	0.40	10	9	1×10^{-9}	1×10^{-10}
花岗片麻岩	Mohr-Coulomb	28.0	8000	0.20	150	45	1×10^{-8}	
采空区充填物	HS-Small	18.5	500	0.35	10	45	1×10^{-7}	

表 8.8　岩土体的 HS-Small 经验参数

岩性	本构模型	E_{50}^{ref}/kPa	E_{oed}^{ref}/kPa	E_{ur}^{ref}/kPa	m	G_0/kPa	$\gamma_{0.7}$
断层	HS-Small	2000	3000	16000	0.90	40000	0.0001
第四系软土	HS-Small	6000	6000	30000	0.75	60000	0.0001
褐色泥页岩	HS-Small	3000	4000	18000	0.85	45000	0.0001
采空区充填物	HS-Small	800	800	3500	0.70	20000	0.0001

8.5.1　W600 剖面边坡变形破坏数值模拟分析

W600 剖面几何模型与有限元网格剖分见图 8.12。

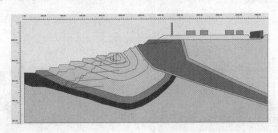

（a）几何模型

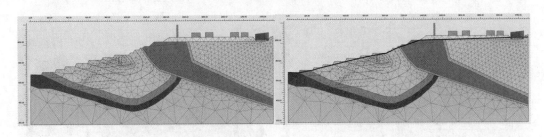

（b）有限元网格剖分　　　　　　　　　　　　（c）降雨地下水位线

图 8.12　W600 剖面几何模型与有限元网格剖分

（1）20世纪60年代井工开采。根据地面石油一厂建筑结构，在某些年代破坏较重及破坏数量较多的特点，分析20世纪60年代大量建筑物被破坏，这主要是由于当时的井工开采所造成的边坡变形引起的。

W600剖面井工开采数值模拟分析成果见图8.13。①由图8.13(a)位移等值线云图可知，井工开采是影响边坡和地面变形的主要原因，此阶段向斜轴上部边坡28°，向斜轴下部边坡13°，井工开采对向斜轴上部边坡倾倒影响明显，最大变形矢量2.097m，位于断层F_1上下盘边坡。特别是反倾断层F_1、F_{1a}和倒三角节理化岩体发生倾倒变形，断层F_1与倒三角节理化岩体倾倒变形最大，明显向厂区地面偏离、放大。②由图8.13(b)应变等值线云图可知，反倾断层F_1、F_{1a}和倒三角节理化岩体发生倾倒变形，反倾断层F_1、F_{1a}倾倒变形"活化"最大，最大应变15.07%，位于断层F_1、F_{1a}带，使得厂区地面倾倒变形放大。③由图8.13(c)主应力方向云图可知，井工开采是影响边坡和地面变形的主要原因，上伏岩体受井工开采影响明显。④由图8.13(d)相对剪应力云图可知，井工开采是影响边坡和地面变形的主要原因，上伏岩体受井工开采影响明显，特别是反倾断层F_1、F_{1a}和倒三角节理化岩体发生倾倒变形，断层F_1与倒三角节理化岩体倾倒变形最大，明显向厂区地面偏离、放大。⑤由图8.13(e)倾倒滑移变形特征可知，井工开采是影响边坡和地面变形的主要原因，上伏岩体受井工开采影响明显，特别是反倾断层F_1、F_{1a}和倒三角节理化岩体发生倾倒变形，主向斜1、2褐色页岩弱层出现滑移迹象，上部绿色泥岩层发生倾倒变形，断层F_1与倒三角节理化岩体发生倾倒变形，断层F_{1a}与倒三角节理化岩体倾倒变形突跳最大，明显向厂区地面偏离、放大。

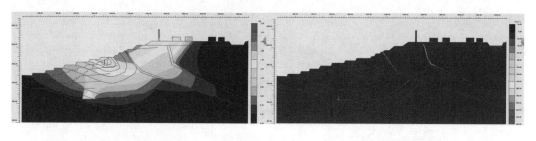

(a)位移等值线云图　　　　　　　　　　　　　　(b)应变等值线云图

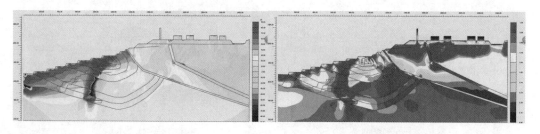

(c)主应力方向云图　　　　　　　　　　　　　　(d)相对剪应力云图

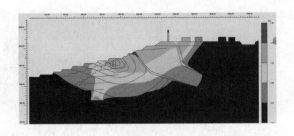

(e)倾倒滑移变形特征

图 8.13　W600 剖面井工开采数值模拟分析成果图

(2)20 世纪 70 年代露天井工开采。根据北帮地表石油一厂建筑在某些年代破坏较重及破坏数量较多的特点,分析 20 世纪 70 年代大量建筑物被破坏,这主要是由当时的露天井工开采所造成的。

W600 剖面露天井工开采数值模拟分析成果见图 8.14。①由图 8.14(a)位移等值线云图可知,露天井工开采是影响边坡和地面变形的主要原因,向斜轴部边坡 28°,倾倒滑移组合体变形形成,上伏岩体受露天井工开采影响明显,最大变形矢量 12.99m,位于断层 F_1 上下盘边坡。特别是反倾断层 F_1、F_{1a} 和倒三角节理化岩体发生倾倒变形加剧,断层 F_1 与倒三角节理化岩体倾倒变形增大,明显向厂区地面偏离、放大。②由图 8.14(b)应变等值线云图可知,反倾断层 F_1 倾倒变形增大,最大应变 63.76%,位于断层 F_1、F_{1a} 带。明显向厂区地面偏离、放大。③由图 8.14(c)主应力方向云图可知,反倾断层 F_1、F_{1a} 和倒三角节理化岩体发生倾倒变形加剧,断层 F_1 与倒三角节理化岩体倾倒变形增大,明显向厂区地面偏离、放大。④由图 8.14(d)相对剪应力云图可知,反倾断层 F_1、F_{1a} 和倒三角节理化岩体发生倾倒变形加剧,断层 F_1 与倒三角节理化岩体倾倒变形增大,明显向厂区地面偏离、放大。⑤由图 8.14(e)倾倒滑移变形特征可知,露天井工开采是影响边坡和地面变形的主要原因,上伏岩体受露天井工开采影响明显,倾倒滑移组合体变形形成,特别是反倾断层 F_1、F_{1a} 和倒三角节理化岩体发生倾倒变形,主向斜 1、2 和 3 褐色页岩弱层出现滑移迹象,上部绿色泥岩层发生倾倒变形,断层 F_1 与倒三角节理化岩体发生倾倒变形,断层 F_{1a} 与倒三角节理化岩体倾倒变形突跳最大,明显向厂区地面偏离、放大。

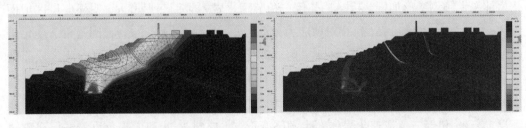

(a)位移等值线云图　　　　　　　　　　　　　　(b)应变等值线云图

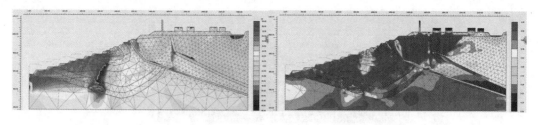

（c）主应力方向云图　　　　　　　　　　　　　（d）相对剪应力云图

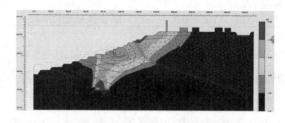

（e）倾倒滑移变形特征

图 8.14　W600 剖面露天井工开采数值模拟分析成果图

（3）20 世纪 80—90 年代露天开采。根据北帮地表石油一厂建筑在某些年代破坏较重及破坏数量较多的特点，分析 20 世纪 80 年代大量建筑物被破坏，主要是由当时的露天开采所造成的，出现在 1985—1987 年初。石油一厂对建筑物分别实施了纠斜和加固工程，但个别地段、构筑物仍有不同程度的变形破坏。特别是 20 世纪 90 年代，随着向斜边坡加陡，特别是每年汛期降雨影响，发生倾倒滑移组合体大规模变形破坏，以至于抚顺石油一厂另选厂区搬迁建设。

W600 剖面露天开采数值模拟分析成果见图 8.15。①由图 8.15（a）位移等值线云图可知，露天开采是影响边坡和地面变形的主要原因，向斜轴部边坡 28°，倾倒滑移组合体变形形成，上伏岩体受露天开采影响明显，最大变形矢量 6.787m，位于断层 F_1 上下盘边坡。特别是反倾断层 F_1、F_{1a} 和倒三角节理化岩体发生倾倒变形加剧，断层 F_1 与倒三角节理化岩体倾倒变形增大，明显向厂区地面偏离、放大。②由图 8.15（b）应变等值线云图可知，反倾断层 F_1 倾倒变形增大，最大应变 24.54%，位于断层 F_1、F_{1a} 带，明显向厂区地面偏离、放大。③由图 8.15（c）主应力方向云图可知，反倾断层 F_1、F_{1a} 和倒三角节理化岩体发生倾倒变形加剧，断层 F_1 与倒三角节理化岩体倾倒变形增大，明显向厂区地面偏离、放大。④由图 8.15（d）相对剪应力云图可知，反倾断层 F_1、F_{1a} 和倒三角节理化岩体发生倾倒变形加剧，断层 F_1 与倒三角节理化岩体倾倒变形增大，明显向厂区地面偏离、放大。⑤由图 8.15（e）倾倒滑移变形特征可知，露天开采是影响边坡和地面变形的主要原因，上伏岩体受露天井工开采影响明显，倾倒滑移组合体变形形成，特别是反倾断层 F_1、F_{1a} 和倒三角节理化岩体发生倾倒变形，主向斜 1、2 和 3 褐色页岩弱层出现滑移迹象，上部绿色泥岩层发生倾倒变形，断层 F_1 与倒三角节理化岩体发生倾倒变形，断层 F_{1a} 与倒三角节理化岩体倾倒变形突跳最大，明显向厂区地面偏离、放大。

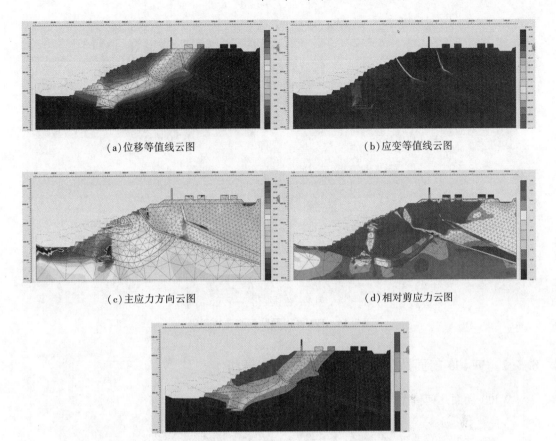

(a)位移等值线云图　　　　　　　　　　　(b)应变等值线云图

(c)主应力方向云图　　　　　　　　　　　(d)相对剪应力云图

(e)倾倒滑移变形特征

图 8.15　W600 剖面露天开采数值模拟分析成果图

W600 剖面监测线曲线变化见图 8.16。①图 8.16(a)所示为监测线选择，选择井工采区、断层 F_1、断层 F_{1a} 监测线进行对比分析。②如图 8.16(b)主应变变化可知，井工采区监测线附近主应变变化显著、断层 F_1 监测线附近主应变变化显著、断层 F_{1a} 监测线主应变变化显著，露天开采对井工采区"活化"、断裂构造"活化"起到显著的作用。③由图 8.16(c)拉剪破坏变化可知，主向斜 1、2 褐色页岩弱层出现滑移迹象，上部绿色泥岩层发生倾倒变形，断层 F_1 与倒三角节理化岩体发生倾倒变形，断层 F_{1a} 与倒三角节理化岩体倾倒变形突跳最大，明显向厂区地面偏离、放大。④由图 8.16(d)位移变化可知，露天开采起到显著的变形影响作用。

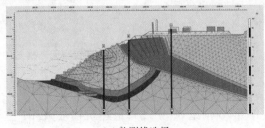

(a)监测线选择

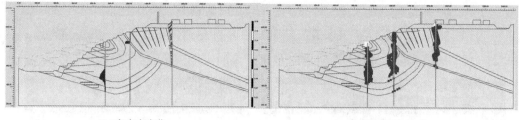

(b)主应变变化　　　　　　　　　　　(c)拉剪破坏变化

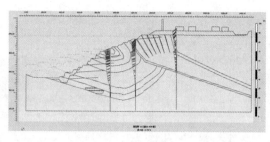

(d)位移变化

图 8.16　W600 剖面监测线曲线变化

8.5.2　W400 剖面边坡变形破坏数值模拟分析

W400 剖面几何模型与有限元网格剖分见图 8.17。

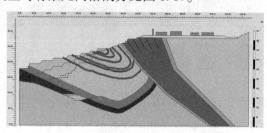

(a)几何模型

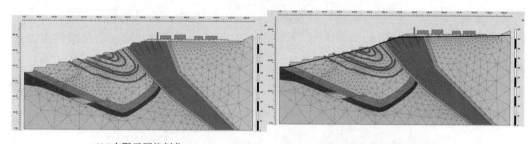

(b)有限元网格剖分　　　　　　　　　　(c)降雨地下水位线

图 8.17　W400 剖面几何模型与有限元网格

（1）20 世纪 60 年代井工开采。根据地面石油一厂建筑结构在某些年代破坏较重及破坏数量较多的特点,分析 20 世纪 60 年代大量建筑物被破坏,主要是由当时的井工开采所造成的边坡变形引起的。

W400 剖面井工开采数值模拟分析成果见图 8.18。①由图 8.18(a)位移等值线云图可知，井工开采是影响边坡和地面变形的主要原因，此阶段向斜轴上部边坡 28°，向斜轴下部边坡 13°，井工开采对向斜轴上部边坡倾倒影响明显，最大变形矢量 0.4215m，位于断层 F_1 上下盘边坡。特别是反倾断层 F_1、F_{1a} 和倒三角节理化岩体发生倾倒变形，断层 F_1 与倒三角节理化岩体倾倒变形最大，明显向厂区地面偏离、放大。②由图 8.18(b)应变等值线云图可知，反倾断层 F_1、F_{1a} 和倒三角节理化岩体发生倾倒变形，反倾断层 F_1、F_1 倾倒变形"活化"最大，最大应变 3.78%，位于断层 F_1、F_{1a} 带。使得厂区地面倾倒变形放大。③由图 8.18(c)主应力方向云图可知，井工开采是影响边坡和地面变形的主要原因，上伏岩体受井工开采影响明显。④由图 8.18(d)相对剪应力云图可知，井工开采是影响边坡和地面变形的主要原因，上伏岩体受井工开采影响明显，特别是反倾断层 F_1、F_{1a} 和倒三角节理化岩体发生倾倒变形，断层 F_1 与倒三角节理化岩体倾倒变形最大，明显向厂区地面偏离、放大。⑤由图 8.13(e)倾倒滑移变形特征可知，井工开采是影响边坡和地面变形的主要原因，上伏岩体受井工开采影响明显，特别是反倾断层 F_1、F_{1a} 和倒三角节理化岩体发生倾倒变形，主向斜 1、2 褐色页岩弱层出现滑移迹象，上部绿色泥岩层发生倾倒变形，断层 F_1 与倒三角节理化岩体发生倾倒变形，断层 F_{1a} 与倒三角节理化岩体倾倒变形突跳最大，明显向厂区地面偏离、放大。

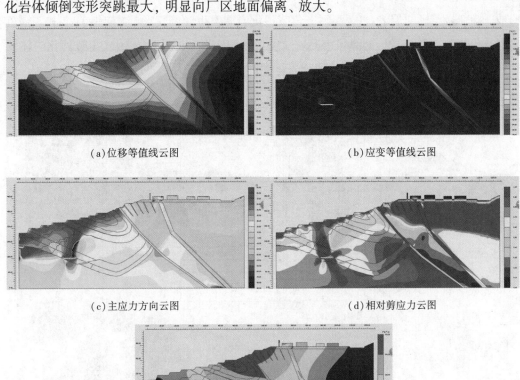

(a)位移等值线云图　　　　　　　　　　(b)应变等值线云图

(c)主应力方向云图　　　　　　　　　　(d)相对剪应力云图

(e)倾倒滑移变形特征

图 8.18　W400 剖面井工开采数值模拟分析成果图

（2）20世纪70年代露天井工开采。根据北帮地表石油一厂建筑在某些年代破坏较重及破坏数量较多的特点分析20世纪70年代大量建筑物被破坏，主要是由当时的露天井工开采所造成的。

W400剖面露天井工开采数值模拟分析成果见图8.19。①由图8.19（a）位移等值线云图可知，露天井工开采是影响边坡和地面变形的主要原因，向斜轴部边坡28°，倾倒滑移组合体变形形成，上伏岩体受露天井工开采影响明显，最大变形矢量1.479m，位于断层F_1上下盘边坡。特别是反倾断层F_1、F_{1a}和倒三角节理化岩体发生倾倒变形加剧，断层F_1与倒三角节理化岩体倾倒变形增大，明显向厂区地面偏离、放大。②由图8.19（b）应变等值线云图可知，反倾断层F_1倾倒变形增大，最大应变11.79%，位于断层F_1、F_{1a}带。明显向厂区地面偏离、放大。③由图8.19（c）主应力方向云图可知，反倾断层F_1、F_{1a}和倒三角节理化岩体发生倾倒变形加剧，断层F_1与倒三角节理化岩体倾倒变形增大，明显向厂区地面偏离、放大。④由图8.19（d）相对剪应力云图可知，反倾断层F_1、F_{1a}和倒三角节理化岩体发生倾倒变形加剧，断层F_1与倒三角节理化岩体倾倒变形增大，明显向厂区地面偏离、放大。⑤由图8.19（e）倾倒滑移变形特征可知，露天井工开采是影响边坡和地面变形的主要原因，上伏岩体受露天井工开采影响明显，倾倒滑移组合体变形形成，特别是反倾断层F_1、F_{1a}和倒三角节理化岩体发生倾倒变形，主向斜1、2和3褐色页岩弱层出现滑移迹象，上部绿色泥岩层发生倾倒变形，断层F_1与倒三角节理化岩体发生倾倒变形，断层F_{1a}与倒三角节理化岩体倾倒变形突跳最大，明显向厂区地面偏离、放大。

（a）位移等值线云图　　　　　　　　　　　　（b）应变等值线云图

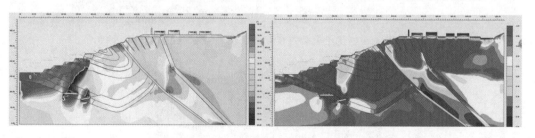

（c）主应力方向云图　　　　　　　　　　　　（d）相对剪应力云图

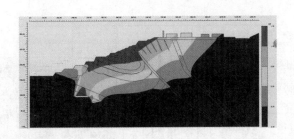

(e)倾倒滑移变形特征

图 8.19　W400 剖面露天井工开采数值模拟分析成果图

(3)20 世纪 80—90 年代露天开采。根据北帮地表石油一厂建筑在某些年代破坏较重及破坏数量较多的特点,分析 20 世纪 80 年代大量建筑物被破坏,主要是由当时的露天开采所造成的,出现在 1985—1987 年初。石油一厂对建筑物分别实施了纠斜和加固工程,但个别地段、构筑物仍有不同程度的变形破坏产生停产。特别是 20 世纪 90 年代,随着向斜边坡加陡,特别是每年汛期降雨影响,发生倾倒滑移组合体大规模变形破坏,以至于抚顺石油一厂另选厂区搬迁建设。

W400 剖面露天开采数值模拟分析成果见图 8.20。①由图 8.20(a)位移等值线云图可知,露天开采是影响边坡和地面变形的主要原因,向斜轴部边坡 28°,倾倒滑移组合体变形形成,上伏岩体受露天开采影响明显,最大变形矢量 1.505m,位于断层 F_1 上下盘边坡。特别是反倾断层 F_1、F_{1a} 和倒三角节理化岩体发生倾倒变形加剧,断层 F_1 与倒三角节理化岩体倾倒变形增大,明显向厂区地面偏离、放大。②由图 8.20(b)应变等值线云图可知,反倾断层 F_1 倾倒变形增大,最大应变 11.90%,位于断层 F_1、F_{1a} 带。明显向厂区地面偏离、放大。③由图 8.20(c)主应力方向云图可知,反倾断层 F_1、F_{1a} 和倒三角节理化岩体发生倾倒变形加剧,断层 F_1 与倒三角节理化岩体倾倒变形增大,明显向厂区地面偏离、放大。④由图 8.20(d)相对剪应力云图可知,反倾断层 F_1、F_{1a} 和倒三角节理化岩体发生倾倒变形加剧,断层 F_1 与倒三角节理化岩体倾倒变形增大,明显向厂区地面偏离、放大。⑤由图 8.21(e)倾倒滑移变形特征可知,露天开采是影响边坡和地面变形的主要原因,上伏岩体受露天井工开采影响明显,倾倒滑移组合体变形形成,特别是反倾断层 F_1、F_{1a} 和倒三角节理化岩体发生倾倒变形,主向斜 1、2 和 3 褐色页岩弱层出现滑移迹象,上部绿色泥岩层发生倾倒变形,断层 F_1 与倒三角节理化岩体发生倾倒变形,断层 F_{1a} 与倒三角节理化岩体倾倒变形突跳最大,明显向厂区地面偏离、放大。

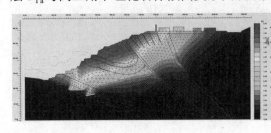

(a)位移等值线云图

(b)应变等值线云图

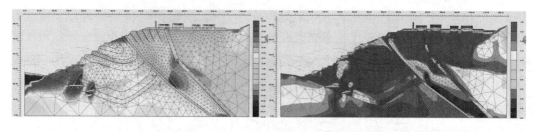

（c）主应力方向云图　　　　　　　　　　　　　（d）相对剪应力云图

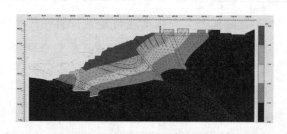

（e）倾倒滑移变形特征

图 8.20　W400 剖面露天开采数值模拟分析成果图

W400 剖面监测线曲线变化：①监测线选择，选择井工采区、断层 F_1、断层 F_{1a} 监测线进行对比分析。②由主应变变化可知，井工采区监测线附近主应变变化显著、断层 F_1 监测线附近主应变变化显著、断层 F_{1a} 监测线主应变变化显著，露天开采对井工采区"活化"断裂构造"活化"，起到显著的作用。③由拉剪破坏变化可知，主向斜 1、2 和 3 褐色页岩弱层出现滑移迹象，上部绿色泥岩层发生倾倒变形，断层 F_1 与倒三角节理化岩体发生倾倒变形，断层 F_{1a} 与倒三角节理化岩体倾倒变形突跳最大，明显向厂区地面偏离、放大。④由位移变化可知，露天开采起到显著的变形影响作用。

8.5.3　W200 剖面边坡变形破坏数值模拟分析

W200 剖面几何模型与有限元网格剖分见图 8.21。

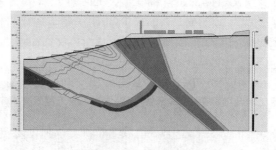

（a）几何模型

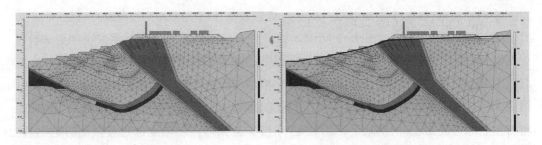

(b)有限元网格剖分　　　　　　　　　　　(c)降雨地下水位线

图 8.21　W200 剖面几何模型与有限元网格剖分

（1）20 世纪 60 年代井工开采。根据地面石油一厂建筑结构在某些年代破坏较重及破坏数量较多的特点，分析 20 世纪 60 年代大量建筑物被破坏，主要是由当时的井工开采所造成的边坡变形引起的。

W200 剖面井工开采数值模拟分析成果见图 8.22。①由图 8.22(a)位移等值线云图可知，井工开采是影响边坡和地面变形的主要原因，此阶段向斜轴上部边坡 28°，向斜轴下部边坡 13°，井工开采对向斜轴上部边坡倾倒影响明显，最大变形矢量 0.5546m，位于断层 F_1 上下盘边坡。特别是反倾断层 F_1、F_{1a} 和倒三角节理化岩体发生倾倒变形，断层 F_1 与倒三角节理化岩体倾倒变形最大，明显向厂区地面偏离、放大。②由图 8.22(b)应变等值线云图可知，反倾断层 F_1、F_{1a} 和倒三角节理化岩体发生倾倒变形，反倾断层 F_1、F_{1a} 倾倒变形"活化"最大，最大应变 4.714%，位于断层 F_1、F_{1a} 带，使得厂区地面倾倒变形放大。③由图 8.22(c)主应力方向云图可知，井工开采是影响边坡和地面变形的主要原因，上伏岩体受井工开采影响明显。④由图 8.22(d)相对剪应力云图可知，井工开采是影响边坡和地面变形的主要原因，上伏岩体受井工开采影响明显，特别是反倾断层 F_1、F_{1a} 和倒三角节理化岩体发生倾倒变形，断层 F_1 与倒三角节理化岩体倾倒变形最大，明显向厂区地面偏离、放大。⑤由图 8.22(e)倾倒滑移变形特征可知，井工开采是影响边坡和地面变形的主要原因，上伏岩体受井工开采影响明显，特别是反倾断层 F_1、F_{1a} 和倒三角节理化岩体发生倾倒变形，主向斜 1、2 褐色页岩弱层出现滑移迹象，上部绿色泥岩层发生倾倒变形，断层 F_1 与倒三角节理化岩体发生倾倒变形，断层 F_{1a} 与倒三角节理化岩体倾倒变形突跳最大，明显向厂区地面偏离、放大。

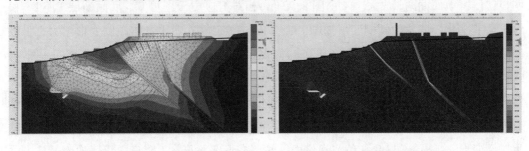

(a)位移等值线云图　　　　　　　　　　　(b)应变等值线云图

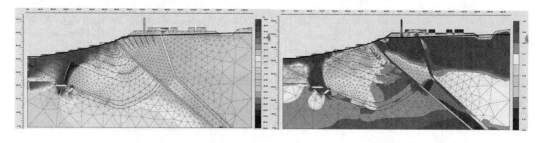

(c)主应力方向云图　　　　　　　　　　　　　(d)相对剪应力云图

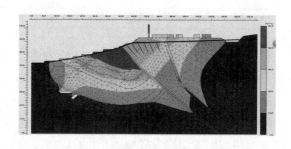

(e)倾倒滑移变形特征

图 8.22　W200 剖面井工开采数值模拟分析成果图

(2)20 世纪 70 年代露天井工开采。根据北帮地表石油一厂建筑在某些年代破坏较重及破坏数量较多的特点,分析 20 世纪 70 年代大量建筑物被破坏,主要是由当时的露天井工开采所造成的。

W200 剖面露天井工开采数值模拟分析成果见图 8.23。①由图 8.23(a)位移等值线云图可知,露天井工开采是影响边坡和地面变形的主要原因,向斜轴部边坡 28°,倾倒滑移组合体变形形成,上伏岩体受露天井工开采影响明显,最大变形矢量 2.012m,位于断层 F_1 上下盘边坡。特别是反倾断层 F_1、F_{1a} 和倒三角节理化岩体发生倾倒变形加剧,断层 F_1 与倒三角节理化岩体倾倒变形增大,明显向厂区地面偏离、放大。②由图 8.23(b)应变等值线云图可知,反倾断层 F_1 倾倒变形增大,最大应变 23.34%,位于断层 F_1、F_{1a} 带。明显向厂区地面偏离、放大。③由图 8.23(c)主应力方向云图可知,反倾断层 F_1、F_{1a} 和倒三角节理化岩体发生倾倒变形加剧,断层 F_1 与倒三角节理化岩体倾倒变形增大,明显向厂区地面偏离、放大。④由图 8.23(d)相对剪应力云图可知,反倾断层 F_1、F_{1a} 和倒三角节理化岩体发生倾倒变形加剧,断层 F_1 与倒三角节理化岩体倾倒变形增大,明显向厂区地面偏离、放大。⑤由图 8.23(e)倾倒滑移变形特征可知,露天井工开采是影响边坡和地面变形的主要原因,上伏岩体受露天井工开采影响明显,倾倒滑移组合体变形形成,特别是反倾断层 F_1、F_{1a} 和倒三角节理化岩体发生倾倒变形,主向斜 1、2 和 3 褐色页岩弱层出现滑移迹象,上部绿色泥岩层发生倾倒变形,断层 F_1 与倒三角节理化岩体发生倾倒变形,断层 F_{1a} 与倒三角节理化岩体倾倒变形突跳最大,明显向厂区地面偏离、放大。

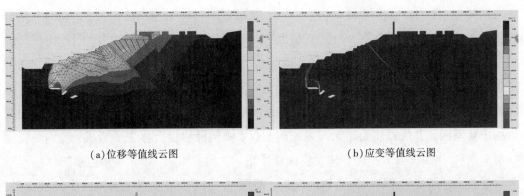

(a)位移等值线云图　　　　　　　　　　　(b)应变等值线云图

(c)主应力方向云图　　　　　　　　　　　(d)相对剪应力云图

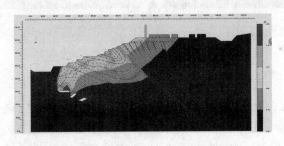

(e)倾倒滑移变形特征

图 8.23　W200 剖面露天井工开采数值模拟分析成果图

(3)20 世纪 80—90 年代露天开采。根据北帮地表石油一厂建筑在某些年代破坏较重及破坏数量较多的特点,分析 20 世纪 80 年代大量建筑物被破坏,主要是由当时的露天开采所造成的,出现在 1985~1987 年初。石油一厂对建筑物分别实施了纠斜和加固工程,但个别地段、构筑物仍有不同程度的变形破坏。特别是 20 世纪 90 年代,随着向斜边坡加陡,特别是每年汛期降雨影响,发生倾倒滑移组合体大规模变形破坏,以至于抚顺石油一厂另选厂区搬迁建设。

W200 剖面露天开采数值模拟分析成果见图 8.24。①由图 8.24(a)位移等值线云图可知,露天开采是影响边坡和地面变形的主要原因,向斜轴部边坡 28°,倾倒滑移组合体变形形成,上伏岩体受露天开采影响明显,最大变形矢量 2.454m,位于断层 F_1 上下盘边坡。特别是反倾断层 F_1、F_{1a} 和倒三角节理化岩体发生倾倒变形加剧,断层 F_1 与倒三角节理化岩体倾倒变形增大,明显向厂区地面偏离、放大。②由图 8.24(b)应变等值线云图可知,反倾断层 F_1 倾倒变形增大,最大应变 18.17%,位于断层 F_1、F_{1a} 带。明显向厂区地面偏离、放大。③由图 8.24(c)主应力方向云图可知,反倾断层 F_1、F_{1a} 和倒三角节理化岩体发生倾倒变形加剧,断层 F_1 与倒三角节理化岩体倾倒变形增大,明显向厂区地面偏离、放大效应。④由图 8.24(d)相对剪应力云图可知,反倾断层 F_1、F_{1a} 和倒三角节理化岩体发生倾倒变形加剧,断层 F_1 与倒三角节理化岩体倾倒变形增大,明显向厂区地面偏离、放大。⑤由图 8.24(e)倾倒滑移变形特征可知,露天开采是影响边坡和地面变形的主要原因,上伏岩体受露天开采影响明显,倾倒滑移组合体变形形成,特别是反倾断层 F_1、F_{1a} 和倒三角节理化岩体发生倾倒变形,主向斜 1、2、3 和 4 褐色页岩弱层出现滑移迹象,上部绿色泥岩层发生倾倒变形,断层 F_1 与倒三角节理化岩体发生倾倒变形,断层 F_{1a} 与倒三角节理化岩体倾倒变形突跳最大,明显向厂区地面偏离、放大。

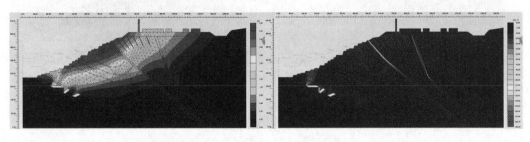

(a)位移等值线云图　　　　　　　　　　　　(b)应变等值线云图

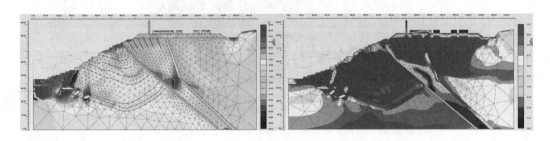

(c)主应力方向云图　　　　　　　　　　　　(d)相对剪应力云图

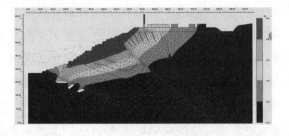

(e)倾倒滑移变形特征

图 8.24　W200 剖面露天开采数值模拟分析成果图

W200 剖面监测线曲线变化:①监测线选择,选择井工采区、断层 F_1、断层 F_{1a} 监测线进行对比分析。②由主应变变化可知,井工采区监测线附近主应变变化显著、断层 F_1 监测线附近主应变变化显著、断层 F_{1a} 监测线主应变变化显著,露天开采对井工采区"活化"、断裂构造"活化"起到显著的作用。③由拉剪破坏变化可知，向斜1、2、3和4褐色页岩弱层出现滑移迹象，上部绿色泥岩层发生倾倒变形，断层 F_1 与倒三角节理化岩体发生倾倒变形，断层 F_{1a} 与倒三角节理化岩体倾倒变形突跳最大，明显向厂区地面偏离、放大。④由位移变化可知，露天开采起到显著的变形影响作用。

从上述 W600 至 W200 剖面的分析可以看出，20 世纪 60—90 年代北帮地表抚顺石油一厂建筑的破坏情况具有在某些年代破坏较重及破坏数量较多的特点。建筑物的破坏时间可大致分为三个阶段：20 世纪 60 年代大量建筑物被破坏，主要是由当时的井工开采所造成的。第二次较大的破坏，主要集中于 1975—1976 年初，主要是由当时的露天井工开采所造成的，在这一阶段建筑物曾出现严重破坏。第三次较大的建筑物破坏，20 世纪80 年代，主要是由于当时的露天开采、老井工开采区域"活化"所造成的，出现在 1985~1987 年初。抚顺石油一厂厂区内对不同的建筑物分别实施了纠斜和加固工程，但个别地段、构筑物仍有不同程度的变形产生，直到 20 世纪 90 年代治理工程的实施，特别是倾倒滑移组合体变形破坏的加固措施的实施，牵引主向斜滑移体的控制，有效控制了主向斜反倾绿色泥岩层、断层 F_1、F_{1a} 和倒三角岩体的倾倒变形破坏。

8.5.4　E800 剖面边坡变形破坏数值模拟分析

（1）E800 剖面 60—70 年代露天井工开采。E800 剖面 20 世纪 60—70 年代露天井工开采边坡变形破坏数值模拟分析成果见图 8.25。①图 8.25(a) 所示的有限元网格剖分。②图 8.25(b) 位移等值线云图可知，露天井工开采是影响边坡和地面变形的主要原因，上伏岩体受露天井工开采影响明显，最大变形矢量 2.503，2.841，4.136，7.347m，位于断层 F_1 上下盘边坡。特别是反倾断层 F_1 和倒三角节理化岩体发生倾倒变形加剧，断层 F_1 与倒三角节理化岩体倾倒变形增大，明显向电厂地面偏离、放大。③由图 8.25(c) 主应力方向云图可知，反倾断层 F_1、F_{1a} 和倒三角节理化岩体发生倾倒变形加剧，断层 F_1 与倒三角节理化岩体倾倒变形增大，明显向电厂地面偏离、放大。④由图 8.25(d) 相对剪应力云图可知，反倾断层 F_1、F_{1a} 和倒三角节理化岩体发生倾倒变形加剧，断层 F_1 与倒三角节理化岩体倾倒变形增大，明显向电厂地面偏离、放大。

60 年代露天井工开采　　　　　　　　70 年代露天井工开采

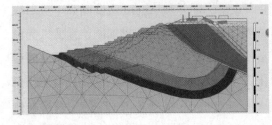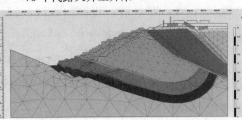

(a) 有限元网格剖分

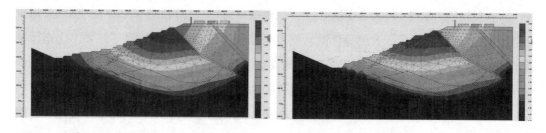

(b)位移等值线云图

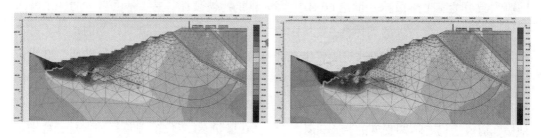

(c)主应力方向云图

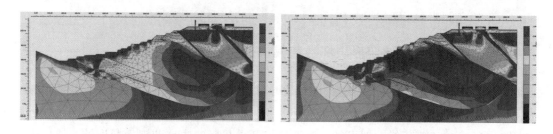

(d)相对剪应力云图

图 8.25　E800 剖面 20 世纪 60—70 年代露天井工开采边坡变形破坏

(2)20 世纪 80—90 年代露天井工开采。E800 剖面露天井工开采数值模拟分析成果见图 8.26。①图 8.26(a)所示的有限元网格剖分。由 8.26(b)位移等值线云图可知，露天井工开采是影响边坡和地面变形的主要原因，上伏岩体受露天井工开采影响明显，最大变形矢量 3.430,8.954m,位于断层 F_1 上下盘边坡。特别是反倾断层 F_1 和倒三角节理化岩体发生倾倒变形加剧，断层 F_1 与倒三角节理化岩体倾倒变形增大，明显向电厂地面偏离、放大。②由图 8.26(c)应变等值线云图可知，反倾断层 F_1 倾倒变形增大，最大应变 6.77%,15.32%,位于断层 F_1 带。明显向电厂地面偏离、放大。③由图 8.26(d)主应力方向云图可知，反倾断层 F_1、F_{1a} 和倒三角节理化岩体发生倾倒变形加剧，断层 F_1 与倒三角节理化岩体倾倒变形增大，明显向电厂地面偏离、放大。④由图 8.26(e)相对剪应力云图可知，反倾断层 F_1、F_{1a} 和倒三角节理化岩体发生倾倒变形加剧，断层 F_1 与倒三角节理化岩体倾倒变形增大，明显向电厂地面偏离、放大。⑤由图 8.25(f)拉伸破坏区分布特征可知，露天井工开采是影响边坡和地面变形的主要原因，上伏岩体受露天井工开采影响明显。受邻近断层 F_1 复式褶曲构造、老河床的影响，倾倒滑移组合体变形形成，

特别是反倾断层 F_1、F_{1a} 和倒三角节理化岩体发生倾倒变形，1、2 和 3 褐色页岩弱层出现滑移迹象，断层 F_1 与倒三角节理化岩体发生倾倒变形，明显向电厂地面偏离、放大。局部边坡稳定系数为 1.184、1.075，表明井工开采是局部边坡变形破坏主要原因。

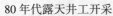

80 年代露天井工开采　　　　　　　　　90 年代露天井工开采

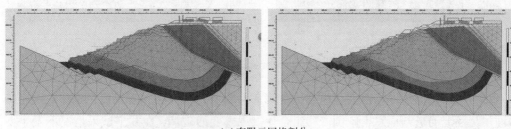

(a)有限元网格剖分

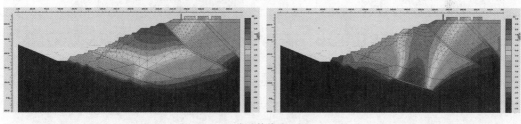

(b)位移等值线云图

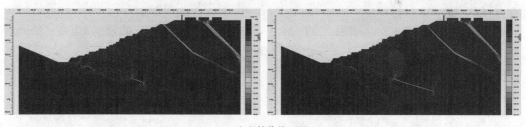

(c)应变等值线云图

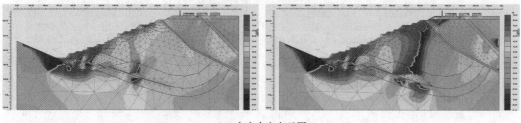

(d)主应力方向云图

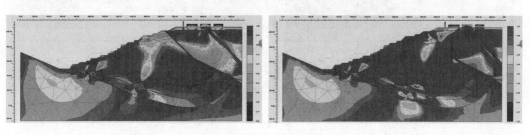

(e)相对剪应力云图

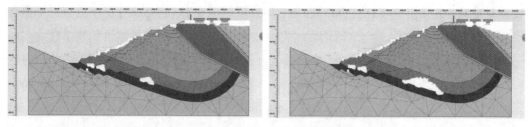

(f)拉伸破坏区分布图

图 8.26 20 世纪 80、90 年代露天井工开采边坡变形破坏

（3）E800 剖面边坡倾倒滑移组合体变形破坏分析。20 世纪 90 年代，随着复式褶皱边坡加陡及老河道基地发生倾倒滑移组合体大规模变形破坏，在井工试采情况下发生变形滑坡破坏，后进行削坡减重、建筑搬迁、铁路公路改道、露天矿采掘内排土线改线建设，才恢复生产。

E800 剖面边坡倾倒滑移组合体变形破坏分析成果见图 8.27。①图 8.27(a) 所示为有限元网格剖分。②由图 8.27(b) 位移等值线云图可知，露天井工开采是影响边坡和地面变形的主要原因，上伏岩体受露天井工开采影响明显，最大变形矢量 4.964m，位于断层 F_1 上下盘边坡。特别是反倾断层 F_1 和倒三角节理化岩体发生倾倒变形加剧，断层 F_1 与倒三角节理化岩体倾倒变形增大，明显向电厂地面偏离、放大。③由图 8.27(c) 应变等值线云图可知，反倾断层 F_1 倾倒变形增大，最大应变 10.50%，位于断层 F_1 带。明显向电厂地面偏离、放大。④由图 8.27(d) 主应力方向云图可知，反倾断层 F_1、F_{1a} 和倒三角节理化岩体发生倾倒变形加剧，断层 F_1 与倒三角节理化岩体倾倒变形增大，明显向电厂地面偏离、放大。

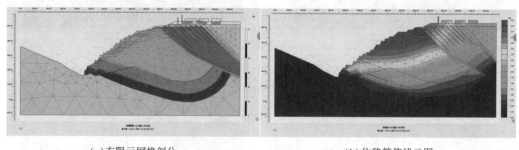

(a)有限元网格剖分　　　　　　　　　　(b)位移等值线云图

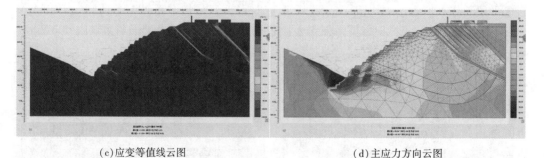

(c)应变等值线云图　　　　　　　　　　(d)主应力方向云图

图 8.27 边坡倾倒滑移组合体变形破坏

8.5.5　E1000 剖面边坡变形破坏数值模拟分析

（1）E1000 剖面 20 世纪 60—70 年代。E1000 剖面 20 世纪 60—70 年代露天井工开采边坡变形破坏数值模拟分析成果见图 8.28：①图 8.28（a）所示为有限元网格剖分。②由 8.28（b）位移等值线云图可知，露天井工开采是影响边坡和地面变形的主要原因，上伏岩体受露天井工开采影响明显，最大变形矢量 0.209，0.432，1.637，1.647m，位于断层 F_1 上下盘边坡。特别是反倾断层 F_1 和倒三角节理化岩体发生倾倒变形加剧，断层 F_1 与倒三角节理化岩体倾倒变形增大，明显向电厂地面偏离、放大。③由图 8.28（c）主应力方向云图可知，反倾断层 F_1、F_{1a} 和倒三角节理化岩体发生倾倒变形加剧，断层 F_1 与倒三角节理化岩体倾倒变形增大，明显向电厂地面偏离、放大。④由图 8.28（d）相对剪应力云图可知，反倾断层 F_1、F_{1a} 和倒三角节理化岩体发生倾倒变形加剧，断层 F_1 与倒三角节理化岩体倾倒变形增大，明显向电厂地面偏离、放大。

60 年代露天井工开采　　　　　　　　70 年代露天井工开采

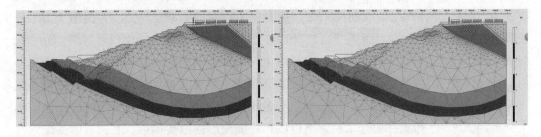

（a）有限元网格剖分

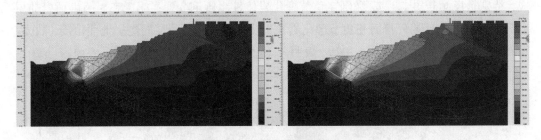

（b）位移等值线云图

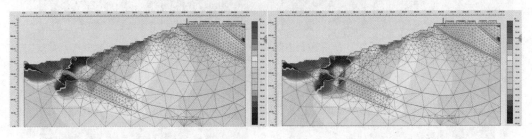

（c）主应力方向云图

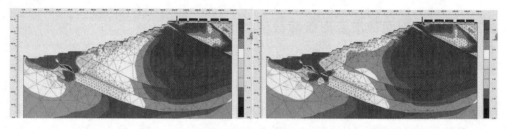

(d) 相对剪应力云图

图 8.28 E1000 剖面 20 世纪 60—70 年代露天井工开采边坡变形破坏

(2)20 世纪 80—90 年代露天井工开采。E1000 剖面露天井工开采数值模拟分析成果见图 8.29。①图 8.29(a)所示为有限元网格剖分。②由 8.29(b)位移等值线云图可知，露天井工开采是影响边坡和地面变形的主要原因，上伏岩体受露天井工开采影响明显，最大变形矢量 1.756、10.72m，位于断层 F_1 上下盘边坡。特别是反倾断层 F_1 和倒三角节理化岩体发生倾倒变形加剧，断层 F_1 与倒三角节理化岩体倾倒变形增大，明显向电厂地面偏离、放大。③由图 8.29(c)应变等值线云图可知，反倾断层 F_1 倾倒变形增大，最大应变 26.05%、26.17%，位于断层 F_1 带。明显向电厂地面偏离、放大。④由图 8.29(d)主应力方向云图可知，反倾断层 F_1、F_{1a} 和倒三角节理化岩体发生倾倒变形加剧，断层 F_1 与倒三角节理化岩体倾倒变形增大，明显向电厂地面偏离、放大。⑤由图 8.29(e)相对剪应力云图可知，反倾断层 F_1、F_{1a} 和倒三角节理化岩体发生倾倒变形加剧，断层 F_1 与倒三角节理化岩体倾倒变形增大，明显向电厂地面偏离、放大。⑥由图 8.29(f)拉伸破坏区分布特征可知，露天井工开采是影响边坡和地面变形的主要原因，上伏岩体受露天井工开采影响明显。受邻近断层 F_1 复式褶曲构造、老河床的影响，倾倒滑移组合体变形形成，特别是反倾断层 F_1、F_{1a} 和倒三角节理化岩体发生倾倒变形，1、2 和 3 褐色页岩弱层出现滑移迹象，断层 F_1 与倒三角节理化岩体发生倾倒变形，明显向电厂地面偏离、放大。局部边坡稳定性数为 1.156、1.045，表明井工开采是局部边坡变形破坏主要原因。

80 年代露天井工开采　　　　　　　　　　90 年代露天井工开采

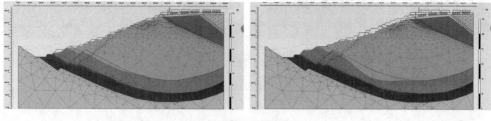

(a) 有限元网格剖分

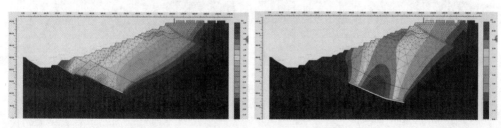

(b) 位移等值线云图

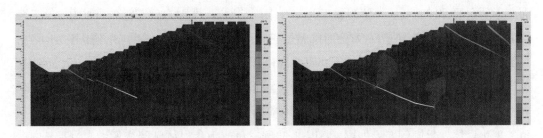

(c)应变等值线云图

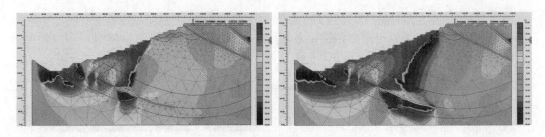

(d)主应力方向云图

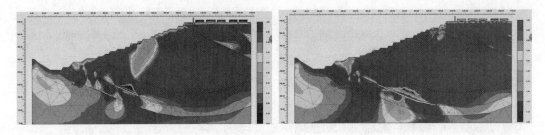

(e)相对剪应力云图

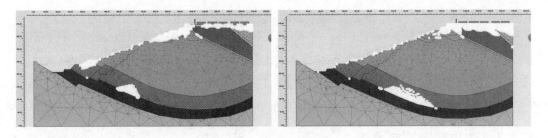

(f)拉伸破坏区分布图

图 8.29　E1000 剖面 20 世纪 80—90 年代露天井工开采边坡变形破坏

（3）E1000 剖面边坡倾倒滑移组合体变形破坏分析。20 世纪 90 年代，随着复式褶皱构造边坡加陡及老河道基地发生倾倒滑移组合体大规模变形破坏，在井工试采情况下发生变形滑坡破坏，后进行削坡减重、建筑搬迁、铁路公路改道、露天矿采掘内排土线改线建设，才恢复生产。

E1000 剖面边坡倾倒滑移组合体变形破坏分析成果见图 8.30：①图 8.30(a)所示为有限元网格剖分。②由图 8.30(b)位移等值线云图可知，露天井工开采是影响边坡和地面变形的主要原因,上伏岩体受露天井工开采影响明显,最大变形矢量 1.617m,位于断层 F_1 上下盘边坡。特别是反倾断层 F_1 和倒三角节理化岩体发生倾倒变形加剧,断层 F_1 与倒三角节理化岩体倾倒变形增大,明显向电厂地面偏离、放大。③由图 8.30(c) 应变等值线云图可知,反倾断层 F_1 倾倒变形增大,最大应变 10.74%,位于断层 F_1 带。明显向电厂地面偏离、放大。④由图 8.30(d) 主应力方向云图可知,反倾断层 F_1、F_{1a} 和倒三角节理化岩体发生倾倒变形加剧,断层 F_1 与倒三角节理化岩体倾倒变形增大,明显向电厂地面偏离、放大。

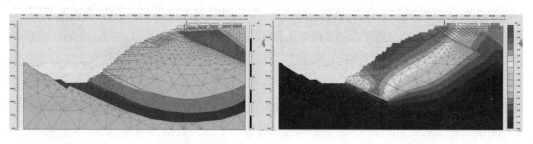

(a) 有限元网格剖分　　　　　　　　　　　　(b) 位移等值线云图

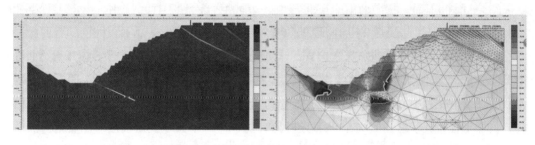

(c) 应变等值线云图　　　　　　　　　　　　(d) 主应力方向云图

图 8.30　边坡倾倒滑移组合体变形破坏

◆◇ 8.6　北帮边坡变形破坏治理工程

8.6.1　边坡动态控制设计

抚顺西露天矿北帮边坡及地面抚顺石油一厂厂区变形日趋加剧,特别是从 1995 年开始,边坡变形呈加速发展趋势,坑内边坡发生多次滑坡和变形破坏,给厂矿安全生产带来了极大的威胁,正常生产受到影响,假如边坡变形继续发展,不及时进行抢险整治,一旦发生大滑坡,北帮 28 条入坑干线将停运,4 条内部排土线将中断,西区将被迫闭坑。露天矿采剥将严重失控,剥离将由 1400 万 m^3/a 降为 600 万 m^3/a,少产煤炭 160 万 t/a,直接经济损失 3.2 亿元/a。必须保证抚顺西露天矿北帮边坡稳定,贯彻国家有关部委提出的"厂矿双保"方针。

为了落实"厂矿双保"方针，实现最终开采境界（D 界），边坡控制工程设计是解决重大隐患，又考虑企业生存发展和抚顺市社会经济稳定的安全工程项目，要以国有大企业安全生产大局为重，充分发挥有限的国家拨款资金，安排更多整治工程。现存上部绿色泥岩边坡的安全系数不到 1.1，而下部油母页岩边坡没有到界，这里的下层煤较厚，应尽量予以回收。所以，设计的思路为：首先，采取疏干工程和抗滑桩工程确保现存上部绿色泥岩边坡稳定；其次，利用现存的坑底的夹矸岛作为西北帮，在大夹矸部位选作内排，加大压脚量，提高整体边坡的安全系数，然后在边坡动态监测控制下，加快强采下层煤到 D 界，煤采完之后，立即回填，这种做法既保持了边坡的稳定，又多回收了一些煤炭。

8.6.2　工程布置方案

根据上述思路，为实现最终开采境界，对边坡进行抢险治理的主要工程措施内容有：①边坡疏干减压工程，包括水平放水孔，平硐与放水孔联合疏干减压工程；②绿色泥岩倾倒滑移体抗滑加固工程；③边坡水压监测及岩移监测工程，实现滑坡预测预报；④内排压脚护坡工程；⑤北帮地表防排水工程；⑥西区深部强采工程。工程平面图如图 8.31所示。

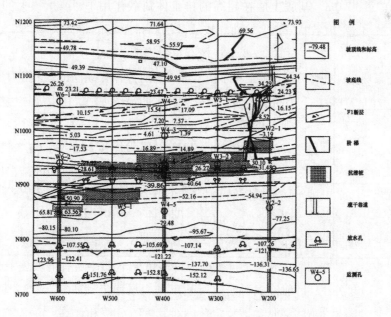

图 8.31　抚顺西露天矿北帮边坡治理工程平面图

（1）5 个水平疏干减压工程。采用水平放水孔对边坡进行疏干减压，其孔径 89 ~ 108mm。放水孔在边帮上按棋盘式排列，水平间距均为 50m，孔深 150m，分为 +30，-80，-108，-200，-250m，共 5 个水平，总计 57660m/340 孔。在 -150m 水平的 W600、W400、W200 剖面处分别向北开掘平硐，其中 W200、W600 平硐向北掘至 N750 和 N950，分别向东西掘进使各平硐贯通，形成东西方向的疏干巷道，巷道内施工仰角放水孔。疏干工程的目的是使边坡水位降至 4 号弱层之下。

（2）绿色泥岩边坡工字钢抗滑桩工程。抗滑设计为 45C 工字钢混凝土抗滑桩走向范围 W200~W600，共计 400m，每根桩提供的抗滑力为 72.22t。桩径（孔径）600mm，间距为 2.5m，排距为 2.0m。在 -30m 平盘施工，共 14 排。抗滑桩的设计依据：以第 2 号弱层为滑面，应用极限平衡推力法，计算 $F=1.25$ 时提供的抗滑推力和桩的间排距。一期工程共施工 30988.75m/975 个桩。

（3）调整采矿工程。边坡角由基本设计的 34.5° 降低为施工设计的 28°~31°。为此，露天矿年产量由 500 万 t 降为 280 万 t，可采煤 4500 万 t，适量减少坑深，增加坑底与老采空区之间煤柱。加速改全区开采方式为分区开采方式，先采西部，向东推进，加速西区到界，以实现提前内排。

（4）调整内排土工程。1997 年在 W700 剖面以西、2000 年在 EW0 剖面以西到界。加速改铁道运输为铁道汽车联合运输，以适应分区开采，提前到界、提前内排的需要。控制北帮剥离，稳定现有北帮境界。加速西区到界，跟踪内排，加速改外排土方式为内排土方式，提高边坡稳定性。内排土上限大致标高为 -32m，内排土范围 W1600~E1000，全长 2600m。布置如图 8.32 和图 8.33 所示。

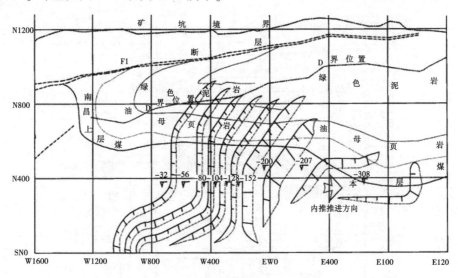

图 8.32 抚顺西露天矿内部排土工程

（5）东西露天矿协同采矿内排土工程。在调整抚顺西露天矿采矿工程闭坑过程中，为了加速抚顺西露天矿西区到界，跟踪内排，增加 2 个水平的内排土反压护坡工程，保护边坡和地面的稳定性，加速改外排土方式为内排土方式。同时，通过协同抚顺东露天矿采矿工程，最大程度满足抚顺西露天矿采矿内排土工程，加速闭坑过程，恢复抚顺西露天矿矿山环境。布置如图 8.34 所示。

上述工程实施后，北帮边坡稳定状况将大大改善，边坡稳定系数将由目前的 1.1 以

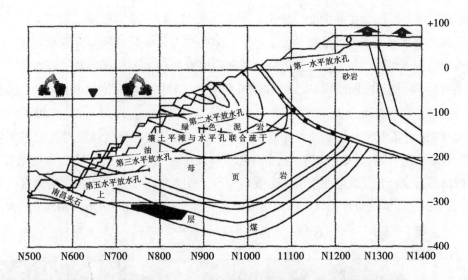

图 8.33　抚顺西露天矿 W600 剖面内部排土与边坡疏干排水工程

图 8.34　抚顺西露天矿内部排土工程实际

下，提高到 1.3 以上，确保露天矿的边坡稳定，不发生大滑坡，同时地面变形将明显减少。实现国家有关部委提出的"厂矿双保"方针，可使露天矿维持现有产量 280 万 t/a，维持现有效益。

8.6.3　W600 剖面边坡变形破坏控制

(1) 露天开采境界+疏干排水+倾倒滑移组合体工字钢抗滑桩。W600 剖面露天开采边坡变形破坏控制数值模拟分析成果见图 8.35：①图 8.35(a) 所示为网格形变图。②由图 8.35(b) 位移等值线云图可知，井工开采是影响边坡和地面变形的主要原因，此阶段向斜轴上部边坡 28°，向斜轴下部边坡 13°，井工开采对向斜轴上部边坡倾倒影响明显，最大变形矢量 5.054m，位于断层 F_1 上下盘边坡。特别是反倾断层 F_1、F_{1a} 和倒三角节理化岩体发生倾倒变形，断层 F_1 与倒三角节理化岩体倾倒变形最大，明显向厂区地面偏离、放大。③由图 8.35(c) 应变等值线云图可知，反倾断层 F_1、F_{1a} 和倒三角节理化岩体发生倾倒变形，反倾断层 F_1、F_{1a} 倾倒变形"活化"最大，最大应变 25.16%，位于断层

F_1、F_{1a}带，使得厂区地面倾倒变形放大。④由图8.35(d)主应力方向云图可知，井工开采是影响边坡和地面变形的主要原因，上伏岩体受井工开采影响明显。⑤由图8.36(e)相对剪应力云图可知，井工开采是影响边坡和地面变形的主要原因，上伏岩体受井工开采影响明显，特别是反倾断层F_1、F_{1a}和倒三角节理化岩体发生倾倒变形，断层F_1与倒三角节理化岩体倾倒变形最大，明显向厂区地面偏离、放大。⑥由图8.35(f)倾倒滑移变形特征可知，井工开采是影响边坡和地面变形的主要原因，上伏岩体受井工开采影响明显，特别是反倾断层F_1、F_{1a}和倒三角节理化岩体发生倾倒变形，主向斜1、2褐色页岩弱层出现滑移迹象，上部绿色泥岩层发生倾倒变形，断层F_1与倒三角节理化岩体发生倾倒变形，断层F_{1a}与倒三角节理化岩体倾倒变形突跳最大，明显向厂区地面偏离、放大。

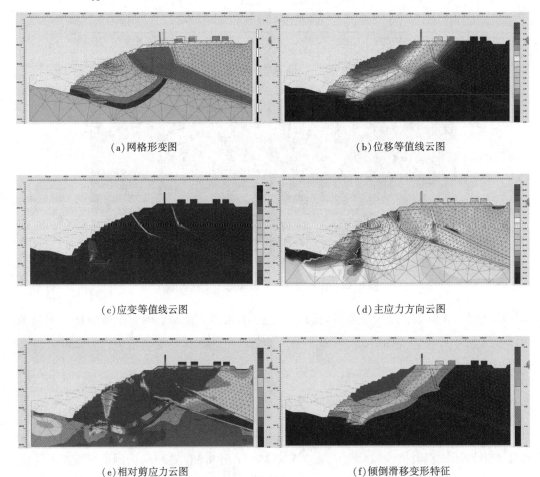

(a)网格形变图

(b)位移等值线云图

(c)应变等值线云图

(d)主应力方向云图

(e)相对剪应力云图

(f)倾倒滑移变形特征

图8.35 W600剖面露天开采境界+疏干排水+倾倒滑移组合体工字钢抗滑桩图

(2)露天开采境界+降雨+倾倒滑移组合体工字钢抗滑桩。W600剖面露天开采边坡变形破坏控制数值模拟分析成果见图8.36：①图8.36(a)所示为网格形变图。②由图8.36(b)位移等值线云图可知，井工开采是影响边坡和地面变形的主要原因，此阶段向斜轴上部边坡28°，向斜轴下部边坡13°，井工开采对向斜轴上部边坡倾倒影响明显，最大变形矢量 6.368m，位于断层 F_1 上下盘边坡。特别是反倾断层 F_1、F_{1a} 和倒三角节理化岩体发生倾倒变形，断层 F_1 与倒三角节理化岩体倾倒变形最大，明显向厂区地面偏离、放大。③由图 8.36(c) 应变等值线云图可知，反倾断层 F_1、F_{1a} 和倒三角节理化岩体发生倾倒变形，反倾断层 F_1、F_{1a} 倾倒变形"活化"最大，最大应变 21.19%，位于断层 F_1、F_{1a} 带，使得厂区地面倾倒变形放大。④由图 8.36(d) 主应力方向云图可知，井工开采是影响边坡和地面变形的主要原因，上伏岩体受井工开采影响明显。⑤由图 8.36(e) 相对剪应力云图可知，井工开采是影响边坡和地面变形的主要原因，上伏岩体受井工开采影响明显，特别是反倾断层 F_1、F_{1a} 和倒三角节理化岩体发生倾倒变形，断层 F_1 与倒三角节理化岩体倾倒变形最大，明显向厂区地面偏离、放大。⑥由图 8.36(f) 倾倒滑移变形特征可知，井工开采是影响边坡和地面变形的主要原因，上伏岩体受井工开采影响明显，特别是反倾断层 F_1、F_{1a} 和倒三角节理化岩体发生倾倒变形，主向斜 1、2 褐色页岩弱层出现滑移迹象，上部绿色泥岩层发生倾倒变形，断层 F_1 与倒三角节理化岩体发生倾倒变形，断层 F_{1a} 与倒三角节理化岩体倾倒变形突跳最大，明显向厂区地面偏离、放大。

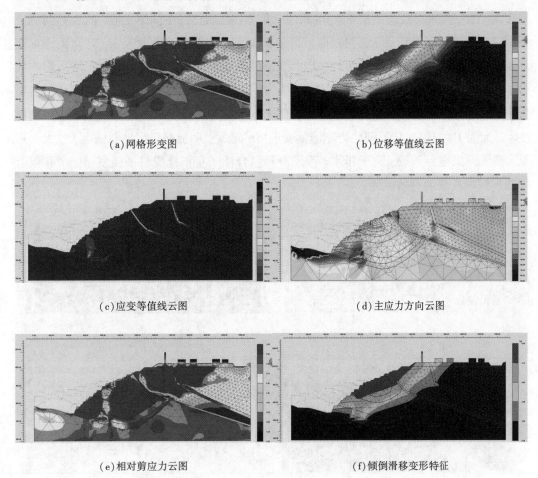

(a) 网格形变图　　　　　　　　　　　(b) 位移等值线云图

(c) 应变等值线云图　　　　　　　　　(d) 主应力方向云图

(e) 相对剪应力云图　　　　　　　　　(f) 倾倒滑移变形特征

图 8.36　W600 剖面露天开采境界+降雨+倾倒滑移组合体工字钢抗滑桩图

8.6.4　W400剖面边坡变形破坏控制

（1）露天开采境界+疏干排水+倾倒滑移组合体工字钢抗滑桩。W400剖面露天开采边坡变形破坏控制数值模拟分析成果见图8.37。①图8.37(a)所示为网格形变图。②由图8.37(b)位移等值线云图可知，井工开采是影响边坡和地面变形的主要原因，此阶段向斜轴上部边坡28°，向斜轴下部边坡13°，井工开采对向斜轴上部边坡倾倒影响明显，最大变形矢量1.077m，位于断层F_1上下盘边坡。特别是反倾断层F_1、F_{1a}和倒三角节理化岩体发生倾倒变形，断层F_1与倒三角节理化岩体倾倒变形最大，明显向厂区地面偏离、放大。③由图8.37(c)应变等值线云图可知，反倾断层F_1、F_{1a}和倒三角节理化岩体发生倾倒变形，反倾断层F_1、F_{1a}倾倒变形"活化"最大，最大应变11.98%，位于断层F_1、F_{1a}带，使得厂区地面倾倒变形放大。④由图8.37(d)主应力方向云图可知，井工开采是影响边坡和地面变形的主要原因，上伏岩体受井工开采影响明显。⑤由图8.37(e)相对剪应力云图可知，井工开采是影响边坡和地面变形的主要原因，上伏岩体受井工开采影响明显，特别是反倾断层F_1、F_{1a}和倒三角节理化岩体发生倾倒变形，断层F_1与倒三角节理化岩体倾倒变形最大，明显向厂区地面偏离、放大。⑥由图8.38(f)倾倒滑移变形特征可知，井工开采是影响边坡和地面变形的主要原因，上伏岩体受井工开采影响明显，特别是反倾断层F_1、F_{1a}和倒三角节理化岩体发生倾倒变形，主向斜1、2褐色页岩弱层出现滑移迹象，上部绿色泥岩层发生倾倒变形，断层F_1与倒三角节理化岩体发生倾倒变形，断层F_{1a}与倒三角节理化岩体倾倒变形突跳最大，明显向厂区地面偏离、放大。可见，露天开采境界调整、疏干排水、倾倒滑移组合体工字钢抗滑桩是控制倾倒滑移组合体变形破坏发展的有效措施。

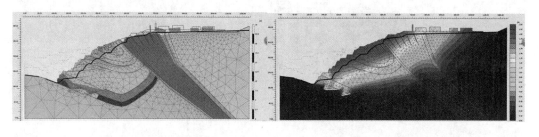

　(a)网格形变图　　　　　　　　　　　　　(b)位移等值线云图

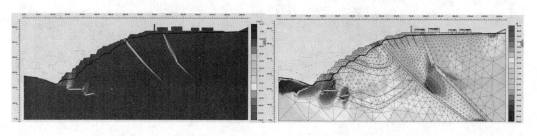

　(c)应变等值线云图　　　　　　　　　　　(d)主应力方向云图

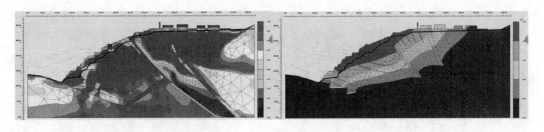

(e)相对剪应力云图　　　　　　　　　　　(f)倾倒滑移变形特征

图 8.37　W400 剖面露天开采境界+疏干排水+倾倒滑移组合体工字钢抗滑桩图

(2)露天开采境界+降雨+倾倒滑移组合体工字钢抗滑桩。W400 剖面露天开采边坡变形破坏控制数值模拟分析成果见图 8.38。①图 8.38(a)所示为网格形变图。②由图 8.38(b)位移等值线云图可知，井工开采是影响边坡和地面变形的主要原因，此阶段向斜轴上部边坡 28°，向斜轴下部边坡 13°，井工开采对向斜轴上部边坡倾倒影响明显，最大变形矢量 2.005m，位于断层 F_1 上下盘边坡。特别是反倾断层 F_1、F_{1a} 和倒三角节理化岩体发生倾倒变形，断层 F_1 与倒三角节理化岩体倾倒变形最大，明显向厂区地面偏离、放大。③由图 8.38(c)应变等值线云图可知，反倾断层 F_1、F_{1a} 和倒三角节理化岩体发生倾倒变形，反倾断层 F_1、F_{1a} 倾倒变形"活化"最大，最大应变 11.00%，位于断层 F_1、F_{1a} 带，使得厂区地面倾倒变形放大。④由图 8.38(d)主应力方向云图可知，井工开采是影响边坡和地面变形的主要原因，上伏岩体受井工开采影响明显。⑤由图 8.38(e)相对剪应力云图可知，井工开采是影响边坡和地面变形的主要原因，上伏岩体受井工开采影响明显，特别是反倾断层 F_1、F_{1a} 和倒三角节理化岩体发生倾倒变形，断层 F_1 与倒三角节理化岩体倾倒变形最大，明显向厂区地面偏离、放大。⑥由图 8.38(f)倾倒滑移变形特征可知，井工开采是影响边坡和地面变形的主要原因，上伏岩体受井工开采影响明显，特别是反倾断层 F_1、F_{1a} 和倒三角节理化岩体发生倾倒变形，主向斜 1、2 褐色页岩弱层出现滑移迹象，上部绿色泥岩层发生倾倒变形，断层 F_1 与倒三角节理化岩体发生倾倒变形，断层 F_{1a} 与倒三角节理化岩体倾倒变形突跳最大，明显向厂区地面偏离、放大。可见，尽管露天开采境界调整、疏干排水、倾倒滑移组合体工字钢抗滑桩是控制倾倒滑移组合体变形破坏发展的有效措施，但是汛期降雨地下水位升高仍然是倾倒滑移组合体变形破坏发展的主要影响因素，需要考虑疏干巷道排水、地表疏排水措施等。

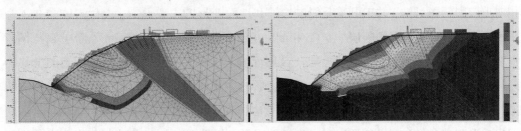

(a)网格形变图　　　　　　　　　　　(b)位移等值线云图

(c)应变等值线云图　　　　　　　　　　　　　(d)主应力方向云图

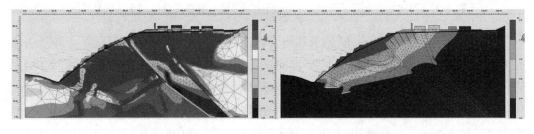

(e)相对剪应力云图　　　　　　　　　　　　　(f)倾倒滑移变形特征

图 8.38　W400 剖面露天开采境界+降雨+倾倒滑移组合体工字钢抗滑桩图

8.6.5　W200 剖面边坡变形破坏控制

（1）露天开采境界+疏干排水+倾倒滑移组合体工字钢抗滑桩。W200 剖面露天开采边坡变形破坏控制数值模拟分析成果见图 8.39。①图 8.39(a)所示为网格形变图。②由图 8.39(b)位移等值线云图可知，井工开采是影响边坡和地面变形的主要原因，此阶段向斜轴上部边坡 28°，向斜轴下部边坡 13°，井工开采对向斜轴上部边坡倾倒影响明显，最大变形矢量 2.053m，位于断层 F_1 上下盘边坡。特别是反倾断层 F_1、F_{1a} 和倒三角节理化岩体发生倾倒变形，断层 F_1 与倒三角节理化岩体倾倒变形最大，明显向厂区地面偏离、放大。③由图 8.39(c)应变等值线云图可知，反倾断层 F_1、F_{1a} 和倒三角节理化岩体发生倾倒变形，反倾断层 F_1、F_{1a} 倾倒变形"活化"最大，最大应变 16.12%，位于断层 F_1、F_{1a} 带，使得厂区地面倾倒变形放大。④由图 8.39(d)主应力方向云图可知，井工开采是影响边坡和地面变形的主要原因，上伏岩体受井工开采影响明显。⑤由图 8.39(e)相对剪应力云图可知，井工开采是影响边坡和地面变形的主要原因，上伏岩体受井工开采影响明显，特别是反倾断层 F_1、F_{1a} 和倒三角节理化岩体发生倾倒变形，断层 F_1 与倒三角节理化岩体倾倒变形最大，明显向厂区地面偏离、放大。⑥由图 8.39(f)倾倒滑移变形特征可知，井工开采是影响边坡和地面变形的主要原因，上伏岩体受井工开采影响明显，特别是反倾断层 F_1、F_{1a} 和倒三角节理化岩体发生倾倒变形，主向斜 1、2 褐色页岩弱层出现滑移迹象，上部绿色泥岩层发生倾倒变形，断层 F_1 与倒三角节理化岩体发生倾倒变形，断层 F_{1a} 与倒三角节理化岩体倾倒变形突跳最大，明显向厂区地面偏离、放大。

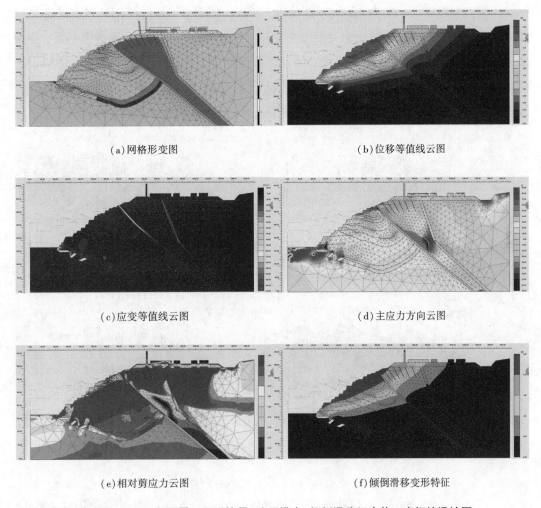

(a)网格形变图　　　　　　　　　　　　　　(b)位移等值线云图

(c)应变等值线云图　　　　　　　　　　　(d)主应力方向云图

(e)相对剪应力云图　　　　　　　　　　　(f)倾倒滑移变形特征

图 8.39　W200 剖面露天开采境界+疏干排水+倾倒滑移组合体工字钢抗滑桩图

(2)露天开采境界+降雨+倾倒滑移组合体工字钢抗滑桩。W200 剖面露天开采边坡变形破坏控制数值模拟分析成果见图 8.40：①图 8.40(a)所示为网格形变图。②由图 8.40(b)位移等值线云图可知，井工开采是影响边坡和地面变形的主要原因，此阶段向斜轴上部边坡 28°，向斜轴下部边坡 13°，井工开采对向斜轴上部边坡倾倒影响明显，最大变形矢量 3.381m，位于断层 F_1 上下盘边坡。特别是反倾断层 F_1、F_{1a} 和倒三角节理化岩体发生倾倒变形，断层 F_1 与倒三角节理化岩体倾倒变形最大，明显向厂区地面偏离、放大。③由图 8.40(c)应变等值线云图可知，反倾断层 F_1、F_{1a} 和倒三角节理化岩体发生倾倒变形，反倾断层 F_1、F_{1a} 倾倒变形"活化"最大，最大应变 17.93%，位于断层 F_1、F_{1a} 带，使得厂区地面倾倒变形放大。④由图 8.40(d)主应力方向云图可知，井工开采是影响边坡和地面变形的主要原因，上伏岩体受井工开采影响明显。⑤由图 8.40(e)相对剪应力云图可知，井工开采是影响边坡和地面变形的主要原因，上伏岩体受井工开采影响明显，特别是反倾断层 F_1、F_{1a} 和倒三角节理化岩体发生倾倒变形，断层 F_1 与倒三角节理化岩体倾倒变形最大，明显向厂区地面偏离、放大。⑥图 8.40(f) 倾倒滑移变形特征可知，井工开采是影响边坡和地面变形的主要原因，上伏岩体受井工开采影响明显，特别是反倾断层 F_1、F_{1a} 和倒三角节理化岩体发生倾倒变形，主向斜 1、2 褐色页岩弱层出现滑移迹象，上部绿色泥岩层发生倾倒变形，断层 F_1 与倒三角节理化岩体发生倾倒变形，断层 F_{1a} 与倒三角节理化岩体倾倒变形突跳最大，明显向厂区地面偏离、放大。

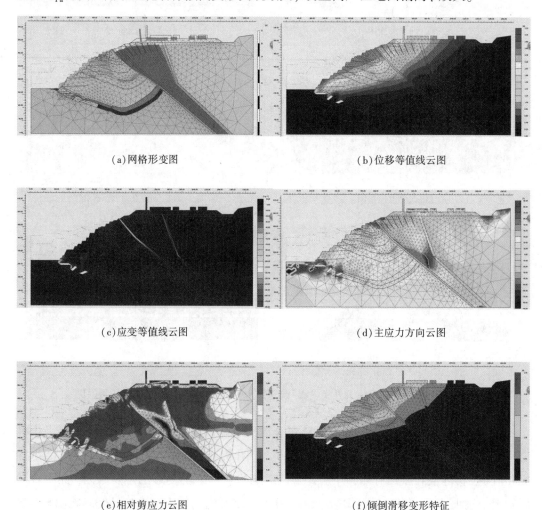

(a)网格形变图   (b)位移等值线云图

(c)应变等值线云图   (d)主应力方向云图

(e)相对剪应力云图   (f)倾倒滑移变形特征

图 8.40　W200 剖面露天开采境界+降雨+倾倒滑移组合体工字钢抗滑桩图

8.6.6　W600 剖面综合排水——疏干巷道+水平放水孔

W600 剖面综合排水数值模拟分析成果见图 8.41。①图 8.41(a) 所示的网络形变图。②由图 8.41(b) 位移变化可知，露天井工开采、倾倒滑移组合体变形起到显著的影响作用，最大位移为 7.913m，位移指向露天开采临空面，断层 F_1、F_{1a} 和倒三角岩体变形依然剧烈，综合排水——疏干巷道+水平放水孔对边坡变形的抑制作用有限。

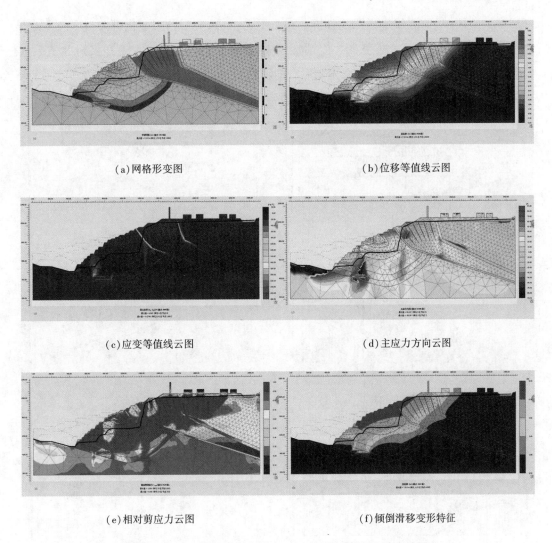

（a）网格形变图　　　　　　　　　　　（b）位移等值线云图

（c）应变等值线云图　　　　　　　　　　（d）主应力方向云图

（e）相对剪应力云图　　　　　　　　　　（f）倾倒滑移变形特征

图 8.41　W600 剖面综合排水——疏干巷道+水平放水孔图

W600 剖面监测线变化见图 8.42。①由图 8.42（a）监测线选择可知，选择井工采区、断层 F_1、断层 F_{1a} 监测线进行对比分析。②图 8.43（b）水平位移变化可知，露天井工开采、倾倒滑移组合体变形起到显著的影响作用，最大水平位移为 6.468m，AA 监测线地面水平位移依然剧烈，BB 监测线水平位移指向露天开采临空面，断层 F_1、F_{1a} 和倒三角岩体变形依然剧烈，CC 监测线水平位移指向露天开采临空面，断层 F_1、F_{1a} 和倒三角岩体变形，综合排水——疏干巷道+水平放水孔对边坡变形的抑制作用有限。③由图 8.42（c）监测线选择可知，选择井工采区、断层 F_1、断层 F_{1a} 监测线进行对比分析。④由图 8.42（d）下沉变化可知，露天井工开采、倾倒滑移组合体变形起到显著的影响作用，最大下沉位移为 6.964m，各监测线下沉位移依然剧烈，指向露天开采临空面，断层 F_1、F_{1a} 和倒三角岩体变形，倾倒滑移组合体变形有向深层发展趋势，综合排水——疏干巷道+水平放水孔对边坡变形的抑制作用有限。⑤由图 8.42（e）监测线选择可知，选择井工采区、

断层 F_1、断层 F_{1a} 监测线进行对比分析。⑥由图 8.42(f) 应变分布变化可知，井工采区监测线附近应变变化显著，断层 F_1、F_{1a} 监测线附近应变变化显著，露天开采对井工采区"活化"作用明显，倾倒滑移组合体变形有向深层发展趋势，综合排水——疏干巷道+水平放水孔对边坡变形的抑制作用有限。

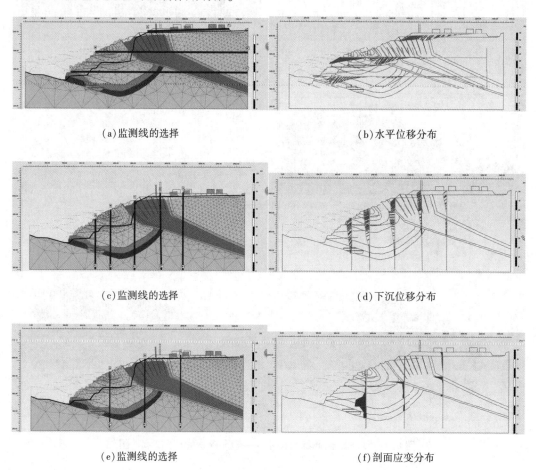

(a)监测线的选择

(b)水平位移分布

(c)监测线的选择

(d)下沉位移分布

(e)监测线的选择

(f)剖面应变分布

图 8.42　W600 剖面综合排水系统数值模拟分析成果图

8.6.7　W600 剖面内排回填压脚边坡变形破坏控制

W600 内排回填压脚可知边坡变形破坏控制分析成果见图 8.43。①由图 8.43(a) 所示为网格形变图。②由 8.43(b) 位移等值线云图，位移矢量最大值为 1.179m，主要位于断层 F_1 和坡肩附近，一定程度控制倾倒滑移组合体的变形。③由图 8.43(c) 主应力方向云图可知，主要位于断层 F_1 及其下部边坡，一定程度控制倾倒滑移组合体的变形。④由图 8.43(d) 相对剪应力云图可知，主要位于断层 F_1、F_{1a} 及其下部边坡坡表，地面基础相对剪应力分布最大，一定程度控制倾倒滑移组合体的变形。W600 内排回填压脚边坡变形破坏控制分析表明，稳定系数 1.987，可以有效控制倾倒滑移组合 s 体变形破坏。

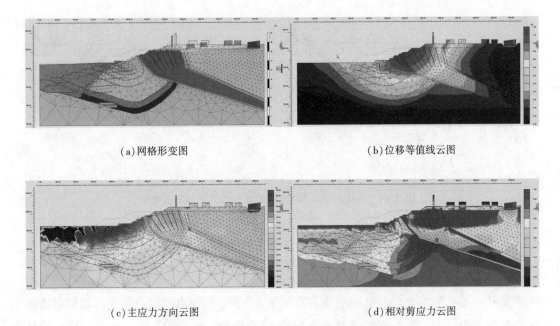

(a)网格形变图　　　　　　　　　　　(b)位移等值线云图

(c)主应力方向云图　　　　　　　　　(d)相对剪应力云图

图 8.43　内排回填压脚边坡变形破坏控制

8.6.8　W600 剖面内排回填压脚+北帮护坡边坡变形破坏控制

W600 内排回填压脚+北帮护坡边坡变形破坏控制分析成果如图 8.44。①由图 8.44 (a)所示为网格形变图。②由 8.44(b)位移等值线云图可知，位移矢量最大值为 1.014m，主要位于断层 F_1 附近，有效控制倾倒滑移组合体的变形。③由图 8.44(c)主应力方向云图可知，主要位于断层 F_1 及其下部边坡，有效控制倾倒滑移组合体的变形。④由图 8.34(d)相对剪应力云图可知，主要位于断层 F_1、F_{1a} 及其下部边坡坡表，地面基础相对剪应力分布最大，有效控制倾倒滑移组合体的变形。W600 内排回填压脚+北帮护坡边坡变形破坏控制分析表明，稳定系数 1.987，可以有效控制倾倒滑移组合体的变形破坏。

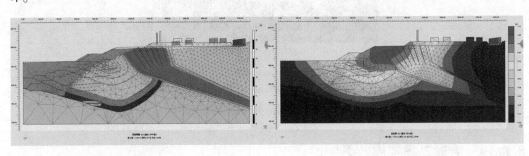

(a)网格形变图　　　　　　　　　　　(b)位移等值线云图

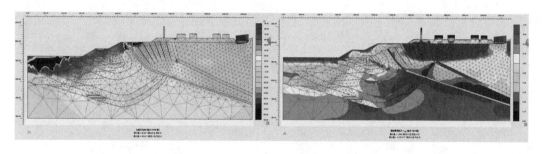

(c)主应力方向云图　　　　　　　　　(d)相对剪应力云图

图 8.44　内排回填压脚+北帮护坡边坡变形破坏控制

8.6.9　E800 剖面复式褶曲变形破坏边坡削坡减重

E800 剖面复式褶曲变形破坏数值模拟分析成果见图 8.45。①图 8.45(a)所示为网格形变图。②由图 8.45(b)、(c)可知，露天井工开采、倾倒滑移组合体变形起到显著的影响作用，最大位移为 3..405m，位移指向露天开采临空面，断层 F_1、F_{1a} 和倒三角岩体变形依然剧烈。

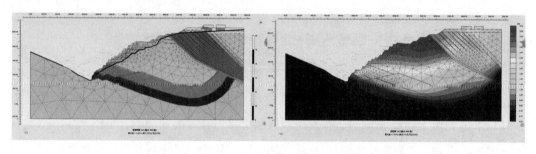

(a)网格形变图　　　　　　　　　(b)位移等值线云图

(c)应变等值线云图

图 8.45　E800 剖面复式褶曲变形破坏

8.6.10　治理工程实施效果

抚顺西露天矿北帮西区边坡综合整治工程是国家审批实施的重大安措项目。治理工程包括工字钢抗滑桩工程，水平放水孔工程，内排土工程和采矿优化工程等。

8.6.10.1 治理工程实施

(1)疏干排水工程。水平放水孔疏干工程是抚顺西露天矿北帮边坡整治工程的重要组成部分。计划 57660m/340 孔,1996 年完成 20696.37m/132 孔,1997 年完成 76 组,120 孔,36963.59m。这样,在 W700~E200(+30m 水平),W700~E1400(-80m 水平),W500~E400(-108m 水平)的三个水平放水孔工程已全部竣工。1998 年,-152、-184m 水平施工完毕,-150m 疏水平硐没有施工。

(2)水压监测工程。1996 年 6—8 月在 W200~W600 区间共施工了两个水压监测孔,可为放水孔施工效果评价提供数据。由于白垩系砂岩裂隙水受到冲积层潜水补给且 F_1 断层的阻隔,水位埋深较高。以 W6-I 孔为例,疏干前后水位下降了 3~5m。第三系绿色泥岩边坡水位疏干前后水位有一定幅度下降,平均降幅在 20~30m 左右,以 W4-3 孔为例,水位从-17.57m 降至-43.70m。这样,弱层的第一层处于 100%的疏干状态,第二层疏干程度 70%,第三层疏干程度 44.3%。没有完全达到预计的疏干效果,分析原因有三点;①抗滑桩工程的副效应使大量浆液箍钻孔漏失;②泥浆残液堵塞-80m 水平放水孔;③150m 疏干平硐等疏干工程尚未施工。

(3)抗滑桩工程。抚顺西露天矿北帮西区边坡综合治理工程工字钢抗滑桩工程 I 期是由抚顺西露天矿、抚顺矿务局监理处负责施工管理,由盖州桩基工程处、岩土工程公司、北方公司负责钻孔钻进,露建公司、十九处负责混凝土灌注成桩。自 1996 年 11 月施工,经过一段时间的实践,在工艺、管理上都取得了成功的经验。抗滑桩 I 期工程主要集中于以 W400 为中心的 14 段水平,工程为直径 40.6m 钻孔,45C 工字钢混凝土抗滑桩。核算工程量是:总孔散 975 个,总进尺数 30988.75m,其中盖州桩基工程处施工范围 W300~W380,孔数 398 个,进尺 10367.16m。岩土公司施工范围 W380~W440,孔数 327 个,进尺 10147.43m。北方公司施工范围 W440~W480,孔数 250 个,进尺 10474.16m。平均每月 70 孔,进尺 2037m,1998 年 3 月完成。

(4)内排土工程。抚顺西露天矿于 1991 年 9 月正式开始内排,内排土工程已形成四条排土线,即-200m、-145m、-108m、-40m 水平排土线。总体设计方案的最上一个排土水平+8m 段的形成时间比基本设计方案提前了 7 年,提前内排对边坡稳定性关系重大。蠕动边坡的稳定直接关系在其上部的 28 入坑干线的正常运输,而且也直接关系到地面的安全生产。

8.6.10.2 治理工程实时监测

(1)地下变形监测。根据北帮西区边坡治理的需要,对 W300~W600 边坡进行了地下位移监测。监测工程包括两项工作,即建立边坡地下位移监测孔;进行现场监测工作。监测孔建孔工程从 1996 年 6 月开始,到 1996 年 10 月 9 个监测孔已全部建成。监测自各孔建成之后进行。①W300 剖面监测孔。W3-1 号监测孔在 30m 深处存在明显的剪切变形。由于变形不断加大,导管在约 30m 深处产生较大弯曲变形,使测斜仪不能通过,从已取得的监测成果可知,该孔变形为倾倒滑移剪切变形。W3-2 号监测孔:边坡变形量较大，并且呈不断发展趋势。南北向(往南)孔口位移接近200mm。边坡变形为倾倒变形模式，从曲线还看出监测深度似乎不够。另外，在15m±3m范围内呈少许挤压变形(因导管为方钢管，变形还不大)。W3-3号监测孔：边坡变形较大，并朝临空方向不断发展，边坡变形加剧，孔口南北向位移(往南变形)已近190mm，东西向(往西变形)超过70mm，边坡呈明显的倾倒变形模式。纵观W300剖面3个监测孔的监测成果，该剖面岩体变形主要是倾倒滑移变形模式，并且在不断发展。但从W3-1和W3-2两孔变形看，1号孔在深30m处有一剪切变形常，2号孔在15m左右呈现挤压变形，如将这两个深度结合考虑，其上部岩体可能形成一个滑体，再一次验证了第二弱层已经形成贯通的滑动面，所以抗滑桩施工正是时候。②W400剖面监测孔。W4-1号监测孔：边坡变形较大并在持续发展，方向为西南方向，降雨之后变形加快，目前孔口位移南北向已多达180mm，边坡总体变形为倾倒变形模式。W4-3号监测孔：变形相对小一些，但变形有增大趋势，孔口月平均位移量南北向达2.23mm/d，东西向达2.15mm/d，合成量为3.10mm/d。在孔深34m±3m及70m±4m两深度处，岩体呈挤压变形，边坡岩体总体往南倾倒。W4-4号监测孔：边坡呈明显的剪切变形，在孔深65.5m左右和78m左右两深度处有明显的剪切滑移带，65.5m左右处剪切变形尤为明显。且滑移变形不断增大，后该孔为配合铁路线移设而暂时封闭，而无法监测。该孔位于抗滑桩施工平盘上，监测结果非常重要。W4-5号监测孔：边坡岩体变形较大，主要呈倾倒变形，方向为东南方向，该孔堵塞无法恢复。纵观该剖面4个监测孔的变形，各孔变形较大，并有增大趋势。由于边坡治理工程集中在该剖面附近，监测结果非常重要，加强边坡监测是治理工程中的重要一环。③W600剖面监测孔。该剖面仅设置了W6-1号监测孔，从其孔深位移曲线和位移历时曲线看，该孔变形较大，在74.5m处有明显的剪切变形，由于变形加大，仪器在74.5m不能通过，监测深度减为74.5m。变形呈增大趋势，孔口南北日平均位移量为2.73mm/d。边坡总的变形为倾倒滑移剪切变形。从W400剖面监测桩位移看，抗滑桩的施工对于滑移段岩体第一、二层相对位移起到了一定的抑制作用，已施工的抗滑桩对于滑移段岩体第1、2层起到了抗滑作用，而深层位移在地下高水位的作用下，岩移较明显；F_1断层上、下盘附近岩移明显受控于断层带；F1断层上盘地层位移仍表现为强烈的倾倒变形，浅部有十多米的岩体相对位移较小，表明施工的抗滑桩起到了抑制变形的作用。

从W300、W600剖面监测桩位移看，抗滑桩的施工数量少，对于滑移段、倾倒段岩体位移抑制作用不明显，边坡仍表现为强烈的倾倒滑移变形，岩体位移在地下高水位的作用下显现突出。

(2)边坡变形原因分析。进入雨季后地下水位升高，7段水沟水流严重跳槽，10段、17段水平放水孔无疏排水管，路面水流绝大部分渗入边坡。另外，由于抗滑桩施工全面展开，使得施工区地下水位抬高，形成以W400为中心的地下水位峰谷，使此地区变形加大。W600剖面14段临时导水池疏流问题，使得形成以W600为中心的地下水位峰谷，因而此地区变形增大。岩体深部减压、水位下降尚无变化，使得边坡稳定性状况难以明显改善。

（3）地表变形监测。W200～W600 区间边坡变形主要受控于牵引主向斜构造和软硬互层结构的绿色泥岩结构，其变形机制为倾倒滑移变形。

8.6.10.3　治理工程实施效果

此区间边坡变形自 1992 年以来，边坡变形已经进入加速蠕动变形阶段，并且在汛期变形呈现"阶越"现象，历年汛期、非汛期的位移速度呈递增趋势。1995 年初，该区 17 段（-80m 水平）实施了水平放水孔工程，降低了边坡水压，使该年汛期的位移速度远小于 1994 年（约为 1994 年阶值的 34%），但非汛期位移速度较 1994 年约增加 26.5%。进入 1996 年，总体看，汛期、非汛期的位移速度较 1995 年有增加，年均增加约 2.4%～4.5%。7 段、12 段 1997 年位移速度较 1996 年同期对比总体有所减小，减小幅度在 3%～60% 之间，但位移速度仍较大，14 段水平移动速度在 3.26～5.31mm/d，下沉速度在 1.27～2.14mm/d。可见，北帮西区边坡整治工程自 1996 年 9 月施工以来，边坡变形已有所减缓，整治工程已初见成效，但从该区边坡变形的主要控制因素看，地下水压是控制该区边坡变形的主要因素，而边坡水压仍很高，距预期疏干效果的差距很大，为实现综合治理，达到控制边坡变形的目的，落实疏干巷道工程，是实现预期边坡整治效果的关键。综上所述，模拟分析和实际观测表明，地质构造、露天井工开采对于地面变形影响作用十分突出，所以露天矿边坡、地面建构筑基础（搬迁根治）同步联治措施才能最终实现"厂矿双保"的最终目标。

①通过露天井工与建构筑基础地质构造、岩体渗透性和水压分布测试以及疏干排水试验，揭示了边坡岩体渗透特性以及深部水压分布规律，进行了边坡疏干排水动态试验和露天井工开采过程的数值模拟研究，提出了适合露天矿边坡的疏干排水控制技术方法。

②基于极限应变量的边坡稳定性分析原理，提出了露天井工开采边坡稳定性分析方法，从而为边坡变形分析和滑坡中长期预报及边坡动态稳定性设计提供了可靠的依据。

③建立了露天井工开采边坡稳定性动态控制技术体系，提出了边稳定性坡动态控制的研究思路；根据绿色泥岩中褐色页岩（泥化夹层）弱层的蠕变特性，认识了边坡动态变形发展规律。

④依据倾倒滑移组合体变形特性采取针对性的加固、控制边坡水压变化和内排土压脚护坡、采矿工程协调的分区开采工程措施，并在国家重大安措项目"抚顺西露天矿北帮西区大规模倾倒滑移边坡治理工程"项目中进行工程实践，为国家有关部委提出的"厂矿双保"方针落实作出积极贡献。

第9章　外排土场黄土地层非饱和渗流固结滑坡分析

露天开采作为安全、高效、全回采的开采方式，已成为我国露天煤矿矿产资源开发的重要途径。近年来，随着露天煤矿产量、规模的不断增多、增大，复杂采场、排土场及其组合型的高边坡不断出现，其稳定性问题日渐突出。针对露天煤矿首采区倾斜岩层采场、邻近土岩混排外排土场的空间组合变化，特别是特大型露天煤矿倾斜地层外排土场边坡稳定性动态演化——具有固结、非饱和渗流、蠕变力学特性的变形破坏机理和稳定性分析方法提出了更高的要求，提出精准的边坡动态预测预报、合理的优化边坡设计和针对性的治理措施，确保露天煤矿安全生产，提高经济效益。软基层高排土场是指基底土层较软弱的高大排土场，基底土层一般由黏性土、粉土或松散的砂性土构成，排弃高度一般为 30.0~50.0m。基底土层在超高的排土体荷载作用下，产生很大的压缩变形，直至被侧向挤出，形成波状隆起，从而导致软基层高排土场的整体失稳。基底土层的厚度和结构对排土场的稳定性和边坡变形规模有重大影响。软基层高排土场整体失稳的显著特征主要表现在：变形初期，排土场下沉、排土场前方存在纵向的强烈挤压区，表现为土层隆起、地面出现裂缝、小断层和微凸起；当产生明显滑坡后，在滑坡体后缘往往存在深度巨大的张拉裂隙。一个典型的例子，为苏联兹拉图乌斯特-别洛大斯克露天铜矿的矸石排土场，其排弃高度为 35.0~40.0m，基底土层为厚度超过 30.0m 的软黏土，从 1971 年起开始变形，曾经发生了长 1400m 的滑坡现象，在一年半时间内排土场个别地段已下沉 15m。下面基于排土场加载固结和非饱和渗流的滑动面演化机理数值模拟进行分析。

露天排土是露天煤矿整个工艺过程的一个基本环节，剥离和采矿均取决于该项工作的稳定性和节奏性。在实际工作中，排土场在许多情况下都伴随有滑坡现象，排土场稳定性问题日益引起关注，目前许多科研院所从事排土场稳定性研究。在以往的研究中，研究人员和工程技术人员往往从边坡稳定角度对其进行分析和计算，评价其稳定性。但对决定排土场整体稳定的基底固结和非饱和渗流引起的承载能力变化研究较少，基底承载能力恰恰是影响排土场整体稳定的内在关键因素。通过深入分析平朔安太堡露天煤矿南排土场发生的大型滑坡——沿黄土基底产生的多级坐落式滑坡，进一步认识滑坡形态分布、破坏形式及特征，以及分析滑坡发生的原因，为露天煤矿安全生产提供技术支撑。

◇◆ 9.1　南排土场滑坡特征

平朔安太堡露天煤矿南排土场位于该矿工业广场南侧。1991 年 10 月 29 日零时 5 分，排土场靠工业广场一侧发生大规模滑坡。滑坡体覆盖范围走向长 1050.0~1095.0m，宽度 420.0m，高差 135.0m(+1450.0~+1315.0m 水平)，滑坡体积约 1132 万 m³，滑舌长达 200.0m，滑坡体前的地基土层被挤压隆起，滑坡速度很快，剧烈滑动时间仅为 20~30s。滑坡体冲向排土场坡角处的工业广场，破坏平奋公路约 730.0m，埋没了大门守卫室、洗车间及排水沟 440.0m，摧毁了灯桥及大门至办公楼段公路等工业设施。

平朔安太堡露天煤矿南排土场排弃高度达到 135.0m(标高+1315.0~+1450.0m)，边坡角度为 19°~21°。采用 154t 重型卡车运输和重型推土机排土。排弃物料为岩石和表层黄土的混合物，含有少量煤矸石。平朔安太堡露天煤矿为特大型企业，其开采强度很大，所以排土场的水平推进速度和高度增长速度也是很大的。据统计，排土场年平均抬高速度达 21.0m，此排土场，由+1430.0m 平盘抬高到+1450.0m 平盘仅仅用了 3 个月时间。排土场基底为马兰黄土，厚度约 3.0m~30.0m，其下为粉质黏土与红色黏土互层，厚度约 8.0~25.0m，再下由为二叠系砂岩、砂页岩和泥岩等组成。

经过现场勘察和分析研究，这是一次典型的软基层高排土场基底承载力不足造成的滑坡，其滑坡体空间形态除了与一般滑坡有共同点外，还有其特殊之处，这些特殊点是其区别于一般滑坡的重要标志，也是提供计算理论的客观基础。滑坡体平面形状如图 9.1 所示。滑坡体在+1450.00m 平盘上的长度近 500.00m，张裂隙边缘呈圆弧形。在 1#、2#、3#、4#勘察剖面中，2#剖面居滑坡体中心部位，并垂直于张裂隙，是一个最具代表性的剖面，如图 9.2 所示。

南排土场滑坡体 2#剖面上的 A、B、C、D、E 等点是滑坡体稳定后测量人员测绘地形的测绘点。在得知排土场滑坡后，对出现的张裂隙深度进行测量。得到的测量结果为 73.00m，由于测量点 B 为可及点，裂隙底部的 B′为测量时的不可及点，所以实际的张裂隙深度要大于 73.0m。1#、2#、3#三个剖面上张裂隙出现的距离分别为 52.0、100.0、54.0m。2#剖面的 100.0m 最具有代表性，是外力最集中的部位。高达 125.00m 的排弃高度和含水接近饱和的黄土基层与红黏土的基底构成了软基层高排土场。对边坡高度为 125.00m、总体边坡角仅为 19°~21°的滑坡体而言，其具有的深达 73m(仅为可测部分)的垂直张裂隙和达 100.0m 的张裂隙出现宽度，都是一般滑坡所不可能出现的。从钻孔岩芯揭示的结果看，滑坡发生在基底土层内。基底软弱层为饱和状态互层的粉质黏土、黏土。滑坡体的特征与地基土层承载力不足造成土体整体失稳的理论和实践是一致的。黄土基层排土场滑坡的影响因素：

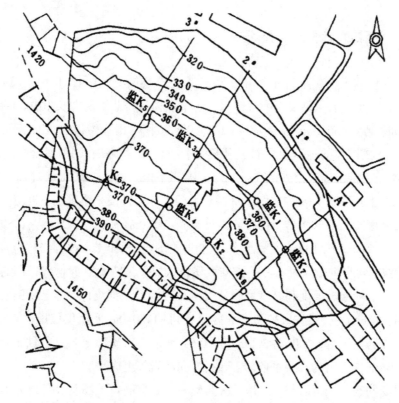

图 9.1　南排土场滑坡与勘探、监测工程布置平面图

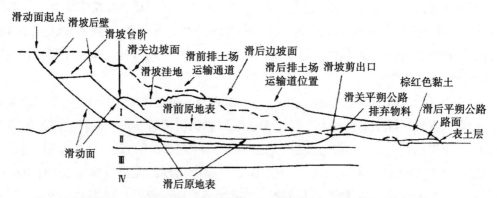

Ⅰ.排弃物料松散层层组；　Ⅱ.粉土、黏土互层层组；　Ⅲ.含卵砾黏土层层组；　Ⅳ.风化基岩层组

图 9.2　2#典型黄土基层排土场基底弱面演化滑坡模式剖面图

（1）黄土基层中黏土层的存在。统计分析表明，黏土中伊利石/蒙脱石混层黏土矿物含量高达 70%，其中膨胀层比例为 50%~60%，其次为伊利石，约 16%~20%。这些强亲水性矿物，在充水条件下，具有较强的吸附水分子于颗粒表面的能力，形成水化膜，使土体具强可塑性与变形能力。在排土场排弃物加载过程中，首先产生超孔隙水压力导致抗剪强度下降，随着超孔隙水压力的不断消散，抗剪强度得以提高；其次黄土基层中黏土层出现连续的软塑带演化变化，表现出排土场蠕动位移和变形，甚至造成整体失稳。

（2）地下水条件的恶化。排土场的形成改变了原地表水的排泄条件，而且排土场的排弃物料结构松散，渗透、蓄水能力较强，因此排土场形成以后，降雨被排土场松散排弃物料滞留、吸收。雨后被土场物料滞留、吸收的大量雨水可以充分渗入基底土体，使排土场基底土体内地下水补给条件的改变。另外土场的存在对基底土体内地下水的蒸发起到了屏蔽的作用，恶化了地下水的排泄条件。所以当排土场形成一定规模覆盖范围、排弃高度），基底土体内地下水得以良好补充、保存，致使基底土体内含水量不断增高，以致无地下水体的土层形成地下水体，原来水位很低的地下水体地下水位也有所增高，并在相对隔水层之上形成上层滞水。

（3）滑动面演化形成。我国西部黄土因其成因上的差异，一般表现为自上而下土体砂质成分逐渐减少，颗粒由粗变细，黏土矿物含量增高。排土场大面积覆盖后形成地表水，入渗量增大，迁流量变小，导致土体含水量增高。在持续荷载增量作用下，颗粒结构土体微结构被破坏，黏土矿物吸水塑化，不易排水，因而难于固结超孔隙水压力消散，演化为连续弱层。其厚度与范围随应力水平的增高和渗水的积聚而不断增加和扩大，形成连续的低强度带。演化弱层的出现具有如下特征：①应力水平对应性。演化弱层仅出现在排土场达到一定高度后地基土体的高应力区，同一土层在未排弃基处不见其弱层特征，而在排土场下其弱层特征明显。②介质类型选择性。已见有演化弱层赋存的排土场，无论其平面位置与发育深度如何，均出现在黏土层顶板与粉土交界处，形成弱层厚度 10~100cm 不等，随应力水平增加而变厚。在弱层发育区平面上呈连续分布。

◆ 9.2　滑坡工程水文地质条件

安太堡露天煤矿南排土场位于该矿工业广场的南侧。1991 年 10 月 29 日零时 5 分，排土场靠工业广场一侧发生大规模滑坡。1991 年 12 月至 1992 年 12 月，对该滑坡进行了勘察和治理，经过两年多的考验，证明滑坡治理工作取得了良好的社会和经济效益。

9.2.1　滑坡的岩土构成

南排土场滑坡岩土构成自上而下可分为五个层组，排弃物料松散层组：滑前边缘单段厚度 15~18m，滑体后部最大厚度 120m。排弃物料中未风化砂岩、砂页岩大块（块径>30cm）约占 25%，风化砂页岩碎块（<20cm）约占 40%，其余为杂色黄土。粉土层组：赋存于地表下 0~5m 范围内，灰黄色，大孔隙，一般厚 1.5~2.0m。粉质黏土、黏土互层层组：上部黄-棕黄色、中等密实，硬塑，含钙质结核，土色由上向下颜色渐深，并夹有厚约 0.5~0.8m 的钙核条带；下部渐变为棕红色，含钙质结核包裹状，间夹粉砂质夹层，厚 0.2~1.0m。含卵砾黏土层组：含卵砾与黏土互层，间夹硬黏土与流砂层条带的复合结构黏土层，颜色以棕红色为主，卵砾直径 2~150mm，偶见大于 250mm 灰岩碎块，中等磨圆，分选差，卵砾成分以灰岩为主，偶见钙核。风化基岩层组：由二叠系砂岩、砂页岩

及泥岩组成。上部有 10m 左右的强风化层，岩层风化后呈杂色碎粒状；下部为中等风化完整砂岩层。

9.2.2　水文地质条件

平朔矿区属典型大陆性气候。年平均降雨量 428.20~489.16mm，年蒸发量 1735.60~2598.00mm。降雨量绝大部分集中在每年的 6、7、8 月份，多以暴雨形式出现，最大降雨强度 478mm/d。南排土场形成前地形坡度 5°~7°，坡面倾向现矿山工业广场。集中降雨时，坡面汇水主要以洪水形式沿黄土冲沟汇入七里河，部分由粉土层组渗入地下，地下水排泄方式以自然蒸发为主，很少见。有其他排泄通道。地下水的来源一是大气降水的补给，二是土层内蓄藏的地下水。一般情况下，第四系黄土层内不存在常年水位。

◆ 9.3　非饱和黄土地层固结特性试验

平朔安太堡露天煤矿南排上场边坡变形和滑动由软土蠕变特征的黏土层控制，利用极限平衡理论和稳定性分析方法，一般通过黏土层流变试验获得相关数据，借鉴简化老化理论模型，通过试验数据回归建立黏土层流变模型，在得到随时间抗剪强度衰减指标的基础上，结合现场检测资料反演分析，进行随时间变化的蠕动边坡稳定性分析。

9.3.1　固结特性基本情况

(1)固结快剪试验。对黏土层进行固结快剪试验，取得不同等级法向应力 σ_{i0}、剪应力 τ_{i0} 破坏值，由其确定流变试验相对应的法向应力 σ_i 和剪应力 τ_i 载荷梯度等级，一般法向应力 σ_i 分别为 100，200，300，400kPa，每级法向应力 σ_i 下剪应力 τ_i 由小到大分级施加，每一级剪应力维持一周。每天测取蠕变变形量 γ_i，得出每一级法向应力 σ_i、剪应力 τ_i 和蠕变变形 γ_i 与时间 t 的关系，可得四组 γ_i-t 关系数据，在试验过程中要根据变形情况对 τ_i 进行修正，获得试样逐步破坏的 γ_i-t 关系。

(2)应力-应变状态流变方程。依据老化理论，黏土层的应力-应变状态流变方程形式为：

$$\tau_i = G(t) \cdot \gamma_i^m \cdot \left(1 + \frac{\sigma_H}{H}\right) = c + \sigma_H \cdot \tan\varphi \tag{9.1}$$

式中：τ_i——作用于黏土层上的剪应力，kPa；

　$G(t)$——黏土层的剪切变形模量函数，kPa；

　　t——剪切历时，h；

　　γ_i——黏土层的应变量，%；

　　m——应变强化因子，$m<1$，描述应力应变的非线性关系；

　　H——抗拉强度，kPa，法向应力 σ_i 下剪应力 τ_i 曲线在横坐标上的截距；

σ_H——法向应力，kPa；

  c——黏聚力，kPa；

  φ——内摩擦角，(°)。

$G(t)$是一随应力作用时间而变化的量，当t增加时$G(t)$减小，$G(t)$与t成负指数的关系降低，它与瞬时剪切模量G_0的关系可用下式表示：

$$G(t)=\frac{G_0}{1+\delta \cdot t^{\alpha}} \tag{9.2}$$

式中，$G(0)$——G_0瞬时剪切模量；

  α——试验常数。

依据不同历时的γ_i-τ_i-σ_i的关系，作各种γ_i(为恒量)时τ_i-σ_i的关系曲线，分析流变方程各参量，其意义如下：

$$\left.\begin{array}{l} g_0\gamma_i^m=\tau_0(\gamma_i) \\ G_0\gamma_i^m/H=\tan\varphi(\gamma_i) \end{array}\right\} \tag{9.3}$$

式中：$\tau_0(\gamma_i)$——纯剪强度，kPa；

  $\varphi(\gamma_i)$——τ_i-σ_i关系曲线与横坐标相交的倾角。

(3)剪切模量的时间效应。从试验数据不同历时的τ_0-γ_i的关系，得黏土层不同γ_i时相应的$G(t)$值，用回归分析的方法可得$G(t)$与t的关系呈负指数回归方程，即$\delta=0.417$，$\alpha=0.08$。

$$G(t)=\frac{G_0}{1+\delta \cdot t^{\alpha}}=\frac{30.446}{1+0.417t^{0.08}} \tag{9.4}$$

(4)软土黏土层的流变方程。通过对黏土层蠕变试验资料的分析，确定了流变方程的形式，以及流变方程的各个参数，从而得出流变方程：

$$\tau=\frac{G_t}{1+\delta \cdot t^{\alpha}}\gamma^{\alpha}\left(1+\frac{\sigma_H}{H}\right) \tag{9.5}$$

对于黏土层，得到：$G_0=30.446$，$\delta=0.417$，$\alpha=0.08$，$m=0.45434$，$H=200$。

(5)黏土层长期强度-蠕变方程。蠕变方程是剪应力一定时的应变与时间的关系。流变方程变换后即得流变黏土层的蠕变方程：

$$\gamma=\frac{\tau^{1/m}}{\left[G_t(1+\sigma_n/H)\right]^{1/m}}(1+\delta \cdot t^{\alpha})^{1/m} \tag{9.6}$$

利用此式对黏土层蠕变试验原始数据进行拟合，基本良好。

(6)黏土层长期强度-加速破坏极限应变量。黏土层的蠕变过程可分为衰减蠕变和非衰减蠕变。衰减蠕变经初始蠕变阶段后，变形将趋于常量。当作用的剪应力$\tau \leqslant \tau_{\infty}$时亦即剪应力小于或等于黏土层的长期极限强度时，发生衰减蠕变。当$\tau > \tau_{\infty}$时，则发生加速蠕变。所以加速蠕变具有产生破坏失稳的可能。当变形由稳态蠕变向加速蠕变过渡，预示变形已临近破坏失稳，用极限变形量γ_f来表示。对于黏土层来说，由蠕变试验资料得到进入加速流动阶段的临界破坏应变为 2.02%。

（7）黏土层长期强度基本方程。将稳定蠕变阶段向加速蠕变阶段过渡的过渡点作为黏土层破坏失稳的状态，此时变形量 γ_f 作为黏土层流变破坏失稳的标准。试验与监测数据表明，蠕变变形极限值对同一种黏土层是常数，与应力无关，与在应力作用下达到破坏失稳所持续的时间无关。所以，长期破坏失稳准则可取变形达到某固定的蠕变变形值，建立长期强度条件：$\gamma_f = $ 常数。

将长期强度条件代入方程式（9.5），经变换可得黏土层长期强度方程为：

$$\tau_f = \frac{G_0(1+\sigma_n/H)\gamma_f^m}{1+\delta \cdot t^n} = \frac{G_0 \cdot \gamma_f^m}{1+\delta \cdot t^n} + \frac{G_0 \cdot \gamma_f^m}{H(1+\delta \cdot t^n)}\sigma_n \tag{9.7}$$

$$\left. \begin{array}{l} c = \dfrac{G_0 \cdot \gamma_f^m}{1+\delta \cdot t^n} \\[4mm] \tan\varphi = \dfrac{G_0 \cdot \gamma_f^m}{H(1+\delta \cdot t^\alpha)} \end{array} \right\} \tag{9.8}$$

所以，可得黏土层长期强度如表 9.1 所列。

表 9.1　黏土层长期强度

t/h	1	24	240	720	4320 0.5 年	8640 （1 年）	17280 （2 年）	43200 （5 年）	86400 （10 年）
C/kPa	36.5948	29.3112	21.5609	17.6563	11.8603	9.9533	8.2684	6.3844	5.2053
$\tan\Phi$	0.1830	0.1466	0.1078	0.0883	0.0593	0.0498	0.0413	0.0319	0.0260

由表 9.1 得出黏土层长期强度随时间变化规律。

（8）黄土基层承载演化超固结土弱层。黄土基层演化弱层是特定工程应力与相应的环境地质力学条件联合作用产物，勘察及试验研究表明，演化弱层的出现具有如下特征：

①应力水平影响。演化弱层仅出现在排土场达到一定高度后地基土体的高应力区。同一土层在未排弃承载前弱层并不存在，而当排土场形成一定规模，即达到一定排高位置后，基底土层在外加荷载的长期作用及地下水的长期浸润下，基底土层中的黏土层会逐渐形成演化弱层，基底土层中的黏土层弱化严重时会有收缩/膨胀现象发生。

②黏土层软土蠕变特性。大量工程实践表现，排土场软弱基层演化弱层示例，无论其平面位置与发育深度如何，均出现在黏土层中，形成弱层厚度 10~100cm，随应力水平增加而变厚，在弱层发育区平面上呈连续分布。

③物理力学性质演变。分别对同一层位弱化与非弱化样品进行常规物理力学试验分析，其各项参数产生强烈变异。反映在物理力学参数的演变上存在较大差异，分带性明显；且孔隙比降低，含水量、饱和度增高，有效抗剪强度降低，类似于黏性土的固结与超孔隙水压力的消散现象。

（9）演化弱层的变形强度特征。演化弱层最主要的强度特征表现在它的流变特性，在排土过程中其受力状态、工程动力性质作用是在不断变化中的。随时间的推移抗剪强度降低，即产生应力松弛现象，导致排土场原来的平衡状态破坏而发生滑动；或随时间的推移边坡变形增长，即发生蠕变现象，使边坡土体遭破坏，这两种效应称为流变。任何一类有弱层参与的边坡变形破坏过程，实际上都是一个蠕变变形破坏的过程。在危险空间结构中，其受力与强度变化是长期作用的结果，在临界破坏时，长期强度往往起着至关重要的作用。通过室内试验获得应力-应变曲线可以看出演化弱层的变形特性有如下规律：曲线由不同曲率的两部分组成，第一部分是在小应力时，可近似看作直线，这部分变形为衰减变形，最终趋于稳定，但其直线部分互不平行，直线的斜率随时间的增大而减小，此时演化弱层的结构并未遭到破坏；第二部分为非衰减变形，其变形随时间的推移不断增大，进入剪切的流动阶段。演化弱层的流动特性：演化弱层的流动特性就是研究流动速率与应力之间的关系。从演化弱层的曲线图图 9.3 明显可以看出，曲线不像流体那样呈线性关系，且不通过原点。当剪应力小于 J3 的范围时会产生较低速率的缓慢流动，此时土的结构尚未遭破坏，可以把应变速率与剪应力近似看作线性，在该范围内其流动特性可用宾哈姆体来描述，从而得到反映流动性状的黏滞系数，它等于曲线的切线与 Y 轴夹角的正切，与流动速率成反比。演化弱层就会进入塑性流动状态而导致破坏。

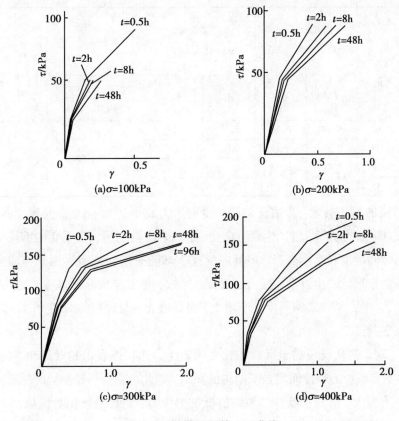

图 9.3　演化弱层的 $\tau-\gamma$ 曲线

（10）演化弱层的强度特性与蠕变机理。演化弱层变形由于承受荷载的大小不同而有不同的性质，且其变形发展具有时间过程。因此，演化弱层在不同时间的变形具有相应的强度（剪应力）。$\tau-\gamma$ 曲线上的拐点即屈服点所对应的剪应力即为该剪切历时的长期强度，长期强度随着剪切历时的增长而降低。当 $t\to\infty$ 时，在某应力下其变形速率趋于零，变形也达到一最终值。相应的强度称为长期强度极限 τ_∞。演化弱层的长期强度指标与其直剪强度指标差异性较大。

表 9.2 和表 9.3 列出的内容分别是某矿排土场基底演化弱层物理力学试验所给出的演化弱层形成前、后的强度指标测定值。

表9.2 演化弱层形成前强度指标参量

σ/kPa	τ/kPa	G/MPa	直剪强度		ρ/ (g·cm^{-3})	ω/%
			c/MPa	ϕ/(°)		
100	41.77	0.34				
200	65.04	0.24	18.5	13.1	1.96	16.5
300	88.31	0.51				
400	111.58	0.63				

表9.3 演化弱层形成后强度指标参量

σ/kPa	长期强度 f_3 /kPa	剪切模量 G /MPa		黏滞系数 η/ (10^{11}kPa·s)		长期强度		ρ/ (g·cm^{-3})	ω /%
		G_0	G_∞	η_0	η_3	c_∞ /KPa	ϕ_∞ /(°)		
100	30.63	0.28	0.14	0.21	3.57				
200	44.28	0.36	0.19	0.34	4.36	12.5	8.8	1.92	18.6
300	57.20	0.45	0.23	0.28	5.29				
400	73.15	0.53	0.24	0.29	6.63				

演化弱层的蠕变机理：当演化弱层所受剪应力较小（$\tau<\tau_\infty$）时，其蠕变曲线中第一级，即剪应力施加的瞬间，将产生瞬时应变 γ，瞬时应变之后，在不变的剪应力作用下，演化弱层随时间的增长继续变形，但其应变速率却随时间而衰减。由于剪应力的作用，演化弱层的黏土颗粒发生游动、拥挤而靠拢、镶嵌，原有结构联结基本未遭破坏。随着颗粒的靠拢、镶嵌、结构联结强度逐渐增大，当其增大至足以抵抗剪切力时，变形不再发展而趋于稳定。

当 $\tau>\tau_\infty$ 时，演化弱层黏土颗粒在较大的剪应力作用下发生相对浮动，在移动的初期，由于拥塞和颗粒的靠拢而增强了结构的联结，因此出现变形速率随时间衰减的情况。但由于剪应力较大，形成的新联结不足以抵抗剪应力，颗粒继续相对位移，这时演化弱层原有结构开始破坏，原被破坏的联结又重新作用连系起来，使结构联结的破坏和重新结合处于动平衡的状态，这时蠕变体处于非稳定蠕变的定常阶段。

稳定流动的进一步发展，使黏土集粒沿剪切方向进一步定向化，定向化排列的集粒与面相置的部位恰是结合水膜较厚的部位，使这种重新组成的连续不牢固，这样就使原有结构联结的破坏得不到完全的补充，破坏了两者间的平衡，这时，应变速率突然变大，使其进入非稳定蠕变的第二阶段，加速蠕变，导致破坏。

对黄土基底排土场黏土演化弱层规律及其变形强度特征的综合论述表明，在对有外加荷载的边坡稳定性分析与评价过程中，准确确定弱层及其长期强度指标是必不可少的一项基础工作，当滑动面出现在弱层中时，选取弱层的长期抗剪强度指标进行计算是比较合理的，这一点在以往大量的工程实践及课题项目研究中也得到了充分的验证。

9.3.2 非饱和黄土地层固结效应

（1）地基土体的固结效应。鉴于排土场地基型破坏的实际情况，地基土体强度问题已是土场稳定的关键，而土体的强度除受环境工程物理因素改变引起的介质结构变化影响外，还必须考虑到加载过程中的固结效应影响。

排土场的构筑，可视作一面积宽阔的柔性基础，排土场自重引起的应力分布应视为均匀的，某一断面的地基应力分布与排土场断面形状相同，呈梯形分布，边坡一侧可视为半无限边界。考虑到排土后地基土体被大面积掩盖和上述黏土层赋存条件，认为排土场地基为单向固结是适合的，因而其固结应符合单向固结的普遍方程：

$$\frac{\partial^2 u}{\partial z^2} + \frac{m_v \gamma_w}{H}\left[\frac{\partial \Delta \sigma}{\partial t} + \gamma \frac{\partial u}{\partial t}\right] + \frac{1}{H}\frac{dk}{dz}\frac{du}{dz} = 0 \tag{9.9}$$

式中：μ——孔隙水压力；

$\quad m_v$——体积压缩系数；

$\quad H$——土层厚度；

$\quad \Delta \sigma$——荷载增量；

$\quad \gamma_w$——水密度；

$\quad z$——竖直坐标；

$\quad t$——时间。

考虑到土体弃料荷重随时间变化，基底土体条件清楚。因此，$\Delta \sigma = f(t)$，K，H 为常量，代入式(9.9)，得到相应的固结微分方程：

$$C_v \frac{\partial^2 u}{\partial z^2} = \frac{\partial u}{\partial t} - \frac{\partial \Delta \sigma}{\partial t} \tag{9.10}$$

$$C_v = \frac{K}{m_v \gamma_w} \tag{9.11}$$

式中：C_v——固结系数，在 m_v 近似视为常数时，其值亦为常数。

基底土层为单向排水，假定单向台阶排土物料荷重按线性增长（见图9.4），其增长率 $\partial \Delta \sigma / \partial t = P_0/t_0$，$P_0$ 为在 t_0 时间段内完成排土台阶的弃料荷重，即在不排水条件下起始排土段高形成时的初始超孔隙压力，故可认为 $\partial u/\partial t = P_0/t_0$。

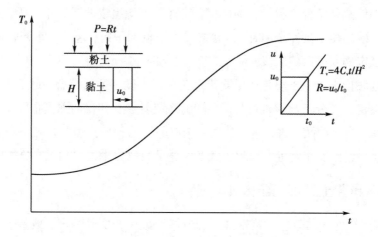

图 9.4　荷重随时间直线增长时的固结曲线

一次台阶形成后，超孔隙压力在 t_0 以后的时间内消散，按照太沙基的单向固结理论，此时的超孔隙压力解为

$$u(Z,\ T)=\frac{64u_0}{T_0\pi^3}\sum_{n-135}^{\infty}\frac{1}{n^3}\sin\left(\frac{n\pi z}{H}\right)\left[\,1-\exp(-n^2\pi^2 T)\,\right]\exp\left[\,-n^2\pi^2(T-T_0)\,\right]$$

$$(9.12)$$

式中：$T_0=4C_0 t_0/H^2$，时间因数由上式可以看出，当 $T=T_0$，超孔隙压力开始消散，如果在时间间隔 t_1 后继续下一台阶排土，加载速率不变，在初始超孔隙压力尚未完全消散时，表现为 u_t，继续加载过程中，超孔隙压力由下式表示：

$$u_1(Z,\ T)=\frac{64u_{t10}}{T_{10}\pi^3}\sum_{n-135}^{\infty}\frac{1}{n^3}\sin\left(\frac{n\pi Z}{H}[\,1-\exp(-n^2\pi^2 T)\,]\right)$$

$$(9.13)$$

以上分析可见，在不具备充分消散的情况下，循环加载必然导致超孔隙压力的叠加，并且加载间隔时间越短，即排土强度越高，相应的超孔隙压力数值就越大。

（2）基底土体的抗剪强度。土是由土颗粒构成的骨架和骨架间的孔隙所组成的。在饱和土中，孔隙为水充满，在非饱和土中，孔隙中既有水，也有空气。于是，当土承受力系作用时，控制土体的体积和强度二者变化的，并不是作用在任何平面上的法向总应力 σ，而是 σ 与孔隙压力 u 之差即 $\sigma-u$。依据摩尔-库仑有效应力准则，土体在竖直方向上某一位置和时刻 t 的抗剪强度为：

$$\tau_{ZT}=C_Z+\sigma'_{Zt}\tan\varphi_Z \qquad (9.14)$$

$$\sigma'_{ZT}=\sigma_Z-u_{ZT} \qquad (9.15)$$

式中：τ_{ZT}——土体内某一位置在超静水压力消散 t 时刻的抗剪强度；

C_z，φ_z——土体内某一位置的有效黏聚力与内摩擦角。

循环加载过程中，初始孔隙压力 u_z 值既定的情况下，u_z 仅是加载速度的函数。那就有如下强度突变模型,当 $u_z \rightarrow \sigma_z$ 时,(即在某一时刻外载全部由孔隙压力承担),$\sigma'_{zt} \rightarrow 0$,那么:

$$T_{ZT} = C_Z \qquad (9.16)$$

此时土体的抗剪强度仅由内聚力产生。超载排弃强度引起超孔隙压力增量过大,导致滑坡主动体抗剪强度瞬间骤变。一旦强度失效,静力平衡破坏,巨大的重力势能在瞬间转换为滑坡动能,以整体滑坡方式释放,破坏的高速性在所难免。

(3)孔隙水压力的消散。孔隙水压力一般指饱和土体孔隙介质中充满水时所具有的水压力,是大气压之上的一种正压力。在土体中孔隙是相互连通的,饱和土体中水是连续的,它与通常的水一样,能够承担或传递压力。孔隙水压力是一种中性应力,即没有剪切分量。孔隙水压力的方向始终垂直于作用面,任何一点的孔隙水压力在各个方向上是相等的。

孔隙水压力的确定。土体内的孔隙水压力主要在以下两种情况下产生:孔隙水压力是由水的自重产生的渗流场而产生。孔隙水压力是由作用在土体单元上的总应力发生变化而产生的。这种情况一般发生在压缩性较大,渗透系数较小的土体中。而黏性土的渗透系数较小,将水挤出,使土的骨架过渡到新的孔隙比,无法在短期内实现,这样就可能出现一个随时间消散的附加的孔隙水压力场。

孔隙水压力的增加,等于减少了作用在土体上的正压力,亦即增加了浮托力。在外载作用下,地基土体所受的附加应力由土体中的有效正应力和孔隙水压力共同承担,只有在孔隙水压力不断消散时,土体有效正应力才能增加,地基土体强度也逐渐提高。而当在雨季时,沉降速度加快或短时间内高强度排弃使土体应力加大,沉降也随之加快。

当沉降速度大于土体中孔隙水压力的消散速度,必然引起有效内摩擦角下降和抗剪强度降低,当沉降速度大到孔隙水压力来不及消散时,土体抗剪强度显著下降。

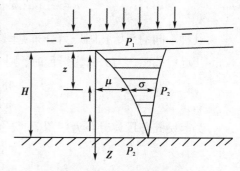

图 9.5　孔隙压力边界条件

孔隙水压力的消散方程。孔隙压力边界条件为:土层各面排水,起始孔隙压力为线性分布,如图 9.5 所示。

坐标原点取在黏土层顶面,若土层排水面的起始孔隙压力为 P_1,不透水面的起始孔隙压力为 P_2,且令两者的比值为:

$$\alpha = \frac{P_1}{P_2} \qquad (9.17)$$

则深度 Z 处的起始孔隙压力 P_z 为:

$$p_1 = p_1 + (p_1 - p_2)\frac{H - Z}{H} = P_2\left[1 + (\alpha - 1)\frac{H - Z}{H}\right] \qquad (9.18)$$

在此条件下,求解微分方程:

$$C_{v} \frac{\partial^2 u}{\partial^2 z} = \frac{\partial u}{\partial t} \qquad (9.19)$$

求解的起始条件和边界条件为:

$$\left. \begin{array}{lll} t=0 & 0 \leqslant z \leqslant H & u=p_z \\ 0 \leqslant t \leqslant \infty & z=H & \dfrac{\partial u}{\partial t}=0 \\ 0 < t \leqslant \infty & z=0 & u=0 \end{array} \right\} \qquad (9.20)$$

微分方程的解为:

$$u = \frac{4p_1}{\pi^2} \sum_{m=1}^{\infty} \frac{1}{m^2} \left[m\pi\alpha + 2(-1)^{\frac{m-1}{2}}(1-\alpha) \right] e^{\frac{m^2 x^2}{4} T_v} \cdot \sin \frac{m\pi z}{zH} \qquad (9.21)$$

式中:m——奇正整数($m=1,3,5,\cdots$);

$\quad H$——土层厚度;

$\quad \pi$——孔隙水的最大渗径;

$\quad T_v$——时间因数。

$$T_v = \frac{C_v t}{H^2} \qquad (9.22)$$

式中:在实践中常用第一项值,即取 $m=1$,得:

$$u = \frac{4p_2}{\pi^2} \left[\alpha(\pi-2)+z \right] \left(\sin + \frac{\pi z}{zH} \right) \cdot e^{-\frac{\pi^2}{4} T_v} \qquad (9.23)$$

几种不同的起始孔隙压力分布见图9.6。

当起始孔隙压力分布为矩形时,则 $\alpha=1$,代入式(9.23)得:

$$u = \frac{4p}{\pi} \left(\sin \frac{\pi z}{zH} \right) \cdot e^{\frac{\pi^2}{4} T_v} \qquad (9.24)$$

当起始孔隙压力分布为三角形时,$\alpha=0$,得:

$$u = \frac{8p}{\pi^2} \left(\sin \frac{\pi z}{zH} \right) \cdot e^{\frac{\pi^2}{4} T_v} \qquad (9.25)$$

式(9.25)即为在一定荷载的情况下,孔隙压力的动态方程,即孔隙压力的消散方程。主要的试验加权后固结系数 C_v,可通过固结试验或孔隙压力消散试验求得。

(4)外载荷作用下原状饱和黄土孔隙水压力的消散规律。通过一系列试验,得到原状饱和黄土孔隙水压力的消散规律,并对其进行拟合(见图9.6),可得消散度控制方程和孔隙压力消散控制方程为

$$\left. \begin{array}{l} D_c = A\ln t + B \\ u = Ce^{Dt} \end{array} \right\} \qquad (9.26)$$

式中,$\quad D_c$——消散度;

$\qquad t$——孔隙压力消散时间;

u——孔隙压力；

A，B，C，D——孔隙压力消散相关参数，其取值见表9.4，其中 A 与 B 的相关系数 $r_{AB}=$ 0.9636，C 与 D 的相关系数 $r_{CD}=0.8921$。

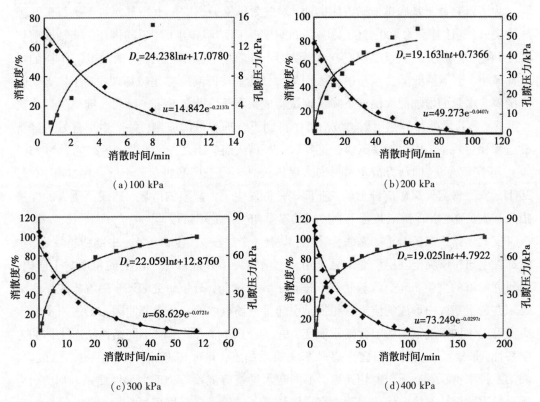

(a) 100 kPa　　　　　　　　　　　(b) 200 kPa

(c) 300 kPa　　　　　　　　　　　(d) 400 kPa

图 9.6　原状饱和黄土孔隙水压力的消散规律

表 9.4　孔隙压力消散相关系数

P/kPa	消散度控制方程		孔隙压力控制方程	
	A	B	C	D
100	24.238	17.078 0	14.842	−0.213 7
200	19.163	0.736 6	49.273	−0.040 7
300	22.059	12.876 0	68.629	−0.072 1
400	19.025	4.792 2	73.249	−0.029 7

由式(9.26)可得消散时间为

$$T = D_0 \ln u + C_0, \quad D_0 = \frac{1}{D}, \quad C_0 = \frac{\ln C}{D} \tag{9.27}$$

由式(9.27)可知，孔隙水压力消散度随消散时间的增大而增大，孔隙压力则相反；在同一消散时间，孔隙水压力消散度随围压的增大而减小。而当排土场进行高强度排弃时，孔隙水压力的消散速度可引起有效内摩擦角下降和抗剪强度降低，而当孔隙水压力来不及消散时，土体强度将发生显著下降，这将在很大程度上影响边坡的安全。因此，通过合理控制孔隙水压力消散时间，可保证排土场边坡的安全。

9.3.3 非饱和黄土地层力学特性试验

为了研究黄土基底排土场破坏机理，对安太堡露天煤矿排土场基底黄土进行了孔隙压力消散（围压分别为 100，200，300，400kPa）、固结不排水剪（不同围压、三轴或剪切强度）和含水量力学特性试验研究，结果表明：基底黄土孔隙水压力消散度随围压的增大而减小，消散系数随含水量的增大而增大，且呈现低围压脆化破坏现象，土体剪切强度随着含水量的增加而大幅度下降。该试验成果在安太堡矿南排、西排，准格尔黑岱沟矿北排、西排及外排等排土场边坡治理中得到了合理有效的应用，并产生了良好的经济效益和社会效益。安太堡露天煤矿是我国大型露天煤矿山之一，年设计生产能力为 1500 万 t，年采剥总量 9800 万亩左右。安太堡露天煤矿排土场基底为黄土层。1991 年 10 月 29 日，安太堡露天煤矿南排土场工业广场一侧发生了大规模的滑坡，造成了重大的经济损失和人员伤亡，严重威胁着工业广场的安全与生产的正常运营。

安太堡露天煤矿排土场基底为黄土，共有 4 个层段，由上部粉土、中部粉质黏土、中下部黏土与粉质黏土互层和底部黏土组成。滑坡发生在底部黏土层上的粉质黏土层内。为研究滑坡的发生机理，对基底黄土进行了大量试验，分析研究表明，随着排土场逐渐堆积在黄土基底中形成的演生软弱带是引起排土场滑坡的一个重要原因。为进一步深入研究黄土体加载过程中的工程性质演变，更好地了解排土场基底不同结构状态土体的力学特性，采集了平朔安太堡露天煤矿基底粉质黏土，并对其进行了孔隙压力消散试验，固结不排水剪试验，不同剪切速率、不同含水量直剪试验等物理力学性质试验研究，为排土场边坡设计与稳定性控制理论究提供依据。试验土样采用现场钻探得到，钻探过程中采用干钻取样，取样后岩芯进行详细描述，密封后放置于温度及温度变化小的环境中，而后采用专用土样箱包装，土样之间用柔软缓冲材料填实运回实验室，并在两周内进行试验，保证土样物理力学性质未发生变化。

9.3.3.1 孔隙压力消散试验结果分析

试验采用各向等压消散试验方法，使用 SJ-1A 三轴剪力仪来完成，采取的土样制作成 60mm×61.8mm 的等压消散试样，并对其颜色、土质、粒度、成分等进行描述，相应测定其含水量、和密度、质量。将制备好的试样上、下两端各放一等面积滤纸，装入饱和器内，然后对试样进行饱和。将已装入饱和器内的试样浸入盛水容器内，注意水不能淹没试样顶端，以使气泡排出。如果试样仍达不到饱和，则采取抽真空饱和法，通常对试样抽气 1h 以上，然后向抽气缸内缓缓注入清水并使真空度保持稳定，待饱和器完全淹没水中后，解除抽气缸内的真空，保证试样浸水 10h 以上，计算试样的饱和度，最后将饱和试样安装到压力室，在不同的围压下对试样进行消散试验，试验数据通过微机控制采集。

9.3.3.2 固结不排水剪试验分析

平朔安太堡煤矿南排土场滑坡分析表明，黄土基底土的抗剪强度除了与黄土基底含水情况密切相关外，与排弃速度快慢也密切相关。

　　试验采用 TSZ-4A 应变控制式三轴仪，采取的土样制作成小 39.1mm×80mm 试样。试验流程如下：①安装试样后调节排水管使管内水面与试样高度的中心齐平并记录水面读数；②打开孔隙水压力阀，使孔隙水压力等于大气压力，关孔隙水压力阀，记下初始读数；③将孔隙水压力调至接近周围压力值，施加周围压力后，再打开孔隙水压力阀，待孔隙水压力稳定后测定其数值；④打开排水阀，保证孔隙水压力消散 95% 以上，固结完成后，关排水阀，测记孔隙水压力和排水管水面读数；⑤微调压力机升降台，使活塞与试样接触，此时轴向变形指示计的变化值为试样固结时的高度变化。

　　试样固结完成后可进行剪切试验，试验数据通过微机控制采集。通过固结不排水剪试验，得到围压、三轴或剪切强度与加载速度之间的关系如图 9.7 所示。

　　从图 9.7(a) 可以看出，在饱和含水条件下：随着围压的逐渐增大，试件最大三轴强度与最小三轴强度之间的差值逐渐减小；在同一围压下、一定的加载速率范围内，三轴强度随着加载速率的增大而增大，当强度达到最大值后，随着加载速率的继续增大，其强度反而逐渐减小，到后面则趋于平稳；不论围压大小，当加载速率在 1~2mm/min 范围内，4 组试件三轴强度均出现最大值。

　　图 9.7(b)(c) 为不同组土样进行的剪切强度试验，由图 9.7(b)(c) 可知，在饱和含水条件下，试件的剪切强度随剪切速率增大而降低。

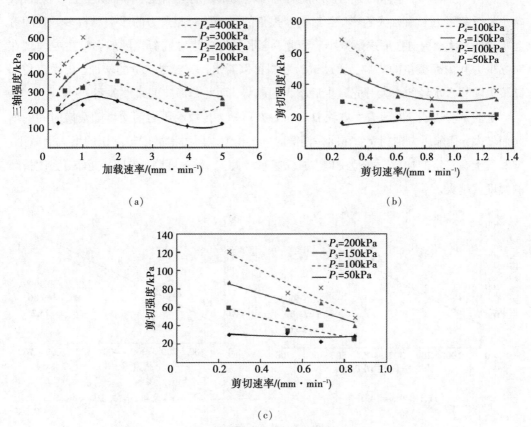

(a)

(b)

(c)

图 9.7　围压、三轴或剪切强度与加载速率之间的关系

9.3.3.3　含水量与土体强度之间的相关关系

土体强度是土体工程性质最为直观的体现，含水量的改变对土强度的影响更为明显。虽然影响边坡土体抗剪强度指标的因素很多，如土体结构、密度、含水量等。但相对而言，含水量对强度参数的影响要大于其他因素。

通过试验，得到的粉质黏土含水量。含水量与剪切强度的关系如图 9.8 所示，不同含水量时的抗剪强度如图 9.9 所示。

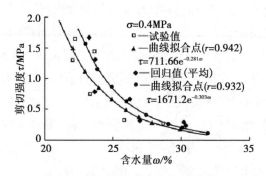

图 9.8　不同含水量抗剪强度试验

从图 9.9 可知，土体的剪切强度随着含水量的增加而大幅度下降；从图中可以看出，含水量对黏聚力 C 有很大的影响，对内摩擦角的影响比对黏聚力的影响小得多。且随着含水量的增大，抗剪强度逐渐减小。因此，含水量的变化对抗剪强度的影响主要表现在对黏聚力和内摩擦角的影响，通过试验数据可以看出，随着含水量的增加，内摩擦角和黏聚力随着含水量的增大有先减少后增大的趋势，而并非简单的线性关系。

上述试验表明：由消散度方程 $D=A\ln t+B$ 可知，孔隙水压力消散度随消散时间的增大而增大，孔隙压力则相反；在同一消散时间，孔隙水压力消散度随围压的增大而减小。饱和黄土在一定的加载速率范围内，加载速率增大，三轴强度降低；围压越小，强度折减的幅度就越大。

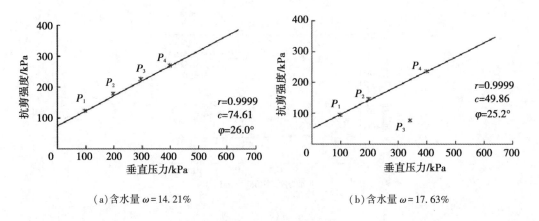

（a）含水量 $\omega=14.21\%$　　　　　　（b）含水量 $\omega=17.63\%$

图 9.9　剪切强度试验

当达到一定的加载速率时，基底黄土强度瞬间折减，只受黏聚力作用，而且黏聚力随着加载强度不同而随时变化着。由于强度的瞬间折减，导致了排土场基底黄土呈现低围压脆化破坏现象。

土体剪切强度随着含水量的增加而大幅度下降。如若黄土基底排土场有地表径流条件入渗基底土体，由于过载、软化、黄土湿陷、孔隙水压力不能及时消散等原因将形成连续低抗剪强度带的演化弱层。而超载、超强度排弃引起超孔隙压力，导致基底黄土强度突降，巨大的重力势能在瞬间转换为滑坡动能，以整体滑坡方式瞬间释放，形成沿基底演化弱层的高速滑动。

9.3.4　非饱和黄土地层极限堆置高度算

排土场的高度包括堆置总高度和台阶高度，排土场堆置总高度与各台阶高度应根据剥离物的物理力学性质、排土机械设备类型、地形、工程地质、气象及水文等条件确定。根据《有色金属矿山排土场设计规范》（GB 50421—2018），排土场在排土初期基底压实到最大承载能力时排土场的高度可按公式（9.28）计算；基底处于极限状态，失去承载能力，产生塑性变形和移动，此时排土场极限堆置高度可按公式（9.29）计算：

$$H_1 = \frac{10^{-4}\pi\cot\varphi}{\gamma(\cot\varphi + \pi\varphi/180 - \pi/2)} \tag{9.28}$$

$$H_2 = \frac{10^{-4}C\cot\varphi}{\gamma}\left[\tan^2\left(45° + \frac{\pi}{2}\right)e^{\pi\tan\varphi} - 1\right] \tag{9.29}$$

式中：C——基底岩土体黏聚力；

φ——基底岩土体内摩擦角；

Y——排土场土石混合体容重；

H_1——排土场最大堆置高度；

H_2——排土场极限堆置高度。

分析计算时，在排土初期，假定排土场堆置速度很快，基底表土层受到上部堆积体荷载作用而来不及排水，还完全处于未堆置以前的固结状态，这种情况下基底承载能力计算采用总应力强度指标，按最大堆数所做出的变形与承载力计算，最终确定土场及台阶高度偏小，只有现场实际存在高度的一半。

事实上，在计算基底相对沉降和排土场台阶高度时存在两个重要的缺陷，一是公式中排土场基底极限堆置高度均与表土层绝对厚度无关，其数值的确定没有反映出表土层厚度的作用；二是公式把表土层破坏与排土场基底破坏两者等效，而排土场基底破坏又与排土场基底极限堆置高度确定相对应，因而由表土层破坏直接来确定基底极限堆置高度是不严谨的。大量实践表明，表土层破坏与排土场基底破坏两者不一定是等同的，只有当表土层底鼓，破坏排土场基底稳定时才能由此确定排土场极限堆高。所以，只有既考虑表土层厚度又考虑表土层与排土场基底上覆土石混合体接触条件，才能正确揭示排弃堆置所引起的从基底破坏到排土场边坡破坏的全过程，从而推导出计算排土场极限堆置高度正确的方法与公式。

排土场基底上覆土石混合体与基底表土层间的接触是不连续的，离散、呈蜂窝状、刚性与塑性体间嵌合式接触，这种接触方式是排弃岩土体排放过程中逐步形成的，随着排土场加高及荷载增加，在较低承载力下基底表土层发生冲剪破坏，在排弃岩土体底下的软岩层（表土层）竖向压缩显著，侧向变形小，相当于表土压入排土场底部废石间的孔隙中。相关研究表明，冲剪破坏并不影响排土场废石骨架承受排土场散体荷载的总格局，也不会导致排土场边坡的滑坡与失稳。当表土层超过一定的厚度时，表土黏聚力不足以约束表土移动，会在表土冲剪破坏以后出现土层底鼓而导致排土场边坡失稳。表土层底鼓临界厚度可用公式(9.30)求得：

$$h_{\mathrm{m}} = \frac{2C\cot\beta}{\gamma} \tag{9.30}$$

式中：h_{m}——基底表土层底鼓临界厚度；

  C——基底表土层黏聚力；

  β——排土场总体角；

  γ——排土场土石混合体的容重。

9.3.5 非饱和黄土地层固结过程强度折减

强度折减法是指在外荷载保持不变的情况下，边坡内岩土体所发挥的最大抗剪强度与外荷载在边坡内所产生的实际剪应力之比。这里定义的抗剪强度折减系数，与极限平衡分析中所定义的土坡稳定安全系数在本质上是一致的。

所谓抗剪强度折减系数，就是将岩土体的抗剪强度指标 c 和 φ 用一个折减系数 F_{s}，按如式(9.31)所示的形式进行折减，然后用折减后的虚拟抗剪强度指标 c_{F} 和 φ_{F}，取代原来的抗剪强度指标 c 和 φ，如式(9.32)所示。

$$\left.\begin{aligned} c_{\mathrm{F}} &= c/F_{\mathrm{s}} \\ \varphi_{\mathrm{F}} &= \arctan(\tan(\varphi)/F_{\mathrm{s}}) \end{aligned}\right\} \tag{9.31}$$

$$\tau_{\mathrm{fF}} = c_{\mathrm{F}} + \sigma\tan\varphi_{\mathrm{F}} \tag{9.32}$$

式中：c_{F}——折减后岩土体虚拟的黏聚力；

  φ_{F}——折减后岩土体虚拟的内摩擦角；

  τ_{fF}——折减后的抗剪强度。

折减系数 F_{s} 的初始值取得足够小，以保证开始时是一个近乎弹性的问题。然后不断增加 F_{s} 的值，折减后的抗剪强度指标逐步减小，直到某一个折减抗剪强度下整个边坡发生失稳，那么在发生整体失稳之前的那个折减系数值，即岩土体的实际抗剪强度指标与发生虚拟破坏时折减强度指标的比值，就是这个边坡的稳定安全系数。

结合有限元数值模拟技术的抗剪强度折减系数法较传统的方法具有如下优点：能够

对具有复杂地貌、地质的边坡进行计算；考虑了土体的本构关系，以及变形对应力的影响；能够模拟土坡的边坡过程及其滑移面形状（通常由剪应变增量或者位移增量确定滑移面的形状和位置）；能够模拟土体与支护结构（超前支护、土钉、面层等）的共同作用；求解安全系数时，可以不需要假定滑移面的形状，也无需进行条分。

基于有限元数值模拟理论，针对排土场特征边坡开展强度折减计算时，混合排弃土、基岩等岩土体均采用式(9.33)所示的摩尔—库仑屈服准则：

$$f_s = \sigma_1 - \sigma_3 \frac{1+\sin\varphi}{1-\sin\varphi} - 2c\sqrt{\frac{1+\sin\varphi}{1-\sin\varphi}} \tag{9.33}$$

式中：σ_1，σ_3——最大和最小主应力；

$\quad\quad$ c、φ——黏聚力和内摩擦角。

当 $F_s > 0$ 时，材料将发生剪切破坏。在通常应力状态下，岩体的抗拉强度很低。因此，可根据抗拉强度准则($\sigma_3 \geqslant \sigma_T$)判断岩体是否产生张拉破坏。强度折减计算时，不考虑地震及爆破振动效应的影响，对排土场边坡稳定性只进行静力分析。

9.3.6 非饱和黄土地层固结抗剪强度

传统方法在进行饱和土的稳定分析时，一般采用有效抗剪强度参数 c'，σ'。对于地下水位以上由负孔隙水压力提供的部分抗剪强度通常予以忽略不计。但实际上，负孔隙水压力在提高土的强度方面的作用不可忽略。所以，应当在稳定分析中考虑负压提供的抗剪强度，所用的分析方法可看作传统的极限平衡方法的延伸。

非饱和土的抗剪强度研究开展较早的是美国，然后很多学者对这个课题进行了研究，有代表性的有 Bishop 和 Fredlund 的理论。Bishop 等认为非饱和土的有效应力 σ' 可表达为：

$$\sigma' = \sigma - u_a + x(u_a - u_w) \tag{9.34}$$

式中：σ——总应力；

$\quad\quad$ u_a——孔隙气压力；

$\quad\quad$ u_w——孔隙水压力；

$\quad\quad$ x——为有效应力参数；

$u_a - u_w$——基质吸力。

在这个有效应力理论的基础上，Bishop 等提出了如下有效应力表达的非饱和土抗剪强度公式（把有效应力代入摩尔–库仑准则）：

$$\tau_f = c' + [(\sigma - u_a) + x(u_a - u_w)]\tan\varphi' \tag{9.35}$$

式中：τ_f——非饱和土的抗剪强度；

$\quad\quad$ c'——有效黏聚力；

$\quad\quad$ φ'——有效内摩擦角。

c' 和 σ' 为饱和土的有效应力参数，认为它们并不随吸力的变化而变化，可采用常规测试方法确定。Bishop 公式中的参数 X 值影响因素众多，测定困难，基质吸力 u_a-u_w 的值也较难测定。虽然 Bishop 公式的合理性已为许多学者所接受，但在工程实践中的应用受到了限制。

Fredlund 等于 1978 年提出了他们的非饱和土抗剪强度公式：

$$\tau_f = c' + (\sigma - u_a)\tan\varphi' + (u_a - u_w)\varphi^b \tag{9.36}$$

式中：c'——有效黏聚力，即净法向应力 $\sigma - u_a$ 和基质吸力 $u_a - u_w$ 均为零时摩尔-库仑破坏包线的延伸与剪应力轴的截距；

φ'——与净法向应力分量 $\sigma - u_a$ 有关的内摩擦角；

φ^b——抗剪强度随基质吸力 $u_a - u_w$ 而变化的内摩擦角；

σ——破坏时在破坏面上的法向总应力；

u_a——破坏时在破坏面上的孔隙气压力。

实际上 Fredlund 提出的非饱和土抗剪强度公式是饱和土抗剪强度公式的延伸，饱和土仅需一个应力状态变量，即法向有效应力 $\sigma - u_w$ 来描述其抗剪强度，而非饱和土需要两个应力状态变量来描述。Fredlund 公式亦可看作扩展的摩尔-库仑理论。

虽然 Bishop 的强度公式和 Fredlund 的强度公式理论基础不同，但实际上却是一致的。从上述两个公式的比较可以看出，如果 $x\tan\varphi' = \tan\varphi^b$，则两个公式完全相同，这表明 Bishop 公式和 Fredlund 公式的物理概念基本相同，其差别只是在选用参数时分别采用了 x 和 φ^b 两种不同的形式。但 Fredlund 方法确定 φ^b 比 Bishop 方法确定 x 值容易得多。

试验结果表明：φ^b 并非常量，它是随基质吸力变化的函数，研究仍假定 φ^b 为常量，因为关心的是暂态渗流场，φ^b 为常量的假定并不影响该项参数研究的结论。

9.3.7 非饱和黄土地层排土场边坡稳定分析理论

进行饱和土的边坡稳定分析时，一般采用有效抗剪强度参数。对于地下水位以上由负孔隙水压力提供的部分抗剪强度通常忽略不计，其主要原因是量测负孔隙水压力并将其纳入稳定分析中比较困难。对于滑动面的主要部分处在地下水位以下的许多情况，这种不计负孔隙水压力的做法是合理的。然而，对地下水位很深或主要考虑是否可能出现浅层滑动的情况，就不能再忽略负孔隙水压力的影响。

近年来，人们对负孔隙水压力在提高土的抗剪强度方面所起的作用已有较多认识，也开发出较易量测负孔隙水压力的若干设备。因此，研究在土坡稳定分析中考虑了负孔隙水压力所提供的抗剪强度。

Janbu 普遍条分法假设了条间合力作用点的位置，一般条间作用力的作用点位于离滑面 $(1/3 \sim 1/2)h(h$ 为该处滑体厚度$)$ 处。在满足合理性要求的前提下，调整作用点位置可以获得比较精确的安全系数，Janbu 普遍条分法适用于任意滑面。

考虑非饱和土体抗剪强度，传统的极限平衡有关方法将不再适用，在综合考虑饱和-非饱和土体抗滑作用的情况下，对传统的极限平衡分析方法及公式进行修改，使之适用于饱和-非饱和土体的抗滑分析。

改进后的 Janbu 条分法求安全系数的公式为:

$$F_s = \frac{\sum \left[c'\Delta x + (W_i \Delta x_i)\tan\varphi' + (u_a - u_w)\tan\varphi^b \Delta x \right] \dfrac{1}{m_{af}\cos\alpha_i}}{\sum (W_i + \Delta x_i)\tan\alpha_i} \tag{9.37}$$

式中: c'——土体的有效黏聚力;

$\quad\varphi'$——与净法向应力分量 $\sigma - u_a$ 有关的内摩擦角;

$\quad\varphi^b$——抗剪强度随基质吸力 $u_a - u_w$ 而变化的内摩擦角;

$\quad W_i$——条分土体的重量;

$\quad l$——条分土体的底边长度;

$\quad u_w$——条分土体的孔隙水压力;

$\quad\alpha_i$——条分土体底边与水平面的夹角。

◆◇ 9.4　非饱和渗流黄土地层排土场变形失稳分析

图 9.10 至图 9.15 所示为非饱和渗流黄土地层排土场变形失稳分析结果,图 9.10 为有限元模型,图 9.11 为类型 Ⅰ——原始排土场、图 9.12 为类型 Ⅱ——滑坡前排土场、图 9.13 为类型 Ⅲ——车辆荷载排土场。

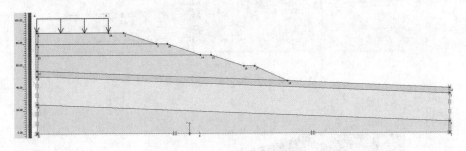

图 9.10　有限元几何模型图

由图 9.11——原始排土场总位移与滑动面形成图可知,9.11(a)为加载超孔隙水压产生与消散总位移云图,加载超孔隙水压产生总位移为 5.49m,消散总位移为 6.57m,排土场出现变形破坏迹象。9.11(b)为加载超孔隙水压产生与消散强度折减总位移矢量图,加载超孔隙水压产生强度折减总位移与消散强度折减总位移剧增,排土场有出现变形滑坡破坏迹象。9.11(c)为加载超孔隙水压产生与消散强度折减剪应变云图,加载超孔隙水压产生强度折减剪应变与消散强度折减剪应变完整,排土场出现变形滑坡破坏迹象。

由图 9.12 滑坡前排土场总位移与滑动面形成图可知,9.12(a)为加载超孔隙水压产生与消散总位移云图,加载超孔隙水压产生总位移为 10.04m,消散总位移为 12.53m,排土场出现变形破坏。9.12(b)为加载超孔隙水压产生与消散强度折减总位移矢量图,加

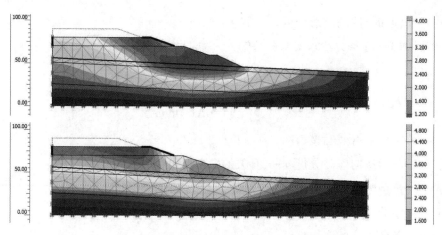

(a)加载超孔隙水压产生与消散总位移云图

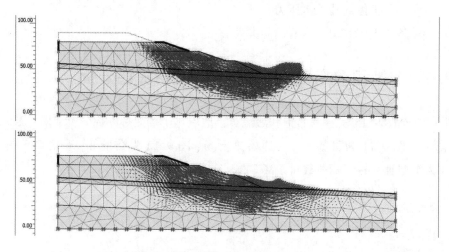

(b)加载超孔隙水压产生与消散强度折减总位移矢量图

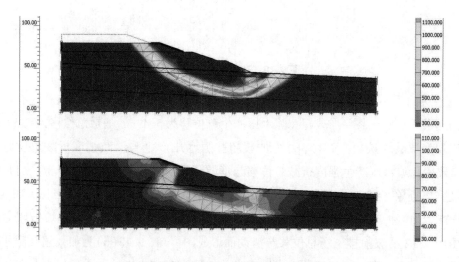

(c)加载超孔隙水压产生与消散强度折减剪应变云图

图 9.11　排土场总位移与滑动面形成图

载超孔隙水压产生强度折减总位移与消散强度折减总位移剧增，排土场有出现变形滑坡破坏。9.12(c)为加载超孔隙水压产生与消散强度折减剪应变云图，加载超孔隙水压产生强度折减剪应变与消散强度折减剪应变完整，排土场有出现变形滑坡破坏。

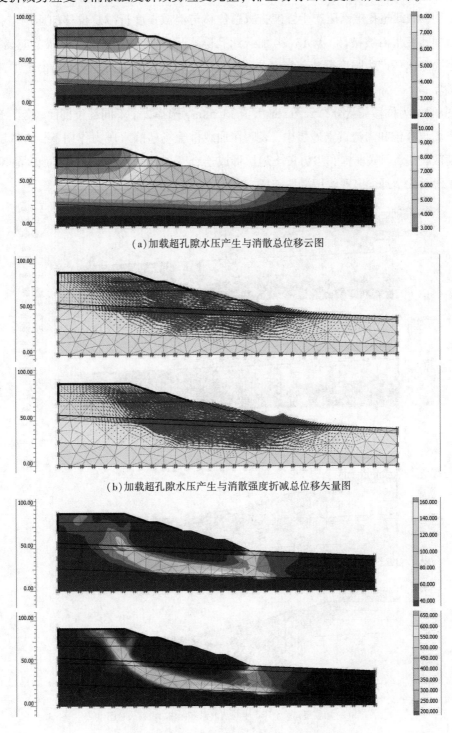

(a)加载超孔隙水压产生与消散总位移云图

(b)加载超孔隙水压产生与消散强度折减总位移矢量图

(c)加载超孔隙水压产生与消散强度折减剪应变云图

图 9.12　排土场总位移与滑动面形成图

由图9.13车辆荷载排土场总位移与滑动面形成图可知，9.13(a)为加载超孔隙水压产生与消散总位移云图，加载超孔隙水压产生总位移为13.21m，消散总位移为13.58m，排土场加速出现变形滑坡破坏。图9.13(b)为加载超孔隙水压产生与消散强度折减总位移矢量图，加载超孔隙水压产生强度折减总位移与消散强度折减总位移加速剧增，排土场出现加速变形滑坡破坏。9.13(c)加载超孔隙水压产生与消散强度折减剪应变云图，加载超孔隙水压产生强度折减剪应变与消散强度折减剪应变完整，排土场出现加速变形滑坡破坏。

图9.14为位移矢量分布云图，最大值13.58m，选择2个不同部位剖面，变形破坏区在排土场与非饱和渗流黄土地层中，表明在加载排土场超静水压力作用下，加载超静水压力消散缓慢，基底非饱和渗流黄土地层形成连续变形破坏，有效抗剪切强度急剧降低而发生滑动面贯通，出现剪切滑坡破坏。

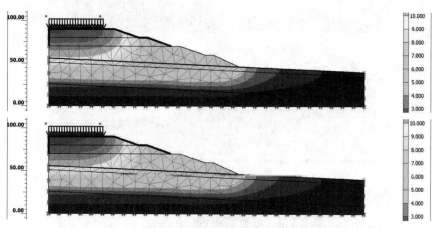

(a)加载超孔隙水压产生与消散总位移云图

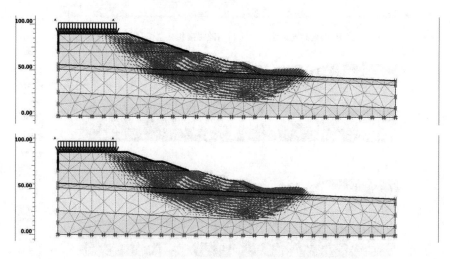

(b)加载超孔隙水压产生与消散强度折减总位移矢量图

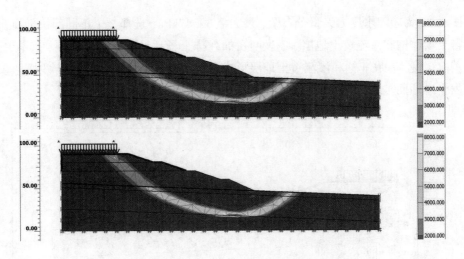

(c)加载超孔隙压产生与消散强度折减剪应变云图

图 9.13　排土场总位移与滑动面形成图

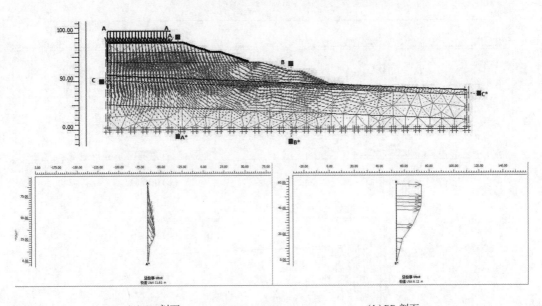

(a)AA 剖面　　　　　　　　　　　　　(b)BB 剖面

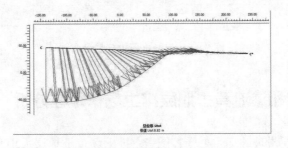

(c)CC 剖面

图 9.14　位移矢量分布云图

图 9.15 为超静水压力矢量分布图，最大值 32.47kPa，选择 2 个不同部位剖面，破坏区在排土场非饱和渗流黄土地层中，表明在加载排土场超静水压力作用下，加载超静水压力消散缓慢，基底非饱和渗流黄土地层形成连续超静水压力，有效抗剪切强度急剧降低而发生滑动面贯通，出现剪切滑坡破坏。

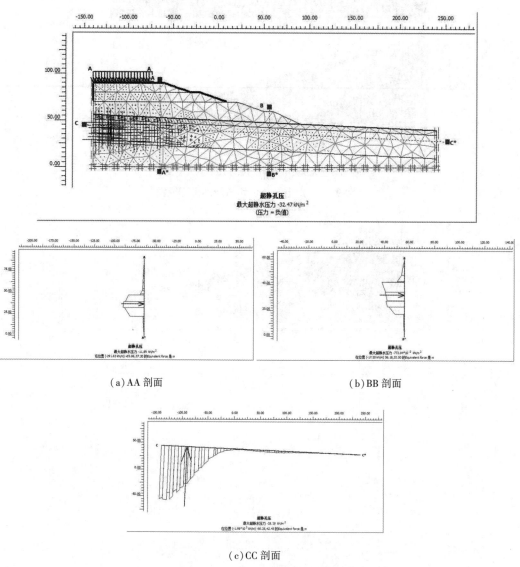

（a）AA 剖面　　　　　　　　　　　　　（b）BB 剖面

（c）CC 剖面

图 9.15　超静水压力矢量分布图

◆◇ 9.5　非饱和渗流黄土地层排土场稳定性分析

排土场黄土地层滑坡破坏主要受控因素：排土场黄土地层大面积覆盖原始地貌，形成地表径流条件改变。松散的排弃物料导致地下水入渗量增加（洗煤厂矸石排放等）。基底土体赋水后随加载工程性质而超静水压（虚线）与超孔压（实线）产生与消散过程演变,见图 9.16 和图 9.17。排土场黄土地层演化弱层的形成,为滑体提供了连续的、降低的抗剪强度带,使被动抗滑平衡能力降低。超载强度引起超孔静水压、超孔压增量过大,导致滑坡主动体有效抗剪强度瞬间降低骤变,静力平衡破坏而滑坡,巨大的重力势能在瞬间转换为滑坡动能,以整体滑坡方式释放,破坏的高速性在所难免。

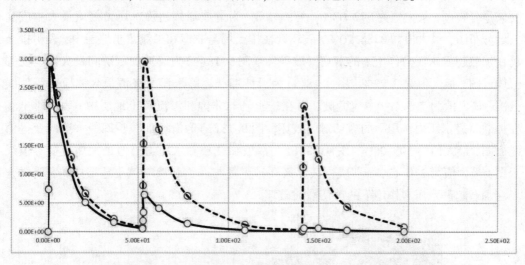

(a)加载过程超静水压(虚线)与超孔压(实线)产生与消散过程曲线变化图

(b)排土场超静水压等值线云图(最大值 30.41kPa)

(c)排土场超孔水压等值线云图(最大值 29.37kPa)

图 9.16　加载过程超静水压与超孔压分布云图

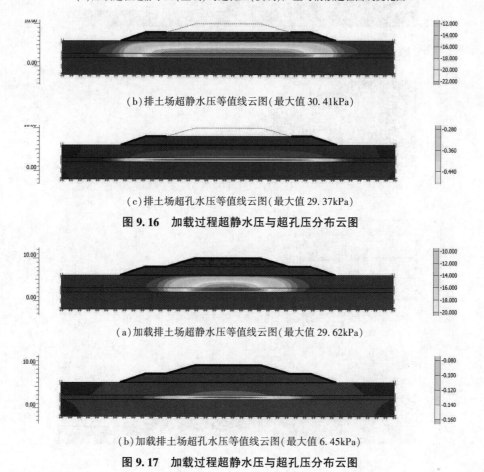

(a)加载排土场超静水压等值线云图(最大值 29.62kPa)

(b)加载排土场超孔水压等值线云图(最大值 6.45kPa)

图 9.17　加载过程超静水压与超孔压分布云图

由图 9.18 滑坡加载力学特性分布图可知，图 9.18(a)为滑坡加载瞬间最大极限位移等值线云图，最大值为 47.53m，图 9.18(b)为滑坡加载超静水压力极值最大极限位移等值线云图，最大值为 325.21m，变形破坏区在排土场与非饱和渗流黄土地层中，表明排土场在加载超静水压力作用下发生的剪切滑坡破坏。图 9.18(c)滑坡加载瞬间最大主应变矢量分布图，最大值为 572.07%，图 9.18(d)为滑坡加载超静水压力极值最大主应变矢量分布图，最大值为 3786.20%，破坏区在排土场与非饱和渗流黄土地层中，表明排土场在加载超静水压力作用下的剪切滑坡破坏。图 9.18(e)为滑坡加载瞬间最大体应变等值线云图，最大值为 3.22%，图 9.18(f)为滑坡加载超静水压力极值最大体应变等值线云图，最大值为 7.32%，主应变破坏区在排土场与非饱和渗流黄土地层中，表明排土场在加载超静水压力作用下的剪切滑坡破坏。图 9.18(g)为滑坡加载瞬间最大剪应变等值线云图，最大值为 505.06%，图 9.18(h)为滑坡加载超静水压力极值最大剪应变等值线云图，最大值为 230.12%，剪应变破坏区在排土场与非饱和渗流黄土地层中，表明排土场在加载超静水压力作用下的剪切滑坡破坏。

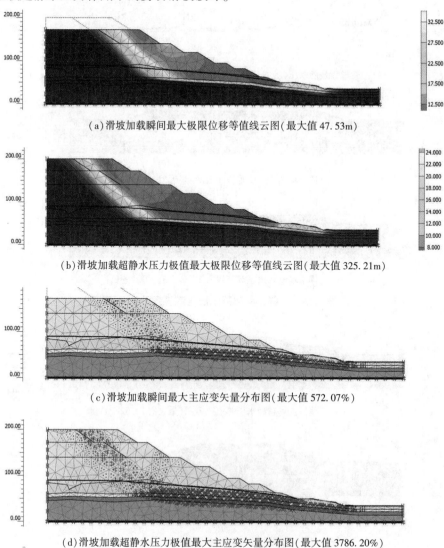

(a)滑坡加载瞬间最大极限位移等值线云图(最大值 47.53m)

(b)滑坡加载超静水压力极值最大极限位移等值线云图(最大值 325.21m)

(c)滑坡加载瞬间最大主应变矢量分布图(最大值 572.07%)

(d)滑坡加载超静水压力极值最大主应变矢量分布图(最大值 3786.20%)

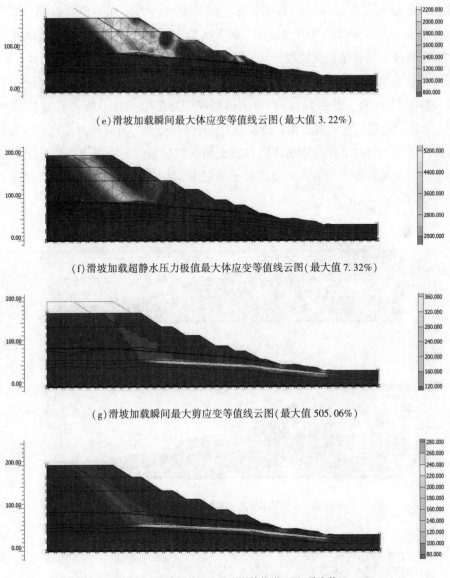

(e)滑坡加载瞬间最大体应变等值线云图(最大值 3.22%)

(f)滑坡加载超静水压力极值最大体应变等值线云图(最大值 7.32%)

(g)滑坡加载瞬间最大剪应变等值线云图(最大值 505.06%)

(h)滑坡加载超静水压力极值最大剪应变等值线云图(最大值 230.12%)

图 9.18　滑坡加载力学特性分布图

　　由图 9.19 加载过程超静水压与超孔压分布图可知, 图 9.19(a)为滑坡加载瞬间最大拉剪塑性分布图, 图 9.19(b)为滑坡加载超静水压力极值滑坡最大拉剪塑性分布图, 最大值为 1200%, 拉应力破坏区在排土场滑坡后壁, 表明排土场后壁出现拉裂破坏, 剪应力破坏区在排土场非饱和渗流黄土地层中, 表明排土场在加载超静水压力作用下的剪切破坏。图 9.19(c)为滑坡加载瞬间最大超静水压力矢量分布图, 最大值为 512.22kPa, 图 9.19(d)为滑坡加载超静水压力极值最大超孔压矢量分布图, 最大值为 899.43kPa, 图 9.19(e)为最大超静水压力等值线云图, 最大值为 512.68kPa, 图 9.19(f)为最大超静水压力等值线云图, 最大值为 901.51kPa, 破坏区在排土场非饱和渗流黄土地层中, 表明排土场在加载超静水压力作用下的剪切破坏。图 9.19(g)为位移等值线云图，最大值为 38.45m，图 9.19(h)为位移等值线云图，最大值为 100.75m，拉应力破坏区在排土场滑坡后壁，表明排土场后壁出现拉裂破坏，剪应力破坏区在排土场非饱和渗流黄土地层中，表明排土场在加载超静水压力作用下的剪切破坏。图 9.19(i)为最大体应变等值线云图，最大值为 23.65%，图 9.19(j)为最大体积应变等值线云图，最大值为 51.72%，图 9.19(k)为最大剪应变等值线云图，最大值为 404.49%，图 9.19(l)为最大剪应变等值线云图，最大值为 1200%，拉应力破坏区在排土场滑坡后壁，表明排土场后壁出现拉裂破坏，剪应力破坏区在排土场非饱和渗流黄土地层中，表明排土场在加载超静水压力作用下的剪切破坏。

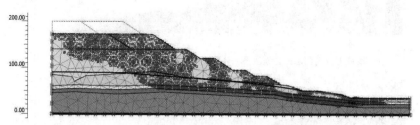

(a)滑坡加载瞬间最大拉剪塑性分布图

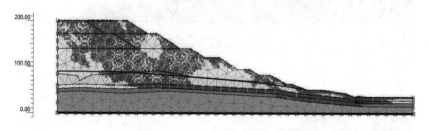

(b)滑坡加载超静水压力极值滑坡最大拉剪塑性分布图

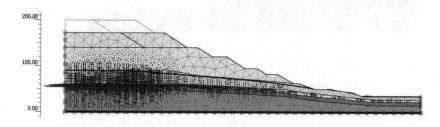

(c)滑坡加载瞬间最大超孔压矢量分布图

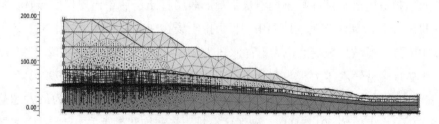

(d)滑坡加载超静水压力极值最大超孔压矢量分布图

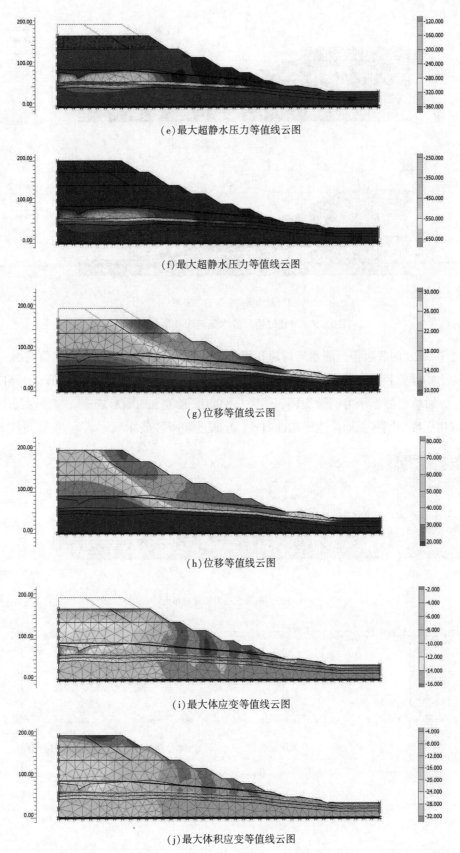

(e)最大超静水压力等值线云图

(f)最大超静水压力等值线云图

(g)位移等值线云图

(h)位移等值线云图

(i)最大体应变等值线云图

(j)最大体积应变等值线云图

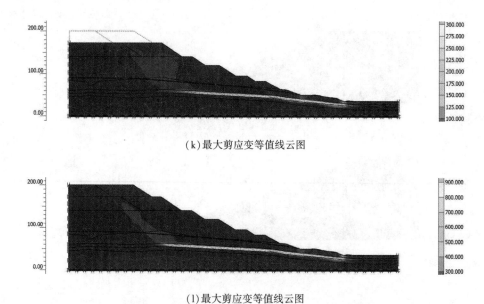

（k）最大剪应变等值线云图

（l）最大剪应变等值线云图

图 9.19　加载过程超静水压与超孔压分布云图

由图 9.20 加载过程超静水压与超孔压分布云图可知，选择 4 个不同部位剖面，破坏区在排土场非饱和渗流黄土地层中，表明在加载排土场超静水压力（最大值 901.51kPa）作用下，加载超静水压力消散缓慢，基底非饱和渗流黄土地层形成连续超静水压力，有效抗剪切强度急剧降低而发生滑动面贯通，出现剪切滑坡破坏。

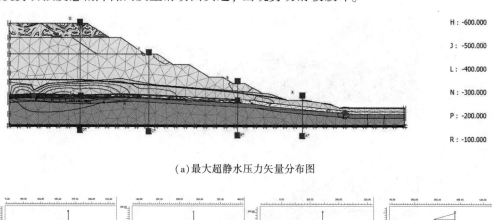

（a）最大超静水压力矢量分布图

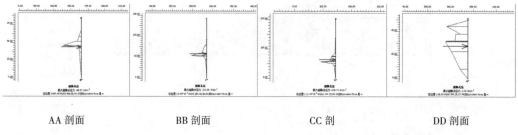

AA 剖面　　　　　BB 剖面　　　　　CC 剖　　　　　DD 剖面

（b）各剖面

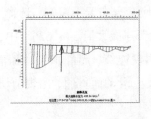

（c）基底剖面

图 9.20 加载过程超静水压与超孔压分布云图

由图 9.21 加载过程极限位移矢量分布云图可知，选择 4 个不同部位剖面，变形破坏区在排土场与非饱和渗流黄土地层（100.75m）中，表明在加载排土场超静水压力作用下，加载超静水压力消散缓慢，基底非饱和渗流黄土地层形成连续变形破坏，有效抗剪切强度急剧降低而发生滑动面贯通，出现剪切滑坡破坏。

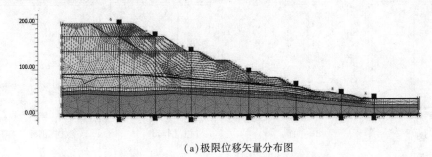

（a）极限位移矢量分布图

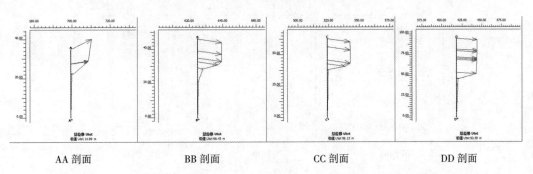

| AA 剖面 | BB 剖面 | CC 剖面 | DD 剖面 |

（b）各剖面

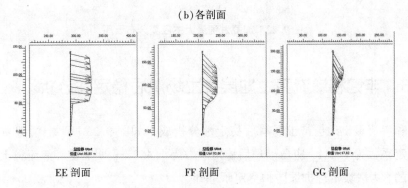

| EE 剖面 | FF 剖面 | GG 剖面 |

图 9.21 加载过程极限位移矢量分布云图

由图 9.22 加载过程最大主应变分布云图可知,选择 7 个不同部位剖面,破坏区在排土场非饱和渗流黄土地层和排土场(最大值 378.62%)中,表明在加载排土场超静水压力作用下,加载最大主应变分布出现连续,超静水压力消散缓慢,基底非饱和渗流黄土地层有效抗剪切强度急剧降低而发生滑动面贯通,出现剪切滑坡破坏。

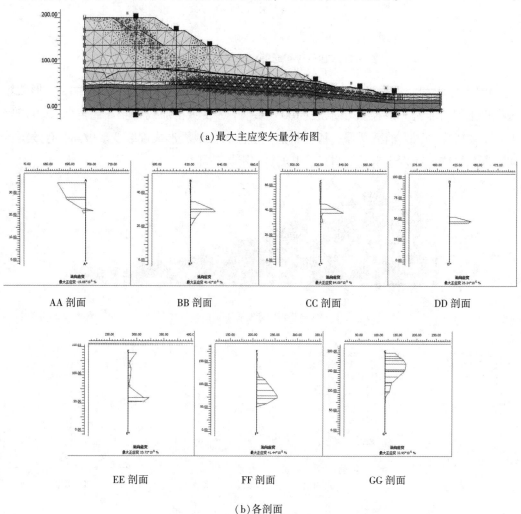

(a)最大主应变矢量分布图

AA 剖面　　　　　BB 剖面　　　　　CC 剖面　　　　　DD 剖面

EE 剖面　　　　　FF 剖面　　　　　GG 剖面

(b)各剖面

图 9.22　加载过程最大主应变分布云图

◆◇ 9.6　非饱和渗流黄土地层排土场滑后稳定性分析

非饱和渗流黄土地层排土场滑后稳定性分析成果如图 9.23 所示,滑坡后黄土地层排土场稳定系数为 1.281,应急处理后稳定系数为 1.452,表明非饱和渗流黄土地层排土场是稳定的,为滑坡治理护坡防护奠定了基础。

图 9.23 中(a)最大超静水压力矢量分布图,最大值为 176.28kPa,远大于静水压力,位于非饱和渗流黄土地层,由于超静水压力消散低于排土加载速度,为滑动面的形成贯

通创造了条件，与滑坡前对比，处于超静水压力的消散过程中。图 9.23(b) 为最大孔压压力矢量分布图，最大值为 0.185kPa。图 9.23(c) 为最大渗流速度矢量分布图，最大值为 0.0545m/d，位于非饱和渗流黄土地层，由于超静水压力消散低于排土加载速度，为滑动面的形成贯通创造了条件。图 9.23(d) 中最大位移等值线云图，最大值为 14.21m，图 9.23(e) 为最大位移极值等值线云图，最大值为 26.30m，最大位移在排土场后壁，表明排土场后壁需要削坡处理。图 9.23(f) 为最大体积应变量等值线云图，最大值为 5.99%，图 9.23(g) 为最大极限体积应变量等值线云图，最大值为 15.80%。图 9.23(h) 为最大剪应变等值线云图，最大值为 24.43%，图 9.23(i) 为最大极限剪应变等值线云图，最大值为 69.61%，在排土场后壁处，表明排土场后壁需要削坡处理。图 9.23(j) 中最大极限位移等值线云图，最大值为 41.08m，在排土场后壁处，表明排土场后壁需要削坡处理。图 9.23(k) 为最大主应变矢量分布图，最大值为 48.71%，图 9.23(l) 为最大体积应变量等值线云图，最大值为 25.06%，图 9.23(m) 为最大剪应变量等值线云图，最大值为 157.51%，在排土场后壁处，表明排土场后壁需要削坡处理。

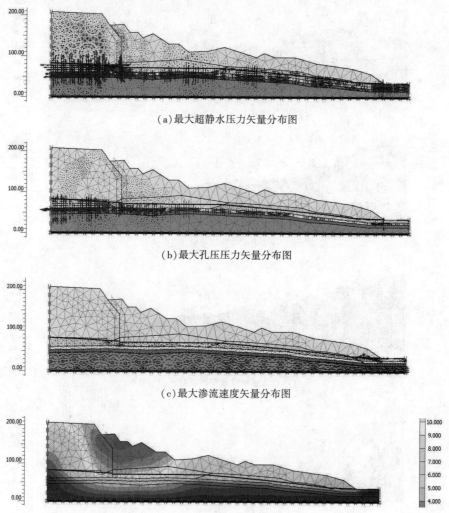

(a)最大超静水压力矢量分布图

(b)最大孔压压力矢量分布图

(c)最大渗流速度矢量分布图

(d)最大位移等值线云图

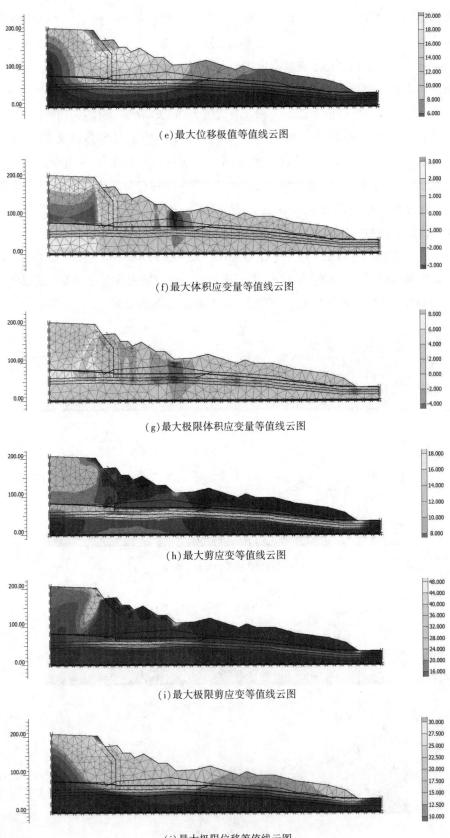

(e)最大位移极值等值线云图

(f)最大体积应变量等值线云图

(g)最大极限体积应变量等值线云图

(h)最大剪应变等值线云图

(i)最大极限剪应变等值线云图

(j)最大极限位移等值线云图

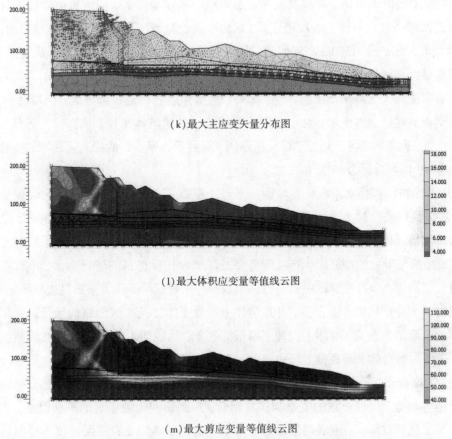

(k) 最大主应变矢量分布图

(l) 最大体积应变量等值线云图

(m) 最大剪应变量等值线云图

图 9.23　加载过程超静水压与超孔压分布云图

◈ 9.7　滑坡的整治

南排土场滑坡的整治主要从以下几个方面综合考虑：提供矿山工业广场恢复部分设施的场地条件和确保工业广场设施安全与正常营运。控制影响边坡稳定的不利因素，避免滑体边坡条件的进一步恶化和重复滑动。确保整体边坡长期稳定。经过分析及经济技术比较，结合矿山实际生产需要，滑体综合整治工程措施由以下几个部分组成。

(1) 滑体前缘清理工程。前缘清理工程的目的为：①提供工业广场水塔至办公楼一线的安全距离 (60~80m)；②提供维修部门前车辆进出与停放的最小场地要求 (80~100m) 和南排洪沟位置；③提供恢复平鲁公路与矿区公路位置 (从滑体上经过)。分析认为，对前缘做适当清理 (40~60m) 不会引起滑坡体本身的重复滑动，前缘清理后局部坡角 18°~21°，清方总量 89 万 m^3。

(2) 滑体上部 +1450m 高程减重工程。上部减重工程的依据是：①1450m 高程平盘剖面以西，约 80m 宽条带内虽形成密集宽深裂缝，但并未下滑，保留该部位滑坡后壁垂直落差达 73m，斜壁长超过 100m，因此，仅就此段高且裂缝密集的局部散体物料而言，也难保持稳定；②由于南排土场滑坡破坏形态形成中部洼地深大，使滑后整体边坡处于头重脚轻的凹形边坡，不利于边坡稳定。+1450m 高程减重工程主要在 1~2 号剖面以东，减方量为 4.3 万m³。+1380m 高程回填反压工程滑坡平衡后，滑体中后部形成宽阔洼地，反向坡角最大，+1380m 高程最大凹陷高差 20m。首先从滑体排水系统考虑，必须将洼地填平才有可能将大气降水排出滑体外，另外，从整体边坡稳定状态考虑，回填后+1380m 高程沿剖面宽度达 200 余米，对于考虑后部裂缝区的边坡体来说，该部位大部分位于水平滑床位置，回填后亦可起到被动段反压作用，有利于稳定系数的提高。回填总体控制在 1380m 高程，回填总量为 85 万 m³。

（3）坡面防渗和排水系统。在坡面及平盘上覆以 1m 厚的黄土并经压实起到防渗作用，滑坡体周围修筑拦水沟，防止暴雨季节洪水流入滑坡体，滑坡体内修筑排水沟，及时将洪水排出滑坡体外。此外还进行了护坡与挡墙工程。滑坡的整治工作未采取加固工程措施，而是根据滑坡的特征以生产实际需要及环境绿化保护目的进行整治，不仅在滑体前缘进行了清理，而且在滑体中部进行回填反压，在后部局部减重来满足边坡稳定要求，不仅提供了工业广场的作业范围，并在滑体上恢复了地方及矿区公路的运行。两年多的对滑体的监测结果表明，滑体未发现变形破坏现象，这说明对南排土场滑坡的整治是成功的，这也为类似黄土基底排土场边坡的治理提供了经验。

为此，南排土场滑坡综合治理：南排土场滑坡综合治理原则为恢复厂区公路和工业广场设施等场地，保证设施的安全与正常运营；控制影响边坡稳定的不利因素，避免滑体进一步恶化和重滑；治理后的边坡稳定系数应达到 1.3 以上；在保证技术可靠的前提下对减工程量和提高矿山综合效益进行工程设计，见图 9.24。

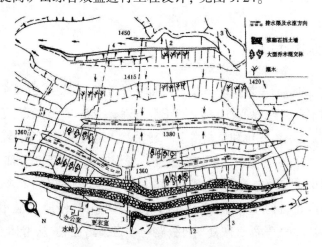

图 9.24　南排土场滑坡综合治理平面图

第10章 极端暴雨与地震动力响应边坡稳定性分析

边坡位于深圳市盐田区某路段，边坡地貌为剥蚀残丘，路堑开挖后斜坡采用锚杆（索）框架梁加固，边坡高 20~40m，坡度 1∶0.6~1∶1.5。由于修建道路、停车场，边坡开挖，坡体松动、降雨入渗等引起了局部路面、排水沟开裂现象，现状整体边坡有变形失稳趋势。现状边坡照片如图 10.1 所示。

(a) 边坡 2 处防滑塌加固处理

(b) 繁忙高速公路桥隧路与集装箱集散地

（c）桥隧路建设与集装箱集散地开挖路面荷载影响下的开裂破坏

图 10.1 现状边坡

◆ 10.1 依托工程基本情况

边坡是人工开挖的边坡，地质环境中等复杂，边坡工程安全等级为一级。主要依据：《建筑边坡工程鉴定与加固技术规范》（GB 50843—2013）；《建筑边坡工程技术规范》（GB 50330—2013）；《岩土工程勘察规范》（GB 50021—2001）；《高速公路路堑高边坡工程施工安全风险评价指南》；《广东省交通集团高速公路路堑边坡养护指南（试行）》；其他与研究对象相关的竣工图纸、维修图纸等技术图纸文件；国家和行业现行的其他有关公路的标准、规范、规程等。

10.1.1 地层岩性

边坡区出露地层主要为第四系素填土（Q_4^{ml}）、坡积层（Q^{dl}）、残积层（Q^{el}），下伏基岩为燕山期花岗岩（γ_5^2）。边坡的地形地貌及如图 10.2 所示。

（1）第四系层（Q^{dl}）。

①素填土（Q_4^{ml}）：灰白色、灰色，0~0.2m 为水泥路面，其余为路基垫层，含碎石 2~5cm，厚度均为 0.8m。属Ⅱ类普通土。

②黏土（Q^{dl}）：褐红～黄褐色，可塑~硬塑，含砂砾，含量约 15%，主要由花岗岩残积土坡积形成，局部含砂砾不均匀，厚度 1.70~8.50m。属Ⅱ类普通土。

③砂质黏性土（Q^{el}）：红褐色、黄褐色，硬塑~坚硬，由花岗岩风化残积而成，原岩结构隐约可见，除石英外，其余矿物均已风化。石英具镶嵌状结构，石英砾含量约 15%~25%，厚度 2.20~8.50m。属Ⅱ类普通土。

（2）燕山期花岗岩（γ_5^2）。

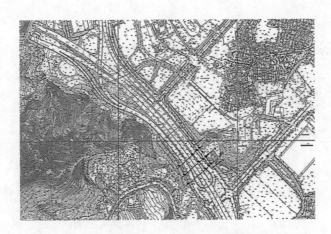

图 10.2 现状边坡工程地形地貌和钻孔布置平面图

①全风化花岗岩：黄褐色，除石英及少量正长石外，斜长石、云母等已基本风化，原岩结构较清晰，石英晶形完整，正长石手捏易碎，岩芯砂土状，局部土柱状，遇水崩解，厚度 1.00～10.80m。属Ⅲ类硬土。

②强风化花岗岩：褐色、黄褐色，除石英及部分正长石外，斜长石、云母等已基本风化，原岩结构清晰，正长石、石英晶形完整，正长石手捏呈砂粒状，岩芯呈砂土状，局部坚硬土柱状，遇水崩解，厚度 1.70～17.10m。属Ⅲ类硬土。

③中风化花岗岩：锈黄色、灰白色，细粒结构、块状构造，原岩矿物主要为长石、石英、云母，岩芯呈块状～柱状，裂隙很发育，伴有铁锰质浸染，敲击声响，厚度 1.30～16.60m。属Ⅵ类坚石。

(3)边坡典型断面(见图 10.3 至图 10.5)。

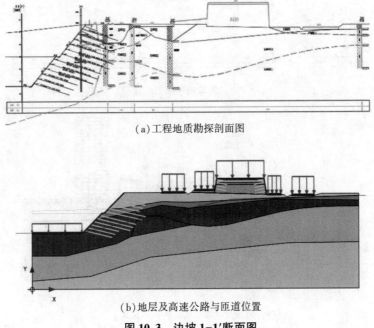

(a)工程地质勘探剖面图

(b)地层及高速公路与匝道位置

图 10.3 边坡 1-1′断面图

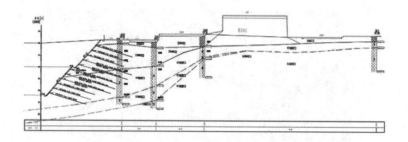

（a）工程地质勘探剖面图

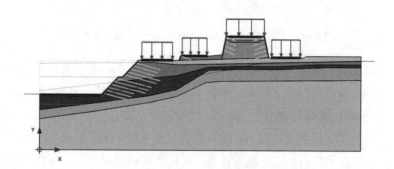

（b）地层及高速公路与匝道位置

图 10.4　边坡 2-2′断面图

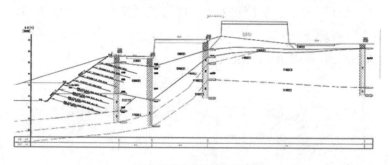

（a）工程地质勘探剖面图

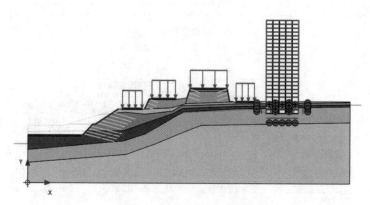

（b）地层及高速公路与匝道位置

图 10.5　边坡 3-3′断面图

10.1.2 水文条件和地质构造及地震

(1)水文条件。边坡段地表水主要为大气降水形成的地表径流,旱季一般无径流,雨季时水量增大,具有流速快,水量大,携砂量较高等特点;边坡段地下主要为基岩裂隙水,主要赋存于燕山期花岗岩的构造裂隙、风化裂隙中,全、强风化裂隙发育,连通性好,是地下水良好的运移通道和赋存空间,对边坡有较大的软化和潜蚀作用,对边坡的稳定性影响较大。地下水主要接受大气降水补给,在基岩风化裂隙、构造裂隙的孔隙中径流,在坡脚低洼处排泄。测得地下水位埋深 1.5~2.1m。

(2)地质构造及地震。①地质构造。据地质调查、钻探及区域地质资料,未发现构造运动迹象,所在区内区域地质相对稳定。②根据《中国地震动参数区划图》(GB 18306—2015)划分可知,边坡区地震动峰值加速度值 0.10g,对应地震基本烈度Ⅶ度,地震动反应谱特征周期为 0.35s。

10.1.3 主要研究内容

通过阅读大量国内外相关研究资料以及研究成果,针对实际工程中的路堑边坡稳定性问题进行稳定性评价和数值模拟,并对其渗流变化规律和地震变化规律等进行了研究。主要内容包括以下几方面。

①利用模糊综合评价法对路堑边坡开展稳定性评价。将地形地貌、岩土体特征、人为因素、降雨和地震等因素作为主要影响因素,建立了一级指标因素集,并在此基础上划分为 15 个二级指标,共同建立起边坡稳定性评价体系。采用能够定量计算的层次分析法确定指标的权重。最终确定了边坡的稳定性等级。

②基于路堑边坡的地质资料,进行有限元计算模型的建立并设置模型的边界条件。首先进行了边坡的分级开挖分析,然后进行了支护状态下的边坡稳定性分析,并通过强度折减法计算边坡在不同工况下的安全系数变化。最后对比得到不同工况下边坡的渗流变形和边坡安全系数变化规律。

③基于非饱和土渗流理论,根据边坡水文资料以及边坡所在区域气象局的资料,建立了降雨入渗下的边坡模型。通过设置不同降雨方案,得到不同降雨强度下边坡的渗流规律;并设置随时间变化的降雨函数,可以计算得到不同降雨时间下边坡的孔隙水压力、饱和度、基质吸力、位移场以及破坏区分布的变化等,为探究降雨入渗边坡破坏机理提供依据。

④基于动力时程分析法,在降雨渗流的基础上,通过选取地震波、添加地震边界以及阻尼等,构建降雨-地震耦合作用下的边坡分析模型,得到耦合作用下边坡的位移、速度、加速度、破坏区分布等变化规律。

研究技术路线见图 10.6。

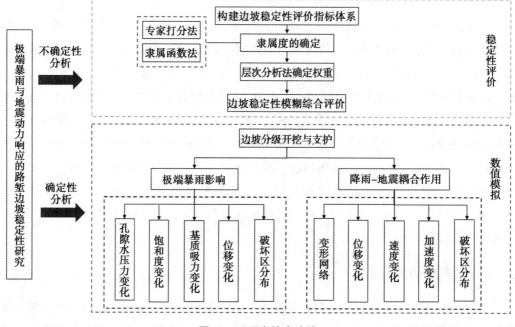

图 10.6　研究技术路线

◆ 10.2　路堑边坡稳定性的模糊评价

　　路堑边坡主要包括自然边坡和人工边坡，自然边坡和人工边坡最大的差异在于形成的时间和方式。自然边坡应力充分释放而相对稳定，人工边坡应力未得到充分释放而通常需要及时支护。不管是自然边坡还是人工边坡，其稳定性影响因素都是复杂多样的，且各因素间又存在一定联系，无法利用公式准确描述和判断边坡稳定性。故本章采用模糊综合评价法，从影响边坡稳定性的各因素出发，首先构建边坡稳定性分析的指标体系，接着进行定性、定量分析，最终可以得到一个边坡的稳定性等级，以期获得一个较为客观、全面的评价。

10.2.1　模糊综合评价原理

　　模糊综合评价法属于综合评价方法的一种，它是基于模糊数学理论，对一个被多重因素影响的对象所作的综合评估。在实施总体评价的过程中，离不开隶属度思想，该思想能将定性转为定量评价，所以在一些不太清楚、不好量化的问题中得到了良好的应用。在一般的评价中，常常使用模糊综合评价法。在综合评价边坡稳定性时，对边坡稳定性的影响因素有许多，且种类相当繁杂。经过综合考虑和归类，大致可以分为边坡自身的结构因素、自然因素、人为因素等，由于存在很多模糊现象，故使用模糊综合评价法可以对这些模糊现象进行量化处理，从而判断边坡的稳定性等级。

在进行模糊综合评价的过程中，必不可少的一环就是进行影响因素的权重分配。确定权重时，可采用专家经验法或层次分析法。显然，专家经验法逻辑更为简单，但是具有很强的主观性，从而导致客观处理不足，而层次分析法在一定程度上可以弥补这种缺陷。层次分析法综合运用了定性和定量分析，将专家打分的定性分析与数学模型的定量分析相结合，因而在科学评价领域中被广泛应用。模糊综合评价的基本原理如下：

①确定 2 个论域：因素集 $U=\{u_1, u_2, \cdots, u_n\}$（$u_n$ 为评判因素），是指与评价事物相关的因素有 n 个；评判集 $V=\{v_1, v_2, \cdots, v_m\}$（$v_m$ 为评判等级），是指所有可能出现的评价结果有 m 个。

②建立单因素矩阵。通过确定各影响指标的隶属度，得到模糊矩阵 R 如下：

$$R = \begin{bmatrix} R_1 \\ R_2 \\ \vdots \\ R_n \end{bmatrix} = \begin{bmatrix} r_{11} & r_{12} & \cdots & r_{1n} \\ r_{21} & r_{22} & \cdots & r_{2n} \\ \vdots & \vdots & & \vdots \\ r_{m1} & r_{m2} & \cdots & r_{mn} \end{bmatrix} \tag{10.1}$$

③在确定权重系数时，主要是依据各影响因素对于评价对象本身的重要性的程度，进而得到权重矩阵 A。第一层的权重集记为 $A=\{a_1, a_2, \cdots, a_n\}$，满足 $\sum_{i=1}^{n} a_i = 1$；第二层的权重集合记为 $A=\{a_{i1}, a_{i2}, \cdots, a_{ij}\}$（$i=1, 2, \cdots, n$）。其中，权重系数值越大，说明其影响越大。

④确定唯一从 U 到 V 的模糊变换 B，其中 $B=A \cdot R$。

⑤根据最大隶属度原则，在 B 中选择最大值 $\max\{B_1, B_2, \cdots, B_n\}$ 所对应等级即为模糊评价等级。

10.2.2 边坡的模糊综合评判模型

10.2.2.1 边坡稳定性评价指标体系的确定

在确定边坡的风险指标体系时，可以采用经验确定法和数学方法，其中应用较为广泛的是经验确定法。根据前人的研究成果以及边坡的实际情况，充分考虑边坡失稳的内外因素，得到最终的边坡评价指标如下：内因有地形地貌（B_1）、岩土体特征（B_2）；外因有人为因素（B_3）、降雨（B_4）、地震（B_5），故分类指标（一级指标）共有 5 个。其中，地形地貌又进行细分，有以下 4 个二级指标：边坡高度（C_1）、自然坡角（C_2）、坡面形态（C_3）、植被情况（C_4）；岩土体特征有以下 5 个二级指标：岩体结构（C_5）、结构稳定特征（C_6）、风化程度（C_7）、黏聚力（C_8）、内摩擦角（C_9）；人为因素有以下 3 个二级指标：开挖方式（C_{10}）、开挖坡角（C_{11}）、人为扰动（C_{12}）；降雨有以下 2 个二级指标：年平均降雨量（C_{13}）、地下水影响（C_{14}）；地震仅有 1 个二级指标：地震烈度（C_{15}）。综上所述，本评价指标体系中共有基础指标（二级指标）15 个。同时，根据路堑边坡的具体情况，并结合相关参考文献，将边坡稳定性等级划分为 5 个等级，即：

①稳定好——Ⅰ级，$1.35 \leqslant F_s$；

②稳定——Ⅱ级，$1.25 \leqslant F_s < 1.35$；

③基本稳定——Ⅲ级，$1.1 \leqslant F_s < 1.25$；

④欠稳定——Ⅳ级，$1.0 \leqslant F_s < 1.1$；

⑤不稳定——Ⅴ级，$F_s < 1.0$。

综上所述，可得到边坡稳定性评价指标体系如图 10.7 所示。

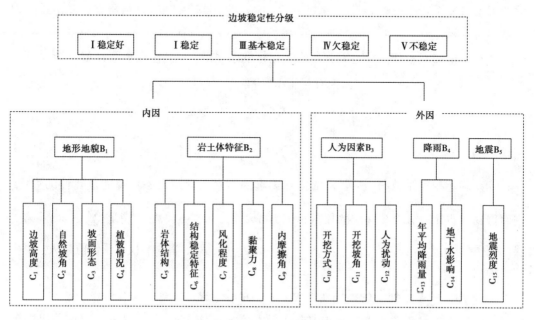

图 10.7　边坡稳定性评价指标体系

10.2.2.2　隶属度的确定

模糊综合评价方法是模糊数学中应用较为广泛的一种方法。结合前人对同类研究所采用的做法工程各边坡稳定性影响因素评价标准如表 10.1 所示。

表 10.1　边坡稳定性单因素评价标准

因素集	一级指标	子因素集	二级指标	评判分级标准				
				稳定好（Ⅰ）	稳定（Ⅱ）	基本稳定（Ⅲ）	欠稳定（Ⅳ）	不稳定（Ⅴ）
B_1	地形地貌	C_1	边坡高度/m	<30	30~60	60~90	90~120	>120
		C_2	自然坡角/(°)	<15	15~25	25~35	35~45	>45
		C_3	坡面形态	坡面凹形地形平坦	坡面平直地形平坦	坡面平直地形较陡	坡面凸形地形较陡	坡面凸形地形高陡
		C_4	植被情况	乔灌草本茂盛	乔木少草本发育好	乔灌木不发育，草本覆盖>80%	乔灌木不发育，草本覆盖>50%	乔灌木不发育，坡面零星长草

表10.1(续)

因素集	一级指标	子因素集	二级指标	评判分级标准				
				稳定好（Ⅰ）	稳定（Ⅱ）	基本稳定（Ⅲ）	欠稳定（Ⅳ）	不稳定（Ⅴ）
B_2	岩土体特征	C_5	岩体结构	整体结构	块状结构	层状结构	碎裂结构	散体结构
		C_6	结构稳定特征	很有利	有利	一般	不利	很不利
		C_7	风化程度	未风化、微风化	中风化	强风化	全风化	残积土
		C_8	黏聚力/kPa	>250	150~250	100~150	50~100	<50
		C_9	内摩擦角/(°)	>40	30~40	20~30	10~20	<10
B_3	人为因素	C_{10}	开挖方式	自然边坡	预裂爆破	光面爆破	一般或机械开挖	欠缺爆破
		C_{11}	开挖坡角/(°)	0~10	10~25	25~40	40~60	60~90
		C_{12}	人为扰动	无	轻微	中度	剧烈	非常剧烈
B_4	降雨	C_{13}	年平均降雨量/mm	<300	300~600	600~900	900~1200	>1200
		C_{14}	地下水影响	无	很弱	较弱	较强	很强
B_5	地震	C_{15}	地震烈度	0~3	3~5	5~7	7~8	>8

　　模糊综合评价方法中，很重要的一步就是隶属度的确定。所谓隶属度，即对隶属函数进行计算而得到的结果。隶属度表示元素隶属于模糊集合的程度。在进行隶属程度判断时，一般可使用专家打分法和隶属函数法。关于边坡稳定性的影响指标，包括离散型变量和连续型变量两大类。使用专家打分法确定离散型指标的隶属度，使用隶属函数确定连续型指标的隶属度。表10.2中，离散型指标包括：坡面形态、植被情况、岩体结构、结构稳定特征、风化程度、开挖方式、人为扰动、地下水影响；而连续型指标包括：边坡高度、自然坡角、黏聚力、内摩擦角、开挖坡角、年平均降雨量、地震烈度。

　　(1)离散型指标隶属度的确定对于离散型指标隶属度的确定，采用了专家打分法，其结果如表10.2所示。该评估专家小组共由10人组成，根据自己的专业知识和相关经验，对离散型指标分别进行评判，确定其所属评语集中的等级。

表 10.2　离散型指标隶属度取值表

离散型指标	影响指标	隶属度				
		稳定好Ⅰ	稳定Ⅱ	基本稳定Ⅲ	欠稳定Ⅳ	不稳定Ⅴ
坡面形态 C_3	坡面凹形，地形平坦	0.50	0.25	0.15	0.07	0.03
	坡面平直，地形平坦	0.25	0.45	0.15	0.10	0.05
	坡面平直，地形较陡	0.10	0.20	0.40	0.20	0.10
	坡面凸形，地形较陡	0.05	0.10	0.15	0.45	0.25
	坡面凸形，地形高陡	0.03	0.07	0.15	0.25	0.50

表10.2(续)

离散型指标	影响指标	隶属度				
		稳定好 Ⅰ	稳定 Ⅱ	基本稳定Ⅲ	欠稳定 Ⅳ	不稳定 Ⅴ
植被情况 C_4	乔木、灌木、草本茂盛	0.45	0.25	0.15	0.10	0.05
	乔木发育少,草本发育好	0.20	0.40	0.20	0.12	0.08
	乔木、灌木不发育,草本覆盖率>80%	0.10	0.20	0.38	0.20	0.12
	乔木、灌木不发育,草本覆盖率>50%	0.08	0.12	0.20	0.40	0.20
	乔木、灌木不发育,坡面零星长草	0.05	0.10	0.15	0.25	0.45
岩体结构 C_5	整体结构	0.65	0.25	0.10	0.00	0.00
	块状结构	0.30	0.40	0.15	0.10	0.05
	层状结构	0.20	0.20	0.20	0.20	0.20
	碎裂结构	0.05	0.10	0.15	0.40	0.30
	散体结构	0.00	0.00	0.10	0.25	0.65
结构稳定特征 C_6	很有利	0.65	0.20	0.10	0.05	0.00
	有利	0.50	0.25	0.20	0.05	0.00
	一般	0.30	0.40	0.20	0.05	0.05
	不利	0.05	0.15	0.25	0.40	0.15
	很不利	0.00	0.05	0.15	0.30	0.50
风化程度 C_7	未风化及微风化	0.55	0.25	0.15	0.05	0.00
	中风化	0.20	0.40	0.25	0.10	0.05
	强风化	0.08	0.17	0.40	0.23	0.12
	全风化	0.05	0.10	0.25	0.40	0.20
	残积土	0.00	0.05	0.15	0.25	0.55
开挖方式 C_{10}	自然边坡	0.20	0.20	0.20	0.20	0.20
	预裂爆破	0.20	0.20	0.20	0.20	0.20
	光面爆破	0.15	0.20	0.30	0.20	0.15
	一般或机械开挖	0.10	0.15	0.25	0.30	0.20
	欠缺爆破	0.05	0.10	0.20	0.30	0.35
人为扰动 C_{12}	无	0.60	0.35	0.05	0.00	0.00
	轻微	0.40	0.55	0.05	0.00	0.00
	中度	0.25	0.30	0.40	0.05	0.00
	剧烈	0.10	0.15	0.30	0.40	0.05
	非常剧烈	0.00	0.00	0.20	0.45	0.35

表10.2(续)

离散型指标	影响指标	隶属度				
		稳定好 I	稳定 II	基本稳定 III	欠稳定 IV	不稳定 V
地下水影响 C_{14}	无	0.60	0.25	0.15	0.00	0.00
	很弱	0.50	0.30	0.20	0.00	0.00
	较弱	0.20	0.40	0.30	0.10	0.00
	较强	0.05	0.10	0.30	0.40	0.15
	很强	0.00	0.10	0.10	0.20	0.60

（2）连续型指标隶属度的确定。连续型指标采用隶属函数进行计算求解。根据影响指标的分布特征，构造连续型变量的隶属函数。对于连续递增型指标(边坡高度、自然坡角、开挖坡角、年平均降雨量、地震烈度)，其隶属函数构造为：

$$U_{I}(x) = \begin{cases} 1 & (x \leq S_1) \\ \dfrac{S_2 - x}{S_2 - S_1} & (S_1 < x \leq S_2) \\ 0 & (x > S_2) \end{cases} \tag{10.2}$$

$$U_{II}(x) = \begin{cases} 0 & (x \leq S_1 \text{ 或 } x > S_3) \\ \dfrac{x - S_1}{S_2 - S_1} & (S_1 < x \leq S_2) \\ \dfrac{S_3 - x}{S_3 - S_2} & (S_2 < x \leq S_3) \end{cases} \tag{10.3}$$

$$U_{III}(x) = \begin{cases} 0 & (x \leq S_2 \text{ 或 } x > S_4) \\ \dfrac{x - S_2}{S_3 - S_2} & (S_2 < x \leq S_3) \\ \dfrac{S_4 - x}{S_4 - S_3} & (S_3 < x \leq S_4) \end{cases} \tag{10.4}$$

$$U_{IV}(x) = \begin{cases} 0 & (x \leq S_3 \text{ 或 } x > S_5) \\ \dfrac{x - S_3}{S_4 - S_3} & (S_3 < x \leq S_4) \\ \dfrac{S_5 - x}{S_5 - S_4} & (S_4 < x \leq S_5) \end{cases} \tag{10.5}$$

$$U_{V}(x) = \begin{cases} 0 & (x \leq S_4) \\ \dfrac{x - S_4}{S_5 - S_4} & (S_4 < x \leq S_5) \\ 1 & (x > S_5) \end{cases} \tag{10.6}$$

式中：x——边坡评价指标的实测值；

$S_1 \sim S_5$——各评价指标在 I，II，III，IV，V 状态下的标准值。

对于连续递减型指标（黏聚力、内摩擦角），其隶属函数构造为：

$$U_{\mathrm{I}}(x) = \begin{cases} 1\,(x \geqslant S_1) \\ \dfrac{S_2 - x}{S_2 - S_1}\,(S_1 > x \geqslant S_2) \\ 0\,(x < S_2) \end{cases} \tag{10.7}$$

$$U_{\mathrm{II}}(x) = \begin{cases} 0\,(x \geqslant S_1 \ 或 \ x < S_3) \\ \dfrac{x - S_1}{S_2 - S_1}\,(S_1 > x \geqslant S_2) \\ \dfrac{S_3 - x}{S_3 - S_2}\,(S_2 > x \geqslant S_3) \end{cases} \tag{10.8}$$

$$U_{\mathrm{III}}(x) = \begin{cases} 0\,(x \geqslant S_2 \ 或 \ x < S_4) \\ \dfrac{x - S_2}{S_3 - S_2}\,(S_2 > x \geqslant S_3) \\ \dfrac{S_4 - x}{S_4 - S_3}\,(S_3 > x \geqslant S_4) \end{cases} \tag{10.9}$$

$$U_{\mathrm{IV}}(x) = \begin{cases} 0\,(x \geqslant S_3 \ 或 \ x < S_5) \\ \dfrac{x - S_3}{S_4 - S_3}\,(S_3 > x \geqslant S_4) \\ \dfrac{S_5 - x}{S_5 - S_4}\,(S_4 > x \geqslant S_5) \end{cases} \tag{10.10}$$

$$U_{\mathrm{V}}(x) = \begin{cases} 0\,(x \geqslant S_4) \\ \dfrac{x - S_4}{S_5 - S_4}\,(S_4 > x \geqslant S_5) \\ 1\,(x < S_5) \end{cases} \tag{10.11}$$

式中：x——边坡评价指标的实测值；

$S_1 \sim S_5$——各评价指标在 I，II，III，IV，V 状态下的标准值。

10.2.2.3 建立单因素影响矩阵

通过确定各影响指标的隶属度，采用模糊关系矩阵表示，得到单因素影响矩阵如下：

$$\boldsymbol{R} = \begin{bmatrix} R_1 \\ R_2 \\ \vdots \\ R_n \end{bmatrix} = \begin{bmatrix} r_{11} & r_{12} & \cdots & r_{1n} \\ r_{21} & r_{22} & \cdots & r_{2n} \\ \vdots & \vdots & & \vdots \\ r_{m1} & r_{m2} & \cdots & r_{mn} \end{bmatrix} \tag{10.12}$$

式中：第 m 行表示的是，被评对象的各因素依次取得评价集中第 m 个等级的可能性；第 n 列反映的是，被评对象的第 n 个因素对应评价集中各等级的隶属度。

10.2.2.4 层次分析法确定权重

评价指标的权重大小直接影响模糊综合评价的结果，故确定合理的权重系数对于边坡稳定性的判定极为重要。层次分析法（AHP）是一种多层次权重分析决策方法，1982 年传入我国后就快速发展起来，同时使得它的理论及应用方面都得到了不断的完善。它可以将定性与定量相结合，通过数据形式将人的主观判断进行呈现，同时它要求各指标之间的重要程度具有严格的逻辑性，使得结论可靠度增加，在现实生活中得到了较为广泛的应用。层次分析法的基本流程是：① 建立风险评价指标体系；② 构造判断矩阵；③ 计算判断矩阵中的特征向量和最大特征值；④ 一致性检验。

层次分析法在判断因素之间重要程度时，采用的是 1~9 标度法，如表 10.3 所示。将上层元素 x_i 与下层元素 x_j 进行一一比较，判断下层元素对上层元素的重要性程度，从而构造判断矩阵。

表 10.3 标度及其含义

标度	含义
1	x_i 与 x_j 相比，重要性相同
3	x_i 与 x_j 相比，前者比后者稍微重要
5	x_i 与 x_j 相比，前者比后者明显重要
7	x_i 与 x_j 相比，前者比后者强烈重要
9	x_i 与 x_j 相比，前者比后者极端重要
2、4、6、8	介于以上两种比较之间的标度值
倒数	x_i 与 x_j 相比标度为 a，x_j 与 x_i 相比标度则为 $1/a$

当对判断矩阵实行一致性检验时，将一致性指标 CI 与平均随机一致性指标 RI 加以比较，从而得出检验系数 CR。一般认为，当 $CR<0.1$ 时，表明判断矩阵的一致性比较好；否则就必须加以调整。

计算一致性指标公式如下：

$$CI = \frac{\lambda_{max} - n}{n-1} \tag{10.13}$$

平均随机一致性指标 RI 与判断矩阵的阶数相关，其指标值如表 10.4 所示。

表 10.4 平均随机一致性指标值

矩阵阶数	1	2	3	4	5	6	7	8	9	10
RI	0	0	0.58	0.90	1.12	1.24	1.32	1.41	1.45	1.49

10.2.3　路堑边坡模糊综合评价

10.2.3.1　边坡一级模糊矩阵的确定

根据路堑边坡实际工程概况，离散型指标隶属度采用表 10.2 中的隶属度值，连续型指标隶属度根据隶属函数进行计算求解。针对连续型指标(边坡高度、自然坡角、黏聚力、内摩擦角、开挖坡角、年平均降雨量、地震烈度)展开如下计算。

(1)边坡高度。首先确定边坡高度 S_1、S_2、S_3、S_4、S_5 分别为 $S_1=0$、$S_2=30$、$S_3=60$、$S_4=90$、$S_5=120$，将其代入连续型变量的隶属函数公式中。本章路堑边坡的实际坡高约为 30m，计算可得：$U_I=0$，$U_{II}=1$，$U_{III}=0$，$U_{IV}=0$，$U_V=0$。确定边坡高度的行向量为 $(0.00\ 1.00\ 0.00\ 0.00\ 0.00)$。

(2)自然坡角。首先确定边坡角度 S_1、S_2、S_3、S_4、S_5 分别为 $S_1=0$、$S_2=15$、$S_3=25$、$S_4=35$、$S_5=45$，将其代入连续型变量的隶属函数公式中，本章路堑边坡的自然坡角为 20°左右，计算可得：$U_I=0.33$，$U_{II}=0.67$，$U_{III}=0$，$U_{IV}=0$，$U_V=0$。确定自然坡角的行向量为 $(0.33\ 0.67\ 0.00\ 0.00\ 0.00)$。

(3)黏聚力。首先确定黏聚力 S_1、S_2、S_3、S_4、S_5 分别为 $S_1=250$、$S_2=150$、$S_3=100$、$S_4=50$、$S_5=0$，将其代入连续型变量的隶属函数公式中，本章路堑边坡的黏聚力为 25kPa，计算可得：$U_I=0$，$U_{II}=0$，$U_{III}=0$，$U_{IV}=0.5$，$U_V=0.5$。确定边坡黏聚力的行向量为 $(0.00\ 0.00\ 0.00\ 0.50\ 0.50)$。

(4)内摩擦角。首先确定内摩擦角 S_1、S_2、S_3、S_4、S_5 分别为 $S_1=40$、$S_2=30$、$S_3=20$、$S_4=10$、$S_5=0$，将其代入连续型变量的隶属函数公式中，本章路堑边坡的内摩擦角为 28°，计算可得：$U_I=0$，$U_{II}=0.8$，$U_{III}=0.2$，$U_{IV}=0$，$U_V=0$。确定边坡内摩擦角的行向量为 $(0.00\ 0.80\ 0.20\ 0.00\ 0.00)$。

(5)开挖坡角。首先确定开挖坡角 S_1、S_2、S_3、S_4、S_5 分别为 $S_1=10$、$S_2=25$、$S_3=40$、$S_4=60$、$S_5=90$，将其代入连续型变量的隶属函数公式中，本章路堑边坡的开挖坡角为 45°，计算可得：$U_I=0$，$U_{II}=0$，$U_{III}=0.75$，$U_{IV}=0.25$，$U_V=0$。确定开挖坡角的行向量为 $(0.00\ 0.00\ 0.75\ 0.25\ 0.00)$。

(6)年平均降雨量。首先确定该地区年平均降雨量 S_1、S_2、S_3、S_4、S_5 分别为 $S_1=0$、$S_2=300$、$S_3=600$、$S_4=900$、$S_5=1200$，将其代入连续型变量的隶属函数公式中，本章边坡所在地区年平均降雨量为 1500mm，计算可得：$U_I=0$，$U_{II}=0$，$U_{III}=0$，$U_{IV}=0$，$U_V=1$。确定年平均降雨量的行向量为 $(0.00\ 0.00\ 0.00\ 0.00\ 1.00)$。

(7)地震烈度。首先确定该地区地震烈度 S_1、S_2、S_3、S_4、S_5 分别为 $S_1=0$、$S_2=3$、$S_3=5$、$S_4=7$、$S_5=8$，将其代入连续型变量的隶属函数公式中，本章路堑边坡所在地区地震烈度为 7，计算可得：$U_I=0$，$U_{II}=0$，$U_{III}=0$，$U_{IV}=1$，$U_V=0$。确定地震烈度的行向量为 $(0.00\ 0.00\ 0.00\ 1.00\ 0.00)$。

通过以上对连续型指标所进行的隶属度的计算，并结合了离散型指标隶属度取值表，最后得出了一级模糊关系矩阵 $\boldsymbol{R}_1$、$\boldsymbol{R}_2$、$\boldsymbol{R}_3$、$\boldsymbol{R}_4$、$\boldsymbol{R}_5$分别为：

$$\boldsymbol{R}_1 = \begin{pmatrix} 0.00 & 1.00 & 0.00 & 0.00 & 0.00 \\ 0.33 & 0.67 & 0.00 & 0.00 & 0.00 \\ 0.25 & 0.45 & 0.15 & 0.10 & 0.05 \\ 0.05 & 0.10 & 0.15 & 0.25 & 0.45 \end{pmatrix}$$

$$\boldsymbol{R}_2 = \begin{pmatrix} 0.00 & 0.00 & 0.10 & 0.25 & 0.65 \\ 0.30 & 0.40 & 0.20 & 0.05 & 0.05 \\ 0.08 & 0.17 & 0.40 & 0.23 & 0.12 \\ 0.00 & 0.00 & 0.00 & 0.50 & 0.50 \\ 0.00 & 0.80 & 0.20 & 0.00 & 0.00 \end{pmatrix}$$

$$\boldsymbol{R}_3 = \begin{pmatrix} 0.10 & 0.15 & 0.25 & 0.30 & 0.20 \\ 0.00 & 0.00 & 0.75 & 0.25 & 0.00 \\ 0.25 & 0.30 & 0.40 & 0.05 & 0.00 \end{pmatrix}$$

$$\boldsymbol{R}_4 = \begin{pmatrix} 0.00 & 0.00 & 0.00 & 0.00 & 1.00 \\ 0.05 & 0.10 & 0.30 & 0.40 & 0.15 \end{pmatrix}$$

$$\boldsymbol{R}_5 = \begin{pmatrix} 0.00 & 0.00 & 0.00 & 1.00 & 0.00 \end{pmatrix}$$

10.2.3.2　边坡指标权重的确定

(1)分类指标权重确定。

①评价对象：$\boldsymbol{P}$ = 路堑边坡的稳定性。

②第一级评价因素集：

$U = \{u_1, u_2, u_3, u_4, u_5\} = \{$地形地貌，岩土体特征，人为因素，降雨，地震$\}$

③评判集：

$V = \{v_1, v_2, v_3, v_4, v_5\} = \{$稳定好，稳定，基本稳定，欠稳定，不稳定$\}$

④计算边坡分类指标权重。

构造分类指标判断矩阵，如表 10.5 所示。

表 10.5　分类指标的权重

P	B_1	B_2	B_3	B_4	B_5	权重
B_1	1	1/3	3	3	4	0.2405
B_2	3	1	5	5	6	0.4988
B_3	1/3	1/5	1	2	3	0.1225
B_4	1/3	1/5	1/2	1	2	0.0839
B_5	1/4	1/6	1/3	1/2	1	0.0543

构造判断矩阵如下：

$$P = \begin{pmatrix} 1 & 1/3 & 3 & 3 & 4 \\ 3 & 1 & 5 & 5 & 6 \\ 1/3 & 1/5 & 1 & 2 & 3 \\ 1/3 & 1/5 & 1/2 & 1 & 2 \\ 1/4 & 1/6 & 1/3 & 1/2 & 1 \end{pmatrix}$$

利用 Matlab 软件求解该判断矩阵，最终得到结果：最大特征根 $\lambda_{\max} = 5.1676$，特征向量 $= (0.4176 \ 0.8662 \ 0.2127 \ 0.1457 \ 0.0942)$，归一化后的特征向量 $= (0.2405 \ 0.4988 \ 0.1225 \ 0.0839 \ 0.0543)$。

进行一致性检验：判断矩阵的阶数 $n = 5$，查表 10.4 可知，$RI = 1.12$。

$$CI = \frac{\lambda_{\max} - n}{n - 1} = \frac{5.1676 - 5}{5 - 1} = 0.0419$$

$$CR = \frac{CI}{RI} = \frac{0.0419}{1.12} = 0.0374 < 0.1$$

故该判断矩阵通过一致性检验，权重分配科学合理。

（2）基础指标权重的确定。对基础指标进行求解时，其计算方法与分类指标相同。同样是先构造判断矩阵，然后求解得到最大特征根和特征向量，最后进行一致性检验。各基础指标权重求解过程如下。

①边坡地形地貌指标的权重确定。构造地形地貌指标的判断矩阵，如表 10.6 所示。

表 10.6　地形地貌的权重

B_1	C_1	C_2	C_3	C_4	权重
C_1	1	1/4	3	4	0.2448
C_2	4	1	4	5	0.5666
C_3	1/3	1/4	1	2	0.1157
C_4	1/4	1/5	1/2	1	0.0729

构造判断矩阵如下：

$$B_1 = \begin{pmatrix} 1 & 1/4 & 3 & 4 \\ 4 & 1 & 4 & 5 \\ 1/3 & 1/4 & 1 & 2 \\ 1/4 & 1/5 & 1/2 & 1 \end{pmatrix}$$

利用 Matlab 软件求解该判断矩阵，最终得到结果：最大特征根 $\lambda_{\max} = 4.1883$，特征向量 $= (0.3872 \ 0.8963 \ 0.1831 \ 0.1153)$，归一化后的特征向量 $= (0.2448 \ 0.5666 \ 0.1157 \ 0.0729)$。

进行一致性检验：判断矩阵的阶数 $n = 4$，查表 10.4 可知，$RI = 0.9$。

$$CI = \frac{\lambda_{\max} - n}{n - 1} = \frac{4.1883 - 4}{4 - 1} = 0.0628$$

$$CR = \frac{CI}{RI} = \frac{0.0628}{0.9} = 0.0698 < 0.1$$

故该判断矩阵通过一致性检验，权重分配科学合理。

②边坡岩土体特征指标的权重确定。构造岩土体特征指标的判断矩阵，如表 10.7 所示。

表 10.7 岩土体特征的权重

B_2	C_5	C_6	C_7	C_8	C_9	权重
C_5	1	2	1/2	1/5	1/5	0.0761
C_6	1/2	1	1/3	1/6	1/6	0.0499
C_7	2	3	1	1/4	1/4	0.1202
C_8	5	6	4	1	1	0.3769
C_9	5	6	4	1	1	0.3769

构造判断矩阵如下：

$$B_2 = \begin{pmatrix} 1 & 2 & 1/2 & 1/5 & 1/5 \\ 1/2 & 1 & 1/3 & 1/6 & 1/6 \\ 2 & 3 & 1 & 1/4 & 1/4 \\ 5 & 6 & 4 & 1 & 1 \\ 5 & 6 & 4 & 1 & 1 \end{pmatrix}$$

利用 Matlab 软件求解该判断矩阵，最终得到结果：最大特征根 $\lambda_{max} = 5.0808$，特征向量 $=(0.1375\ 0.0901\ 0.2170\ 0.6804\ 0.6804)$，归一化后的特征向量 $=(0.0761\ 0.0499\ 0.1202\ 0.3769\ 0.3769)$。

进行一致性检验：判断矩阵的阶数 $n=5$，查表 10.4 可知，$RI = 1.12$。

$$CI = \frac{\lambda_{max} - n}{n-1} = \frac{5.0808 - 5}{5-1} = 0.0202$$

$$CR = \frac{CI}{RI} = \frac{0.0202}{1.12} = 0.0180 < 0.1$$

故该判断矩阵通过一致性检验，权重分配科学合理。

③边坡人为因素指标的权重确定。

构造人为因素指标的判断矩阵，如表 10.8 所示。

表 10.8 人为因素的权重

B_3	C_{10}	C_{11}	C_{12}	权重
C_{10}	1	1/3	1/4	0.1260
C_{11}	3	1	1	0.4161
C_{12}	4	1	1	0.4579

构造判断矩阵如下：

$$\boldsymbol{B}_3 = \begin{pmatrix} 1 & 1/3 & 1/4 \\ 3 & 1 & 1 \\ 4 & 1 & 1 \end{pmatrix}$$

利用 Matlab 软件求解该判断矩阵，最终得到结果：最大特征根 $\lambda_{max} = 3.0092$，特征向量 $= (0.1996\ 0.6589\ 0.7252)$，归一化后的特征向量 $= (0.1260\ 0.4161\ 0.4579)$。

进行一致性检验：判断矩阵的阶数 $n = 3$，查表 10.4 可知，$RI = 0.58$。

$$CI = \frac{\lambda_{max} - n}{n - 1} = \frac{3.0092 - 3}{3 - 1} = 0.0046$$

$$CR = \frac{CI}{RI} = \frac{0.0046}{0.58} = 0.0079 < 0.1$$

故该判断矩阵通过一致性检验，权重分配科学合理。

④边坡降雨指标的权重确定。

构造降雨指标的判断矩阵，如表 10.9 所示。

表 10.9 降雨的权重

B_4	C_{13}	C_{14}	权重
C_{13}	1	1/3	0.2500
C_{14}	3	1	0.7500

构造判断矩阵如下：

$$\boldsymbol{B}_4 = \begin{pmatrix} 1 & 1/3 \\ 3 & 1 \end{pmatrix}$$

利用 Matlab 软件求解该判断矩阵，最终得到结果：最大特征根 $\lambda_{max} = 2.000$，特征向量 $= (0.3162\ 0.9487)$，归一化后的特征向量 $= (0.2500\ 0.7500)$。

通过以上计算，可得到最终的边坡稳定性评价指标权重表，如表 10.10 所示。

表 10.10 边坡稳定性评价指标权重表

评价因子		权重	
分类指标	基础指标	分类指标 B	基础指标 C
地形地貌	边坡高度	0.2405	0.2448
	自然坡角		0.5666
	坡面形态		0.1157
	植被情况		0.0729
岩土体特征	岩体结构	0.4988	0.0761
	结构稳定特征		0.0499
	风化程度		0.1202
	黏聚力		0.3769
	内摩擦角		0.3769

表6.1(续)

评价因子		权重	
人为因素	开挖方式	0.1225	0.1260
	开挖坡角		0.4161
	人为扰动		0.4579
降雨	年平均降雨量	0.0839	0.2500
	地下水影响		0.7500
地震	地震烈度	0.0543	1.000

10.2.3.3　路堑边坡稳定性多级模糊综合评判

首先计算各分类指标的评价向量，A 为基础指标的权重向量，R 为一级模糊关系矩阵，即各个基础指标对边坡各个评价等级的隶属度。一级模糊综合评判通过 A 与 R 进行复合运算求得。

(1)边坡地形地貌一级模糊综合评判。

$$B_1 = A_1 \cdot R_1$$

$$= (0.2448 \quad 0.5666 \quad 0.1157 \quad 0.0729) \cdot \begin{pmatrix} 0.00 & 1.00 & 0.00 & 0.00 & 0.00 \\ 0.33 & 0.67 & 0.00 & 0.00 & 0.00 \\ 0.25 & 0.45 & 0.15 & 0.10 & 0.05 \\ 0.05 & 0.10 & 0.15 & 0.25 & 0.45 \end{pmatrix}$$

$$= (0.2195 \quad 0.6838 \quad 0.0283 \quad 0.0298 \quad 0.0386)$$

(2)边坡岩土体特征一级模糊综合评判。

$$B_2 = A_2 \cdot R_2$$

$$= (0.0761 \quad 0.0499 \quad 0.1202 \quad 0.3769 \quad 0.3769) \cdot \begin{pmatrix} 0.00 & 0.00 & 0.10 & 0.25 & 0.65 \\ 0.30 & 0.40 & 0.20 & 0.05 & 0.05 \\ 0.08 & 0.17 & 0.40 & 0.23 & 0.12 \\ 0.00 & 0.00 & 0.00 & 0.50 & 0.50 \\ 0.00 & 0.80 & 0.20 & 0.00 & 0.00 \end{pmatrix}$$

$$= (0.0246 \quad 0.3419 \quad 0.1411 \quad 0.2376 \quad 0.2548)$$

(3)边坡人为因素一级模糊综合评判。

$$B_3 = A_3 \cdot R_3$$

$$= (0.1260 \quad 0.4161 \quad 0.4579) \cdot \begin{pmatrix} 0.10 & 0.15 & 0.25 & 0.30 & 0.20 \\ 0.00 & 0.00 & 0.75 & 0.25 & 0.00 \\ 0.25 & 0.30 & 0.40 & 0.05 & 0.00 \end{pmatrix}$$

$$= (0.1271 \quad 0.1563 \quad 0.5267 \quad 0.1647 \quad 0.0252)$$

(4)边坡降雨一级模糊综合评判。

$$B_4 = A_4 \cdot R_4$$

$$= (0.2500 \quad 0.7500) \cdot \begin{pmatrix} 0.00 & 0.00 & 0.00 & 0.00 & 1.00 \\ 0.05 & 0.10 & 0.30 & 0.40 & 0.15 \end{pmatrix}$$

$$= (0.0375 \quad 0.0750 \quad 0.2250 \quad 0.3000 \quad 0.3625)$$

（5）边坡地震一级模糊综合评判。

$$B_5 = A_5 \cdot R_5$$

$$= 1.000 \cdot (0.00 \quad 0.00 \quad 0.00 \quad 1.00 \quad 0.00)$$

$$= (0.000 \quad 0.000 \quad 0.000 \quad 1.000 \quad 0.000)$$

最后，再进行了二级模糊综合评判，得到边坡的最终综合评价结果。

$$B = A \cdot R$$

$$= (0.2405 \quad 0.4988 \quad 0.1225 \quad 0.0839 \quad 0.0543) \cdot$$

$$\begin{pmatrix} 0.2195 & 0.6838 & 0.0283 & 0.0298 & 0.0386 \\ 0.0246 & 0.3419 & 0.1411 & 0.2376 & 0.2548 \\ 0.1271 & 0.1563 & 0.5267 & 0.1647 & 0.0252 \\ 0.0375 & 0.0750 & 0.2250 & 0.3000 & 0.3625 \\ 0.000 & 0.000 & 0.000 & 1.000 & 0.000 \end{pmatrix}$$

$$= (0.0838 \quad 0.3604 \quad 0.1606 \quad 0.2253 \quad 0.1699)$$

经过查阅大量的文献资料，借鉴有关科学研究成果，并根据专家的建议，把边坡稳定性划分成如下 5 个等级（见图 10.8）：稳定好（Ⅰ）、稳定（Ⅱ）、基本稳定（Ⅲ）、欠稳定（Ⅳ）、不稳定（Ⅴ）。依据最大隶属度的原则，对边坡的模糊综合评价结果即为 B 矩阵中隶属度最大者所对应的边坡稳定性等级。因为 $B_{max} = 0.3604$，所以该路堑边坡的评价等级为稳定。结合边坡的现场情况，以及后期的数值模拟，并通过强度折减法计算求得了边坡的稳定安全系数，可判定模糊综合评价的结果与实际情况较为一致。

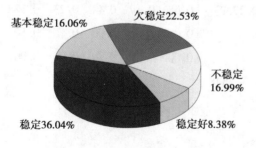

图 10.8　路堑边坡稳定性饼状图

综上所述，通过应用模糊综合评价方法，对路堑边坡稳定性进行了综合评价。结合边坡实际情况和大量参考文献，构建了路堑边坡稳定性的指标体系和评估方法。主要做了以下方面的工作：

①根据前人的研究成果以及边坡的实际情况，充分考虑边坡失稳的内外因素，得到最终的边坡评价指标，内因有地形地貌、岩土体特征，外因有人为因素、降雨、地震，构成 5 个一级指标，并在此基础上划分为 15 个二级指标，建立起边坡稳定性评价体系。

②应用层次分析法合理地判断了各影响指标的权重比例，利用 1~9 标度法分别对一

级、二级指标进行权重确定。在求解评价向量问题时，通常是将权重向量与模糊关系矩阵进行综合计算。再依据最大隶属度原则，最终确定了路堑边坡评价等级为稳定，结合边坡的现场情况，说明该方法在此评价中具有适用性。

③通过对边坡稳定性的影响指标进行计算，得到了边坡地形地貌、岩土体特征的评价结果均为"稳定"，人为因素的评价结果为"基本稳定"，降雨因素的评价结果为"不稳定"，地震因素的评价结果为"欠稳定"，路堑边坡的综合评价结果为"稳定"，说明边坡在正常情况下处于稳定状态。同时也说明降雨和地震两因素对边坡稳定性有重要不利影响，故对边坡应合理采取排水、护坡等措施，降低发生滑坡的风险。

现实中影响边坡稳定性的因素众多，对于特殊问题，可根据具体情况增加考虑某些因素，使其可以更好地描述边坡稳定性的情况。本章的评价方法可为类似一般边坡提供参考。

◆◇ 10.3　路堑边坡开挖支护过程稳定性分析

中国经济的高速发展带动了道路边坡工程的发展，其数量也越来越多，与之相伴的安全问题也越来越受到人们的重视。路堑边坡稳定性直接影响道路工程施工能否顺利进行和后期运营是否安全。本章依托深圳市盐田区某路堑边坡实际工程，对路堑边坡的开挖与支护过程进行了稳定性分析，利用强度折减法计算得到边坡的稳定系数，并对比了不同工况下的边坡变形和安全系数变化。

10.3.1　有限元强度折减法

（1）强度折减法的基本原理。强度折减系数是由 Zienkiewicz 于 1975 年首次提出，其概念在实质上与极限平衡法中的安全系数概念相一致。强度折减法的基本原理就是通过不断降低黏聚力和内摩擦角，导致单元的应力与强度无法匹配，并最终发生边坡失稳。折减后的抗剪强度参数可表达为

$$\left.\begin{aligned} c' &= \frac{c}{F_s} \\ \varphi' &= \arctan\frac{\tan\varphi}{F_s} \end{aligned}\right\} \qquad (10.14)$$

式中：c'——折减后的黏聚力；

　　c——黏聚力；

　　F_s——强度折减系数；

　　φ'——折减后的内摩擦角；

　　φ——内摩擦角。

通过选取土坡内任意一点，利用其应力状态和摩尔应力圆来阐述强度折减法的基本

原理，如图 10.9 所示。

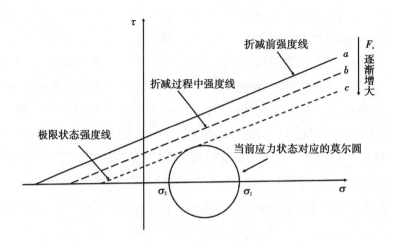

图 10.9 强度折减法原理示意图

（2）强度折减法的失稳判据。①突变判据：当边坡剪切面上的位移产生突变时，土体由稳定状态转向运动状态，土体增量位移发生突变，认为边坡发生失稳破坏。②塑性区判据：目前学者们主要认为，当边坡的塑性区出现贯通区时，可认为边坡处于临界破坏。③收敛判据：利用有限元软件进行边坡的有关计算，在给定的迭代次数下，岩土体材料仍未达到收敛，则认为材料发生破坏（见图 10.9）。

10.3.2 岩土本构模型

岩土本构模型反映的是岩土材料的应力-应变关系。在进行有限元数值模拟时，材料本构模型的选择会对计算结果产生较大的影响。目前，最常见的本构模型主要有：线弹性模型、摩尔-库仑模型、土体硬化模型等。

（1）线弹性模型。线弹性模型服从广义胡克定律，其参数包括：杨氏模量 E 和泊松比 v。该本构模型所表达的应力-应变关系虽在岩土方面不是很精准，但是在一些土中的结构或者是岩层中还是比较适用的。

（2）摩尔-库仑（MC）模型。摩尔-库仑模型的参数包括：摩擦角 φ、黏聚力 c、剪胀角 ψ、杨氏模量 E 和泊松比 v。摩尔应力圆如图 10.10 所示，由图 10.10 可知，内摩擦角在很大程度上决定了抗剪强度。

主应力描述完整的摩尔-库仑屈服条件由 6 个屈服函数组成：

$$f_{1a} = \frac{1}{2}(\sigma_2' - \sigma_3') + \frac{1}{2}(\sigma_2' + \sigma_3')\sin\varphi - c\cos\varphi \leqslant 0 \tag{10.15}$$

$$f_{1b} = \frac{1}{2}(\sigma_3' - \sigma_2') + \frac{1}{2}(\sigma_2' + \sigma_3')\sin\varphi - c\cos\varphi \leqslant 0 \tag{10.16}$$

$$f_{2a} = \frac{1}{2}(\sigma_3' - \sigma_1') + \frac{1}{2}(\sigma_1' + \sigma_3')\sin\varphi - c\cos\varphi \leqslant 0 \tag{10.17}$$

$$f_{2b} = \frac{1}{2}(\sigma_1' - \sigma_3') + \frac{1}{2}(\sigma_1' + \sigma_3')\sin\varphi - c\cos\varphi \leq 0 \tag{10.18}$$

$$f_{3a} = \frac{1}{2}(\sigma_1' - \sigma_2') + \frac{1}{2}(\sigma_1' + \sigma_2')\sin\varphi - c\cos\varphi \leq 0 \tag{10.19}$$

$$f_{3b} = \frac{1}{2}(\sigma_2' - \sigma_1') + \frac{1}{2}(\sigma_2' + \sigma_1')\sin\varphi - c\cos\varphi \leq 0 \tag{10.20}$$

下面是包含了剪胀角的塑性势函数：

$$g_{1a} = \frac{1}{2}(\sigma_2' - \sigma_3') + \frac{1}{2}(\sigma_2' + \sigma_3')\sin\psi \tag{10.21}$$

$$g_{1b} = \frac{1}{2}(\sigma_3' - \sigma_2') + \frac{1}{2}(\sigma_2' + \sigma_3')\sin\psi \tag{10.22}$$

$$g_{2a} = \frac{1}{2}(\sigma_3' - \sigma_1') + \frac{1}{2}(\sigma_3' + \sigma_1')\sin\psi \tag{10.23}$$

$$g_{2b} = \frac{1}{2}(\sigma_1' - \sigma_3') + \frac{1}{2}(\sigma_1' + \sigma_3')\sin\psi \tag{10.24}$$

$$g_{3a} = \frac{1}{2}(\sigma_1' - \sigma_2') + \frac{1}{2}(\sigma_2' + \sigma_1')\sin\psi \tag{10.25}$$

$$g_{3b} = \frac{1}{2}(\sigma_2' - \sigma_1') + \frac{1}{2}(\sigma_2' + \sigma_3')\sin\psi \tag{10.26}$$

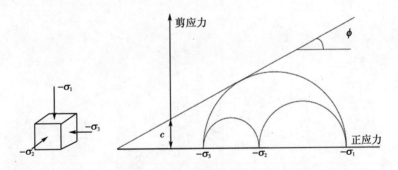

图 10.10　应力圆与库仑破坏线

（3）土体硬化（HS）模型。土体硬化模型属于高级本构，它使用了塑性理论，还考虑了土体的剪胀角，依据摩尔-库仑的破坏模式，是一种各向同性的模型。

10.3.3　模型的建立

10.3.3.1　模拟软件简介

本章所用软件是一款岩土类软件，被广泛用于来解决岩土方面的问题，包括了常见的稳定性分析、变形、地下水渗流、动力分析等。同时拥有土体硬化（HS）模型、小应变土体硬化（HSS）模型等高级本构，在流固耦合、网格划分等方面也表现优秀，并且以操作界面简洁明了、计算过程平稳高效、收敛性突出而出名。在土体非线性以及对时间的依赖等方面上，该软件可以进行有效的模拟，同时对于岩土体中复杂的条件，也可以很好地进行模拟。该软件可以模拟土体、墙、板、梁结构、锚杆、土工织物等，还可以进行分步施工，通过冻结或激活真实反映边坡开挖过程等。该软件包括前期模型建立、中期的计算参数定义、网格划分和模型的计算，以及后期进行计算结果的查看，包括3种显示方式，分别为：矢量图、等值线图和云图。

有限元软件中的几个重要概念：①在进行土的应力变形分析时，提供6节点和15节点两种三角形单元，如表10.11和图10.11所示。②为了更好地模拟边坡的实际开挖和施工过程，有限元软件可以对各种单元组件进行激活或冻结，还可以对不同位置的地下水位进行模拟，更好显示边坡在各个施工阶段的实际位移和应力变化。③边坡的安全系数等于边坡的抗滑力比滑动力，边坡稳定时，其比值大于1；边坡失稳破坏时，其比值小于1；边坡刚好处于极限平衡时，其比值为1。而该软件中采用"phi-c折减法"进行安全系数的计算，计算开始时，初始的 $\sum M_{sf} = 1.0$，该值会随着计算而不断增大，直到模型发生破坏后趋于一定值，此时，折减系数即为边坡的稳定安全系数。

表 10.11　有限元单元类型

类型	位移插值	高斯应力点	精度
6节点三角形单元	2阶	3个	较高
15节点三角形单元	4阶	12个	非常高

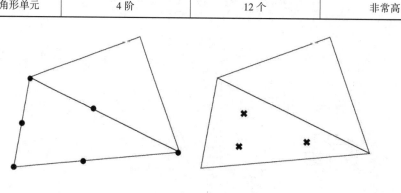

（a）6节点三角形

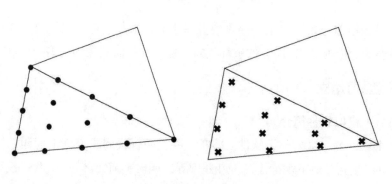

（b）15节点三角形

图 10.11　三角形单元及其节点和应力点

10.3.3.2 模型建立与物理力学参数选取

以深圳市盐田区某路堑边坡为研究对象,选择工程地质图 3-3′典型剖面进行边坡的开挖支护分析。采用摩尔-库仑(MC)的本构模型。在模型参数方面,根据地质勘察资料,并查询地区相关参数,该边坡的岩土体物理力学参数取值如表 10.12 所示。地面车辆荷载以均布荷载考虑,由于该路段重型货车较多,故大小设为20kN/m。针对模型中的锚杆,在进行添加后,在后期模拟时,可以将其"激活"。锚杆的锚固段采用柔性弹性材料。锚杆进行全长锚固;坡面框架梁用板结构进行模拟;岩土与支护结构间的作用通过界面单元进行模拟。关于模型的边界条件,采用底部全固定,两侧水平固定,上部自由。边坡二维模型采用 15 节点的平面应变单元,在锚杆支护部位以及两级边坡的坡脚位置进行加密处理,最终网格处理共划分为 5866 个单元,47457 个节点。模型建立如图10.12 所示。

表 10.12 岩土体物理力学参数

岩土体名称	重度/(kN·m⁻³)		黏聚力/kPa		内摩擦角/(°)		弹性模量/MPa	泊松比 ν
	天然	饱和	天然	饱和	天然	饱和		
素填土	18.2	19.2	25	20.0	22	16.5	15	0.35
粉质黏土	18.6	19.6	28	22.4	25	18.8	26	0.31
全风化花岗岩	19.0	20.0	30	22.5	27	20.3	60	0.3
强风化花岗岩	20.5	23.5	70	54	30	22.5	120	0.28
中风化花岗岩	25.5	26.5	200	150	45	30	1100	0.23

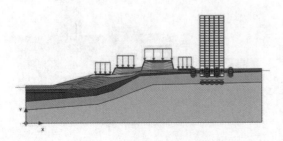

原始地貌图　　　　　　　　　　　有限元网格剖分图

(a)车辆荷载作用下高速公路路堤匝道工况

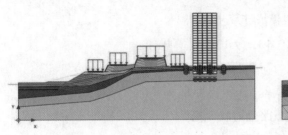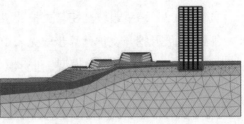

一级路堑边坡开挖图　　　　　　　有限元网格剖分图

(b)车辆荷载作用下高速公路路堤匝道与一级路堑开挖工况

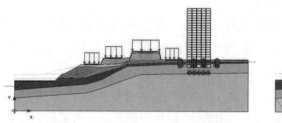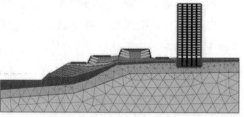

二级路堑边坡开挖图 　　　　　　　　　　　有限元网格剖分图

(c)车辆荷载作用下高速公路路堤匝道与二级路堑开挖工况

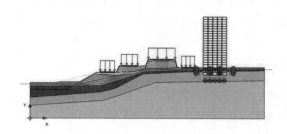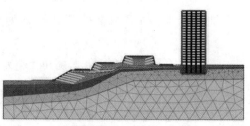

一级边坡支护图 　　　　　　　　　　　有限元网格剖分图

(d)车辆荷载作用下高速公路路堤支护匝道与路堑一级边坡支护工况

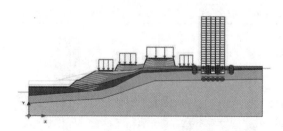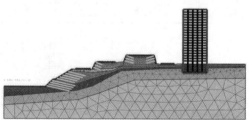

二级边坡支护图 　　　　　　　　　　　有限元网格剖分图

(e)车辆荷载作用下高速公路路堤支护匝道与路堑二级边坡支护工况

图 10.12　路堑各施工阶段与有限元网格剖分图

10.3.3.3　路堑边坡开挖与支护数值模拟计算步骤

路堑边坡开挖与支护计算步骤见表 10.13,分 10 步计算操作:

第 1 步:建立原始地貌模型,进行重力荷载的计算。

第 2 步:添加道路,同时加载车辆荷载。

第 3 步:在第 2 步的情况下,进行一级路堑边坡开挖。

第 4 步:在第 3 步的情况下,进行二级路堑边坡开挖。

第 5 步:在第 3 步的情况下,进行路堑一级边坡支护。

第 6 步:在第 4 步的情况下,进行路堑二级边坡支护。

第 7-10 步：利用强度折减法，计算路堑边坡的稳定系数。

表 10.13　计算步骤

工序步	计算工序号	起自工序	计算类型	加载约束类型	起始步
工序步 1	1	0	重力荷载	分阶段施工	1
工序步 2	2	1	塑性分析	分阶段施工	6
工序步 3	3	2	塑性分析	分阶段施工	10
工序步 4	4	3	塑性分析	分阶段施工	13
工序步 5	5	3	塑性分析	分阶段施工	16
工序步 6	6	4	塑性分析	分阶段施工	18
工序步 7	7	3	强度折减计算	增量乘子	121
工序步 8	8	4	强度折减计算	增量乘子	221
工序步 9	9	5	强度折减计算	增量乘子	321
工序步 10	10	6	强度折减计算	增量乘子	421

10.3.4　天然状态下边坡稳定性分析

（1）渗流分析结果。首先进行天然状态下开挖未支护边坡的稳态渗流分析，得到天然状态下的边坡饱和度、地下水水头和孔隙水压力等值线云图，如图 10.13 至图 10.15 所示。由图 10.13 可知，水位线以下的土体饱和度为 100%，即为饱和土；水位线以上的土处于非饱和状态。孔隙水压力值在不同高度一直变化，且水位线以上的孔隙水压力为负值，其值与毛细水上升的高度有关；相反，水位线以下的孔隙水压为正值，计算公式为 $p=\gamma_w h$，即孔隙水压力值的大小与深度 h 有关。由于该软件默认会对孔隙水压力值进行正负对调，故会出现图 10.15 所示的情况。

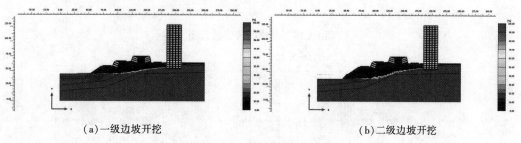

（a）一级边坡开挖　　　　　　　　　　　　（b）二级边坡开挖

图 10.13　饱和度等值线云图

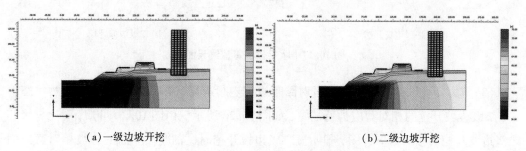

（a）一级边坡开挖　　　　　　　　　　　　（b）二级边坡开挖

图 10.14　地下水水头等值线云图

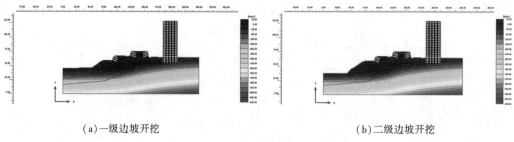

（a）一级边坡开挖　　　　　　　　　（b）二级边坡开挖

图 10.15　孔隙水压力等值线云图

（2）位移应变分析结果。通过对路堑边坡进行有限元静力分析，得到天然状态下一、二级边坡开挖的位移等值线云图，如图 10.16 至图 10.18 所示。由图 10.16 可知，在进行一级和二级边坡开挖时，一级路堑边坡开挖的边坡总位移最大值为 28.45mm，二级路堑边坡开挖的边坡总位移最大值为 41.25mm，将两者进行对比可知，明显二级边坡开挖后的总位移值增大。由图 10.17 可知，边坡表层附近的水平位移相对较大，一、二级路堑边坡开挖的边坡最大水平位移分别为：9.61mm、16.86mm，对比可知，边坡开挖降低了坡体的稳定性。由图 10.18 可知，一级边坡开挖后，路堑边坡的竖向位移最大值为 24.14mm，二级边坡开挖后，路堑边坡的竖向位移最大值为 38.43mm。总应变矢量分布图见图 10.19。

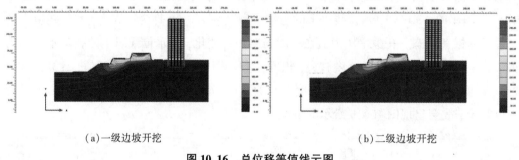

（a）一级边坡开挖　　　　　　　　　（b）二级边坡开挖

图 10.16　总位移等值线云图

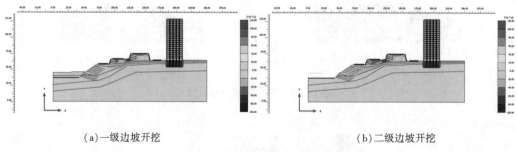

（a）一级边坡开挖　　　　　　　　　（b）二级边坡开挖

图 10.17　水平位移等值线云图

（3）应力塑性区分析结果。通过对路堑边坡进行有限元静力分析，得到天然状态下一、二级边坡开挖的相对剪应力特征图，如图 10.20 所示。由图 10.20 可知，对比一级和二级边坡开挖的相对剪应力图，很明显二级边坡开挖时，靠近临空面的边坡相对剪应力

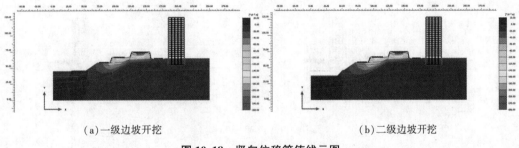

(a)一级边坡开挖　　　　　　　　　　　　　　　(b)二级边坡开挖

图 10.18　竖向位移等值线云图

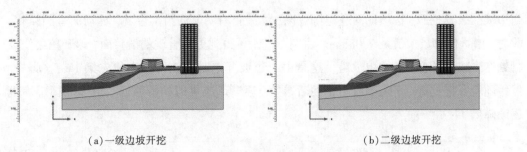

(a)一级边坡开挖　　　　　　　　　　　　　　　(b)二级边坡开挖

图 10.19　总应变矢量分布图

增大。由图 10.21 可知，二级边坡开挖后，边坡的有效主应力矢量最大值为 1337kN/m²。塑性区分布图见图 10.22。

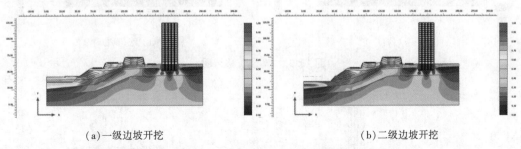

(a)一级边坡开挖　　　　　　　　　　　　　　　(b)二级边坡开挖

图 10.20　相对剪应力等值线云图

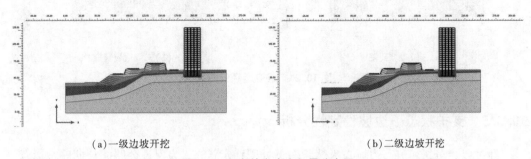

(a)一级边坡开挖　　　　　　　　　　　　　　　(b)二级边坡开挖

图 10.21　有效主应力矢量分布图

（4）滑移面分析结果。通过对路堑边坡进行有限元静力分析，得到天然状态下一、二级边坡开挖的增量位移云图，如图 10.23 所示。同时也可以得到应变增量云图，如图 10.24 所示。观察图 10.23，边坡在经过一级开挖后，在坡脚处出现了较小范围的滑移，

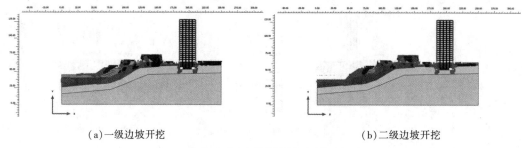

(a) 一级边坡开挖   (b) 二级边坡开挖

图 10.22　塑性区分布图

当边坡二级开挖后，边坡的滑移范围逐渐增大，且有明显的滑动位置，滑动面呈圆弧状，此时，增量位移最大值是 9.08mm。由图 10.24 可得到更为直观的滑移面，即开挖会使坡脚处产生较大的变形，会更危险。这是由于边坡开挖时会使得应力最先集中在坡脚处，然后随着开挖的进行，内部应力也逐渐增大，逐渐形成贯通的滑移面。坡体的稳定性也逐渐降低。

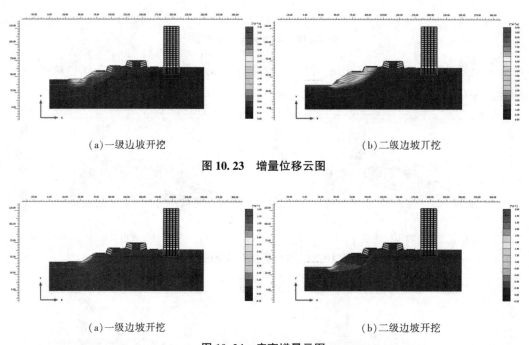

(a) 一级边坡开挖   (b) 二级边坡开挖

图 10.23　增量位移云图

(a) 一级边坡开挖   (b) 二级边坡开挖

图 10.24　应变增量云图

10.3.5　支护状态下边坡稳定性分析

经过以上分析可知，边坡在天然状态下处于稳定状态，为保证公路能长期安全运营，考虑到边坡的不利因素的影响，对边坡进行了支护，即采用预应力锚杆（索）框架梁进行支护，以进一步提高其稳定性，加固结构材料的参数如表 10.14 所示。

表 10.14　加固结构材料参数

加固材料	倾角/(°)	锚固长度/m	自由长度/m	总长度/m
全黏结型锚杆	15	18	—	18
预应力锚索	15	18	6	24

为研究边坡在实际开挖施工过程中的稳定性情况,对边坡进行边开挖边支护的施工过程模拟。按照实际施工情况共进行了两级边坡的开挖与支护。第一级边坡开挖之后进行了锚杆(索)框架梁的支护,接着再进行第二级边坡的开挖与支护。边坡开挖支护的模拟分析结果如下。

(1)位移应变分析结果。对边坡进行预应力锚杆(索)框架梁加固后,得到边坡的总位移等值线云图和水平、竖向位移等值线云图,如图 10.25 至图 10.27 所示。由图 10.25 可知,一级边坡开挖支护的总位移最大值为 26.32mm,二级边坡开挖支护的总位移最大值为 32.14mm,与支护前的位移最大值相比,总位移均减小,说明支护效果良好。未支护时,二级边坡开挖后的最大水平位移为 16.86mm,经过支护,其值减小为 11.29mm,如图 10.26 所示,这表明支护可以减小最大水平位移。同理,可得到竖向位移最大值的变化情况,由支护前的 38.43mm 变为 31.75mm,支护后减小了 6.68mm。表明对边坡进行预应力锚杆(索)框架梁处理后,边坡的位移得到了较好的控制,降低了边坡发生整体破坏的可能性。总应变矢量分布图见图 10.28。

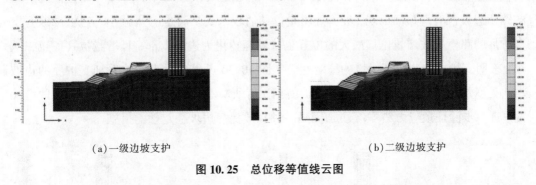

(a)一级边坡支护　　　　　　　　　　　　　　　(b)二级边坡支护

图 10.25　总位移等值线云图

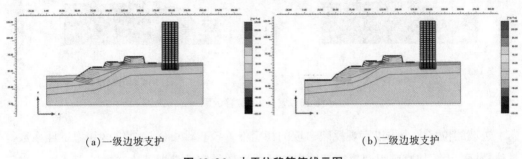

(a)一级边坡支护　　　　　　　　　　　　　　　(b)二级边坡支护

图 10.26　水平位移等值线云图

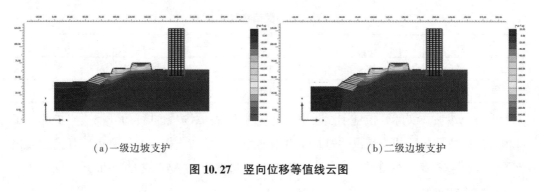

（a）一级边坡支护 （b）二级边坡支护

图 10.27 竖向位移等值线云图

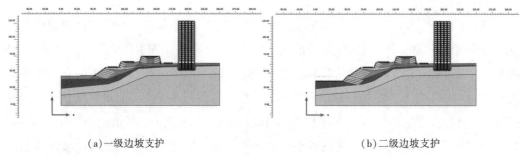

（a）一级边坡支护 （b）二级边坡支护

图 10.28 总应变矢量分布图

（2）滑移面分析结果。通过对路堑边坡进行支护，得到边坡支护后的增量位移云图和应变增量云图，如图 10.29 和图 10.30 所示。由图 10.29 可知，边坡一级开挖支护后的路堑边坡没有滑移面出现，坡脚处增量位移值较未支护时也有所减小。边坡二级开挖支护后的路堑边坡增量位移最大的位置也从坡脚转化为边坡上部，且增量位移值也在减小，表明支护措施改善了边坡的稳定性。从图 10.30 可以更为直观地看到支护后的边坡坡脚处变形减小，且变形范围也与支护前相比有所减小。边坡表层不再形成贯通的滑移面，进一步验证预应力锚杆（索）加固是一种有效提高边坡稳定性的措施。

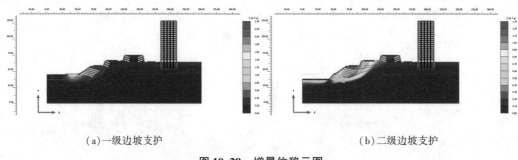

（a）一级边坡支护 （b）二级边坡支护

图 10.29 增量位移云图

边坡的位移大小可以直观反映边坡的稳定性。该软件可以提供位移和稳定性系数等具体数据，为更加直观得到边坡开挖支护下的边坡稳定性情况，故对边坡上述数据进行整理，得到的结果如表 10.15 所示。

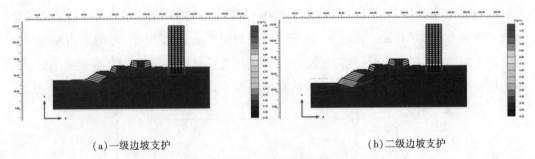

(a) 一级边坡支护　　　　　　　　　　　　　　(b) 二级边坡支护

图 10.30　应变增量云图

表 10.15　各工况下边坡稳定性计算表

项目	名称	天然状态		支护状态	
		一级边坡开挖	二级边坡开挖	一级边坡支护	二级边坡支护
变形	总位移/mm	28.45	41.25	26.32	32.14
	水平位移/mm	9.61	16.86	8.95	11.29
	竖向位移/mm	25.54	38.43	24.14	31.75
	增量位移/mm	3.45	9.08	2.23	1.24
稳定性	稳定系数	1.314	1.275	1.532	1.498

　　边坡在不同工况下的位移变形量如图 10.31 所示。由图 10.31 可知,在进行边坡开挖时,随着边坡开挖深度的增加,边坡位移(总位移、水平位移、竖向位移、增量位移)的最大值均会逐渐增大。当边坡进行预应力锚杆(索)框架梁加固后,边坡的变形量均减小,由此可见,支护对于控制边坡的变形是一种有效的措施。

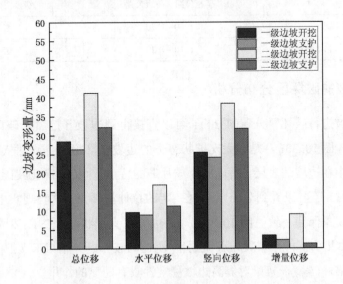

图 10.31　各工况下边坡开挖支护变形量

　　利用软件通过强度折减法可进行边坡的稳定系数计算,得到了边坡在各工况下的稳定系数,结果如图 10.32 所示。由图 10.32 可知,当边坡完成二级开挖后,其安全系数为

1.275。根据《公路路基设计规范》(JTG D30—2015),可知在正常工况下,边坡的安全系数规范值为1.20~1.30,如表10.16所示,边坡满足此表的要求。考虑到边坡的不利因素的影响,为保证公路能长期安全运营,对边坡进行预应力锚杆(索)框架梁加固,此时边坡安全系数提高为1.498,与支护前相比提高了17.5%左右,边坡稳定性显著提高。

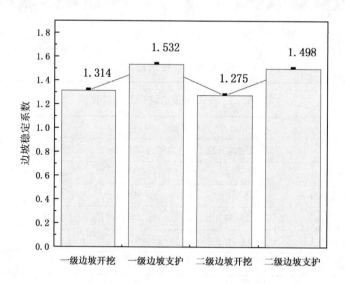

图10.32 各工况下边坡的稳定系数

表10.16 各等级路堑边坡安全系数

分析工况	路堑边坡安全系数	
	高速公路、一级公路	二级及二级以下公路
正常工况	1.20~1.30	1.15~1.25
暴雨或连续降雨工况	1.10~1.20	1.05~1.15

10.3.6 边坡的破坏区分布分析

通过对边坡进行破坏区分布的分析,可以直接得到边坡开挖后的破坏区分布图,如图10.33所示。图10.33(a)是在无支护状态下的边坡破坏区分布图,从图中可以看出,破坏点主要集中在边坡的表层,呈现出"成片"的特点,而公路和匝道上也有零散破坏点的分布,同时,还可以看到公路上出现一定的拉伸截断点,这与现实中公路表面出现局部拉裂缝的现象保持一致。图10.33(b)是边坡在支护状态下的破坏区分布图。由图可知,边坡表面几乎不再分布破坏点,公路、匝道的破坏点分布与未支护前基本相同,再次表明预应力锚杆(索)框架梁对提高边坡稳定性具有明显的作用。

综上所述,在有限元软件中绘制了边坡典型剖面的二维计算模型,考虑了各施工过程及加固措施,并对以上不同工况进行了边坡稳定性的计算。该软件可以模拟分步施工,更符合实际工程情况,经过分析,总结出以下几点结论:

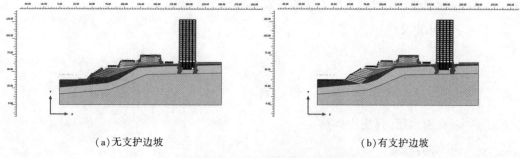

（a）无支护边坡　　　　　　　　（b）有支护边坡

图 10.33　边坡的破坏区分布图

①在开挖一级边坡和二级边坡时，发现坡脚处的位移变化值与其他位置的相比最大。随着开挖深度的增加，坡体位移变化也随之逐渐增加。同时，在开挖的过程中，边坡的位移会有一个从坡脚向坡顶发展的过程，在坡顶有较大的变形。

②经过支护后的边坡，位移值与直接开挖相比均有减小的趋势；支护后的边坡坡脚处变形量减小且变形范围也有所减小，不再向坡顶方向发展；边坡表层不再形成贯通的滑移面。

③在进行不同工况的边坡安全系数计算时，采用了强度折减法。通过模拟，可以发现边坡的破坏机制。同时，在对边坡进行加固后，边坡安全系数提高，证明加固措施的有效性。

◆◇ 10.4　极端暴雨地下水渗流路堑边坡流固耦合分析

自 2020 年雨季以来，我国极端暴雨天气明显增多，强降雨或者连续性降雨易诱发边坡发生失稳破坏。当雨水向坡体进行入渗时，边坡内体积含水率会增加，同时，边坡内的孔隙水会自上而下不断移动，地下水位线逐渐抬升，边坡应力状态发生变化，可能有失稳的趋势。本章所研究的边坡，从地理位置来看，位于北回归线以南，从气候上来看，属于亚热带海洋性气候，降雨量较大。由于属于沿海城市，经常会受到台风的影响，因此发生特大暴雨的概率也较大，故很有必要研究极端暴雨下的路堑边坡稳定性问题。

10.4.1　降雨入渗基本理论

10.4.1.1　非饱和土渗流理论

（1）渗流基础理论。达西定律描述了多孔介质中的渗流。考虑在竖向 x-y 平面内的渗流：

$$\left.\begin{aligned} q_x &= -k_x \frac{\partial \varphi}{\partial x} \\ q_y &= -k_y \frac{\partial \varphi}{\partial y} \end{aligned}\right\} \tag{10.27}$$

式中：q——比流量，由渗透系数 k 和地下水头梯度计算得到。

水头 φ 大小定义为

$$\varphi = y - \frac{p}{\gamma_w} \tag{10.28}$$

式中：y——竖直位置；

p——孔隙水压力（压力为负）；

γ_w——水的重度。

对于稳态渗流而言，其应用的连续条件：

$$\frac{\partial q_x}{\partial x} + \frac{\partial q_y}{\partial y} = 0 \tag{10.29}$$

式（10.29）表示单位时间内流入单元体的总水量等于流出的总水量，如图 10.34 示。

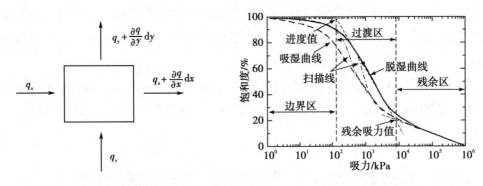

图 10.34　连续性条件示意图　　图 10.35　典型的土水特征曲线模型

（2）土水特征曲线。土水特征曲线描述了基质吸力和体积含水率两者之间的关系。在非饱和土体的渗流过程中，基质吸力与体积含水率有关。降雨入渗是一个与时间有关的不断变化的过程，故在整个降雨过程中以及雨后，土体内的体积含水率会处在一个不断波动变化的过程。关于土水特征曲线的获得方法，大概分为两类：一类是通过实验获得，另一类则是通过经验公式去推导求得。由于测量土水特征曲线的方法比较复杂，故实践中用模型拟合出的经验方程应用更为广泛（见图 10.35）。

Van Genuchten 模型和 Fredlund-Xing 模型适用于各类土，故成为广泛使用的土水特征曲线模型。下面对以上两种模型展开介绍：

①Van Genuchten 模型。Van Genuchten 等在描述土体含水率和基质吸力之间关系时，采用了幂函数的形式，其表达式如下：

$$\theta = \theta_r + \frac{\theta_s - \theta_r}{[1 + (\psi/\alpha)^n]^m} \tag{10.30}$$

式中：α——与土体进气值有关的拟合参数；

n——与土体脱水速率有关的拟合参数；

m——与土体残余含水量有关的参数；

θ——是非饱和体积含水率；

θ_s——饱和体积含水率；

θ_r——残余体积含水率；

ψ——基质吸力。

②Fredlund-Xing 模型。Fredlund-Xing 模型由 Fredlund 和 Xing 提出，是与 VG 模型类似的土水特征曲线，其表达式如下：

$$\theta = \frac{\theta_s}{\left\{\ln\left[e+(\psi/\alpha)^n\right]\right\}^m} \tag{10.31}$$

式中：α——与土体进气值有关的拟合参数；

n——与土体脱水速率有关的拟合参数；

m——与土体残余含水量有关的参数；

θ——非饱和体积含水率；

θ_s——饱和体积含水率；

ψ——基质吸力。

由于具有高吸力拟合不高的缺点，故 Fredlund 和 Xing 在原来公式的基础上，增加了修正系数 $C(\psi)$，其表达式如下：

$$C(\psi) = 1 - \frac{\ln(1+\psi/C_r)}{\ln(1+\psi/10^6)} \tag{10.32}$$

此时，Fredlund-Xing 模型的表达式如下：

$$\theta = \left[1 - \frac{\ln(1+\psi/C_r)}{\ln(1+\psi/10^6)}\right] \frac{\theta_s}{\left\{\ln\left[e+(\psi/\alpha)^n\right]\right\}^m} \tag{10.33}$$

式中：C_r——与残余吸力有关的拟合参数。

(3)渗透系数函数。渗透系数能够反映土体中水分的传导能力，一般用 k 来表示。而渗透系数函数反映的则是渗透系数和基质吸力两者之间的关系。当土体中充满气泡时，因为存在阻力，会降低土体渗透系数。随着雨水入渗，土体含水率会逐渐增大，直到土体达到饱水的状态，这时的渗透系数成为一个定值且最大，被称为饱和渗透系数 k_s。现实中，由于饱和渗透系数是一个固定不变的值，故可以较容易获得。在非饱和土中，土体含水率会影响非饱和渗透系数，一旦土体含水率变化，直接影响到非饱和渗透系数。所以如何确定非饱和渗透系数一直都是一个难以解决的问题。目前，在确定非饱和渗透系数时，会借助渗透系数模型，例如统计模型。统计模型具有比较完善的理论基础，故计算结果较为准确。最早的统计模型由 Childs 和 Collis-George 提出。

Van Genuchten 于 1980 年提出了闭合形式的描述土体渗透系数的方程，其表达式如下：

$$k_w = k_s \frac{\left\{ 1 - (\alpha\psi)^{n-1} \left[1 + (\alpha\psi)^n \right]^{-m} \right\}^2}{\left[1 + (\alpha\psi)^n \right]^{m/2}} \tag{10.34}$$

式中：k_s——饱和渗透系数；

α，n，m——曲线的拟合参数，$n = 1/(1-m)$；

ψ——基质吸力的范围。

由式(10.34)可知，当已知 k_s 以及 α、m 时，便可利用公式求得非饱和渗透系数。

Fredlund 于 1994 年提出了积分形式的非饱和土渗透系数测算模型，其表达式如下：

$$k(\psi_k) = k_s \frac{\displaystyle\int_{\psi_k}^{\psi_r} \frac{\theta(y) - \theta(\psi_k)}{y^2} \theta'(y) \, dy}{\displaystyle\int_{AEV}^{\psi_r} \frac{\theta(y) - \theta(AEV)}{y^2} \theta'(y) \, dy} \tag{10.35}$$

式中：AEV——进气值；

ψ_r——残余吸力；

ψ_k——是土吸力；

$\theta(y)$——土吸力 y 时对应的土体体积含水量。

(4)渗流微分基本方程。达西定律适用多孔介质的流动，而事物的运动和变化等又都会遵守质量守恒定律。经过两者的结合，就可得到非饱和土的二维渗流基本微分方程，其表达式如下：

$$\frac{\partial \theta_w}{\partial t} = \frac{\partial}{\partial x} \left[k_{wx}(\theta_w) \frac{\partial h_w}{\partial x} \right] + \frac{\partial}{\partial y} \left[k_{wy}(\theta_w) \frac{\partial h_w}{\partial y} \right] \tag{10.36}$$

式中：θ_w——体积含水率；

k_{wx}，k_{wy}——x、y 方向的渗透系数；

h_w——总水头。

现实中，求解方程存在一定困难。若假设 $\dfrac{\partial \theta_w}{\partial u_w} = m_w$，该微分方程可简化为关于水流总水头的表达式如下：

$$\frac{\partial}{\partial x} \left(k_{wx} \frac{\partial h_w}{\partial x} \right) + \frac{\partial}{\partial y} \left(k_{wy} \frac{\partial h_w}{\partial y} \right) = \rho_w g m_w \frac{\partial h_w}{\partial t} \tag{10.37}$$

假设渗流方向各向同性，那么 $k_{wx}(\theta_w) = k_{wy}(\theta_w) = k_w(\theta_w)$，上式简化为：

$$\frac{\partial}{\partial x} \left(k_w \frac{\partial h_w}{\partial x} \right) + \frac{\partial}{\partial y} \left(k_w \frac{\partial h_w}{\partial y} \right) = \rho_w g m_w \frac{\partial h_w}{\partial t} \tag{10.38}$$

当土体饱和时，m_w 近似为零。推导可知，饱和-非饱和渗流的控制方程如下：

稳定流：

$$\frac{\partial}{\partial x} \left(k_w \frac{\partial h_w}{\partial x} \right) + \frac{\partial}{\partial y} \left(k_w \frac{\partial h_w}{\partial y} \right) = 0 \tag{10.39}$$

非稳定流：

$$\frac{\partial}{\partial x}\left(k_{w}\frac{\partial h_{w}}{\partial x}\right)+\frac{\partial}{\partial y}\left(k_{w}\frac{\partial h_{w}}{\partial y}\right)=\rho_{w}gm_{w}\frac{\partial h_{w}}{\partial t} \tag{10.40}$$

10.4.1.2　非饱和土抗剪强度理论

饱和土中含水率为定值，此时土体含水率已经达到最大，而非饱和土中，含水率为变值。比较饱和土和非饱和土时，其强度、基质吸力等都存在着较大的差异。随着降雨的进行，雨水不断渗入到土体中，土体开始持有水分，由干燥变成非饱和，甚至最终达到饱和的状态。在这个过程中，边坡的稳定性也在不断变化着。降雨入渗最直接的表现是抬升地下水位线。同时，抗剪强度会随着基质吸力的减小而降低，从而增加边坡失稳的风险。

在土力学中，有著名的三个理论，其中之一就是 Terzaghi 有效应力原理。1936 年，Terzaghi 在此基础上，结合了摩尔-库仑理论，最终得到了现在已知的经典饱和土抗剪强度公式，其表达式如下：

$$\tau_{f}=c'+(\sigma-u_{w})\tan\varphi' \tag{10.41}$$

式中：τ_{f}——破坏面上的抗剪强度；

　　c'——有效黏聚力；

　$\sigma-u_{w}$——破坏面上的有效应力；

　　φ'——有效内摩擦角。

然而现实工程中土体都不是 100% 的饱和，土体骨架由水和孔隙填充，为非饱和土。20 世纪 60 年代，Bishop 也提出了一种有效应力的公式，该公式也非常有名。其表达式如下：

$$\tau_{f}=c'+[(\sigma-u_{a})+\chi(u_{a}-u_{w})]\tan\varphi' \tag{10.42}$$

式中：c'——有效黏聚力；

　　u_{a}——孔隙气压力；

　$\sigma-u_{a}$——净法向应力；

　$u_{a}-u_{w}$——基质吸力；

　　φ'——内摩擦角；

　　χ——非饱和状态参数，与土的饱和度有关，介于 $0\sim1.0$，当土体的饱和度为 1 时，$\chi=1$，当土体饱和度为 0 时，$\chi=0$。

由于 χ 的影响因素众多，故工程实践中该公式没有得到广泛应用。

1978 年，Fredlund 等提出了双变量非饱和土抗剪强度公式，其表达式如下：

$$\tau_{f}=c'+(\sigma-u_{a})\tan\varphi'+(u_{a}-u_{w})\tan\varphi^{b} \tag{10.43}$$

式中：τ_{f}——非饱和土的抗剪强度；

　　σ——正应力；

c'——有效黏聚力；

u_a——孔隙气压力；

u_w——孔隙水压力；

φ^b——强度随吸力变化的内摩擦角，是饱和状态摩擦角φ'以外的第二摩擦角，$\tan\varphi^b$是抗剪强度随基质吸力$(u_\mathrm{a}-u_\mathrm{w})$增加的速率。

1996年，Vanapalli等利用土水特征曲线将φ^b与土中体积含水量相关联，其表达式如下：

$$\tan\varphi^b = \left(\frac{\theta-\theta_\mathrm{r}}{\theta_\mathrm{s}-\theta_\mathrm{r}}\right)\tan\varphi' \tag{10.44}$$

式中：θ——体积含水量；

θ_r——残余体积含水量；

θ_s——饱和体积含水量。

10.4.1.3 降雨入渗边坡破坏机理

降雨入渗是指雨水前期进入到表层的非饱和土中，进而一步步流动，逐渐下渗到饱和区，其变化过程如图10.36所示。对于降雨入渗造成边坡失稳的两方面原因如下：一方面，降雨入渗会直接导致土体含水率上升，通过减小基质吸力，进而减小边坡的抗剪强度，增大边坡失稳的趋势。另一方面，从岩土体自身出发，降雨会增大土体的重度，进而增大边坡下滑力。

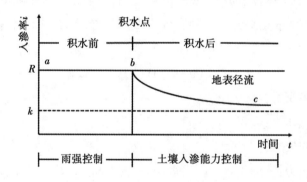

图10.36 降雨入渗过程

10.4.1.4 流固耦合机理

流固耦合是指渗流场和应力场之间相互影响和作用。地下水会在边坡土体内进行渗流运动，孔隙水压力的改变会影响岩土的应力状态，造成岩土的物理力学性质发生改变。反过来，应力场的改变也会影响土体之间的孔隙，进而影响岩土的渗透能力，影响地下水在土体内的渗流。因此，对于路堑边坡地下水渗流问题和降雨入渗问题，需要进行流固耦合分析，这样更能反映边坡稳定性的真实性。

（1）渗流场对应力场的影响。非饱和土中存在大量孔隙，在水头差的影响下，地下水会在岩土体内发生渗流，当渗流发生时，其产生的渗流水压力会改变岩土体内的应力场，同时也会使位移场发生改变。

（2）应力场对渗流场的影响。岩土体在外荷载的作用下会发生固结变形。当边坡应力场发生改变时，会直接影响土体的孔隙与孔隙比，最终改变渗透系数，引起渗流场的变化。

10.4.2　确定参数与边界条件

10.4.2.1　计算参数的选取

该模型采用摩尔-库仑弹塑性本构。对于岩土体的渗透参数，可结合勘察资料以及有限元软件中自带的数据库功能进行定义。素填土采用碎石粉质黏土，在软件内置的 USDA 库中，选择了砂质黏土类型，材料模型为摩尔-库仑，饱和渗透系数 $k_x = k_y = 0.2812\mathrm{m/d}$，初始孔隙比为 0.5，土体特征曲线和渗透函数曲线如图 10.37 所示。模型中的其他岩土体在进行土水特征曲线、渗透系数拟合时，均使用 Van Genuchten 模型。

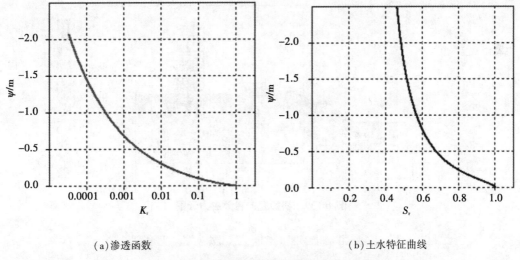

（a）渗透函数　　　　　　　　　　　　　（b）土水特征曲线

图 10.37　素填土的渗透函数和土水特征曲线

10.4.2.2　边界条件

（1）位移边界条件。模型底部为双向固定，左右两侧水平固定，上部为自由边界。

（2）渗流边界条件。模型左右两侧边界设为打开，合理模拟渗流作用，并绘制地下水位线。模型底部设为关闭，顶部设为打开，来模拟与时间相关的降雨流量边界。在该软件中可通过 Precipitation 来模拟降雨，通过输入表示降雨强度的流量函数曲线来达到降雨入渗的模拟。

10.4.2.3　初始状态

在初始应力场的计算中，土体应力场通过进行有效应力计算得到，而孔隙水压力则通过进行稳态渗流得到。通过有效应力原理可知，当外荷载作用时，只有通过土颗粒进行传递的应力才会使得土体发生变形，具有抗剪强度。软件中的笛卡儿有效应力反映的是复杂应力状态下的土骨架的应力。图 10.38 和图 10.39 所示分别是现状边坡的初始水平有效应力云图和竖向有效应力云图。边坡的初始孔隙水压力分布图如图 10.40 所示。

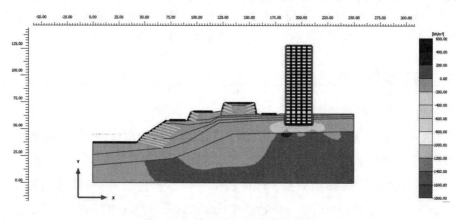

图 10.38　初始水平有效应力云图

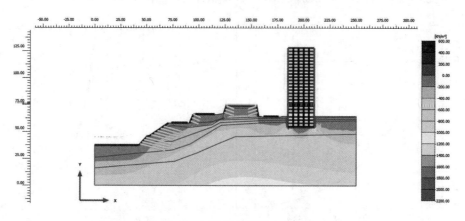

图 10.39　初始竖向有效应力云图

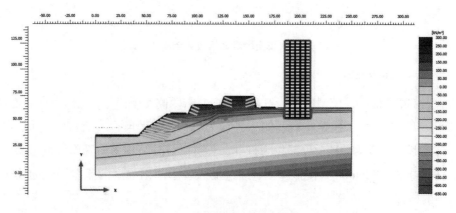

图 10.40　初始孔隙水压力分布图

10.4.3　不同降雨强度下路堑边坡渗流分析

通过查询深圳市气象局资料,深圳属于亚热带海洋性气候,降雨量较大。如图 10.41 所示,一年中,5—9 月的降雨较为集中且降雨量较大,而其他月份的降雨量相对较小,且年累计平均降雨量为 1500~2500mm。由于深圳市属于沿海城市,经常会受到台风的影响,因此发生特大暴雨的概率也较大。通常发生极端暴雨时,降雨历时一般不会持续太久,但降雨强度和降雨总量较大。

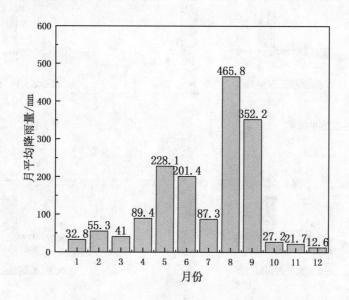

图 10.41　2015—2020 年深圳月平均降雨量

中国气象局针对降水等级进行了划分,结果如表 10.17 所示。其中对于暴雨的定义是:日降雨量不小于 50mm。暴雨又包括 3 个等级,分别为:暴雨、大暴雨、特大暴雨。在进行不同降雨强度对边坡的影响分析时,设置了降雨方案,如表 10.18 所示。

表 10.17　降水等级划分

降雨等级	小雨	中雨	大雨	暴雨	大暴雨	特大暴雨
24h 降雨量/mm	<10	10~25	25~50	50~100	100~250	>250

表 10.18　降雨方案

降雨工况	降雨等级	降雨强度/(mm·d⁻¹)	降雨历时/d	降雨总量/mm
工况一	暴雨	100	2	200
工况二	大暴雨	200	2	400
工况三	特大暴雨	300	2	600

10.4.3.1　不同降雨强度下边坡的孔隙水压力分析

根据上述降雨方案,对边坡进行降雨入渗的渗流分析,为了便于观察,将路堑边坡局部进行了等比例放大，图 10.42 所示为不同降雨强度下边坡的孔隙水压力分布情况。将暴雨、大暴雨、特大暴雨这三种工况下的孔隙水压力云图进行对比可知：降雨入渗会直接影响边坡的表层土体；相同降雨时间，降雨强度越大，边坡的孔隙水压力受影响范围越大，即边坡孔隙水压力受影响范围：特大暴雨>大暴雨>暴雨。同时也表明，随着降雨量的增加，雨水不断进行入渗，孔隙水压力受影响范围逐渐向下和向内部扩大。这充分说明强降雨会大大增加边坡失稳的概率。

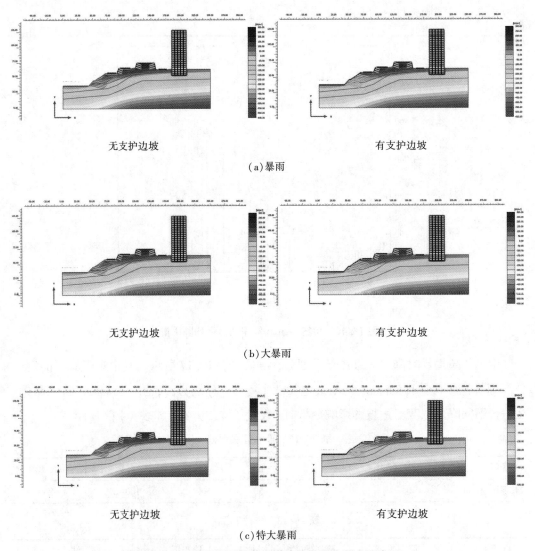

无支护边坡　　　　　　　　　　　　　　有支护边坡

(a)暴雨

无支护边坡　　　　　　　　　　　　　　有支护边坡

(b)大暴雨

无支护边坡　　　　　　　　　　　　　　有支护边坡

(c)特大暴雨

图 10.42　不同降雨强度下边坡的孔隙水压力分布图

10.4.3.2　不同降雨强度下边坡的基质吸力分析

基质吸力是描述非饱和土力学性质的重要参数，对非饱和土边坡的稳定性起着重要作用。边坡体内基质吸力的变化取决于体积含水率的变化，而降雨会影响体积含水率，故在雨水入渗过程中，基质吸力不断减小，最终导致边坡抗剪强度减弱，大大降低边坡稳定性。不同降雨强度下边坡的基质吸力分布如图 10.43 所示。由图 10.43 知，降雨会直接影响边坡表层的基质吸力。相同降雨时长，降雨强度越大，边坡的基质吸力变化也越大，呈现出与暂态饱和区相一致的规律。由于雨水的入渗，边坡表层土体的体积含水量增加，基质吸力逐渐降低，当土体形成暂态饱和区时，基质吸力降低为零。同时，雨水入渗是一个随时间缓慢变化的过程，当短时间强降雨急剧发生时，可能会造成地表径流。

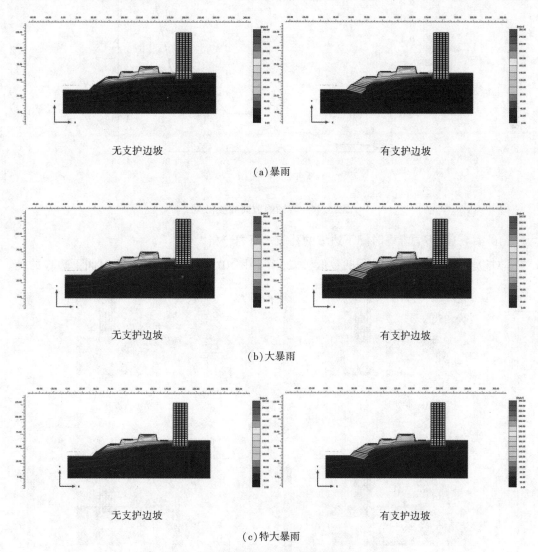

(a)暴雨

(b)大暴雨

(c)特大暴雨

图 10.43　不同降雨强度下边坡的基质吸力分布图

10.4.4　不同降雨时间下路堑边坡稳定性分析

在进行不同降雨时间对边坡的稳定性分析时，为了较真实反映该边坡受降雨影响的变化，以该地区降雨资料为基础，设置本章的降雨函数曲线变化图，如图 10.44 所示，探究降雨入渗规律及对边坡作用机理。由图 10.44 可知，降雨强度从 0 阶梯式增大到

250mm/d，共历时 2.5d。

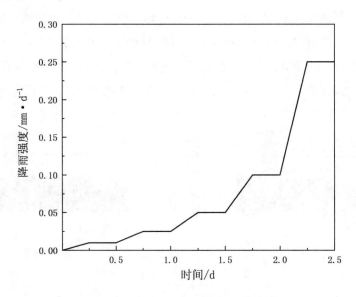

图 10.44　降雨函数曲线变化图

10.4.4.1　不同降雨时间下边坡的孔隙水压力分析

对边坡进行上述降雨过程的数值模拟，得到图 10.45 所示不同降雨时间下边坡的孔

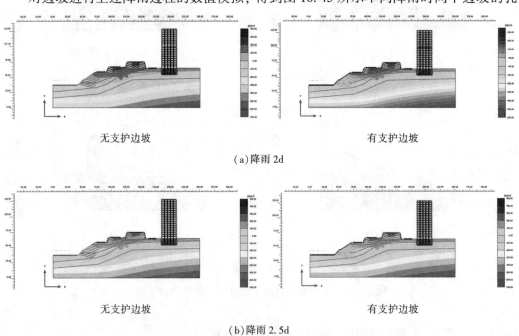

图 10.45　不同降雨时间下边坡的孔隙水压力分布图

隙水压力分布。选取降雨 2、2.5d 的孔隙水压力云图进行对比可知：与未降雨相比，降雨入渗对边坡表层土体的影响最为显著；随着降雨时间的持续，孔隙水不断下移，边坡孔隙水压力受影响范围逐渐向内部扩大。这是由于降雨开始后，在水力梯度作用下，雨

水慢慢从边坡表层开始向下入渗，土体中含水量开始逐渐增加，进一步引起了孔隙水压力的增大，边坡表层土体逐渐达到饱和状态。前期降雨为小雨，孔隙水压力变化不太明显，后期降雨强度逐渐增大，同时降雨量不断累加，所以影响边坡内部孔隙水压力的范围也逐渐增大，变化也越来越显著。

10.4.4.2　不同降雨时间下边坡的饱和度分析

降雨入渗会直接影响边坡土体的含水量，当含水量增大时，边坡土体的饱和度也会随之增大。不同降雨时间下边坡的饱和度分布如图 10.46 所示。由图 10.46 可知，降雨前期的边坡表层土体的饱和度虽有变化，但变化不明显。这是由于降雨前期的降雨强度较小故降雨量也较小，雨水入渗速度较慢，土体的饱和速度较慢。在降雨持续的整个过程中，雨水入渗深度会不断增大，路堑边坡表层土体的饱和度逐渐增大，且饱和范围也会逐渐增大。

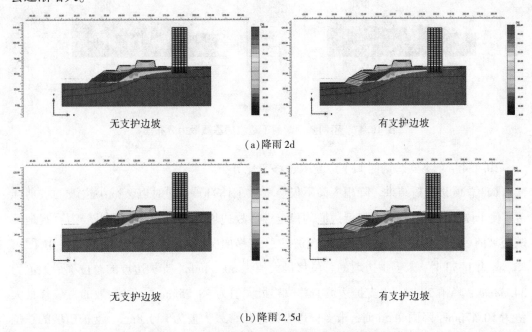

无支护边坡　　　　　　　　　　　　　　　　　有支护边坡

(a) 降雨 2d

无支护边坡　　　　　　　　　　　　　　　　　有支护边坡

(b) 降雨 2.5d

图 10.46　不同降雨时间下边坡的饱和度分布图

10.4.4.3　不同降雨时间下边坡的基质吸力分析

未降雨时，边坡体在地下水位线以下为饱和土，此时基质吸力为零；而地下水位线以上的土体为非饱和土，其基质吸力与边坡高度有关。当边坡高度增加时，基质吸力也约呈线性增加。不同降雨时间下边坡的基质吸力分布如图 10.47 所示。由图 10.47 可知，随着雨水的入渗，边坡表面最先受到影响，逐渐形成暂态饱和区，故基质吸力也随之逐渐减小为零。在降雨持续的过程中，边坡表层饱和区会逐渐扩大，并向边坡内部延伸，但非饱和土有一定的持水能力，因此降雨只对边坡表面及一定深度范围的土体基质吸力有影响。通过分析可知，降雨入渗会使得边坡表层的体积含水率增大，而基质吸力降低，产生暂态饱和区；下层的未饱和区土体也会随着降雨的持续入渗，由非饱和土变为饱和土，基质吸力不断降低。

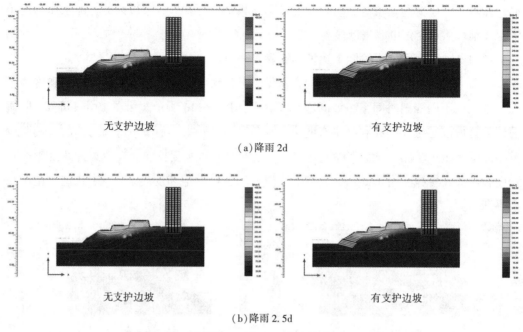

无支护边坡   有支护边坡

(a)降雨 2d

无支护边坡   有支护边坡

(b)降雨 2.5d

图 10.47 不同降雨时间下边坡的基质吸力分布图

10.4.4.4 不同降雨时间下边坡的位移变化分析

(1)总位移分析结果。降雨入渗不仅会增加土体自重，同时也会减小边坡的抗剪强度，使土体发生位移，从而降低边坡的稳定性。故边坡体的位移大小可以较为直观地反映边坡的稳定性。不同降雨时间下边坡的总位移如图 10.48 和图 10.49 所示。由图可知，降雨 1.5d 时，未支护边坡的总位移最大值为 60.04mm，支护边坡的总位移最大值为 34.38mm；降雨 2d 时，未支护边坡的总位移最大值为 98.75mm，支护边坡的总位移最大值为 50.47mm；降雨 2.5d 时，未支护边坡的总位移最大值为 130.8mm，支护边坡的总位移最大值为 83.71mm。这表明随着降雨时间的增加，边坡总位移的最大值也会逐渐增大；相同降雨时间，支护边坡比未支护边坡的总位移最大值小。降雨时间越长，支护措施所体现出来的支护效果更好。从图中也可以看出，路堑边坡在临空面的位移值较大，且在二级边坡的坡顶处位移值最大。

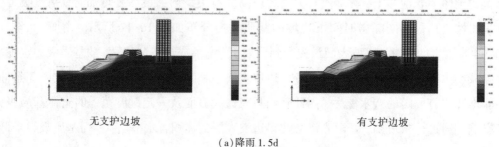

无支护边坡   有支护边坡

(a)降雨 1.5d

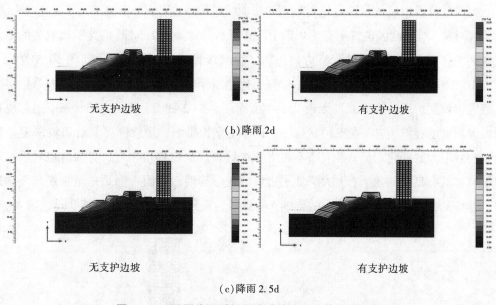

（b）降雨 2d

（c）降雨 2.5d

图 10.48　不同降雨时间下边坡的总位移等值线云图

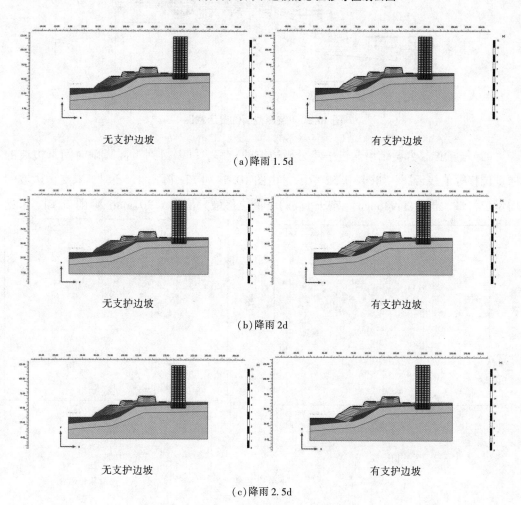

（a）降雨 1.5d

（b）降雨 2d

（c）降雨 2.5d

图 10.49　不同降雨时间下边坡的总位移矢量分布图

为清楚分析边坡体位移变化受降雨的影响，选取边坡上两个监测截面1-1和2-2作为研究对象，监测截面位置示意图如图10.50所示。对降雨2.5d后的路堑边坡的两个监测截面1-1和2-2，沿边坡深度方向进行了位移统计后得到位移图，如图10.51所示。由图10.51可知，监测截面2-2的总位移变化范围相较1-1会更大；支护前的总位移变化范围相较支护后的会更大。无论是1-1截面还是2-2截面，其无支护状态下的总位移最大值均发生在坡顶，而在支护状态下，1-1受支护影响，其总位移值沿边坡深度呈现先减小后增大的变化趋势，最大值不再出现在坡顶。从位移值来看，支护措施对于控制边坡位移具有良好的效果，大大降低了边坡的变形程度。降雨入渗是一个缓慢向下的过程，边坡表层土体最先受到降雨的影响，响应最为剧烈，故边坡表层位移会迅速增大。

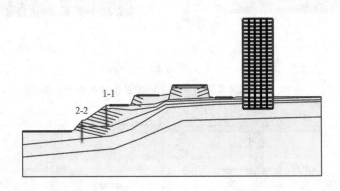

图10.50 监测截面位置示意图

(2)增量位移分析结果。进一步分析边坡的位移，可以得到不同降雨时间下边坡的增量位移等值线云图，如图10.52所示。由图10.52可知，降雨1.5d时，未支护边坡的增量位移最大值为3.948mm，支护边坡的增量位移最大值为1.307mm；降雨2d时，未支

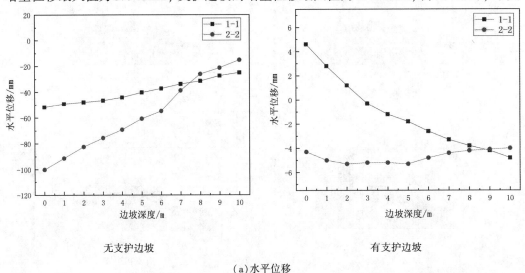

无支护边坡　　　　　　　　　　　有支护边坡

(a)水平位移

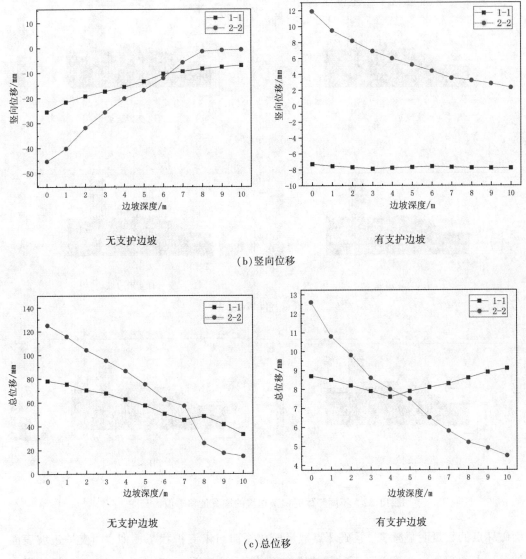

（b）竖向位移

（c）总位移

图 10.51 监测截面位移曲线

护边坡的增量位移最大值为 10.14mm，支护边坡的增量位移最大值为 3.747mm；降雨 2.5d 时，未支护边坡的增量位移最大值为 10.95mm，支护边坡的增量位移最大值为 2.319mm。边坡未支护时，路堑边坡临空面出现明显的滑移面，且增量位移在二级边坡的坡顶处数值较大。当对边坡进行支护后，不再有明显的滑移面，增量位移最大值出现在路堤或匝道，而不是路堑边坡。表明支护措施有效改善了路堑边坡的稳定性。

10.4.4.5 不同降雨时间下边坡的破坏区分布

对边坡进行不同降雨时间下破坏区分布的分析，可以得到不同降雨时间下边坡的破坏区分布图，如图 10.53 所示。随着降雨时间的增加，未支护边坡表面破坏点的数量逐渐增多，且破坏点从坡底向坡顶的方向发展。与未支护状态相比，支护状态下的边坡表

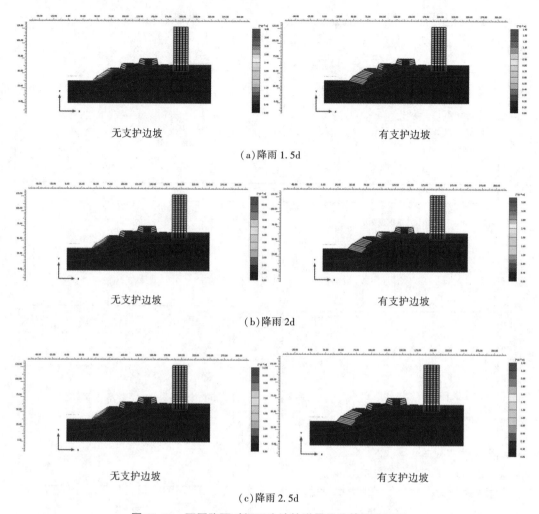

无支护边坡　　　　　　　　　　　有支护边坡

(a)降雨 1.5d

无支护边坡　　　　　　　　　　　有支护边坡

(b)降雨 2d

无支护边坡　　　　　　　　　　　有支护边坡

(c)降雨 2.5d

图 10.52　不同降雨时间下边坡的增量位移等值线云图

面破坏点的数量明显减少，且破坏点数量变化规律与未支护状态相似，即支护边坡表面的破坏点的数量也会随着降雨时间的增加而增多，这表明预应力锚杆(索)框架梁能提高边坡稳定性，而极端暴雨则会大大增加边坡破坏的可能性。故对降雨状态下，尤其是极端暴雨下的边坡应提高关注，及时进行安全监测，预防滑坡事故的发生。

综上所述，进行极端暴雨下路堑边坡的流固耦合分析，目的在于探究降雨时边坡的渗流规律以及降雨对边坡稳定性的影响。通过设置不同降雨方案和降雨函数，选择计算类型为流固耦合，得到边坡的渗流变化和稳定性变化规律等。

①降雨入渗对边坡表面土层的孔隙水压力、基质吸力的影响都很大。降雨入渗导致土体的孔隙水压力上升，使表层土体趋向饱和。同样，降雨入渗后，表层土体基质吸力开始降低，逐步形成暂态饱和区。相同降雨时长，降雨强度越大，边坡表层土体的受影响范围越大，即特大暴雨>大暴雨>暴雨。随着降雨持续时间的增加，边坡表层暂态饱和区逐渐扩大，并向内部延伸，基质吸力会随着距坡顶距离的增加而受影响减弱。

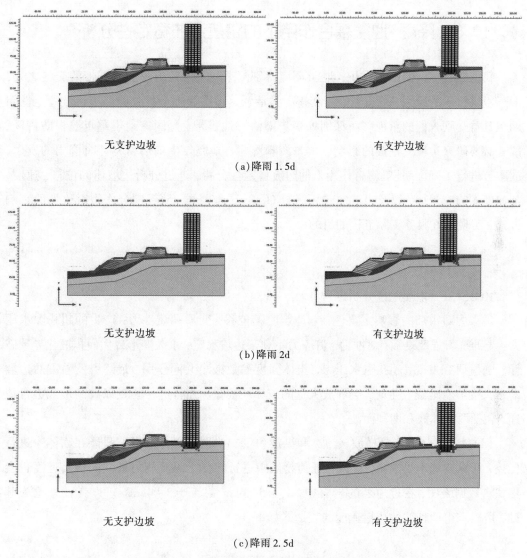

（a）降雨 1.5d

（b）降雨 2d

（c）降雨 2.5d

图 10.53　不同降雨时间下边坡的破坏区分布图

　　②随着降雨入渗时间的增加，边坡总位移的最大值也会逐渐增大；相同降雨时间，支护边坡比未支护边坡的总位移的最大值小。路堑边坡在临空面的位移值较大，且在二级边坡的坡顶处位移值最大。从位移值来看，支护措施对于控制边坡位移具有良好的效果，大大降低了边坡的变形程度。

　　③降雨入渗会严重影响边坡的稳定性。降雨入渗会通过增大边坡体积含水率的方式，降低边坡的基质吸力，导致边坡的抗剪强度降低，发生较大的位移，同时降雨还会增大边坡的自重，加大边坡的下滑力，最终降低边坡的安全系数，使边坡更容易失稳。故在实际设计和施工中，应增加边坡的排水设施等，及时对边坡位移进行安全监测和预警，避免因降雨引发的边坡破坏事故的发生。

◆◇ 10.5 降雨-地震耦合作用下的路堑边坡稳定性分析

我国拥有广阔的国土面积，地质环境特别复杂，同时处于两个地震带的交界之处，由于板块挤压的原因，地震断裂带变得异常活跃。地震影响下的公路路堑边坡稳定性问题也日益受到人们的重视。而深圳处于华南沿海地震带，是国家地震重点监视防御区，故有必要研究边坡受地震的影响。大量资料显示，地震发生前后常常伴有降雨的发生，故本节进行了降雨-地震耦合作用下的边坡稳定性分析，通过分析边坡体的位移、速度、加速度的响应规律，以及边坡的破坏区分布等，了解降雨-地震耦合作用对边坡的影响方式，实现更好服务实际工程的目的。

10.5.1 动力分析理论

10.5.1.1 地震响应分析原理

地震力对滑坡的影响主要包括：地震时的位移、变形和惯性力；产生的超孔隙水压力；土的抗剪强度衰减；惯性力、剪应力不利于边坡稳定；永久变形或大面积液化导致破坏。通过研究发现，超孔隙水压力、土体强度参数减小共同作用，最终引发地震后边坡的永久变形。地震发生时，会释放大量的破坏性能量，并将这种能量以波的形式进行传递，包括两种体波和两种面波。

（1）体波。体波包括横波（S 波）和纵波（P 波）两种。其中，横波只能在固体中进行传播，而纵波却不受限制，可以在任何物质中进行传播。纵波相对横波的传播速度也会更快。数据表明，在近地表的岩石中，$V_p = 5 \sim 6km/s$，$V_s = 3 \sim 4km/s$。以弹性理论为基础，可以求得两种波的传播速度的表达式如下：

$$V_p = \sqrt{\frac{E(1-\nu)}{\rho(1+\nu)(1-2\nu)}} \tag{10.45}$$

$$V_s = \sqrt{\frac{E}{2\rho(1+\nu)}} = \sqrt{\frac{G}{\rho}} \tag{10.46}$$

式中：V_p——纵波传播速度；

$\quad\quad V_s$——横波传递速度；

$\quad\quad E$——介质的弹性模量；

$\quad\quad \nu$——泊松比；

$\quad\quad \rho$——密度；

$\quad\quad G$——剪切模量。

（2）面波。面波包括瑞利波（R 波）和勒夫波（Q 波）两种。面波是一种次生波，通常在地球表面或者是地球内的边界进行传播。面波比体波的传递速度慢，瑞利波波速约为横波的 0.9 倍，勒夫波波速在上下两层介质横波之间。

（3）震级与烈度。地区震级与烈度见《建筑抗震设计规范》（GB 50011—2016）。

（4）地震动力模型。地震动力模型中最简单的模型是线弹性模型，因为应力与应变成比例，应力-应变关系式如下所示。计算时泊松比 v 最大值不应大于 0.49。

$$\begin{Bmatrix} \sigma_x \\ \sigma_y \\ \sigma_z \\ \tau_{xy} \end{Bmatrix} = \frac{E}{(1+\nu)(1-2\nu)} \begin{bmatrix} 1-\nu & \nu & \nu & 0 \\ \nu & 1-\nu & \nu & 0 \\ \nu & \nu & 1-\nu & 0 \\ 0 & 0 & 0 & \dfrac{1-2\nu}{2} \end{bmatrix} \begin{Bmatrix} \varepsilon_x \\ \varepsilon_y \\ \varepsilon_z \\ \gamma_{xy} \end{Bmatrix} \tag{10.47}$$

地震动力模型中的等效线性模型在建立时，要首先确定好两个量，即等效线性剪切模量 G 和所对应的阻尼比。在进行动力荷载计算时，其最大位移标准值的计算公式如下：

$$A_{max}^i = \max \left\{ \sqrt{\sum_{n=1}^{n_p} (\alpha_n^i)^2 / n_p} \right\} \tag{10.48}$$

式中：α_n^i——结点 n 对 i 步迭代的动态结点位移。

当指定的容许值不小于最大位移标准值，或者迭代步骤已达最大，则认为计算可以停止。位移收敛准则如下：

$$\delta A_{max} = \frac{|A_{max}^{i+1} - A_{max}^i|}{A_{max}^i} < [A_{max}] \tag{10.49}$$

（5）有限元地震荷载产生的应力。地震荷载的表达式为：

$$\{F_g\} = [M]\{\ddot{a}_g\} \tag{10.50}$$

式中：$[M]$——质量矩阵；

$\{\ddot{a}_g\}$——应用结点的加速度。

（6）时程分析。当地震发生时，利用时程分析法可以计算求得边坡在不同时间下的位移、速度、加速度等动力反应，其动力平衡方程如下：

$$[M]\{\ddot{a}_g\} + [D]\{\dot{a}\} + [K]\{a\} = p(t) \tag{10.51}$$

式中：　　　$[M]$——质量矩阵；

$[D]$——阻尼矩阵；

$[K]$——刚度矩阵；

$p(t)$——动力荷载；

$\{\ddot{a}_g\}$，$\{\dot{a}\}$，$\{a\}$——相对加速度、速度和位移。

10.5.1.2　地震作用边坡失稳机理

地震直接关乎边坡是否稳定，其主要通过改变岩土体内的应力场来影响边坡稳定性。在影响方式上，总体分为两个方面：累积效应、触发效应。

（1）累积效应。累积效应就是边坡在地震力的反复作用下，最终发生失稳破坏。当地震发生时，孔隙水压力会随之增大，并在地震作用的整个过程中，不断地累积，导致边坡发生结构松动、错位，边坡塑性变形增大，引发边坡失稳。地震波产生惯性力 $F = ma$ 和附加应力，附加应力的表达式如下：

$$S = qW \tag{10.52}$$

式中：q——地震系数；

W——边坡变形体的重量。

（2）触发效应。触发效应就是边坡本身处于稳定状态，在地震作用下，突然发生了破坏，或者是含有软弱夹层的边坡，在地震发生时，出现了软化液化的现象。地震动力比较大时，在孔隙水压力和地震惯性力的双重作用下，使得边坡发生张拉变形或剪切变形，最终产生裂缝，极大地降低了边坡的抗剪强度，最终导致边坡失稳破坏。

10.5.2　有限元数值模拟动力分析

10.5.2.1　地震动分析方法

目前有关地震动的分析方法主要有下列 3 种：随机震动法、时程分析法和反应谱法。其中，时程分析法可以同时应用到线性分析和非线性分析中，因此在实践中经常被用到。随机震动法输入地震动随机模型；时程分析法输入加速度时程曲线；反应谱法输入地震动参数。时程分析法会把实际地震中记录到的地震波加以处理输入到模型中进行分析。

10.5.2.2　地震波的选取

在该有限元软件中，实现地震作用的方式是：指定动力乘子（位移乘子和荷载乘子），选择表格信号中的加速度类型，输入加速度时程曲线数据。频谱分析可以将信号进行转换，由随时间变化的信号转换为随频率变化。地震记录资料里的地震波都是随时间变化的函数，经过频谱分析后，得到地震能量与频率相关联的函数，通常通过傅立叶变化得到频谱图。本书模拟地震的方式是：输入一个指定位移加动力乘子。在软件中输入加速度时程曲线作为地震动时程曲线，将处理后的地震加速度时程输入到边坡模型的底部边界。自然界中的纵波属于压缩波，横波属于剪切波，边坡在受到剪切作用时会发生较大的破坏，故为简化计算，只考虑横波即水平地震的作用。地震波谱选用美国 UP-LAND 地震中的真实地震加速度数据进行分析，波谱中的最大加速度为 1.8807m/s^2，出现在地震第 2.63s，地震持续作用时间 23.5s。该地震波的加速度时程曲线如图 10.54 所示，傅立叶反应谱如图 10.55 所示。

10.5.2.3　边界条件和阻尼

前文已经完成了静力特性分析，并以此为基础进行动力分析。动力分析需在静力分析达到平衡后添加相应的动力边界。动力分析中为避免出现地震波反射回模型内的问题，而无法向外传播，通常采用自由场边界和吸收边界。其中，吸收边界会吸收边界上

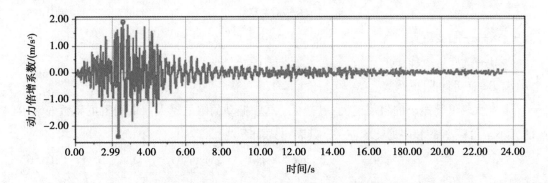

图 10.54　地震波加速度时程曲线

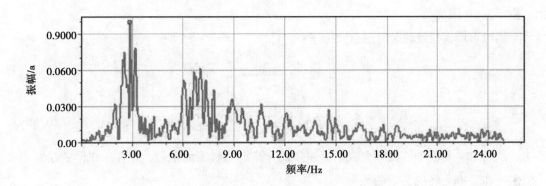

图 10.55　地震波傅立叶反应谱

的应力增量，从而消除模型边界所造成的波动反射影响。吸收边界中的阻尼器可以保证吸收应力增加。在 x 方向上被阻尼器吸收的垂直和剪切应力分量为：

$$\sigma_n = -C_1 \rho\, v_p\, \dot{u}_x \tag{10.53}$$

$$\tau = -C_2 \rho\, v_s\, \dot{u}_y \tag{10.54}$$

式中：ρ——材料密度；

　　　v_p——压缩波速；

　　　v_s——剪切波速；

　　　C_1——标准松弛因子；

　　　C_2——切线松弛因子。

　　该地震分析模型中，边坡模型左右两侧边界设置为吸收边界，模型顶部为自由场边界，模型底部边界输入地震加速度时程曲线。取 $C_1 = 1$，$C_2 = 1$，可使波在边界上得到合理吸收。

　　由于模型在地震作用下，会产生塑性应变，导致材料阻尼的产生。为真实反映材料的实际阻尼性质，除材料阻尼外，还需要一个附加的阻尼。该软件提供了瑞利阻尼，用来模拟材料中贴近真实情况的那部分黏滞阻尼。瑞利阻尼由 α 和 β 定义，其阻尼矩阵 C 由质量矩阵 M 和刚度矩阵 K 组成，表达式如下：

$$C = \alpha M + \beta K \qquad (10.55)$$

式中：K——刚度矩阵；

$\quad\quad M$——质量矩阵；

$\quad\quad \alpha, \beta$——瑞利阻尼系数。

α 越大，低频振动的阻尼越大；β 越大，高频振动的阻尼越大。瑞利阻尼系数 α 和 β 的大小与角频率 ω 和阻尼比 ξ 有关，其表达式如下：

$$2\omega\xi = \alpha + \beta\omega^2 \qquad (10.56)$$

式中：ω——角频率，$\omega = 2\pi f$；

$\quad\quad f$——频率；

$\quad\quad \xi$——阻尼比。

通过求解，可得瑞利阻尼系数如下：

$$\alpha = 2\frac{\omega_1\xi_2 - \omega_2\xi_1}{\omega_1^2 - \omega_2^2}\omega_1\omega_2 \qquad (10.57)$$

$$\beta = 2\frac{\omega_1\xi_1 - \omega_2\xi_2}{\omega_1^2 - \omega_2^2} \qquad (10.58)$$

当 ω 和 ξ 给定时，软件会根据上述公式计算出瑞利阻尼系数，并且在软件中绘制出阻尼比和频率之间的关系图。

10.5.3 降雨-地震耦合作用数值模拟分析

边坡的加速度、速度、位移等受地震影响后，均会发生各自的响应。其中，边坡动力特性最基础和重要的研究是对边坡的加速度响应规律的研究。图 10.56 所示是添加动力边界条件的计算模型。

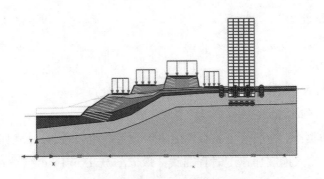

图 10.56 添加动力边界条件的计算模型

10.5.3.1 降雨-地震耦合作用下边坡的变形网格分析

对边坡进行降雨渗流分析后，在此基础上，在模型底部给定地震波，对边坡进行了降雨-地震耦合作用下的数值模拟分析。通过降雨-地震耦合作用分析，可以得到边坡的变形网格。图 10.57 所示是边坡在降雨–地震耦合作用下，2，4，6，8s 的变形网格。由图 10.57 可知，边坡在降雨 2d 后发生地震，随着地震动力时间的持续，路堑边坡均发生了一定变形网格滑移，且随着地震时间的持续，网格变形逐渐增大。

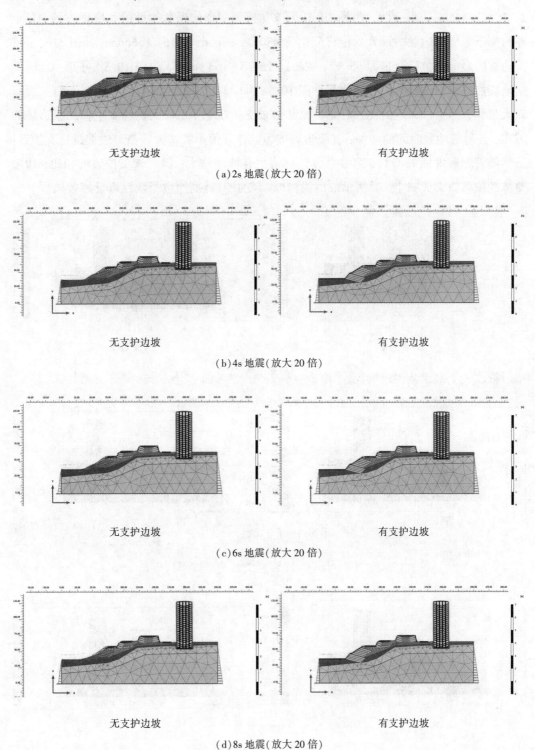

(a) 2s 地震(放大 20 倍)

(b) 4s 地震(放大 20 倍)

(c) 6s 地震(放大 20 倍)

(d) 8s 地震(放大 20 倍)

图 10.57　变形网格图

10.5.3.2 降雨－地震耦合作用下边坡的位移分析

对边坡进行降雨渗流分析后，在此基础上，在模型底部给定地震波，对边坡进行了降雨－地震耦合作用下的数值模拟分析。图 10.58 所示是边坡在降雨－地震耦合作用下，2，4，6，8s 的总位移云图。由图 10.58 可知，模型变形向路堑边坡的临空面发展，且上述时间下未支护边坡的最大总位移分别为 430.1，836.6，1216，1566mm；上述时间下支护边坡的最大总位移分别为 65.92，126.1，159.3，156.4mm。由图 10.58 可知，0.5～5s 是地震加速度峰值较大的时间段。从图 10.58 可以看出，地震波对路堑边坡的临空面有较大位移，产生了一定的位移变形，尤其是未支护状态下，较大位移发生在二级边坡的坡顶，且随着地震时间的增加，二级边坡坡顶的位移值不断增大。当对边坡进行支护后，虽然随着地震时间的增加，边坡总体位移值也会波动增大，但与未支护边坡相比，边坡整体的位移值大大减小，说明预应力锚杆(索)支护对提高边坡稳定性有良好效果。

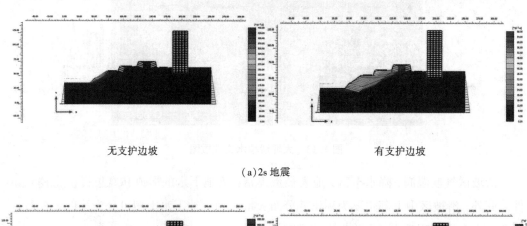

无支护边坡   有支护边坡

(a)2s 地震

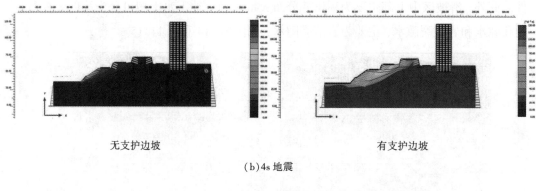

无支护边坡   有支护边坡

(b)4s 地震

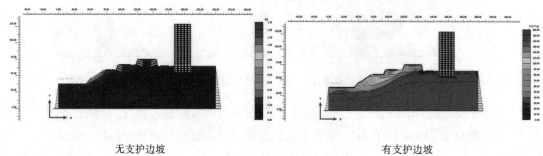

无支护边坡   有支护边坡

(c)6s 地震

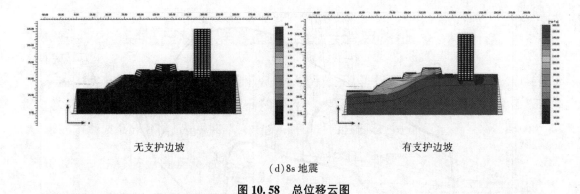

无支护边坡　　　　　　　　　　　　有支护边坡

(d)8s 地震

图 10.58　总位移云图

为方便后期对路堑边坡的位移变化等情况的分析,在模型上选取监测点如图 10.59 所示,点 A~F 共 6 个监测点,其分布位置是每级边坡的坡顶和坡脚,以及上述两者之间的中点。

边坡的稳定性与变形紧密相连,边坡的位移在边坡逐渐失稳的过程中会不断累积,直至边坡滑动,产生位移突变。在地震作用下,边坡上所选监测点的位移-时间曲线如图 10.60 所示。由图 10.60(a)可知,边坡坡面各监测点的位移变化趋势相似,无论边坡是否支护,其总位移值均会随着地震动力时间的增加,总体呈波动上升趋

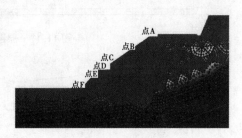

图 10.59　边坡监测点分布图

势,说明地震作用下,路堑边坡发生了明显的塑性位移即永久变形。当路堑边坡未进行支护时,其总位移值随着地震时间的增加,增幅逐渐增大,即边坡受地震作用变形越来越明显,且位移值不断上升,边坡发生失稳破坏;而对路堑边坡进行支护后,其总位移值随着地震时间的增加,增幅变化较小,即边坡受地震作用变形较稳定,且地震 6~8s 时间段内边坡位移值基本维持在某定值附近,说明在进行支护后,边坡在地震作用下处于稳定状态,进一步也说明了预应力锚杆(索)框架梁对边坡的加固作用明显。同时可以看出,在所选择的 6 个监测点中,无论是否对边坡进行支护,监测点 D 的位移值都位于其他监测点之上,即监测点 D(二级边坡的坡顶处)所发生的位移变形最大,这与图 10.58 所观察到的结果相一致。由图 10.60(c)可知,当路堑边坡未支护时,坡面监测点 F(坡脚处)的竖向位移方向与其他监测点的竖向位移方向相反,坡面监测点 A~E 的竖向位移均沿着向下方向逐渐增大,而点 F 坡脚处的竖向位移沿着向上方向逐渐增大,表明边坡在地震作用下坡脚处发生剪切变形。而对路堑边坡进行支护后,监测点 A~E 的竖向位移方向一致,均沿着向下方向逐渐增大或波动维持在某定值附近,更进一步表明预应力锚杆(索)框架梁可以很好控制边坡的变形。

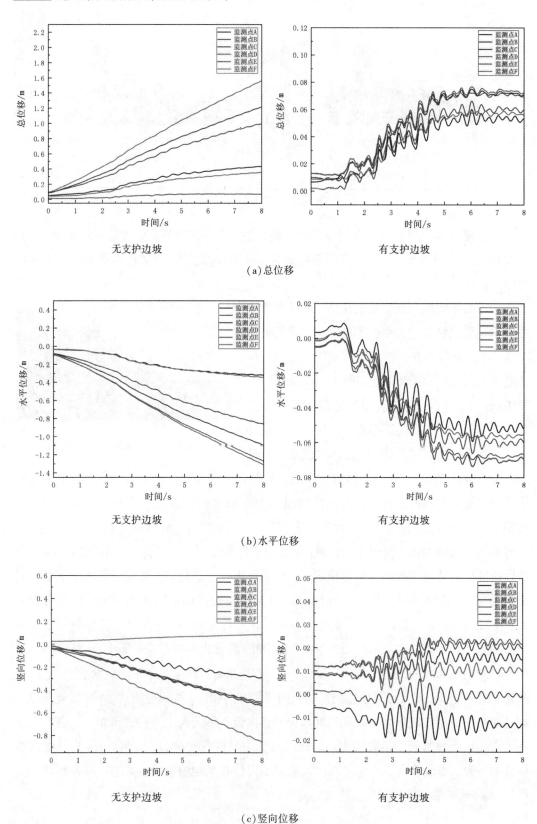

（a）总位移

（b）水平位移

（c）竖向位移

图 10.60　边坡监测点位移-时间曲线图

10.5.3.3　降雨-地震耦合作用下边坡的速度分析

对边坡进行降雨渗流分析后,在此基础上,在模型底部给定地震波,对边坡进行了降雨-地震耦合作用下的数值模拟分析。图 10.61 是边坡在降雨-地震耦合作用下,2,4,6,8s 的总速度矢量图。上述时间下未支护边坡的最大总速度分别为 0.1859,0.2480,0.2448,0.2047m/s;上述时间下支护边坡的最大总速度分别为 0.1163,0.2350,0.1164,0.0446m/s。从图 10.61 还可以看出,未支护边坡的临空面和路堤上部等处的速度值较大,而支护后的边坡,在预应力锚杆(索)框架梁的作用下,路堑边坡临空面的速度值较小,表明支护措施起到了良好的加固作用。

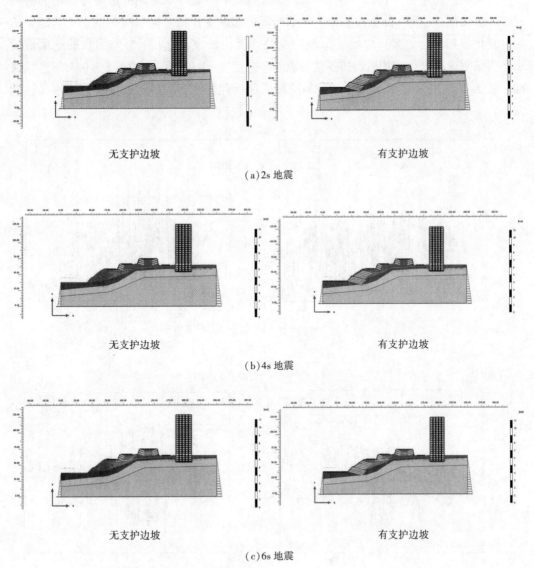

无支护边坡　　　　　　　　　　　有支护边坡

(a)2s 地震

无支护边坡　　　　　　　　　　　有支护边坡

(b)4s 地震

无支护边坡　　　　　　　　　　　有支护边坡

(c)6s 地震

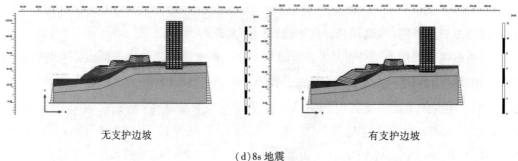

（d）8s 地震

图 10.61　总速度矢量图

各监测点的速度-时间曲线如图 10.62 所示。不同监测点的速度值随地震动力时间的波动变化规律相似；路堑边坡未支护状态下的速度变化值与同一时刻的支护状态下的速度变化值相比会更大。边坡上部监测点的速度值较大，边坡下部监测点的速度值较小。当路堑边坡进行支护后，其各监测点的竖向速度-时间曲线会沿着 $v_y = 0$ 上下连续波动。前 2s 的速度变化增幅不大，2~7s 速度变化增幅较大，7s 后的速度变化增幅又逐渐减小。

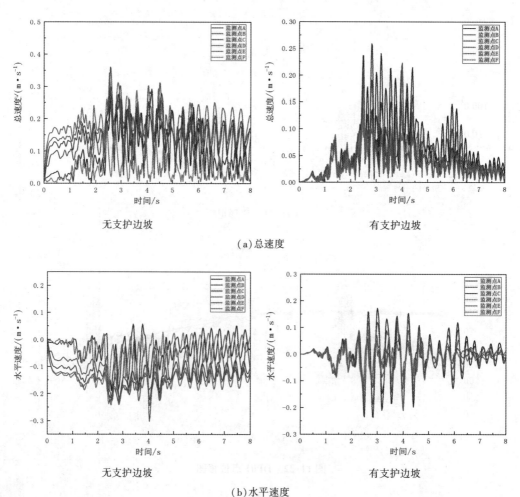

（a）总速度

（b）水平速度

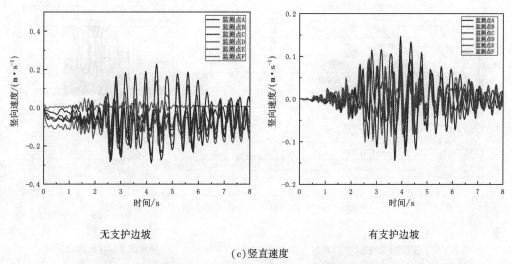

无支护边坡　　　　　　　　　　　　有支护边坡

(c)竖直速度

图 10.62　坡面监测点速度-时间曲线图

10.5.3.4　降雨-地震耦合作用下边坡的加速度分析

对边坡进行降雨渗流分析后，在此基础上，在模型底部给定地震波，对边坡进行了降雨-地震耦合作用下的数值模拟分析。图 10.63 是边坡在降雨-地震耦合作用下，2，4，6，8s 的总加速度云图。由图 10.63 可知，上述时间下未支护边坡的最大总加速度分别为 3.198，6.820，2.823，2.895m/s²；上述时间下支护边坡的最大总加速度分别为 3.530，4.241，2.596，0.9839m/s²。

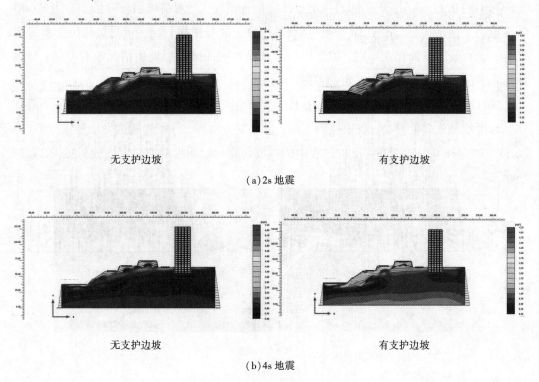

无支护边坡　　　　　　　　　　　　有支护边坡

(a)2s 地震

无支护边坡　　　　　　　　　　　　有支护边坡

(b)4s 地震

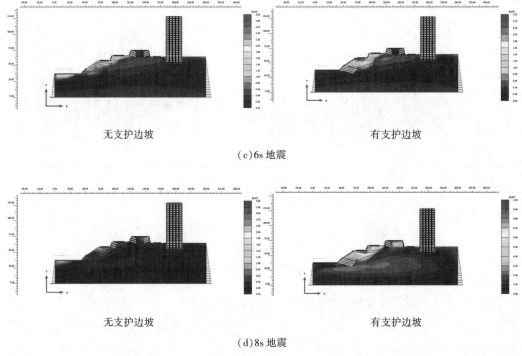

（c）6s 地震

（d）8s 地震

图 10.63　总加速度云图

各监测点的加速度-时间曲线如图 10.64 所示。支护边坡的监测点 F 即坡脚处的水平加速度最小，监测点 A 即坡顶的水平加速度最大，呈现出边坡对地震的放大作用。由图 10.64（c）可知，整体上各监测点的竖向加速度时程曲线沿着 $a_y = 0$ 上下连续波动。在 1.5s 以前，加速度变化幅度不大；在 1.5s 以后，加速度变化幅度相对剧烈。

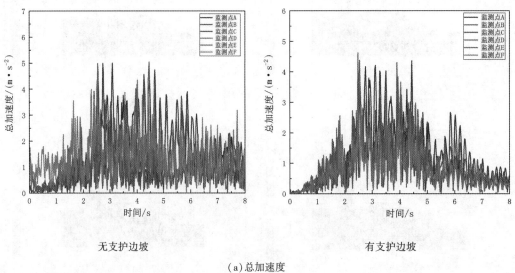

（a）总加速度

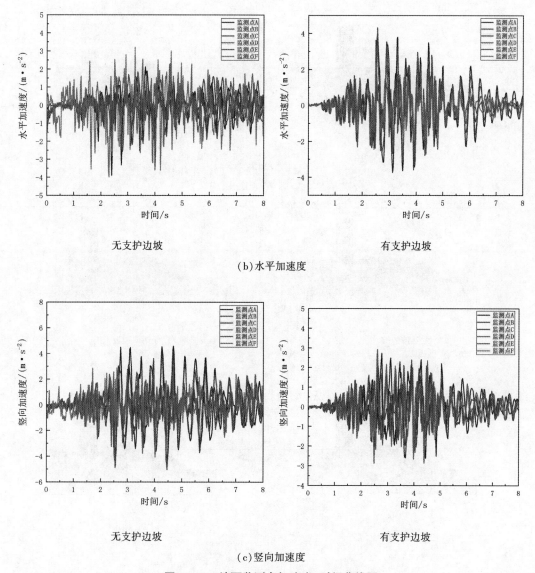

无支护边坡　　　　　　　　　　　　有支护边坡

（b）水平加速度

无支护边坡　　　　　　　　　　　　有支护边坡

（c）竖向加速度

图 10.64　坡面监测点加速度-时间曲线图

10.5.3.5　降雨-地震耦合作用下边坡的破坏区分布

对边坡进行降雨渗流分析后，在此基础上，在模型底部给定地震波，对边坡进行了降雨-地震耦合作用下的数值模拟分析。图 10.65 所示是边坡在降雨-地震耦合作用下，2，4，6，8s 的破坏区分布图。未支护边坡的破坏点主要集中在边坡的表面，破坏点大致从坡底向坡顶发展，且随着地震时间的持续，未支护状态下边坡的破坏点数量呈增加趋势。对边坡进行支护后，边坡表层的破坏点数量大大减少，表明预应力锚杆（索）框架梁对该边坡呈现出良好的支护效果，能够大大提高边坡的稳定性。

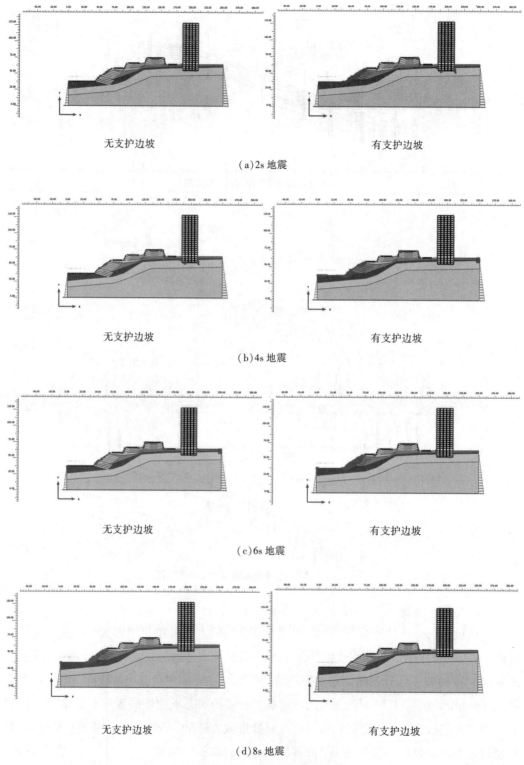

无支护边坡　　　　　　　　　有支护边坡

(a)2s 地震

无支护边坡　　　　　　　　　有支护边坡

(b)4s 地震

无支护边坡　　　　　　　　　有支护边坡

(c)6s 地震

无支护边坡　　　　　　　　　有支护边坡

(d)8s 地震

图 10.65　破坏区分布图

10.5.4 路堑边坡加固措施

为提高路堑边坡的稳定性,增强边坡在不利工况下的抗风险能力,防止滑坡灾害的发生所带来的巨大危害和经济损失,对边坡可能发生的破坏进行提前预防已经是一项非常重要的工作。随着我国工程建设的发展,边坡加固措施也在不断发展和进步中,边坡加固的要求也在逐渐提高。我国在边坡综合治理技术方面,应用最多的方法是使用锚杆(索)以及抗滑桩等。针对本章的边坡,提出以下几种常用的加固措施。首先是本章中路堑边坡所使用的加固方法,即预应力锚杆(索)框架梁加固,此外,还有常用的抗滑桩加固、土钉支护等。

(1)预应力锚杆(索)框架梁加固。预应力锚杆(索)框架梁加固边坡的原理是:通过具有一定强度的水泥砂浆将锚杆(索)与周边深部岩体连成一个整体,这样可以将滑坡推力通过锚杆(索)框架结构传递到边坡深部的稳定岩层中,大大提高了边坡的稳定性。

(2)混凝土抗滑桩加固。混凝土抗滑桩是通过支挡的形式对边坡进行加固,其原理是:使抗滑桩穿过滑坡体进入稳定岩土层,承受不稳定的滑动力,从而对边坡进行加固,提高其稳定性。

(3)土钉支护。土钉支护的原理是:利用土钉与土体之间的界面摩擦力,承受土体变形时的拉力,从而起到加固边坡的作用。从施工工艺来看,操作简单、施工方便,故也被广泛应用到边坡施工中。

综上所述,以深圳盐田区某路堑边坡为研究对象,在现场勘察的基础上,通过稳定性评价以及数值模拟相结合的方法对该路堑边坡进行了稳定性分析,考虑开挖支护、降雨和地震等边坡稳定性重要影响因素,主要得出以下结论:

① 为定量评价路堑边坡稳定性,采用模糊综合评价法,构建了边坡稳定性的指标体系。根据前人研究成果以及边坡实际情况,选取边坡地形地貌、岩土体特征、人为因素、降雨、地震 5 个一级影响指标,并在此基础上划分了 15 个二级影响指标。采用层次分析法,确定了各影响指标的权重,通过 1~9 标度法判断因素之间重要程度。通过确定模糊关系矩阵和权重向量,并进行两者间的复合运算,最终得到路堑边坡的稳定性等级为 Ⅱ 级,属于稳定状态,与实际情况相符合。在对各一级指标进行评价向量的计算时,降雨和地震的评价结果分别为"不稳定"和"欠稳定",说明降雨和地震两因素对边坡稳定性有重要不利影响,故应对边坡合理采取排水、护坡等措施,降低发生滑坡的风险。

② 根据深圳盐田区某路堑边坡的工程背景、地层岩性、水文条件、地质构造等情况,通过有限元软件对边坡分步开挖与支护的施工过程进行了模拟,得到路堑边坡在进行一级和二级边坡开挖时,坡脚处的位移变化值与其他位置相比最大。随着边坡开挖深度的增加,坡体位移变化也逐渐增加。同时,开挖后边坡的位移由坡脚向坡顶逐渐发展。经过支护后的边坡,位移值与直接开挖相比均有减小的趋势;支护后的边坡坡脚处变形量减小且变形范围也有所减小,不再向坡顶方向发展;边坡表层不再形成贯通的滑移面。

支护后的路堑边坡安全系数提高为 1.498，与支护前相比提高了 17.5%左右，边坡稳定性显著提高。

③ 在对边坡进行极端暴雨入渗分析时，通过设置不同降雨方案和降雨函数曲线，得到边坡的渗流变化和稳定性变化规律等。由计算结果可知，降雨入渗对边坡表层土体的孔隙水压力、基质吸力影响较大。降雨入渗增大孔隙水压力，使土体逐渐趋于饱和。同时，也使边坡表层的基质吸力降低，并逐渐趋于零值，形成暂态饱和区。在整个降雨过程中，暂态饱和区逐渐向内部扩大，并不断向下延伸，基质吸力会随着距坡顶距离的增加而受影响减弱。相同降雨时长，降雨强度越大，边坡表层土体的受影响范围越大，即特大暴雨>大暴雨>暴雨。边坡总位移的最大值会随着边坡降雨时间的增加而逐渐增大；相同降雨时间，支护边坡比未支护边坡的总位移的最大值小。路堑边坡在临空面的位移值较大，且在二级边坡的坡顶处位移值最大。从位移值来看，支护措施对于控制边坡位移具有良好的效果，大大降低了边坡的变形程度。对于长时间降雨或极端暴雨下的边坡稳定性要特别关注。

④ 在进行降雨-地震耦合作用下的路堑边坡稳定性分析时，在降雨渗流的基础上，通过添加地震动力边界条件和地震加速度时程曲线等，得到了边坡的变形网格、位移云图、速度矢量图、加速度云图、破坏区分布等，并通过选取边坡坡面上的监测点，得到各监测点的位移、速度、加速度的响应规律。由计算结果可知，当路堑边坡未支护时，坡面各监测点的位移值随地震时间的增加而不断增大，边坡发生失稳破坏；当路堑边坡支护后，坡面各监测点的位移值随着地震时间的增加而波动增加，后期逐渐维持在某定值附近，边坡处于稳定状态。这表明预应力锚杆(索)可以很好地控制边坡的变形。支护状态下的边坡，其坡顶的速度和加速度均大于坡脚，坡顶呈现出对地震的放大作用。与单一降雨工况相比，降雨-地震耦合作用会增大路堑边坡临空面产生的位移。故对降雨-地震耦合作用下的边坡要极为关注，尽可能避免滑坡灾害的发生。

第11章　穿越古滑坡道路施工与地震动力响应分析

中国幅员辽阔，气候多变，地质灾害类型多样。其中滑坡、泥石流等占据比例很大，特别是大型、特大型滑坡灾害对人民群众日常生活和经济建设发展带来十分严重的影响。西南地区是滑坡频发地区，每年雨季都有不同程度的滑坡灾害发生。滑坡灾害经常导致交通中断，影响线路的正常运营，严重的甚至会危及人民生命安全，对国民经济和人民生命财产造成巨大损失，给各项建设事业带来极大的影响。近年来，随着我国经济的快速发展，一批大型项目相继开工建设。西南地区地质结构复杂，地震烈度高，天然岸坡稳定性较差。随着各类工程建筑物布置需求的增多不可避免地在实施开挖中形成大量边坡工程，这些边坡工程的规模越来越大，对于 200~300m 级的高坝工程，一般人工开挖边坡将达到 300~500m，开挖边坡上部还可能存在数百米至千余米自然边坡，高边坡工程稳定问题十分突出。典型滑坡群见图 11.1 至图 11.6。

图 11.1　滑坡群地形地貌图

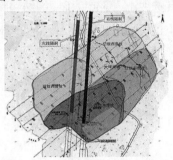

图 11.2　隧道施工典型滑坡群诱发过程地形地貌图

图 11.3　隧道轴向与典型滑坡群诱发过程遥感图

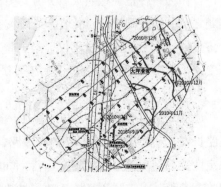

图 11.4　隧道轴向与典型滑坡群后缘拉裂缝分布和初期治理图

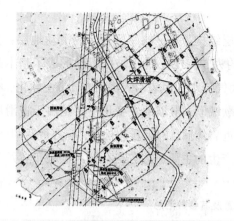

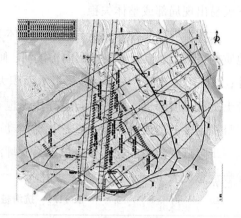

图 11.5　隧道轴向与典型滑坡群初期　　　　图 11.6　隧道轴向与典型滑坡
　　　治理和隧道施工开裂分布图　　　　　　　群后期治理分布图

重庆奉节至巫溪高速公路 E1 合同段位于长江北岸，三峡库区上游。管段内滑坡体分为前后两级三个板块，整个滑坡长约 480m，宽约 365m，合计 175200m²。孙家崖特长隧道（3255m）在滑坡体中部穿过，滑坡影响隧道 406.6m。复杂的地质情况严重影响着隧道施工安全，总结研究隧道穿越古滑坡群工法对施工、设计均有重要指导意义。在传统的设计选线上，隧道、桥梁等结构物大部分采用绕避方案，但是随着公路、铁路等基础交通设施建设的快速发展，受到地形地理条件限制，隧道结构物不可避免要穿越滑坡体等特殊地层，如何安全穿越滑坡体，是目前所面临的新课题。鉴于上述隧道施工与典型滑坡群复活、滑坡防治之间的关系，首先需要正确认识滑坡的性质，这是滑坡治理的基础。

◆◇ 11.1　研究目的及意义与依托工程

11.1.1　研究目的

滑坡作为一种重大地质灾害，因其多样性和复杂性而成为世界上最重要的地质和工程问题之一。据我国统计，滑坡等地质灾害每年发生一万多次，各类地质灾害造成的直接经济损失达数十亿元。这不仅会给工程带来巨大的隐患，还会影响附近居民的生命和财产安全。为确保工程安全建设，必须认真对待滑坡这个古老而又年轻的地质灾害问题。

在地形复杂的西南地区，隧道往往是最佳的选线方案。隧道可以克服高度障碍，缩短线路长度，降低坡度和曲率，提高线路的技术水平。隧道是高速公路中一个重要节点，其稳定性关系到高速公路的安全运营，同时，隧道造价较高，从隧道施工开始，稳定性便贯穿整个工程。由于隧道开挖活动，古滑坡被激活，激活后的古滑坡出现了滑坡等地质灾害，对隧道的稳定性影响很大，这些灾害几乎都发生在隧道施工过程中。当古滑坡复活后变形较严重时，隧道处于极不稳定状态，且工程灾害程度不尽相同，严重时甚至被迫取消隧道施工，所以必须采取措施确保隧道在连续开挖过程中和后期运营期间边坡的稳定性满足安全要求。

11.1.2　研究意义

滑坡是指在一定的地形、地质条件下的边坡，由于外界因素的变化破坏了原有的力学平衡条件，边坡上的不稳定体在自重或其他荷载的共同作用下，沿着一定的相对软弱面作整体的、缓慢的、间歇性的有时甚至是突发性的向下滑动的不良地质现象。常见引发滑坡的因素如：边坡隧道开挖、地震作用、水库水位骤降、暴雨作用、河流冲刷等。可见，古滑坡在极端降雨、地震和工程开挖等诱导因素作用下极易出现局部或整体失稳。

在传统的设计路线选择中，隧道、桥梁等结构大多采用避让方案。然而，随着公路、铁路等基础设施建设的快速发展，受地理条件的限制，隧道结构不可避免地要穿越滑坡体等特殊地层（见图 11.7），研究如何安全穿越滑坡体具有重要的现实意义。建于滑坡中的隧道在施工过程中因各种原因造成滑坡变形而诱发的隧道病害非常普遍并且十分严重，在运营过程中存在各种安全隐患。因此，对滑坡地段隧道与滑坡之间相关问题开展深入研究，是一项十分必要又紧迫的工作。

图 11.7　孙家崖隧道穿越大坪滑坡

11.1.3　依托工程

（1）工程概况。大坪滑坡位于重庆市奉节县内，孙家崖隧道是奉溪高速公路的主要治理工程，其滑坡中部与滑动方向呈 45°斜角通过，中后部为省道 201 线。大坪滑坡可分为 I 号、II 号和 III 号三个滑坡，存在浅层 13～14m 和深层 35～40m 的两层滑带，大坪 III 号滑坡由前后两级滑坡组成，整个大坪滑坡区域宽达 365m，垂直线路长达 480m，滑坡总体积约 $809 \times 10^4 m^3$，

图 11.8　大坪滑坡工程地质勘察平面图

为大型滑坡。滑坡区属河谷岸坡地貌，呈陡-缓-陡-缓-陡的地形，坡角一般为 10°～35°，高程 164.0m（梅溪河）～425.5m（奉节至巫溪高速公路），相对高差 261.50m。见图 11.8。

（2）地层岩性。滑坡区地层主要由三叠系中统巴东组第三段泥灰岩夹泥岩组成，见图 11.9 和图 11.10。

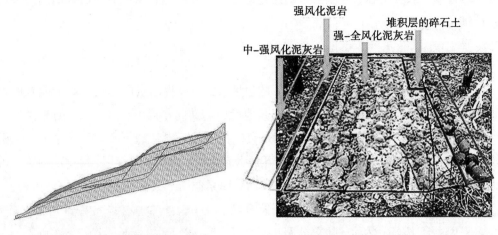

图 11.9　大坪滑坡剖面图　　　　　图 11.10　大坪滑坡土质图

（3）地质构造。滑坡位于庙梁子背斜之北西翼，其轴部位于滑坡南约 1000m，两翼出露地层主要为三叠系须家河组和巴东组，倾角均较缓，为 5°~18°。受背斜影响，勘察区地层总体倾北西，产状 NE65°~70°/NW5°~18°。根据滑坡附近基岩露头观测，主要发育有三组节理，局部有充填泥质，见图 11.11。

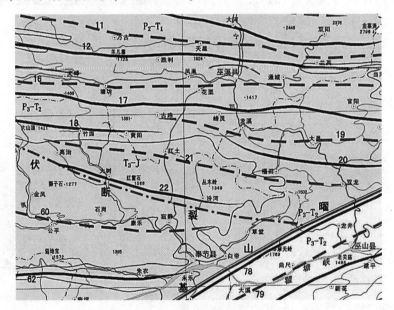

图 11.11　大坪滑坡地质构造图

（4）水文地质。滑坡区前部梅溪河为长江的一级支流。梅溪河径流主要由降雨补给，该地区的气候影响了降雨量，雨季 5—9 月，流量占全年溢流量的 60% 以上，枯水期 12—次年 2 月，流量仅占全年的 10%，流域面积 1928.6km²，常年平均流量 45.9m³/s，河道平均比降 5.67‰。2010 年 10 月，三峡水库首次达到 175m 正常蓄水位。勘察结束后水位达 165m 标高附近，滑坡前部水位目前已达 153m 标高附近。滑坡区内有 2 条和主滑方向基本一致的冲沟，雨季时汇流滑坡体内的地表水，见图 11.12 和图 11.13。

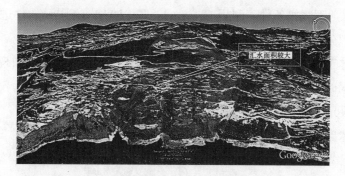

图 11.12　大坪滑坡长江流域岸坡地形

图 1.13　大坪滑坡水文地质图

滑坡区气候湿润，降水丰富，地表径流丰富，为地下水的形成和富集提供了良好条件。此外，滑坡区中上部主要为稻田并分布大量水塘。地下水类型可分为第四系松散岩类孔隙水和岩溶裂隙水，主要为岩溶裂隙水，见图 11.14 和图 11.15。

图 11.14　滑坡前缘出露的泉点 W1　　　图 11.15　滑坡右边缘出露的泉点 W2

（5）滑带特征。堆积层滑坡滑动带主要为黏土含量较高的碎石土，黄色，软塑-可塑，擦痕明显，层厚 0.5~1.0m。破碎岩石滑坡滑动带主要受风化界线控制，滑动带主要为强风化泥岩、泥灰岩，具明显的光滑镜面或轻微擦痕，该层厚度一般在 1.0~2.0m。

收集本工程地质勘察报告、初步总体设计和现场施工相关资料，了解地区气象分布规律，了解地区地理气候条件。利用 Geo-Studio 和 PLAXIS 有限元软件进行项目的模型建立和数值模拟分析。主要研究内容如下：

①依托实体工程分析。在对工程的水文地质资料、初步总体设计和现场施工相关资料进行收集的同时，检索了国内外相关工程文献。结合施工过程中、运营维护中出现的问题，利用有限元分析软件进行项目的模型建立和数值模拟分析。

②研究技术路线建立。结合现场实际施工情况，进行施工过程中的设计优化，结合施工过程中、运营维护中出现的问题，建立高速公路隧道穿越古滑坡群施工技术与地震动力响应研究。

③穿越古滑坡陡倾边坡滑坡机理分析。分析地表裂缝与隧道开挖之间的关系，总结古滑坡隧道施工控制关键技术，开展古滑坡综合治理思路分析。开展古滑坡陡倾边坡一般地下水位以及极端暴雨地下水位稳定性评价、古滑坡陡倾边坡隧道施工稳定性评价、古滑坡陡倾边坡治理隧道施工稳定性评价。论证古滑坡综合治理方案的可行性。

④穿越古滑坡隧道治理地震动力响应分析。依据时程分析理论和方法，开展穿越古滑坡隧道治理地震动力响应分析，并对比穿越古滑坡隧道治理静力分析。

⑤总结古滑坡隧道地震作用下破坏形式以及变形规律。技术路线见图 11.16。首先进行国内外文献综述，查阅相关课题内容资料，综合考虑本课题的可行性。采用数值模拟和理论分析相结合，辅以一定的检测数据的方法完成。目前关于高速公路隧道穿越古滑坡群施工技术以及古滑坡稳定性分析已有一定的基础，利用有限元分析软件进行项目的模型建立和数值模拟分析，并且经过各种实际工程检验后，已经具有很好的计算精度和很高的可靠度。根据相关施工以及设计规范要求，对高速公路隧道穿越古滑坡群稳定性进行分析，并利用有限元分析软件对有限元模型进行性能研究。研究所需的实验设备以及软件等研究条件都已完全具备，能够保证研究的顺利进行。

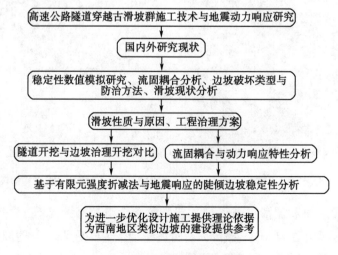

图 11.16　研究技术路线框图

◆◇ 11.2　穿越古滑坡群隧道施工诱导滑坡特征

依托穿越古滑坡群隧道诱导陡倾边坡滑坡为背景，进行穿越古滑坡群隧道诱导陡倾边坡滑坡、古滑坡范围与规模、古滑坡地表裂缝发展与隧道开挖关系、滑坡性质和滑动原因、古滑坡综合治理工程思路[55]和穿越古滑坡隧道施工控制分析。

11.2.1　古滑坡范围与规模

对滑坡的类型、规模、地形地质条件、主要作用和诱发因素、破坏机制和模式、目前的稳定状态及其在人为和自然因素作用下的发展趋势的正确分析和判断是制定防治方案的基础。在以往防治失败的教训中，绝大多数是由于对滑坡定性判断不准或判断失误造成的。如漏判了古老滑坡，施工后滑坡复活；漏判了深层滑面，使抗滑工程埋深不足而变形；对人为活动影响估计不足缺少预防措施，施工中滑坡复活或新生；滑坡推力计算偏小，造成支挡工程被破坏；等等。在山区修建公路或铁路时，往往要通过滑坡地带。

为避免修建深路堑时大范围的开挖对坡体产生的扰动，线路多以隧道形式通过滑坡。相当数量的滑坡隧道存在着轻重程度不同的病害，如隧道整体移动、衬砌严重变形、开裂、剥落、掉块，甚至可能发生隧道坍塌影响线路的正常运行。可见深入研究与分析穿越古滑坡群隧道诱导陡倾边坡滑坡意义十分重大。

穿越古滑坡群隧道诱导古滑坡滑动范围与规模如下。

① 前级浅层——堆积层滑坡，滑体主要为块碎石土，平均厚 10m，滑体长 231m，宽度约 153m，体积约 $35\times10^4m^3$，滑动面倾角 15°~16°。

② 前级深层老滑坡——破碎岩石滑坡，滑体长 300m，宽度约 153m，滑动面平均埋深 36m 左右，最大深度达到 46m，滑动面倾角约 15°，滑坡体积(包括浅层滑体体积)165 $\times10^4m^3$。

③ 复活后的深层老滑坡，滑体长 400m，宽度约 153m，滑体平均厚度 38m，滑体体积 $233\times10^4m^3$。

④ 后级深层老滑坡，滑体长 310m，宽度约 153m，滑带平均埋深 36m，滑动面倾角 14°~17°，滑体体积 $170\times10^4m^3$。

大坪滑坡位于拟建的重庆奉节至巫溪高速公路路线里程 RK0+543~+934 段，路线在该处以孙家崖隧道及黄果树大桥由滑坡中后部横向穿过。滑坡长 580m，宽 390m，厚27~46m，体积 $809\times10^4m^3$，滑坡仅考虑前级浅层滑坡；施工了 3 排抗滑桩。滑坡分浅、深两层，浅层平均厚约 15~19m，深层平均厚约 27~46m。勘察设计中已意识到为老滑坡，采用了 3 排 24~32m 抗滑桩进行了预加固，滑坡仅考虑前级浅层滑坡。见图 11.17 至图 11.22 所示。

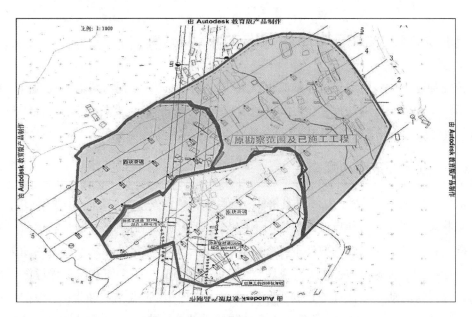

图 11.17 原勘察范围及已施工工程图

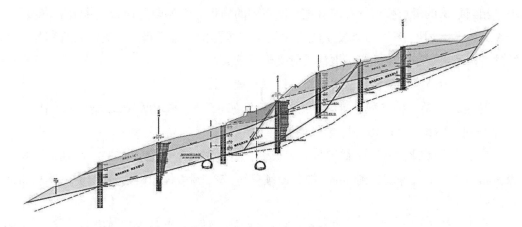

图 11.18 5-5 工程布置断面图

图 11.19 滑坡对省道产生的破坏影响

图 11. 20 滑坡对居民建筑结构产生的破坏影响

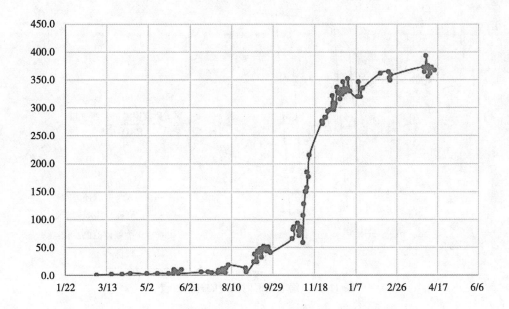

图 11. 21 变形量

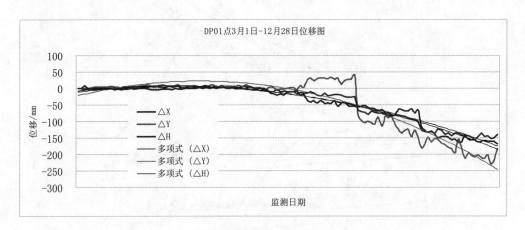

图 11. 22 DP01 点位移图

571

2010 年 3 月到 12 月最大位移量为：0.3372m。

2010 年 3 月到 12 月最大沉降量为：0.221m。

2011 年 1 月到 4 月最大位移量为：0.3131m。

2011 年 1 月到 4 月最大沉降量为：0.189m。

11.2.2 古滑坡地表裂缝发展与隧道开挖关系

裂缝最早出现在隧道口，裂缝密集；随着隧道开挖，裂缝向大里程和后方发展。随着抗滑桩的逐步完成，滑坡治理效果十分明显，滑坡逐渐趋于稳定。深孔位移监测数据表明，隧道边坡变形严重，而河畔边坡变形不明显，见图 11.23 至图 11.26。

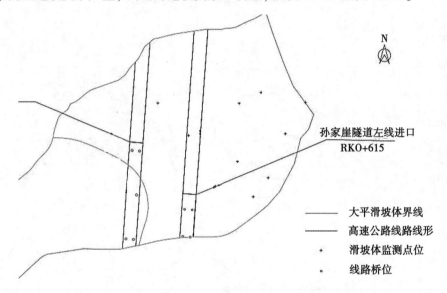

图 11.23 滑坡变形时隧道的开挖位置

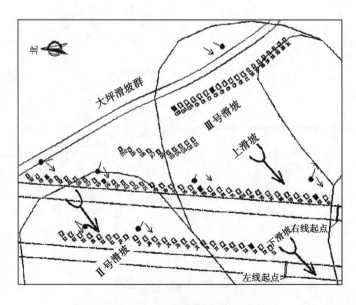

图 11.24 滑坡变形裂缝位置

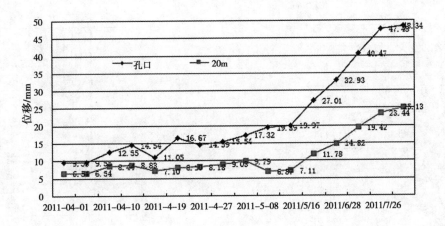

图 11.25 位移-时间曲线图

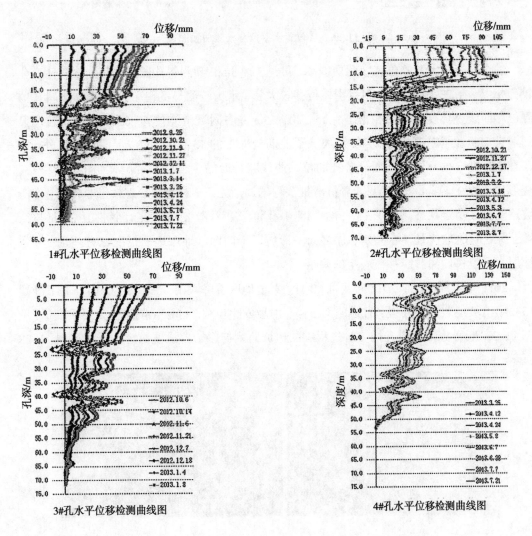

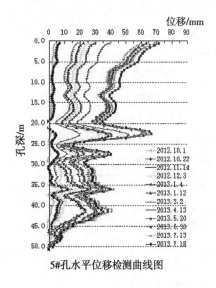

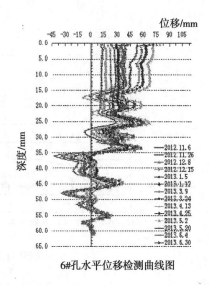

5#孔水平位移检测曲线图　　　　　　　　6#孔水平位移检测曲线图

图11.26　各位置水平位移检测曲线图

综合分析以上监测位移变化曲线图，可见1#、3#和4#测斜孔监测位移曲线整体变化较为相似，在23，45m左右附近滑体位移较大，显示为较明显的滑带；2#和6#测斜孔监测位移曲线整体变化较为相似，在15，20，35m左右附近滑体位移较大，显示为较明显的滑带。验证了勘探结论：大坪滑坡除了前期勘探出的13~14m的浅层滑动面以外，还存在35~40m的深层滑动面。各孔的位移曲线在最后的3个月左右位移变化非常微小，变形速率约0.11mm/d，表明随着抗滑桩工程的逐渐完工，对滑坡治理效果非常明显，滑坡逐渐趋于稳定状态。由于1#、3#、4#测斜孔位于Ⅱ号滑坡，2#、6#测斜孔位于Ⅲ号滑坡，所处的地理位置存在差别，加之同一滑坡段不同深度地层地质情况也有差别，导致深层水平位移监测曲线存在一定的差距。

2011年4月8日至2011年4月10日，奉节地区普降大雨，三峡水位由175m下降到153m；滑坡地表多处开裂，省道路面下陷，滑坡发生位移，孙家崖隧道发生严重变形(见图11.27)。孙家崖隧道开挖支护过程中的边坡监测与原始古滑坡稳定性分析见图11.28所示。

（a）隧道右洞变形加剧　　　　　　　　（b）隧道右侧边墙鼓起

图11.27　孙家崖隧道产生的变形

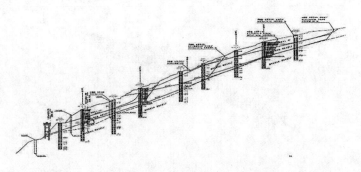

(a)2-2 断面地质勘探与倾斜仪监测

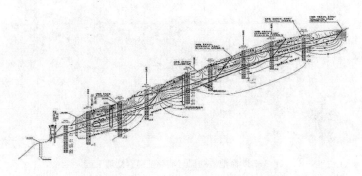

(b)2-2 断面地质勘探与抗滑桩锚索治理工程

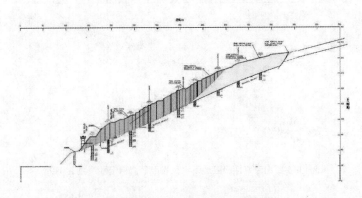

(c)2-2 断面稳定性一般地下水位极限平衡稳定性系数 1.074

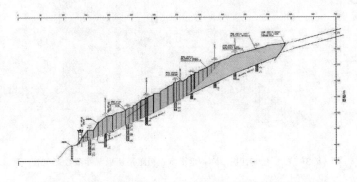

(d)2-2 断面稳定性极端降雨地下水位极限平衡稳定性系数 0.988

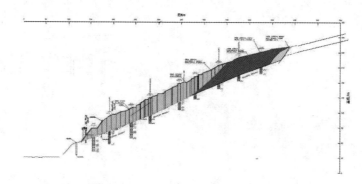

(e)2-2断面稳定性极端降雨地下水位极限平衡稳定性安全图

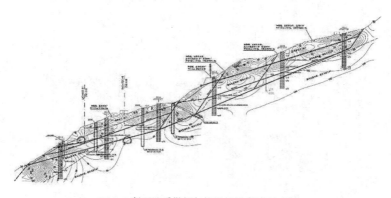

(f)3-3断面地质勘探与抗滑桩锚索治理工程

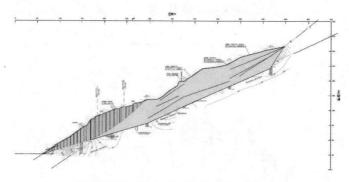

(g)3-3断面稳定性一般地下水位极限平衡稳定性系数1.089

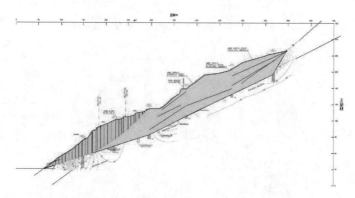

(h)3-3断面稳定性极端降雨地下水位极限平衡稳定性系数1.001

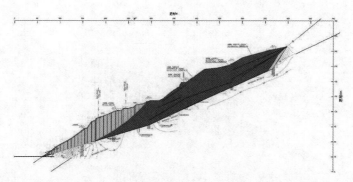

(i)3-3 断面稳定性极端降雨地下水位极限平衡稳定性安全图

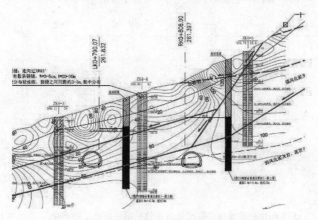

(j)4-4 断面地质勘探与抗滑桩锚索治理工程

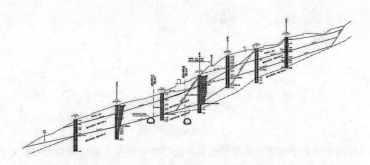

(k)5-5 断面地质勘探与倾斜仪监测

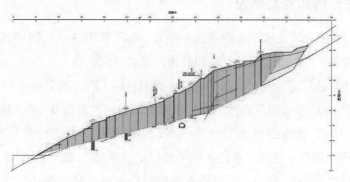

(l)5-5 断面稳定性—一般地下水位极限平衡稳定性系数 1.128

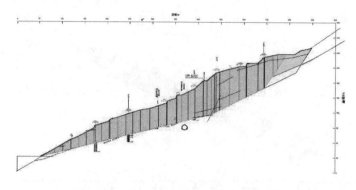

（m）5-5断面稳定性极端降雨地下水位极限平衡稳定性系数1.031

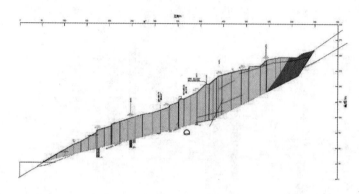

（n）5-5断面稳定性极端降雨地下水位极限平衡稳定性安全图

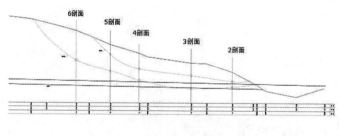

（o）右线线路纵断面图

图11.28 孙家崖隧道开挖支护过程中的边坡监测与原始古滑坡稳定性分析

11.2.3 滑坡性质和滑动原因

滑坡性质：大坪边坡变形不是隧道塌方问题，而是隧道开挖引起的蠕变问题；滑坡是一种复合型滑坡，主要由堆积层滑坡和破碎岩滑坡组成。

古滑坡陡倾边坡稳定性分析（见图11.28）表明，2-2断面稳定性一般地下水位极限平衡稳定性系数1.074，极端降雨地下水位极限平衡稳定性系数0.988；3-3断面稳定性一般地下水位极限平衡稳定性系数1.089，极端降雨地下水位极限平衡稳定性系数1.001；5-5断面稳定性一般地下水位极限平衡稳定性系数1.128，极端降雨地下水位极限平衡稳定性系数1.031。可见，古滑坡在极端降雨、地震和工程开挖等诱导因素作用下极易出现局部或整体失稳。

大坪滑坡以三叠系泥灰岩为主,岩体为薄层结构,是三峡库区著名的滑动地层;受地质构造影响,该区岩层顺倾向梅溪河,倾角约为 5°~12°,为滑坡的滑动形成了基本条件;该区雨量充沛,大坪滑坡体汇水面积大,大气降水和地表水入渗后,滑带土软化,滑带土抗剪强度降低。滑坡在自重作用下也在间歇蠕动;滑坡的大变形主要是由于古滑坡本身稳定性差造成的。隧道开挖扰动滑动面附近岩体后,附近岩体松弛,应力重新调整,进一步降低了滑坡的稳定性。以上是大坪滑坡产生的主要原因分析。抗滑桩型布置及其参数汇总见表 11.1。

表 11.1　抗滑桩型布置及其参数汇总

阶段	编号	抗滑桩型	根数/个	截面尺寸(长×宽×高) /m	桩间距/m	锚杆尺寸/m
前期设计	A1	C30 普通抗滑桩	15	1.8×2.6×24.0	4	
	A2	C30 普通抗滑桩	8	2.0×3.0×28.0	4	
	A3	C30 普通抗滑桩	21	1.8×2.2×32.0	4	
应急工程	B	C30 锚索抗滑桩	8	2.2×3.4×42.0	5	长 49、47, 锚 10
	C	C30 锚索抗滑桩	12	3.0×4.0×50.0	6	长 49、47, 锚 10
一期工程	E	C30 普通抗滑桩	10	3.0×4.0×30.0	6	
	F	C30 普通抗滑桩	9	3.0×4.0×29.0	6	
	G	C30 普通抗滑桩	8	2.4×3.6×33.0	5	
	H	C30 普通抗滑桩	6	2.2×3.4×30.0	5	
	I	C30 普通抗滑桩	8	3.0×4.0×30.0	6	
	J	C30 普通抗滑桩	9	3.0×4.0×38.0	6	
	K	C30 普通抗滑桩	6	3.0×4.0×30.0	6	
二期工程	D	C30 锚索抗滑桩	10	2.4×3.6×43.0	5	长 48、46, 锚 10
	L	C30 普通抗滑桩	8	2.0×2.6×28.0	5	

11.2.4　古滑坡综合治理工程思路

滑坡作为一种主要地质灾害,由于其多样性、多变性和复杂性,一直是世界各国研究的重要地质和工程问题之一。在传统的设计选线上,隧道、桥梁等结构物大部分采用的绕避方案,但是随着公路、铁路等基础交通设施建设的快速发展,受到地形地理条件限制,隧道结构物不可避免要穿越滑坡体等特殊地层。在滑坡体隧道施工中,利用全环系统注浆导管固结周边土体,以碗扣式锁脚导管、加长系统锚杆(管)、纵向连接钢带、仰拱群桩加强洞身,极大地改善了滑坡群隧道的受力条件,提高了隧道的承载能力和稳定性。见图 11.29 所示。

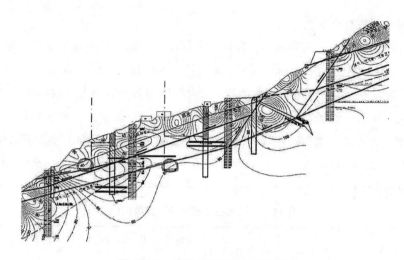

图 11.29　古滑坡典型治理剖面图

11.2.5　穿越古滑坡隧道施工控制技术

通过隧道洞外顶部地表注浆和抗滑桩施工，隧道洞内应用碗扣式锁脚导管、加长系统锚杆(管)、钢拱架、仰拱群桩加固，通过洞内外联合加固的方式，改变隧道受力结构体系，提高隧道的抗剪和抗滑能力，达到控制隧道变形和抑制滑坡蠕动的目的。穿越古滑坡隧道施工控制见图 11.30 所示。

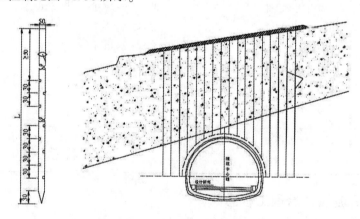

图 11.30　隧道洞外地表注浆

（1）穿越古滑坡隧道施工方法。①采用洞外地表注浆、抗滑桩加固和洞内强支护等措施，达到联合支护的效果，隧道洞内施工综合应用了碗扣式锁脚导管、加长系统锚杆(管)、钢拱架、仰拱群桩加固、初期支护快速封闭等"强支护"方式，减少了滑坡体位移对隧道结构的破坏。②采用了型钢拱架和格栅钢架的交错布置，形成组合受力体系，达到了最佳受力效果。钢带连接拱架改变受力接触面积，保持隧道整体刚度，控制变形。③仰拱增设的钢管桩加固抑制滑坡发展，增强了隧道的抗剪能力、提高了其承载能力，改变了周边的受力条件，保证了隧道安全。④采用收敛量测、应力监测等监测技术，可以准确掌握隧道在滑坡体中的受力状态，保障施工安全，缩短了工程建设周期。

（2）穿越古滑坡隧道施工关键技术。①传统施工是先治理滑坡，再进行隧道施工，新工法是洞、内外综合治理的方案，提前了施工工期。②采用下斜式锚管代替传统锁脚锚杆，采用碗扣式双锚管锁脚代替单锁脚，钢拱架+格栅间隔布置取长补短，实施效果良好。③采用仰拱群桩加固技术作为洞内抑制滑坡位移的主要手段，实施效果良好。

（3）穿越古滑坡隧道施工操作。①洞外古滑坡地表注浆工法中导管采用 50mm 无缝钢管，间距为 1.5m×1.5m，导管长度根据地形确定，从地表沿隧道周边轮廓设置（见图 11.31）。②隧道开挖采用 CD 法+临时仰拱施工方法。上侧壁采用人工+风镐开挖，每循环进尺 0.5m；下侧壁采用 PC100 挖掘机+风镐开挖，每循环进 0.8~1.0m。③隧道开挖施工要求（见图 3.14）：在严格施工顺序"超前小导管支护→Ⅰ→①→Ⅱ→②→Ⅲ→③→Ⅳ→临时仰拱工字钢支撑→④→⑤→⑥→临时工字钢拆除"的基础上，开挖原则应当是先护后挖、缩短进尺，减少对围岩的扰动；左右导坑间距不得大于 10m；临时支撑在二次衬砌浇筑前拆除。严格按照浅埋暗挖法十八字原则"管超前、严注浆、短开挖、强支护、快封闭、勤测量"进行施工作业。

（4）穿越古滑坡隧道初期支护施工方法。支护组合体系为：型钢钢架（格栅钢架）+超前导管+径向注浆导管+钢筋网片+喷射混凝土。①钢架：采用 25A 工字钢与 4 根主筋格栅间隔设置，间距 50cm。②超前支护：采用 φ50 注浆小导管，长度为 3.5m，环向间距为 40cm，纵向间距为 150cm。③网片：φ8 钢筋，格距为 15cm×15cm，拱墙设置。④喷射混凝土：厚度为 31cm，C25 早强混凝土。

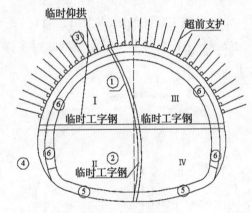

图 11.31　隧道开挖方案

（5）穿越古滑坡隧道初期支护施工要求。①钢拱架与格栅间隔布置。型钢钢架架设后能立即受力，控制围岩变形，增加结构的刚度，在前期效果明显，不易出现钢架扭曲等现象，但是型钢拱架易与喷射混凝土剥离，相互黏结性差。为避免此种弊端，在钢拱架之间间隔布置格栅拱架。格栅拱架与混凝土结合好，钢筋全部被混凝土包裹，在后期受力效果较好。②下斜式锚管代替传统锁脚锚杆工法（见图 11.32）。将锁脚锚杆的施作角度由 0°改变为 15°~30°，使锁脚锚管产生上托作用，提高其承载能力，不仅起到锁定拱架的作用，更能形成一个新的承载平台，增强抗拉、抗弯及抗剪能力。③加强型工字钢连接。改变传统的钢架连接采用的钢筋焊接的方式，在钢拱架连接钢筋之间增焊一道宽 100mm、厚 5mm 钢带（见图 3.33）作为加强连接措施，可以有效提高初期支护的整体刚度和强度。

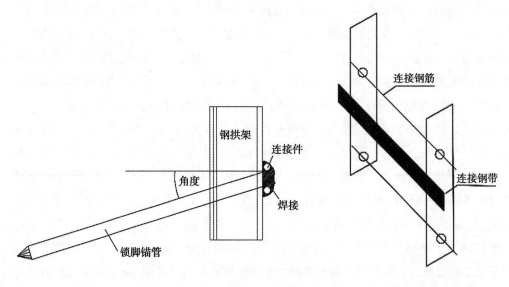

图 11.32　下斜式锚管工艺图　　　　　图 11.33　加强型工字钢连接工艺图

（6）穿越古滑坡隧道仰拱施工要求。

①仰拱施工前预加固（见图 11.34）。先增加中部横向支撑与下断面初期支护之间的斜向支撑，完成后拆除下断面侧壁临时支撑，为仰拱施工创造条件，每次拆除长度不得大于 5m。

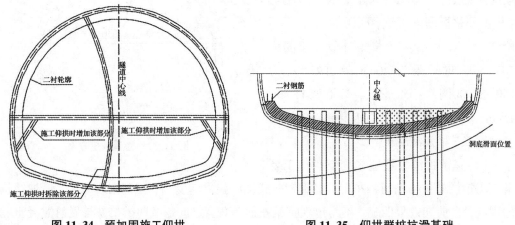

图 11.34　预加固施工仰拱　　　　　　图 11.35　仰拱群桩抗滑基础

②增加群桩抗滑基础（见图 11.35）。仰拱强度达到设计的 85% 后，在仰拱上方施做钢管桩群，提高隧道的承载力和抗剪力。

（7）隧道仰拱中心水沟、路面施工要求。因为隧道排水沟设置在隧道中部，将仰拱填充分为两部分，通过分部施工及时贯通全幅路面，起到了较好效果。施工步骤：实施仰拱部分①→实施仰拱填充部分②→实施中心水沟部分③→实施路面底基层④→填充连接为整体（见图 11.36）。

（8）量测及应力监测施工要求。滑坡群隧道应力监测主要包括地表监测、滑坡内部

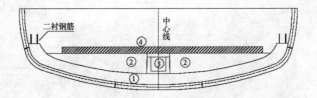

图 11.36　隧道仰拱中心水沟、路面施工方法

深孔测斜监控、隧道收敛、沉降、压力、钢筋应力、混凝土应力、锚杆轴力等(见图 11.37 所示)。

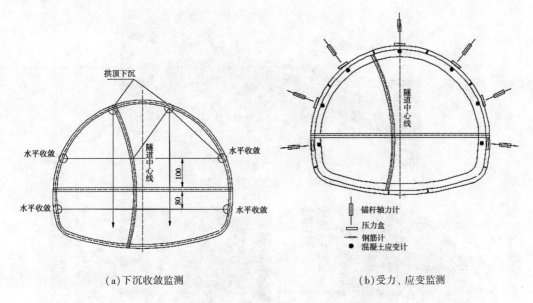

(a)下沉收敛监测　　　　　　　(b)受力、应变监测

图 11.37　量测及应力监测施工方法

　　综合治理主要工程量见表 11.2,省道 205 滑坡治理前后对比见图 11.38,治理工程施工后期(抗滑桩及锚索施工,进行锚索张拉)见图 11.39,排水隧洞(正在施工衬砌,排水孔及渗管均尚未实施)见图 11.40,治理后滑坡全貌见图 11.41。

表 11.2　主要工程量

分期	治理方式	工程量
应急工程	抗滑桩	20 根
	桩顶锚索	3712m
	填土反压	7800m³
一期工程	抗滑桩	56 根
	排水隧洞	391m
	截排水沟	970m
二期工程	抗滑桩	18 根
	桩顶锚索	1480m

图 11.38 省道 205 滑坡治理前后对比

图 11.39 治理工程施工后期

图 11.40 排水隧洞

图 11.41 古滑坡治理后全貌

以上开展了穿越古滑坡群隧道诱导陡倾边坡滑坡、古滑坡范围与规模、古滑坡地表裂缝发展与隧道开挖关系、滑坡性质和滑动原因、古滑坡综合治理工程思路和穿越古滑坡隧道施工控制分析。得到如下主要成果：

① 穿越古滑坡群隧道诱导陡倾边坡滑坡详细的工程地质调查、勘探与分析是制定治理方案的基础。特别是认识古滑坡范围与规模、古滑坡地表裂缝发展与隧道开挖关系，以及古滑坡性质和滑动原因。

② 古滑坡灾害严重，治理费用昂贵，选线、选厂、选址时应尽量避开大型滑坡和滑坡崩塌连续分布地段。隧道一般也不应穿过滑坡。

③ 古滑坡陡倾边坡稳定性分析表明，2-2 断面稳定性一般地下水位极限平衡稳定性系数 1.074，极端降雨地下水位极限平衡稳定性系数 0.988；3-3 断面稳定性一般地下水位极限平衡稳定性系数 1.089，极端降雨地下水位极限平衡稳定性系数 1.001；5-5 断面稳定性一般地下水位极限平衡稳定性系数 1.128，极端降雨地下水位极限平衡稳定性系数 1.031。可见，古滑坡在极端降雨、地震和工程开挖等诱导因素作用下极易出现局部或整体失稳。

④ 隧道开挖的施工方法应该结合具体的古滑坡地质条件进行分析，避免因为开挖隧道引起次生灾害。古滑坡治理方案中应优先考虑地表及地下排水工程，治理方案应多方案比选、优化选择。

⑤ 抗滑支挡工程造价昂贵，必须结合古滑坡的具体地形地质条件和保护对象的要求选择合理的工程位置和结构形式，进行多方案比选，既保证滑坡稳定，又可节省投资。

◆◇ 11.3　2D 平面应变问题 3D 排桩单元的模拟

前述章节分析表明，2-2 断面稳定性一般地下水位极限平衡稳定性系数 1.074，极端降雨地下水位极限平衡稳定性系数 0.988；3-3 断面稳定性一般地下水位极限平衡稳定性系数 1.089，极端降雨地下水位极限平衡稳定性系数 1.001；5-5 断面稳定性一般地下水位极限平衡稳定性系数 1.128，极端降雨地下水位极限平衡稳定性系数 1.031。可见，古滑坡在极端降雨、地震和工程开挖等诱导因素作用下极易出现局部或整体失稳。为此，在极限平衡稳定性分析的基础上，利用 2D 平面应变问题 3D 排桩单元的模拟技术，通过数值模拟方法深入地进行古滑坡陡倾边坡一般与极端暴雨地下水位稳定性评价、古滑坡陡倾边坡隧道施工稳定性评价和古滑坡陡倾边坡治理隧道施工稳定性评价。

（1）2D 平面应变问题中的桩结构模拟。桩结构周围应力状态和变形模式均为完全 3D 问题（见图 11.42）。2D 平面应变中桩的基本问题：①基于一定假设的简化方法；②评估桩的初步变形和内力。

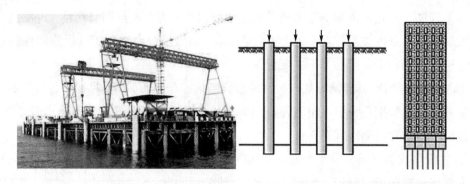

(a)3D 实体空间问题中的桩结构　　　　　　(b)2D 平面应变问题桩结构的假定

图 11.42　3D 实体空间问题中的桩结构与 2D 平面应变问题桩结构的假定

①板+界面单元桩的模拟(见图 11.43)。板+界面单元桩的模拟可能性：可定义轴向刚度和抗弯刚度，得到桩身内力；利用界面单元模拟桩–土相互作用。板+界面单元桩的模拟局限性：土体无法"穿过"板，实际土体无间距；使用界面单元会产生不真实的(连续)剪切面。

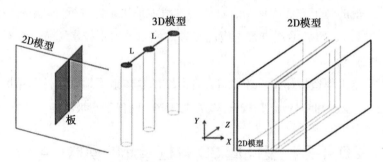

图 11.43　板+界面单元桩的模拟

②点间锚杆单元桩的模拟(见图 11.44)。点间锚杆单元桩的模拟可能性：可定义轴向刚度，得到桩身轴力；土可以"穿过"点间锚杆，点间锚杆有间距。点间锚杆单元桩模拟局限性：无法模拟桩–土相互作用；无法定义桩的抗弯刚度。

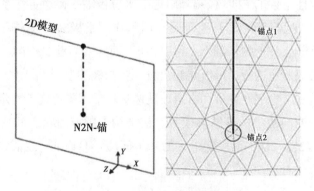

图 11.44　点间锚杆单元桩的模拟

（2）2D 平面应变问题 3D 排桩单元的假定条件。综合上述两种方法的优势，可以定义轴向刚度和抗弯刚度而得到桩身内力，使用"特殊界面"模拟桩-土相互作用，并且不会产生不真实的剪切面，土体可以"穿过"排桩，排桩有间距。2D 平面应变问题 3D 排桩单元的基本假定条件（见图 11.45）：考虑平面应变问题，平面外方向具有一定间距的一排桩，桩-土相互作用由"线到线的界面"代表，忽略桩的挤土效应。

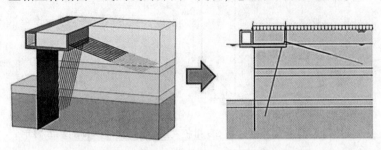

图 11.45　2D 平面应变问题 3D 排桩单元的模拟

2D 平面应变问题 3D 排桩-土界面的基本假定条件（见图 11.46）：桩单元不与实际单元直接耦合，通过特殊单元（线到线的界面）与实际单元连接，实际单元在排桩处连续，因此土体可以"穿过"排桩，界面由弹簧和滑块组成。

2D 平面应变问题 3D 排桩-土界面场变形协调的基本假定条件（见图 11.47）：土体变形代表平面外方向的"平均"变形，桩的变形代表平面外一排桩的变形，界面刚度考虑桩-土间荷载传递时的位移差，需要考虑与桩径相关的平面外桩的间距。

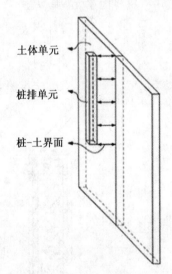

土体单元 →

桩排单元 →

桩-土界面 →

图 11.46　2D 平面应变问题 3D 排桩-土界面的基本假定

（3）2D 平面应变问题 3D 排桩单元的参数。①桩每个节点有 3 个自由度：u_x、u_y、φ_z。②桩与实体单元类型相对应：节点与应力点分布。③桩承受弯矩、剪力和轴力，并且产生相应的变形。④桩结构内力由应力点的应力计算值评估。⑤桩单元属性参数：材料、几何、动力和桩-土相互作用参数，桩类型见图 11.48。⑥桩端连接关系：自由、铰接和固结连接方式。⑦桩端默认连接关系：与结构、土和界面单元连接。

（4）2D 平面应变问题 3D 排桩-土相互作用。①桩-土相互作用考虑：轴向、横向侧阻和端阻。②桩-土相互作用界面组成考虑：纵向、横向弹簧和纵向滑块（侧阻和端阻）见图 11.49。③桩材料本构关系。桩身单元为 Mindlin 梁单元（线弹性）：

$$
\begin{bmatrix} \sigma_N \\ \tau \end{bmatrix} = \begin{bmatrix} E & 0 \\ 0 & kG \end{bmatrix} \begin{bmatrix} \varepsilon_N \\ \gamma \end{bmatrix}
\tag{11.1}
$$

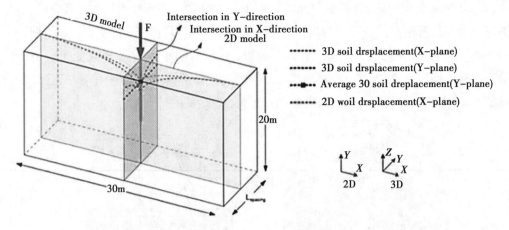

图 11.47 2D 平面应变问题 3D 排桩—土界面场变形协调的基本假定

$$N = EA_{1\varepsilon_N}$$

$$Q = \frac{kEA}{2(1+\nu)}\gamma^* \qquad (11.2)$$

$$M = El_N$$

桩界面单元（弹塑性）：

$$\begin{bmatrix} t_s \\ t_n \end{bmatrix} = \begin{bmatrix} K_s & 0 \\ 0 & K_n \end{bmatrix} \begin{bmatrix} u_s^p - u_s^s \\ u_n^p - u_n^s \end{bmatrix} \qquad (11.3)$$

$$f_{\text{foot}} = K_{\text{foot}}(u_{\text{foot}}^p - u_{\text{foot}}^s)$$

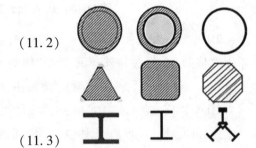

图 11.48 桩类型横断面

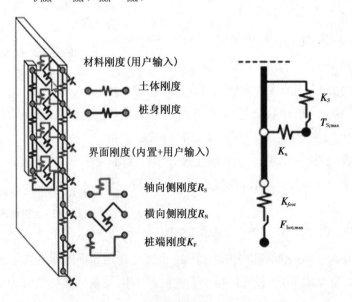

图 11.49 2D 平面应变问题 3D 排桩—土相互作用

$$\left. \begin{array}{l} K_{\mathrm{s}} = ISF_{\mathrm{RS}} \dfrac{G_{\mathrm{soil}}}{L_{\mathrm{spacing}}} \\[3mm] K_{\mathrm{n}} = ISF_{\mathrm{RN}} \dfrac{G_{\mathrm{soil}}}{L_{\mathrm{spacing}}} \\[3mm] K_{\mathrm{foot}} = ISF_{\mathrm{KF}} \dfrac{G_{\mathrm{soil}} R_{\mathrm{eq}}}{L_{\mathrm{s}}} \end{array} \right\} \tag{11.4}$$

桩界面刚度系数见图 11.50。

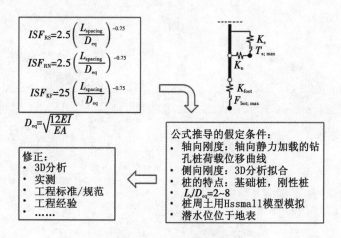

图 11.50　桩界面刚度系数

◆ 11.4　穿越古滑坡陡倾边坡滑坡机理数值分析

本节将进行 2D 平面应变问题 3D 排桩的模拟方法研究, 重点开展 2D 平面应变问题 3D 排桩单元的模拟原理、桩结构模拟、3D 排桩单元的假定条件、3D 排桩单元的参数、3D 排桩-土相互作用、3D 排桩的承载力研究。进而开展如下工作:

(1)古滑坡陡倾边坡一般与极端暴雨地下水位稳定性评价;

(2)古滑坡陡倾边坡隧道施工稳定性评价;

(3)古滑坡陡倾边坡治理隧道施工稳定性评价。

古滑坡陡倾边坡一般与极端暴雨地下水位稳定性评价: 在工程地质勘查和极限平衡稳定性分析的基础上, 进行古滑坡陡倾边坡一般地下水和极端暴雨地下水位情况的稳定性分析。

11.4.1　古滑坡陡倾边坡一般地下水位稳定性评价

根据工程地质勘察和极限平衡稳定性分析资料建立有限元模型, 进行古滑坡陡倾边坡一般地下水位稳定性数值分析。2-2 断面、3-3 断面、4-4 断面和 5-5 断面有限元模型及地震边界见图 11.51。

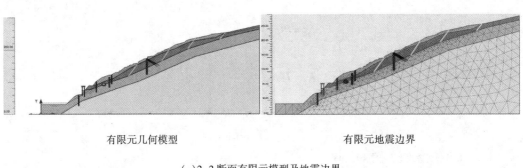

有限元几何模型　　　　　　　　　有限元地震边界

（a）2-2断面有限元模型及地震边界

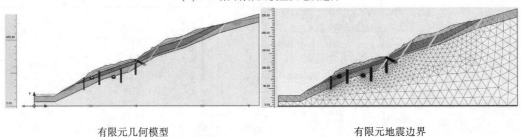

有限元几何模型　　　　　　　　　有限元地震边界

（b）3-3断面有限元模型及地震边界

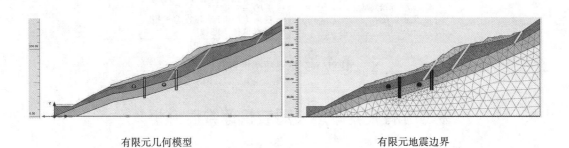

有限元几何模型　　　　　　　　　有限元地震边界

（c）4-4断面有限元模型及地震边界

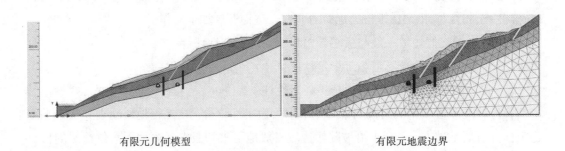

有限元几何模型　　　　　　　　　有限元地震边界

（d）5-5断面有限元模型及地震边界

图11.51　2-2断面、3-3断面、4-4断面和5-5断面有限元模型及地震边界

（1）古滑坡2-2断面（见图11.52）。古滑坡陡倾边坡一般地下水位最大位移发生在以公路为中心的范围，即上下3条陡坎裂缝处，古滑坡边坡处于蠕动滑移状态。应变和主应力矢量最大值也主要位于此处滑动面，滑动面基本处于饱和状态（此处滑动面下采取排水隧洞疏干排水具有积极作用)。

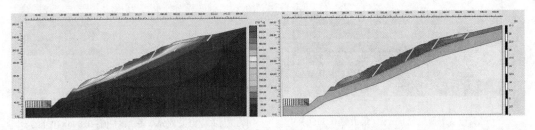

　(a)位移等值线分布云图(最大值 0.5796m)　　　　　　(b)位移矢量分布图

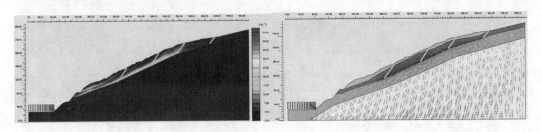

　(c)剪应变等值线分布云图(最大值 0.04807)　　(d)最大主应力矢量分布图(最大值-3.894×10³kPa)

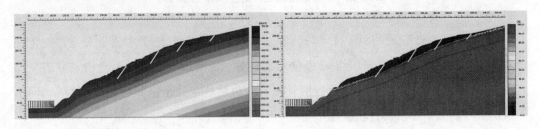

　　　(e)地下水水位等值线分布云图　　　　　　　　　(f)饱和度等值线分布云图

图 11.52　2-2 断面数值分析(一般地下水位)

　(2)古滑坡 3-3 断面(见图 11.53)。古滑坡陡倾边坡一般地下水位最大位移发生在以公路陡坎为中心的范围,即上下 3 条陡坎裂缝处,古滑坡边坡处于蠕动滑移状态。应变和主应力矢量最大值主要位于此处滑动面,滑动面基本处于饱和状态(此处滑动面下采取排水隧洞疏干排水具有积极作用)。

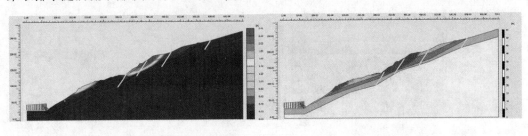

　　(a)位移等值线分布云图(最大值 2.320m)　　　　　　(b)位移矢量分布图

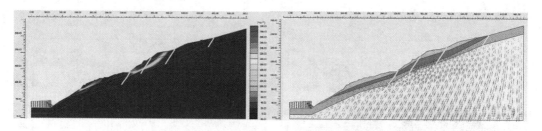

（c）剪应变等值线分布云图（最大值 0.3150） 　　（d）最大主应力矢量分布图（最大值-3.896×10³kPa）

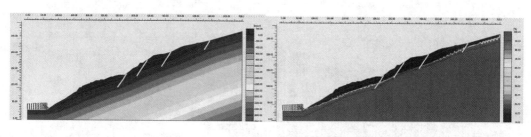

（e）地下水水位等值线分布云图 　　（f）饱和度等值线分布云图

图 11.53　3-3 断面数值分析（一般地下水位）

（3）古滑坡 5-5 断面（见图 11.54）。古滑坡陡倾边坡一般地下水位最大位移发生在以公路陡坎为中心的范围，即上下 2 条陡坎裂缝处，古滑坡边坡处于蠕动滑移状态。应变和主应力矢量最大值主要位于此处滑动面，滑动面基本处于饱和状态（此处滑动面下采取排水隧洞疏干排水具有积极作用）。

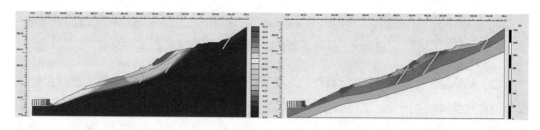

（a）位移等值线分布云图（最大值 33.89m） 　　（b）位移矢量分布图

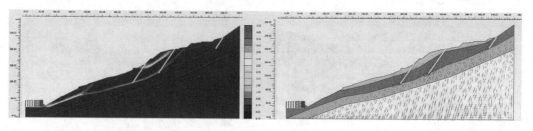

（c）剪应变等值线分布云图（最大值 5.117） 　　（b）最大主应力矢量分布图（最大值-3.674×10³kPa）

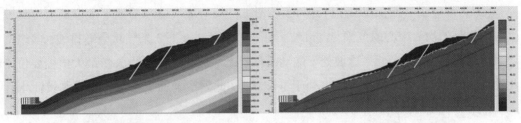

(e)地下水水位等值线分布云图　　　　　　(f)饱和度等值线分布云图

图 11.54　5-5 断面数值分析(一般地下水位)

11.4.2　古滑坡陡倾边坡极端暴雨稳定性评价

(1)古滑坡 2-2 断面(见图 11.55)。古滑坡陡倾边坡极端暴雨地下水位最大位移发生在以公路陡坎为中心的范围,古滑坡下部边坡复活,上下 3 条陡坎裂缝拉裂,多组滑动面构成多重古滑坡复活,边坡处于蠕动滑移状态。应变和主应力矢量最大值主要位于此处滑动面,古滑坡及滑动面基本处于饱和状态(此处滑动面下采取排水隧洞及泄水孔疏干排水具有积极作用)。

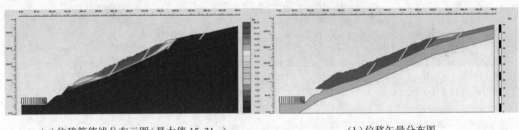

(a)位移等值线分布云图(最大值 15.31m)　　　(b)位移矢量分布图

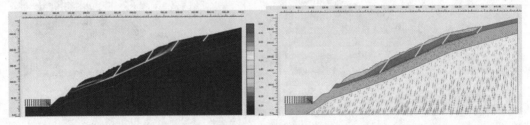

(c)剪应变等值线分布云图(最大值 3.598)　　(d)最大主应力矢量分布图(最大值-3.818×10³kPa)

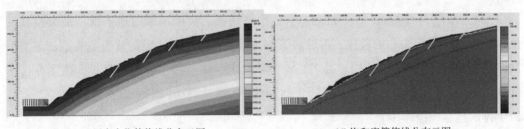

(e)地下水水位等值线分布云图　　　　　　(f)饱和度等值线分布云图

图 11.55　2-2 断面数值分析(极端暴雨)

（2）古滑坡 3-3 断面（见图 11.56）。古滑坡陡倾边坡极端暴雨地下水位最大位移发生在以公路陡坎为中心的范围，古滑坡下部边坡复活，上下 3 条陡坎裂缝拉裂，多组滑动面构成多重古滑坡复活，边坡处于蠕动滑移状态。应变和主应力矢量最大值主要位于此处滑动面，古滑坡及滑动面基本处于饱和状态（此处滑动面下采取排水隧洞及泄水孔疏干排水具有积极作用）。

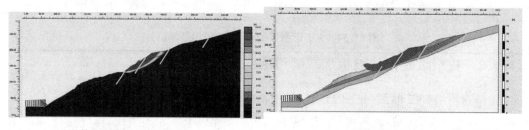

（a）位移等值线分布云图（最大值 13.55m）　　　　　　（b）位移矢量分布图

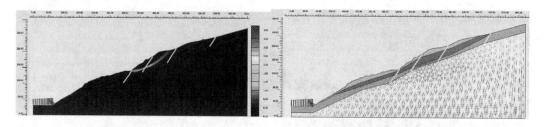

（c）剪应变等值线分布云图（最大值 3.890）　　　（d）最大主应力矢量分布图（最大值-4.019×10³kPa）

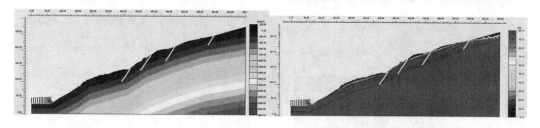

（e）地下水水位等值线分布云图（最大值 2.642MPa）　　　　（f）饱和度等值线分布云图

图 11.56　3-3 断面数值分析（极端暴雨）

（3）古滑坡 5-5 断面（见图 11.57）。古滑坡陡倾边坡极端暴雨地下水位最大位移发生在以公路陡坎为中心的范围，古滑坡下部边坡复活，上下 3 条陡坎裂缝拉裂，多组滑动面构成多重古滑坡复活，边坡处于蠕动滑移状态。应变和主应力矢量最大值主要位于此处滑动面，古滑坡及滑动面基本处于饱和状态（此处滑动面下采取排水隧洞及泄水孔疏干排水具有积极作用）。

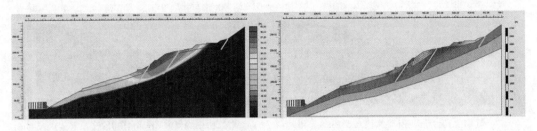

(a)位移等值线分布云图(最大值 41.18m)　　　　　(b)位移矢量分布图

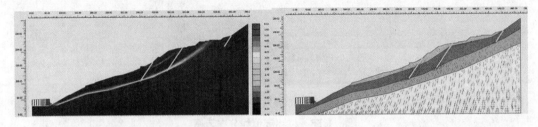

(c)剪应变等值线分布云(最大值 5.851)　　　　(d)最大主应力矢量分布图(最大值-3.529×10³kPa)

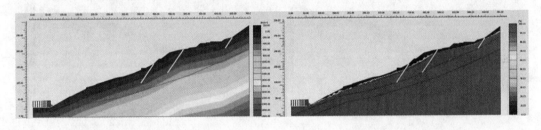

(e)地下水水位等值线分布云图　　　　　　　(f)饱和度等值线分布云图

图 11.57　5-5 断面数值分析(极端暴雨)

11.4.3　古滑坡陡倾边坡隧道施工稳定性评价

根据工程地质勘察、隧道开挖支护和古滑坡陡倾边坡一般与极端暴雨地下水位稳定性评价建立有限元模型,进行古滑坡陡倾边坡隧道施工稳定性数值分析。

(1)古滑坡 2-2 断面。由图 11.58 至图 11.60 可知,古滑坡隧道开挖支护和古滑坡陡倾边坡一般地下水位最大位移发生在以公路陡坎为中心的范围,原设计多级抗滑桩,有效地阻挡了古滑坡下部边坡的复活,古滑坡复活迹象位于抗滑桩至上下 3 条陡坎裂缝,多组滑动面构成多重古滑坡复活,边坡仍处于蠕动滑移状态。其中,隧道开挖支护对古滑坡围岩有明显扰动,有古滑坡复活迹象。

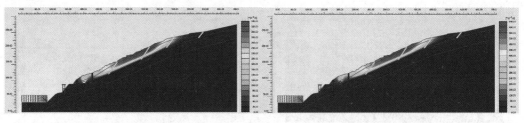

（a）上部台阶开挖（最大值 0.3338m）　　　（b）上部衬砌+中隔支撑+下部台阶开挖（最大值 0.6344m）

（c）下部衬砌+中隔支撑取消（最大值 0.9144m）

图 11.58　位移等值线分布云图

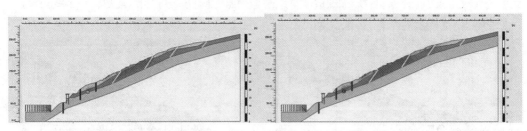

（a）上部台阶开挖　　　　　　　　　（b）上部衬砌+中隔支撑+下部台阶开挖

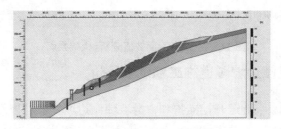

（c）下部衬砌+中隔支撑取消

图 11.59　位移矢量分布图

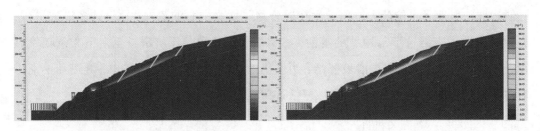

（a）上部台阶开挖（最大值 0.07774）　　　（b）上部衬砌+中隔支撑+下部台阶开挖（最大值 0.08480）

（c）下部衬砌+中隔支撑取消（最大值0.09172）

图 11.60　剪应变等值线分布云图

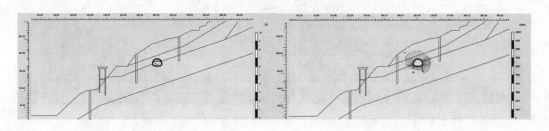

（a）衬砌位移分布图（最大值0.3514m）　　　　（b）衬砌轴力分布图（最大值−358.2kN/m，

最小值−1112kN/m）

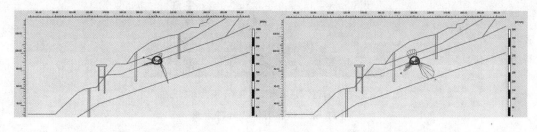

（c）衬砌剪力分布图（最大值181.0kN/m）　　　　（d）衬砌弯矩分布图（最大值114.1kN/m，

最小值−118.5kN/m）

图 11.61　衬砌位移受力分布图

由图 11.61 可知，隧道衬砌位移分布有突变，衬砌轴力分布比较均匀，衬砌剪力分布和衬砌弯矩分布突变明显，这与隧道衬砌右侧墙受上部古滑坡挤压隆起有关，由于隧道加固处理措施实施不能满足隧道整体安全要求，需要研究古滑坡治理、桥隧施工方案。

（2）古滑坡 3-3 断面。由图 11.62 至图 11.64 可知，古滑坡隧道开挖支护和古滑坡陡倾边坡一般地下水位最大位移发生在以公路陡坎为中心的范围，抗滑桩无法阻挡古滑坡下部边坡的复活，古滑坡复活迹象明显，多组陡坎裂缝拉裂，多组滑动面构成多重古滑坡复活，边坡仍处于蠕动滑移状态。其中，左侧隧道开挖支护对古滑坡围岩有明显扰动，有古滑坡整体复活迹象。

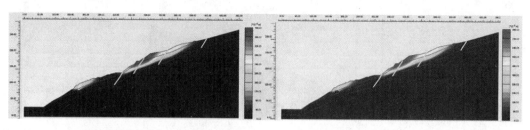

(a)左侧隧道上部台阶开挖

（最大值 0.3922m）

(b)左侧隧道上部衬砌+中隔支撑+下部台阶开挖

（最大值 0.7642m）

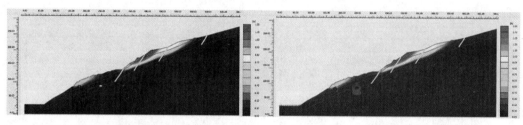

(c)左侧隧道下部衬砌+中隔支撑取消，右侧隧道上

部台阶开挖（最大值1.131m）

(d)右侧隧道上部衬砌+中隔支撑+下部台阶开挖

（最大值 1.496m）

(e)右侧隧道下部衬砌+中隔支撑取消（最大值 1.859m）

图 11.62　位移等值线分布云图

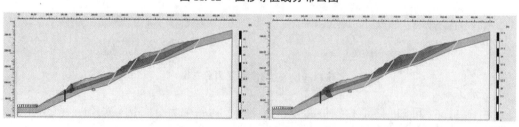

(a)左侧隧道上部台阶开挖

(b)左侧隧道上部衬砌+中隔支撑+下部台阶开挖

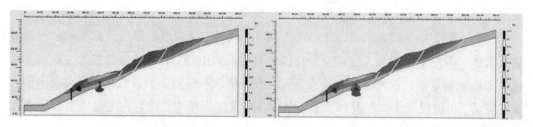

(c)左侧隧道下部衬砌+中隔支撑取消，

右侧隧道上部台阶开挖

(d)右侧隧道上部衬砌+中隔支撑+下部台阶开挖

（e）右侧隧道下部衬砌+中隔支撑取消

图 11.63　位移矢量分布图

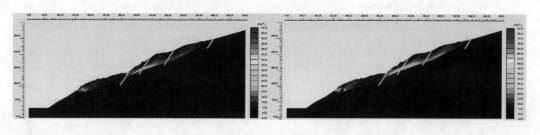

（a）左侧隧道上部台阶开挖　　　　　　　　　（b）左侧隧道上部衬砌+中隔支撑+下部台阶开挖

（最大值 0.06171）　　　　　　　　　　　　　　（最大值 0.08213）

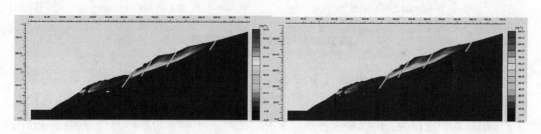

（c）左侧隧道下部衬砌+中隔支撑取消，右侧隧道上　　　（d）右侧隧道上部衬砌+中隔支撑+下部台阶开挖

部台阶开挖（最大值 0.09297）　　　　　　　　　　　　（最大值 0.1234）

（e）右侧隧道下部衬砌+中隔支撑取消（最大值 0.1538）

图 11.64　剪应变等值线分布云图

由图 11.65 可知，左侧隧道衬砌位移分布有突变，衬砌轴力分布不均匀，衬砌剪力分布和衬砌弯矩分布突变明显，这与左侧隧道衬砌右侧墙受到古滑坡挤压隆起有关，而右侧隧道位于古滑坡下部，对古滑坡影响较小，其稳定性较好。由于左侧隧道加固处理措施的实施不能满足隧道整体安全要求，需要进一步对古滑坡治理、左侧隧道施工控制进行分析。

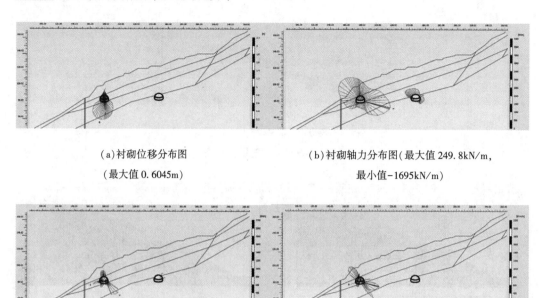

（a）衬砌位移分布图　　　　　　　　（b）衬砌轴力分布图（最大值249.8kN/m，

（最大值0.6045m）　　　　　　　　　　　最小值-1695kN/m）

（c）衬砌剪力分布图（最大值390.9kN/m，　　（d）衬砌弯矩分布图（最大值324.4kN/m，

最小值-367.9kN/m）　　　　　　　　　　最小值491.7kN/m）

图11.65　衬砌位移受力分布图

（3）古滑坡4-4断面。由图11.66至图11.68可知，古滑坡隧道开挖支护和古滑坡陡倾边坡一般地下水位最大位移发生在以公路陡坎为中心的范围，古滑坡复活迹象明显，多组陡坎裂缝拉裂，构成多重古滑坡复活，边坡处于蠕动滑移状态。左侧隧道开挖支护对古滑坡围岩扰动有复活迹象。

由图11.69可知，左侧隧道衬砌位移分布有突变，衬砌轴力分布不均匀，衬砌剪力分布和衬砌弯矩分布突变明显，这与左侧隧道衬砌右侧墙受到古滑坡挤压隆起有关，而右侧隧道位于古滑坡下部，对古滑坡影响较小，其稳定性较好。由于左侧隧道加固处理措施的实施不能满足隧道整体安全要求，需要进一步对古滑坡治理、左侧隧道施工控制进行分析。

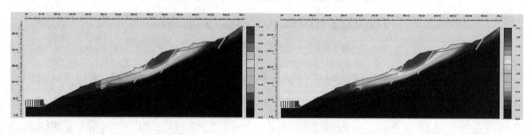

（a）左侧隧道上部台阶开挖　　　　　　（b）左侧隧道上部衬砌+中隔支撑+下部台阶开挖

（最大值1.052m）　　　　　　　　　　　　（最大值1.956m）

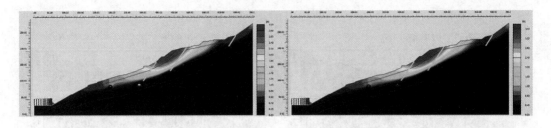

(c)左侧隧道下部衬砌+中隔支撑取消，右侧隧道上　　　　(d)右侧隧道上部衬砌+中隔支撑+下部台阶开挖

部台阶开挖(最大值 2.819m)　　　　　　　　　　　　(最大值 3.656m)

(e)右侧隧道下部衬砌+中隔支撑取消(最大值 4.473m)

图 11.66　位移等值线分布云图

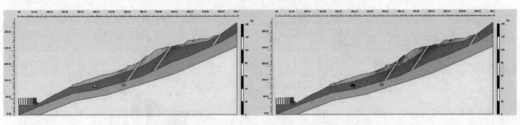

(a)左侧隧道上部台阶开挖　　　　　　　　　　(b)左侧隧道上部衬砌+中隔支撑+下部台阶开挖

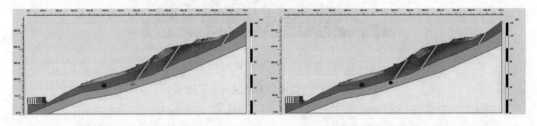

(c)左侧隧道下部衬砌+中隔支撑取消，　　　　　(d)右侧隧道上部衬砌+中隔支撑+下部台阶开挖

右侧隧道上部台阶开挖

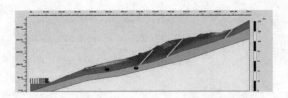

(e)右侧隧道下部衬砌+中隔支撑取消

图 11.67　位移矢量分布图

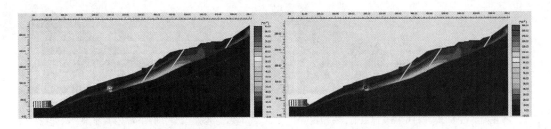

（a）左侧隧道上部台阶开挖

（最大值 0.08374）

（b）左侧隧道上部衬砌+中隔支撑+下部台阶开挖

（最大值 0.1534）

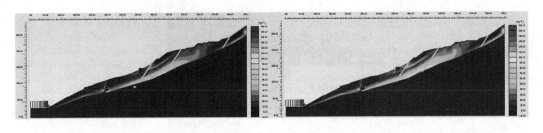

（c）左侧隧道下部衬砌+中隔支撑取消，右侧隧道上

部台阶开挖（最大值 0.1509）

（d）右侧隧道上部衬砌+中隔支撑+下部台阶开挖

（最大值 0.1499）

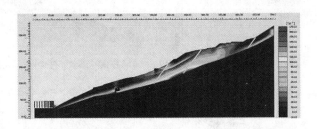

（e）右侧隧道下部衬砌+中隔支撑取消（最大值 0.1698）

图 11.68　剪应变等值线分布云图

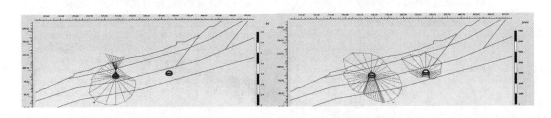

（a）衬砌位移分布图

（最大值 1.280m）

（b）衬砌轴力分布图（最大值 229.1kN/m，

最小值−2726kN/m）

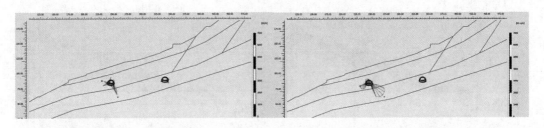

（c）衬砌剪力分布图（最大值 885.8kN/m，

最小值−892.4kN/m）

（d）衬砌弯矩分布图（最大值 874.5kN/m，

最小值−1261kN/m）

图 11.69　衬砌位移受力分布图

（4）古滑坡 5−5 断面。由图 11.70 至图 11.72 可知，古滑坡隧道开挖支护和古滑坡陡倾边坡一般地下水位最大位移发生在以公路陡坎为中心的范围，古滑坡复活迹象位于 2 条陡坎裂缝拉裂，多组滑动面构成多重古滑坡复活，边坡仍处于蠕动滑移状态。其中，隧道开挖支护对古滑坡围岩有小扰动，左侧隧道比右侧隧道尤为明显，仍有古滑坡复活迹象。

（a）左侧隧道上部台阶开挖

（最大值 1.056m）

（b）左侧隧道上部衬砌+中隔支撑+下部台阶开挖

（最大值 0.8943m）

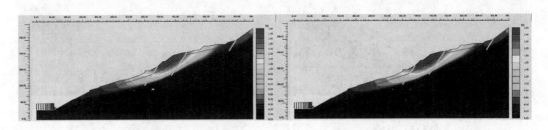

（c）左侧隧道下部衬砌+中隔支撑取消，右侧隧道上

部台阶开挖（最大值 1.747m）

（d）右侧隧道上部衬砌+中隔支撑+

下部台阶开挖（最大值 2.571m）

（e）右侧隧道下部衬砌+中隔支撑取消（最大值 3.374m）

图 11.70　位移等值线分布云图

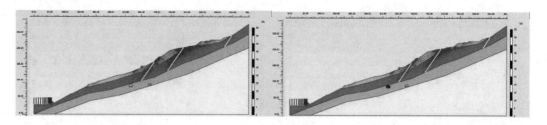

（a）左侧隧道上部台阶开挖　　　　　　　（b）左侧隧道上部衬砌+中隔支撑+下部台阶开挖

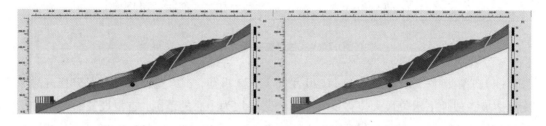

（c）左侧隧道下部衬砌+中隔支撑取消，右侧　　　（d）右侧隧道上部衬砌+中隔支撑+下部台阶开挖
隧道上部台阶开挖

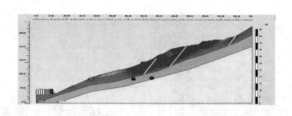

（e）右侧隧道下部衬砌+中隔支撑取消

图 11.71　位移矢量分布图

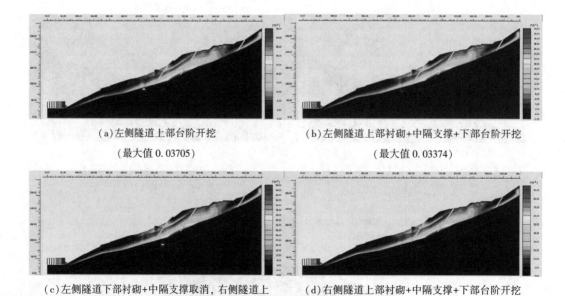

（a）左侧隧道上部台阶开挖　　　　　　　（b）左侧隧道上部衬砌+中隔支撑+下部台阶开挖

（最大值 0.03705）　　　　　　　　　　　（最大值 0.03374）

（c）左侧隧道下部衬砌+中隔支撑取消，右侧隧道上　　　（d）右侧隧道上部衬砌+中隔支撑+下部台阶开挖
部台阶开挖（最大值 0.06616）　　　　　　　　　　（最大值 0.09763）

(e)右侧隧道下部衬砌+中隔支撑取消(最大值 0.1285)

图 11.72　剪应变等值线分布云图

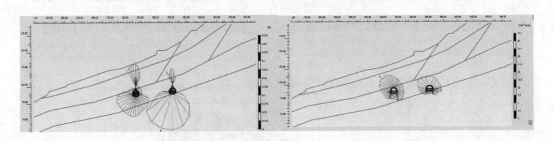

　(a)衬砌位移分布图　　　　　　　　　　　　(b)衬砌轴力分布图(最大值-77.87kN/m,

　(最大值 1.241m)　　　　　　　　　　　　　　　　　最小值-4716kN/m)

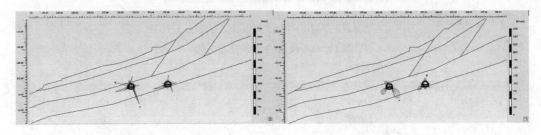

(c)衬砌剪力分布图(最大值 579.5kN/m,　　　　(d)衬砌弯矩分布图(最大值 242.8kN/m,

　　最小值-536.2kN/m)　　　　　　　　　　　　　最小值-369.0kN/m)

图 11.73　衬砌位移受力分布图

由图 11.73 可知隧道衬砌位移分布有突变,衬砌轴力分布比较均匀,衬砌剪力分布和衬砌弯矩分布突变明显,隧道加固处理措施的实施能够满足隧道整体安全要求,需要进一步对桥隧变形进行监测分析。

11.4.4　古滑坡陡倾边坡治理隧道施工稳定性评价

根据工程地质勘察、古滑坡治理,进行古滑坡陡倾边坡治理隧道施工稳定性数值分析。

(1)古滑坡 2-2 断面。由图 4.74 至图 4.76 可知,古滑坡治理、隧道开挖支护和古滑坡陡倾边坡一般地下水位最大位移发生在公路陡坎以上范围,原设计多级抗滑桩+多级抗滑桩(锚索),有效地阻挡了古滑坡下部边坡的复活,古滑坡复活迹象位于抗滑桩(锚索)陡坎裂缝，多组滑动面构成多重古滑坡，古滑坡下部得到有效控制、上部有小变形复活迹象，边坡仍处于蠕动滑移状态。其中，隧道开挖支护对古滑坡围岩有明显扰动。

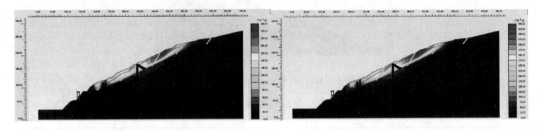

(a)左侧隧道上部台阶开挖(最大值 0.2462m)   (b)左侧隧道上部衬砌+中隔支撑+下部台阶开挖

(最大值 0.4375m)

(c)左侧隧道下部衬砌+中隔支撑取消(最大值 0.5972m)

图 11.74　位移等值线分布云图

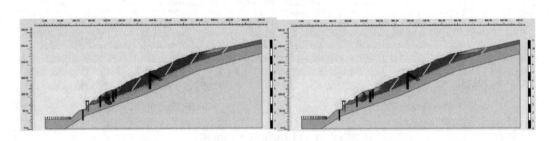

(a)左侧隧道上部台阶开挖   (b)左侧隧道上部衬砌+中隔支撑+下部台阶开挖

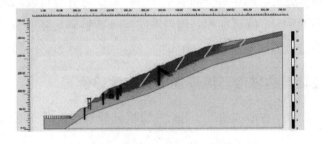

(c)左侧隧道下部衬砌+中隔支撑取消

图 11.75　位移矢量分布图

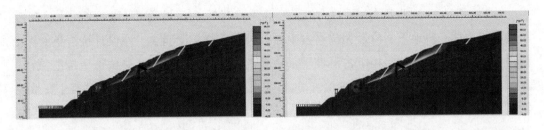

（a）左侧隧道上部台阶开挖（最大值 0.06377）　　　（b）左侧隧道上部衬砌+中隔支撑+下部台阶开挖
（最大值 0.05539）

（c）左侧隧道下部衬砌+中隔支撑取消（最大值 0.06377）

图 11.76　剪应变等值线分布云图

由图 11.77 可知，隧道衬砌位移分布有突变，衬砌轴力分布比较均匀，衬砌剪力分布和衬砌弯矩分布突变明显，隧道加固处理措施的实施能够满足隧道整体安全要求，需要进一步对桥隧变形进行监测分析。

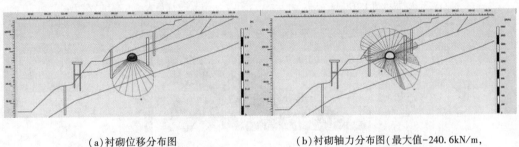

（a）衬砌位移分布图　　　　　　　　　　　（b）衬砌轴力分布图（最大值−240.6kN/m，
（最大值 0.2521m）　　　　　　　　　　　　　　　最小值−800.6kN/m）

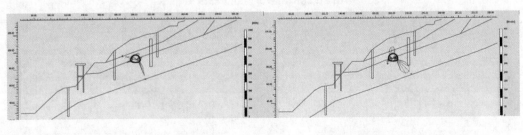

（c）衬砌剪力分布图（最大值 181.5kN/m，　　　　（d）衬砌弯矩分布图（最大值 52.73kN/m，
最小值−171.7kN/m）　　　　　　　　　　　　　　最小值−95.84kN/m）

图 11.77　衬砌位移受力分布图

（2）古滑坡 3-3 断面。由图 11.78 至图 11.80 可知，古滑坡治理、隧道开挖支护和古滑坡陡倾边坡一般地下水位最大位移发生在以公路陡坎以上范围，原设计抗滑桩+多级抗滑桩（锚索），有效地阻挡了古滑坡下部边坡的复活，古滑坡复活迹象位于抗滑桩（锚索）陡坎裂缝，多组滑动面构成多重古滑坡，古滑坡下部得到有效控制、上部有小变形复活迹象，边坡仍处于蠕动滑移状态。其中，隧道开挖支护对古滑坡围岩有明显扰动。

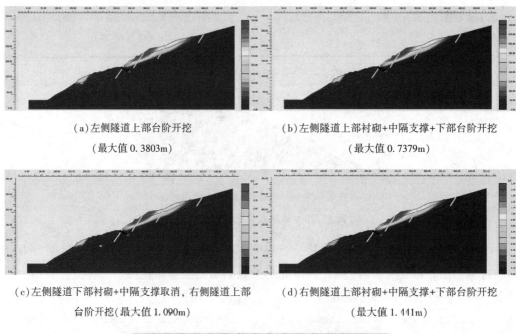

（a）左侧隧道上部台阶开挖
（最大值 0.3803m）

（b）左侧隧道上部衬砌+中隔支撑+下部台阶开挖
（最大值 0.7379m）

（c）左侧隧道下部衬砌+中隔支撑取消，右侧隧道上部
台阶开挖（最大值 1.090m）

（d）右侧隧道上部衬砌+中隔支撑+下部台阶开挖
（最大值 1.441m）

（e）右侧隧道下部衬砌+中隔支撑取消（最大值 1.791m）

图 11.78　位移等值线分布云图

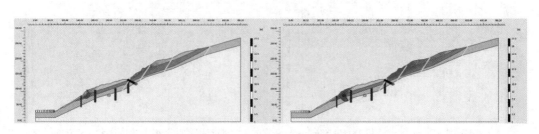

（a）左侧隧道上部台阶开挖

（b）左侧隧道上部衬砌+中隔支撑+下部台阶开挖

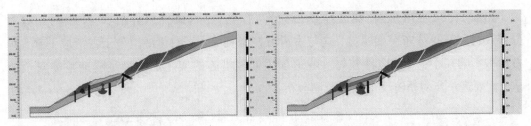

(c)左侧隧道下部衬砌+中隔支撑取消，　　　　　　(d)右侧隧道上部衬砌+中隔支撑+下部台阶开挖

右侧隧道上部台阶开挖

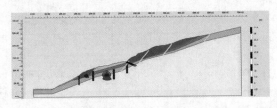

(e)右侧隧道下部衬砌+中隔支撑取消

图 11.79　位移矢量分布图

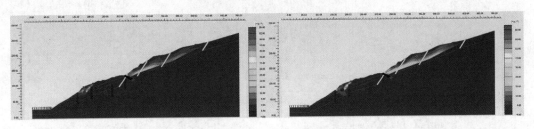

(a)左侧隧道上部台阶开挖　　　　　　　　　　(b)左侧隧道上部衬砌+中隔支撑+下部台阶开挖

（最大值 0.05527）　　　　　　　　　　　　　　（最大值 0.07001）

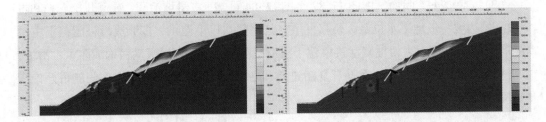

(c)左侧隧道下部衬砌+中隔支撑取消，右侧隧道上部　　　(d)右侧隧道上部衬砌+中隔支撑+下部台阶开挖

台阶开挖(最大值 0.08953)　　　　　　　　　　　　（最大值 0.1189）

(e)右侧隧道下部衬砌+中隔支撑取消(最大值 0.1482)

图 11.80　剪应变等值线分布云图

由图 11.81 可知，左侧隧道衬砌位移分布有突变，衬砌轴力分布不均匀，衬砌剪力分布和衬砌弯矩分布突变明显，这与古滑坡挤压相关，而右侧隧道位于古滑坡下部，对古滑坡影响较小，其稳定性较好。隧道加固处理措施的实施能够满足隧道整体安全要求，需要进一步对桥隧变形进行监测分析。

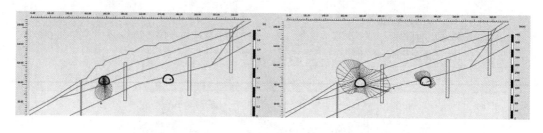

（a）衬砌位移分布图　　　　　　　　　（b）衬砌轴力分布图（最大值 266.3kN/m，

（最大值 0.4942m）　　　　　　　　　　　　　　最小值－1343kN/m）

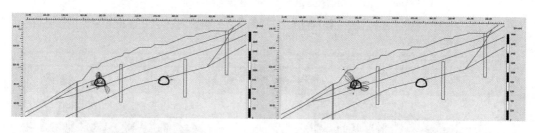

（c）衬砌剪力分布图（最大值 317.0kN/m，　　　（d）衬砌弯矩分布图（最大值 212.9kN/m，

最小值－186.3kN/m）　　　　　　　　　　　最小值－251.9kN/m）

图 11.81　衬砌位移受力分布图

（3）古滑坡 4-4 断面。由图 11.82 至图 11.84 可知，古滑坡治理、隧道开挖支护和古滑坡陡倾边坡一般地下水位最大位移发生在公路陡坎以上范围，多级抗滑桩阻挡了古滑坡下部边坡的复活，古滑坡复活迹象位于抗滑桩陡坎裂缝，多组滑动面构成多重古滑坡，古滑坡下部得到有效控制、上部有复活迹象，边坡处于蠕动滑移状态，左侧隧道开挖支护对古滑坡围岩有明显扰动。

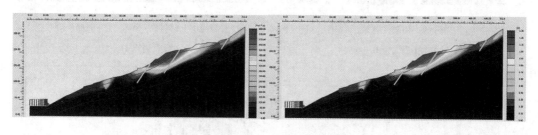

（a）左侧隧道上部台阶开挖　　　　　　（b）左侧隧道上部衬砌+中隔支撑+下部台阶开挖

（最大值 0.6511m）　　　　　　　　　　　　　（最大值 1.204m）

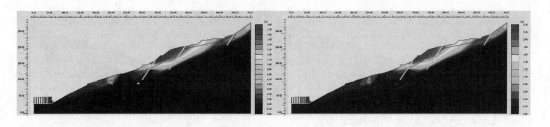

（c）左侧隧道下部衬砌+中隔支撑取消，右侧隧道上部　　（d）右侧隧道上部衬砌+中隔支撑+下部台阶开挖
　　　台阶开挖（最大值1.723m）　　　　　　　　　　　　　　　（最大值2.224m）

（e）右侧隧道下部衬砌+中隔支撑取消（最大值2.711m）

图 11.82　位移等值线分布云图

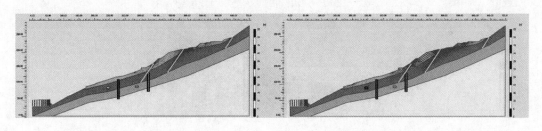

（a）左侧隧道上部台阶开挖　　　　　　　　　　（b）左侧隧道上部衬砌+中隔支撑+下部台阶开挖

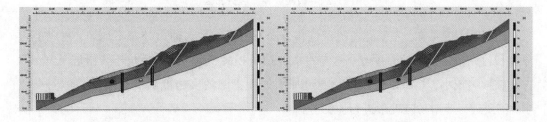

（c）左侧隧道下部衬砌+中隔支撑取消，右侧隧道　　　　　　（d）右侧隧道上部衬砌+中隔支撑+
　　　上部台阶开挖　　　　　　　　　　　　　　　　　　　　下部台阶开挖

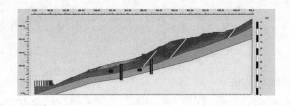

（e）右侧隧道下部衬砌+中隔支撑取消

图 11.83　位移矢量分布图

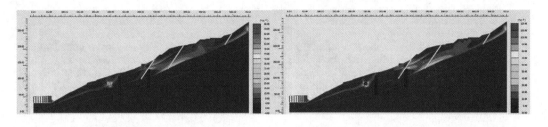

（a）左侧隧道上部台阶开挖
（最大值 0.06486）

（b）左侧隧道上部衬砌+中隔支撑+下部台阶开挖
（最大值 0.1182）

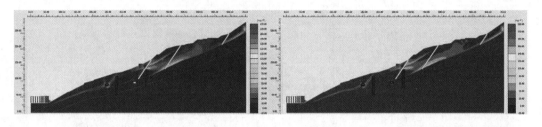

（c）左侧隧道下部衬砌+中隔支撑取消，右侧隧道上部
台阶开挖（最大值 0.1663）

（d）右侧隧道上部衬砌+中隔支撑+下部台阶开挖
（最大值 0.2085）

（e）右侧隧道下部衬砌+中隔支撑取消（最大值 0.2457）

图 11.84　剪应变等值线分布云图

由图 11.85 可知，左侧隧道衬砌位移分布有突变，衬砌轴力分布不均匀，衬砌剪力分布和衬砌弯矩分布突变明显，这与古滑坡挤压相关，而右侧隧道位于古滑坡下部，对古滑坡影响较小，其稳定性较好。隧道加固处理措施的实施能够满足隧道整体安全要求，需要进一步对桥隧变形进行监测分析。

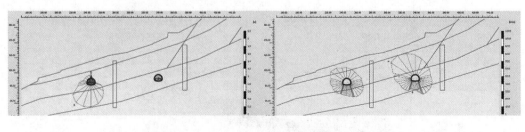

（a）衬砌位移分布图
（最大值 0.7768m）

（b）衬砌轴力分布图（最大值−1086kN/m，
最小值−3394kN/m）

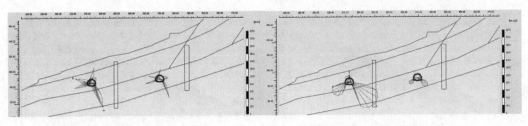

　　(c)衬砌剪力分布图(最大值 249.8kN/m，　　　　(d)衬砌弯矩分布图(最大值 324.4kN/m，

　　　　　最小值-1695kN/m)　　　　　　　　　　　　最小值-491.7kN/m)

图 11.85　衬砌位移受力分布图

　　(4)古滑坡 5-5 断面。由图 11.86 至图 11.88 可知，古滑坡治理、隧道开挖支护和古滑坡陡倾边坡一般地下水位最大位移发生在以公路陡坎以上范围，多级抗滑桩，有效地阻挡了古滑坡下部边坡的复活，古滑坡复活迹象位于抗滑桩陡坎裂缝，多组滑动面构成多重古滑坡，古滑坡下部得到有效控制、上部有小变形复活迹象，边坡仍处于蠕动滑移状态。其中，左侧隧道开挖支护对古滑坡围岩有明显扰动。

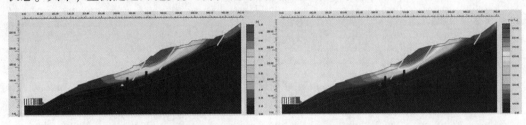

　　　(a)左侧隧道上部台阶开挖　　　　　　(b)左侧隧道上部衬砌+中隔支撑+下部台阶开挖

　　　　(最大值 1.061m)　　　　　　　　　　　　　(最大值 0.9255m)

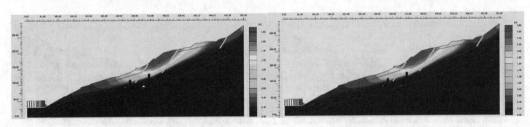

　　(c)左侧隧道下部衬砌+中隔支撑取消，右侧隧道　　　(d)右侧隧道上部衬砌+中隔支撑+

　　　　上部台阶开挖(最大值 1.819m)　　　　　　　下部台阶开挖(最大值 2.688m)

　　(e)右侧隧道下部衬砌+中隔支撑取消(最大值 3.539m)

图 11.86　位移等值线分布云图

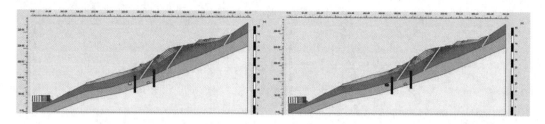

（a）左侧隧道上部台阶开挖　　　　　　（b）左侧隧道上部衬砌+中隔支撑+下部台阶开挖

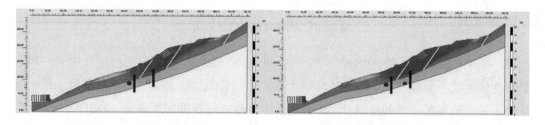

（c）左侧隧道下部衬砌+中隔支撑取消，　　　（d）右侧隧道上部衬砌+中隔支撑+下部台阶开挖
　　右侧隧道上部台阶开挖

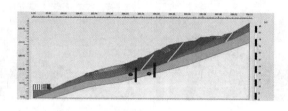

（e）右侧隧道下部衬砌+中隔支撑取消

图 11.87　位移矢量分布图

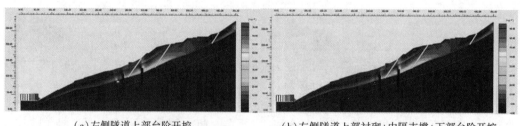

（a）左侧隧道上部台阶开挖　　　　　　（b）左侧隧道上部衬砌+中隔支撑+下部台阶开挖

（最大值 0.07758）　　　　　　　　　　（最大值 0.06874）

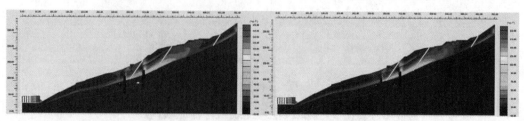

（c）左侧隧道下部衬砌+中隔支撑取消，右侧隧道　　　（d）右侧隧道上部衬砌+中隔支撑+

上部台阶开挖（最大值 0.1322）　　　　　　　下部台阶开挖（最大值 0.1914）

（e）右侧隧道下部衬砌+中隔支撑取消（最大值 0.2479）

图 11.88　剪应变等值线分布云图

由图 11.89 可知，左侧隧道衬砌位移分布有突变，衬砌轴力分布不均匀，衬砌剪力分布和衬砌弯矩分布突变明显，这与古滑坡挤压相关，而右侧隧道位于古滑坡下部，对古滑坡影响较小，其稳定性较好。隧道加固处理措施的实施能够满足隧道整体安全要求，需要进一步对桥隧变形进行监测分析。

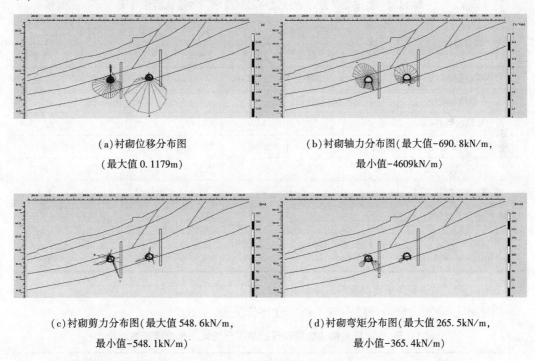

（a）衬砌位移分布图　　　　　　　　（b）衬砌轴力分布图（最大值-690.8kN/m，

（最大值 0.1179m）　　　　　　　　　　　　　　最小值-4609kN/m）

（c）衬砌剪力分布图（最大值 548.6kN/m，　　（d）衬砌弯矩分布图（最大值 265.5kN/m，

最小值-548.1kN/m）　　　　　　　　　　　最小值-365.4kN/m）

图 11.89　衬砌位移受力分布图

本节在极限平衡稳定性分析的基础上，利用 2D 平面应变问题 3D 排桩单元的模拟技术，深入地进行了古滑坡陡倾边坡一般与极端暴雨地下水位、古滑坡陡倾边坡隧道施工和古滑坡治理隧道施工稳定性评价。得到如下结果：

①古滑坡陡倾边坡一般与极端暴雨地下水位稳定性对比见表 11.3。

表 11.3　古滑坡陡倾边坡一般与极端暴雨地下水位稳定性对比

评价指标	一般地下水位情况			极端暴雨地下水位		
	2-2 断面	3-3 断面	5-5 断面	2-2 断面	3-3 断面	5-5 断面
稳定性系数	1.074	1.089	1.128	0.988	1.001	1.031
古滑坡状态	蠕动阶段	蠕动阶段	蠕动阶段	滑动阶段	挤压阶段	挤压阶段
古滑坡最大位移/m	0.5796	2.320	33.89	15.31	13.55	41.18
古滑坡形态	形成	形成	形成	形成	形成	形成
滑动面形态	贯通	贯通	贯通	贯通	贯通	贯通

注：①蠕动阶段，稳定系数 1.15~1.05；②挤压阶段，稳定系数 1.05~1.00；③滑动阶段，稳定系数 1.00~0.95；④剧滑阶段，稳定系数 0.9~0.95。

②古滑坡陡倾边坡隧道施工稳定性评价见表 11.4。

表 11.4　古滑坡陡倾边坡隧道施工一般地下水位稳定性对比

评价指标	原始古滑坡			穿越古滑坡隧道施工			
	2-2 断面	3-3 断面	5-5 断面	2-2 断面	3-3 断面	4-4 断面	5-5 断面
古滑坡稳定性系数	1.074	1.089	1.128	>1.150			
古滑坡状态	蠕动阶段			稳定阶段			
古滑坡最大位移/m	0.5796	2.320	33.89	+0.9144	+1.859	+4.473	+3.374
古滑坡形态	形成	形成	形成	形成	形成	形成	形成
古滑坡滑动面形态	贯通	贯通	贯通	贯通	贯通	贯通	贯通
隧道衬砌位移/m	—	—	—	0.3514	0.6045	1.280	1.241
隧道衬砌轴力/(kN/m)	—	—	—	1112	1695	2726	4716
隧道衬砌剪力/(kN/m)	—	—	—	181.0	390.9	892.4	579.5
隧道衬砌弯矩/(kN/m)	—	—	—	118.5	491.7	1261	369.0

注：注：+号代表在原始古滑坡的基础上增加量。

③古滑坡陡倾边坡治理隧道施工稳定性评价见表 11.5。

表 11.5　古滑坡陡倾边坡治理隧道施工一般地下水位稳定性对比

评价指标	穿越古滑坡隧道施工				穿越治理古滑坡隧道施工			
	2-2 断面	3-3 断面	4-4 断面	5-5 断面	2-2 断面	3-3 断面	4-4 断面	5-5 断面
古滑坡稳定性系数	>1.150							
古滑坡状态	稳定阶段							
古滑坡最大位移/m	+0.9144	+1.859	+4.473	+3.374	+0.5972	+1.791	+2.711	+3.539
古滑坡形态	形成	形成	形成	形成	控制	控制	控制	控制
古滑坡滑动面形态	贯通	贯通	贯通	贯通	控制	控制	控制	控制

表11.5(续)

评价指标	穿越古滑坡隧道施工				穿越治理古滑坡隧道施工			
	2-2断面	3-3断面	4-4断面	5-5断面	2-2断面	3-3断面	4-4断面	5-5断面
隧道衬砌位移/m	0.3514	0.6045	1.280	1.241	0.2521	0.4942	0.7768	0.1179
隧道衬砌轴力/(kN/m)	1112	1695	2726	4716	800.6	1343	3394	4609
隧道衬砌剪力/(kN/m)	181.0	390.9	892.4	579.5	181.5	317.0	1695	548.6
隧道衬砌弯矩/(kN/mm)	118.5	491.7	1261	369.0	95.84	251.9	491.7	365.4

注：注：+号代表在原始古滑坡的基础上增加量。

(4)古滑坡隧道开挖支护和古滑坡陡倾边坡。一般地下水位最大位移发生在以公路陡坎为中心的范围，原设计多级抗滑桩有效地阻挡了古滑坡下部边坡的复活，多组滑动面构成多重古滑坡复活，边坡仍处于蠕动滑移状态。其中，隧道开挖支护对古滑坡围岩有明显扰动，有古滑坡复活迹象。古滑坡隧道开挖支护和古滑坡陡倾边坡一般地下水位最大位移发生在以公路陡坎为中心的范围，隧道衬砌位移分布有突变，衬砌轴力分布比较均匀，衬砌剪力分布和衬砌弯矩分布突变明显，这与隧道衬砌右侧墙受上部古滑坡挤压隆起有关，隧道加固处理措施的实施不能满足隧道整体安全要求，需要研究古滑坡治理、桥隧施工方案。

(5)古滑坡治理、隧道开挖支护和古滑坡陡倾边坡。一般地下水位最大位移发生在公路陡坎以上范围，原设计多级抗滑桩+多级抗滑桩(锚索)有效地阻挡了古滑坡下部边坡的复活，古滑坡复活迹象位于抗滑桩(锚索)陡坎裂缝，多组滑动面构成多重古滑坡，古滑坡下部得到有效控制、上部有小变形复活迹象，边坡仍处于蠕动滑移状态。其中，隧道开挖支护对古滑坡围岩有明显扰动。古滑坡治理、隧道开挖支护和古滑坡陡倾边坡一般地下水位最大位移发生在公路陡坎以上范围，隧道衬砌位移分布有突变，衬砌轴力分布比较均匀，衬砌剪力分布和衬砌弯矩分布突变明显，隧道加固处理措施实施能够满足隧道整体安全要求，需要进一步对桥隧变形进行监测分析。

综上所述，穿越大规模古滑坡隧道变形破坏风险太高，极易诱导古滑坡复活，给兼顾隧道安全的古滑坡治理带来技术难度、巨大的经济负担，建议进行详细勘探与稳定性治理评价后，选择技术难度小、经济性的穿越形式。

◆◇ 11.5　穿越古滑坡隧道治理地震动力响应分析

本节在通过穿越古滑坡隧道陡倾边坡治理有限元模型、边界条件及阻尼、材料的本构模型与物理力学参数研究，进行穿越古滑坡隧道边坡治理地震动力响应分析。

11.5.1 有限元数值模拟动力模块分析方法

依托前面章节设计方案要求满足抵抗地震作用，地震力发生在工程建造完成之后运营期间。模型参数还要考虑材料的阻尼黏性作用，所以要输入雷利阻尼系数 α 和 β；模型边界条件选取标准地震边界，地震波谱选用 UPLAND 记录真实地震加速度数据，如图 11.90 所示。

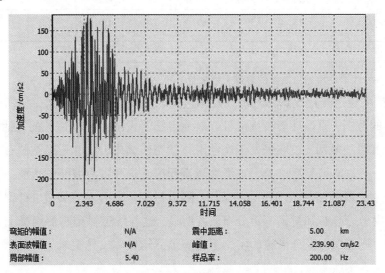

图 11.90 地震波谱–加速度–时间曲线

(1)边界条件与阻尼。有限元数值模拟分析地震动力计算过程中，为了防止应力波的反射，并且不允许模型中的某些能量发散，边界条件应抵消反射，即地震分析中的吸收边界。吸收边界用于吸收动力荷载在边界上引起的应力增量，否则动力荷载将在土体内部发生反射吸收，边界中的阻尼器来替代某个方向的固定约束，阻尼器要确保边界上的应力增加被吸收不反弹，之后边界移动。在 x 方向上被阻尼器吸收的垂直和剪切应力分量为：

$$\sigma_{\mathrm{n}} = -C_1 \rho v_{\mathrm{p}} \dot{u}_x \tag{11.6}$$

$$\tau = -C_2 \rho v_{\mathrm{s}} \dot{u}_y \tag{11.7}$$

式中：ρ——材料密度；

   v_{p}——压缩波速；

   v_{s}——剪切波速；

C_1，C_2——促进吸收效果的松弛系数。

取 $C_1=1$、$C_2=0.25$ 可使波在边界上得到合理的吸收。材料阻尼由摩擦角不可逆变形如塑性变形或黏性变形引起，故土体材料越具黏性或者塑性，地震震动能量越易消散。有限元数值计算中，C 是质量和刚度矩阵的函数，如下所示：

$$C = \alpha_{\mathrm{R}} M + \beta_{\mathrm{R}} K \tag{11.8}$$

（2）材料的本构模型与物理力学参数。由于土体在加载过程中变形复杂，很难用数学模型模拟出真实的土体动态变形特性，多数有限元土体本构模型的建立都在工程实验和模型简化基础上进行。但是，由于土体变形过程中弹性阶段不能和塑性阶段分开，采用设定高级模型参数添加阻尼系数。

近年来西南地区部分地震统计如表 11.6 所示。

表 11.6　近年来西南地区部分地震统计

震级	发震时刻	深度/km	参考位置
5.6	2019-07-19	10	西藏山南市错那县
6.3	2019-04-24	10	西藏林芝市墨脱县
5.8	2018-12-24	8	西藏日喀则市谢通门县
6.9	2017-11-18	10	西藏林芝市米林县
5.5	2015-03-30	7	贵州省黔东南苗族侗族自治州剑河县
5.9	2018-09-08	11	云南普洱市墨江县
6.5	2014-08-03	12	云南省昭通市鲁甸县
5.6	2019-07-04	8	四川宜宾市珙县
6.0	2019-06-17	16	四川宜宾市长宁县
5.0	2017-11-23	10	重庆市武隆县
5.2	2010-01-31	10	遂宁市市辖区、重庆市潼南区交界

11.5.2　穿越古滑坡隧道陡倾边坡治理 2-2 断面地震动力响应分析

（1）有限元模型及地震边界。穿越古滑坡隧道陡倾边坡治理 2-2 断面有限元模型及地震边界见图 11.91。

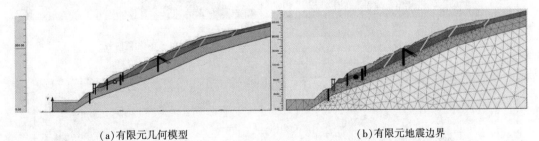

（a）有限元几何模型　　　　　　　　　　（b）有限元地震边界

图 11.91　有限元模型及地震边界

（2）边坡位移等值线分布特征。有限元静力分析后，进行地震动力响应模拟分析，在模型底部给定地震波，得出典型 2.5，5.0，10.0，20.0s 的总位移云图，见图 11.92，模型中最大总位移分别为 0.6672，1.303，2.518，4.268m，表明随着地震动力影响时间的持续，穿越古滑坡隧道陡倾边坡发生了总体位移。

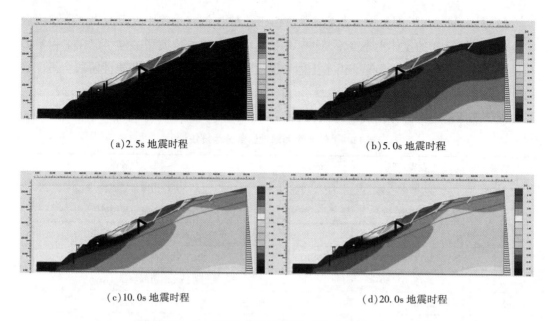

（a）2.5s 地震时程　　　　　　　　　　　（b）5.0s 地震时程

（c）10.0s 地震时程　　　　　　　　　　（d）20.0s 地震时程

图 11.92　2-2 断面不同地震时程边坡位移等值线云图

（3）边坡总速度等值线分布特征。有限元静力分析后，进行地震动力响应模拟分析，在模型底部给定地震波，得出典型 2.5，5.0，10.0，20.0s 的总速度云图，见图 11.93，模型中最大总速度分别为 0.2895，0.3151，0.2666，0.1985m/s。位移速度下降。

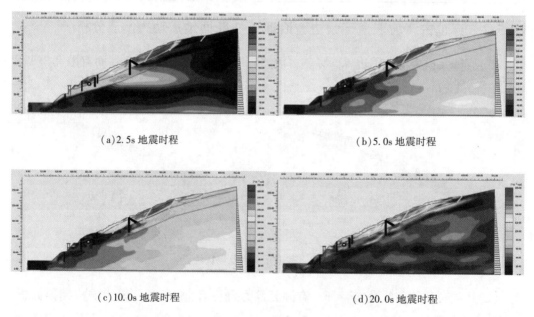

（a）2.5s 地震时程　　　　　　　　　　　（b）5.0s 地震时程

（c）10.0s 地震时程　　　　　　　　　　（d）20.0s 地震时程

图 11.93　2-2 断面不同地震时程边坡总速度等值线云图

（4）边坡总加速度矢量分布特征。有限元静力分析后，进行地震动力响应模拟分析，在模型底部给定地震波，得出典型 2.5，5.0，10.0，20.0s 的总加速度矢量分布，见图

11.94,模型中最大总加速度分别为 10.750,8.912,7.380,6.847m/s^2。

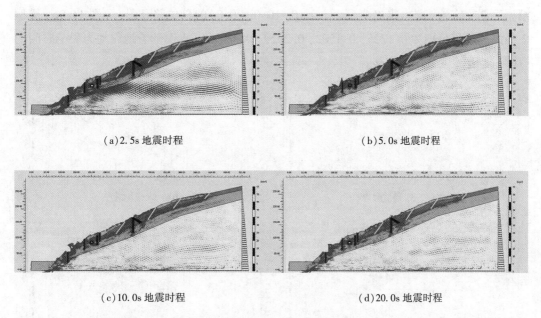

(a)2.5s 地震时程

(b)5.0s 地震时程

(c)10.0s 地震时程

(d)20.0s 地震时程

图 11.94 2-2 断面不同地震时程边坡总加速度等值线云图

(5)边坡剪应变等值线分布特征。有限元静力分析后,进行地震动力响应模拟分析,在模型底部给定地震波,得出典型 2.5,5.0,10.0,20.0s 的剪应变云图,见图 11.95 所示,模型中最大剪应变分别为 0.2612,0.4086,0.7594,1.235。

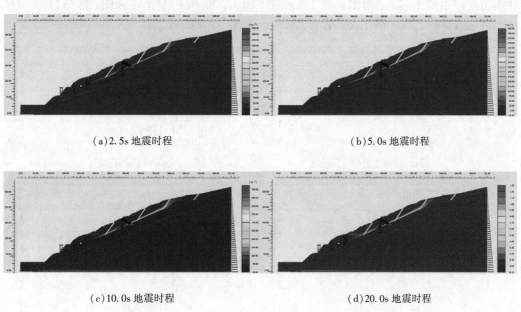

(a)2.5s 地震时程

(b)5.0s 地震时程

(c)10.0s 地震时程

(d)20.0s 地震时程

图 11.95 2-2 断面不同地震时程边坡剪应变等值线云图

（6）隧道衬砌位移分布特征。有限元静力分析后，进行地震动力响应模拟分析，在模型底部给定地震波，得出典型 2.5，5.0，10.0，20.0s 的总位移云图，见图 11.96，模型中最大总位移分别为 0.1225，0.1502，0.2029，0.3641m，表明随着地震动力影响时间的持续，隧道发生了总体位移。

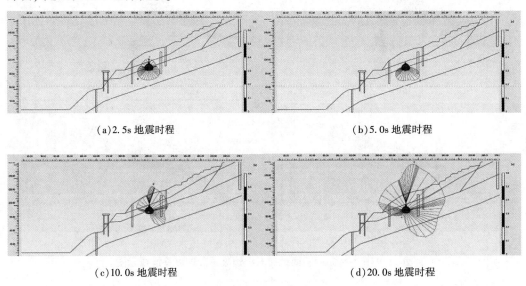

（a）2.5s 地震时程　　　　　　　　　　　　　（b）5.0s 地震时程

（c）10.0s 地震时程　　　　　　　　　　　　　（d）20.0s 地震时程

图 11.96　2-2 断面不同地震时程隧道位移等值线云图

（7）隧道衬砌总速度分布特征。有限元静力分析后，进行地震动力响应模拟分析，在模型底部给定地震波，得出典型 2.5，5.0，10.0，20.0s 的总速度云图，见图 11.97，模型中最大总速度分别为 0.1062，0.05003，0.05340，0.06553m/s。

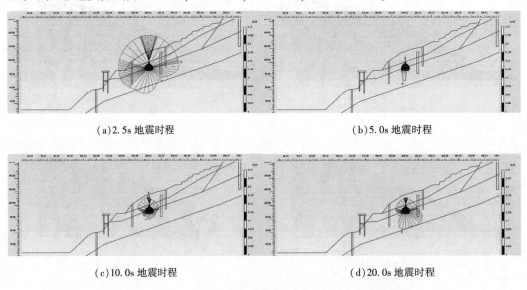

（a）2.5s 地震时程　　　　　　　　　　　　　（b）5.0s 地震时程

（c）10.0s 地震时程　　　　　　　　　　　　　（d）20.0s 地震时程

图 11.97　2-2 断面不同地震时程隧道总速度等值线云图

(8)隧道衬砌总加速度分布特征。有限元静力分析后,进行地震动力响应模拟分析,在模型底部给定地震波,得出典型 2.5, 5.0, 10.0, 20.0s 的总加速度云图,见图 11.98 所示,模型中最大总加速度分别为 0.6140, 1.658, 1.317, 1.160m/s² 隧道位移加速度增加。

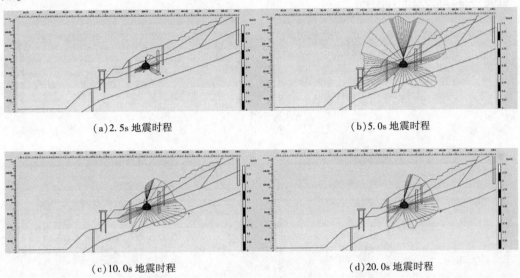

(a)2.5s 地震时程   (b)5.0s 地震时程

(c)10.0s 地震时程   (d)20.0s 地震时程

图 11.98 2-2 断面不同地震时程隧道总加速度等值线云图

(9)隧道衬砌剪应变旋转分布特征。有限元静力分析后,进行地震动力响应模拟分析,在模型底部给定地震波,得出典型 2.5, 5.0, 10.0, 20.0s 的剪应变旋转,见图 11.99 所示,模型中最大剪应变旋转分别为 0.6936°, 1.839°, 2.778°, 3.443°,最小剪应变旋转分别为 -0.5421°, -1.240°, -2.427°, -3.255°。表明剪应变旋转波动。

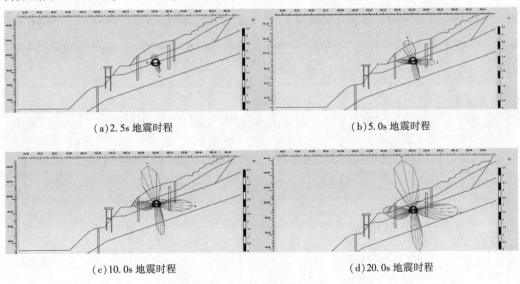

(a)2.5s 地震时程   (b)5.0s 地震时程

(c)10.0s 地震时程   (d)20.0s 地震时程

图 11.99 2-2 断面不同地震时程隧道剪应变旋转分布云图

（10）隧道衬砌轴力分布特征。有限元静力分析后，进行地震动力响应模拟分析，在模型底部给定地震波，得出典型 2.5，5.0，10.0，20.0s 的轴力分布，见图 11.100 所示，模型中最大轴力分别为-563.1，-652.1，-791.0，-851.3kN/m，最小轴力分别为-2502，-3198，-3427，-3601kN/m。

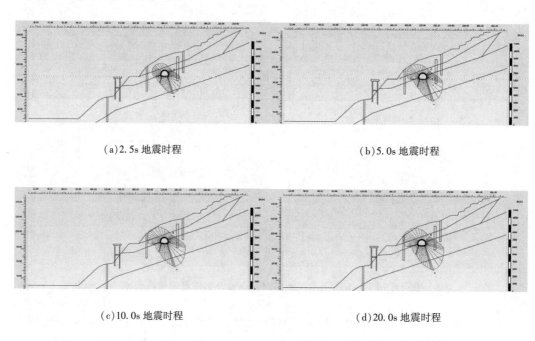

（a）2.5s 地震时程 　　　　　　　　　　（b）5.0s 地震时程

（c）10.0s 地震时程 　　　　　　　　　　（d）20.0s 地震时程

图 11.100　2-2 断面不同地震时程隧道轴力分布云图

（11）隧道衬砌剪力分布特征。有限元静力分析后，隧道进行地震动力响应模拟分析，在模型底部给定地震波，得出典型 2.5，5.0，10.0，20.0s 的剪力分布，见图 11.101 所示，模型中最大剪力分别为 336.0，395.3，450.4，527.3kN/m，最小剪力分别为-447.4，-544.0，-529.4，-549.6kN/m。

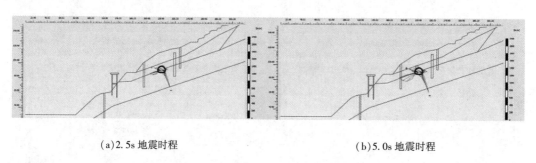

（a）2.5s 地震时程 　　　　　　　　　　（b）5.0s 地震时程

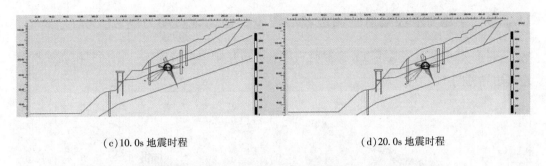

（c）10.0s 地震时程　　　　　　　　　　（d）20.0s 地震时程

图 11.101　2-2 断面不同地震时程隧道剪力分布云图

（12）隧道衬砌弯矩分布特征。有限元静力分析后，隧道进行地震动力响应模拟分析，在模型底部给定地震波，得出典型 2.5、5.0、10.0、20.0s 的弯矩分布，见图 11.102 所示，模型中最大弯矩分别为 175.1、407.5、541.3、612.3kN/m，最小弯矩分别为 -331.3、-503.5、-621.7、-702.1kN/m。

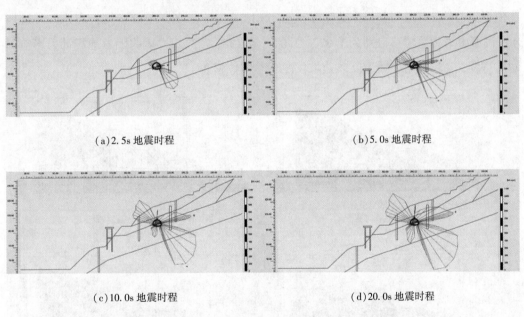

（a）2.5s 地震时程　　　　　　　　　　（b）5.0s 地震时程

（c）10.0s 地震时程　　　　　　　　　　（d）20.0s 地震时程

图 11.102　2-2 断面不同地震时程隧道弯矩分布云图

穿越古滑坡隧道陡倾边坡治理 2-2 断面地震动力响应分析表明：①地震动力响应 20.0s 的边坡总位移 4.268m，最大总速度 0.3151m/s，最大总加速度 10.750m/s²，最大剪应变 1.235。②地震动力响应将诱导古滑坡蠕动滑移，多级抗滑桩切断了滑动面，具有阻滑古滑坡整体滑坡作用。③地震动力响应 20.0s 的隧道总位移 0.3641m，最大总速度 0.1062m/s，最大总加速度 1.658m/s²。④隧道衬砌剪应变旋转、轴力、剪力和弯矩变化剧烈，衬砌有变形破裂可能。

11.5.3 穿越古滑坡隧道陡倾边坡治理3-3断面地震动力响应分析

（1）有限元模型及地震边界。穿越古滑坡隧道陡倾边坡治理3-3断面有限元模型及地震边界见图11.103。

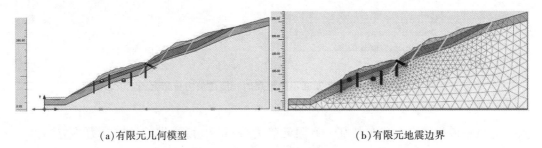

（a）有限元几何模型　　　　　　　　（b）有限元地震边界

图11.103　有限元模型及地震边界

（2）边坡位移等值线分布特征。有限元静力分析后，进行地震动力响应模拟分析，在模型底部给定地震波，得出典型2.5，5.0，10.0，20.0s的总位移云图，见图11.104所示，模型中最大总位移分别为1.377，3.041，5.138，7.322m，表明随着地震动力影响时间的持续，穿越古滑坡隧道陡倾边坡发生了总体位移。

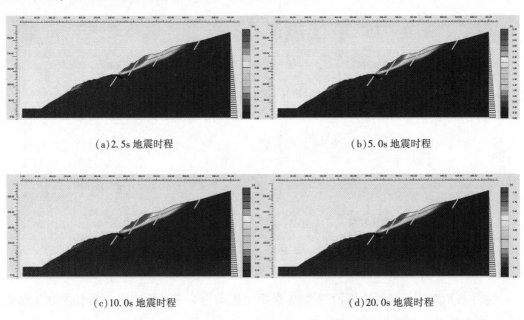

（a）2.5s地震时程　　　　　　　　　　（b）5.0s地震时程

（c）10.0s地震时程　　　　　　　　　　（d）20.0s地震时程

图11.104　3-3断面不同地震时程边坡位移等值线云图

（3）边坡总速度等值线分布特征。有限元静力分析后，进行地震动力响应模拟分析，在模型底部给定地震波，得出典型2.5，5.0，10.0，20.0s的总速度云图，见图11.105所示，模型中最大总速度分别为0.6822，0.6728，0.4184，0.2264m/s。

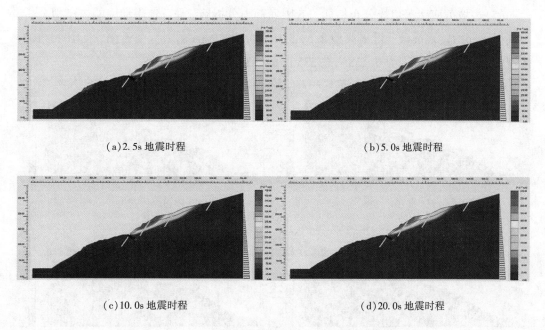

（a）2.5s 地震时程　　　　　　　　　　　　（b）5.0s 地震时程

（c）10.0s 地震时程　　　　　　　　　　　（d）20.0s 地震时程

图 11. 105　3-3 断面不同地震时程边坡总速度等值线云图

（4）边坡总加速度矢量分布特征。有限元静力分析后，进行地震动力响应模拟分析，在模型底部给定地震波，得出典型 2.5，5.0，10.0，20.0s 的总加速度矢量分布，见图 11. 106，模型中最大总加速度分别为 3.329，3.551，1.858，1.616m/s²。

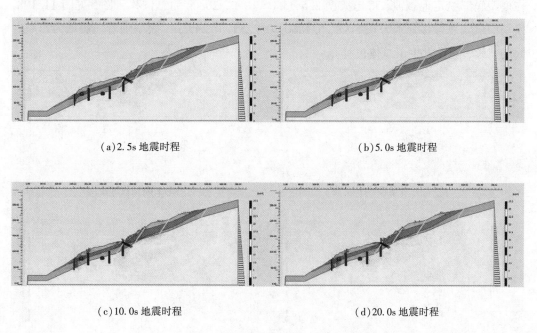

（a）2.5s 地震时程　　　　　　　　　　　　（b）5.0s 地震时程

（c）10.0s 地震时程　　　　　　　　　　　（d）20.0s 地震时程

图 11. 106　3-3 断面不同地震时程边坡总加速度等值线云图

（5）边坡剪应变等值线分布特征。有限元静力分析后，进行地震动力响应模拟分析，在模型底部给定地震波，得出典型 2.5，5.0，10.0，20.0s 的剪应变云图，见图 11.107，模型中最大剪应变分别为 0.1585，0.3350，0.5228，0.7070。

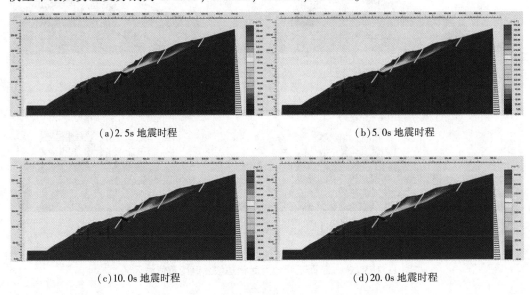

（a）2.5s 地震时程　　　　　　　　　　　　（b）5.0s 地震时程

（c）10.0s 地震时程　　　　　　　　　　　　（d）20.0s 地震时程

图 11.107　3-3 断面不同地震时程剪应变等值线云图

（6）隧道衬砌位移分布特征。有限元静力分析后，边坡进行地震动力响应模拟分析，在模型底部给定地震波，得出典型 2.5，5.0，10.0，20.0s 的总位移云图，见图 11.108，模型中最大总位移分别为 0.1198，0.1860，0.2259，0.2493m，表明随着地震动力影响时间的持续，隧道发生了总体位移。

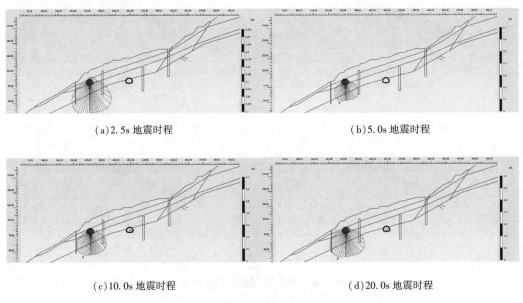

（a）2.5s 地震时程　　　　　　　　　　　　（b）5.0s 地震时程

（c）10.0s 地震时程　　　　　　　　　　　　（d）20.0s 地震时程

图 11.108　3-3 断面不同地震时程位移等值线云图

（7）隧道衬砌总速度分布特征。有限元静力分析后，进行地震动力响应模拟分析，在模型底部给定地震波，得出典型 2.5，5.0，10.0，20.0s 的总速度云图，见图 11.19，模型中最大总速度分别为 0.03349，0.02167，0.01297，0.006415m/s。

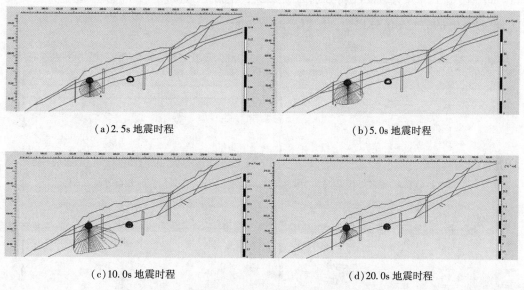

（a）2.5s 地震时程　　　　　　　　　　（b）5.0s 地震时程

（c）10.0s 地震时程　　　　　　　　　　（d）20.0s 地震时程

图 11.109　3-3 断面不同地震时程隧道总速度等值线云图

（8）隧道衬砌总加速度分布特征。有限元静力分析后，进行地震动力响应模拟分析，在模型底部给定地震波，得出典型 2.5，5.0，10.0，20.0s 的总加速度云图，见图 11.110，模型中最大总加速度分别为 0.2579，0.3699，0.3564，0.4413m/s^2。

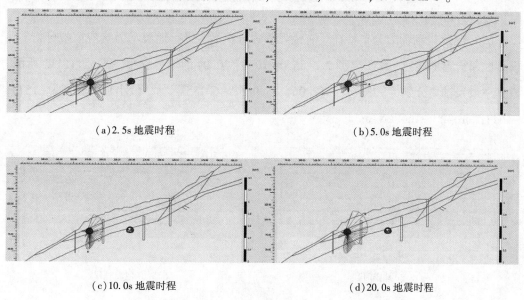

（a）2.5s 地震时程　　　　　　　　　　（b）5.0s 地震时程

（c）10.0s 地震时程　　　　　　　　　　（d）20.0s 地震时程

图 11.110　3-3 断面不同地震时程隧道总加速度等值线云图

（9）隧道衬砌剪应变旋转分布特征。有限元静力分析后，进行地震动力响应模拟分析，在模型底部给定地震波，得出典型 2.5，5.0，10.0，20.0s 的剪应变旋转，见图 11.111，模型中最大剪应变旋转分别为 1.223°，1.863°，2.223°，2.484°，最小剪应变旋转分别为 -0.6967°，-0.9815°，-1.132°，-1.208°。

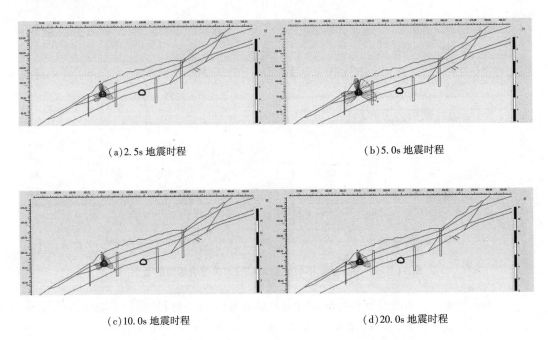

（a）2.5s 地震时程 　　　　　　　　　　　（b）5.0s 地震时程

（c）10.0s 地震时程 　　　　　　　　　　　（d）20.0s 地震时程

图 11.111　3-3 断面不同地震时程隧道剪应变旋转分布云图

（10）隧道衬砌轴力分布特征。有限元静力分析后，进行地震动力响应模拟分析，在模型底部给定地震波，得出典型 2.5，5.0，10.0，20.0s 的轴力分布，见图 11.112 所示，模型中最大轴力分别为 -23.61，-19.06，-5.985，-6.185kN/m，最小轴力分别为 -1579，-1623，-1642，-1668kN/m。

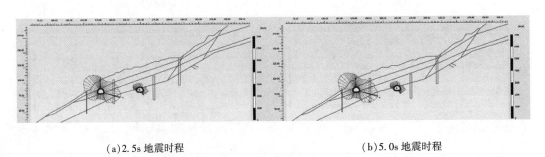

（a）2.5s 地震时程 　　　　　　　　　　　（b）5.0s 地震时程

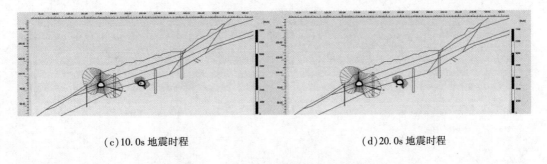

(c)10.0s 地震时程　　　　　　　　　　(d)20.0s 地震时程

图 11.112　3-3 断面不同地震时程隧道轴力分布云图

(11)隧道衬砌剪力分布特征。有限元静力分析后,进行地震动力响应模拟分析,在模型底部给定地震波,得出典型 2.5,5.0,10.0,20.0s 的剪力分布,见图 11.113,模型中最大剪力分别为 502.4,584.8,629.2,653.5kN/m,最小剪力分别为-346.5,-486.3,-571.2,-638.1kN/m。

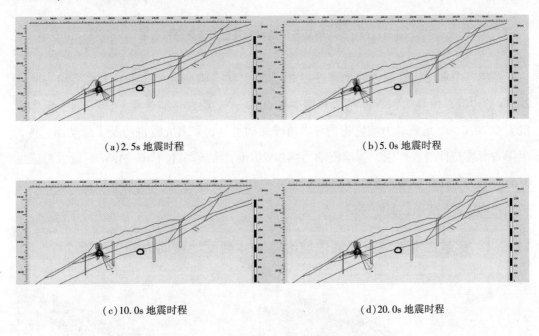

(a)2.5s 地震时程　　　　　　　　　　(b)5.0s 地震时程

(c)10.0s 地震时程　　　　　　　　　　(d)20.0s 地震时程

图 11.113　3-3 断面不同地震时程隧道剪力分布云图

(12)隧道衬砌弯矩分布特征。有限元静力分析后,隧道进行地震动力响应模拟分析,在模型底部给定地震波,得出典型 2.5,5.0,10.0,20.0s 的弯矩分布,见图 11.114 所示,模型中最大弯矩分别为 377.5,407.5,479.5,570.4kN/m,最小弯矩分别为-428.8,-516.9,-597.8,-649.5kN/m。

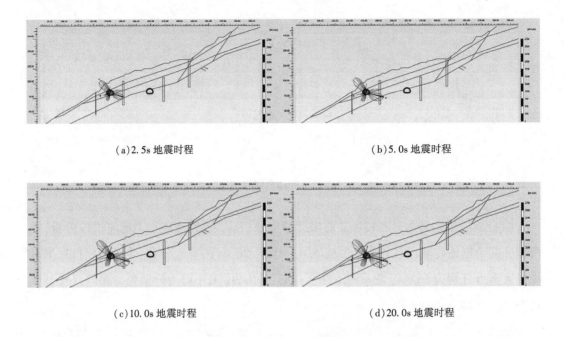

（a）2.5s 地震时程   （b）5.0s 地震时程

（c）10.0s 地震时程   （d）20.0s 地震时程

图 11.114　3-3 断面不同地震时程隧道弯矩分布云图

穿越古滑坡隧道陡倾边坡治理 3-3 断面地震动力响应分析表明：①地震动力响应 20.0s 的边坡总位移 7.322m，最大总速度 0.6822m/s，最大总加速度 3.550m/s^2，最大剪应变 0.7070。②地震动力响应将诱导古滑坡蠕动滑移，多级抗滑桩切断了滑动面，具有阻滑古滑坡整体滑坡作用。③地震动力响应 20.0s 的隧道总位移 0.2493m，最大总速度 0.03349m/s，最大总加速度 0.4413m/s^2。④左侧隧道衬砌剪应变旋转、轴力、剪力和弯矩变化剧烈，有变形破裂的可能。

11.5.4　穿越古滑坡隧道陡倾边坡治理 4-4 断面地震动力响应分析

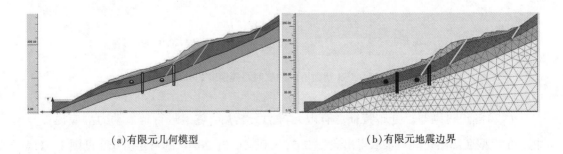

（a）有限元几何模型   （b）有限元地震边界

图 11.115　有限元模型及地震边界

（2）边坡位移等值线分布特征。有限元静力分析后，进行地震动力响应模拟分析，在模型底部给定地震波，得出典型 2.5，5.0，10.0，20.0s 的总位移云图，见图 11.116，模型中最大总位移分别为 0.9340，1.937，4.069，8.261m，表明随着地震动力影响时间的持续，穿越古滑坡隧道陡倾边坡发生了总体位移。

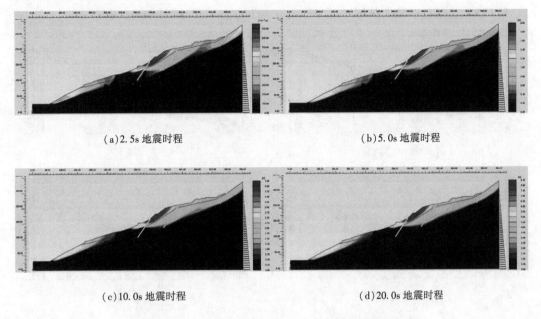

(a)2.5s 地震时程　　　　　　　　　　　　　　(b)5.0s 地震时程

(c)10.0s 地震时程　　　　　　　　　　　　　(d)20.0s 地震时程

图 11.116　4-4 断面不同地震时程边坡位移等值线云图

(3)边坡总速度等值线分布特征。有限元静力分析后，进行地震动力响应模拟分析，在模型底部给定地震波，得出典型 2.5，5.0，10.0，20.0s 的总速度云图，见图 11.117 所示，模型中最大总速度分别为 0.4062，0.4025，0.4326，0.4216m/s。

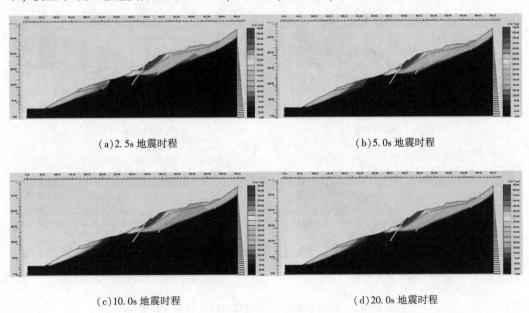

(a)2.5s 地震时程　　　　　　　　　　　　　　(b)5.0s 地震时程

(c)10.0s 地震时程　　　　　　　　　　　　　(d)20.0s 地震时程

图 11.117　4-4 断面不同地震时程边坡总速度等值线云图

（4）边坡总加速度矢量分布特征。有限元静力分析后，进行地震动力响应模拟分析，在模型底部给定地震波，得出典型 2.5，5.0，10.0，20.0s 的总加速度矢量分布，见图 11.118 所示，模型中最大总加速度分别为 0.8216，0.3418，0.2896，0.2688m/s^2。

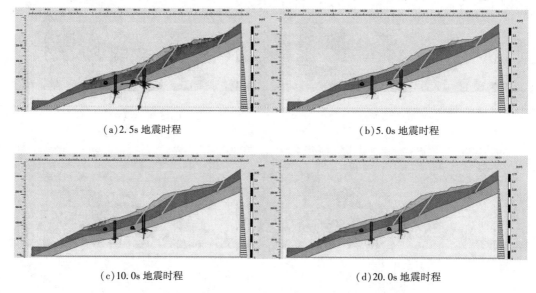

（a）2.5s 地震时程　　　　　　　　　　（b）5.0s 地震时程

（c）10.0s 地震时程　　　　　　　　　　（d）20.0s 地震时程

图 11.118　4-4 断面不同地震时程边坡总加速度等值线云图

（5）边坡剪应变等值线分布特征。有限元静力分析后，进行地震动力响应模拟分析，在模型底部给定地震波，得出典型 2.5，5.0，10.0，20.0s 的剪应变云图，见图 11.119 所示，模型中最大剪应变分别为 0.2221，0.4428，0.8476，1.379。

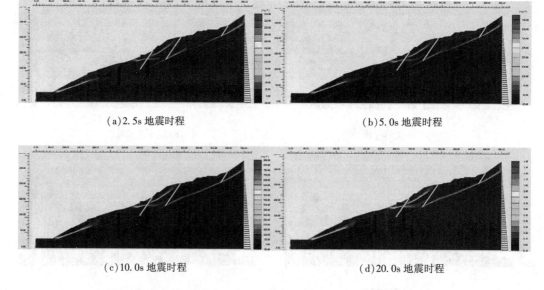

（a）2.5s 地震时程　　　　　　　　　　（b）5.0s 地震时程

（c）10.0s 地震时程　　　　　　　　　　（d）20.0s 地震时程

图 11.119　4-4 断面不同震时程剪应变等值线云图

（6）隧道衬砌位移分布特征。有限元静力分析后，进行地震动力响应模拟分析，在模型底部给定地震波，得出典型 2.5，5.0，10.0，20.0s 的总位移云图，见图 11.120，模型中最大总位移分别为 0.2334，0.4629，0.7167，0.9554m，表明随着地震动力影响时间的持续，隧道发生了总体位移。

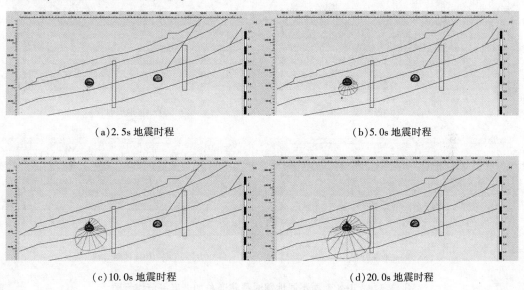

(a)2.5s 地震时程   (b)5.0s 地震时程

(c)10.0s 地震时程   (d)20.0s 地震时程

图 11.120　4-4 断面不同地震时程隧道位移等值线云图

（7）隧道衬砌总速度分布特征。有限元静力分析后，进行地震动力响应模拟分析，在模型底部给定地震波，得出典型 2.5，5.0，10.0，20.0s 的总速度云图，见图 11.121 所示，模型中最大总速度分别为 0.1109，0.07437，0.03001，0.01660m/s。

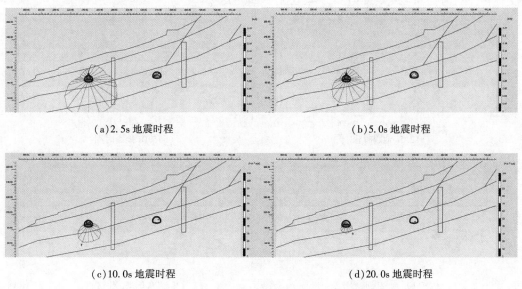

(a)2.5s 地震时程   (b)5.0s 地震时程

(c)10.0s 地震时程   (d)20.0s 地震时程

图 11.121　4-4 断面不同地震时程总速度等值线云图

（8）隧道衬砌总加速度分布特征。有限元静力分析后，进行地震动力响应模拟分析，在模型底部给定地震波，得出典型 2.5，5.0，10.0，20.0s 的总加速度云图，见图11.122，模型中最大总加速度分别为 0.1482，0.06879，0.06342，0.06147m/s²。

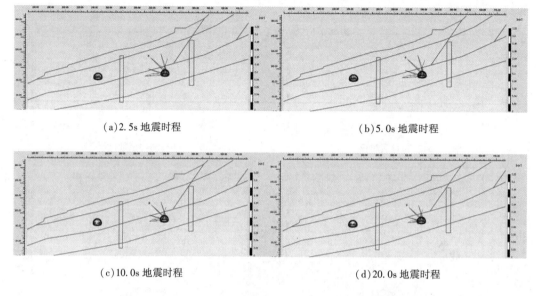

（a）2.5s 地震时程　　　　　　　　　　　　（b）5.0 地震时程

（c）10.0s 地震时程　　　　　　　　　　　　（d）20.0s 地震时程

图 11.122　4-4 断面不同地震时程隧道总加速度等值线云图

（9）隧道衬砌剪应变旋转分布特征。有限元静力分析后，进行地震动力响应模拟分析，在模型底部给定地震波，得出典型 2.5，5.0，10.0，20.0s 的剪应变旋转，见图11.123 所示，模型中最大剪应变旋转分别为 2.522°，4.396°，6.180°，7.495°，最小剪应变旋转分别为 -2.142°，-2.915°，-4.028°，-4.578°。

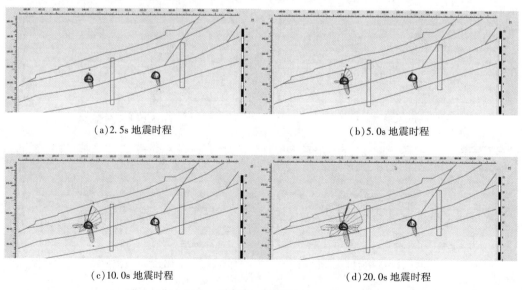

（a）2.5s 地震时程　　　　　　　　　　　　（b）5.0s 地震时程

（c）10.0s 地震时程　　　　　　　　　　　　（d）20.0s 地震时程

图 11.123　4-4 断面不同地震时程隧道剪应变旋转分布云图

（10）隧道衬砌轴力分布特征。有限元静力分析后，进行地震动力响应模拟分析，在模型底部给定地震波，得出典型 2.5，5.0，10.0，20.0s 的轴力分布，见图 11.124 所示，模型中最大轴力分别为 -1557，-1775，-1875，-1931kN/m，最小轴力分别为 -4904，-5253，-5416，-5509kN/m。

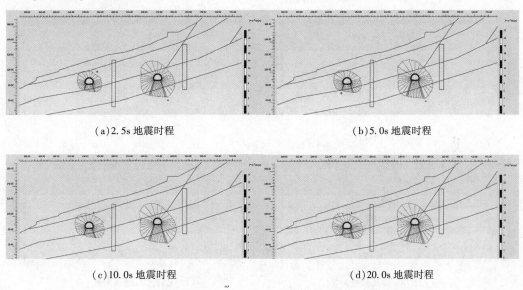

（a）2.5s 地震时程　　　　　　　　　（b）5.0s 地震时程

（c）10.0s 地震时程　　　　　　　　　（d）20.0s 地震时程

图 11.124　4-4 断面不同地震时程隧道轴力分布云图

（11）隧道衬砌剪力分布特征。有限元静力分析后，隧道进行地震动力响应模拟分析，在模型底部给定地震波，得出典型 2.5，5.0，10.0，20.0s 的剪力分布，见图 11.125，模型中最大剪力分别为 1018，1418，1804，2063kN/m，最小剪力分别为 -1351，-1759，-2152，-2445kN/m。

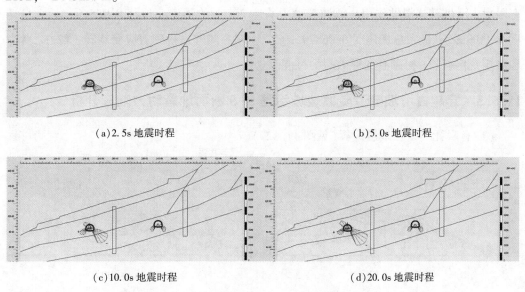

（a）2.5s 地震时程　　　　　　　　　（b）5.0s 地震时程

（c）10.0s 地震时程　　　　　　　　　（d）20.0s 地震时程

图 11.125　4-4 断面不同地震时程隧道剪力分布云图

（12）隧道衬砌弯矩分布特征。有限元静力分析后，隧道进行地震动力响应模拟分析，在模型底部给定地震波，得出典型 2.5、5.0、10.0、20.0s 的弯矩分布，见图 11.126 所示，模型中最大弯矩分别为 175.1，407.5，541.3，612.3kN/m，最小弯矩分别为 −331.3，−503.5，−621.7，−702.1kN/m。

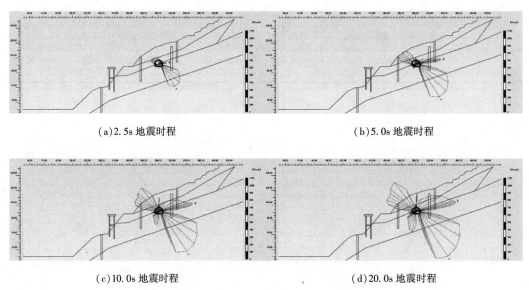

（a）2.5s 地震时程　　　　　　　　　　　　　　（b）5.0s 地震时程

（c）10.0s 地震时程　　　　　　　　　　　　　　（d）20.0s 地震时程

图 11.126　4-4 断面不同地震时程隧道弯矩分布云图

穿越古滑坡隧道陡倾边坡治理 4-4 断面地震动力响应分析表明：①地震动力响应 20.0s 的边坡总位移 8.261m，最大总速度 0.4326m/s，最大总加速度 0.8216m/s²，最大剪应变 1.379。②地震动力响应将诱导古滑坡蠕动滑移，多级抗滑桩切断了滑动面，具有阻滑古滑坡整体滑坡作用。③地震动力响应 20.0s 的隧道总位移 0.9554m，最大总速度 0.1109m/s，最大总加速度 0.06879m/s²。④左右侧隧道衬砌剪应变旋转、轴力、剪力和弯矩变化剧烈，衬砌有变形破裂的可能。

11.5.5　穿越古滑坡隧道陡倾边坡治理 5-5 断面地震动力响应分析

（1）有限元模型及地震边界（见图 11.127）。

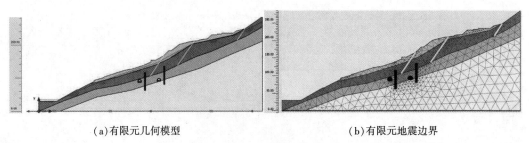

（a）有限元几何模型　　　　　　　　　　　　　　（b）有限元地震边界

图 11.127　有限元模型及地震边界

（2）边坡位移等值线分布特征。有限元静力分析后，进行地震动力响应模拟分析，在模型底部给定地震波，得出典型 2.5，5.0，10.0，20.0s 的总位移云图，见图 11.128，模型中最大总位移分别为 0.9850，2.052，4.235，9.099m，表明随着地震动力影响时间的持续，穿越古滑坡隧道陡倾边坡发生了总体位移。

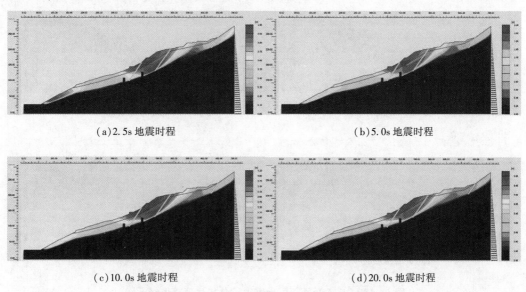

(a)2.5s 地震时程　　　　　　　　　　　(b)5.0s 地震时程

(c)10.0s 地震时程　　　　　　　　　　　(d)20.0s 地震时程

图 11.128　5-5 断面不同地震时程边坡位移等值线云图

（3）边坡总速度等值线分布特征。有限元静力分析后，进行地震动力响应模拟分析，在模型底部给定地震波，得出典型 2.5，5.0，10.0，20.0s 的总速度云图，见图 11.129，模型中最大总速度分别为 0.4249，0.4351，0.4456，0.4961m/s。

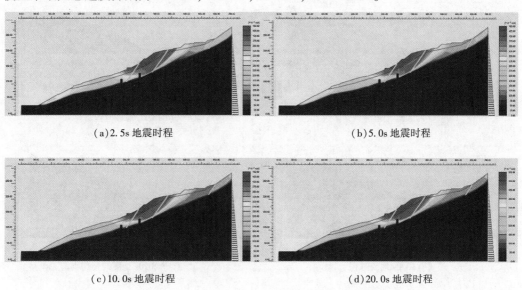

(a)2.5s 地震时程　　　　　　　　　　　(b)5.0s 地震时程

(c)10.0s 地震时程　　　　　　　　　　　(d)20.0s 地震时程

图 11.129　5-5 断面不同地震时程边坡总速度等值线云图

（4）边坡总加速度矢量分布特征。有限元静力分析后，进行地震动力响应模拟分析，在模型底部给定地震波，得出典型 2.5，5.0，10.0，20.0s 的总加速度矢量，分布见图 11.130，模型中最大总加速度分别为 5.509，5.049，3.062，2.825m/s^2。

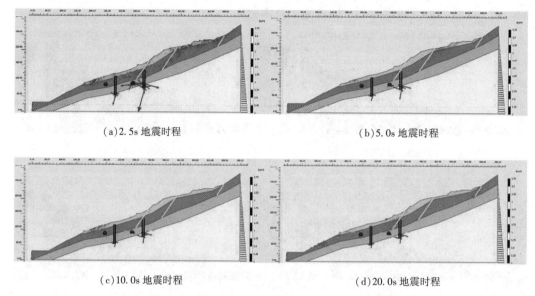

（a）2.5s 地震时程　　　　　　　　　　（b）5.0s 地震时程

（c）10.0s 地震时程　　　　　　　　　　（d）20.0s 地震时程

图 11.130　5-5 断面不同地震时程总加速度等值线云图

（5）边坡剪应变等值线分布特征。有限元静力分析后，进行地震动力响应模拟分析，在模型底部给定地震波，得出典型 2.5，5.0，10.0，20.0s 的剪应变云图，见图 11.131 所示，模型中最大剪应变分别为 0.5993，1.117，1.616，2.215。

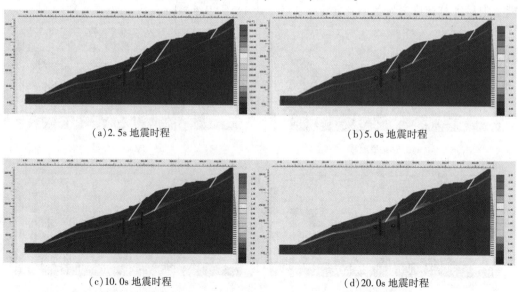

（a）2.5s 地震时程　　　　　　　　　　（b）5.0s 地震时程

（c）10.0s 地震时程　　　　　　　　　　（d）20.0s 地震时程

图 11.131　5-5 断面不同地震时程边坡剪应变等值线云图

(6)隧道衬砌位移分布特征。有限元静力分析后，进行地震动力响应模拟分析，在模型底部给定地震波，得出典型 2.5，5.0，10.0，20.0s 的总位移云图，见图 11.132 所示，模型中最大总位移分别为 0.07553，0.8963，0.1147，0.1533m，表明随着地震动力影响时间的持续，隧道发生了总体位移。

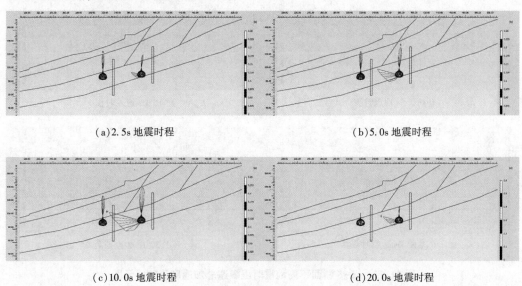

(a)2.5s 地震时程　　　　　　　　　　(b)5.0 地震时程

(c)10.0s 地震时程　　　　　　　　　　(d)20.0s 地震时程

图 11.132　5-5 断面不同地震时程隧道位移等值线云图

(7)隧道衬砌总速度分布特征。有限元静力分析后，进行地震动力响应模拟分析，在模型底部给定地震波，得出典型 2.5，5.0，10.0，20.0s 的总速度云图，见图 11.133 所示，模型中最大总速度分别为 0.01616，0.01410，0.006312，0.003495m/s。

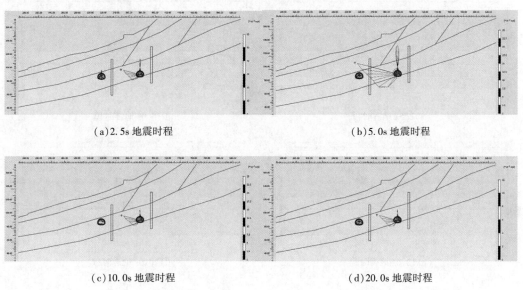

(a)2.5s 地震时程　　　　　　　　　　(b)5.0 地震时程

(c)10.0s 地震时程　　　　　　　　　　(d)20.0s 地震时程

图 11.133　5-5 断面不同地震时程隧道总速度等值线云图

（8）隧道衬砌总加速度分布特征。有限元静力分析后，进行地震动力响应模拟分析，在模型底部给定地震波，得出典型 2.5、5.0、10.0、20.0s 的总加速度云图，见图 11.134 所示，模型中最大总加速度分别为 0.6140、1.658、1.317、1.160m/s² 。

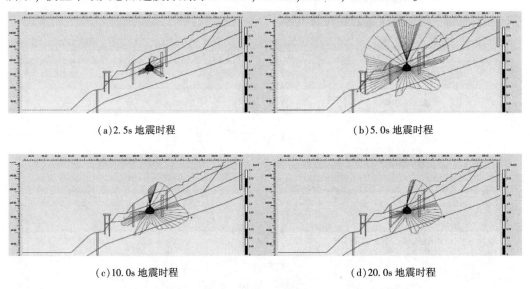

(a)2.5s 地震时程　　　　　　　　　　　　(b)5.0s 地震时程

(c)10.0s 地震时程　　　　　　　　　　　(d)20.0s 地震时程

图 11.134　5-5 断面不同地震时程隧道总加速度等值线云图

（9）隧道衬砌剪应变旋转分布特征。有限元静力分析后，进行地震动力响应模拟分析，在模型底部给定地震波，得出典型 2.5、5.0、10.0、20.0s 的剪应变旋转，见图 11.135，模型中最大剪应变旋转分别为 1.566°、1.874°、2.101°、2.333°，最小剪应变旋转分别为 -1.321°、-1.485°、-1.553°、-1.889°。

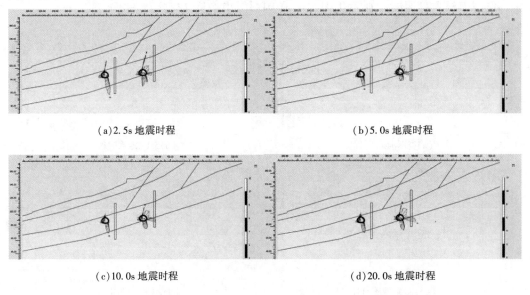

(a)2.5s 地震时程　　　　　　　　　　　　(b)5.0s 地震时程

(c)10.0s 地震时程　　　　　　　　　　　(d)20.0s 地震时程

图 11.135　5-5 断面不同地震时程隧道剪应变旋转分布云图

（10）隧道衬砌轴力分布特征。有限元静力分析后，进行地震动力响应模拟分析，在模型底部给定地震波，得出典型 2.5，5.0，10.0，20.0s 的轴力分布，见图 11.136 所示，模型中最大轴力分别为−1744，−1750，−1728，−1690kN/m，最小轴力分别为−4461，−4613，−4870，−5078kN/m。

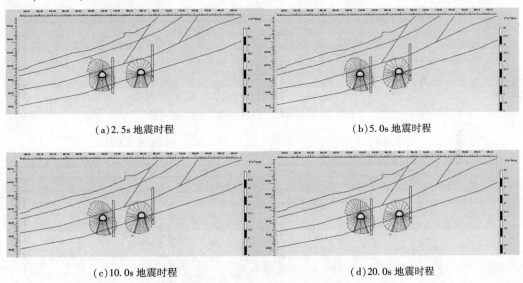

(a)2.5s 地震时程　　　　　　　　　　(b)5.0s 地震时程

(c)10.0s 地震时程　　　　　　　　　(d)20.0s 地震时程

图 11.136　5-5 断面不同地震时程隧道轴力分布云图

（11）隧道衬砌剪力分布特征。有限元静力分析后，进行地震动力响应模拟分析，在模型底部给定地震波，得出典型 2.5，5.0，10.0，20.0s 的剪力分布，见图 11.137，模型中最大剪力分别为 794.9，832.3，450.4，998.0kN/m，最小剪力分别为−910.9，−1008，−1078，−1149kN/m。

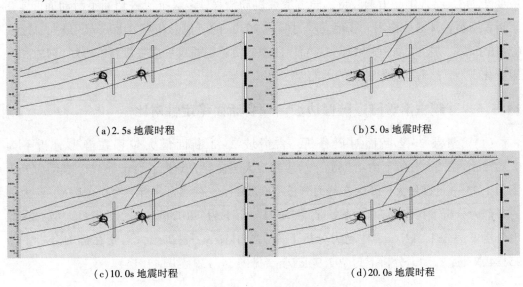

(a)2.5s 地震时程　　　　　　　　　　(b)5.0s 地震时程

(c)10.0s 地震时程　　　　　　　　　(d)20.0s 地震时程

图 11.137　5-5 断面不同地震时程隧道剪力分布云图

（12）隧道衬砌弯矩分布特征。有限元静力分析后，进行地震动力响应模拟分析，在模型底部给定地震波，得出典型 2.5、5.0、10.0、20.0s 的弯矩分布，见图 11.138，模型中最大弯矩分别为 373.5、407.5、399.0、412.2kN/m，最小弯矩分别为−613.9、−681.7、−728.4、−776.8kN/m。

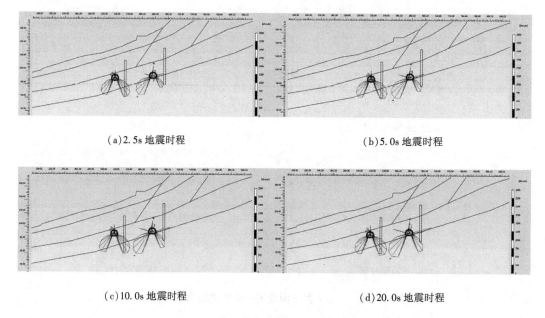

（a）2.5s 地震时程　　　　　　　　　　　　（b）5.0s 地震时程

（c）10.0s 地震时程　　　　　　　　　　　　（d）20.0s 地震时程

图 11.138　5-5 断面不同地震时程隧道弯矩分布云图

穿越古滑坡隧道陡倾边坡治理 5-5 断面地震动力响应分析表明：①地震动力响应 20.0s 的边坡总位移 9.099m，最大总速度 0.4961m/s，最大总加速度 5.509m/s²，最大剪应变 2.215。②地震动力响应将诱导古滑坡蠕动滑移，多级抗滑桩切断了滑动面，具有阻滑古滑坡整体滑坡作用。③地震动力响应 20.0s 的隧道总位移 0.8963m，最大总速度 0.01616m/s，最大总加速度 1.658m/s²。④左右侧隧道衬砌剪应变旋转、轴力、剪力和弯矩变化剧烈，衬砌有变形破裂的可能。

11.5.6　穿越古滑坡隧道陡倾边坡治理各断面稳定性对比

（1）古滑坡 2-2 断面对比分析。古滑坡 2-2 断面最大位移在静力分析下为 0.5972m，在动力分析下为 4.268m；剪应变最大值在静力分析下为 0.06377，在动力分析下为 1.235；衬砌最大位移为在静力分析下 0.2521m，在动力分析下为 0.6162m；最大轴力在静力分析下衬砌为 800.6kN/m，在动力分析下为 4401.6kN/m；衬砌最大剪力在静力分析下为 181.5kN/m，在动力分析下为 731.1kN/m；衬砌最大弯矩在静力分析下为 95.84kN/m，在动力分析下为 797.94kN/m，见图 11.139 至图 11.144。

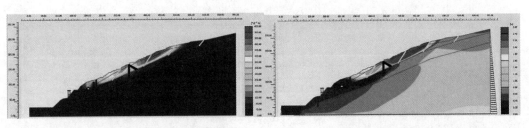

（a）2-2 断面静力分析位移等值线分布云图

（最大值 0.5972m）

（b）2-2 断面动力分析位移等值线分布云图

（最大值 4.268m）

图 11.139　2-2 断面位移等值线分布云图对比

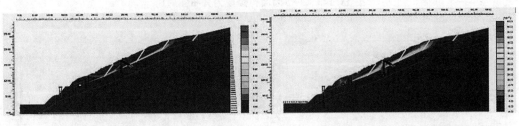

（a）2-2 断面静力分析剪应变等值线分布云图

（最大值 0.06377）

（b）2-2 断面动力分析剪应变等值线分布云图

（最大值 1.235）

图 11.140　2-2 断面剪应变等值线分布云图对比

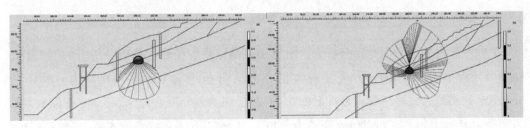

（a）2-2 断面静力分析衬砌位移分布图

（最大值 0.2521m）

（b）2-2 断面动力分析衬砌位移分布图

（最大值 0.6162m）

图 11.141　2-2 断面衬砌位移分布图对比

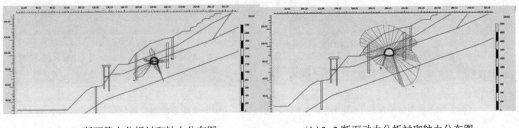

（a）2-2 断面静力分析衬砌轴力分布图

（最大值 800.6kN/m）

（b）2-2 断面动力分析衬砌轴力分布图

（最大值 4401.6kN/m）

图 11.142　2-2 断面衬砌轴力分布图对比

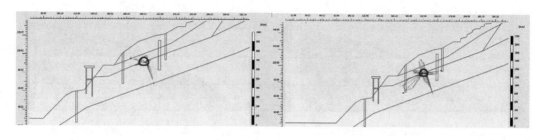

(a)2-2断面静力分析衬砌剪力分布图　　　　　　(b)2-2断面动力分析衬砌剪力分布图

（最大值181.5kN/m）　　　　　　　　　　　　（最大值731.1kN/m）

图11.143　2-2断面衬砌剪力分布图对比

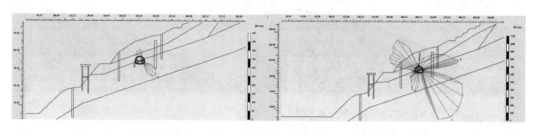

(a)2-2断面静力分析衬砌弯矩分布图　　　　　　(b)2-2断面动力分析衬砌弯矩分布图

（最大值95.84kN/m）　　　　　　　　　　　　（最大值797.94kN/m）

图11.144　2-2断面衬砌弯矩分布图对比

（2）古滑坡3-3断面对比分析。古滑坡3-3断面最大位移在静力分析下为1.791m，在动力分析下为7.322m；剪应变最大值在静力分析下为0.1482，在动力分析下为0.7070；衬砌最大位移在静力分析下为0.4942m，在动力分析下为0.7435m；衬砌最大轴力在静力分析下为800.6kN/m，在动力分析下为3601kN/m；衬砌最大剪力在静力分析下为317.0kN/m，在动力分析下为970.5kN/m；衬砌最大弯矩在静力分析下为251.9kN/m，在动力分析下为901.4kN/m，见图11.145至图11.150。

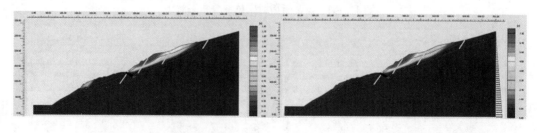

(a)3-3断面静力分析位移等值线分布云图　　　　(b)3-3断面动力分析位移等值线分布云图

（最大值1.791m）　　　　　　　　　　　　　　（最大值7.322m）

图11.145　3-3断面位移等值线分布云图对比

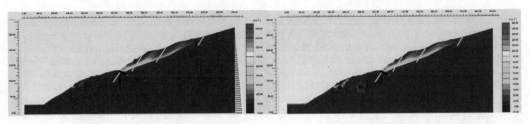

（a）3-3 断面静力分析剪应变等值线分布云图　　　　（b）3-3 断面动力分析剪应变等值线分布云图

（最大值 0.1482）　　　　　　　　　　　　（最大值 0.7070）

图 11.146　3-3 断面剪应变等值线分布云图对比

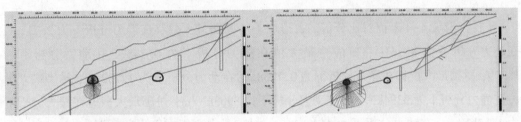

（a）3-3 断面静力分析衬砌位移分布图　　　　（b）3-3 断面动力分析衬砌位移分布图

（最大值 0.4942m）　　　　　　　　　　（最大值 0.7435m）

图 11.147　3-3 断面衬砌位移分布图对比

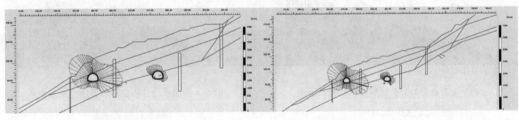

（a）3-3 断面静力分析衬砌轴力分布图　　　　（b）3-3 断面动力分析衬砌轴力分布图

（最大值 1343kN/m）　　　　　　　　　　（最大值 3011kN/m）

图 11.148　3-3 断面衬砌轴力分布图对比

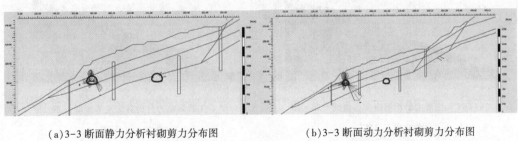

（a）3-3 断面静力分析衬砌剪力分布图　　　　（b）3-3 断面动力分析衬砌剪力分布图

（最大值 317.0kN/m）　　　　　　　　　　（最大值 970.5kN/m）

图 11.149　3-3 断面衬砌剪力分布图对比

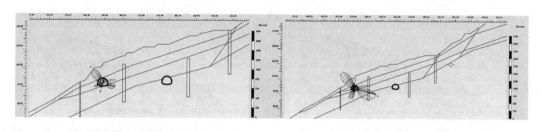

(a)3-3断面静力分析衬砌弯矩分布图   (b)3-3断面动力分析衬砌弯矩分布图

（最大值251.9kN/m）   （最大值901.4kN/m）

图 11.150　3-3 断面衬砌弯矩分布图对比

（3）古滑坡 4-4 断面对比分析。古滑坡 4-4 断面最大位移在静力分析下为 2.711m，在动力分析下为 8.261m；剪应变最大值在静力分析下为 0.2457，在动力分析下为 1.379；衬砌最大位移在静力分析下为 0.7768m，在动力分析下为 1.7322m；衬砌最大轴力在静力分析下为 3394kN/m，在动力分析下为 8903kN/m；衬砌最大剪力在静力分析下为 1695kN/m，在动力分析下为 4140kN/m；衬砌最大弯矩在静力分析下为 491.7kN/m，在动力分析下为 1193.8kN/m，见图 11.151 至图 11.156。

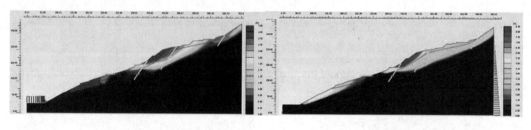

(a)4-4断面静力分析位移等值线分布云图   (b)4-4断面动力分析位移等值线分布云图

（最大值2.711m）   （最大值8.261m）

图 11.151　4-4 断面位移等值线分布云图对比

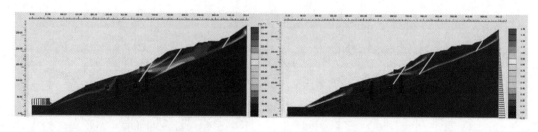

(a)4-4断面静力分析剪应变等值线分布云图   (b)4-4断面动力分析剪应变等值线分布云图

（最大值0.2457）   （最大值1.379）

图 11.152　4-4 断面剪应变等值线分布云图对比

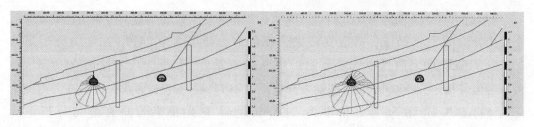

（a）4-4 断面静力分析衬砌位移分布图　　　　（b）4-4 断面动力分析衬砌位移分布图

（最大值 0.7768m）　　　　　　　　　　　（最大值 1.7322m）

图 11.153　4-4 断面衬砌位移分布图对比

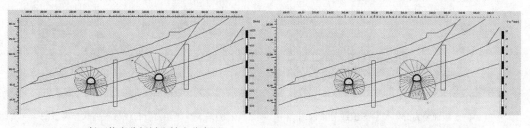

（a）4-4 断面静力分析衬砌轴力分布图　　　　（b）4-4 断面动力分析衬砌轴力分布图

（最大值 3394kN/m）　　　　　　　　　　（最大值 8903kN/m）

图 11.154　4-4 断面衬砌轴力分布图对比

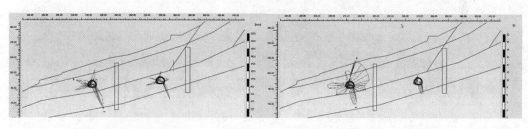

（a）4-4 断面静力分析衬砌剪力分布图　　　　（b）4-4 断面动力分析衬砌剪力分布图

（最大值 1695kN/m）　　　　　　　　　　（最大值 4140kN/m）

图 11.155　4-4 断面衬砌剪力分布图对比

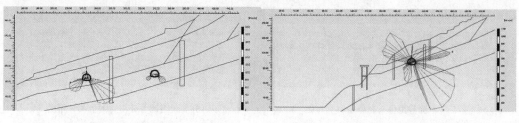

（a）4-4 断面静力分析衬砌弯矩分布图　　　　（b）4-4 断面动力分析衬砌弯矩分布图

（最大值 491.7kN/m）　　　　　　　　　　（最大值 1193.8kN/m）

图 11.156　4-4 断面衬砌弯矩分布图对比

（4）古滑坡 5-5 断面对比分析。古滑坡 5-5 断面最大位移在静力分析下为 3.539m，在动力分析下为 8.261m；剪应变最大值在静力分析下为 0.2479，在动力分析下为 2.215；衬砌最大位移在静力分析下为 0.1179m，在动力分析下为 0.2712m；衬砌最大轴力在静力分析下为 4609kN/m，在动力分析下为 10118kN/m；衬砌最大剪力在静力分析下为 548.6kN/m，在动力分析下为 2993.6kN/m；衬砌最大弯矩在静力分析下为 365.4kN/m，在动力分析下为 1067.5kN/m。见图 11.157 至图 11.162。

综上所述，古滑坡在地震等诱导因素作用下极易出现局部或整体失稳，隧道衬砌累计位移在地震动力作用下明显增大，隧道衬砌有变形破裂的可能（见表 11.7）。

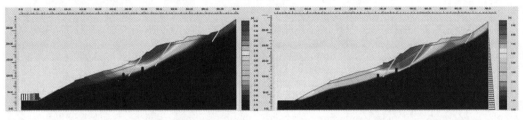

（a）5-5 断面静力分析位移等值线分布云图　　　（b）5-5 断面动力分析位移等值线分布云图

（最大值 3.539m）　　　　　　　　　　　　（最大值 9.099m）

图 11.157　5-5 断面位移等值线分布云图对比

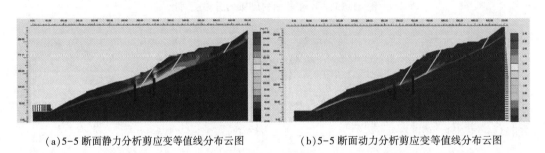

（a）5-5 断面静力分析剪应变等值线分布云图　　　（b）5-5 断面动力分析剪应变等值线分布云图

（最大值 0.2479）　　　　　　　　　　　　（最大值 2.215）

图 11.158　5-5 断面剪应变等值线分布云图对比

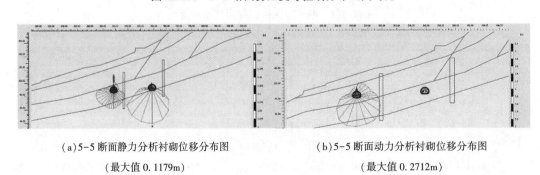

（a）5-5 断面静力分析衬砌位移分布图　　　　（b）5-5 断面动力分析衬砌位移分布图

（最大值 0.1179m）　　　　　　　　　　　　（最大值 0.2712m）

图 11.159　5-5 断面衬砌位移分布图对比

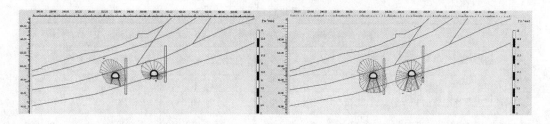

(a)5-5 断面静力分析衬砌轴力分布图
（最大值 4609kN/m）

(b)5-5 断面动力分析衬砌轴力分布图
（最大值 10118kN/m）

图 11.160　5-5 断面衬砌轴力分布图对比

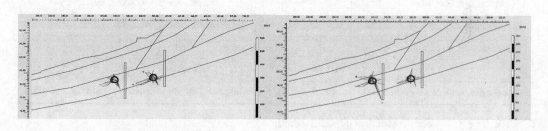

(a)5-5 断面静力分析衬砌剪力分布图
（最大值 548.6kN/m）

(b)5-5 断面动力分析衬砌剪力分布图
（最大值 2993.6kN/m）

图 11.161　5-5 断面衬砌剪力分布图对比

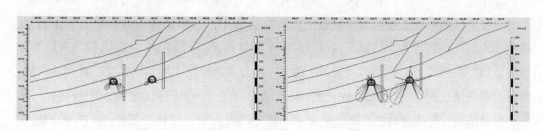

(a)5-5 断面静力分析衬砌弯矩分布图
（最大值 365.4kN/m）

(b)5-5 断面动力分析衬砌弯矩分布图
（最大值 1067.5kN/m）

图 11.162　5-5 断面衬砌弯矩分布图对比

表 11.7　穿越古滑坡隧道治理工况一般地下水位稳定性对比

评价指标	穿越古滑坡隧道施工(静力分析)				穿越古滑坡隧道施工(动力分析)			
	2-2 断面	3-3 断面	4-4 断面	5-5 断面	2-2 断面	3-3 断面	4-4 断面	5-5 断面
古滑坡稳定性系数	>1.150							
古滑坡状态	稳定阶段							
古滑坡最大位移/m	+0.5972	+1.791	+2.711	+3.539	+4.268	+7.322	+8.261	+9.099

表6.1(续)

评价指标	穿越古滑坡隧道施工(静力分析)				穿越古滑坡隧道施工(动力分析)			
	2-2 断面	3-3 断面	4-4 断面	5-5 断面	2-2 断面	3-3 断面	4-4 断面	5-5 断面
古滑坡最大总速度/(m/s)					+0.3151	+0.6728	+0.4326	+0.4961
古滑坡最大总加速度/(m/s²)					+10.750	+3.551	+0.8216	+5.509
古滑坡形态	控制	控制	控制	控制	控制	控制	控制	控制
古滑坡滑动面形态	控制	控制	控制	控制	控制	控制	控制	控制
衬砌最大总速度/(m/s)					+0.1062	+0.03349	+0.1109	+0.01616
衬砌最大总加速度/(m/s²)					+1.658	+0.3699	+0.1482	+0.1482
隧道衬砌20s累计位移/m	0.2521	0.4942	0.7768	0.1179	+0.3641	+0.2493	+0.9554	+0.1533
隧道衬砌最大轴力/(kN/m)	800.6	1343	3394	4609	+3601	+1668	+5509	+5509
隧道衬砌最大剪力/(kN/m)	181.5	317.0	1695	548.6	+549.6	+653.5	+2445	+2445
隧道衬砌最大弯矩/(kN/m)	95.84	251.9	491.7	365.4	+702.1	+649.5	+702.1	+702.1

注：注：+号代表在原始古滑坡的基础上增加量。

上述分析表明，在穿越古滑坡隧道治理工况稳定性分析的基础上，进行了穿越古滑坡隧道治理地震动力响应分析。得到主要结果：穿越古滑坡隧道陡倾边坡治理2-2断面地震动力响应分析表明：地震动力响应将诱导古滑坡蠕动滑移，多级抗滑桩切断了滑动面，具有阻滑古滑坡整休滑坡作用。隧道衬砌剪应变旋转、轴力、剪力和弯矩变化剧烈，衬砌有变形破裂可能。穿越古滑坡隧道陡倾边坡治理3-3断面地震动力响应分析表明：地震动力响应将诱导古滑坡蠕动滑移，多级抗滑桩切断了滑动面，具有阻滑古滑坡整体滑坡作用。左侧隧道衬砌剪应变旋转、轴力、剪力和弯矩变化剧烈，有变形破裂的可能。穿越古滑坡隧道陡倾边坡治理4-4断面地震动力响应分析表明：地震动力响应将诱导古滑坡蠕动滑移，多级抗滑桩切断了滑动面，具有阻滑古滑坡整体滑坡作用。左右侧隧道衬砌剪应变旋转、轴力、剪力和弯矩变化剧烈，衬砌有变形破裂的可能。穿越古滑坡隧道陡倾边坡治理5-5断面地震动力响应分析表明：地震动力响应将诱导古滑坡蠕动滑移，多级抗滑桩切断了滑动面，具有阻滑古滑坡整体滑坡作用。左右侧隧道衬砌剪应变旋转、轴力、剪力和弯矩变化剧烈，衬砌有变形破裂的可能。古滑坡在地震作用下的变形以及破坏是随着时间发展，往往不是在某一时刻突然发生，而是在一个时间段内完成的。通过对比古滑坡陡倾边坡治理一般地下水位静力分析和动力分析可知，古滑坡在地震等诱导因素下极易出现局部或者整体失稳，隧道衬砌累计位移在地震动力作用下明显增大，隧道衬砌有变形破裂的可能性。穿越大规模古滑坡隧道变形破坏风险太高，极易诱导古滑坡复活，给兼顾隧道安全的古滑坡治理带来技术难度、巨大的经济负担，建议进行详细勘探与稳定性治理评价后，选择技术难度小、经济性的穿越方式。

综上所述，滑坡灾害风险评价研究，地质灾害风险评价与风险管理和山区交通滑坡与高边坡病害防治是研究的重点和难点。围绕高速公路隧道穿越古滑坡群施工技术与地震动力响应研究，总结分析边坡工程的技术特点和问题，对边坡的地质条件、设计理论与方法、实施过程控制等方面进行了探讨，提出了一些新的认识，并对边坡工程勘察、设计与控制理论进行了研究。古滑坡陡倾边坡变形破坏机理及其稳定性分析的研究具有重要的理论意义和实用价值。

参考文献

[1] 谢和平，任世华，谢亚辰，等.碳中和目标下煤炭行业发展机遇[J].煤炭学报，2021，46（7）：2197-2211.

[2] 谢和平，吴立新，郑德志.2025 年中国能源消费及煤炭需求预测[J].煤炭学报，2019，44（7）：1949-1960.

[3] 丁鑫品.露天煤矿端帮采场覆岩运移规律与边坡稳定控制方法研究[D].北京：煤炭科学研究总院，2022.

[4] 尚涛，才庆祥，刘勇，等.露天煤矿分区过渡期间合理开拓运输系统选择[J].中国矿业大学学报，2004（4）：50-54.

[5] 车兆学，才庆祥.露天煤矿内排时期下部水平开拓运输系统优化[J].煤炭科学技术，2007（10）：33-37.

[6] 韩流，舒继森，周伟，等.分区开采露天煤矿凹形端帮力学及几何特性研究[J].华中科技大学学报（自然科学版），2014，42（3）：82-86.

[7] 尚涛，舒继森，才庆祥，等.露天煤矿端帮采煤与露天采排工程的时空关系[J].中国矿业大学学报，2001（1）：29-31.

[8] 刘勇，车兆学，李志强，等.露天煤矿端帮残煤开采及边坡暴露时间分析[J].中国矿业大学学报，2006（6）：727-731.

[9] 才庆祥，周伟，舒继森，等.大型近水平露天煤矿端帮边坡时效性分析及应用[J].中国矿业大学学报，2008（6）：740-744.

[10] 才庆祥，周伟，车兆学，等.近水平露天煤矿端帮靠帮开采方式与剥采比研究[J].中国矿业大学学报，2007（6）：743-747.

[11] 舒继森.露天煤矿边坡稳定关键影响因素及边坡治理与采矿一体化方法研究[D].徐州：中国矿业大学，2009.

[12] 周伟.露天煤矿抛掷爆破拉斗铲倒堆与时效边坡多参数耦合机理[D].徐州：中国矿业大学，2010.

[13] 韩流.露天煤矿时效边坡稳定性分析理论与实验研究[D].徐州：中国矿业大学，2015.

[14] 尚涛，韩流，舒继森，等.节地减损开采模式下边坡结构及应力发展规律[J].煤炭学报，2019，44（12）：3644-3654.

[15] 刘新新.宝利露天煤矿节地减损开采可行性分析及技术方案研究[D].徐州：中国

矿业大学, 2019.

[16] 李全生.东部草原区大型煤电基地开发的生态影响与修复技术[J].煤炭学报, 2019, 44(12): 3625-3635.

[17] 李全生.东部草原区煤电基地开发生态修复技术研究[J].生态学报, 2016, 36 (22): 7049-7053.

[18] 孟建华, 张兆琏.SHM 端帮联合采煤机赴美现场考察报告[J].露天采矿技术, 2007 (2): 5-6.

[19] CHEN Y, SHIMADA H, SASAOKA T, et al.Research on exploiting residual coal around final end-walls by highwall mining system in China[J].International Journal of Mining, Reclamation and Environment, 2013, 27(3): 166-179.

[20] LUO X, ROSS J, HATHERLY P, et al.Microseismic monitoring of highwall mining stability at Moura Mine, Australia[J].Exploration Geophysics, 2001, 32(3/4): 340-345.

[21] VERMA C P, PORATHUR J L, THOTE N R, et al.Empirical approaches for design of web pillars in highwall mining: review and analysis[J].Geotechnical and Geological Engineering, 2014, 32(2): 587-599.

[22] SASAOKA T, KARIAN T, HAMANAKA A, et al.Application of highwall mining system in weak geological condition[J].International Journal of Coal Science & Technology, 2016, 3(3): 311-321.

[23] 张小峰.我国连续采煤机端帮开采技术[J].煤炭技术, 2015, 34(6): 28-30.

[24] 张彦禄, 王步康, 张小峰, 等.我国连续采煤机短壁机械化开采技术发展 40a 与展望[J].煤炭学报, 2021, 46(1): 86-99.

[25] 孙琦, 张向东, 杨逾, 等.露天煤矿岩质高边坡下充填开采研究[J].广西大学学报 (自然科学版), 2012, 37(4): 832-836.

[26] LI M, ZHANG J, LI A, et al.Reutilisation of coal gangue and fly ash as underground backfill materials for surface subsidence control[J].Journal of Cleaner Production, 2020, 254: 120113.

[27] CHENG W, LEI S, BIAN Z, et al.Geographic distribution of heavy metals and identification of their sources in soils near large, open-pit coal mines using positive matrix factorization[J].Journal of Hazardous Materials, 2020, 387: 121666.

[28] LI J, YAN X, CAO Z, et al.Identification of successional trajectory over 30 years and evaluation of reclamation effect in coal waste dumps of surface coal mine[J].Journal of Cleaner Production, 2020, 269: 122161.

[29] YUAN L, ZHANG T, ZHAO Y, et al.Precise coordinated mining of coal and associated resources: a case of environmental coordinated mining of coal and associated rare metal in Ordos Basin[J].Journal of China University of Mining and Technology, 2017, 46 (3): 449-459.

[30] WANG F, ZHANG C.Reasonable coal pillar design and remote control mining technology for highwall residual coal resources[J].Royal Society Open Science, 2019, 6(4): 181817.

[31] CHEN T, SHU J, HAN L, et al.Landslide mechanism and stability of an open-pit slope: the Manglai open-pit coal mine[J].Frontiers in Earth Science, 2023, 10: 1038499.

[32] CHEN T, SHU J, HAN L, et al.Modeling the effects of topography and slope gradient of an artificially formed slope on runoff, sediment yield, water and soil loss of sandy soil [J].Catena, 2022, 212: 106060.

[33] EANG K E, IGARASHI T, KONDO M, et al.Groundwater monitoring of an open-pit limestone quarry: water-rock interaction and mixing estimation within the rock layers by geochemical and statistical analyses[J].International Journal of Mining Science and Technology, 2018, 28(6): 849-857.

[34] MA D, KONG S, LI Z, et al.Effect of wetting-drying cycle on hydraulic and mechanical properties of cemented paste backfill of the recycled solid wastes[J].Chemosphere, 2021, 282: 131163.

[35] JIANG X, LI C, ZHOU J, et al.Salt-induced structure damage and permeability enhancement of Three Gorges Reservoir sandstone under wetting-drying cycles[J].International Journal of Rock Mechanics and Mining Sciences, 2022, 153: 105100.

[36] KÜHNEL R A, Van der GAAST S J, BROEKMANS M A T M, et al.Wetting-induced layer contraction in illite and mica-family relatives[J].Applied Clay Science, 2017, 135: 226-233.

[37] CHENG Q, GUO Y, DONG C, et al.Mechanical properties of clay based cemented paste backfill for coal recovery from deep mines[J].Energies, 2021, 14(18): 5764.

[38] ALDAOOD A, BOUASKER M, AL-MUKHTAR M.Impact of wetting-drying cycles on the microstructure and mechanical properties of lime-stabilized gypseous soils[J].Engineering Geology, 2014, 174: 11-21.

[39] DURGUN M Y.Effect of wetting-drying cycles on gypsum plasters containing ground basaltic pumice and polypropylene fibers[J].Journal of Building Engineering, 2020, 32: 101801.

[40] LI W, YI Y, PUPPALA A J.Effects of curing environment and period on performance of lime-GGBS-treated gypseous soil[J].Transportation Geotechnics, 2022, 37: 100848.

[41] YING Z, BENAHMED N, CUI Y, et al.Wetting-drying cycle effect on the compressibility of lime-treated soil accounting for wetting fluid nature and aggregate size[J].Engineering Geology, 2022, 307: 106778.

[42] ZHOU Y, YU X, GUO Z, et al.On acoustic emission characteristics, initiation crack

intensity, and damage evolution of cement-paste backfill under uniaxial compression [J].Construction and Building Materials, 2021, 269: 121261.

[43] CANTON Y, SOLE-BENET A, QUERALT I, et al.Weathering of a gypsum-calcareous mudstone under semi-arid environment at Tabernas, SE Spain: laboratory and field-based experimental approaches[J].Catena, 2001, 44(2): 111-132.

[44] JIANG X, HUANG Q, ZHANG Z, et al.Influence of clay content on crack evolution of clay-sand mixture[J].Frontiers in Earth Science, 2022, 10: 915478.

[45] HUA W, DONG S, LI Y, et al.The influence of cyclic wetting and drying on the fracture toughness of sandstone[J].International Journal of Rock Mechanics and Mining Sciences, 2015, 78: 331-335.

[46] GU D, LIU H, GAO X, et al.Influence of cyclic wetting-drying on the shear strength of limestone with a soft interlayer[J].Rock Mechanics and Rock Engineering, 2021, 54 (8): 4369-4378.

[47] LI X, PENG K, PENG J, et al.Experimental investigation of cyclic wetting-drying effect on mechanical behavior of a medium-grained sandstone[J].Engineering Geology, 2021, 293: 106335.

[48] WANG J, ZHANG C, FU J X, et al.Effect of water saturation on mechanical characteristics and damage behavior of cemented paste backfill[J].Journal of Materials Research and Technology, 2021, 15: 6624-6639.

[49] YANG Y, ZHANG T, LIU S, et al.Mechanical properties and deterioration mechanism of remolded carbonaceous mudstone exposed to wetting-drying cycles[J].Rock Mechanics and Rock Engineering, 2022, 55(6): 3769-3780.

[50] ZHANG Z, HAN L, WEI S, et al.Disintegration law of strongly weathered purple mudstone on the surface of the drawdown area under conditions of Three Gorges Reservoir operation[J].Engineering Geology, 2020, 270: 105584.

[51] ALDHAFEERI Z, FALL M.Time and damage induced changes in the chemical reactivity of cemented paste backfill[J].Journal of Environmental Chemical Engineering, 2016, 4: 4038-4049.

[52] FU J, WANG J, SONG W.Damage constitutive model and strength criterion of cemented paste backfill based on layered effect considerations[J].Journal of Materials Research and Technology, 2020, 9(3): 6073-6084.

[53] WANG J, FU J X, SONG W D, et al.Acoustic emission characteristics and damage evolution process of layered cemented tailings backfill under uniaxial compression[J].Construction and Building Materials, 2021, 295: 123663.

[54] ZHOU W, CHENG J, ZHANG G, et al.Effects of wetting-drying cycles on the breakage characteristics of slate rock grains[J].Rock Mechanics and Rock Engineering, 2021,

54（12）：6323-6337.

［55］ YIN S, HOU Y, CHEN X, et al.Mechanical behavior, failure pattern and damage evolution of fiber-reinforced cemented sulfur tailings backfill under uniaxial loading［J］. Construction and Building Materials, 2022, 332：127248.

［56］ ZHANG C, WANG J, SONG W D, et al.Pore structure, mechanical behavior and damage evolution of cemented paste backfill［J］.Journal of Materials Research and Technology, 2022, 17：2864-2874.

［57］ 胡炳南，李宏艳.煤矿充填体作用数值模拟研究及其机理分析［J］.煤炭科学技术，2010, 38（4）：13-16.

［58］ 马超，茅献彪，李强，等.煤柱与充填体耦合作用力学机理研究［J］.煤矿安全，2011, 42（10）：8-11.

［59］ 戴华阳，郭俊廷，阎跃观，等."采-充-留"协调开采技术原理与应用［J］.煤炭学报，2014, 39（8）：1602-1610.

［60］ 安百富，张吉雄，李猛，等.充填回收房式煤柱采场煤柱稳定性分析［J］.采矿与安全工程学报，2016, 33（2）：238-243.

［61］ 杨逾，田瑞冬.碎矸体充填条件下煤柱变形数值模拟［J］.辽宁工程技术大学学报（自然科学版），2016, 35（12）：1390-1396.

［62］ 陈绍杰，张俊文，尹大伟，等.充填墙提升煤柱性能机理与数值模拟研究［J］.采矿与安全工程学报，2017, 34（2）：268-275.

［63］ 郭广礼，郭凯凯，张国建，等.深部带状充填开采复合承载体变形特征研究［J］.采矿与安全工程学报，2020, 37（1）：101-109.

［64］ 王方田，李岗，班建光，等.深部开采充填体与煤柱协同承载效应研究［J］.采矿与安全工程学报，2020, 37（2）：311-318.

［65］ 赵兵朝，翟迪，杨啸，等.充填体-煤柱承载效应及合理开采参数研究［J］.矿业研究与开发，2020, 40（10）：15-21.

［66］ 李雪佳.不同含水状态煤-混凝土连接体力学特性和破坏特征［J］.煤炭工程，2022, 54（3）：148-152.

［67］ 武鹏飞，梁冰，杨逾，等.矸石充填开采协同承载机制及充填效果评价研究［J］.采矿与安全工程学报，2022, 39（2）：239-247.

［68］ CUI B, FENG G, BAI J, et al.Acoustic emission characteristics and damage evolution process of backfilling body-coal pillar-backfilling body composite structure［J］.Bulletin of Engineering Geology and the Environment, 2022, 81（8）：300.

［69］ CUI B, FENG G, BAI J, et al.Failure characteristics and the damage evolution of a composite bearing structure in pillar-side cemented paste backfilling［J］.International Journal of Minerals, Metallurgy and Materials, 2023, 30：1524-1537.

［70］ 史旭东，王凯，白锦文，等.不同界面角度煤充结构体劈裂破坏特性与机理［J］.采

矿与安全工程学报，2023，40（2）：387-398.

[71] 宋卫东，朱鹏瑞，戚伟，等.三轴作用下岩柱-充填体试件耦合作用机理研究[J].采矿与安全工程学报，2017，34（3）：573-579.

[72] 王明旭，许梦国，陈郑亮.剥落型矿柱与早强胶结充填体相互作用损伤演化分析[J].中国安全生产科学技术，2017，13（3）：69-75.

[73] 侯晨，朱万成，张洪训，等.胶结充填体与矿柱相互作用双轴加载试验研究[J].金属矿，2019（1）：24-28.

[74] 王煜，付建新，杨子龙.岩石-充填体耦合接触面细观参数及其力学特性研究[J].矿业研究与开发，2020，40（3）：113-118.

[75] FANG K, FALL M.Shear behavior of the interface between rock and cemented backfill：effect of curing stress, drainage condition and backfilling rate[J].Rock Mechanics and Rock Engineering, 2020, 53（1）：325-336.

[76] FANG K, FALL M.Effects of curing temperature on shear behaviour of cemented paste backfill-rock interface[J].International Journal of Rock Mechanics and Mining Sciences, 2018, 112：184-192.

[77] XIU Z, WANG S, JI Y, et al.The effects of dry and wet rock surfaces on shear behavior of the interface between rock and cemented paste backfill[J].Powder Technology, 2021, 381：324-337.

[78] LU H, WANG Y, GAN D, et al.Numerical investigation of the mechanical behavior of the backfill-rock composite structure under triaxial compression[J].International Journal of Minerals, Metallurgy and Materials, 2023, 30（5）：802-812.

[79] 姜聚宇，杨慧雯，王东，等.端帮开采支撑煤柱失稳演化机制试验研究[J].中国安全科学学报，2021，31（10）：89-96.

[80] 石平五，长孙学亭，刘洋.浅埋煤层"保水采煤"条带开采"围岩-煤柱群"稳定性分析[J].煤炭工程，2006（8）：68-70.

[81] 谢和平，段法兵，周宏伟，等.条带煤柱稳定性理论与分析方法研究进展[J].中国矿业，1998（5）：37-41.

[82] 邹友峰，柴华彬.我国条带煤柱稳定性研究现状及存在问题[J].采矿与安全工程学报，2006（2）：141-145.

[83] 徐金海，缪协兴，张晓春.煤柱稳定性的时间相关性分析[J].煤炭学报，2005（4）：433-437.

[84] 郭文兵，邓喀中，邹友峰.条带煤柱的突变破坏失稳理论研究[J].中国矿业大学学报，2005（1）：80-84.

[85] 王连国，缪协兴.煤柱失稳的突变学特征研究[J].中国矿业大学学报，2007（1）：7-11.

[86] 贺广零，黎都春，翟志文，等.采空区煤柱-顶板系统失稳的力学分析[J].煤炭学

报，2007(9)：897-901.

[87] 王方田，屠世浩，李召鑫，等.浅埋煤层房式开采遗留煤柱突变失稳机理研究[J].采矿与安全工程学报，2012，29(6)：770-775.

[88] 陈彦龙，吴豪帅.露天煤矿端帮开采下的支撑煤柱突变失稳机理研究[J].中国矿业大学学报，2016，45(5)：859-865.

[89] 刘彩平，王金安，侯志鹰.房柱式开采煤柱系统失效的模糊理论研究[J].矿业研究与开发，2008(1)：8-9.

[90] 许磊.近距离煤柱群底板偏应力不变量分布特征及应用[D].北京：中国矿业大学，2014.

[91] ZHANG J, HUANG P, ZHANG Q, et al.Stability and control of room mining coal pillars-taking room mining coal pillars of solid backfill recovery as an example[J].Journal of Central South University, 2017, 24(5)：1121-1132.

[92] 安百富，齐文跃，兰立信，等.西部矿区覆岩-煤柱群失稳临界时间节点研究[J].煤炭学报，2017，42(2)：397-403.

[93] 朱德福，屠世浩，王方田，等.浅埋房式采空区煤柱群稳定性评价[J].煤炭学报，2018，43(2)：390-397.

[94] 张淑坤，张向东，孙琦，等.基于重整化群理论的采空区煤柱群临界失稳概率研究[J].中国安全生产科学技术，2016，12(5)：104-108.

[95] GHOSH N, AGRAWAL H, SINGH S K, et al.Optimum chain pillar design at the deepest multi-seam longwall workings in India[J].Mining, Metallurgy & Exploration, 2020, 37：651-664.

[96] 冯国瑞，白锦文，史旭东，等.遗留煤柱群链式失稳的关键柱理论及其应用展望[J].煤炭学报，2021，46(1)：164-179.

[97] 白锦文.复合残采区遗留群柱失稳致灾机理与防控研究[D].太原：太原理工大学，2019.

[98] 柳宏儒.条带充填法煤柱稳定性影响因素数值模拟试验研究[D].沈阳：东北大学，2008.

[99] 陈远峰.覆岩-煤柱群失稳的力学机理研究[D].徐州：中国矿业大学，2014.

[100] ZHOU Z, CHEN L, ZHAO Y, et al.Experimental and numerical investigation on the bearing and failure mechanism of multiple pillars under overburden[J].Rock Mechanics and Rock Engineering, 2017, 50：995-1010.

[101] 朱卫兵，许家林，陈璐，等.浅埋近距离煤层开采房式煤柱群动态失稳致灾机制[J].煤炭学报，2019，44(2)：358-366.

[102] ZHU W, CHEN L, ZHOU Z, et al.Failure propagation of pillars and roof in a room and pillar mine induced by longwall mining in the lower seam[J].Rock Mechanics and Rock Engineering, 2019, 52：1193-1209.

[103]　胡青峰，刘文锴，崔希民，等.煤柱群下重复开采覆岩与地表沉陷数值模拟实验[J].煤矿安全，2019，50(11)：43-47.

[104]　孙世国，蔡美峰，王思敬.地下与露天复合采动效应及边坡变形机理[J].岩石力学与工程学报，1999(5)：563-566.

[105]　孙世国，王思敬，李国和，等.开挖对岩体稳态扰动与滑移机制的模拟试验研究[J].工程地质学报，2000(3)：312-315.

[106]　孙世国.复合采动对边坡岩体变形与稳定性影响的研究[J].岩石力学与工程学报，1999(2)：121.

[107]　白占平.地质构造与井采对边坡岩移影响的试验研究[J].阜新矿业学院学报(自然科学版)，1993(2)：46-49.

[108]　孙世国，蔡美峰，王思敬.露天转地下开采边坡岩体滑移机制的探讨[J].岩石力学与工程学报，2000(1)：126-129.

[109]　李文秀.急倾斜厚大矿体地下与露天联合开采岩体移动分析的模糊数学模型[J].岩石力学与工程学报，2004(4)：572-577.

[110]　韩放，谢芳，王金安.露天转地下开采岩体稳定性三维数值模拟[J].北京科技大学学报，2006(6)：509-514.

[111]　刘宪权，朱建明，冯锦艳，等.水平厚煤层露井联合开采下边坡破坏机理[J].煤炭学报，2008，33(12)：1346-1350.

[112]　朱建明，冯锦艳，彭新坡，等.露井联采下采动边坡移动规律及开采参数优化[J].煤炭学报，2010，35(7)：1089-1094.

[113]　宋卫东，杜建华，杨幸才，等.深凹露天转地下开采高陡边坡变形与破坏规律[J].北京科技大学学报，2010，32(2)：145-151.

[114]　王云飞，钟福平.露天转地下开采边坡失稳数值模拟与实验研究[J].煤炭学报，2013，38(增刊1)：64-69.

[115]　ZHANG J, WANG Z, SONG Z.Numerical study on movement of dynamic strata in combined open-pit and underground mining based on similar material simulation experiment[J].Arabian Journal of Geosciences, 2020, 13：1-15.

[116]　彭洪阁.开采扰动对露天煤矿边坡稳定性影响机理[D].徐州：中国矿业大学，2010.

[117]　王东.露井联采逆倾边坡岩移规律及稳态分析研究[D].阜新：辽宁工程技术大学，2011.

[118]　尹光志，李小双，李耀基.底摩擦模型模拟露天转地下开挖采空区影响下边坡变形破裂响应特征及其稳定性[J].北京科技大学学报，2012，34(3)：231-238.

[119]　李绍臣，周杰，李宏杰，等.井采方向对露井协采边坡稳定影响的分析及优化[J].煤炭学报，2014，39(4)：666-672.

[120]　张奎.考虑充填体变形参数的铁古坑采区露天转地下开采边坡稳定性研究[D].武

汉：武汉科技大学, 2018.

[121] 乞朝欣.攀枝花煤矿高陡边坡下膏体充填安全开采技术研究[D].贵阳：贵州大学, 2019.

[122] REN G, FANG X.Study on the law of mining damage with the combination of underground mining and open-pit mining[J].Engineering, 2010, 2(3): 23029.

[123] 喻梅.端帮压煤条带开采下煤柱及坡体稳定性机制研究[D].徐州：中国矿业大学, 2018.

[124] ZHAO Y, YANG T, BOHNHOFF M, et al.Study of the rock mass failure process and mechanisms during the transformation from open-pit to underground mining based on microseismic monitoring[J].Rock Mechanics and Rock Engineering, 2018, 51: 1473-1493.

[125] NING L, XIAO-GUANG Z, SHI-JIE S, et al.Effect of underground coal mining on slope morphology and soil erosion[J].Mathematical Problems in Engineering, 2019, 2019: 1-12.

[126] BAI W, ZHANG J, WANG B, et al.A Study on the impact of longwall-mining operation on the stability of a slope-pillar structure[J].Shock and Vibration, 2021, 2021: 1-11.

[127] WANG Z, SONG G, DING K.Study on the ground movement in an open-pit mine in the case of combined surface and underground mining[J].Advances in Materials Science and Engineering, 2020, 2020: 1-13.

[128] FAN G, ZHANG D, ZHAI D, et al.Laws and mechanisms of slope movement due to shallowly buried coal seam mining under ground gully[J].Journal of Coal Science and Engineering(China), 2009, 15(4): 346-350.

[129] ZHANG D, FAN G, WANG X.Characteristics and stability of slope movement response to underground mining of shallow coal seams away from gullies[J].International Journal of Mining Science and Technology, 2012, 22(1): 47-50.

[130] WANG X, ZHANG D, ZHANG C, et al.Mechanism of mining-induced slope movement for gullies overlaying shallow coal seams[J].Journal of Mountain Science, 2013, 10(3): 388-397.

[131] ZHANG Z, XU J, ZHU W, et al.Simulation research on the influence of eroded primary key strata on dynamic strata pressure of shallow coal seams in gully terrain[J].International Journal of Mining Science and Technology, 2012, 22(1): 51-55.

[132] LI J, LIU C, WANG W, et al.Linkage-induced mechanism and control technology of pressure bump and surface geological damage in shallow coal seam mining of gully area[J].Arabian Journal of Geosciences, 2019, 12(11): 349.

[133] SUN X, HO C, LI C, et al.Inclination effect of coal mine strata on the stability of lo-

ess land slope under the condition of underground mining[J].Natural Hazards, 2020, 104(1): 833-852.

[134] 吕进国, 韩阳, 南存全, 等.黑岱沟露天煤矿端帮压煤井工开采覆岩与地表变形破坏规律研究[J].采矿与安全工程学报, 2019, 36(3): 535-541.

[135] 丁鑫品, 王俊, 李伟, 等.关键层耦合作用下露井联采边坡滑动深度分析[J].煤炭学报, 2014, 39(增刊2): 354-358.

[136] 丁鑫品, 王振伟, 李伟.采动边坡失稳的动力过程及典型变形破坏机理[J].煤炭学报, 2016, 41(10): 2606-2611.

[137] 丁鑫品, 李凤明, 付天光, 等.端帮采场覆岩移动破坏规律及边坡稳定控制方法[J].煤炭学报, 2021, 46(9): 2883-2894.

[138] YU J, ZHAO J, YAN H, et al.Deformation and failure of a high-steep slope induced by multi-layer coal mining[J].Journal of Mountain Science, 2020, 17(12): 2942-2960.

[139] WANG Z, LI J, WU C, et al.Study on influence laws of strata behaviors for shallow coal seam mining beneath gully terrain[J].Shock and Vibration, 2021, 2021: 3954659.

[140] YANG T, YANG Y, ZHANG J, et al.Study on development law of mining-induced slope fracture in gully mining area[J].Advances in Civil Engineering, 2021, 2021: 9990465.

[141] 李玉寿, 杨永杰, 杨圣奇, 等.三轴及孔隙水作用下煤的变形和声发射特性[J].北京科技大学学报, 2011, 33(6): 658-663.

[142] LI L, NEARING M A, NICHOLS M H, et al.Temporal and spatial evolution of soil surface roughness on stony plots[J].Soil and Tillage Research, 2020, 200: 104526.

[143] 杨培岭, 罗远培, 石元春.用粒径的重量分布表征的土壤分形特征[J].科学通报, 1993(20): 1896-1899.

[144] PRINYA C, APICHIT K, PEERAPONG J, et al.Effects of sulfate attack under wet and dry cycles on strength and durability of Cement-Stablized laterite[J].Construction and Building Materials, 2022, 365: 129968.

[145] 屠世浩.岩层控制的实验方法与实测技术[M].徐州: 中国矿业大学出版社, 2010.

[146] 吴贤振, 刘建伟, 刘祥鑫, 等.岩石声发射振铃累计计数与损伤本构模型的耦合关系探究[J].采矿与安全工程学报, 2015, 32(1): 28-34.

[147] BOBET A, EINSTEIN H H.Fracture coalescence in rock-type materials under uniaxial and biaxial compression[J].International Journal of Rock Mechanics and Mining Sciences, 1998, 35(7): 863-888.

[148] 杨建林, 王来贵, 李喜林, 等.遇水-风干循环作用下泥岩断裂的微观机制研究[J].岩石力学与工程学报, 2014, 33(增刊2): 3606-3612.

[149] 周翠英, 谭祥韶, 邓毅梅, 等.特殊软岩软化的微观机制研究[J].岩石力学与工程学报, 2005(3)：394-400.

[150] BAHAFID S, GHABEZLOO S, FAURE P, et al.Effect of the hydration temperature on the pore structure of cement paste：experimental investigation and micromechanical modelling[J].Cement and Concrete Research, 2018, 111：1-14.

[151] 钱觉时, 余金城, 孙化强, 等.钙矾石的形成与作用[J].硅酸盐学报, 2017, 45(11)：1569-1581.

[152] 赵永辉, 冉洪宇, 冯国瑞, 等.单轴压缩下不同高宽比矸石胶结充填体损伤演化及破坏特征研究[J].采矿与安全工程学报, 2022, 39(4)：674-682.

[153] 邓华锋, 胡安龙, 李建林, 等.水岩作用下砂岩劣化损伤统计本构模型[J].岩土力学, 2017, 38(3)：631-639.

[154] 杨圣奇, 徐卫亚, 韦立德, 等.单轴压缩下岩石损伤统计本构模型与试验研究[J].河海大学学报(自然科学版), 2004(2)：200-203.

[155] 余伟健, 冯涛, 王卫军, 等.充填开采的协作支撑系统及其力学特征[J].岩石力学与工程学报, 2012, 31(增刊1)：2803-2813.

[156] 李岗.深井超高水充填工作面充填体与煤柱协同承载机理研究[D].徐州：中国矿业大学, 2019.

[157] GUANG L, YANG W, JIE G, et al.Experimental study of the damage and failure characteristics of the backfill-surrounding rock contact zone[J].Materials, 2022, 15(19)：6810.

[158] NING H, WU Z X, HUA C J, et al.Research on goaf retaining technology of double-layer "combined" filling body in high gas mine[J].Advances in Civil Engineering, 2022, 2022：6459172.

[159] 陈绍杰, 尹大伟, 胡炳南, 等.条带充填坚硬顶板与充填体组合系统力学特性试验研究[J].采矿与安全工程学报, 2020, 37(1)：110-117.

[160] 高红, 郑颖人, 冯夏庭.岩土材料最大主剪应变破坏准则的推导[J].岩石力学与工程学报, 2007(3)：518-524.

[161] 谭毅, 郭文兵, 赵雁海.条带式 Wongawilli 开采煤柱系统突变失稳机理及工程稳定性研究[J].煤炭学报, 2016, 41(7)：1667-1674.

[162] 曹胜根, 曹洋, 姜海军.块段式开采区段煤柱突变失稳机理研究[J].采矿与安全工程学报, 2014, 31(6)：907-913.

[163] 王烁康.连采连充承载充填体蠕变及覆岩渗透率演化规律[D].徐州：中国矿业大学, 2021.

[164] 和大钊, 胡斌, 姚文敏, 等.断层力学与几何参数对岩质边坡稳定性的影响[J].长江科学院院报, 2018, 35(1)：128-132.

[165] 陈涛, 舒继森, 韩流, 等.露天煤矿端帮开采采硐顶板变形破坏机理[J].煤矿安

全，2023，54（3）：177-186.

[166] 徐杨青，吴西臣.采动边坡稳定性评价理论及工程实践[M].北京：科学出版社，2016.

[167] 舒继森，王兴中，周毅勇.岩石边坡中滑动面水压分布假设的改进[J].中国矿业大学学报，2004（5）：19-22.

[168] 韩流.岩体结构面稳态渗流时的水压分布规律研究[C]//第八届露天开采专业科技学术研讨会.毕节，2019.

[169] 刘才华，徐健，曹传林，等.岩质边坡水力驱动型顺层滑移破坏机制分析[J].岩石力学与工程学报，2005（19）：131-135.

[170] 王东，曹兰柱，朴春德，等.露联采逆倾边坡破坏模式及稳定性评价方法研究[J].中国地质灾害与防治学报，2011，22（3）：33-38.

[171] 贾秉松，李亮，王瑞，等.基于点云数据的山区开采沉陷特征研究[J].测绘科学，2020，45（12）：88-94.

[172] 周跃峰，龚壁卫，胡波，等.牵引式滑坡演化模式研究[J].岩土工程学报，2014，36（10）：1855-1862.

[173] 唐文亮，李卫超，张康财，等.凸边坡稳定性分析与优化研究[J].有色金属（矿山部分），2020，72（4）：48-53.

[174] 王东，宋伟豪，张岩.露天煤矿含断层逆倾边坡滑面确定方法及应用[J].辽宁工程技术大学学报（自然科学版），2019，38（3）：212-215.

[175] WANG Z, LIU B, HAN Y, et al.Stability of inner dump slope and analytical solution based on circular failure：illustrated with a case study[J].Computers and Geotechnics, 2020, 117：103241.

[176] 张倬元，王士天，王兰生.工程地质分析原理[M].北京：地质出版社，1994.

[177] 王东，姜聚宇，韩新平，等.褐煤露天煤矿端帮开采边坡支撑煤柱稳定性研究[J].中国安全科学学报，2017，27（12）：62-67.

[178] 王杰，马凤山，徐嘉谟，等.自重体积力作用下坡体张应力及坡面位移的变化规律[J].工程地质学报，2010，18（1）：120-126.

[179] 贺可强，阳吉宝，王思敬.堆积层边坡位移矢量角的形成作用机制及其与稳定性演化关系的研究[J].岩石力学与工程学报，2002（2）：185-192.

[180] 张旭.基于能量的露天煤矿边坡灾变时空演化与多模型综合评价[D].北京：北京科技大学，2017.